산업안전기사
기출문제집 필기

기출문제연구소 저

북스케치
합격을 스케치하다

산업안전기사 기본 정보

■ 자격종목
- **자격명** : 산업안전기사(Engineer Industrial Safety)
- **관련부처** : 고용노동부
- **시행기관** : 한국산업인력공단

■ 개요
생산관리에서 안전을 제외하고는 생산성 향상이 불가능하다는 인식 속에서 산업현장의 근로자를 보호하고 근로자들이 안심하고 생산성 향상에 주력할 수 있는 작업환경을 만들기 위하여 전문적인 지식을 가진 기술인력을 양성하고자 자격제도를 제정하였다.

■ 수행직무
제조 및 서비스업 등 각 산업현장에 배속되어 산업재해 예방계획의 수립에 관한 사항을 수행하며, 작업환경의 점검 및 개선에 관한 사항, 유해 및 위험방지에 관한 사항, 사고사례 분석 및 개선에 관한 사항, 근로자의 안전교육 및 훈련에 관한 업무를 수행한다.

■ 산업안전기사 연도별 검정현황

연도	필기			실기		
	응시	합격	합격률	응시	합격	합격률
2020	33,732	19,655	58.3%	26,012	14,824	57%
2019	33,287	15,076	45.3%	20,704	9,765	47.2%
2018	27,018	11,641	43.1%	15,755	7,600	48.2%
2017	25,088	11,138	44.4%	16,019	7,886	49.2%
2016	23,322	9,780	41.9%	12,135	6,882	56.7%
2015	20,981	7,508	35.8%	9,692	5,377	55.5%
2014	15,885	5,502	34.6%	7,793	3,993	51.2%
2013	13,023	3,838	29.5%	6,567	2,184	33.3%
2012	12,551	3,083	24.6%	5,251	2,091	39.8%
2011	12,015	3,656	30.4%	6,786	2,038	30%

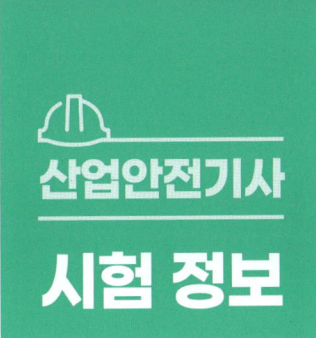

산업안전기사 시험 정보

■ **시험일정**

산업안전기사는 한국산업인력공단에서 시행하는 국가기술자격 정기 시험으로 연중 3회 실시한다. 해마다 시험 일정은 상이하나, 평균적으로 아래와 같은 시기에 진행되고 있다.
(2020년은 코로나19로 인해 예외적으로 1·2회를 통합 실시한 바 있다.)

구분	필기시험 (1일)	실기시험 (10여 일 시험기간 중 선택)
1회	3월경	4~5월경
2회	4~5월경	7~8월경
3회	7~8월경	10월경

※ 정확한 시험일정은 큐넷 홈페이지(http://www.q-net.or.kr/) 참고

■ **실시기관 홈페이지**

http://www.q-net.or.kr

■ **기사 응시자격**

다음 각 호의 어느 하나에 해당하는 사람

1. 산업기사 등급 이상의 자격을 취득한 후 응시하려는 종목이 속하는 동일 및 유사 직무분야에서 1년 이상 실무에 종사한 사람
2. 기능사 자격을 취득한 후 응시하려는 종목이 속하는 동일 및 유사 직무분야에서 3년 이상 실무에 종사한 사람
3. 응시하려는 종목이 속하는 동일 및 유사 직무분야의 다른 종목의 기사 등급 이상의 자격을 취득한 사람
4. 관련학과의 대학졸업자 등 또는 그 졸업예정자
5. 3년제 전문대학 관련학과 졸업자 등으로서 졸업 후 응시하려는 종목이 속하는 동일 및 유사 직무분야에서 1년 이상 실무에 종사한 사람
6. 2년제 전문대학 관련학과 졸업자 등으로서 졸업 후 응시하려는 종목이 속하는 동일 및 유사 직무분야에서 2년 이상 실무에 종사한 사람
7. 동일 및 유사 직무분야의 기사 수준 기술훈련과정 이수자 또는 그 이수예정자
8. 동일 및 유사 직무분야의 산업기사 수준 기술훈련과정 이수자로서 이수 후 응시하려는 종목이 속하는 동일 및 유사 직무분야에서 2년 이상 실무에 종사한 사람
9. 응시하려는 종목이 속하는 동일 및 유사 직무분야에서 4년 이상 실무에 종사한 사람
10. 외국에서 동일한 종목에 해당하는 자격을 취득한 사람

산업안전기사 시험 정보

■ **시험과목**

필기	① 안전관리론, ② 인간공학 및 시스템안전공학, ③ 기계위험방지기술, ④ 전기위험방지기술, ⑤ 화학설비위험방지기술, ⑥ 건설안전기술
실기	산업안전실무

■ **검정방법**

필기	객관식 4지 택일형[과목당 20문항(과목당 30분)]
실기	복합형[필답형(1시간 30분, 55점) + 작업형(1시간 정도, 45점)]

■ **합격기준**

- **필기** : 100점을 만점으로 하여 과목당 40점 이상, 전과목 평균 60점 이상
- **실기** : 100점을 만점으로 하여 60점 이상

■ **필기 출제기준**

필기 과목명	주요 항목	문제 수
안전관리론	안전보건관리 개요, 재해 및 안전점검, 무재해 운동 및 보호구, 산업안전심리, 인간의 행동과학, 안전보건교육의 개념, 교육의 내용 및 방법, 산업안전 관계법규	20
인간공학 및 시스템안전공학	안전과 인간공학, 정보입력표시, 인간계측 및 작업 공간, 작업환경관리, 시스템 위험분석, 결함수 분석법, 위험성평가, 각종 설비의 유지 관리	20
기계위험방지기술	기계안전의 개념, 공작기계의 안전, 프레스 및 전단기의 안전, 기타 산업용 기계 기구, 운반기계 및 양중기, 설비진단	20
전기위험방지기술	전기안전일반, 감전재해 및 방지대책, 전기화재 및 예방대책, 정전기의 재해방지대책, 전기설비의 방폭	20
화학설비위험방지기술	위험물 및 유해화학물질 안전, 공정안전, 폭발 방지 및 안전 대책, 화학설비안전, 화재 예방 및 소화	20
건설안전기술	건설공사 안전개요, 건설공구 및 장비, 양중 및 해체공사의 안전, 건설재해 및 대책, 건설 가시설물 설치 기준, 건설 구조물공사 안전, 운반, 하역작업	20

이 책의 차례

PART 1 2018년 산업안전기사 기출문제

2018년 **제1회** 산업안전기사 기출문제(2018. 03. 04. 시행) ·········· 008
2018년 **제2회** 산업안전기사 기출문제(2018. 04. 28. 시행) ·········· 040
2018년 **제3회** 산업안전기사 기출문제(2018. 08. 19. 시행) ·········· 072

PART 2 2019년 산업안전기사 기출문제

2019년 **제1회** 산업안전기사 기출문제(2019. 03. 03. 시행) ·········· 108
2019년 **제2회** 산업안전기사 기출문제(2019. 04. 27. 시행) ·········· 140
2019년 **제3회** 산업안전기사 기출문제(2019. 08. 04. 시행) ·········· 173

PART 3 2020년 산업안전기사 기출문제

2020년 **제1·2회 통합** 산업안전기사 기출문제(2020. 06. 06. 시행) ·········· 208
2020년 **제3회** 산업안전기사 기출문제(2020. 08. 22. 시행) ·········· 240
2020년 **제4회** 산업안전기사 기출문제(2020. 09. 26. 시행) ·········· 274

PART 4 2021년 산업안전기사 기출문제

2021년 **제1회** 산업안전기사 기출문제(2021. 03. 07. 시행) ·········· 308
2021년 **제2회** 산업안전기사 기출문제(2021. 05. 15. 시행) ·········· 341
2021년 **제3회** 산업안전기사 기출문제(2021. 08. 14. 시행) ·········· 373

2018년 산업안전기사 기출문제

제1회
2018. 03. 04. 시행

제2회
2018. 04. 28. 시행

제3회
2018. 08. 19. 시행

산업안전기사 필기
기출문제집

2018년 제1회 산업안전기사 기출문제

2018. 03. 04. 시행

제1과목 안전관리론

001

기업 내 정형교육 중 TWI(Training Within Industry)의 교육내용이 아닌 것은?

① Job Method Training
② Job Relation Training
③ Job Instruction Training
④ Job Standardization Training

> **해설**
> - TWI(Training Within Industry for supervisors) : 직장에서 제일선감독자(현장관리감독자)의 감독능력을 한층 더 발휘시키고, 멤버와의 인간관계를 개선하여 생산성을 높이기 위해 고안된 교육방법이다.
> - 교육내용
>   (1) 작업지도훈련(JIT : Job Instruction Training)
>   (2) 작업방법훈련(JMT : Job Methods Training)
>   (3) 인간관계훈련(JRT : Job Relations Training)
>   (4) 작업안전훈련(JST : Job Safety Training)
> - 교육단계 : 준비 → 설명 → 실습 → 확인

002

재해사례연구의 진행단계 중 다음 (　) 안에 알맞은 것은?

재해 상황의 파악 → (㉠) → (㉡) → 근본적 문제점의 결정 → (㉢)

	(㉠)	(㉡)	(㉢)
①	사실의 확인	문제점의 발견	대책수립
②	문제점의 발견	사실의 확인	대책수립
③	사실의 확인	대책수립	문제점의 발견
④	문제점의 발견	대책수립	사실의 확인

> **해설**
> - 재해사례연구 진행 순서 : 재해 상황의 파악 → 사실 확인 → 문제점 발견 → 근본적 문제점의 결정 → 대책수립
> - 재해발생 시 대처 순서 : 긴급조치 → 재해조사 → 원인분석 → 대책수립
>   (1) 긴급조치 : 재해발생 기계의 정지 → 재해자 구조 및 응급조치 → 상급 부서에 보고 → 2차 재해의 방지 → 현장 보존
>   (2) 재해조사 : 재해조사 → 원인분석 → 대책수립 → 실시계획 → 실시 → 평가

003

교육심리학의 학습이론에 관한 설명 중 옳은 것은?

① 파블로프(Pavlov)의 조건반사설은 맹목적 시행을 반복하는 가운데 자극과 반응이 결합하여 행동하는 것이다.
② 레빈(Lewin)의 장설은 후천적으로 얻게 되는 반사작용으로 행동을 발생시킨다는 것이다.
③ 톨만(Tolman)의 기호형태설은 학습자의 머릿속에 인지적 지도 같은 인지구조를 바탕으로 학습하려는 것이다.
④ 손다이크(Thorndike)의 시행착오설은 내적, 외적의 전체구조를 새로운 시점에서 파악하여 행동하는 것이다.

> **해설**
> - 파블로프(Pavlov) - 조건반사설 : 자극에 대한 반응이 강화되어 학습이 일어난다.
> - 레빈(Lewin) - 장설 : 개인이 지각하는 외부의 장과 심리적 장의 관계에서 일어나는 인지구조의 성립 또는 변화가 학습이다.
> - 톨만(Tolman) - 기호형태설 : 어떤 반응이 어떤 목표를 달성하게 하는가라는 목적과 수단의 관계를 의미하는 기호를 배우는 것 즉 인지적 지도(Cognitive Map)의 형성이 학습이다.
> - 손다이크(Thorndike) - 시행착오설 : 맹목적 시행을 반복하는 가운데 자극과 반응이 결합하여 행동한다.

004

레빈(Lewin)의 법칙 $B = f(P \cdot E)$ 중 'B'가 의미하는 것은?

① 인간관계
② 행동
③ 환경
④ 함수

해설

- 레빈(Lewin) – 장 이론(Field Theory) : 인간의 행동을 개인과 환경의 함수관계로 설명하며, $B = f(P \cdot E)$ 공식으로 나타낸다.
  - B : Behavior(인간의 행동)
  - f : function(함수관계)
  - P : Person(개체 : 연령, 경험, 성격 등)
  - E : Environment(심리적 환경 : 인간관계, 작업조건 등)

005

학습지도의 형태 중 몇 사람의 전문가에 의해 과정에 관한 견해를 발표하고 참가자로 하여금 의견이나 질문을 하게 하는 토의방식은?

① 포럼(Forum)
② 심포지엄(Symposium)
③ 버즈세션(Buzz Session)
④ 자유토의법(Free Discussion Method)

해설

- 포럼(Forum) : 두 명의 전문가가 하나의 과제에 대해 대화한 후 토론 화제나 재료를 제공하여, 청중과 질의응답 과정을 진행하는 토의방식
- 심포지엄(Symposium) : 여러 명의 전문가가 하나의 주제에 대한 각자의 입장을 발표하고, 참가자로 하여금 의견이나 질문을 하게 하는 토의방식
- 버즈세션(Buzz Session) : 참가자가 다수인 경우, 집단 구성원 모두가 토의에 참여할 수 있도록 소집단으로 나누어 진행하는 토의방식
- 자유토의법(Free Discussion Method) : 제시된 문제에 대하여 고정된 절차나 형식 없이 상호 자유롭게 의견을 교환하며 공통된 결론에 이르는 방식

006

산업안전보건법령상 지방고용노동관서의 장이 사업주에게 안전관리자·보건관리자 또는 안전보건관리담당자를 정수 이상으로 증원하게 하거나 교체하여 임명할 것을 명할 수 있는 경우의 기준 중 다음 (   ) 안에 알맞은 것은?

- 중대재해가 연간 (㉠)건 이상 발생한 경우
- 해당 사업장의 연간 재해율이 같은 업종의 평균 재해율의 (㉡)배 이상인 경우

	(㉠)	(㉡)
①	3	2
②	2	3
③	2	2
④	3	3

해설

「산업안전보건법 시행규칙」
제12조(안전관리자 등의 증원·교체임명 명령)
1. 해당 사업장의 연간재해율이 같은 업종의 평균재해율의 2배 이상인 경우
2. 중대재해가 연간 2건 이상 발생한 경우
3. 관리자가 질병이나 그 밖의 사유로 3개월 이상 직무를 수행할 수 없게 된 경우
4. 별표 22 제1호에 따른 화학적 인자로 인한 직업성 질병자가 연간 3명 이상 발생한 경우

※ 참고 : 「산업안전보건법 시행규칙」의 개정 전 출제된 문제입니다. 해당 법령의 개정으로 정답이 ①에서 ③으로 변경되었습니다.

개정 전
2. 중대재해가 연간 3건 이상 발생한 경우

007

하인리히(Heinrich)의 재해구성비율에 따른 58건의 경상이 발생한 경우 무상해 사고는 몇 건이 발생하겠는가?

① 58건　　② 116건
③ 600건　　④ 900건

해설

하인리히 재해구성비율에 따르면 문제 내 58건의 경상은 다음과 같은 비를 갖는다.
1 : 29 : 300 = 2 : 58 : 600
따라서 무상해 사고는 600건 발생한다.

- 하인리히(Heinrich) – 재해구성비율
  사망 및 중상 : 경상 : 무상해 사고 = 1 : 29 : 300

008

상해 정도별 분류 중 의사의 진단으로 일정 기간 정규 노동에 종사할 수 없는 상해에 해당하는 것은?

① 영구 일부노동 불능상해
② 일시 전노동 불능상해
③ 영구 전노동 불능상해
④ 구급처치 상해

해설

- 국제노동기구(ILO) – 상해 정도별 구분
  (1) 사망 : 안전사고 혹은 부상의 결과로서 사망한 경우
  (2) 영구 전노동 불능상해 : 부상결과 근로기능 완전 상실(신체장해등급 제1~3급)
  (3) 영구 일부노동 불능상해 : 부상결과 신체의 일부, 근로기능 일부 상실(신체장해등급 제4~14급)
  (4) 일시 전노동 불능상해 : 의사의 진단결과 일정기간 근로를 할 수 없는 경우(신체장해가 남지 않는 일반적 휴업재해)
  (5) 일시 일부노동 불능상해 : 휴업재해 이외의 경우(일시적으로 작업시간 중에 업무를 떠나 치료를 받는 정도의 상해)
  (6) 구급처치 상해 : 응급처치 혹은 의료조치 후 부상당한 다음 날 정규근로 종사

009

데이비스(Davis)의 동기부여이론 중 동기유발의 식으로 옳은 것은?

① 지식×기능　　② 지식×태도
③ 상황×기능　　④ 상황×태도

해설

- 데이비스(Davis) – 동기부여이론
  (1) 지식(Knowledge)×기능(Skill) = 능력(Ability)
  (2) 상황(Situation)×태도(Attitude)
    = 동기유발(Motivation)
  (3) 능력(Ability)×동기유발(Motivation)
    = 인간의 성과(Human Performance)
  (4) 인간의 성과×물질적 성과 = 경영의 성과

010

안전보건관리조직의 유형 중 스탭형(Staff) 조직의 특징이 아닌 것은?

① 생산부문은 안전에 대한 책임과 권한이 없다.
② 권한 다툼이나 조정 때문에 통제수속이 복잡해지며 시간과 노력이 소모된다.
③ 생산부분에 협력하여 안전명령을 전달, 실시하므로 안전지시가 용이하지 않으며 안전과 생산을 별개로 취급하기 쉽다.
④ 명령계통과 조언 권고적 참여가 혼동되기 쉽다.

해설

명령계통과 조언 권고적 참여가 혼동되기 쉬운 조직은 '라인-스탭형(Line-Staff, 직계-참모식) 조직'이다.

- 스탭형(Staff, 참모식) 조직 : 안전관리를 관장하는 참모(Staff)를 두고, 안전관리에 관한 계획·조사·검토·보고 등의 업무를 수행하게 하는 조직으로, 근로자 100~1,000명 이하의 중규모 사업장에 적합하다.

장점	단점
안전 지식 및 기술 축적 용이	생산부서와 마찰이 발생하기 쉬움
신속한 안전정보 입수, 신기술 개발 가능	생산부서에는 안전에 대한 책임·권한 없음
경영자에게 지도·자문·조언 가능	생산부서와 유기적으로 협조하지 못하면, 안전에 대한 지시나 전달 어려움
사업장 실정에 맞는 안전의 표준화 가능	

011

자율검사프로그램을 인정받기 위해 보유하여야 할 검사장비의 이력카드 작성, 교정주기와 방법 설정 및 관리 등의 관리 주체는?

① 사업주
② 제조사
③ 안전관리전문기관
④ 안전보건관리책임자

해설

「안전검사 절차에 관한 고시」
제5조(검사장비 및 관리)
② 사업주는 제1항에 따라 고용노동부장관이 정하여 고시하는 검사장비를 다음 각 호와 같이 관리하여야 한다.
 1. 검사장비의 이력카드를 작성하고 장비의 점검·수리 등의 현황을 기록할 것
 2. 검사장비는 교정주기와 방법을 설정하고 관리할 것
 3. 검사장비는 수시 또는 정기적으로 점검을 실시할 것
 4. 검사원은 검사장비의 조작·사용 방법을 숙지할 것

012

다음의 방진마스크 형태로 옳은 것은?

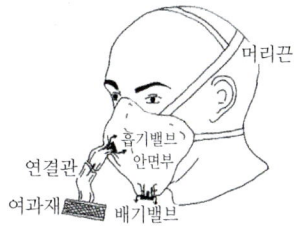

① 직결식 전면형
② 직결식 반면형
③ 격리식 전면형
④ 격리식 반면형

해설

「보호구 안전인증 고시」
[별표 4] 방진마스크의 성능기준
2. 형태 및 구조 분류

종류	분리식		안면부 여과식
형태	격리식	직결식	
	• 전면형	• 전면형	• 반면형
	• 반면형	• 반면형	
사용조건	산소농도 18% 이상인 장소에서 사용하여야 한다.		

013

작업자 적성의 요인이 아닌 것은?

① 성격(인간성)
② 지능
③ 인간의 연령
④ 흥미

해설

- 작업자 적성 요인
 - 인간성
 - 지능
 - 흥미
 - 직업적성(기계적 적성과 사무적 적성)

014

산업안전보건법령상 근로자 안전·보건교육 기준 중 관리감독자 정기안전·보건교육의 교육내용으로 옳은 것은? (단, 산업안전보건법 및 일반관리에 관한 사항은 제외한다.)

① 산업안전 및 사고 예방에 관한 사항
② 사고 발생 시 긴급조치에 관한 사항
③ 건강증진 및 질병 예방에 관한 사항
④ 산업보건 및 직업병 예방에 관한 사항

해설

「산업안전보건법 시행규칙」
[별표 5] 안전보건교육 교육대상별 교육내용
나. 관리감독자 정기교육
- 산업안전 및 사고 예방에 관한 사항
- 산업보건 및 직업병 예방에 관한 사항
- 유해·위험 작업환경 관리에 관한 사항
- 산업안전보건법령 및 산업재해보상보험 제도에 관한 사항
- 직무스트레스 예방 및 관리에 관한 사항
- 직장 내 괴롭힘, 고객의 폭언 등으로 인한 건강장해 예방 및 관리에 관한 사항
- 작업공정의 유해·위험과 재해 예방대책에 관한 사항
- 표준안전 작업방법 및 지도 요령에 관한 사항
- 관리감독자의 역할과 임무에 관한 사항
- 안전보건교육 능력 배양에 관한 사항

※ 참고
- 「산업안전보건법 시행규칙」의 개정 전 출제된 문제입니다. 해당 법령의 개정으로 정답이 ④에서 ①, ④로 변경되었습니다.
- 「산업안전보건법 시행규칙」의 개정으로 '관리감독자 정기안전·보건교육'에서 '관리감독자 정기교육'으로 용어가 변경되었습니다.

015

산업안전보건법령상 안전·보건표지의 색채와 색도 기준의 연결이 틀린 것은? (단, 색도기준은 한국산업표준(KS)에 따른 색의 3속성에 의한 표시방법에 따른다.)

① 빨간색 - 7.5R 4/14
② 노란색 - 5Y 8.5/12
③ 파란색 - 2.5PB 4/10
④ 흰색 - N0.5

해설

「산업안전보건법 시행규칙」
[별표 8] 안전보건표지의 색도기준 및 용도

색채	색도기준	용도	사용례
빨간색	7.5R 4/14	금지	정지신호, 소화설비 및 그 장소, 유해행위의 금지
		경고	화학물질 취급장소에서의 유해·위험 경고
노란색	5Y 8.5/12	경고	화학물질 취급장소에서의 유해·위험경고 이외의 위험경고, 주의표지 또는 기계방호물
파란색	2.5PB 4/10	지시	특정 행위의 지시 및 사실의 고지
녹색	2.5G 4/10	안내	비상구 및 피난소, 사람 또는 차량의 통행표지
흰색	N9.5		파란색 또는 녹색에 대한 보조색
검은색	N0.5		문자 및 빨간색 또는 노란색에 대한 보조색

016

강도율에 관한 설명 중 틀린 것은?

① 사망 및 영구 전노동 불능(신체장해등급 1~3급)의 근로손실일수는 7,500일로 환산한다.
② 신체장해등급 중 제14급은 근로손실일수를 50일로 환산한다.
③ 영구 일부노동 불능은 신체장해등급에 따른 근로손실일수에 300/365을 곱하여 환산한다.
④ 일시 전노동 불능은 휴업일수에 300/365을 곱하여 근로손실일수를 환산한다.

해설

영구 일부노동 불능상해는 신체장해등급(제4~14급)에 따른 손실일수를 적용한다.

• 국제노동기구(ILO) – 상해 정도별 구분

구분		근로손실일수
(1) 사망		7,500
(2) 영구 전노동 불능상해	1~3	7,500
(3) 영구 일부노동 불능상해 (신체장해등급)	4	5500
	5	4,000
	6	3,000
	7	2,200
	8	1,500
	9	1,000
	10	600
	11	400
	12	200
	13	100
	14	50

017

산업안전보건법령상 안전·보건표지의 종류 중 경고표지의 기본모형(형태)이 다른 것은?

① 폭발성물질 경고
② 방사성물질 경고
③ 매달린 물체 경고
④ 고압전기 경고

해설

「산업안전보건법 시행규칙」
[별표 6] 안전보건표지의 종류와 형태

018

석면 취급장소에서 사용하는 방진마스크의 등급으로 옳은 것은?

① 특급　　② 1급
③ 2급　　④ 3급

해설

「보호구 안전인증 고시」
[별표 4] 방진마스크의 성능기준
1. 방진마스크의 등급별 사용장소

등급	특급	1급	2급
사용장소	• 베릴륨 등과 같이 독성이 강한 물질들을 함유한 분진 등 발생장소 • 석면 취급장소	• 특급마스크 착용장소를 제외한 분진 등 발생장소 • 금속흄 등과 같이 열적으로 생기는 분진 등 발생장소 • 기계적으로 생기는 분진 등 발생장소(규소 등과 같이 2급 방진마스크를 착용하여도 무방한 경우는 제외한다.)	• 특급 및 1급 마스크 착용장소를 제외한 분진 등 발생장소
배기밸브가 없는 안면부여과식 마스크는 특급 및 1급 장소에 사용해서는 안 된다.			

019

적응기제 중 도피기제의 유형이 아닌 것은?

① 합리화　　② 고립
③ 퇴행　　　④ 억압

해설

- 적응기제

(1) 도피기제	(2) 방어기제
거부	동일시
고립	반동
고착	보상
백일몽	승화
억압	치환
퇴행	투사
	합리화

020

생체리듬(Biorhythm) 중 일반적으로 33일을 주기로 반복되며 상상력, 사고력, 기억력 또는 의지, 판단 및 비판력 등과 깊은 관련성을 갖는 리듬은?

① 육체적 리듬　　② 지성적 리듬
③ 감성적 리듬　　④ 생활 리듬

해설

- 생체리듬(Biorhythm) : 인간의 체온, 호르몬 분비, 대사, 수면 등의 변동에 일정한 주기가 있다는 이론이다.
  - 종류 및 주기
    (1) 신체(Physical) 리듬의 주기 : 23일
        예) 활동력, 지구력 등
    (2) 감정(Sensitivity) 리듬의 주기 : 28일
        예) 정서, 창조력, 예감, 감정 등
    (3) 지성(Intellectual) 리듬의 주기 : 33일
        예) 상상력, 사고력, 판단력, 기억력 등

제2과목 인간공학 및 시스템안전공학

021

에너지 대사율(RMR)에 대한 설명으로 틀린 것은?

① $RMR = \dfrac{운동대사량}{기초대사량}$

② 보통작업 시 RMR은 4~7임

③ 가벼운작업 시 RMR은 0~2임

④ $RMR = \dfrac{운동 시 산소소모량 - 안정 시 산소소모량}{기초대사량(산소소비량)}$

해설

보통작업 시 RMR은 2~4이다.
- 에너지 대사율(RMR)에 따른 작업의 분류
  - 초경작업 : 0~1
  - 경작업 : 1~2
  - 중(보통)작업 : 2~4
  - 중(무거운)작업 : 4~7
  - 초중(무거운)작업 : 7 이상

022

FMEA의 특징에 대한 설명으로 틀린 것은?

① 서브시스템 분석 시 FTA보다 효과적이다.
② 시스템 해석기법은 정성적·귀납적 분석법 등에 사용된다.
③ 각 요소 간 영향 해석이 어려워 2가지 이상 동시 고장은 해석이 곤란하다.
④ 양식이 비교적 간단하고 적은 노력으로 특별한 훈련 없이 해석이 가능하다.

해설

- FMEA
  - 고장을 형태별로 분석하여 그 영향을 검토하는 정성적, 귀납적 분석법이다.
  - FTA보다 서식이 간단하고 적은 노력으로 특별한 훈련 없이 분석이 가능하다.
  - 논리성이 부족하고 각 요소 간의 영향 분석이 어려워 두 가지 이상의 요소가 고장 날 경우 분석이 곤란하다.

023

A사의 안전관리자는 자사 화학설비의 안전성 평가를 위해 제2단계인 정성적 평가를 진행하기 위하여 평가 항목 대상을 분류하였다. 주요 평가 항목 중에서 설계관계 항목이 아닌 것은?

① 건조물
② 공장 내 배치
③ 입지조건
④ 원재료, 중간제품

해설

- 안정성 평가 6단계

단계	구분
1	관계자료 정비 검토
2	정성적 평가
3	정량적 평가
4	안전대책 수립
5	재해사례에 의한 평가
6	FTA에 의한 평가

- 정성적 평가 항목
  (1) 설계관계 : 입지조건, 공장 내 배치, 건조물, 소방 설비 등
  (2) 운전관계 : 원재료 · 중간체제품, 수송 · 저장, 공정 · 공정 기기 등

024

기계설비 고장 유형 중 기계의 초기결함을 찾아내 고장률을 안정시키는 기간은?

① 마모고장 기간
② 우발고장 기간
③ 에이징(Aging) 기간
④ 디버깅(Debugging) 기간

해설

- 디버깅(Debugging) 기간 : 기계의 초기결함을 찾아내 고장률을 안정시키는 기간

025

들기 작업 시 요통재해예방을 위하여 고려할 요소와 가장 거리가 먼 것은?

① 들기 빈도
② 작업자 신장
③ 손잡이 형상
④ 허리 비대칭 각도

해설

작업자의 신장은 요통재해예방과는 무관하다.

026

일반적으로 작업장에서 구성요소를 배치할 때, 공간의 배치 원칙에 속하지 않는 것은?

① 사용빈도의 원칙
② 중요도의 원칙
③ 공정개선의 원칙
④ 기능성의 원칙

해설

- 부품배치의 원칙
  (1) 중요성의 원칙 : 목표달성에 긴요한 정도에 따른 우선순위
  (2) 사용빈도의 원칙 : 사용되는 빈도에 따른 우선순위
  (3) 기능별 배치의 원칙 : 기능적으로 관련된 부품들을 모아서 배치
  (4) 사용 순서의 원칙 : 순서적으로 사용되는 장치들을 순서에 맞게 배치

027

반사율이 60%인 작업 대상물에 대하여 근로자가 검사작업을 수행할 때 휘도(Luminance)가 90fL이라면 이 작업에서의 소요조명(fc)은 얼마인가?

① 75
② 150
③ 200
④ 300

해설

$$\text{소요조명} = \frac{\text{휘도}}{\text{반사율}} = \frac{90}{0.6} = 150$$

028

산업안전보건법령상 유해하거나 위험한 장소에서 사용하는 기계·기구 및 설비를 설치·이전하는 경우 유해·위험방지계획서를 작성, 제출하여야 하는 대상이 아닌 것은?

① 화학설비
② 금속 용해로
③ 건조설비
④ 전기용접장치

해설

「산업안전보건법 시행령」
제42조(유해위험방지계획서 제출 대상)
1. 금속이나 그 밖의 광물의 용해로
2. 화학설비
3. 건조설비
4. 가스집합 용접장치
5. 제조 등 금지물질 또는 허가대상물질 관련 설비
6. 분진작업 관련 설비

029

동작경제의 원칙에 해당하지 않는 것은?

① 공구의 기능을 각각 분리하여 사용하도록 한다.
② 두 팔의 동작은 동시에 서로 반대방향으로 대칭적으로 움직이도록 한다.
③ 공구나 재료는 작업동작이 원활하게 수행되도록 그 위치를 정해준다.
④ 가능하다면 쉽고도 자연스러운 리듬이 작업동작에 생기도록 작업을 배치한다.

해설

공구의 기능은 결합하여서 사용하도록 한다.

030

휴먼 에러 예방 대책 중 인적 요인에 대한 대책이 아닌 것은?

① 설비 및 환경 개선
② 소집단 활동의 활성화
③ 작업에 대한 교육 및 훈련
④ 전문인력의 적재적소 배치

해설

설비 및 환경 개선은 인적 요인에 대한 대책이 아니다.

031

다음 시스템에 대하여 톱사상(Top Event)에 도달할 수 있는 최소 컷셋(Minimal Cut Sets)을 구할 때 올바른 집합은? (단, X_1, X_2, X_3, X_4는 각 부품의 고장확률을 의미하며 집합 $\{X_1, X_2\}$는 X_1부품과 X_2부품이 동시에 고장 나는 경우를 의미한다.)

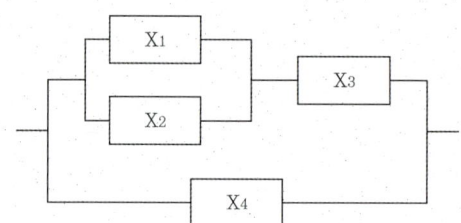

① $\{X_1, X_2\}, \{X_3, X_4\}$
② $\{X_1, X_3\}, \{X_2, X_4\}$
③ $\{X_1, X_2, X_4\}, \{X_3, X_4\}$
④ $\{X_1, X_3, X_4\}, \{X_2, X_3, X_4\}$

해설

병렬회로이므로 X_1, X_2, X_3과 X_4로 구분된 둘 모두가 불량이 되어야만 고장이 난다. 따라서 고장 나는 최소한의 컷셋에 반드시 X_4는 포함되어야 한다.
X_1, X_2, X_3으로 연결된 회로에서 최소한으로 불량이 되는 조건은 X_1, X_2가 모두 고장이거나 X_3이 고장인 경우이다. 따라서 $\{X_1, X_2, X_4\}, \{X_3, X_4\}$가 최소 컷셋이 된다.

032

운동관계의 양립성을 고려하여 동목(Moving Scale)형 표시장치를 바람직하게 설계한 것은?

① 눈금과 손잡이가 같은 방향으로 회전하도록 설계한다.
② 눈금의 숫자는 우측으로 감소하도록 설계한다.
③ 꼭지의 시계 방향 회전이 지시치를 감소시키도록 설계한다.
④ 위의 세 가지 요건을 동시에 만족시키도록 설계한다.

해설
- 동목형 표시장치
  - 눈금과 손잡이가 같은 방향으로 회전하도록 설계
  - 눈금 수치는 우측으로 증가하도록 설계
  - 꼭지의 시계방향 회전이 지시치를 증가시키도록 설계

033

신뢰성과 보전성 개선을 목적으로 한 효과적인 보전 기록자료에 해당하는 것은?

① 자재관리표 ② 주유지시서
③ 재고관리표 ④ MTBF 분석표

해설
- 보전기록 자료 : MTBF 분석표, 설비이력카드, 고장원인대책표

034

보기의 실내면에서 빛의 반사율이 낮은 곳에서부터 높은 순서대로 나열한 것은?

| A : 바닥 | B : 천장 | C : 가구 | D : 벽 |

① A < B < C < D ② A < C < B < D
③ A < C < D < B ④ A < D < C < B

해설
- 반사율
  - 바닥 : 20~40%
  - 가구 : 25~45%
  - 벽 : 40~60%
  - 천장 : 80~90%

035

다음 시스템의 신뢰도는 얼마인가? (단, 각 요소의 신뢰도는 a, b가 각 0.80이고, c, d가 각 0.60이다.)

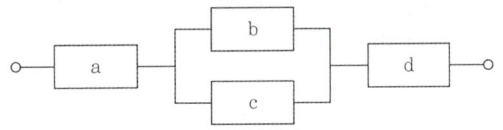

① 0.2245 ② 0.3754
③ 0.4416 ④ 0.5756

해설
$$a \times 1-(1-b)(1-c) \times d$$
$$= 0.8 \times 1-(1-0.8)(1-0.6) \times 0.6 = 0.4416$$

036

FTA(Fault Tree Analysis)에 사용되는 논리 기호와 명칭이 올바르게 연결된 것은?

① ◇ : 전이기호 ② □ : 기본사상
③ ⌂ : 통상사상 ④ ○ : 결함사상

해설
① 생략사상, ② 결함사상, ④ 기본사상

037

HAZOP 기법에서 사용하는 가이드워드와 그 의미가 잘못 연결된 것은?

① Other Than : 기타 환경적인 요인
② No/Not : 디자인 의도의 완전한 부정
③ Reverse : 디자인 의도의 논리적 반대
④ More/Less : 정량적인 증가 또는 감소

> **해설**
> - 유인어(Guide Words)의 종류와 뜻
>   - No/Not : 설계 의도의 완전한 부정
>   - More/Less : 양의 증가 혹은 감소(정량적)
>   - As Well As : 성질상의 증가(정성적 증가)
>   - Part Of : 성질상의 감소(정성적 감소)
>   - Reverse : 설계의도의 논리적인 역
>   - Other Than : 완전한 대체

038

경계 및 경보신호의 설계지침으로 틀린 것은?

① 주의를 환기시키기 위하여 변조된 신호를 사용한다.
② 배경소음의 진동수와 다른 진동수의 신호를 사용한다.
③ 귀는 중음역에 민감하므로 500~3,000Hz의 진동수를 사용한다.
④ 300m 이상의 장거리용으로는 1,000Hz를 초과하는 진동수를 사용한다.

> **해설**
> - 경계 및 경보신호의 선택 시 지침
>   - 300m 이상의 장거리용으로는 1,000Hz 이하의 진동수 사용
>   - 주의를 끌기 위해서는 변조된 신호 사용
>   - 배경소음의 진동수와 다른 신호를 사용하고 신호는 최소한 0.5~1초 동안 지속
>   - 귀는 중음역에 민감하므로 500~3,000Hz의 진동수 사용
>   - 신호가 장애물을 돌아가거나 칸막이를 통과해야 할 때는 500Hz 이하의 진동수 사용
>   - 경보 효과를 높이기 위해서 개시 시간이 짧은 고강도 신호 사용
>   - 주변 소음에 대한 은폐효과를 막기 위해 500~1,000Hz 신호를 사용하여, 적어도 30dB 이상 차이가 나야 함

039

동작의 합리화를 위한 물리적 조건으로 적절하지 않은 것은?

① 고유 진동을 이용한다.
② 접촉 면적을 크게 한다.
③ 대체로 마찰력을 감소시킨다.
④ 인체표면에 가해지는 힘을 적게 한다.

> **해설**
> - 동작의 합리화를 위한 물리적 조건
>   - 접촉 면적을 작게 한다.
>   - 고유 진동을 이용한다.
>   - 마찰력을 감소시킨다.
>   - 부하를 최소화한다.

040

정량적 표시장치에 관한 설명으로 맞는 것은?

① 정확한 값을 읽어야 하는 경우 일반적으로 디지털보다 아날로그 표시장치가 유리하다.
② 동목(Moving Scale)형 아날로그 표시장치는 표시장치의 면적을 최소화할 수 있는 장점이 있다.
③ 연속적으로 변화하는 양을 나타내는 데에는 일반적으로 아날로그보다 디지털 표시장치가 유리하다.
④ 동침(Moving Pointer)형 아날로그 표시장치는 바늘의 진행 방향과 증감 속도에 대한 인식적인 암시 신호를 얻는 것이 불가능한 단점이 있다.

> **해설**
> - 동목형 아날로그 표시장치는 표시장치의 면적을 최소화할 수 있다.
> - 정확한 값을 읽어야 하는 경우 디지털 표시장치가 유리하다.
> - 연속적으로 변화하는 양을 나타내는 데에는 아날로그 표시장치가 유리하다.

제3과목 기계위험방지기술

041
로봇의 작동범위 내에서 그 로봇에 관하여 교시 등(로봇의 동력원을 차단하고 행하는 것을 제외함)의 작업을 행하는 때 작업시작 전 점검 사항으로 옳은 것은?

① 과부하방지장치의 이상 유무
② 압력제한 스위치 등의 기능의 이상 유무
③ 외부전선의 피복 또는 외장의 손상 유무
④ 권과방지장치의 이상 유무

해설

「산업안전보건기준에 관한 규칙」
[별표 3] 작업시작 전 점검사항

2. 로봇의 작동 범위에서 그 로봇에 관하여 교시 등(로봇의 동력원을 차단하고 하는 것은 제외한다)의 작업을 할 때
   가. 외부 전선의 피복 또는 외장의 손상 유무
   나. 매니퓰레이터(Manipulator) 작동의 이상 유무
   다. 제동장치 및 비상정지장치의 기능

042
방사선투과검사에서 투과사진에 영향을 미치는 인자는 크게 콘트라스트(명암도)와 명료도로 나누어 검토할 수 있다. 다음 중 투과사진의 콘트라스트(명암도)에 영향을 미치는 인자에 속하지 않는 것은?

① 방사선의 선질
② 필름의 종류
③ 현상액의 강도
④ 초점-필름 간 거리

해설

- 방사선투과검사(RT, Radiographic Testing) : 방사선을 시험체에 조사하여 투과된 방사선 세기의 변화로부터 결함의 상태와 구조 등을 조사하는 비파괴시험
  - 콘트라스트(명암도)에 영향 미치는 인자 : 방사선의 선질, 필름의 종류, 스크린의 종류, 현상액의 강도, 산란방사선의 양, 시험체의 두께 등
  - 콘트라스트를 높이기 위한 방안 : 전압을 내리고 노출시간을 늘린다.

043
보기와 같은 기계요소가 단독으로 발생시키는 위험점은?

| 밀링커터, 둥근톱날 |

① 협착점
② 끼임점
③ 절단점
④ 물림점

해설

- 기계설비의 위험점
  (1) 협착점 : 왕복운동을 하는 동작부분과 고정부분 사이에 형성되는 위험점
     예) 프레스, 압축용접기, 성형기, 펀칭기, 단조해머 등
  (2) 끼임점 : 고정부와 회전하는 동작부분 사이에 형성되는 위험점
     예) 연삭숫돌과 덮개 사이, 교반기 날개와 용기의 몸체 사이, 반복작동하는 링크기구, 프레임의 요동운동 등
  (3) 절단점 : 회전하는 운동부분이나 운동하는 기계부분 자체의 위험에서 초래되는 위험점
     예) 밀링커터, 둥근톱날, 띠톱, 벨트의 이음새 등
  (4) 물림점 : 반대방향으로 맞물려 회전하는 두 개의 물체에 물려 들어가는 위험점
     예) 롤러와 기어가 서로 맞물려 회전 등
  (5) 접선물림점 : 회전하는 부분의 접선방향으로 물려 들어가는 위험점
     예) 풀리와 V-belt 사이, 체인과 스프로킷 휠 사이, 피니언과 랙 사이 등
  (6) 회전말림점 : 회전하는 물체에 작업복 등이 말려 들어가는 위험점
     예) 축, 커플링, 회전하는 드릴 등

044
프레스 및 전단기에서 위험한계 내에서 작업하는 작업자의 안전을 위하여 안전블록의 사용 등 필요한 조치를 취해야 한다. 다음 중 안전블록을 사용해야 하는 작업으로 가장 거리가 먼 것은?

① 금형 가공작업
② 금형 해체작업
③ 금형 부착작업
④ 금형 조정작업

> **해설**
>
> 「산업안전보건기준에 관한 규칙」
> **제104조(금형조정작업의 위험 방지)** 사업주는 프레스 등의 금형을 부착·해체 또는 조정하는 작업을 할 때에 해당 작업에 종사하는 근로자의 신체가 위험한계 내에 있는 경우 슬라이드가 갑자기 작동함으로써 근로자에게 발생할 우려가 있는 위험을 방지하기 위하여 안전블록을 사용하는 등 필요한 조치를 하여야 한다.

045

아세틸렌 용접장치를 사용하여 금속의 용접·용단 또는 가열작업을 하는 경우 아세틸렌을 발생시키는 게이지 압력은 최대 몇 kPa 이하이어야 하는가?

① 17
② 88
③ 127
④ 210

> **해설**
>
> 「산업안전보건기준에 관한 규칙」
> **제285조(압력의 제한)** 사업주는 아세틸렌 용접장치를 사용하여 금속의 용접·용단 또는 가열작업을 하는 경우에는 게이지 압력이 127킬로파스칼을 초과하는 압력의 아세틸렌을 발생시켜 사용해서는 아니 된다.

046

산업안전보건법령상 프레스 작업시작 전 점검해야 할 사항에 해당하는 것은?

① 언로드 밸브의 기능
② 하역장치 및 유압장치 기능
③ 권과방지장치 및 그 밖의 경보장치의 기능
④ 1행정 1정지기구·급정지장치 및 비상정지 장치의 기능

> **해설**
>
> 「산업안전보건기준에 관한 규칙」
> [별표 3] 작업시작 전 점검사항
>
> | 1. 프레스 등을 사용하여 작업을 할 때 |
> |---|
>
> 가. 클러치 및 브레이크의 기능
> 나. 크랭크축·플라이휠·슬라이드·연결봉 및 연결 나사의 풀림 여부
> 다. 1행정 1정지기구·급정지장치 및 비상정지장치의 기능
> 라. 슬라이드 또는 칼날에 의한 위험방지 기구의 기능
> 마. 프레스의 금형 및 고정볼트 상태
> 바. 방호장치의 기능
> 사. 전단기(剪斷機)의 칼날 및 테이블의 상태

047

화물중량이 200kgf, 지게차의 중량이 400kgf, 앞바퀴에서 화물의 무게중심까지의 최단거리가 1m일 때 지게차의 무게중심까지 최단거리는 최소 몇 m를 초과해야 하는가?

① 0.2m
② 0.5m
③ 1m
④ 2m

> **해설**
>
> - 지게차의 안정 조건 = $M_1 < M_2$
> 화물의 모멘트 $M_1 = W \times L_1$
> 지게차의 모멘트 $M_2 = G \times L_2$
> (이때, W = 화물 중량, L_1 = 앞바퀴에서 화물의 무게중심까지 최단거리, G = 지게차 중량, L_2 = 앞바퀴에서 지게차 무게중심까지 최단거리)
> $200 \times 1 < 400 \times L_2$ 이므로, $L_2 = 0.5$
> 따라서 지게차의 무게중심까지 최단거리는 최소 0.5m를 초과해야 한다.

048

다음 중 셰이퍼에서 근로자의 보호를 위한 방호장치가 아닌 것은?

① 방책
② 칩받이
③ 칸막이
④ 급속귀환장치

> **해설**
>
> 셰이퍼(Shaper, 형삭기)의 방호장치로 울타리(방책), 칩받이, 칸막이(방호울) 등을 설치해야 한다.

049

지게차 및 구내 운반차의 작업시작 전 점검 사항이 아닌 것은?

① 버킷, 디퍼 등의 이상 유무
② 제동장치 및 조종장치 기능의 이상 유무
③ 하역장치 및 유압장치 기능의 이상 유무
④ 전조등, 후미등, 경보장치 기능의 이상 유무

해설

「산업안전보건기준에 관한 규칙」
[별표 3] 작업시작 전 점검사항

9. 지게차를 사용하여 작업을 하는 때
가. 제동장치 및 조종장치 기능의 이상 유무
나. 하역장치 및 유압장치 기능의 이상 유무
다. 바퀴의 이상 유무
라. 전조등·후미등·방향지시기 및 경보장치 기능의 이상 유무

10. 구내운반차를 사용하여 작업을 할 때
가. 제동장치 및 조종장치 기능의 이상 유무
나. 하역장치 및 유압장치 기능의 이상 유무
다. 바퀴의 이상 유무
라. 전조등·후미등·방향지시기 및 경음기 기능의 이상 유무
마. 충전장치를 포함한 홀더 등의 결합상태의 이상 유무

050

다음 중 선반에서 절삭가공 시 발생하는 칩을 짧게 끊어지도록 공구에 설치되어 있는 방호장치의 일종인 칩 제거기구를 무엇이라 하는가?

① 칩 브레이커   ② 칩 받침
③ 칩 쉴드   ④ 칩 커터

해설

- 칩 브레이커(Chip Breaker) : 절삭가공에서 긴 칩(Chip)을 짧게 절단하기 위한 장치로, 선반작업 시 칩이 길어지게 되면 회전하고 있는 공작물에 감겨 들어가서 가공이 어려워질 뿐만 아니라 작업이 위험하게 되므로, 칩 브레이커를 사용해 가공할 때 나오는 칩을 잘라낸다.

051

아세틸렌 용접장치에 사용하는 역화방지기에서 요구되는 일반적인 구조로 옳지 않은 것은?

① 재사용 시 안전에 우려가 있으므로 역화방지 후 바로 폐기하도록 해야 한다.
② 다듬질 면이 매끈하고 사용상 지장이 있는 부식, 흠, 균열 등이 없어야 한다.
③ 가스의 흐름방향은 지워지지 않도록 돌출 또는 각인하여 표시하여야 한다.
④ 소염소자는 금망, 소결금속, 스틸울(Steel Wool), 다공성 금속물 또는 이와 동등 이상의 소염성능을 갖는 것이어야 한다.

해설

「방호장치 자율안전기준 고시」
[별표 1] 역화방지기의 성능기준

1. 일반구조
가. 역화방지기의 구조는 소염소자, 역화방지장치 및 방출장치 등으로 구성되어야 한다. 다만, 토치 입구에 사용하는 것은 방출장치를 생략할 수 있다.
나. 역화방지기는 그 다듬질 면이 매끈하고 사용상 지장이 있는 부식, 흠, 균열 등이 없어야 한다.
다. 가스의 흐름방향은 지워지지 않도록 돌출 또는 각인하여 표시하여야 한다.
라. 소염소자는 금망, 소결금속, 스틸울(Steel Wool), 다공성금속물 또는 이와 동등 이상의 소염성능을 갖는 것이어야 한다.
마. 역화방지기는 역화를 방지한 후 복원이 되어 계속 사용할 수 있는 구조이어야 한다.

052

초음파탐상법의 종류에 해당하지 않는 것은?

① 반사식   ② 투과식
③ 공진식   ④ 침투식

해설

- 초음파탐상검사(UT, Ultrasonic Testing) : 시험체에 초음파를 전달하여 내부에 존재하는 결함부로부터 반사한 초음파의 신호를 분석해 내부 결함을 검출하는 비파괴시험
  – 대상 결함 : 용접부 내부 결함(기공, 슬래그, 용입부족, 균열) 등

- 진행원리에 따른 분류
  (1) 펄스반사식
  (2) 투과식
  (3) 공진식

양수조작식	• 원칙적으로 급정지기구를 부착한 프레스에 사용 • 안전거리 확보 필요
광전자식, 원적외선식	• 급정지기구를 부착한 프레스에 사용 • 안전거리 확보 필요
수인식	• 액압 프레스, 고속·저속 프레스에 적절하지 않음
손쳐내기식	• 액압 프레스, 고속·저속 프레스에 적절하지 않음

053
다음 목재가공용 기계에 사용되는 방호장치의 연결이 옳지 않은 것은?

① 둥근톱기계 : 톱날접촉예방장치
② 띠톱기계 : 날접촉예방장치
③ 모떼기기계 : 날접촉예방장치
④ 동력식 수동대패기계 : 반발예방장치

해설

「산업안전보건기준에 관한 규칙」
제4절 목재가공용 기계
제105조(둥근톱기계의 반발예방장치)
제106조(둥근톱기계의 톱날접촉예방장치)
제107조(띠톱기계의 덮개)
제108조(띠톱기계의 날접촉예방장치 등)
제109조(대패기계의 날접촉예방장치) 사업주는 작업대상물이 수동으로 공급되는 동력식 수동대패기계에 날접촉예방장치를 설치하여야 한다.
제110조(모떼기기계의 날접촉예방장치)

055
인장강도가 350MPa인 강판의 안전율이 4라면 허용응력은 몇 N/mm²인가?

① 76.4　　② 87.5
③ 98.7　　④ 102.3

해설

• 안전율 = $\dfrac{\text{인장강도}}{\text{허용응력}}$

• 허용응력 = $\dfrac{\text{인장강도}}{\text{안전율}}$

$\dfrac{350}{4} = 87.5$

따라서 허용응력은 87.5N/mm²이다.

054
급정지기구가 부착되어 있지 않아도 유효한 프레스의 방호장치로 옳지 않은 것은?

① 양수기동식　　② 가드식
③ 손쳐내기식　　④ 양수조작식

해설

| 프레스 방호장치의 선정·설치 및 사용 기술지침 |
방호장치 일반적 부착 요건

구분	사용제한
가드식	• 각종 프레스에 사용 가능 • 안전거리 확보 필요 없음
양수기동식	• 안전거리 확보 필요

056
그림과 같이 50kN의 중량물을 와이어로프를 이용하여 상부에 60°의 각도가 되도록 들어 올릴 때, 로프 하나에 걸리는 하중(T)은 약 몇 kN인가?

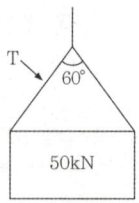

① 16.8　　② 24.5
③ 28.9　　④ 37.9

해설

각각의 와이어로프 $\cos\left(\dfrac{\theta}{2}\right)$에 해당하는 값이 $\dfrac{\text{화물의 무게}}{2}$에 해당하는 값이므로,

$$\dfrac{\frac{\text{화물의 무게}}{2}}{\cos\left(\frac{\theta}{2}\right)} = \dfrac{\frac{50}{2}}{\cos\left(\frac{60}{2}\right)} ≒ \dfrac{25}{0.866} ≒ 28.9\text{kN}$$

057

다음 중 휴대용 동력 드릴 작업 시 안전사항에 관한 설명으로 틀린 것은?

① 드릴의 손잡이를 견고하게 잡고 작업하여 드릴손잡이 부위가 회전하지 않고 확실하게 제어 가능하도록 한다.
② 절삭하기 위하여 구멍에 드릴날을 넣거나 뺄 때 반발에 의하여 손잡이 부분이 튀거나 회전하여 위험을 초래하지 않도록 팔을 드릴과 직선으로 유지한다.
③ 드릴이나 리머를 고정시키거나 제거하고자 할 때 금속성 망치 등을 사용하여 확실히 고정 또는 제거한다.
④ 드릴을 구멍에 맞추거나 스핀들의 속도를 낮추기 위해서 드릴날을 손으로 잡아서는 안 된다.

해설

| 휴대용 동력드릴의 사용안전에 관한 기술지침 |
17. 드릴작업의 안전
  (1) 드릴의 손잡이를 견고하게 잡고 작업하여 드릴손잡이 부위가 회전하지 않고 확실하게 제어 가능하도록 한다.
  (2) 절삭하기 위하여 구멍에 드릴날을 넣거나 뺄 때 반발에 의하여 손잡이 부분이 튀거나 회전하여 위험을 초래하지 않도록 팔을 드릴과 직선으로 유지한다.
  (3) 적당한 펀치로 중심을 잡은 후에 드릴작업을 실시한다. 드릴을 구멍에 맞추거나 스핀들의 속도를 낮추기 위해서 드릴날을 손으로 잡아서는 안 된다. 조정이나 보수를 위하여 손으로 잡아야 할 경우에는 충분히 냉각된 후에 잡는다.

(8) 드릴이나 리머를 고정시키거나 제거하고자 할 때 금속성물질로 두드리면 변형 및 파손될 우려가 있으므로 고무망치 등을 사용하거나 나무블록 등을 사이에 두고 두드린다.

058

보일러에서 폭발사고를 미연에 방지하기 위해 화염 상태를 검출할 수 있는 장치가 필요하다. 이 중 바이메탈을 이용하여 화염을 검출하는 것은?

① 프레임 아이
② 스택 스위치
③ 전자 개폐기
④ 프레임 로드

해설

- 스택 스위치(Stack Switch) : 발열체인 화염의 성질을 이용하는 방식으로, 연도(煙道)에 바이메탈을 삽입하여 연소가스의 온도를 측정해 화염의 유무를 검출하는 바이메탈식 화염 검출기

059

밀링작업 시 안전 수칙에 관한 설명으로 옳지 않은 것은?

① 칩은 기계를 정지시킨 다음에 브러시 등으로 제거한다.
② 일감 또는 부속장치 등을 설치하거나 제거할 때는 반드시 기계를 정지시키고 작업한다.
③ 커터는 될 수 있는 한 컬럼에서 멀게 설치한다.
④ 강력 절삭을 할 때는 일감을 바이스에 깊게 물린다.

해설

- 밀링작업 안전수칙
  - 장갑을 착용하지 않을 것
  - 칩의 비산이 많으므로 보안경을 착용할 것
  - 작업자의 옷소매 등이 커터에 말릴 수 있으므로 주의하고, 끈을 사용해 묶지 않을 것
  - 칩 제거는 절삭작업이 끝난 후 브러시를 사용할 것
  - 공작물을 고정할 때에는 기계를 정지시킨 후 작업할 것
  - 커터는 될 수 있는 한 칼럼에 가깝게 설치할 것

- 강력절삭을 할 경우에는 공작물을 바이스에 깊게 물려 작업할 것
- 가공 중 공작물의 치수를 측정할 때에는 기계를 정지시킨 후 측정할 것
- 커터 교환 시 테이블 위에 나무판을 받칠 것
- 커터를 끼울 때는 아버를 깨끗이 닦을 것
- 절삭공구에 절삭유 주유 시 커터 위부터 공급할 것

060

다음 중 방호장치의 기본목적과 가장 관계가 먼 것은?

① 작업자의 보호
② 기계기능의 향상
③ 인적·물적 손실의 방지
④ 기계위험 부위의 접촉방지

해설

방호장치는 근로자의 작업안전을 위해 유해하거나 위험한 기계 등에 대하여 설치하는 안전조치로, 기계기능의 향상은 방호장치의 기본목적과 관계가 없다.

062

우리나라에서 사용하고 있는 전압(교류와 직류)을 크기에 따라 구분한 것으로 알맞은 것은?

① 저압 : 직류는 700V 이하
② 저압 : 교류는 600V 이하
③ 고압 : 직류는 800V를 초과하고, 6kV 이하
④ 고압 : 교류는 700V를 초과하고, 6kV 이하

해설

• 전압의 구분

구분		개정 전	개정 후(현재)
저압	직류	750V 이하	1.5kV 이하
	교류	600V 이하	1kV 이하
고압	직류	750V 초과 ~ 7kV 이하	1.5kV 초과 ~ 7kV 이하
	교류	600V 초과 ~ 7kV 이하	1kV 초과 ~ 7kV 이하
특고압		7kV 초과	7kV 초과

※ 참고 : 한국전기설비규정(KEC)의 개정 전 출제된 문제입니다. 해당 규정의 개정으로 정답이 ②에서 '정답 없음'으로 변경되었습니다.

제4과목 전기위험방지기술

061

화재·폭발 위험분위기의 생성방지 방법으로 옳지 않은 것은?

① 폭발성 가스의 누설 방지
② 가연성 가스의 방출 방지
③ 폭발성 가스의 체류 방지
④ 폭발성 가스의 옥내 체류

해설

폭발성 가스가 누설되어 밀폐된 공간에 가스가 축적될 때 점화원에 의해 화재나 폭발이 발생할 가능성이 높으므로, 가스 저장 및 취급 장소를 충분히 강제 환기하여 가스의 체류를 방지해야 한다.

063

내압방폭구조의 주요 시험항목이 아닌 것은?

① 폭발강도
② 인화시험
③ 절연시험
④ 기계적 강도시험

해설

• 내압방폭구조 시험항목
- 폭발강도(정적 및 동적)
- 폭발압력(기준압력)
- 폭발인화
- 기계적 강도

064

교류아크용접기의 접점방식(Magnet식)의 전격방지장치에서 지동시간과 용접기 2차측 무부하전압(V)을 바르게 표현한 것은?

① 0.06초 이내, 25V 이하
② 1±0.3초 이내, 25V 이하
③ 2±0.3초 이내, 50V 이하
④ 1.5±0.06초 이내, 50V 이하

> **해설**
> 교류아크용접기의 전격방지장치에서 지동시간은 1±0.3초 이내, 용접기 2차측 무부하전압은 25V 이하이다.
> - 지동시간 : 출력측의 무부하전압이 발생한 후 주접점에 개방될 때까지의 시간
> - 무부하전압 : 용접기 출력측 무부하전압을 안전전압으로 저하시켜, 용접기 무부하 시 작업자가 용접봉과 모재 사이에 접촉함으로 인하여 발생하는 감전의 위험을 방지

065

누전차단기의 시설방법 중 옳지 않은 것은?

① 시설장소는 배전반 또는 분전반 내에 설치한다.
② 정격전류용량은 해당 전로의 부하전류 값 이상이어야 한다.
③ 정격감도전류는 정상의 사용상태에서 불필요하게 동작하지 않도록 한다.
④ 인체감전보호형은 0.05초 이내에 동작하는 고감도고속형이어야 한다.

> **해설**
> - 인체감전보호용 누전차단기 : 정격감도전류 30mA 이하, 동작시간 0.03초 이하의 전류동작형

066

방폭전기기기의 온도등급에서 기호 T_2의 의미로 맞는 것은?

① 최고표면온도의 허용치가 135℃ 이하인 것
② 최고표면온도의 허용치가 200℃ 이하인 것
③ 최고표면온도의 허용치가 300℃ 이하인 것
④ 최고표면온도의 허용치가 450℃ 이하인 것

> **해설**
> 「방호장치 안전인증 고시」
> [별표 6] 가스·증기방폭구조인 전기기기의 일반성능기준 전기기기에 대한 최고표면온도의 분류
>
> | 온도등급 | 최고표면온도 | 온도등급 | 최고표면온도 |
> |---|---|---|---|
> | T_1 | 450℃ | T_4 | 135℃ |
> | T_2 | 300℃ | T_5 | 100℃ |
> | T_3 | 200℃ | T_6 | 85℃ |

067

사업장에서 많이 사용되고 있는 이동식 전기기계·기구의 안전대책으로 가장 거리가 먼 것은?

① 충전부 전체를 절연한다.
② 절연이 불량인 경우 접지저항을 측정한다.
③ 금속제 외함이 있는 경우 접지를 한다.
④ 습기가 많은 장소는 누전차단기를 설치한다.

> **해설**
> 절연이 불량인 경우 '절연저항'을 측정한다.

068

감전사고를 방지하기 위해 허용보폭전압에 대한 수식으로 맞는 것은?

- E : 허용보폭전압
- R_b : 인체의 저항
- ρ_s : 지표상층 저항률
- I_k : 심실세동전류

① $E=(R_b+3\rho_s)I_k$
② $E=(R_b+4\rho_s)I_k$
③ $E=(R_b+5\rho_s)I_k$
④ $E=(R_b+6\rho_s)I_k$

해설

허용접촉전압	허용보폭전압
$E=(R_b+\dfrac{3\rho_s}{2})I_k$	$E=(R_b+6\rho_s)I_k$

이때, $I_k=\dfrac{0.165}{\sqrt{T}}$, R_b=인체의 저항, ρ_s=지표상층 저항률

069

인체저항이 5,000Ω이고, 전류가 3mA가 흘렀다. 인체의 정전용량이 0.1μF라면 인체에 대전된 정전하는 몇 μC인가?

① 0.5
② 1.0
③ 1.5
④ 2.0

해설

- 정전하 $Q=CV$

문제 내 주어진 값이 저항과 전류이므로 옴의 법칙에 의해, $V=IR$

$5,000\times 3\times 10^{-3}=15$

$C=0.1\mu F$이므로, $0.1\times 15=1.5$

따라서 인체에 대전된 정전하는 1.5μC이다.

070

저압전로의 절연성능 시험에서 전로의 사용전압이 380V인 경우 전로의 전선 상호 간 및 전로와 대지 사이의 절연저항은 최소 몇 MΩ 이상이어야 하는가?

① 0.4MΩ
② 0.3MΩ
③ 0.2MΩ
④ 0.1MΩ

해설

「전기설비기술기준」
제52조(저압전로의 절연성능) 전기사용 장소의 사용전압이 저압인 전로의 전선 상호 간 및 전로와 대지 사이의 절연저항은 개폐기 또는 과전류차단기로 구분할 수 있는 전로마다 다음 표에서 정한 값 이상이어야 한다.

전로의 사용전압	DC 시험전압	절연저항
SELV 및 PELV	250V	0.5MΩ
FELV, 500V 이하	500V	1.0MΩ
500V 초과	1,000V	1.0MΩ

[주] 특별저압(Extra Low Voltage : 2차 전압이 AC 50V, DC 120V 이하)으로 SELV(비접지회로 구성) 및 PELV(접지회로 구성)은 1차와 2차가 전기적으로 절연된 회로, FELV는 1차와 2차가 전기적으로 절연되지 않은 회로

※ 참고 : 「전기설비기술기준」의 개정 전 출제된 문제입니다. 해당 법령의 개정으로 정답이 ②에서 '정답 없음'으로 변경되었습니다.

개정 전		
전로의 사용전압의 구분		절연저항치
400V 미만	대지전압이 150V 이하	0.1MΩ
	대지전압이 150V를 넘고 300V 이하	0.2MΩ
	사용전압이 300V를 넘고 400V 미만	0.3MΩ
400V 이상		0.4MΩ

071

방폭전기기기의 등급에서 위험장소의 등급분류에 해당되지 않는 것은?

① 3종 장소
② 2종 장소
③ 1종 장소
④ 0종 장소

해설

- 위험장소 분류

0종 장소	위험분위기가 지속적으로 또는 장기간 존재하는 장소
1종 장소	상용의 상태(통상적인 유지보수 및 관리상태)에서 위험분위기가 존재하기 쉬운 장소
2종 장소	이상상태(일부 기기의 고장, 기능 상실, 오작동 등) 하에서 위험분위기가 단시간 동안 존재할 수 있는 장소

072

다음은 무슨 현상을 설명한 것인가?

> 전위차가 있는 2개의 대전체가 특정거리에 접근하게 되면 등전위가 되기 위하여 전하가 절연공간을 깨고 순간적으로 빛과 열을 발생하며 이동하는 현상

① 대전 ② 충전
③ 방전 ④ 열전

해설
- 방전 현상 : 대전체가 전하를 잃는 과정으로, 가까이 있는 두 전극에 높은 전압을 걸었을 때 진공이나 공기를 통해 전자가 이동하는 현상

073

다음 그림은 심장맥동주기를 나타낸 것이다. T파는 어떤 경우인가?

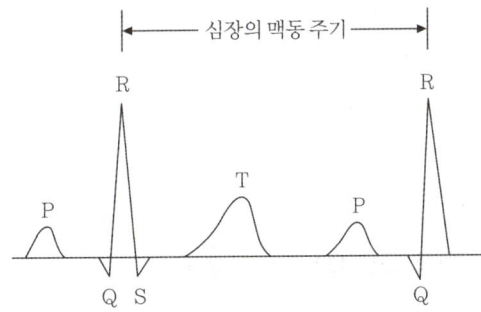

① 심방의 수축에 따른 파형
② 심실의 수축에 따른 파형
③ 심실의 휴식 시 발생하는 파형
④ 심방의 휴식 시 발생하는 파형

해설
- 심장맥동주기 : P-Q-R-S-T파형
  - P파 : 심방 수축에 따라 발생
  - Q-R-S파 : 심실 수축에 따라 발생
  - T파 : 심실 수축 종료 후 심실의 휴식 시 발생
  ※ 심실 수축이 종료되는 T파 부분에 전격이 인가되면 심실세동이 일어날 확률이 가장 높고 위험하다.

074

교류 아크 용접기의 자동전격장치는 전격의 위험을 방지하기 위하여 아크 발생이 중단된 후 약 1초 이내에 출력측 무부하전압을 자동적으로 몇 V 이하로 저하시켜야 하는가?

① 85 ② 70
③ 50 ④ 25

해설
「방호장치 자율안전기준 고시」
제4조(정의)
1. "교류아크용접기용 자동전격방지기(이하 "전격방지기"라 한다)"란 대상으로 하는 용접기의 주회로(변압기의 경우는 1차회로 또는 2차회로)를 제어하는 장치를 가지고 있어, 용접봉의 조작에 따라 용접할 때에만 용접기의 주회로를 형성하고, 그 외에는 용접기의 출력측의 무부하전압을 25볼트 이하로 저하시키도록 동작하는 장치를 말한다.

075

인체의 대부분이 수중에 있는 상태에서 허용접촉전압은 몇 V 이하인가?

① 2.5V ② 25V
③ 30V   ④ 50V

해설
- 허용접촉전압

종별	접촉상태	허용접촉전압
제1종	인체의 대부분이 수중에 있는 상태	2.5V 이하
제2종	① 인체가 현저히 젖어있는 상태 ② 금속성의 전기·기계장치나 구조물에 인체의 일부가 상시 접촉되어 있는 상태	25V 이하
제3종	제1종, 제2종 이외의 경우로서 통상의 인체상태에 있어서 접촉전압이 가해지면 위험성이 높은 상태	50V 이하
제4종	① 제1종, 제2종 이외의 경우로서 통상의 인체상태에 접촉전압이 가해져도 위험성이 낮은 상태 ② 접촉전압이 가해질 우려가 없는 경우	제한 없음

076
우리나라의 안전전압으로 볼 수 있는 것은 약 몇 V 인가?

① 30V ② 50V
③ 60V ④ 70V

> **해설**
> 우리나라는 안전전압의 한계를 산업안전보건법(산업안전보건기준에 관한 규칙 제324조)에서 30V 이하로 규정하고 있다.
> 「산업안전보건기준에 관한 규칙」
> ・제324조(적용 제외) … 대지전압이 30볼트 이하인 전기기계・기구・배선 또는 이동전선에 대해서는 적용하지 아니한다.

077
22.9kV 충전전로에 대해 필수적으로 작업자와 이격시켜야 하는 접근한계 거리는?

① 45cm ② 60cm
③ 90cm ④ 110cm

> **해설**
> 「산업안전보건기준에 관한 규칙」
> 제321조(충전전로에서의 전기작업)
>
> | 충전전로의 선간전압(kV) | 충전전로에 대한 접근 한계거리(cm) |
> |---|---|
> | 0.3 이하 | 접촉금지 |
> | 0.3 초과 ~ 0.75 이하 | 30 |
> | 0.75 초과 ~ 2 이하 | 45 |
> | 2 초과 ~ 15 이하 | 60 |
> | 15 초과 ~ 37 이하 | 90 |
> | 37 초과 ~ 88 이하 | 110 |
> | 88 초과 ~ 121 이하 | 130 |
> | 121 초과 ~ 145 이하 | 150 |
> | 145 초과 ~ 169 이하 | 170 |
> | 169 초과 ~ 242 이하 | 230 |
> | 242 초과 ~ 362 이하 | 380 |
> | 362 초과 ~ 550 이하 | 550 |
> | 550 초과 ~ 800 이하 | 790 |

078
개폐조작 시 안전절차에 따른 차단 순서와 투입 순서로 가장 올바른 것은?

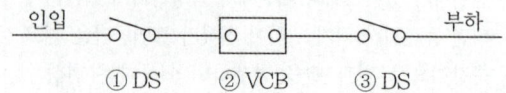

① DS ② VCB ③ DS

① 차단 ②→①→③, 투입 ①→②→③
② 차단 ②→③→①, 투입 ①→②→③
③ 차단 ②→①→③, 투입 ③→②→①
④ 차단 ②→③→①, 투입 ③→①→②

> **해설**
> ・전원 차단 시: 차단기(VCB) 개방 후 단로기(DS) 개방
> - 차단 순서: ② VCB → ③ DS → ① DS
> ・전원 투입 시: 단로기(DS) 투입 후 차단기(VCB) 투입
> - 투입 순서: ③ DS → ① DS → ② VCB

079
정전기에 대한 설명으로 가장 옳은 것은?

① 전하의 공간적 이동이 크고, 자계의 효과가 전계의 효과에 비해 매우 큰 전기
② 전하의 공간적 이동이 크고, 자계의 효과와 전계의 효과를 서로 비교할 수 없는 전기
③ 전하의 공간적 이동이 적고, 전계의 효과와 자계의 효과가 서로 비슷한 전기
④ 전하의 공간적 이동이 적고, 자계의 효과가 전계에 비해 무시할 정도의 적은 전기

> **해설**
> ・정전기(靜電氣): 전하(電荷)의 공간적 이동이 적고, 자계의 효과가 전계에 비해 무시할 정도의 적은 전기

080

인체저항을 500Ω이라 한다면, 심실세동을 일으키는 위험한계 에너지는 약 몇 J인가? (단, 심실세동전류값 $I = \frac{165}{\sqrt{T}}$ mA의 Dalziel의 식을 이용하며, 통전시간은 1초로 한다.)

① 11.5
② 13.6
③ 15.3
④ 16.2

해설

- $W = I^2RT$
  $W = (\frac{165}{\sqrt{T}} \times 10^{-3})^2 \times R \times T$
  통전시간(T)은 1초이므로,
  $(165 \times 10^{-3})^2 \times 500 \times 1 ≒ 13.612$
  따라서 위험 한계 에너지는 약 13.6J이다.

제5과목 화학설비위험방지기술

081

다음 물질 중 물에 가장 잘 용해되는 것은?

① 아세톤
② 벤젠
③ 톨루엔
④ 휘발유

해설

아세톤은 물에 잘 녹으며 유기용매로서 다른 물질과도 잘 섞이는 성질이 있다.

082

다음 중 최소발화에너지가 가장 작은 가연성 가스는?

① 수소
② 메탄
③ 에탄
④ 프로판

해설

- H_2(수소) : 0.019
- CH_4(메탄) : 0.28
- C_2H_6(에탄) : 0.67
- C_3H_8(프로판) : 0.26

083

안전설계의 기초에 있어 기상폭발대책을 예방대책, 긴급대책, 방호대책으로 나눌 때, 다음 중 방호대책과 가장 관계가 깊은 것은?

① 경보
② 발화의 저지
③ 방폭벽과 안전거리
④ 가연조건의 성립저지

해설

방호대책은 폭발 시 피해를 최소화하기 위한 대책으로, 방폭벽 설치와 안전거리 확보 등이 이에 해당한다.

084

공정안전보고서 중 공정안전자료에 포함하여야 할 세부내용에 해당하는 것은?

① 비상조치계획에 따른 교육계획
② 안전운전지침서
③ 각종 건물·설비의 배치도
④ 도급업체 안전관리계획

해설

「산업안전보건법 시행규칙」
제50조(공정안전보고서의 세부 내용 등)
① 영 제44조에 따라 공정안전보고서에 포함해야 할 세부 내용은 다음 각 호와 같다.
  1. 공정안전자료
     가. 취급·저장하고 있거나 취급·저장하려는 유해·위험물질의 종류 및 수량
     나. 유해·위험물질에 대한 물질안전보건자료
     다. 유해하거나 위험한 설비의 목록 및 사양
     라. 유해하거나 위험한 설비의 운전방법을 알 수 있는 공정도면
     마. 각종 건물·설비의 배치도
     바. 폭발위험장소 구분도 및 전기단선도
     사. 위험설비의 안전설계·제작 및 설치 관련 지침서

085
다음 중 물질에 대한 저장방법으로 잘못된 것은?

① 나트륨 – 유동 파라핀 속에 저장
② 니트로글리세린 – 강산화제 속에 저장
③ 적린 – 냉암소에 격리 저장
④ 칼륨 – 등유 속에 저장

해설
니트로글리세린은 직사광선에 노출되어서는 안 되는 물질이므로 갈색 유리병에 넣어 햇빛을 차단하여 보관해야 한다.

086
화학설비 가운데 분체화학물질 분리장치에 해당하지 않는 것은?

① 건조기   ② 분쇄기
③ 유동탑   ④ 결정조

해설
- 분체화학물질 분리장치 : 결정조, 유동탑, 탈습기, 건조기 등
- 분체화학물질 취급장치 : 분쇄기, 분체분리기, 용융기 등

087
특수화학설비를 설치할 때 내부의 이상상태를 조기에 파악하기 위하여 필요한 계측장치로 가장 거리가 먼 것은?

① 압력계   ② 유량계
③ 온도계   ④ 비중계

해설
「산업안전보건기준에 관한 규칙」
제273조(계측장치 등의 설치) 사업주는 별표 9에 따른 위험물을 같은 표에서 정한 기준량 이상으로 제조하거나 취급하는 다음 각 호의 어느 하나에 해당하는 화학설비(이하 "특수화학설비"라 한다)를 설치하는 경우에는 내부의 이상 상태를 조기에 파악하기 위하여 필요한 온도계·유량계·압력계 등의 계측장치를 설치하여야 한다.

088
위험물 또는 위험물이 발생하는 물질을 가열·건조하는 경우 내용적이 몇 세제곱미터 이상인 건조설비인 경우 건조실을 설치하는 건축물의 구조를 독립된 단층건물로 하여야 하는가? (단, 건조실을 건축물의 최상층에 설치하거나 건축물이 내화구조인 경우는 제외한다.)

① 1   ② 10
③ 100   ④ 1,000

해설
「산업안전보건기준에 관한 규칙」
제280조(위험물 건조설비를 설치하는 건축물의 구조) 사업주는 다음 각 호의 어느 하나에 해당하는 위험물 건조설비(이하 "위험물 건조설비"라 한다) 중 건조실을 설치하는 건축물의 구조는 독립된 단층건물로 하여야 한다. 다만, 해당 건조실을 건축물의 최상층에 설치하거나 건축물이 내화구조인 경우에는 그러하지 아니하다.
1. 위험물 또는 위험물이 발생하는 물질을 가열·건조하는 경우 내용적이 1세제곱미터 이상인 건조설비
2. 위험물이 아닌 물질을 가열·건조하는 경우로서 다음 각 목의 어느 하나의 용량에 해당하는 건조설비
   가. 고체 또는 액체연료의 최대사용량이 시간당 10킬로그램 이상
   나. 기체연료의 최대사용량이 시간당 1세제곱미터 이상
   다. 전기사용 정격용량이 10킬로와트 이상

089

공기 중에서 폭발범위가 12.5~74vol%인 일산화탄소의 위험도는 얼마인가?

① 4.92
② 5.26
③ 6.26
④ 7.05

해설

위험도 = $\dfrac{\text{폭발상한계} - \text{폭발하한계}}{\text{폭발하한계}} = \dfrac{74 - 12.5}{12.5} = 4.92$

090

숯, 코크스, 목탄의 대표적인 연소 형태는?

① 혼합연소
② 증발연소
③ 표면연소
④ 비혼합연소

해설

- 표면연소 : 가열 시 열분해에 의해 증발되는 성분 없이 물체 표면에서 산소와 직접 반응하여 연소하는 형태 (코크스, 금속분, 목탄 등)

091

다음 중 자연발화가 가장 쉽게 일어나기 위한 조건에 해당하는 것은?

① 큰 열전도율
② 고온, 다습한 환경
③ 표면적이 작은 물질
④ 공기의 이동이 많은 장소

해설

열전도율이 작을수록, 표면적이 넓을수록, 발열량이 크고 열 축적이 클수록, 주위 온도가 높을수록, 고온다습할수록, 통풍이 안 될수록 자연발화가 발생하기 쉽다.

092

위험물에 관한 설명으로 틀린 것은?

① 이황화탄소의 인화점은 0℃보다 낮다.
② 과염소산은 쉽게 연소되는 가연성 물질이다.
③ 황린은 물속에 저장한다.
④ 알킬알루미늄은 물과 격렬하게 반응한다.

해설

과염소산은 부식력이 강하고 유기물 등과 접촉하면 폭발하는 경우가 있으나 가연성 물질은 아니다.

093

물과 반응하여 가연성 기체를 발생하는 것은?

① 프크린산
② 이황화탄소
③ 칼륨
④ 과산화칼륨

해설

칼륨은 물과 반응하여 수산화칼륨과 수소를 생성하여 연소 또는 폭발한다.

「위험물안전관리법 시행령」
[별표 1] 위험물 및 지정수량

제3류 자연발화성물질 및 금수성물질
1. 칼륨
2. 나트륨
3. 알킬알루미늄
4. 알킬리튬
5. 황린
6. 알칼리금속(칼륨 및 나트륨을 제외한다) 및 알칼리토금속
7. 유기금속화합물(알킬알루미늄 및 알킬리튬을 제외한다)
8. 금속의 수소화물
9. 금속의 인화물
10. 칼슘 또는 알루미늄의 탄화물
11. 그 밖에 행정안전부령으로 정하는 것
12. 제1호 내지 제11호의1에 해당하는 어느 하나 이상을 함유한 것

비고
9. "자연발화성물질 및 금수성물질"이라 함은 고체 또는 액체로서 공기 중에서 발화의 위험성이 있거나 물과 접촉하여 발화하거나 가연성가스를 발생하는 위험성이 있는 것을 말한다.

094

프로판(C_3H_8)의 연소하한계가 2.2vol%일 때, 연소를 위한 최소산소농도(MOC)는 몇 vol%인가?

① 5.0
② 7.0
③ 9.0
④ 11.0

해설

$C_3H_8 + 5O_2 \rightarrow 3CO_2 + 4H_2O$
프로판의 몰수는 1이고, 산소의 몰수는 5이다.
최소산소농도 = 연소하한계 × $\dfrac{산소의 몰수}{연료의 몰수}$
$= 2.2 \times \dfrac{5}{1} = 11$

095

다음 중 유기과산화물로 분류되는 것은?

① 메틸에틸케톤
② 과망간산칼륨
③ 과산화마그네슘
④ 과산화벤조일

해설

「산업안전보건기준에 관한 규칙」
[별표 9] 위험물질의 기준량
1. 폭발성 물질 및 유기과산화물
 가. 질산에스테르류
  니트로글리콜·니트로글리세린·니트로셀룰로오스 등
 나. 니트로 화합물
  트리니트로벤젠·트리니트로톨루엔·피크린산 등
 다. 니트로소 화합물
 라. 아조 화합물
 마. 디아조 화합물
 바. 하이드라진 유도체
 사. 유기과산화물
  과초산, 메틸에틸케톤 과산화물, 과산화벤조일 등

096

연소이론에 대한 설명으로 틀린 것은?

① 착화온도가 낮을수록 연소위험이 크다.
② 인화점이 낮은 물질은 반드시 착화점도 낮다.
③ 인화점이 낮을수록 일반적으로 연소위험이 크다.
④ 연소범위가 넓을수록 연소위험이 크다.

해설

인화점이 낮다고 해서 착화점까지 낮은 것은 아니다.

097

디에틸에테르의 연소범위에 가장 가까운 값은?

① 2~10.4%
② 1.9~48%
③ 2.5~15%
④ 1.5~7.8%

해설

디에틸에테르의 연소범위는 1.9~48%이다.

098

송풍기의 회전차 속도가 1,300rpm일 때 송풍량이 분당 300m^3였다. 송풍량을 분당 400m^3로 증가시키고자 한다면 송풍기의 회전차 속도는 약 몇 rpm으로 하여야 하는가?

① 1,533
② 1,733
③ 1,967
④ 2,167

해설

송풍기의 송풍량은 회전속도와 비례한다.
$1,300 : 300 = x : 400$
$\therefore x \fallingdotseq 1,733$

099

다음 중 물과 반응하였을 때 흡열반응을 나타내는 것은?

① 질산암모늄
② 탄화칼슘
③ 나트륨
④ 과산화칼륨

해설

질산암모늄을 물에 용해하면 흡열반응이 강하게 일어나서 온도를 낮출 수 있다.

100
다음 중 노출기준(TWA)이 가장 낮은 물질은?

① 염소 ② 암모니아
③ 에탄올 ④ 메탄올

해설
염소의 TWA가 0.5로 가장 낮다.
- 시간가중 평균노출기준(TWA)
 - 염소 : 0.5
 - 암모니아 : 25
 - 에탄올 : 1,000
 - 메탄올 : 200

102
흙막이 지보공을 조립하는 경우 미리 조립도를 작성하여야 하는데 이 조립도에 명시되어야 할 사항과 가장 거리가 먼 것은?

① 부재의 배치 ② 부재의 치수
③ 부재의 긴압정도 ④ 설치방법과 순서

해설
「산업안전보건기준에 관한 규칙」
제346조(조립도)
① 사업주는 흙막이 지보공을 조립하는 경우 미리 조립도를 작성하여 그 조립도에 따라 조립하도록 하여야 한다.
② 제1항의 조립도는 흙막이판·말뚝·버팀대 및 띠장 등 부재의 배치·치수·재질 및 설치방법과 순서가 명시되어야 한다.

제6과목 건설안전기술

101
보통 흙의 건지를 다음 그림과 같이 굴착하고자 한다. 굴착면의 기울기를 1 : 0.5로 하고자 할 경우 L의 길이로 옳은 것은?

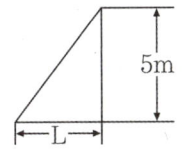

① 2m ② 2.5m
③ 5m ④ 10m

해설
$1 : 0.5 = 5 : x$
$x = 0.5 \times 5$
$\therefore x = 2.5$

103
미리 작업장소의 지형 및 지반상태 등에 적합한 제한속도를 정하지 않아도 되는 차량계 건설기계의 속도 기준은?

① 최대 제한속도가 10km/h 이하
② 최대 제한속도가 20km/h 이하
③ 최대 제한속도가 30km/h 이하
④ 최대 제한속도가 40km/h 이하

해설
「산업안전보건기준에 관한 규칙」
제98조(제한속도의 지정 등)
① 사업주는 차량계 하역운반기계, 차량계 건설기계(최대 제한속도가 시속 10킬로미터 이하인 것은 제외한다)를 사용하여 작업을 하는 경우 미리 작업장소의 지형 및 지반 상태 등에 적합한 제한속도를 정하고, 운전자로 하여금 준수하도록 하여야 한다.

104
터널공사에서 발파작업 시 안전대책으로 옳지 않은 것은?

① 발파전 도화선 연결상태, 저항 시 조사 등의 목적으로 도통시험 실시 및 발파기의 작동상태에 대한 사전점검 실시
② 모든 동력선은 발원점으로부터 최소한 15m 이상 후방으로 옮길 것
③ 지질, 암의 절리 등에 따라 화약량에 대한 검토 및 시방기준과 대비하여 안전조치 실시
④ 발파용 점화회선은 타동력선 및 조명회선과 한곳으로 통합하여 관리

> **해설**
> 발파용 점화회선은 타동력선 및 조명회선으로부터 분리되어야 한다.

105
달비계의 최대 적재하중을 정함에 있어서 활용하는 안전계수의 기준으로 옳은 것은? (단, 곤돌라의 달비계를 제외한다.)

① 달기 와이어로프 : 5 이상
② 달기 강선 : 5 이상
③ 달기 체인 : 3 이상
④ 달기 훅 : 5 이상

> **해설**
> 「산업안전보건기준에 관한 규칙」
> 제55조(작업발판의 최대적재하중)
> ② 달비계(곤돌라의 달비계는 제외한다)의 최대 적재하중을 정하는 경우 그 안전계수는 다음 각 호와 같다.
>   1. 달기 와이어로프 및 달기 강선의 안전계수 : 10 이상
>   2. 달기 체인 및 달기 훅의 안전계수 : 5 이상
>   3. 달기 강대와 달비계의 하부 및 상부 지점의 안전계수 : 강재(鋼材)의 경우 2.5 이상, 목재의 경우 5 이상

106
다음 보기의 ( ) 안에 알맞은 내용은?

> 동바리로 사용하는 파이프 서포트의 높이가 ( )m를 초과하는 경우에는 높이 2m 이내마다 수평연결재를 2개 방향으로 만들고 수평연결재의 전위를 방지할 것

① 3
② 3.5
③ 4
④ 4.5

> **해설**
> 「산업안전보건기준에 관한 규칙」
> 제332조(거푸집동바리 등의 안전조치)
> 7. 동바리로 사용하는 강관[파이프 서포트(pipe support)는 제외한다]에 대해서는 다음 각 목의 사항을 따를 것
>   가. 높이 2미터 이내마다 수평연결재를 2개 방향으로 만들고 수평연결재의 변위를 방지할 것
>   나. 멍에 등을 상단에 올릴 경우에는 해당 상단에 강재의 단판을 붙여 멍에 등을 고정시킬 것
> 8. 동바리로 사용하는 파이프 서포트에 대해서는 다음 각 목의 사항을 따를 것
>   가. 파이프 서포트를 3개 이상 이어서 사용하지 않도록 할 것
>   나. 파이프 서포트를 이어서 사용하는 경우에는 4개 이상의 볼트 또는 전용철물을 사용하여 이을 것
>   다. 높이가 3.5미터를 초과하는 경우에는 제7호 가목의 조치를 할 것

107
건립 중 강풍에 의한 풍압 등 외압에 대한 내력이 설계에 고려되었는지 확인하여야 하는 철골 구조물이 아닌 것은?

① 단면이 일정한 구조물
② 기둥이 타이플레이트형인 구조물
③ 이음부가 현장용접인 구조물
④ 구조물의 폭과 높이의 비가 1 : 4 이상인 구조물

해설

「철골공사표준안전작업지침」
제3조(설계도 및 공작도 확인)
7. 구조안전의 위험이 큰 다음 각 목의 철골구조물은 건립 중 강풍에 의한 풍압 등 외압에 대한 내력이 설계에 고려되었는지 확인하여야 한다.
　가. 높이 20미터 이상의 구조물
　나. 구조물의 폭과 높이의 비가 1 : 4 이상인 구조물
　다. 단면구조에 현저한 차이가 있는 구조물
　라. 연면적당 철골량이 50킬로그램/평방미터 이하인 구조물
　마. 기둥이 타이플레이트(tie plate)형인 구조물
　바. 이음부가 현장용접인 구조물

108

건설업 산업안전보건관리비 중 안전시설비로 사용할 수 없는 것은?

① 안전통로
② 비계에 추가 설치하는 추락방지용 안전난간
③ 사다리 전도방지장치
④ 통로의 낙하물 방호선반

해설

「건설업 산업안전보건관리비 계상 및 사용기준」
[별표 2] 안전관리비의 항목별 사용 불가내역
2. 안전시설비 등

사용불가내역
원활한 공사수행을 위해 공사현장에 설치하는 시설물, 장치, 자재, 안내·주의·경고 표지 등과 공사 수행 도구·시설이 안전장치와 일체형인 경우 등에 해당하는 경우 그에 소요되는 구입·수리 및 설치·해체 비용 등 가. 원활한 공사수행을 위한 가설시설, 장치, 도구, 자재 등 　1) 외부인 출입금지, 공사장 경계표시를 위한 가설울타리 　2) 각종 비계, 작업발판, 가설계단·통로, 사다리 등 　※ 안전발판, 안전통로, 안전계단 등과 같이 명칭에 관계없이 공사 수행에 필요한 가시설들은 사용 불가 　- 다만, 비계·통로·계단에 추가 설치하는 추락방지용 안전난간, 사다리 전도방지장치, 틀비계에 별도로 설치하는 안전난간·사다리, 통로의 낙하물방호선반 등은 사용 가능함

109

터널 등의 건설작업을 하는 경우에 낙반 등에 의하여 근로자가 위험해질 우려가 있는 경우에 필요한 조치와 가장 거리가 먼 것은?

① 터널 지보공을 설치한다.
② 록볼트를 설치한다.
③ 환기, 조명시설을 설치한다.
④ 부석을 제거한다.

해설

「산업안전보건기준에 관한 규칙」
제351조(낙반 등에 의한 위험의 방지) 사업주는 터널 등의 건설작업을 하는 경우에 낙반 등에 의하여 근로자가 위험해질 우려가 있는 경우에 터널 지보공 및 록볼트의 설치, 부석(浮石)의 제거 등 위험을 방지하기 위하여 필요한 조치를 하여야 한다.

110

강관을 사용하여 비계를 구성하는 경우 준수해야 할 사항으로 옳지 않은 것은?

① 비계기둥의 간격은 띠장 방향에서는 1.5m 이상 1.8m 이하, 장선 방향에서는 1.5m 이하로 할 것
② 띠장 간격은 1.5m 이하로 설치하되, 첫 번째 띠장은 지상으로부터 2m 이하의 위치에 설치할 것
③ 비계기둥의 제일 윗부분으로부터 31m되는 지점 밑부분의 비계기둥은 3개의 강관으로 묶어 세울 것
④ 비계기둥 간의 적재하중은 400kg을 초과하지 않도록 할 것

해설

「산업안전보건기준에 관한 규칙」
제60조(강관비계의 구조) 사업주는 강관을 사용하여 비계를 구성하는 경우 다음 각 호의 사항을 준수하여야 한다.
1. 비계기둥의 간격은 띠장 방향에서는 1.85미터 이하, 장선(長線) 방향에서는 1.5미터 이하로 할 것
2. 띠장 간격은 2.0미터 이하로 할 것
3. 비계기둥의 제일 윗부분으로부터 31미터되는 지점 밑부분의 비계기둥은 2개의 강관으로 묶어 세울 것
4. 비계기둥 간의 적재하중은 400킬로그램을 초과하지 않도록 할 것

※ 참고 : 「산업안전보건기준에 관한 규칙」의 개정 전 출제된 문제입니다. 해당 법령의 개정으로 정답이 ③에서 ①, ②, ③으로 변경되었습니다.

개정 전
1. 비계기둥의 간격은 띠장 방향에서는 1.5미터 이상 1.8미터 이하, 장선(長線) 방향에서는 1.5미터 이하로 할 것 2. 띠장 간격은 1.5미터 이하로 설치하되, 첫 번째 띠장은 지상으로부터 2미터 이하의 위치에 설치할 것

111

이동식비계 조립 및 사용 시 준수사항으로 옳지 않은 것은?

① 비계의 최상부에서 작업을 하는 경우에는 안전난간을 설치할 것
② 승강용사다리는 견고하게 설치할 것
③ 작업발판은 항상 수평을 유지하고 작업발판 위에서 작업을 위한 거리가 부족할 경우에는 받침대 또는 사다리를 사용할 것
④ 작업발판의 최대적재하중은 250kg을 초과하지 않도록 할 것

해설

「산업안전보건기준에 관한 규칙」
제68조(이동식비계) 사업주는 이동식비계를 조립하여 작업을 하는 경우에는 다음 각 호의 사항을 준수하여야 한다.
1. 이동식비계의 바퀴에는 뜻밖의 갑작스러운 이동 또는 전도를 방지하기 위하여 브레이크·쐐기 등으로 바퀴를 고정시킨 다음 비계의 일부를 견고한 시설물에 고정하거나 아웃트리거(outrigger, 전도방지용 지지대)를 설치하는 등 필요한 조치를 할 것

2. 승강용사다리는 견고하게 설치할 것
3. 비계의 최상부에서 작업을 하는 경우에는 안전난간을 설치할 것
4. 작업발판은 항상 수평을 유지하고 작업발판 위에서 안전난간을 딛고 작업을 하거나 받침대 또는 사다리를 사용하여 작업하지 않도록 할 것
5. 작업발판의 최대적재하중은 250킬로그램을 초과하지 않도록 할 것

112

유해·위험 방지를 위한 방호조치를 하지 아니하고는 양도·대여·설치 또는 사용에 제동하거나, 양도·대여를 목적으로 진열해서는 아니 되는 기계·기구에 해당하지 않는 것은?

① 지게차   ② 공기압축기
③ 원심기   ④ 덤프트럭

해설

「산업안전보건법 시행령」
[별표 20] 유해·위험 방지를 위한 방호조치가 필요한 기계·기구
1. 예초기
2. 원심기
3. 공기압축기
4. 금속절단기
5. 지게차
6. 포장기계(진공포장기, 래핑기로 한정한다)

113

화물운반하역 작업 중 걸이작업에 관한 설명으로 옳지 않은 것은?

① 와이어로프 등은 크레인의 후크 중심에 걸어야 한다.
② 인양 물체의 안정을 위하여 2줄 걸이 이상을 사용하여야 한다.
③ 매다는 각도는 60° 이상으로 하여야 한다.
④ 근로자를 매달린 물체 위에 탑승시키지 않아야 한다.

해설

「운반하역 표준안전 작업지침」
제22조(걸이) 걸이 작업은 다음 각 호의 사항을 준수하여야 한다.
1. 와이어로프 등은 크레인의 후크 중심에 걸어야 한다.
2. 인양 물체의 안정을 위하여 2줄 걸이 이상을 사용하여야 한다.
3. 밑에 있는 물체를 걸고자 할 때에는 위의 물체를 제거한 후에 행하여야 한다.
4. 매다는 각도는 60도 이내로 하여야 한다.
5. 근로자를 매달린 물체 위에 탑승시키지 않아야 한다.

해설

「산업안전보건법 시행령」
[별표 3] 안전관리자를 두어야 하는 사업의 종류, 사업장의 상시근로자 수, 안전관리자의 수 및 선임방법

46. 건설업의 안전관리자 수
- 공사금액 50억 원 이상 120억 원 미만 : 1명 이상
- 공사금액 120억 원 이상 800억 원 미만 : 1명 이상
- 공사금액 800억 원 이상 1,500억 원 미만 : 2명 이상
- 공사금액 1,500억 원 이상 2,200억 원 미만 : 3명 이상

114
거푸집동바리 등을 조립하는 경우에 준수하여야 할 사항으로 옳지 않은 것은?

① 깔목의 사용, 콘크리트 타설, 말뚝박기 등 동바리의 침하를 방지하기 위한 조치를 할 것
② 개구부 상부에 동바리를 설치하는 경우에는 상부하중을 견딜 수 있는 견고한 받침대를 설치할 것
③ 거푸집이 곡면인 경우에는 버팀대의 부착 등 그 거푸집의 부상을 방지하기 위한 조치를 할 것
④ 동바리의 이음은 맞댄이음이나 장부이음을 피할 것

해설

「산업안전보건기준에 관한 규칙」
제332조(거푸집동바리 등의 안전조치)
4. 동바리의 이음은 맞댄이음이나 장부이음으로 하고 같은 품질의 재료를 사용할 것

115
사업의 종류가 건설업이고, 공사금액이 850억 원일 경우 산업안전보건법령에 따른 안전관리자를 최소 몇 명 이상 두어야 하는가? (단, 상시근로자는 600명으로 가정한다.)

① 1명 이상 ② 2명 이상
③ 3명 이상 ④ 4명 이상

116
선박에서 하역작업 시 근로자들이 안전하게 오르내릴 수 있는 현문 사다리 및 안전망을 설치하여야 하는 것은 선박이 최소 몇 톤급 이상일 경우인가?

① 500톤급 ② 300톤급
③ 200톤급 ④ 100톤급

해설

「산업안전보건기준에 관한 규칙」
제397조(선박승강설비의 설치)
① 사업주는 300톤급 이상의 선박에서 하역작업을 하는 경우에 근로자들이 안전하게 오르내릴 수 있는 현문(舷門) 사다리를 설치하여야 하며, 이 사다리 밑에 안전망을 설치하여야 한다.

117
타워크레인을 와이어로프로 지지하는 경우에 준수해야 할 사항으로 옳지 않은 것은?

① 와이어로프를 고정하기 위한 전용 지지프레임을 사용할 것
② 와이어로프 설치각도는 수평면에서 60° 이상으로 하되, 지지점은 4개소 미만으로 할 것
③ 와이어로프와 그 고정부위는 충분한 강도와 장력을 갖도록 설치할 것
④ 와이어로프가 가공전선에 근접하지 않도록 할 것

해설

「산업안전보건기준에 관한 규칙」
제142조(타워크레인의 지지)
③ 사업주는 타워크레인을 와이어로프로 지지하는 경우 다음 각 호의 사항을 준수하여야 한다.
  2. 와이어로프를 고정하기 위한 전용 지지프레임을 사용할 것
  3. 와이어로프 설치각도는 수평면에서 60도 이내로 하되, 지지점은 4개소 이상으로 하고, 같은 각도로 설치할 것
  4. 와이어로프와 그 고정부위는 충분한 강도와 장력을 갖도록 설치하고, 와이어로프를 클립·샤클(shackle, 연결고리) 등의 고정기구를 사용하여 견고하게 고정시켜 풀리지 아니하도록 하며, 사용 중에는 충분한 강도와 장력을 유지하도록 할 것
  5. 와이어로프가 가공전선(架空電線)에 근접하지 않도록 할 것

119
작업 중이던 미장공이 상부에서 떨어지는 공구에 의해 상해를 입었다면 어느 부분에 대한 결함이 있었겠는가?

① 작업대 설치
② 작업방법
③ 낙하물 방지시설 설치
④ 비계설치

해설

「산업안전보건기준에 관한 규칙」
제14조(낙하물에 의한 위험의 방지)
② 사업주는 작업으로 인하여 물체가 떨어지거나 날아올 위험이 있는 경우 낙하물 방지망, 수직보호망 또는 방호선반의 설치, 출입금지구역의 설정, 보호구의 착용 등 위험을 방지하기 위하여 필요한 조치를 하여야 한다. 이 경우 낙하물 방지망 및 수직보호망은 「산업표준화법」에 따른 한국산업표준에서 정하는 성능기준에 적합한 것을 사용하여야 한다.

118
터널붕괴를 방지하기 위한 지보공에 대한 점검사항과 가장 거리가 먼 것은?

① 부재의 긴압 정도
② 부재의 손상·변형·부식·변위 탈락의 유무 및 상태
③ 기둥침하의 유무 및 상태
④ 경보장치의 작동상태

해설

「산업안전보건기준에 관한 규칙」
제366조(붕괴 등의 방지) 사업주는 터널 지보공을 설치한 경우에 다음 각 호의 사항을 수시로 점검하여야 하며, 이상을 발견한 경우에는 즉시 보강하거나 보수하여야 한다.
1. 부재의 손상·변형·부식·변위 탈락의 유무 및 상태
2. 부재의 긴압 정도
3. 부재의 접속부 및 교차부의 상태
4. 기둥침하의 유무 및 상태

120
이동식 크레인을 사용하여 작업을 할 때 작업시작 전 점검사항이 아닌 것은?

① 주행로의 상측 및 트롤리(Trolley)가 횡행하는 레일의 상태
② 권과방지장치나 그 밖의 경보장치의 기능
③ 브레이크·클러치 및 조정장치의 기능
④ 와이어로프가 통하고 있는 곳 및 작업장소의 지반상태

해설

「산업안전보건기준에 관한 규칙」
[별표 3] 작업시작 전 점검사항
  5. 이동식 크레인을 사용하여 작업을 할 때
  가. 권과방지장치나 그 밖의 경보장치의 기능
  나. 브레이크·클러치 및 조정장치의 기능
  다. 와이어로프가 통하고 있는 곳 및 작업장소의 지반상태

2018년 제1회 산업안전기사 채점표

구분	제1과목	제2과목	제3과목	제4과목	제5과목	제6과목	전과목 평균
점수							

※ 합격기준 : 100점을 만점으로 하여 과목당 40점 이상, 전과목 평균 60점 이상

2018년 제1회 정답

001	002	003	004	005	006	007	008	009	010	011	012	013	014	015	016	017	018	019	020
④	①	③	②	②	③	③	②	④	④	①	④	③	①,④	④	③	①	①	①	②
021	022	023	024	025	026	027	028	029	030	031	032	033	034	035	036	037	038	039	040
②	①	④	④	②	③	②	④	①	①	③	①	④	③	③	③	①	④	②	②
041	042	043	044	045	046	047	048	049	050	051	052	053	054	055	056	057	058	059	060
③	④	③	①	③	④	②	④	①	①	①	④	④	④	②	③	③	②	③	②
061	062	063	064	065	066	067	068	069	070	071	072	073	074	075	076	077	078	079	080
④	-	③	②	④	③	②	④	③	-	①	③	③	④	①	①	③	④	④	②
081	082	083	084	085	086	087	088	089	090	091	092	093	094	095	096	097	098	099	100
①	①	①	②	②	④	①	①	③	②	②	③	③	④	②	②	②	②	①	①
101	102	103	104	105	106	107	108	109	110	111	112	113	114	115	116	117	118	119	120
②	③	①	④	②	①	①	③	① ,②,③	③	④	③	④	②	③	②	④	②	④	①

2018년

2018. 04. 28. 시행

제2회 산업안전기사 기출문제

제1과목 안전관리론

001

6~12명의 구성원으로 타인의 비판 없이 자유로운 토론을 통하여 다량의 독창적인 아이디어를 이끌어내고, 대안적 해결안을 찾기 위한 집단적 사고기법은?

① Role Playing
② Brain Storming
③ Action Playing
④ Fish Bowl Playing

[해설]
- 브레인스토밍(Brain Storming) 4원칙
  (1) 자유분방 : 가능한 한 많은 의견과 아이디어를 제시한다.
  (2) 비판금지 : 타인의 의견을 절대 비판·비평·비난하지 않는다.
  (3) 대량발언 : 주제를 벗어난 의견과 아이디어도 허용한다.
  (4) 수정발언 : 타인의 의견을 수정하여 발언하는 것을 허용한다.

002

재해의 발생형태 중 다음 그림이 나타내는 것은?

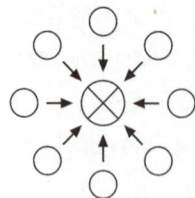

① 1단순연쇄형
② 2복합연쇄형
③ 단순자극형
④ 복합형

[해설]
- 재해 발생형태
  (1) 단순 자극형(집중형) : 상호자극에 의해 순간적으로 재해 발생
  (2) 연쇄형 : 하나의 사고요인이 또 다른 요인을 발생시키면서 재해 발생
  (3) 복합형 : 단순 자극형과 연쇄형의 복합적인 발생 유형

단순 자극형(집중형)	복합형
재해	재해
1단순연쇄형	2복합연쇄형
○→○→○→○→재해	○→○→○→○→재해

003

산업안전보건법령상 근로자에 대한 일반건강진단의 실시 시기 기준으로 옳은 것은?

① 사무직에 종사하는 근로자 : 1년에 1회 이상
② 사무직에 종사하는 근로자 : 2년에 1회 이상
③ 사무직 외의 업무에 종사하는 근로자 : 6월에 1회 이상
④ 사무직 외의 업무에 종사하는 근로자 : 2년에 1회 이상

[해설]
「산업안전보건법 시행규칙」
제197조(일반건강진단의 주기 등)
① 사업주는 상시 사용하는 근로자 중 사무직에 종사하는 근로자(공장 또는 공사현장과 같은 구역에 있지 않은 사무실에서 서무·인사·경리·판매·설계 등의 사무업무에 종사하는 근로자를 말하며, 판매업무 등에 직접 종사하는 근로자는 제외한다)에 대해서는 <u>2년에 1회 이상</u>, 그 밖의 근로자에 대해서는 <u>1년에 1회 이상</u> 일반건강진단을 실시해야 한다.

004

재해통계에 있어 강도율이 2.0인 경우에 대한 설명으로 옳은 것은?

① 한 건의 재해로 인해 전제 작업비용의 2.0%에 해당하는 손실이 발생하였다.
② 근로자 1,000명당 2.0건의 재해가 발생하였다.
③ 근로시간 1,000시간당 2.0건의 재해가 발생하였다.
④ 근로시간 1,000시간당 2.0일의 근로손실이 발생하였다.

해설
강도율 2.0은 '근로시간 1,000시간당 2.0일의 근로손실일수가 발생했다'는 것을 의미한다.
• 강도율 : 연근로시간 1,000시간당 근로손실일수
  $$- 강도율 = \frac{근로손실일수}{총 근로시간 수} \times 1,000$$

005

산업안전보건법령상 교육대상별 교육내용 중 관리감독자의 정기안전·보건교육 내용이 아닌 것은? (단, 산업안전보건법 및 일반관리에 관한 사항은 제외한다.)

① 산업재해보상보험 제도에 관한 사항
② 산업보건 및 직업병 예방에 관한 사항
③ 유해·위험 작업환경 관리에 관한 사항
④ 표준안전작업방법 및 지도 요령에 관한 사항

해설
「산업안전보건법 시행규칙」
[별표 5] 안전보건교육 교육대상별 교육내용
나. 관리감독자 정기교육
 • 산업안전 및 사고 예방에 관한 사항
 • 산업보건 및 직업병 예방에 관한 사항
 • 유해·위험 작업환경 관리에 관한 사항
 • 산업안전보건법령 및 산업재해보상보험 제도에 관한 사항
 • 직무스트레스 예방 및 관리에 관한 사항
 • 직장 내 괴롭힘, 고객의 폭언 등으로 인한 건강장해 예방 및 관리에 관한 사항
 • 작업공정의 유해·위험과 재해 예방대책에 관한 사항
 • 표준안전 작업방법 및 지도 요령에 관한 사항
 • 관리감독자의 역할과 임무에 관한 사항
 • 안전보건교육 능력 배양에 관한 사항

※ 참고 : 「산업안전보건법 시행규칙」의 개정으로 '관리감독자 정기안전·보건교육'에서 '관리감독자 정기교육'으로 용어가 변경되었습니다.

006

Off JT(Off the Job Training)의 특징으로 옳은 것은?

① 훈련에만 전념할 수 있다.
② 상호신뢰 및 이해도가 높아진다.
③ 개개인에게 적절한 지도훈련이 가능하다.
④ 직장의 실정에 맞게 실제적 훈련이 가능하다.

해설
'상호신뢰 및 이해도 상승', '개개인에게 적절한 지도훈련', '직장의 실정에 맞게 실제적 훈련'은 OJT(On the Job Training, 직장 내 교육훈련)의 장점이다.

• Off.J.T(직장 외 교육훈련) : 직장 밖에서 공통된 계층이나 직능의 교육 대상자를 한데 모아 실시하는 집합·집단교육이다.

007

산업안전보건법령상 안전·보건표지의 종류 중 다음 안전·보건 표지의 명칭은?

① 화물적재금지   ② 차량통행금지
③ 물체이동금지   ④ 화물출입금지

해설

「산업안전보건법 시행규칙」
[별표 6] 안전보건표지의 종류와 형태

	101 출입금지	102 보행금지	103 차량통행금지	104 사용금지
1. 금지표지				
	105 탑승금지	106 금연	107 화기금지	108 물체이동금지

해설

- 안전점검 종류
  (1) 정기점검 : 일정 기간을 정해서 실시하는 점검
  (2) 일상점검(수시점검) : 작업자가 작업장에서 작업 전·중·후 수시로 실시하는 점검
  (3) 특별점검 : 기계·기구 및 설비의 신설, 변경, 고장 수리, 천재지변 등 기술 책임자가 실시하는 부정기적인 점검
  (4) 임시점검 : 이상 발견 시 혹은 재해 발생 시 임시로 실시하는 점검

008

AE형 안전모에 있어 내전압성이란 최대 몇 V 이하의 전압에 견디는 것을 말하는가?

① 750
② 1,000
③ 3,000
④ 7,000

해설

「보호구 안전인증 고시」
[별표 1] 추락 및 감전 위험방지용 안전모의 성능기준
1. 안전모의 종류

종류 (기호)	사용구분	비고
AB	물체의 낙하 또는 비래 및 추락에 의한 위험을 방지 또는 경감시키기 위한 것	
AE	물체의 낙하 또는 비래에 의한 위험을 방지 또는 경감하고, 머리부위 감전에 의한 위험을 방지하기 위한 것	내전압성
ABE	물체의 낙하 또는 비래 및 추락에 의한 위험을 방지 또는 경감하고, 머리부위 감전에 의한 위험을 방지하기 위한 것	내전압성

※ 내전압성 : 7,000V 이하의 전압에 견디는 것을 말한다.

009

안전점검의 종류 중 태풍, 폭우 등에 의한 침수, 지진 등의 천재지변이 발생한 경우나 이상사태 발생 시 관리자나 감독자가 기계·기구 및 설비 등의 기능상 이상 유무에 대하여 점검하는 것은?

① 일상점검
② 정기점검
③ 특별점검
④ 수시점검

010

재해발생의 직접원인 중 불안전한 상태가 아닌 것은?

① 불안전한 인양
② 부적절한 보호구
③ 결함 있는 기계설비
④ 불안전한 방호장치

해설

- 재해발생의 직접원인

(1) 불안전 행동(인적 요인)	(2) 불안전 상태(물적 원인)
• 위험한 장소 접근	• 물적 자체의 결함
• 안전장치의 기능 제거	• 방호조치의 결함
• 복장·보호구 잘못 사용	• 보호구·복장 등의 결함
• 기계·기구 잘못 사용	• 기계·기구의 결함
• 운전 중인 기계장치의 손질	• 물건을 두는 방법, 작업개소의 결함
• 불안전한 속도 조작	
• 위험물 취급 부주의	• 작업환경의 결함
• 불안전한 상태 방치	• 부외적, 자연적 불안전 상태
• 불안전한 자세 동작	• 기타 불안전 상태가 아닌 것
• 감독 및 연락 불충분	

011

매슬로우(Maslow)의 욕구단계 이론 중 제2단계 욕구에 해당하는 것은?

① 자아실현의 욕구
② 안전에 대한 욕구
③ 사회적 욕구
④ 생리적 욕구

해설
- 매슬로우(Maslow) – 인간욕구 5단계
  (1) 1단계 – 생리적 욕구 : 인간의 가장 기본적인 욕구
      예) 식욕, 수면욕 등
  (2) 2단계 – 안전의 욕구 : 불안, 공포, 재해 등 각종 위험에서 벗어나고자 하는 욕구
  (3) 3단계 – 사회적 욕구 : 친구, 가족 등 관계에서 애정과 소속에 대한 욕구
  (4) 4단계 – 존경의 욕구 : 타인에게 주목과 인정을 받으려는 욕구 예) 명예욕, 권력욕
  (5) 5단계 – 자아실현 욕구 : 자신의 잠재력을 발휘해 하고 싶은 일을 실현하는 최고의 욕구 예) 성취욕

012
대뇌의 Human Error로 인한 착오요인이 아닌 것은?

① 인지과정 착오
② 조치과정 착오
③ 판단과정 착오
④ 행동과정 착오

해설
- 착오 3요인
  (1) 인지과정의 착오 : 외부 정보가 대뇌에 전달되기까지의 실수
      예) 정보 저장능력의 한계, 감각차단 현상(반복작업 등), 정서·심리 불안정 등
  (2) 판단과정의 착오 : 의사결정 후 동작 명령까지의 실수
      예) 정보의 부족, 능력의 부족, 자기기술 과신, 합리화, 작업조건 불량 등
  (3) 조치과정의 착오 : 동작이 현실로 나타나기까지의 실수
      예) 잘못된 정보, 부족한 경험, 미숙한 기술 등

013
주의의 수준이 Phase 0인 상태에서의 의식상태로 옳은 것은?

① 무의식 상태
② 의식의 이완 상태
③ 명료한 상태
④ 과긴장 상태

해설
- 인간의 의식수준 5단계

단계	의식상태	주의작용	신뢰도
Phase 0	무의식, 실신, 수면 중	없음	0
Phase I	이상, 피로, 몽롱	저하, 부주의	0.9 이하
Phase II	정상, 이완상태	수동적(Passive)	0.99~0.99999
Phase III	정상, 명료, 분명	전향적(Active)	0.99999 이상
Phase IV	과긴장	한 점에 집중, 판단 정지	0.9 이하

※ Phase III은 신뢰성이 가장 높고 바람직한 상태의 의식수준으로, 중요하거나 위험한 작업을 안전하게 수행하기에 적합하다.

014
생체리듬의 변화에 대한 설명으로 틀린 것은?

① 야간에는 체중이 감소한다.
② 야간에는 말초운동 기능이 저하된다.
③ 체온, 혈압, 맥박수는 주간에 상승하고 야간에 감소한다.
④ 혈액의 수분과 염분량은 주간에 증가하고 야간에 감소한다.

해설
- 생체리듬(Biorhythm) : 인간의 체온, 호르몬 분비, 대사, 수면 등의 변동에 일정한 주기가 있다는 이론이다.
  – 변화 및 특징
  (1) 야간에는 체중이 감소한다.
  (2) 야간에는 말초운동 기능이 저하되며, 피로의 자각증상이 증가한다.
  (3) 체온·혈압·맥박은 주간에 상승하고, 야간에 감소한다.
  (4) 혈액의 수분·염분량은 주간에 감소하고, 야간에 증가한다.

015
어떤 사업장의 상시근로자 1,000명이 작업 중 2명 사망자와 의사진단에 의한 휴업일수 90일 손실을 가져온 경우의 강도율은? (단, 1일 8시간, 연 300일 근무기준이다.)

① 7.32
② 6.28
③ 8.12
④ 5.92

해설

총근로시간 = 1,000×8×300 = 2,400,000시간

2명의 사망사고에 대한 근로손실일수 = 7,500×2 = 15,000

휴업일수 90일에 대한 근로손실일수 = $90 \times \frac{300}{365} \approx 73.97$

따라서, 총근로손실일수 = 15,000 + 73.97 = 15,073.97

강도율 = $\frac{근로손실일수}{총 근로시간 수} \times 1,000$ 이므로,

$\frac{15,073.97}{2,400,000} \times 1,000 \approx 6.28$

따라서 강도율은 약 6.28이다.

- 강도율 : 연근로시간 1,000시간당 근로손실일수

016

교육심리학의 기본이론 중 학습지도의 원리가 아닌 것은?

① 직관의 원리 ② 개별화의 원리
③ 계속성의 원리 ④ 사회화의 원리

해설

- 학습지도 원리
  (1) 개별화 원리 : 학습자 개개인의 요구와 능력에 맞게 지도해야 한다는 원리
  (2) 자발성 원리 : 학습자의 내적동기를 유발해 자발적으로 학습에 참여해야 한다는 원리
  (3) 사회화 원리 : 학습자의 협동심과 사회성을 발달시키기 위해 공동학습을 해야 한다는 원리
  (4) 통합의 원리 : 학습자의 능력을 조화롭게 발달시키기 위해 종합적인 전체로서 지도하는 통합교육의 원리
  (5) 직관의 원리 : 구체적인 사물이나 경험을 제시하여 학습효과를 일으킬 수 있다는 직접경험의 원리
  (6) 목적의 원리 : 적극적인 학습활동을 통한 교육 효과를 달성하기 위해 분명한 교수목표를 제시해야 한다는 원리
  (7) 과학성의 원리 : 논리적 사고력을 발달시키기 위해 자연과학이나 사회과학을 지도해 과학적 수준을 발달시켜야 한다는 원리

017

안전·보건교육계획에 포함하여야 할 사항이 아닌 것은?

① 교육의 종류 및 대상
② 교육의 과목 및 내용
③ 교육장소 및 방법
④ 교육지도안

해설

- 안전·보건교육계획 포함사항
  - 교육 대상
  - 교육 종류 및 방법
  - 교육 내용 및 과목
  - 교육 기간 및 시간
  - 교육 장소
  - 교육 강사 및 담당자

018

인간관계의 메커니즘 중 다른 사람의 행동양식이나 태도를 투입시키거나 다른 사람 가운데서 자기와 비슷한 것을 발견하는 것은?

① 동일화 ② 일체화
③ 투사 ④ 공감

해설

- 인간관계 메커니즘(Mechanism)
  (1) 동일화(Identification) : 다른 사람의 행동양식이나 태도를 투입시키거나 다른 사람 가운데서 자신과 비슷한 것을 발견하는 것
  (2) 투사(Projection, 투출) : 자기 속의 억압된 것을 다른 사람의 것으로 생각하는 것
  (3) 공감(Empathy) : 상대방의 관점에서 바라보고, 다른 사람이 느끼고 있는 감정을 파악하고 이해하는 것
  (4) 커뮤니케이션(Communication) : 갖가지 행동양식이나 기호를 매개로 하여 어떤 사람으로부터 다른 사람에게 전달하는 과정
  (5) 모방(Imitation) : 다른 사람의 행동이나 판단을 표본으로 하여 그것과 같거나 또는 그것에 가까운 행동 또는 판단을 취하려는 것
  (6) 암시(Suggestion) : 다른 사람으로부터의 판단이나 행동을 무비판적으로 논리적, 사실적 근거 없이 받아들이는 것

019

유기화합물용 방독마스크 시험가스의 종류가 아닌 것은?

① 염소가스 또는 증기
② 시클로헥산
③ 디메틸에테르
④ 이소부탄

해설

「보호구 안전인증 고시」
[별표 5] 방독마스크의 성능기준
1. 방독마스크의 종류

종류	시험가스
유기화합물용	시클로헥산(C_6H_{12})
	디메틸에테르(CH_3OCH_3)
	이소부탄(C_4H_{10})
할로겐용	염소가스 또는 증기(Cl_2)
황화수소용	황화수소가스(H_2S)
시안화수소용	시안화수소가스(HCN)
아황산용	아황산가스(SO_2)
암모니아용	암모니아가스(NH_3)

020

Line-Staff형 안전보건관리조직에 관한 특징이 아닌 것은?

① 조직원 전원을 자율적으로 안전활동에 참여시킬 수 있다.
② 스탭이 월권행위하는 경우가 있으며, 라인이 스탭에 의존 또는 활용치 않는 경우가 있다.
③ 생산부문은 안전에 대한 책임과 권한이 없다.
④ 명령계통과 조언·권고적 참여가 혼동되기 쉽다.

해설

생산부문에 안전에 대한 책임과 권한이 없는 조직은 '스탭형(Staff, 참모식) 조직'이다.

• 라인-스탭형(Line-Staff, 직계-참모식) 조직 : 라인형과 스탭형의 장점을 취한 절충식 조직형태로 가장 이상적인 조직형태이며, 생산기술의 안전대책은 라인에서 안전계획·평가·조사는 스탭에서 실시하는 조직으로, 근로자 1,000명 이상의 대규모 사업장에 적합하다.

장점	단점
안전·보건에 관한 경험·기술 축적 용이	명령계통과 조언·권고적 참여 혼동 가능
사업장의 독자적 안전개선책 강구 가능	스탭(Staff)의 월권행위 가능, 라인(Line)이 스탭에 의존 또는 활용치 않는 경우
조직원 전원이 안전활동에 참여	

제2과목 인간공학 및 시스템안전공학

021

사업장에서 인간공학의 적용분야로 가장 거리가 먼 것은?

① 제품설계
② 설비의 고장률
③ 재해·질병 예방
④ 장비·공구·설비의 배치

해설

• 사업장에서 인간공학의 적용분야
 - 제품설계
 - 재해·질병 예방
 - 장비·공구·설비의 배치

022
결함수분석법(FTA)의 특징으로 볼 수 없는 것은?

① Top Down 형식
② 특정사상에 대한 해석
③ 정량적 해석의 불가능
④ 논리기호를 사용한 해석

> **해설**
> - 결함수분석법(FTA)의 특징
>   - 연역적 방법
>   - 정량적 해석 가능
>   - Top Down 형식
>   - 논리기호를 사용한 특정사상에 대한 해석

023
음향기기 부품 생산공장에서 안전업무를 담당하는 ○○○ 대리는 공장 내부에 경보등을 설치하는 과정에서 도움이 될 만한 몇 가지 지식을 적용하고자 한다. 적용 지식 중 맞는 것은?

① 신호 대 배경의 휘도대비가 작을 때는 백색신호가 효과적이다.
② 광원의 노출시간이 1초보다 작으면 광속발산도는 작아야 한다.
③ 표적의 크기가 커짐에 따라 광도의 역치가 안정되는 노출시간은 증가한다.
④ 배경광 중 점멸 잡음광의 비율이 10% 이상이면 점멸등은 사용하지 않는 것이 좋다.

> **해설**
> 배경광 중 점멸 잡음광의 비율이 10% 이상이면 상점등을 사용하는 것이 더 효과적이다.

024
인간이 기계와 비교하여 정보처리 및 결정의 측면에서 상대적으로 우수한 것은? (단, 인공지능은 제외한다.)

① 연역적 추리
② 정량적 정보처리
③ 관찰을 통한 일반화
④ 정보의 신속한 보관

> **해설**
> - 인간이 기계보다 우수한 기능
>   - 관찰을 통해 일반화
>   - 매우 낮은 수준의 자극도 감지
>   - 갑작스런 이상현상이나 예기치 못한 사건을 감지
>   - 많은 양의 정보를 장시간 보관
>   - 과부하 상황에서는 상대적으로 중요한 활동에만 관심
>   - 귀납적 추리
>   - 원칙을 적용, 다양한 문제해결
>   - 주관적인 추산과 평가
>   - 보관된 정보를 회수(상기)하며, 관련된 수많은 정보 항목들을 회수(회수신뢰도는 낮음)

025
제한된 실내 공간에서 소음문제의 음원에 관한 대책이 아닌 것은?

① 저소음 기계로 대체한다.
② 소음 발생원을 밀폐한다.
③ 방음 보호구를 착용한다.
④ 소음 발생원을 제거한다.

> **해설**
> 방음 보호구의 착용은 음원에 관한 대책이 아니다.
> - 소음 음원 대책
>   - 소음원의 제거
>   - 소음원의 통제
>   - 소음의 격리
>   - 차음장치 및 흡음재 사용
>   - 음향처리제 사용
>   - 적절한 배치

026

인간실수확률에 대한 추정기법으로 가장 적절하지 않은 것은?

① CIT(Critical Incident Technique) : 위급사건기법
② FMEA(Failure Mode and Effect Analysis) : 고장형태 영향분석
③ TCRAM(Task Criticality Rating Analysis Method) : 직무위급도 분석법
④ THERP(Technique for Human Error Rate Prediction) : 인간 실수율 예측기법

해설
FMEA는 고장을 형태별로 분석하여 그 영향을 검토하는 정성적, 귀납적 분석법으로 인간실수확률과는 무관하다.

027

음성통신에 있어 소음환경과 관련하여 성격이 다른 지수는?

① AI(Articulation Index) : 명료도 지수
② MAA(Minimum Audible Angle) : 최소 가청각도
③ PSIL(Preferred-Octave Speech Interference Level) : 음성간섭수준
④ PNC(Preferred Noise Criteria Curves) : 선호 소음판단 기준곡선

해설
최소가청각도(MAA : Minimum Audible Angle)는 청각신호의 위치를 식별할 때 사용하는 척도이다.

028

A 회사에서는 새로운 기계를 설계하면서 레버를 위로 올리면 압력이 올라가도록 하고, 오른쪽 스위치를 눌렀을 때 오른쪽 전등이 켜지도록 하였다면, 이것은 각각 어떤 유형의 양립성을 고려한 것인가?

① 레버 – 공간양립성, 스위치 – 개념양립성
② 레버 – 운동양립성, 스위치 – 개념양립성
③ 레버 – 개념양립성, 스위치 – 운동양립성
④ 레버 – 운동양립성, 스위치 – 공간양립성

해설
- 양립성의 종류
  (1) 양식 양립성 : 직무에 알맞은 자극과 응답 양식의 존재에 대한 양립성
    예) 소리로 제시된 정보는 말로 반응하게 하고, 시각적으로 제시된 정보는 손으로 반응하는 것이 양립성이 높음
  (2) 공간적 양립성 : 표시장치와 조종장치의 물리적 형태 및 공간적 배치의 양립성
    예) 오른쪽 버튼을 누르면 오른쪽 기계가 작동
  (3) 운동 양립성 : 표시장치와 조종장치 간의 운동방향의 양립성
    예) 자동차 핸들 조작 방향으로 바퀴가 회전
  (4) 개념적 양립성 : 특정 신호가 전달하려는 내용과 연관성이 있는지에 관한 양립성
    예) 온수 손잡이는 빨간색, 냉수 손잡이는 파란색

029

입력 B_1과 B_2의 어느 한쪽이 일어나면 출력 A가 생기는 경우를 논리합의 관계라 한다. 이때 입력과 출력 사이에는 무슨 게이트로 연결되는가?

① OR 게이트
② 억제 게이트
③ AND 게이트
④ 부정 게이트

해설
- OR 게이트 : 하위의 사건 중 하나라도 만족하면 출력사상이 발생하는 논리 게이트

030

다음의 FT도에서 사상 A의 발생 확률 값은?

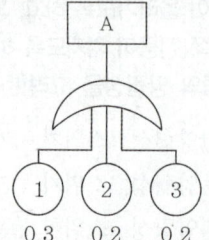

① 게이트 기호가 OR이므로 0.012
② 게이트 기호가 AND이므로 0.012
③ 게이트 기호가 OR이므로 0.552
④ 게이트 기호가 AND이므로 0.552

해설
OR 연결이므로 1 − (1 − 0.3)(1 − 0.2)(1 − 0.2) = 0.552이다.

031

작업공간의 포락면(包絡面)에 대한 설명으로 맞는 것은?

① 개인이 그 안에서 일하는 일차원 공간이다.
② 작업복 등은 포락면에 영향을 미치지 않는다.
③ 가장 작은 포락면은 몸통을 움직이는 공간이다.
④ 작업의 성질에 따라 포락면의 경계가 달라진다.

해설
작업공간의 포락면은 한 장소에 앉아서 수행하는 작업활동에서 근로자가 작업하는 데 사용하는 공간으로, 작업의 성질에 따라 포락면의 경계가 달라진다.

032

안전교육을 받지 못한 신입직원이 작업 중 전극을 반대로 끼우려고 시도했으나, 플러그의 모양이 반대로 끼울 수 없도록 설계되어 있어서 사고를 예방할 수 있었다. 작업자가 범한 오류와 이와 같은 사고 예방을 위해 적용된 안전설계 원칙으로 가장 적합한 것은?

① 누락(Omission) 오류, Fail Safe 설계원칙
② 누락(Omission) 오류, Fool Proof 설계원칙
③ 작위(Commission) 오류, Fail Safe 설계원칙
④ 작위(Commission) 오류, Fool Proof 설계원칙

해설
전극을 반대로 끼우려는 행위는 작업의 부정확한 수행으로 인한 오류이므로 작위 오류에 해당하고, 인간의 실수를 예방하기 위한 설계원칙은 Fool Proof 설계원칙이다.

- 독립행동에 의한 휴먼에러 분류
  - 생략 에러(Omission Error) : 필요한 직무나 단계를 수행하지 않은 에러(생략, 누락)
  - 실행 에러(Commission Error) : 직무나 순서 등을 착각하여 잘못 수행한 에러(불확실한 수행)
  - 과잉행동 에러(Extraneous Error) : 불필요한 직무 또는 절차를 수행하여 발생한 에러
  - 순서 에러(Sequential Error) : 직무 수행과정에서 순서를 잘못 지켜 발생한 에러(순서 착오)
  - 시간 에러(Timing Error) : 정해진 시간 내 직무를 수행하지 못하여 발생한 에러(수행 지연)
- 안전설계 원칙
  - Fool Proof : 근로자가 기계 등의 취급을 잘못해도 사고로 연결되지 않도록 하는 설계방식
  - Fail Safe : 기계 결함이 발생되더라도 사고가 발생되지 않도록 안전을 확보하는 설계방식

033

FMEA에서 고장 평점을 결정하는 5가지 평가요소에 해당하지 않는 것은?

① 생산능력의 범위
② 고장발생의 빈도
③ 고장방지의 가능성
④ 영향을 미치는 시스템의 범위

해설
- FMEA 고장 평점을 결정하는 5가지 평가요소
  - 고장발생의 빈도
  - 고장방지의 가능성
  - 영향을 미치는 시스템의 범위
  - 신규설계의 정도
  - 기능적 고장 영향의 중요도

034
어떤 소리가 1,000Hz, 60dB인 음과 같은 높이임에도 4배 더 크게 들린다면, 이 소리의 음압수준은 얼마인가?

① 70dB
② 80dB
③ 90dB
④ 100dB

해설
- 음압수준
  - 10dB 증가 시 소음은 2배 증가
  - 20dB 증가 시 소음은 4배 증가
- ∴ 60dB + 20dB = 80dB

035
작업장 배치 시 유의사항으로 적절하지 않은 것은?

① 작업의 흐름에 따라 기계를 배치한다.
② 생산효율 증대를 위해 기계설비 주위에 재료나 반제품을 충분히 놓아둔다.
③ 공장 내외에는 안전한 통로를 두어야 하며, 통로는 선을 그어 작업장과 명확히 구별하도록 한다.
④ 비상시에 쉽게 대비할 수 있는 통로를 마련하고 사고 진압을 위한 활동통로가 반드시 마련되어야 한다.

해설
기계설비 주위에는 충분한 작업공간을 확보하여야 한다.
- 작업장 Layout 원칙
  - 인간과 기계의 흐름을 라인화
  - 집중화(이동거리 단축, 기계배치의 집중화)
  - 기계화(운반기계 활용, 기계활동의 집중화)
  - 중복부분 제거

036
시스템의 수명 및 신뢰성에 관한 설명으로 틀린 것은?

① 병렬설계 및 디레이팅 기술로 시스템의 신뢰성을 증가시킬 수 있다.
② 직렬시스템에서는 부품들 중 최소 수명을 갖는 부품에 의해 시스템 수명이 정해진다.
③ 수리가 가능한 시스템의 평균수명(MTBF)은 평균 고장률(λ)과 정비례 관계가 성립한다.
④ 수리가 불가능한 구성요소로 병렬구조를 갖는 설비는 중복도가 늘어날수록 시스템 수명이 길어진다.

해설
수리가 가능한 시스템의 평균수명(MTBF)은 평균 고장률(λ)과 반비례 관계가 성립한다.

037
스트레스에 반응하는 신체의 변화로 맞는 것은?

① 혈소판이나 혈액응고 인자가 증가한다.
② 더 많은 산소를 얻기 위해 호흡이 느려진다.
③ 중요한 장기인 뇌·심장·근육으로 가는 혈류가 감소한다.
④ 상황 판단과 빠른 행동 대응을 위해 감각기관은 매우 둔감해진다.

해설
- 스트레스에 반응하는 신체의 변화
  - 혈소판이나 혈액응고 인자가 증가한다.
  - 더 많은 산소를 얻기 위해 호흡이 빨라진다.
  - 뇌·심장·근육으로 가는 혈류가 증가한다.
  - 상황 판단과 빠른 행동 대응을 위해 감각기관이 민감해진다.

038

산업안전보건법령에 따라 제조업 등 유해·위험방지 계획서를 작성하고자 할 때 관련 규정에 따라 1명 이상 포함시켜야 하는 사람의 자격으로 적합하지 않은 것은?

① 한국산업안전보건공단이 실시하는 관련교육을 8시간 이수한 사람
② 기계, 재료, 화학, 전기, 전자, 안전관리 또는 환경분야 기술사 자격을 취득한 사람
③ 관련분야 기사 자격을 취득한 사람으로서 해당 분야에서 3년 이상 근무한 경력이 있는 사람
④ 기계안전, 전기안전, 화공안전분야의 산업안전지도사 또는 산업보건지도사 자격을 취득한 사람

해설

「제조업 등 유해·위험방지계획서 제출·심사·확인에 관한 고시」
제7조(작성자)
① 사업주는 계획서를 작성할 때에 다음 각 호의 어느 하나에 해당하는 자격을 갖춘 사람 또는 <u>공단이 실시하는 관련교육을 20시간 이상 이수한 사람</u> 중 1명 이상을 포함시켜야 한다.
 1. 기계, 재료, 화학, 전기·전자, 안전관리 또는 환경분야 기술사 자격을 취득한 사람
 2. 기계안전·전기안전·화공안전분야의 산업안전지도사 또는 산업보건지도사 자격을 취득한 사람
 3. 제1호 관련분야 기사 자격을 취득한 사람으로서 해당 분야에서 3년 이상 근무한 경력이 있는 사람
 4. 제1호 관련분야 산업기사 자격을 취득한 사람으로서 해당 분야에서 5년 이상 근무한 경력이 있는 사람
 5. 「고등교육법」에 따른 대학 및 산업대학(이공계 학과에 한정한다)을 졸업한 후 해당 분야에서 5년 이상 근무한 경력이 있는 사람 또는 「고등교육법」에 따른 전문대학(이공계 학과에 한정한다)을 졸업한 후 해당 분야에서 7년 이상 근무한 경력이 있는 사람
 6. 「초·중등교육법」에 따른 전문계 고등학교 또는 이와 같은 수준 이상의 학교를 졸업하고 해당 분야에서 9년 이상 근무한 경력이 있는 사람

039

다음 그림과 같은 직·병렬 시스템의 신뢰도는? (단, 병렬 각 구성요소의 신뢰도는 R이고, 직렬 구성요소의 신뢰도는 M이다.)

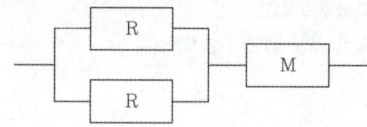

① MR^3 ② $R^2(1-MR)$
③ $M(R^2+R)-1$ ④ $M(2R-R^2)$

해설

$1-(1-R)(1-R) \times M = M(2R-R^2)$

040

현재 시험문제와 같이 4지택일형 문제의 정보량은 얼마인가?

① 2bit ② 4bit
③ 2byte ④ 4byte

해설

대안이 n개인 경우의 정보량은 $\log_2 n$으로 구한다.
대안이 4개인 경우이므로 $\log_2 4 = \dfrac{\log 4}{\log 2} = 2\text{bit}$이다.

제3과목 기계위험방지기술

041
연삭숫돌의 상부를 사용하는 것을 목적으로 하는 탁상용 연삭기에서 안전덮개의 노출부위 각도는 몇 도(°) 이내이어야 하는가?

① 90° 이내 ② 75° 이내
③ 60° 이내 ④ 105° 이내

해설

「방호장치 자율안전기준 고시」
[별표 4] 연삭기 덮개의 성능기준

4. 연삭기 덮개의 각도	
연삭숫돌의 상부를 사용하는 것을 목적으로 하는 탁상용 연삭기의 덮개 각도	60° 이내
원통연삭기, 센터리스연삭기, 공구연삭기, 만능연삭기, 그 밖에 이와 비슷한 연삭기의 덮개 각도	180° 이내
휴대용 연삭기, 스윙연삭기, 스라브연삭기, 그 밖에 이와 비슷한 연삭기의 덮개 각도	180° 이내
평면연삭기, 절단연삭기, 그 밖에 이와 비슷한 연삭기의 덮개 각도	150° 이내

042
다음 중 산업안전보건법령상 아세틸렌 가스용접장치에 관한 기준으로 틀린 것은?

① 전용의 발생기실은 건물의 최상층에 위치하여야 하며, 화기를 사용하는 설비로부터 1m를 초과하는 장소에 설치하여야 한다.
② 전용의 발생기실을 옥외에 설치한 경우에는 그 개구부를 다른 건축물로부터 1.5m 이상 떨어지도록 하여야 한다.
③ 아세틸렌 용접장치를 사용하여 금속의 용접·용단 또는 가열작업을 하는 경우에는 게이지 압력이 127kPa을 초과하는 압력의 아세틸렌을 발생시켜 사용해서는 아니 된다.
④ 전용의 발생기실을 설치하는 경우 벽은 불연성 재료로 하고 철근 콘크리트 또는 그 밖에 이와 동등하거나 그 이상의 강도를 가진 구조로 하여야 한다.

해설

「산업안전보건기준에 관한 규칙」
제285조(압력의 제한) 사업주는 아세틸렌 용접장치를 사용하여 금속의 용접·용단 또는 가열작업을 하는 경우에는 게이지 압력이 127킬로파스칼을 초과하는 압력의 아세틸렌을 발생시켜 사용해서는 아니 된다.

제286조(발생기실의 설치장소 등)
② 제1항의 발생기실은 건물의 최상층에 위치하여야 하며, 화기를 사용하는 설비로부터 3미터를 초과하는 장소에 설치하여야 한다.
③ 제1항의 발생기실을 옥외에 설치한 경우에는 그 개구부를 다른 건축물로부터 1.5미터 이상 떨어지도록 하여야 한다.

제287조(발생기실의 구조 등)
1. 벽은 불연성 재료로 하고 철근 콘크리트 또는 그 밖에 이와 같은 수준이거나 그 이상의 강도를 가진 구조로 할 것

043
다음 중 포터블 벨트 컨베이어(Portable Belt Conveyor)의 안전 사항과 관련된 설명으로 옳지 않은 것은?

① 포터블 벨트 컨베이어의 차륜 간의 거리는 전도 위험이 최소가 되도록 하여야 한다.
② 기복장치는 포터블 벨트 컨베이어의 옆면에서만 조작하도록 한다.
③ 포터블 벨트 컨베이어를 사용하는 경우는 차륜을 고정하여야 한다.
④ 전동식 포터블 벨트 컨베이어를 이동하는 경우는 먼저 전원을 내린 후 컨베이어를 이동시킨 다음 컨베이어를 최저의 위치로 내린다.

해설

포터블 벨트 컨베이어는 최저 위치로 내린 후 이동시킨다. 전동식 포터블 벨트 컨베이어는 전원을 차단한 후 이동시킨다.

| 컨베이어의 안전에 관한 기술지침 |
5.3 포터블 벨트 컨베이어(Portable Belt Conveyor)
(1) 포터블 벨트 컨베이어의 차륜 간의 거리는 전도 위험이 최소가 되도록 하여야 한다.
(2) 기복장치에는 붐이 불시에 기복하는 것을 방지하기 위한 장치 및 크랭크의 반동을 방지하기 위한 장치를 설치하여야 한다.
(3) 기복장치는 포터블 벨트 컨베이어의 옆면에서만 조작하도록 한다.

(4) 붐의 위치를 조절하는 포터블 벨트 컨베이어에는 조절 가능한 범위를 제한하는 장치를 설치하여야 한다.
(5) 포터블 벨트 컨베이어를 사용하는 경우는 차륜을 고정하여야 한다.
(6) 포터블 벨트 컨베이어의 충전부에는 절연덮개를 설치하여야 한다. 다만, 외부전선은 비닐캡타이어 케이블 또는 이와 동등 이상의 절연 효력을 가진 것으로 한다.
(7) 전동식의 포터블 벨트 컨베이어에 접속되는 전로에는 감전 방지용 누전차단장치를 접속하여야 한다.
(8) 포터블 벨트 컨베이어를 이동하는 경우는 먼저 컨베이어를 최저의 위치로 내리고 전동식의 경우 전원을 차단한 후에 이동한다.
(9) 포터블 벨트 컨베이어를 이동하는 경우는 제조자에 의하여 제시된 최대견인속도를 초과하지 않아야 한다.

044

사람이 작업하는 기계장치에서 작업자가 실수를 하거나 오조작을 하여도 안전하게 유지되게 하는 안전설계방법은?

① Fail Safe ② 다중계화
③ Fool Proof ④ Back Up

해설
• 풀 푸르프(Fool Proof) : 작업자의 실수나 오류가 사고로 이어지지 않도록 예방하는 안전기구

045

질량 100kg의 화물이 와이어로프에 매달려 2m/s² 의 가속도로 권상되고 있다. 이때 와이어로프에 작용하는 장력의 크기는 몇 N인가? (단, 여기서 중력가속도는 10m/s²로 한다.)

① 200N ② 300N
③ 1,200N ④ 2,000N

해설
• 동하중 = $\frac{정하중}{중력가속도(g)} \times 인양가속도$
동하중 = $\frac{100}{10} \times 2 = 20kg$
• 총하중 = 정하중 + 동하중
총하중 = 100 + 20 = 120kgf

• 장력의 크기(N) = 총하중 × 중력가속도
120 × 10 = 1,200N
따라서 와이어로프에 작용하는 장력의 크기는 1,200N이다.

046

광전자식 방호장치의 광선에 신체의 일부가 감지된 후로부터 급정지기구가 작동개시하기까지의 시간이 40ms이고, 광축의 최소설치거리(안전거리)가 200mm일 때, 급정지기구가 작동개시한 때로부터 프레스기의 슬라이드가 정지될 때까지의 시간은 약 몇 ms인가?

① 60ms ② 85ms
③ 105ms ④ 130ms

해설
• 안전거리 $D_m = 1.6 \times (T_c + T_s)$
$200 = 1.6(40 + T_s)$
$T_s = 85ms$
따라서 급정지기구가 작동개시하고 프레스기의 슬라이드가 정지될 때까지의 시간은 약 85ms이다.

047

방사선투과검사에서 투과사진의 상질을 점검할 때 확인해야 할 항목으로 거리가 먼 것은?

① 투과도계의 식별도
② 시험부의 사진농도 범위
③ 계조계의 값
④ 주파수의 크기

해설
• 방사선투과검사(RT, Radiographic Testing) : 방사선을 시험체에 조사하여 투과된 방사선 세기의 변화로부터 결함의 상태와 구조 등을 조사하는 비파괴시험
– 투과사진의 상질 점검 시 확인 항목 : 투과도계의 식별 최소선경, 시험부의 사진농도, 계조계의 값 등

048

양중기의 과부하장치에서 요구하는 일반적인 성능기준으로 틀린 것은?

① 과부하방지장치 작동 시 경보음과 경보램프가 작동되어야 하며 양중기는 작동이 되지 않아야 한다.
② 외함의 전선 접촉부분은 고무 등으로 밀폐되어 물과 먼지 등이 들어가지 않도록 한다.
③ 과부하방지장치와 타 방호장치는 기능에 서로 장애를 주지 않도록 부착할 수 있는 구조이어야 한다.
④ 방호장치의 기능을 제거하더라도 양중기는 원활하게 작동시킬 수 있는 구조이어야 한다.

해설

방호장치의 기능을 제거하면 양중기의 작동 또한 정지하는 구조이어야 한다.

「방호장치 안전인증 고시」
[별표 2] 양중기 과부하방지장치 성능기준

2. 일반 공통사항

가. 과부하방지장치 작동 시 경보음과 경보램프가 작동되어야 하며 양중기는 작동이 되지 않아야 한다. 다만, 크레인은 과부하 상태 해지를 위하여 권상된 만큼 권하시킬 수 있다.
나. 외함은 납봉인 또는 시건할 수 있는 구조이어야 한다.
다. 외함의 전선 접촉부분은 고무 등으로 밀폐되어 물과 먼지 등이 들어가지 않도록 한다.
라. 과부하방지장치와 타 방호장치는 기능에 서로 장애를 주지 않도록 부착할 수 있는 구조이어야 한다.
마. 방호장치의 기능을 제거 또는 정지할 때 양중기의 기능도 동시에 정지할 수 있는 구조이어야 한다.
바. 과부하방지장치는 별표 2의2 각 호의 시험 후 정격하중의 1.1배 권상 시 경보와 함께 권상동작이 정지되고 횡행과 주행동작이 불가능한 구조이어야 한다. 다만, 타워크레인은 정격하중의 1.05배 이내로 한다.
사. 과부하방지장치에는 정상동작상태의 녹색램프와 과부하 시 경고 표시를 할 수 있는 붉은색램프와 경보음을 발하는 장치 등을 갖추어야 하며, 양중기 운전자가 확인할 수 있는 위치에 설치해야 한다.

049

프레스 작업에서 제품 및 스크랩을 자동적으로 위험한계 밖으로 배출하기 위한 장치로 볼 수 없는 것은?

① 피더
② 키커
③ 이젝터
④ 공기 분사 장치

해설

• 피더(Feeder) : 위험 한계 밖에서 안전하게 가공물을 투입하기 위한 자동자재 공급장치

050

용접장치에서 안전기의 설치 기준에 관한 설명으로 옳지 않은 것은?

① 아세틸렌 용접장치에 대하여는 일반적으로 각 취관마다 안전기를 설치하여야 한다.
② 아세틸렌 용접장치의 안전기는 가스용기와 발생기가 분리되어 있는 경우 발생기와 가스용기 사이에 설치한다.
③ 가스집합 용접장치에서는 주관 및 분기관에 안전기를 설치하며, 이 경우 하나의 취관에 2개 이상의 안전기를 설치한다.
④ 가스집합 용접장치의 안전기 설치는 화기사용 설비로부터 3m 이상 떨어진 곳에 설치한다.

해설

「산업안전보건기준에 관한 규칙」
제289조(안전기의 설치)
① 사업주는 아세틸렌 용접장치의 취관마다 안전기를 설치하여야 한다.
② 사업주는 가스용기가 발생기와 분리되어 있는 아세틸렌 용접장치에 대하여 발생기와 가스용기 사이에 안전기를 설치하여야 한다.

제291조(가스집합장치의 위험 방지)
① 사업주는 가스집합장치에 대해서는 화기를 사용하는 설비로부터 5미터 이상 떨어진 장소에 설치하여야 한다.

제293조(가스집합용접장치의 배관)
2. 주관 및 분기관에는 안전기를 설치할 것. 이 경우 하나의 취관에 2개 이상의 안전기를 설치하여야 한다.

051

산업안전보건법상 보일러의 안전한 가동을 위하여 보일러 규격에 맞는 압력방출장치가 2개 이상 설치된 경우에 최고사용압력 이하에서 1개가 작동되고, 다른 압력방출장치는 최고사용압력의 몇 배 이하에서 작동되도록 부착하여야 하는가?

① 1.03배 ② 1.05배
③ 1.2배   ④ 1.5배

해설

「산업안전보건기준에 관한 규칙」
제116조(압력방출장치)
① 사업주는 보일러의 안전한 가동을 위하여 보일러 규격에 맞는 압력방출장치를 1개 또는 2개 이상 설치하고 최고 사용압력(설계압력 또는 최고허용압력을 말한다. 이하 같다) 이하에서 작동되도록 하여야 한다. 다만, 압력방출장치가 2개 이상 설치된 경우에는 최고사용압력 이하에서 1개가 작동되고, 다른 압력방출장치는 최고사용압력 1.05배 이하에서 작동되도록 부착하여야 한다.

052

밀링작업에서 주의해야 할 사항으로 옳지 않은 것은?

① 보안경을 쓴다.
② 일감 절삭 중 치수를 측정한다.
③ 커터에 옷이 감기지 않게 한다.
④ 커터는 될 수 있는 한 컬럼에 가깝게 설치한다.

해설

- 밀링작업 안전수칙
  - 장갑을 착용하지 않을 것
  - 칩의 비산이 많으므로 보안경을 착용할 것
  - 작업자의 옷소매 등이 커터에 말릴 수 있으므로 주의하고, 끈을 사용해 묶지 않을 것
  - 칩 제거는 절삭작업이 끝난 후 브러시를 사용할 것
  - 공작물을 고정할 때에는 기계를 정지시킨 후 작업할 것
  - 커터는 될 수 있는 한 칼럼에 가깝게 설치할 것
  - 강력절삭을 할 경우에는 공작물을 바이스에 깊게 물려 작업할 것
  - 가공 중 공작물의 치수를 측정할 때에는 기계를 정지시킨 후 측정할 것
  - 커터 교환 시 테이블 위에 나무판을 받칠 것
  - 커터를 끼울 때는 아버를 깨끗이 닦을 것
  - 절삭공구에 절삭유 주유 시 커터 위부터 공급할 것

053

작업자의 신체부위가 위험한계 내로 접근하였을 때 기계적인 작용에 의하여 접근을 못하도록 하는 방호장치는?

① 위치제한형 방호장치
② 접근거부형 방호장치
③ 접근반응형 방호장치
④ 감지형 방호장치

해설

「위험기계 · 기구방호장치기준」
제3조(용어의 정의)
나. 작업자의 신체부위가 위험한계 내로 접근하였을 때 기계적인 작용에 의하여 접근을 못하도록 저지하는 접근거부형 방호장치

- 완전차단형 방호장치 예 덮개
- 위치제한형 방호장치 예 양수조작식 방호장치
- 접근반응형 방호장치 예 광전자식 방호장치
- 접근거부형 방호장치 예 수인식 방호장치, 손쳐내기식 방호장치

054

사업주가 보일러의 폭발사고예방을 위하여 기능이 정상적으로 작동될 수 있도록 유지, 관리할 대상이 아닌 것은?

① 과부하방지장치   ② 압력방출장치
③ 압력제한스위치   ④ 고저수위조절장치

해설

「산업안전보건기준에 관한 규칙」
제119조(폭발위험의 방지) 사업주는 보일러의 폭발 사고를 예방하기 위하여 압력방출장치, 압력제한스위치, 고저수위조절장치, 화염 검출기 등의 기능이 정상적으로 작동될 수 있도록 유지 · 관리하여야 한다.

055

산업안전보건법령에 따라 프레스 등을 사용하여 작업을 하는 경우 작업시작 전 점검사항과 거리가 먼 것은?

① 전단기의 칼날 및 테이블의 상태
② 프레스의 금형 및 고정 볼트 상태
③ 슬라이드 또는 칼날에 의한 위험방지 기구의 기능
④ 전자밸브, 압력조정밸브, 기타 공압 계통의 이상 유무

해설

「산업안전보건기준에 관한 규칙」
[별표 3] 작업시작 전 점검사항

1. 프레스 등을 사용하여 작업을 할 때
  가. 클러치 및 브레이크의 기능
  나. 크랭크축·플라이휠·슬라이드·연결봉 및 연결 나사의 풀림 여부
  다. 1행정 1정지기구·급정지장치 및 비상정지장치의 기능
  라. 슬라이드 또는 칼날에 의한 위험방지 기구의 기능
  마. 프레스의 금형 및 고정볼트 상태
  바. 방호장치의 기능
  사. 전단기(剪斷機)의 칼날 및 테이블의 상태

056

숫돌 바깥지름이 150mm일 경우 평형 플랜지의 지름은 최소 몇 mm 이상이어야 하는가?

① 25mm   ② 50mm
③ 75mm   ④ 100mm

해설

플랜지의 지름은 숫돌 지름의 1/3 이상이어야 한다.
따라서 150÷3 = 50mm 이상이 적합하다.

057

다음 중 아세틸렌 용접장치에서 역화의 원인으로 가장 거리가 먼 것은?

① 아세틸렌의 공급 과다
② 토치 성능의 부실
③ 압력조정기의 고장
④ 토치 팁에 이물질이 묻은 경우

해설

- 역화의 원인
  - 토치 팁의 과열
  - 토치 기능 불량 및 성능 부실
  - 토치 팁에 이물질 등 불순물 부착
  - 토치 팁과 모재의 접촉
  - 압력조정기 작동 불량

058

설비의 고장형태를 크게 초기 고장, 우발 고장, 마모 고장으로 구분할 때 다음 중 마모 고장과 가장 거리가 먼 것은?

① 부품, 부재의 마모
② 열화에 생기는 고장
③ 부품, 부재의 반복피로
④ 순간적 외력에 의한 파손

해설

'순간적 외력에 의한 파손'은 우발 고장에 해당한다.

- 설비고장곡선(욕조 곡선, 수명특성곡선) : 기계설비 고장률을 시간의 함수로 나타낸 곡선으로, 고장률의 시간에 따른 변화 양상을 보여줌
  (1) 초기 고장(감소형) : 설계나 제조상의 결함, 사용 조건이나 환경의 부적합 등으로 제품수명 초기에 발생
  (2) 우발 고장(일정형) : 일정 시간 경과 후 사용조건의 예측할 수 없는 간격이나 변화에 기인하여 발생
  (3) 마모 고장(증가형) : 장시간 사용 후 기계적인 변화, 노화, 열화, 마모 등에 기인하여 발생

059

와이어로프 호칭이 '6×19'라고 할 때 숫자 '6'이 의미하는 것은?

① 소선의 지름(mm)
② 소선의 수량(Wire 수)
③ 꼬임의 수량(Strand 수)
④ 로프의 최대인장강도(MPa)

해설

와이어로프 호칭 '6×19'는 스트랜드 수가 6이며, 스트랜드는 19개의 소선으로 구성되었다는 것을 의미한다.
- 로프의 구성=스트랜드 수×소선 개수
- 로프의 크기=단면 외접원의 지름

060

목재가공용 둥근톱에서 안전을 위해 요구되는 구조로 옳지 않은 것은?

① 톱날은 어떤 경우에도 외부에 노출되지 않고 덮개가 덮여 있어야 한다.
② 작업 중 근로자의 부주의에도 신체의 일부가 날에 접촉할 염려가 없도록 설계되어야 한다.
③ 덮개 및 지지부는 경량이면서 충분한 강도를 가져야 하며, 외부에서 힘을 가했을 때 쉽게 회전될 수 있는 구조로 설계되어야 한다.
④ 덮개의 가동부는 원활하게 상하로 움직일 수 있고 좌우로 움직일 수 없는 구조로 설계되어야 한다.

해설

「방호장치 자율안전기준 고시」
[별표 5] 목재가공용 덮개 및 분할날 성능기준

2. 일반구조
가. 톱날은 어떤 경우에도 외부에 노출되지 않고 덮개가 덮여 있어야 한다.
나. 작업 중 근로자의 부주의에도 신체의 일부가 날에 접촉할 염려가 없도록 설계되어야 한다.
다. 덮개 및 지지부는 경량이면서 충분한 강도를 가져야 하며, 외부에서 힘을 가했을 때 지지부는 회전되지 않는 구조로 설계되어야 한다.
라. 덮개의 가동부는 원활하게 상하로 움직일 수 있고 좌우로 움직일 수 없는 구조로 설계되어야 한다.

제4과목 전기위험방지기술

061

전기기기의 충격전압시험 시 사용하는 표준충격파형 (T_f, T_t)은?

① $1.2 \times 50\mu s$
② $1.2 \times 100\mu s$
③ $2.4 \times 50\mu s$
④ $2.4 \times 100\mu s$

해설

- 충격전압시험 시 표준충격파형 = $1.2 \times 50\mu s$
  '$1.2 \times 50\mu s$'는 파두 시간이 $1.2\mu s$, 파미 시간이 $50\mu s$ 소요된다는 의미이다.
  – 파두장 : 전압이 정점(파고점)까지 소요되는 시간
  – 파미장 : 파고점에서 파고점의 1/2전압까지 내려오는 데 소요되는 시간

062

심실세동전류란?

① 최소감지전류
② 치사적 전류
③ 고통한계전류
④ 마비한계전류

해설

- 통전전류 : 전격 또는 감전 등으로 인체에 흐르는 전류
  (1) 최소감지전류 : 통전전류의 크기가 어느 한계값 이하인 경우 인체가 느끼지 못하고, 이상인 경우 전격을 느끼게 되는데, 이 전류값을 최소감지전류라 한다.
  (2) 이탈전류(고통전류) : 통전전류가 감지전류의 한계를 넘어 고통을 느끼게 되지만, 참을 수 있는 정도이며 생명에는 위험이 없는 한계의 전류이다.
  (3) 불수전류(마비한계전류) : 통전전류가 이탈전류의 한계를 넘어 전류가 흐르는 부위에 근육 경련, 신경 마비 등을 발생시켜 운동을 자유롭게 할 수 없게 만들어서 자력으로는 위험지역을 벗어날 수 없게 되는 전류이다.
  (4) 심실세동전류(치사전류) : 인체에 흐르는 전류가 일정 한계를 넘고 전류의 일부가 심장부분으로 흐르게 되면, 심장계 펄스전압에 이상을 주어 심장이 정상 박동을 하지 못하고 불규칙적인 세동으로 순조로운 혈액순환을 못하게 되는 심실세동을 일으키는 전류로, 통전전류가 차단되어도 심장박동이 자연적으로 회복되지 못하며 이 상태를 그대로 방치하면 수분 내로 사망하게 된다. 감전으로 인한 사망의 대부분은 심실세동에 의한 사망사고이다.

063

인체의 전기저항을 0.5kΩ이라고 하면 심실세동을 일으키는 위험한계 에너지는 몇 J인가? (단, 심실세동전류값 $I = \dfrac{165}{\sqrt{T}}$ mA의 Dalziel의 식을 이용하며, 통전시간은 1초로 한다.)

① 13.6
② 12.6
③ 11.6
④ 10.6

해설

- $W = I^2RT$

  $W = (\dfrac{165}{\sqrt{T}} \times 10^{-3})^2 \times R \times T$

  인체의 전기저항(R)은 500Ω, 통전시간(T)은 1초이므로,
  $(165 \times 10^{-3})^2 \times 500 \times 1 ≒ 13.612$

  따라서 위험한계 에너지는 약 13.6J이다.

064

지구를 고립한 지구도체라 생각하고 1C의 전하가 대전되었다면 지구 표면의 전위는 대략 몇 V인가? (단, 지구의 반경은 6,367km이다.)

① 1,414V
② 2,828V
③ 9×10^4V
④ 9×10^9V

해설

- 도체구의 전위 $E = \dfrac{Q}{4\pi\varepsilon_0 \times r} = \dfrac{1}{4\pi\varepsilon_0} \times \dfrac{Q}{r}$

  전하량이 1C이고, 반경은 $6,367 \times 10^3$m이므로,
  $E = 9 \times 10^9 \times \dfrac{Q}{r}$

  $9 \times 10^9 \times \dfrac{1}{6,367 \times 10^3} = 1,413.54$

  따라서 지구 표면의 전위는 약 1,414V이다.

065

감전사고로 인한 전격사의 메커니즘으로 가장 거리가 먼 것은?

① 흉부수축에 의한 질식
② 심실세동에 의한 혈액순환기능의 상실
③ 내장파열에 의한 소화기계통의 기능 상실
④ 호흡중추신경 마비에 따른 호흡기능 상실

해설

- 전격사(電擊死)의 메커니즘
  - 흉부에 흐른 전류가 흉부수축을 유발해 질식
  - 심장부에 흐른 전류가 심실세동을 유발해 혈액순환기능 상실
  - 뇌의 호흡중추신경에 흐른 전류로 인한 호흡기능 정지
  - 동맥절단으로 인한 과다출혈
  - 인체저항으로 인한 전류의 열 발생으로 장기손상

066

조명기구를 사용함에 따라 작업면의 조도가 점차적으로 감소되어가는 원인으로 가장 거리가 먼 것은?

① 점등 광원의 노화로 인한 광속의 감소
② 조명기구에 붙은 먼지, 오물, 반사면의 변질에 의한 광속 흡수율 감소
③ 실내 반사면에 붙은 먼지, 오물, 반사면의 화학적 변질에 의한 광속 반사율 감소
④ 공급전압과 광원의 정격전압의 차이에서 오는 광속의 감소

해설

조명기구에 붙은 먼지, 오물, 반사면의 변질에 의해 광속 흡수율은 증가한다.

067
정전작업 시 정전시킨 전로에 잔류전하를 방전할 필요가 있다. 전원차단 이후에도 잔류전하가 남아 있을 가능성이 가장 낮은 것은?

① 방전 코일
② 전력 케이블
③ 전력용 콘덴서
④ 용량이 큰 부하기기

해설
'방전 코일'이나 방전 기구는 잔류전하를 방전시킨다.

068
이동식 전기기기의 감전사고를 방지하기 위한 가장 적정한 시설은?

① 접지설비
② 폭발방지설비
③ 시건장치
④ 피뢰기설비

해설
이동식 전기기기의 감전사고를 방지하기 위해 반드시 감전방지용 누전차단기를 접속하고, 접지를 해야 한다.

069
인체의 피부 전기저항은 여러 가지의 제반조건에 의해서 변화를 일으키는데 제반조건으로 가장 가까운 것은?

① 피부의 청결
② 피부의 노화
③ 인가전압의 크기
④ 통전경로

해설
인체의 피부 전기저항은 인가전압, 통전시간, 접촉면적, 습기·땀 유무 등이 있다.
- 인체의 전기저항 : 전압이 일정한 경우 통전전류의 크기를 결정하는 주요 요소로서, 크게 내부 저항과 피부 저항으로 구분한다.

070
자동차가 통행하는 도로에서 고압의 지중전선로를 직접 매설식으로 시설할 때 사용되는 전선으로 가장 적합한 것은?

① 비닐 외장 케이블
② 폴리에틸렌 외장 케이블
③ 클로로프렌 외장 케이블
④ 콤바인 덕트 케이블(Combine Duct Cable)

해설
「한국전기설비규정(KEC)」
334.1 지중전선로의 시설
1. 지중 전선로는 전선에 케이블을 사용하고 또한 관로식·암거식(暗渠式) 또는 직접 매설식에 의하여 시설하여야 한다.
4. 지중 전선로를 직접 매설식에 의하여 시설하는 경우에는 매설 깊이를 차량 기타 중량물의 압력을 받을 우려가 있는 장소에는 1.0m 이상, 기타 장소에는 0.6m 이상으로 하고 또한 지중 전선을 견고한 트라프 기타 방호물에 넣어 시설하여야 한다. 다만, 다음의 어느 하나에 해당하는 경우에는 지중전선을 견고한 트라프 기타 방호물에 넣지 아니하여도 된다.
    나. 저압 또는 고압의 지중전선에 콤바인 덕트 케이블 또는 "마"부터 "사"까지에서 정하는 구조로 개장(鎧裝)한 케이블을 사용하여 시설하는 경우

071
산업안전보건법에는 보호구를 사용 시 안전인증을 받은 제품을 사용토록 하고 있다. 다음 중 안전인증 대상이 아닌 것은?

① 안전화
② 고무장화
③ 안전장갑
④ 감전 위험방지용 안전모

> **해설**
>
> 「산업안전보건법 시행령」
> 제74조(안전인증대상기계 등)
> 3. 다음 각 목의 어느 하나에 해당하는 보호구
>   가. 추락 및 감전 위험방지용 안전모
>   나. 안전화
>   다. 안전장갑
>   라. 방진마스크
>   마. 방독마스크
>   바. 송기(送氣)마스크
>   사. 전동식 호흡보호구
>   아. 보호복
>   자. 안전대
>   차. 차광(遮光) 및 비산물(飛散物) 위험방지용 보안경
>   카. 용접용 보안면
>   타. 방음용 귀마개 또는 귀덮개

072

감전사고로 인한 호흡 정지 시 구강 대 구강법에 의한 인공호흡의 매분 횟수와 시간은 어느 정도 하는 것이 가장 바람직한가?

① 매분 5~10회, 30분 이하
② 매분 12~15회, 30분 이상
③ 매분 20~30회, 30분 이하
④ 매분 30회 이상, 20분~30분 정도

> **해설**
>
> - 감전사고 시 응급조치 : 감전쇼크에 의해 호흡이 정지된 경우 혈액 중의 산소함유량이 약 1분 이내에 감소하며, 산소결핍현상이 나타나기 시작한다. 그러나 단시간 내 인공호흡 등 응급조치를 할 경우 감전재해자의 소생률이 높아진다.
>   - 구강 대 구강법(입맞추기법, Mouth-to-Mouth)
>   (1) 사고자를 평평한 바닥에 반듯하게 눕힌다.
>   (2) 왼손 엄지손가락으로 입을 열고, 오른손 엄지손가락과 집게손가락으로 코를 쥐고, 사고자의 입에 처치자의 입을 밀착시켜 숨을 불어 넣는다.
>   (3) 처음 4회는 신속하고 강하게 불어넣어 폐가 완전히 수축되지 않도록 한다.
>   (4) 흉부가 팽창된 것을 확인하고 입을 뗀다.
>   (5) 정상적인 호흡간격인 5초 간격으로 1분에 약 12~15회 정도를 30분 이상 반복한다.

073

누전차단기의 구성요소가 아닌 것은?

① 누전검출부
② 영상변류기
③ 차단장치
④ 전력퓨즈

> **해설**
>
> 누전차단기는 누전검출부, 영상변류기, 차단장치 등으로 구성되어 있다.

074

1C을 갖는 2개의 전하가 공기 중에서 1m의 거리에 있을 때 이들 사이에 작용하는 정전력은?

① 8.854×10^{-12} N
② 1.0 N
③ 3×10^3 N
④ 9×10^9 N

> **해설**
>
> - 정전력 $F = \dfrac{1}{4\pi\varepsilon_0} \times \dfrac{Q_1 \cdot Q_2}{r^2}$ N일 때,
>
>   공기 중에서 유전율은 1에 가까우며, 전하량이 각각 1C이고, 거리가 1m이므로,
>
> $F = 9 \times 10^9 \times \dfrac{1 \times 1}{1^2} = 9 \times 10^9$
>
>   따라서 정전력은 9×10^9 N이다.

075

고장전류와 같은 대전류를 차단할 수 있는 것은?

① 차단기(CB)
② 유입 개폐기(OS)
③ 단로기(DS)
④ 선로 개폐기(LS)

> **해설**
>
> - 전력용 개폐장치
>   - 차단기(CB, Circuit Breaker) : 부하전류 개폐 및 고장전류 차단
>   - 단로기(DS, Disconnecting Switch) : 무부하 시 개폐 가능하며, 부하전류 개폐 불가
>   - 개폐기 : 부하전류 개폐는 가능하지만, 고장전류 차단 불가

076

금속제 외함을 가지는 기계기구에 전기를 공급하는 전로에 지락이 발생했을 때에 자동적으로 전로를 차단하는 누전차단기 등을 설치하여야 한다. 누전차단기를 설치해야 되는 경우로 옳은 것은?

① 기계기구가 고무, 합성수지 기타 절연물로 피복된 것일 경우
② 기계기구가 유도전동기의 2차측 전로에 접속된 저항기일 경우
③ 대지전압이 150V를 초과하는 전동기계·기구를 시설하는 경우
④ 전기용품안전관리법의 적용을 받는 2중절연구조의 기계기구를 시설하는 경우

해설

'대지전압이 150V 이하인 기계기구를 물기가 있는 곳 이외의 곳에 시설하는 경우'에는 누전차단기를 설치하지 않아도 되지만, 대지전압이 150V를 초과 시 누전차단기를 설치해야 한다.

「한국전기설비규정(KEC)」
211.2.4 누전차단기의 시설
가. 금속제 외함을 가지는 사용전압이 50V를 초과하는 저압의 기계기구로서 사람이 쉽게 접촉할 우려가 있는 곳에 시설하는 것에 전기를 공급하는 전로. 다만, 다음의 어느 하나에 해당하는 경우에는 적용하지 않는다.
 (1) 기계기구를 발전소·변전소·개폐소 또는 이에 준하는 곳에 시설하는 경우
 (2) 기계기구를 건조한 곳에 시설하는 경우
 (3) 대지전압이 150V 이하인 기계기구를 물기가 있는 곳 이외의 곳에 시설하는 경우
 (4) 「전기용품 및 생활용품 안전관리법」의 적용을 받는 이중절연구조의 기계기구를 시설하는 경우
 (5) 그 전로의 전원측에 절연변압기(2차 전압이 300V 이하인 경우에 한한다)를 시설하고 또한 그 절연 변압기의 부하측의 전로에 접지하지 아니하는 경우
 (6) 기계기구가 고무·합성수지 기타 절연물로 피복된 경우
 (7) 기계기구가 유도전동기의 2차측 전로에 접속되는 것일 경우

077

전기화재의 경로별 원인으로 거리가 먼 것은?

① 단락
② 누전
③ 저전압
④ 접촉부의 과열

해설

전기화재의 경로별 원인에는 합선(단락), 누전, 과전류, 스파크, 접촉부의 과열, 절연 불량 등이 있다.

078

내압방폭구조는 다음 중 어느 경우에 가장 가까운가?

① 점화 능력의 본질적 억제
② 점화원의 방폭적 격리
③ 전기설비의 안전도 증강
④ 전기설비의 밀폐화

해설

- 내압방폭구조 : 용기 내부에 발생한 폭발압력을 견딜 수 있는 강도를 지닌 구조로, 외부 점화원에 착화되거나 파급되지 않도록 한 방폭구조
 - 내압방폭구조 3조건
  (1) 내부의 폭발압력에 견디는 기계적 강도
  (2) 내부의 폭발로 일어난 불꽃이나 고온 가스가 용기의 접합부분을 통하여 외부 가스에 점화하지 않음
  (3) 용기의 외부 표면온도가 외부 가스의 발화온도에 달하지 않음

079

인입개폐기를 개방하지 않고 전등용 변압기 1차측 COS만 개방 후 전등용 변압기 접속용 볼트 작업 중 동력용 COS에 접촉, 사망한 사고에 대한 원인으로 가장 거리가 먼 것은?

① 안전장구 미사용
② 동력용 변압기 COS 미개방
③ 전등용 변압기 2차측 COS 미개방
④ 인입구 개폐기 미개방한 상태에서 작업

> **해설**
> 전등용 변압기 1차측 COS만 개방된 상태이므로, '전등용 변압기 2차측 COS 미개방'과 관련이 없다.

080
인체통전으로 인한 전격(Electric Shock)의 정도를 정함에 있어 그 인자로서 가장 거리가 먼 것은?

① 전압의 크기 ② 통전시간
③ 전류의 크기 ④ 통전경로

> **해설**
> • 인체통전 시 전격에 영향 미치는 인자
> – 통전경로: 같은 크기의 전류라도 심장으로 흐를 때 가장 위험하다.
> – 통전시간: 같은 크기의 전류라도 감전 시간이 길수록 더 위험하다.
> – 전류의 크기: 인체통전 전류가 클수록 더 위험하다.
> – 전압의 종류: 직류전압보다 교류전압이 더 위험하다.

제5과목 화학설비위험방지기술

081
다음 중 가연성 물질과 산화성 고체가 혼합하고 있을 때 연소에 미치는 현상으로 옳은 것은?

① 착화온도(발화점)가 높아진다.
② 최소점화에너지가 감소하며, 폭발의 위험성이 증가한다.
③ 가스나 가연성 증기의 경우 공기혼합보다 연소범위가 축소된다.
④ 공기 중에서보다 산화작용이 약하게 발생하여 화염온도가 감소하며 연소속도가 늦어진다.

> **해설**
> 가연성 물질과 산화성 고체가 혼합될 경우 산화성 물질이 가연성 물질의 산소공급원 역할을 하여 최소점화에너지가 감소하고, 폭발의 위험성이 증가한다.

082
다음 중 전기화재의 종류에 해당하는 것은?

① A급 ② B급
③ C급 ④ D급

> **해설**
> 전기화재는 C급 화재이다.
> • 화재의 종류
> – A급(백색): 일반화재
> – B급(황색): 유류화재
> – C급(청색): 전기화재
> – D급(무색): 금속화재

083
사업주는 산업안전보건법령에서 정한 설비에 대해서는 과압에 따른 폭발을 방지하기 위하여 안전밸브 등을 설치하여야 한다. 다음 중 이에 해당하는 설비가 아닌 것은?

① 원심펌프
② 정변위 압축기
③ 정변위 펌프(토출축에 차단밸브가 설치된 것만 해당한다)
④ 배관(2개 이상의 밸브에 의하여 차단되어 대기 온도에서 액체의 열팽창에 의하여 파열될 우려가 있는 것으로 한정한다)

> **해설**
> 「산업안전보건기준에 관한 규칙」
> 제261조(안전밸브 등의 설치)
> ① 사업주는 다음 각 호의 어느 하나에 해당하는 설비에 대해서는 과압에 따른 폭발을 방지하기 위하여 폭발 방지 성능과 규격을 갖춘 안전밸브 또는 파열판(이하 "안전밸브 등"이라 한다)을 설치하여야 한다. 다만, 안전밸브 등에 상응하는 방호장치를 설치한 경우에는 그러하지 아니하다.
> 1. 압력용기(안지름이 150밀리미터 이하인 압력용기는 제외하며, 압력용기 중 관형 열교환기의 경우에는 관의 파열로 인하여 상승한 압력이 압력용기의 최고사용압력을 초과할 우려가 있는 경우만 해당한다)
> 2. 정변위 압축기
> 3. 정변위 펌프(토출축에 차단밸브가 설치된 것만 해당한다)

4. 배관(2개 이상의 밸브에 의하여 차단되어 대기온도에서 액체의 열팽창에 의하여 파열될 우려가 있는 것으로 한정한다)
5. 그 밖의 화학설비 및 그 부속설비로서 해당 설비의 최고사용압력을 초과할 우려가 있는 것

084

니트로셀룰로오스의 취급 및 저장방법에 관한 설명으로 틀린 것은?

① 저장 중 충격과 마찰 등을 방지하여야 한다.
② 물과 격렬히 반응하여 폭발함으로 습기를 제거하고, 건조 상태를 유지한다.
③ 자연발화 방지를 위하여 안전용제를 사용한다.
④ 화재 시 질식소화는 적응성이 없으므로 냉각소화를 한다.

해설

니트로셀룰로오스는 물과 접촉하였을 때의 위험성은 낮으며, 건조 상태에서는 자연 분해되어 발화할 수 있으므로 에틸알코올 또는 이소프로필알코올에 적신 상태로 보관한다.

085

위험물을 산업안전보건법령에서 정한 기준량 이상으로 제조하거나 취급하는 설비로서 특수화학설비에 해당되는 것은?

① 가열시켜 주는 물질의 온도가 가열되는 위험물질의 분해온도보다 높은 상태에서 운전되는 설비
② 상온에서 게이지 압력으로 200kPa의 압력으로 운전되는 설비
③ 대기압하에서 섭씨 300℃로 운전되는 설비
④ 흡열반응이 행하여지는 반응설비

해설

「산업안전보건기준에 관한 규칙」
제273조(계측장치 등의 설치) 사업주는 별표 9에 따른 위험물을 같은 표에서 정한 기준량 이상으로 제조하거나 취급하는 다음 각 호의 어느 하나에 해당하는 화학설비(이하 "특수화학설비"라 한다)를 설치하는 경우에는 내부의 이상 상태를 조기에 파악하기 위하여 필요한 온도계·유량계·압력계 등의 계측장치를 설치하여야 한다.
1. 발열반응이 일어나는 반응장치
2. 증류·정류·증발·추출 등 분리를 하는 장치
3. 가열시켜 주는 물질의 온도가 가열되는 위험물질의 분해온도 또는 발화점보다 높은 상태에서 운전되는 설비
4. 반응폭주 등 이상 화학반응에 의하여 위험물질이 발생할 우려가 있는 설비
5. 온도가 섭씨 350도 이상이거나 게이지 압력이 980킬로파스칼 이상인 상태에서 운전되는 설비
6. 가열로 또는 가열기

086

폭발에 관한 용어 중 "BLEVE"가 의미하는 것은?

① 고농도의 분진폭발
② 저농도의 분해폭발
③ 개방계 증기운 폭발
④ 비등액 팽창증기폭발

해설

• Bleve(비등액 팽창증기폭발) : 비점이나 인화점이 낮은 인화성 액체가 들어 있는 저장탱크 주위에 화재가 발생하여 저장탱크 벽면이 장시간 화염에 노출되면 윗부분의 온도가 상승하여 재질의 인장력이 저하되고 내부의 비등현상으로 인한 압력상승으로 저장탱크 벽면이 파열되는 현상

087

다음 중 인화점이 가장 낮은 물질은?

① CS_2
② C_2H_5OH
③ CH_3COCH_3
④ $CH_3COOC_2H_5$

해설

• 인화점
 - 이황화탄소(CS_2) : -30℃
 - 에탄올(C_2H_5OH) : 13℃
 - 아세톤(CH_3COCH_3) : -18℃
 - 아세트산에틸($CH_3COOC_2H_5$) : -4℃

088
아세틸렌 압축 시 사용되는 희석제로 적당하지 않은 것은?

① 메탄
② 질소
③ 산소
④ 에틸렌

> **해설**
> 아세틸렌 압축 시 사용되는 희석제로는 메탄, 질소, 에틸렌, 일산화탄소 등이 있다.

089
수분을 함유하는 에탄올에서 순수한 에탄올을 얻기 위해 벤젠과 같은 물질을 첨가하여 수분을 제거하는 증류 방법은?

① 공비증류
② 추출증류
③ 가압증류
④ 감압증류

> **해설**
> - 공비증류 : 공비 혼합물이나 끓는점이 비슷하여 분리하기 어려운 액체혼합물의 성분을 완전히 분리시키기 위해 이용되는 증류법으로, 수분을 함유하는 에탄올에서 순수한 에탄올을 얻기 위해 쓰이는 대표적인 증류법이다.

090
다음 중 벤젠(C_6H_6)의 공기 중 폭발하한계값(vol%)에 가장 가까운 것은?

① 1.0
② 1.5
③ 2.0
④ 2.5

> **해설**
> $$C_{st} = \frac{100}{1+4.773 \times \left(a + \frac{b-c-2d}{4}\right)}$$
> (이때, a는 탄소, b는 수소, c는 할로겐원소, d는 산소의 원자 수)
> 벤젠(C_6H_6)은 탄소(a)가 6, 수소(b)가 6이므로
> $$C_{st} = \frac{100}{1+4.773 \times \left(6 + \frac{6}{4}\right)} ≒ 2.72$$
> 폭발하한계 $= 0.55 \times C_{st}$
> $= 0.55 \times 2.72 = 1.496 ≒ 1.5$

091
다음 중 퍼지의 종류에 해당하지 않는 것은?

① 압력퍼지
② 진공퍼지
③ 스위프퍼지
④ 가열퍼지

> **해설**
> - 퍼지의 종류 : 진공퍼지, 압력퍼지, 스위프퍼지, 사이폰퍼지

092
공업용 용기의 몸체 도색으로 가스명과 도색명의 연결이 옳은 것은?

① 산소 – 청색
② 질소 – 백색
③ 수소 – 주황색
④ 아세틸렌 – 회색

> **해설**
> - 산소 : 녹색
> - 질소 : 회색
> - 수소 : 주황색
> - 아세틸렌 : 황색

093
다음 중 분말소화약제로 가장 적절한 것은?

① 사염화탄소
② 브롬화메탄
③ 수산화암모늄
④ 제1인산암모늄

> **해설**
> - 분말소화약제
>   - 제1종 : 탄산수소나트륨($NaHCO_3$)
>   - 제2종 : 탄산수소칼륨($KHCO_3$)
>   - 제3종 : 제1인산암모늄($NH_4H_2PO_4$)
>   - 제4종 : 탄산수소칼륨과 요소와의 반응물($KC_2N_2H_3O_3$)

094
비중이 1.5이고, 직경이 74μm인 분체가 종말속도 0.2m/s로 직경 6m의 사일로(Silo)에서 질량유속 400kg/h로 흐를 때 평균농도는 약 얼마인가?

① 10.8mg/L
② 14.8mg/L
③ 19.8mg/L
④ 25.8mg/L

해설

분체의 평균농도 = $\dfrac{\text{질량유속}}{\text{체적유량}}$

질량유속 = $400\,kg/h = \dfrac{400}{60분 \times 60초}$
     = $0.111\,kg/s = 111,000\,mg/s$

체적유량 = $\dfrac{\pi}{4} \times 6^2 \times 0.2\,m^3/s$

따라서

평균농도 = $\dfrac{111,000}{\dfrac{\pi}{4} \times 6^2 \times 0.2}$
     = $19,639\,mg/m^3 = 19.6\,mg/L$

095

다음 중 분진폭발이 발생하기 쉬운 조건으로 적절하지 않은 것은?

① 발열량이 클 때
② 입자의 표면적이 작을 때
③ 입자의 형상이 복잡할 때
④ 분진의 초기 온도가 높을 때

해설

입자의 표면적이 작으면 산소와의 접촉 면적이 작아지기 때문에 연소 및 폭발이 어려워진다.

096

다음 중 폭발 또는 화재가 발생할 우려가 있는 건조설비의 구조로 적절하지 않은 것은?

① 건조설비의 바깥 면은 불연성 재료로 만들 것
② 위험물 건조설비의 열원으로서 직화를 사용하지 아니할 것
③ 위험물 건조설비의 측벽이나 바닥은 견고한 구조로 할 것
④ 위험물 건조설비는 상부를 무거운 재료로 만들고 폭발구를 설치할 것

해설

「산업안전보건기준에 관한 규칙」
제281조(건조설비의 구조 등) 사업주는 건조설비를 설치하는 경우에 다음 각 호와 같은 구조로 설치하여야 한다. 다만, 건조물의 종류, 가열건조의 정도, 열원(熱源)의 종류 등에 따라 폭발이나 화재가 발생할 우려가 없는 경우에는 그러하지 아니하다.
1. 건조설비의 바깥 면은 불연성 재료로 만들 것
2. 건조설비(유기과산화물을 가열 건조하는 것은 제외한다)의 내면과 내부의 선반이나 틀은 불연성 재료로 만들 것
3. 위험물 건조설비의 측벽이나 바닥은 견고한 구조로 할 것
4. 위험물 건조설비는 그 상부를 가벼운 재료로 만들고 주위상황을 고려하여 폭발구를 설치할 것
5. 위험물 건조설비는 건조하는 경우에 발생하는 가스·증기 또는 분진을 안전한 장소로 배출시킬 수 있는 구조로 할 것
6. 액체연료 또는 인화성 가스를 열원의 연료로 사용하는 건조설비는 점화하는 경우에는 폭발이나 화재를 예방하기 위하여 연소실이나 그 밖에 점화하는 부분을 환기시킬 수 있는 구조로 할 것
7. 건조설비의 내부는 청소하기 쉬운 구조로 할 것
8. 건조설비의 감시창·출입구 및 배기구 등과 같은 개구부는 발화 시에 불이 다른 곳으로 번지지 아니하는 위치에 설치하고 필요한 경우에는 즉시 밀폐할 수 있는 구조로 할 것
9. 건조설비는 내부의 온도가 부분적으로 상승하지 아니하는 구조로 설치할 것
10. 위험물 건조설비의 열원으로서 직화를 사용하지 아니할 것
11. 위험물 건조설비가 아닌 건조설비의 열원으로서 직화를 사용하는 경우에는 불꽃 등에 의한 화재를 예방하기 위하여 덮개를 설치하거나 격벽을 설치할 것

097

위험물안전관리법령에 의한 위험물의 분류 중 제1류 위험물에 속하는 것은?

① 염소산염류
② 황린
③ 금속칼륨
④ 질산에스테르

> **해설**
> 제1류 위험물에 속하는 것은 염소산염류이다. 황린, 금속칼륨은 제3류 위험물이고, 질산에스테르는 제5류 위험물이다.
>
> 「위험물안전관리법 시행령」
> [별표 1] 위험물 및 지정수량
>
> | 제1류 산화성 고체 |
> | --- |
> | 1. 아염소산염류 |
> | 2. 염소산염류 |
> | 3. 과염소산염류 |
> | 4. 무기과산화물 |
> | 5. 브롬산염류 |
> | 6. 질산염류 |
> | 7. 요오드산염류 |
> | 8. 과망간산염류 |
> | 9. 중크롬산염류 |
> | 10. 그 밖에 행정안전부령으로 정하는 것 |
> | 11. 제호 내지 제10호의1에 해당하는 어느 하나 이상을 함유한 것 |

098

산업안전보건법령상 위험물질의 종류에서 "폭발성 물질 및 유기과산화물"에 해당하는 것은?

① 리튬 ② 아조화합물
③ 아세틸렌 ④ 셀룰로이드류

> **해설**
> 「산업안전보건기준에 관한 규칙」
> [별표 1] 위험물질의 종류
> 1. 폭발성 물질 및 유기과산화물
>   가. 질산에스테르류
>   나. 니트로화합물
>   다. 니트로소화합물
>   라. 아조화합물
>   마. 디아조화합물
>   바. 하이드라진 유도체
>   사. 유기과산화물
>   아. 그 밖에 가목부터 사목까지의 물질과 같은 정도의 폭발 위험이 있는 물질
>   자. 가목부터 아목까지의 물질을 함유한 물질

099

다음 중 축류식 압축기에 대한 설명으로 옳은 것은?

① Casing 내에 1개 또는 수 개의 회전체를 설치하여 이것을 회전시킬 때 Casing과 피스톤 사이의 체적이 감소해서 기체를 압축하는 방식이다.
② 실린더 내에서 피스톤을 왕복시켜 이것에 따라 개폐하는 흡입밸브 및 배기밸브의 작용에 의해 기체를 압축하는 방식이다.
③ Casing 내에 넣어진 날개바퀴를 회전시켜 기체에 작용하는 원심력에 의해서 기체를 압송하는 방식이다.
④ 프로펠러의 회전에 의한 추진력에 의해 기체를 압송하는 방식이다.

> **해설**
> 축류식 압축기는 프로펠러의 회전에 의한 추진력에 의해 기체를 압송하는 방식이다.

100

메탄 50vol%, 에탄 30vol%, 프로판 20vol% 혼합가스의 공기 중 폭발하한계는? (단, 메탄, 에탄, 프로판의 폭발하한계는 각각 5.0vol%, 3.0vol%, 2.1vol%이다.)

① 1.6vol% ② 2.1vol%
③ 3.4vol% ④ 4.8vol%

> **해설**
> $$L = \frac{V_1 + V_2 + \cdots + V_n}{\frac{V_1}{L_1} + \frac{V_2}{L_2} + \cdots + \frac{V_n}{L_n}}$$
> $$= \frac{50 + 30 + 20}{\frac{50}{5.0} + \frac{30}{3.0} + \frac{20}{2.1}} = 3.4$$

제6과목 건설안전기술

101

차량계 건설기계를 사용하여 작업할 때에 그 기계가 넘어지거나 굴러떨어짐으로써 근로자가 위험해질 우려가 있는 경우에 조치하여야 할 사항과 거리가 먼 것은?

① 갓길의 붕괴 방지
② 작업반경 유지
③ 지반의 부동침하 방지
④ 도로 폭의 유지

해설

「산업안전보건기준에 관한 규칙」
제199조(전도 등의 방지) 사업주는 차량계 건설기계를 사용하는 작업할 때에 그 기계가 넘어지거나 굴러떨어짐으로써 근로자가 위험해질 우려가 있는 경우에는 유도하는 사람을 배치하고 지반의 부동침하 방지, 갓길의 붕괴 방지 및 도로 폭의 유지 등 필요한 조치를 하여야 한다.

102

유해위험방지계획서 제출 대상 공사로 볼 수 없는 것은?

① 지상 높이가 31m 이상인 건축물의 건설공사
② 터널건설공사
③ 깊이 10m 이상인 굴착공사
④ 교량의 전체길이가 40m 이상인 교량공사

해설

「산업안전보건법 시행령」
제42조(유해위험방지계획서 제출 대상)
③ 법 제42조 제1항 제3호에서 "대통령령으로 정하는 크기 높이 등에 해당하는 건설공사"란 다음 각 호의 어느 하나에 해당하는 공사를 말한다.
1. 다음 각 목의 어느 하나에 해당하는 건축물 또는 시설 등의 건설·개조 또는 해체(이하 "건설 등"이라 한다) 공사
 가. 지상높이가 31미터 이상인 건축물 또는 인공구조물
 나. 연면적 3만제곱미터 이상인 건축물
 다. 연면적 5천제곱미터 이상인 시설로서 다음의 어느 하나에 해당하는 시설
2. 연면적 5천제곱미터 이상인 냉동·냉장 창고시설의 설비공사 및 단열공사
3. 최대 지간(支間)길이(다리의 기둥과 기둥의 중심 사이의 거리)가 50미터 이상인 다리의 건설 등 공사
4. 터널의 건설 등 공사
5. 다목적댐, 발전용댐, 저수용량 2천만톤 이상의 용수 전용 댐 및 지방상수도 전용 댐의 건설 등 공사
6. 깊이 10미터 이상인 굴착공사

103

건설업 산업안전보건관리비 계상 및 사용기준에 따른 안전관리비의 개인보호구 및 안전장구 구입비 항목에서 안전관리비로 사용이 가능한 경우는?

① 안전·보건관리자가 선임되지 않은 현장에서 안전·보건업무를 담당하는 현장관계자용 무전기, 카메라, 컴퓨터, 프린터 등 업무용 기기
② 혹한·혹서에 장기간 노출로 인해 건강장해를 일으킬 우려가 있는 경우 특정 근로자에게 지급되는 기능성 보호 장구
③ 근로자에게 일률적으로 지급하는 보냉·보온 장구
④ 감리원이나 외부에서 방문하는 인사에게 지급하는 보호구

해설

「건설업 산업안전보건관리비 계상 및 사용기준」
[별표 2] 안전관리비의 항목별 사용 불가내역
3. 개인보호구 및 안전장구 구입비 등

사용불가내역
근로자 재해나 건강장해 예방 목적이 아닌 근로자 식별, 복리·후생적 근무여건 개선·향상, 사기 진작, 원활한 공사수행을 목적으로 하는 다음 장구의 구입·수리·관리 등에 소요되는 비용 가. 안전·보건관리자가 선임되지 않은 현장에서 안전·보건업무를 담당하는 현장관계자용 무전기, 카메라, 컴퓨터, 프린터 등 업무용 기기 나. 근로자 보호 목적으로 보기 어려운 피복, 장구, 용품 등 1) 작업복, 방한복, 방한장갑, 면장갑, 코팅장갑 등 ※ 다만, 근로자의 건강장해 예방을 위해 사용하는 미세먼지 마스크, 쿨토시, 아이스조끼, 핫팩, 발열조끼 등은 사용 가능함 2) 감리원이나 외부에서 방문하는 인사에게 지급하는 보호구

104
지반에서 나타나는 보일링(Boiling) 현상의 직접적인 원인으로 볼 수 있는 것은?

① 굴착부와 배면부의 지하수위의 수두차
② 굴착부와 배면부의 흙의 중량차
③ 굴착부와 배면부의 흙의 함수비차
④ 굴착부와 배면부의 흙의 토압차

해설
보일링 현상은 현상투수성이 좋은 사질지반에서 흙파기 공사를 하는 경우 흙막이 벽체 배면의 지하수위가 굴착저면보다 높을 때 굴착저면 위로 모래와 지하수가 부풀어 오르는 현상이다. 굴착부와 배면부의 지하수위의 차이로 인해 주로 발생한다.

105
강풍이 불어올 때 타워크레인의 운전작업을 중지하여야 하는 순간풍속의 기준으로 옳은 것은?

① 순간풍속이 초당 10m 초과
② 순간풍속이 초당 15m 초과
③ 순간풍속이 초당 25m 초과
④ 순간풍속이 초당 30m 초과

해설
「산업안전보건기준에 관한 규칙」
제37조(악천후 및 강풍 시 작업 중지)
② 사업주는 순간풍속이 초당 10미터를 초과하는 경우 타워크레인의 설치·수리·점검 또는 해체 작업을 중지하여야 하며, 순간풍속이 초당 15미터를 초과하는 경우에는 타워크레인의 운전작업을 중지하여야 한다.

106
말비계를 조립하여 사용하는 경우에 지주부재와 수평면의 기울기는 최대 몇 도 이하로 하여야 하는가?

① 30°
② 45°
③ 60°
④ 75°

해설
「산업안전보건기준에 관한 규칙」
제67조(말비계)
2. 지주부재와 수평면의 기울기를 75도 이하로 하고, 지주부재와 지주부재 사이를 고정시키는 보조부재를 설치할 것

107
추락의 위험이 있는 개구부에 대한 방호조치와 거리가 먼 것은?

① 안전난간, 울타리, 수직형 추락방망 등으로 방호조치를 한다.
② 충분한 강도를 가진 구조의 덮개를 뒤집히거나 떨어지지 않도록 설치한다.
③ 어두운 장소에서도 식별이 가능한 개구부 주의 표지를 부착한다.
④ 폭 30cm 이상의 발판을 설치한다.

해설
「산업안전보건기준에 관한 규칙」
제43조(개구부 등의 방호 조치)
① 사업주는 작업발판 및 통로의 끝이나 개구부로서 근로자가 추락할 위험이 있는 장소에는 안전난간, 울타리, 수직형 추락방망 또는 덮개 등(이하 이 조에서 "난간 등"이라 한다)의 방호 조치를 충분한 강도를 가진 구조로 튼튼하게 설치하여야 하며, 덮개를 설치하는 경우에는 뒤집히거나 떨어지지 않도록 설치하여야 한다. 이 경우 어두운 장소에서도 알아볼 수 있도록 개구부임을 표시해야 하며, 수직형 추락방망은 「산업표준화법」 제12조에 따른 한국산업표준에서 정하는 성능기준에 적합한 것을 사용해야 한다.

108
로프길이 2m의 안전대를 착용한 근로자가 추락으로 인한 부상을 당하지 않기 위한 지면으로부터 안전대 고정점까지의 높이(H)의 기준으로 옳은 것은? (단, 로프의 신율 30%, 근로자의 신장 180cm이다.)

① $H>1.5m$
② $H>2.5m$
③ $H>3.5m$
④ $H>4.5m$

> **해설**
> - 로프길이 + (로프길이×신율) + (근로자의 키×0.5)
>   = 2 + (2×0.3) + (1.8×0.5) = 3.5
> 따라서 지면에서 안전대 고정점까지의 높이는 $H > 3.5m$이어야 한다.

109

가설통로의 설치 기준으로 옳지 않은 것은?

① 추락할 위험이 있는 장소에는 안전난간을 설치할 것
② 경사가 10°를 초과하는 경우에는 미끄러지지 아니하는 구조로 할 것
③ 경사는 30° 이하로 할 것
④ 건설공사에 사용하는 높이 8m 이상인 비계다리에는 7m 이내마다 계단참을 설치할 것

> **해설**
> 「산업안전보건기준에 관한 규칙」
> 제23조(가설통로의 구조) 사업주는 가설통로를 설치하는 경우 다음 각 호의 사항을 준수하여야 한다.
> 1. 견고한 구조로 할 것
> 2. 경사는 30도 이하로 할 것. 다만, 계단을 설치하거나 높이 2미터 미만의 가설통로로서 튼튼한 손잡이를 설치한 경우에는 그러하지 아니하다.
> 3. 경사가 15도를 초과하는 경우에는 미끄러지지 아니하는 구조로 할 것
> 4. 추락할 위험이 있는 장소에는 안전난간을 설치할 것. 다만, 작업상 부득이한 경우에는 필요한 부분만 임시로 해체할 수 있다.
> 5. 수직갱에 가설된 통로의 길이가 15미터 이상인 경우에는 10미터 이내마다 계단참을 설치할 것
> 6. 건설공사에 사용하는 높이 8미터 이상인 비계다리에는 7미터 이내마다 계단참을 설치할 것

110

터널 지보공을 조립하거나 변경하는 경우에 조치하여야 하는 사항으로 옳지 않은 것은?

① 목재의 터널 지보공은 그 터널 지보공의 각 부재에 작용하는 긴압정도를 체크하여 그 정도가 최대한 차이나도록 할 것
② 강(鋼)아치 지보공의 조립은 연결볼트 및 띠장 등을 사용하여 주재 상호 간을 튼튼하게 연결할 것
③ 기둥에는 침하를 방지하기 위하여 받침목을 사용하는 등의 조치를 할 것
④ 주재(主材)를 구성하는 1세트의 부재는 동일 평면 내에 배치할 것

> **해설**
> 「산업안전보건기준에 관한 규칙」
> 제364조(조립 또는 변경 시의 조치)
> 2. 목재의 터널 지보공은 그 터널 지보공의 각 부재의 긴압정도가 균등하게 되도록 할 것

111

콘크리트 타설작업 시 안전에 대한 유의사항으로 옳지 않은 것은?

① 콘크리트를 치는 도중에는 지보공·거푸집 등의 이상 유무를 확인한다.
② 높은 곳으로부터 콘크리트를 타설할 때는 호퍼로 받아 거푸집 내에 꽂아 넣는 슈트를 통해서 부어 넣어야 한다.
③ 진동기를 가능한 한 많이 사용할수록 거푸집에 작용하는 측압상 안전하다.
④ 콘크리트를 한 곳에만 치우쳐서 타설하지 않도록 주의한다.

> **해설**
> 진동기 사용 시 지나친 진동은 거푸집 도괴의 원인이 될 수 있으므로 적절히 사용해야 한다.

112
개착식 흙막이벽의 계측 내용에 해당되지 않는 것은?

① 경사 측정 ② 지하수위 측정
③ 변형률 측정 ④ 내공변위 측정

해설
내공변위 측정은 터널의 계측관리에 해당한다.

113
다음은 산업안전보건법령에 따른 달비계를 설치하는 경우에 준수해야 할 사항이다. ( )에 들어갈 내용으로 옳은 것은?

> 작업발판은 폭을 ( ) 이상으로 하고 틈새가 없도록 할 것

① 15cm ② 20cm
③ 40cm ④ 60cm

해설
「산업안전보건기준에 관한 규칙」
제63조(달비계의 구조)
6. 작업발판은 폭을 40센티미터 이상으로 하고 틈새가 없도록 할 것

114
강관틀 비계를 조립하여 사용하는 경우 준수해야 하는 사항으로 옳지 않은 것은?

① 길이가 띠장 방향으로 4m 이하이고 높이가 10m를 초과하는 경우에는 10m 이내마다 띠장 방향으로 버팀기둥을 설치할 것
② 높이가 20m를 초과하거나 중량물의 적재를 수반하는 작업을 할 경우에는 주틀 간의 간격을 1.8m 이하로 할 것
③ 주틀 간에 교차 가새를 설치하고 최상층 및 10층 이내마다 수평재를 설치할 것
④ 수직방향으로 6m, 수평방향으로 8m 이내마다 벽이음을 할 것

해설
「산업안전보건기준에 관한 규칙」
제62조(강관틀비계) 사업주는 강관틀 비계를 조립하여 사용하는 경우 다음 각 호의 사항을 준수하여야 한다.
1. 비계기둥의 밑둥에는 밑받침 철물을 사용하여야 하며 밑받침에 고저차(高低差)가 있는 경우에는 조절형 밑받침 철물을 사용하여 각각의 강관틀비계가 항상 수평 및 수직을 유지하도록 할 것
2. 높이가 20미터를 초과하거나 중량물의 적재를 수반하는 작업을 할 경우에는 주틀 간의 간격을 1.8미터 이하로 할 것
3. 주틀 간에 교차 가새를 설치하고 최상층 및 5층 이내마다 수평재를 설치할 것
4. 수직방향으로 6미터, 수평방향으로 8미터 이내마다 벽이음을 할 것
5. 길이가 띠장 방향으로 4미터 이하이고 높이가 10미터를 초과하는 경우에는 10미터 이내마다 띠장 방향으로 버팀기둥을 설치할 것

115
철골기둥, 빔 및 트러스 등의 철골구조물을 일체화 또는 지상에서 조립하는 이유로 가장 타당한 것은?

① 고소작업의 감소 ② 화기사용의 감소
③ 구조체 강성 증가 ④ 운반물량의 감소

해설
철골구조물을 일체화하거나 지상에서 조립하는 이유는 고소작업을 최소화하기 위해서이다.

116
압쇄기를 사용하여 건물해체 시 그 순서로 가장 타당한 것은?

> A : 보, B : 기둥, C : 슬래브, D : 벽체

① A→B→C→D ② A→C→B→D
③ C→A→D→B ④ D→C→B→A

해설
해체는 슬래브, 보, 벽체, 기둥의 순서로 한다.

117

흙의 간극비를 나타낸 식으로 옳은 것은?

① (공기 + 물의 체적) / (흙 + 물의 체적)
② (공기 + 물의 체적) / 흙의 체적
③ 물의 체적 / (물 + 흙의 체적)
④ (공기 + 물의 체적) / (공기 + 흙 + 물의 체적)

> **해설**
>
> 흙의 간극비 = $\dfrac{(공기 + 물의 체적)}{흙의 체적}$

118

부두·안벽 등 하역작업을 하는 장소에서 부두 또는 안벽의 선을 따라 통로를 설치하는 경우에는 그 폭을 최소 얼마 이상으로 하여야 하는가?

① 80cm
② 90cm
③ 100cm
④ 120cm

> **해설**
>
> 「산업안전보건기준에 관한 규칙」
> **제390조(하역작업장의 조치기준)** 사업주는 부두·안벽 등 하역작업을 하는 장소에 다음 각 호의 조치를 하여야 한다.
> 1. 작업장 및 통로의 위험한 부분에는 안전하게 작업할 수 있는 조명을 유지할 것
> 2. 부두 또는 안벽의 선을 따라 통로를 설치하는 경우에는 폭을 <u>90센티미터</u> 이상으로 할 것
> 3. 육상에서의 통로 및 작업장소로서 다리 또는 선거(船渠) 갑문(閘門)을 넘는 보도(步道) 등의 위험한 부분에는 안전난간 또는 울타리 등을 설치할 것

119

취급·운반의 원칙으로 옳지 않은 것은?

① 곡선 운반을 할 것
② 운반 작업을 집중하여 시킬 것
③ 생산을 최고로 하는 운반을 생각할 것
④ 연속 운반을 할 것

> **해설**
>
> • 취급·운반의 원칙
>   – 직선 운반을 할 것
>   – 연속 운반을 할 것
>   – 운반 작업을 집중화할 것
>   – 생산을 최고로 하는 운반을 생각할 것
>   – 최대한 시간과 경비를 절약할 수 있는 운반방법을 고려할 것

120

사면 보호 공법 중 구조물에 의한 보호 공법에 해당되지 않는 것은?

① 식생구멍공
② 블럭공
③ 돌쌓기공
④ 현장타설 콘크리트 격자공

> **해설**
>
> 식생구멍공은 구조물에 의한 보호 공법이 아니다.

2018년 제2회 산업안전기사 채점표

구분	제1과목	제2과목	제3과목	제4과목	제5과목	제6과목	전과목 평균
점수							

※ 합격기준 : 100점을 만점으로 하여 과목당 40점 이상, 전과목 평균 60점 이상

2018년 제2회 정답

001	002	003	004	005	006	007	008	009	010	011	012	013	014	015	016	017	018	019	020
②	③	②	④	①	①	③	④	③	①	②	④	①	④	②	③	④	①	①	③
021	022	023	024	025	026	027	028	029	030	031	032	033	034	035	036	037	038	039	040
②	③	④	③	③	②	②	④	①	③	④	④	①	②	②	③	①	①	④	①
041	042	043	044	045	046	047	048	049	050	051	052	053	054	055	056	057	058	059	060
③	①	④	③	③	②	④	④	①	④	②	②	②	①	④	②	①	④	③	③
061	062	063	064	065	066	067	068	069	070	071	072	073	074	075	076	077	078	079	080
①	②	①	①	③	②	①	③	④	②	②	④	④	①	③	③	②	③	①
081	082	083	084	085	086	087	088	089	090	091	092	093	094	095	096	097	098	099	100
②	③	①	④	①	①	③	①	②	④	③	④	③	②	④	①	②	④	③
101	102	103	104	105	106	107	108	109	110	111	112	113	114	115	116	117	118	119	120
②	④	②	①	③	④	④	③	②	①	③	④	③	②	③	②	②	①	①

2018년 제3회 산업안전기사 기출문제

2018. 08. 19. 시행

제1과목 안전관리론

001
집단에서의 인간관계 메커니즘(Mechanism)과 가장 거리가 먼 것은?

① 모방, 암시
② 분열, 강박
③ 동일화, 일체화
④ 커뮤니케이션, 공감

해설

- 인간관계 메커니즘(Mechanism)
  (1) 동일화(Identification) : 다른 사람의 행동양식이나 태도를 투입시키거나 다른 사람 가운데서 자신과 비슷한 것을 발견하는 것
  (2) 투사(Projection, 투출) : 자기 속의 억압된 것을 다른 사람의 것으로 생각하는 것
  (3) 공감(Empathy) : 상대방의 관점에서 바라보고, 다른 사람이 느끼고 있는 감정을 파악하고 이해하는 것
  (4) 커뮤니케이션(Communication) : 갖가지 행동양식이나 기호를 매개로 하여 어떤 사람으로부터 다른 사람에게 전달하는 과정
  (5) 모방(Imitation) : 다른 사람의 행동이나 판단을 표본으로 하여 그것과 같거나 또는 그것에 가까운 행동 또는 판단을 취하려는 것
  (6) 암시(Suggestion) : 다른 사람으로부터의 판단이나 행동을 무비판적으로 논리적, 사실적 근거 없이 받아들이는 것

002
산업안전보건법령에 따른 안전보건관리규정에 포함되어야 할 세부 내용이 아닌 것은?

① 위험성 감소대책 수립 및 시행에 관한 사항
② 하도급 사업장에 대한 안전·보건관리에 관한 사항
③ 질병자의 근로 금지 및 취업 제한 등에 관한 사항
④ 물질안전보건자료에 관한 사항

해설

'물질안전보건자료에 관한 사항'은 안전보건관리규정에 포함되어야 할 세부 내용이 아니다.

「산업안전보건법 시행규칙」
[별표 3] 안전보건관리규정의 세부 내용
1. 총칙
   가. 안전보건관리규정 작성의 목적 및 적용 범위에 관한 사항
   나. 사업주 및 근로자의 재해 예방 책임 및 의무 등에 관한 사항
   다. 하도급 사업장에 대한 안전·보건관리에 관한 사항
5. 작업장 보건관리
   가. 근로자 건강진단, 작업환경측정의 실시 및 조치절차 등에 관한 사항
   나. 유해물질의 취급에 관한 사항
   다. 보호구의 지급 등에 관한 사항
   라. 질병자의 근로 금지 및 취업 제한 등에 관한 사항
   마. 보건표지·보건수칙의 종류 및 게시에 관한 사항과 그 밖에 보건관리에 관한 사항
7. 위험성평가에 관한 사항
   가. 위험성평가의 실시 시기 및 방법, 절차에 관한 사항
   나. 위험성 감소대책 수립 및 시행에 관한 사항

003

안전교육 중 프로그램 학습법의 장점이 아닌 것은?

① 학습자의 학습과정을 쉽게 알 수 있다.
② 여러 가지 수업 매체를 동시에 다양하게 활용할 수 있다.
③ 지능, 학습속도 등 개인차를 충분히 고려할 수 있다.
④ 매 반응마다 피드백이 주어지기 때문에 학습자가 흥미를 가질 수 있다.

해설

프로그램 학습법은 이미 정해진 매체와 프로그램을 학습자에게 제공하므로, 여러 가지 수업 매체를 동시에 다양하게 활용하기 힘들다.

- 안전·보건교육방법
  - 프로그램 학습법(Programmed Self-instruction Method): 학습자가 주어진 매체를 활용하여 이미 만들어진 프로그램을 통해 스스로 학습하는 개별학습 방법

장점	단점
학습자 개인차 고려 및 흥미 유발 가능, 학습과정 파악 용이	수업 내용의 고정, 한 번 개발된 프로그램 자료의 수정 힘듦
기본 개념학, 논리적 학습에 유용	동료와의 집단 사고의 기회 제약
시공간의 제약 거의 없음	개발 비용이 비쌈

004

산업안전보건법령에 따른 근로자 안전·보건교육 중 근로자 정기안전·보건교육의 교육내용에 해당하지 않는 것은? (단, 산업안전보건법 및 일반관리에 관한 사항은 제외한다.)

① 건강증진 및 질병 예방에 관한 사항
② 산업보건 및 직업병 예방에 관한 사항
③ 유해·위험 작업환경 관리에 관한 사항
④ 작업공정의 유해·위험과 재해 예방대책에 관한 사항

해설

「산업안전보건법 시행규칙」
[별표 5] 안전보건교육 교육대상별 교육내용
가. 근로자 정기교육
- 산업안전 및 사고 예방에 관한 사항
- 산업보건 및 직업병 예방에 관한 사항
- 건강증진 및 질병 예방에 관한 사항
- 유해·위험 작업환경 관리에 관한 사항
- 산업안전보건법령 및 산업재해보상보험 제도에 관한 사항
- 직무스트레스 예방 및 관리에 관한 사항
- 직장 내 괴롭힘, 고객의 폭언 등으로 인한 건강장해 예방 및 관리에 관한 사항

※ 참고: 「산업안전보건법 시행규칙」의 개정으로 '근로자 정기안전·보건교육'에서 '근로자 정기교육'으로 용어가 변경되었습니다.

005

최대사용전압이 교류(실효값) 500V 또는 직류 750V인 내전압용 절연장갑의 등급은?

① 00   ② 0
③ 1   ④ 2

해설

「보호구 안전인증 고시」
[별표 3] 내전압용절연장갑의 성능기준
1. 절연장갑의 등급

등급	최대사용전압		색상
	교류(V, 실효값)	직류(V)	
00	500	750	갈색
0	1,000	1,500	빨강
1	7,500	11,250	흰색
2	17,000	25,500	노랑
3	26,500	39,750	녹색
4	36,000	54,000	등색

006

산업재해 기록·분류에 관한 지침에 따른 분류기준 중 다음의 (   ) 안에 알맞은 것은?

> 재해자가 넘어짐으로 인하여 기계의 동력 전달 부위 등에 끼이는 사고가 발생하여 신체부위가 절단되는 경우는 (   )으로 분류한다.

① 넘어짐   ② 끼임
③ 깔림   ④ 절단

해설

| 산업재해 기록·분류에 관한 지침 |
8.10.2 분류기준
⑶ 분류 시 유의사항
  ㈎ 두 가지 이상의 발생형태가 연쇄적으로 발생된 사고의 경우는 상해결과 또는 피해를 크게 유발한 형태로 분류한다.
   ① 재해자가 「넘어짐」으로 인하여 기계의 동력전달 부위 등에 끼이는 사고가 발생하여 신체부위가 「절단」된 경우에는 「끼임」으로 분류한다.

007

산업안전보건법령에 따라 사업주가 사업장에서 중대재해가 발생한 사실을 알게 된 경우 관할지방고용노동관서의 장에게 보고하여야 하는 시기로 옳은 것은? (단, 천재지변 등 부득이한 사유가 발생한 경우는 제외한다.)

① 지체 없이   ② 12시간 이내
③ 24시간 이내 ④ 48시간 이내

해설

「산업안전보건법 시행규칙」
제67조(중대재해 발생 시 보고) 사업주는 중대재해가 발생한 사실을 알게 된 경우에는 법 제54조 제2항에 따라 지체 없이 다음 각 호의 사항을 사업장 소재지를 관할하는 지방고용노동관서의 장에게 전화·팩스 또는 그 밖의 적절한 방법으로 보고해야 한다.
1. 발생 개요 및 피해 상황
2. 조치 및 전망
3. 그 밖의 중요한 사항

008

유기화합물용 방독마스크의 시험가스가 아닌 것은?

① 증기(Cl_2)
② 디메틸에테르(CH_3OCH_3)
③ 시클로헥산(C_6H_{12})
④ 이소부탄(C_4H_{10})

해설

「보호구 안전인증 고시」
[별표 5] 방독마스크의 성능기준
1. 방독마스크의 종류

종류	시험가스
유기화합물용	시클로헥산(C_6H_{12})
	디메틸에테르(CH_3OCH_3)
	이소부탄(C_4H_{10})
할로겐용	염소가스 또는 증기(Cl_2)
황화수소용	황화수소가스(H_2S)
시안화수소용	시안화수소가스(HCN)
아황산용	아황산가스(SO_2)
암모니아용	암모니아가스(NH_3)

009

안전교육의 학습경험선정 원리에 해당되지 않는 것은?

① 계속성의 원리   ② 가능성의 원리
③ 동기유발의 원리 ④ 다목적 달성의 원리

해설

• 학습경험선정 원리
 ⑴ 기회의 원리 : 교육목표를 달성하기 위해서는 학습자에게 목표 달성을 위한 경험을 해 볼 수 있는 기회를 제공해야 한다.
 ⑵ 만족(동기유발) 원리 : 학습자가 학습활동에서 만족을 느낄 수 있도록, 흥미와 관심에 기초하여 학습경험을 선정해야 한다.
 ⑶ 가능성의 원리 : 학습자의 현재 능력수준·성취수준·발달수준에 맞는 학습경험을 선정해야 한다.
 ⑷ 일목표 다경험 원리 : 하나의 교육목표를 달성하기 위해 다양한 경험이 제공되는 학습경험을 선정해야 한다.
 ⑸ 일경험 다성과 원리 : 하나의 경험을 통해 여러 가지 목표를 동시에 달성할 수 있는 학습경험을 선정해야 한다.

010

재해사례연구의 진행순서로 옳은 것은?

① 재해 상황 파악 → 사실의 확인 → 문제점 발견 → 근본적 문제점 결정 → 대책 수립
② 사실의 확인 → 재해 상황 파악 → 문제점 발견 → 근본적 문제점 결정 → 대책 수립
③ 재해 상황 파악 → 사실의 확인 → 근본적 문제점 결정 → 문제점 발견 → 대책 수립
④ 사실의 확인 → 재해 상황 파악 → 근본적 문제점 결정 → 문제점 발견 → 대책 수립

해설
- 재해사례연구 진행 순서 : 재해 상황의 파악 → 사실 확인 → 문제점 발견 → 근본적 문제점의 결정 → 대책수립
- 재해발생 시 대처 순서 : 긴급조치 → 재해조사 → 원인분석 → 대책수립
  (1) 긴급조치 : 재해발생 기계의 정지 → 재해자 구조 및 응급조치 → 상급 부서에 보고 → 2차 재해의 방지 → 현장 보존
  (2) 재해조사 : 재해조사 → 원인분석 → 대책수립 → 실시계획 → 실시 → 평가

011

산업안전보건법령에 따른 특정행위의 지시 및 사실의 고지에 사용되는 안전·보건표지의 색도기준으로 옳은 것은?

① 2.5G 4/10 ② 2.5PB 4/10
③ 5Y 8.5/12 ④ 7.5R 4/14

해설

「산업안전보건법 시행규칙」
[별표 8] 안전보건표지의 색도기준 및 용도

색채	색도기준	용도	사용례
빨간색	7.5R 4/14	금지	정지신호, 소화설비 및 그 장소, 유해행위의 금지
		경고	화학물질 취급장소에서의 유해·위험 경고
노란색	5Y 8.5/12	경고	화학물질 취급장소에서의 유해·위험경고 이외의 위험경고, 주의표지 또는 기계방호물
파란색	2.5PB 4/10	지시	특정 행위의 지시 및 사실의 고지
녹색	2.5G 4/10	안내	비상구 및 피난소, 사람 또는 차량의 통행표지
흰색	N9.5		파란색 또는 녹색에 대한 보조색
검은색	N0.5		문자 및 빨간색 또는 노란색에 대한 보조색

012

부주의에 대한 사고방지대책 중 기능 및 작업측면의 대책이 아닌 것은?

① 작업표준의 습관화
② 적성 배치
③ 안전의식의 제고
④ 작업조건의 개선

해설
- 부주의에 의한 사고방지대책
  (1) 작업자의 정신적 측면
    - 안전의식 제고 및 작업의욕 고취
    - 주의력 집중 훈련
    - 피로 및 스트레스 해소 대책
  (2) 기능 및 작업 측면
    - 적성 배치 및 적응력 향상
    - 표준작업 및 안전작업의 습관화
    - 작업조건의 개선
  (3) 설비 및 환경 측면
    - 설비 및 작업환경 안전화
    - 표준작업제도 도입
    - 긴급 시 안전대책 수립

013

버드(Bird)의 신연쇄성 이론 중 재해발생의 근원적 원인에 해당하는 것은?

① 상해 발생 ② 징후 발생
③ 접촉 발생 ④ 관리의 부족

해설
- 버드(Bird) – 재해발생 5단계

단계	구분
1	관리 부족(재해발생 근원적 원인)
2	개인적 요인, 작업상 요인(기본적 원인)
3	불안전 행동 및 상태(직접적 원인)
4	사고
5	재해

해설
- 주의의 특성
  (1) 선택성 : 여러 가지 자극 중 소수의 특정한 것에 한하여 주의가 집중된다.
  (2) 변동성 : 주의는 항상 일정하게 유지되는 것이 아니라 일정한 주기로 부주의가 나타난다.
  (3) 방향성 : 한 곳에 주의를 집중하면 다른 곳의 주의는 약해진다.

014
브레인스토밍(Brain Storming) 기법의 4원칙에 관한 설명으로 옳은 것은?

① 주제와 관련이 없는 내용은 발표할 수 없다.
② 동료의 의견에 대하여 좋고 나쁨을 평가한다.
③ 발표 순서를 정하고, 동일한 발표기회를 부여한다.
④ 타인의 의견에 대하여는 수정하여 발표할 수 있다.

해설
- 브레인스토밍(Brain Storming) 4원칙
  (1) 자유분방 : 가능한 한 많은 의견과 아이디어를 제시한다.
  (2) 비판금지 : 타인의 의견을 절대 비판·비평·비난하지 않는다.
  (3) 대량발언 : 주제를 벗어난 의견과 아이디어도 허용한다.
  (4) 수정발언 : 타인의 의견을 수정하여 발언하는 것을 허용한다.

016
OJT(On the Job Training)의 특징에 대한 설명으로 옳은 것은?

① 특별한 교재·교구·설비 등을 이용하는 것이 가능하다.
② 외부의 전문가를 위촉하여 전문교육을 실시할 수 있다.
③ 직장의 실정에 맞는 구체적이고 실제적인 지도 교육이 가능하다.
④ 다수의 근로자들에게 조직적 훈련이 가능하다.

해설
- OJT(직장 내 교육훈련) : 직장 내에서 상사가 실시하는 개별교육으로, 일상 업무를 통해 지식·기능·문제해결 능력 등을 향상시키는 데 주목적을 둔 교육이다.

장점	단점
개개인에 대한 효율적인 지도·훈련	한 번에 다수를 대상으로 교육하기 힘듦
직장의 실정에 맞는 실제적 훈련	고도의 전문 지식·기능 교육하기 힘듦
업무에 즉시 연결되므로 교육 효과가 즉각 나타남	업무와 교육이 병행되므로 훈련에만 전념하기 곤란
상사와 부하 직원 간 의사소통 및 유대감·신뢰감 증대	전문 강사가 아니어서 교육이 원만하지 않을 가능성

015
주의의 특성에 해당되지 않는 것은?

① 선택성 ② 변동성
③ 가능성 ④ 방향성

017
연간근로자수가 1,000명인 공장의 도수율이 10인 경우 이 공장에서 연간 발생한 재해건수는 몇 건인가?

① 20건 ② 22건
③ 24건 ④ 26건

해설

연총근로시간 = 1,000×2,400

도수율 = $\dfrac{\text{연간 재해 건수}}{\text{연 총 근로시간}} \times 10^6$ 이므로,

연간재해건수 = $\dfrac{\text{도수율} \times \text{연 총 근로시간}}{10^6}$

$= \dfrac{10 \times 1,000 \times 2,400}{10^6} = 24$

• 도수율 : 1,000,000시간당 재해발생건수

018

산업안전보건법령상 안전검사 대상 유해·위험 기계 등에 해당하는 것은?

① 정격 하중이 2톤 미만인 크레인
② 이동식 국소 배기장치
③ 밀폐형 구조 롤러기
④ 산업용 원심기

해설

「산업안전보건법 시행령」
제78조(안전검사대상기계 등)
1. 프레스
2. 전단기
3. 크레인(정격 하중이 2톤 미만인 것은 제외한다)
4. 리프트
5. 압력용기
6. 곤돌라
7. 국소 배기장치(이동식은 제외한다)
8. 원심기(산업용만 해당한다)
9. 롤러기(밀폐형 구조는 제외한다)
10. 사출성형기[형 체결력(型 締結力) 294킬로뉴턴(KN) 미만은 제외한다]
11. 고소작업대(「자동차관리법」 제3조 제3호 또는 제4호에 따른 화물자동차 또는 특수자동차에 탑재한 고소작업대로 한정한다)
12. 컨베이어
13. 산업용 로봇

※ 참고 : 해당 법령의 개정으로 조문제목이 변경되었습니다.

개정 전
제78조(안전검사대상 유해·위험기계 등)

019

안전교육방법의 4단계의 순서로 옳은 것은?

① 도입 → 확인 → 적용 → 제시
② 도입 → 제시 → 적용 → 확인
③ 제시 → 도입 → 적용 → 확인
④ 제시 → 확인 → 도입 → 적용

해설

• 안전교육방법 4단계
  (1) 1단계 - 도입(준비) : 교육내용에 대한 관심과 흥미를 이끌어 학습에 대한 동기를 유발한다.
  (2) 2단계 - 제시(실연) : 새로운 지식·기능을 설명하고 이해시킨다.
  (3) 3단계 - 적용(실습) : 과제 제시 후 문제해결 과정을 통해 올바른 작업습관을 확립하도록 한다.
  (4) 4단계 - 확인(평가) : 교육 후 진행되는 작업상황을 살펴보며 정확하게 이해했는지 평가한다.

020

관리 그리드 이론에서 인간관계 유지에는 낮은 관심을 보이지만 과업에 대해서는 높은 관심을 가지는 리더십의 유형은?

① 1.1형 ② 1.9형
③ 9.1형 ④ 9.9형

해설

• 관리 그리드(Managerial Grid) 이론 : 인간에 대한 관심과 과업에 대한 관심 두 영역을 척도로 하여 리더의 행동 유형을 다섯 가지로 구분한다.
  (1) 1.1(무관심)형 : 인간관계와 과업에 대한 관심도가 모두 낮은 무책임·무능력한 지도자
  (2) 1.9(인기)형 : 인간관계에 대한 관심은 높지만, 과업에 대한 관심은 낮은 인간중심형 지도자
  (3) 9.1(과업)형 : 과업에 대한 관심은 높지만, 인간관계에 대한 관심은 낮은 업무우선형 지도자
  (4) 5.5(중도)형 : 인간관계와 과업에 대한 관심도가 모두 적당한 타협·균형형 지도자
  (5) 9.9(이상)형 : 구성원과 상호 의존관계를 중요시하며, 공동목표를 달성하기 위해 최선을 다하는 이상적인 지도자

제2과목 인간공학 및 시스템안전공학

021
고용노동부 고시의 근골격계부담작업의 범위에서 근골격계부담작업에 대한 설명으로 틀린 것은?

① 하루에 10회 이상 25kg 이상의 물체를 드는 작업
② 하루에 총 2시간 이상 쪼그리고 앉거나 무릎을 굽힌 자세에서 이루어지는 작업
③ 하루에 총 2시간 이상 집중적으로 자료입력 등을 위해 키보드 또는 마우스를 조작하는 작업
④ 하루에 총 2시간 이상 지지되지 않은 상태에서 4.5kg 이상의 물건을 한 손으로 들거나 동일한 힘으로 쥐는 작업

해설
「근골격계부담작업의 범위 및 유해요인조사 방법에 관한 고시」 제3조(근골격계부담작업) 근골격계부담작업이란 다음 각 호의 어느 하나에 해당하는 작업을 말한다. 다만, 단기간작업 또는 간헐적인 작업은 제외한다.
1. 하루에 4시간 이상 집중적으로 자료입력 등을 위해 키보드 또는 마우스를 조작하는 작업
2. 하루에 총 2시간 이상 목, 어깨, 팔꿈치, 손목 또는 손을 사용하여 같은 동작을 반복하는 작업
3. 하루에 총 2시간 이상 머리 위에 손이 있거나, 팔꿈치가 어깨 위에 있거나, 팔꿈치를 몸통으로부터 들거나, 팔꿈치를 몸통 뒤쪽에 위치하도록 하는 상태에서 이루어지는 작업
4. 지지되지 않은 상태이거나 임의로 자세를 바꿀 수 없는 조건에서, 하루에 총 2시간 이상 목이나 허리를 구부리거나 트는 상태에서 이루어지는 작업
5. 하루에 총 2시간 이상 쪼그리고 앉거나 무릎을 굽힌 자세에서 이루어지는 작업
6. 하루에 총 2시간 이상 지지되지 않은 상태에서 1kg 이상의 물건을 한손의 손가락으로 집어 옮기거나, 2kg 이상에 상응하는 힘을 가하여 한손의 손가락으로 물건을 쥐는 작업
7. 하루에 총 2시간 이상 지지되지 않은 상태에서 4.5kg 이상의 물건을 한 손으로 들거나 동일한 힘으로 쥐는 작업
8. 하루에 10회 이상 25kg 이상의 물체를 드는 작업
9. 하루에 25회 이상 10kg 이상의 물체를 무릎 아래에서 들거나, 어깨 위에서 들거나, 팔을 뻗은 상태에서 드는 작업
10. 하루에 총 2시간 이상, 분당 2회 이상 4.5kg 이상의 물체를 드는 작업
11. 하루에 총 2시간 이상 시간당 10회 이상 손 또는 무릎을 사용하여 반복적으로 충격을 가하는 작업

022
양립성(Compatibility)에 대한 설명 중 틀린 것은?

① 개념양립성, 운동양립성, 공간양립성 등이 있다.
② 인간의 기대에 맞는 자극과 반응의 관계를 의미한다.
③ 양립성의 효과가 크면 클수록, 코딩의 시간이나 반응의 시간은 길어진다.
④ 양립성이 인간의 예상과 어느 정도 일치하는 것을 의미한다.

해설
양립성의 효과가 크면 클수록, 코딩의 시간이나 반응의 시간은 줄어든다.

023
정보처리과정에서 부적절한 분석이나 의사결정의 오류에 의하여 발생하는 행동은?

① 규칙에 기초한 행동(Rule-Based Behavior)
② 기능에 기초한 행동(Skill-Based Behavior)
③ 지식에 기초한 행동(Knowledge-Based Behavior)
④ 무의식에 기초한 행동(Unconsciousness-Based Behavior)

해설
부적절한 분석이나 의사결정의 오류에 의하여 발생하는 것은 지식 기반 행동이다.
- Rasmussen의 행동 분류
  (1) 숙련 기반 행동 : 평소에 숙달된 작업이었으나 실수(Slip)와 망각(Lapse)에 의하여 제대로 수행하지 못한 경우
  (2) 규칙 기반 행동 : 잘못된 규칙을 기억하거나, 제대로 된 규칙이라도 상황에 맞지 않게 적용한 경우
  (3) 지식 기반 행동 : 처음부터 관련 지식이 없는 경우 처음 접하는 상황에서 유추와 추론을 이용하여 해결하려 했으나, 지식처리과정 중에 실패 또는 과오로 이어지는 에러

024

욕조곡선의 설명으로 맞는 것은?

① 마모고장 기간의 고장 형태는 감소형이다.
② 디버깅(Debugging) 기간은 마모고장에 나타난다.
③ 부식 또는 산화로 인하여 초기고장이 일어난다.
④ 우발고장 기간은 고장률이 비교적 낮고 일정한 현상이 나타난다.

해설
- 욕조곡선 : 수명 전체에 걸쳐 3가지 고장률 패턴을 보여줌
  (1) 초기고장(감소형) : 생산 시 품질관리 불량 또는 제조 불량으로 인해 발생하는 고장
  (2) 우발고장(일정형) : 설비 사용 중 예상할 수 없이 발생하는 고장으로, 고장률이 비교적 낮고 일정한 현상이 나타남
  (3) 마모고장(증가형) : 설비 등이 수명을 다해 발생하는 고장(부식 또는 마모, 불충분한 정비 등)

025

시력에 대한 설명으로 맞는 것은?

① 배열시력(Vernier Acuity) – 배경과 구별하여 탐지할 수 있는 최소의 점
② 동적시력(Dynamic Visual Acuity) – 비슷한 두 물체가 다른 거리에 있다고 느껴지는 시차각의 최소차로 측정되는 시력
③ 입체시력(Stereoscopic Acuity) – 거리가 있는 한 물체에 대한 약간 다른 상이 두 눈의 망막에 맺힐 때 이것을 구별하는 능력
④ 최소지각시력(Minimum Perceptible Acuity) – 하나의 수직선이 중간에서 끊겨 아래 부분이 옆으로 옮겨진 경우에 탐지할 수 있는 최소 측변 방위

해설
- 입체시력 : 거리가 있는 한 물체에 대한 약간 다른 상이 두 눈의 망막에 맺힐 때 이것을 구별하는 능력
- 배열시력 : 평면에 배열된 둘 혹은 그 이상의 물체가 일렬로 서 있는지 판별하는 능력
- 동적시력 : 움직이는 물체를 정확하고 빠르게 인지하는 능력
- 최소지각시력 : 배경으로부터 한 점을 분간하는 능력

026

인간의 귀의 구조에 대한 설명으로 틀린 것은?

① 외이는 귓바퀴와 외이도로 구성된다.
② 고막은 중이와 내이의 경계부위에 위치해 있으며 음파를 진동으로 바꾼다.
③ 중이에는 인두와 교통하여 고실 내압을 조절하는 유스타키오관이 존재한다.
④ 내이는 신체의 평형감각수용기인 반규관과 청각을 담당하는 전정기관 및 와우로 구성되어 있다.

해설
고막은 외이와 중이의 경계부위에 위치해 있으며 음파를 진동으로 바꾼다.

027

FTA를 수행함에 있어 기본사상들의 발생이 서로 독립인가 아닌가의 여부를 파악하기 위해서는 어느 값을 계산해 보는 것이 가장 적합한가?

① 공분산 ② 분산
③ 고장률 ④ 발생확률

해설
FTA 수행 시 기본사상 간의 독립 여부는 공분산으로 판단한다.
- 공분산 : 2개의 확률변수의 상관정도를 나타내는 값

028

산업안전보건법령에 따라 제출된 유해·위험방지계획서의 심사 결과에 따른 구분·판정결과에 해당하지 않는 것은?

① 적정
② 일부 적정
③ 부적정
④ 조건부 적정

> **해설**
> 「산업안전보건법 시행규칙」
> 제45조(심사 결과의 구분)
> ① 공단은 유해위험방지계획서의 심사 결과를 다음 각 호와 같이 구분·판정한다.
>   1. 적정 : 근로자의 안전과 보건을 위하여 필요한 조치가 구체적으로 확보되었다고 인정되는 경우
>   2. 조건부 적정 : 근로자의 안전과 보건을 확보하기 위하여 일부 개선이 필요하다고 인정되는 경우
>   3. 부적정 : 건설물·기계·기구 및 설비 또는 건설공사가 심사기준에 위반되어 공사착공 시 중대한 위험이 발생할 우려가 있거나 해당 계획에 근본적 결함이 있다고 인정되는 경우

029

일반적으로 기계가 인간보다 우월한 기능에 해당되는 것은? (단, 인공지능은 제외한다.)

① 귀납적으로 추리한다.
② 원칙을 적용하여 다양한 문제를 해결한다.
③ 다양한 경험을 토대로 하여 의사 결정을 한다.
④ 명시된 절차에 따라 신속하고, 정량적인 정보처리를 한다.

> **해설**
> 명시된 절차에 따라 신속하고, 정량적인 정보처리를 하는 것은 기계가 인간보다 뛰어난 점이다.
> - 기계가 인간보다 우수한 기능
>   - 인간의 정상적인 감지 범위 밖의 자극을 감지
>   - 사전에 명시된 사상이나 드물게 발생하는 사상을 감지
>   - 암호화된 정보를 신속하게 대량으로 보관 가능
>   - 과부하 상태에서도 효율적으로 작동
>   - 연역적 추리
>   - 정해진 프로그램에 의해 정량적인 정보처리
>   - 물리적인 양을 계수하거나 측정
>   - 반복 작업의 수행에 높은 신뢰성
>   - 장시간에 걸쳐 원만한 작업 수행
>   - 여러 개의 프로그램된 활동 동시 수행
>   - 주위가 소란해도 효율적으로 작동

030

섬유유연제 생산 공정이 복잡하게 연결되어 있어 작업자의 불안전한 행동을 유발하는 상황이 발생하고 있다. 이것을 해결하기 위한 위험처리 기술에 해당하지 않는 것은?

① Transfer(위험전가)
② Retention(위험보류)
③ Reduction(위험감축)
④ Rearrange(작업순서의 변경 및 재배열)

> **해설**
> - 위험 처리의 기술
>   - 위험의 전가 : 보험이나 외주 등으로 잠재적 위험을 제3자에게 전가하는 것
>   - 위험의 보류 : 위험의 잠재 손실비용을 감수하는 것
>   - 위험의 감축 : 위험을 감소시킬 대책을 마련하는 것
>   - 위험의 회피 : 위험이 존재하는 작업을 하지 않는 것

031

다음 그림의 결함수에서 최소 패스셋(Minimal Path Sets)과 그 신뢰도 $R(t)$는? (단, 각각의 부품 신뢰도는 0.9이다.)

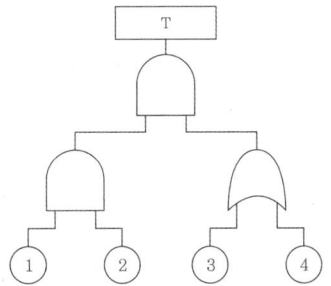

① 최소 패스셋 : {1}, {2}, {3, 4}
   $R(t) = 0.9081$
② 최소 패스셋 : {1}, {2}, {3, 4}
   $R(t) = 0.9981$
③ 최소 패스셋 : {1, 2, 3}, {1, 2, 4}
   $R(t) = 0.9081$
④ 최소 패스셋 : {1, 2, 3}, {1, 2, 4}
   $R(t) = 0.9981$

해설
- 최소 패스셋은 {1}, {2}, {3, 4}이다.
- 신뢰도 $R(t)$
  고장확률 : $0.1 \times 0.1 \times \{1 - (1 - 0.1) \times (1 - 0.1)\} = 0.0019$
  $R(t) = 1 - 고장확률 = 1 - 0.0019 = 0.9981$

032

3개 공정의 소음수준 측정 결과 1공정은 100dB에서 1시간, 2공정은 95dB에서 1시간, 3공정은 90dB에서 1시간이 소요될 때 총 소음량(TND)과 소음설계의 적합성을 맞게 나열한 것은? (단, 90dB에 8시간 노출될 때를 허용기준으로 하며, 5dB 증가할 때 허용시간은 1/2로 감소되는 법칙을 적용한다.)

① TND = 0.785, 적합
② TND = 0.875, 적합
③ TND = 0.985, 적합
④ TND = 1.085, 부적합

해설
- 소음허용기준(90dB일 때 8시간 기준)

소음 음압	노출시간
90dB	8시간
95dB	4시간
100dB	2시간
105dB	1시간

- 소음량 = $\dfrac{\text{실제노출시간}}{\text{최대허용시간}}$

∴ 총소음량은 $\dfrac{1}{2} + \dfrac{1}{4} + \dfrac{1}{8} = \dfrac{7}{8} = 0.875$이고, 이 값은 1보다 작으므로 적합하다.

033

인간공학에 있어 기본적인 가정에 관한 설명으로 틀린 것은?

① 인간 기능의 효율은 인간-기계 시스템의 효율과 연계된다.
② 인간에게 적절한 동기부여가 된다면 좀 더 나은 성과를 얻게 된다.
③ 개인이 시스템에서 효과적으로 기능을 하지 못하여도 시스템의 수행도는 변함없다.
④ 장비, 물건, 환경 특성이 인간의 수행도와 인간-기계 시스템의 성과에 영향을 준다.

해설
인간공학은 인간의 정신적, 신체적 능력 등을 고려해 적합한 작업이 이루어지도록 하는 것으로, 개인이 시스템에서 효과적으로 기능을 하지 못하면 시스템은 개인에게 맞춰서 변화되어야 한다.

034
안전성 평가의 기본원칙 6단계에 해당되지 않는 것은?

① 안전대책
② 정성적 평가
③ 작업환경 평가
④ 관계자료의 정비 검토

해설
- 안전성 평가 6단계
  (1) 1단계 : 관계자료의 정비 검토
  (2) 2단계 : 정성적 평가
  (3) 3단계 : 정량적 평가
  (4) 4단계 : 안전대책 수립
  (5) 5단계 : 재해정보에 의한 재평가
  (6) 6단계 : FTA에 의한 재평가

035
다음 내용의 ( ) 안에 들어갈 내용을 순서대로 정리한 것은?

> 근섬유의 수축단위는 (A)(이)라 하는데, 이것은 두 가지 기본형의 단백질 필라멘트로 구성되어 있으며, (B)이(가) (C) 사이로 미끄러져 들어가는 현상으로 근육의 수축을 설명하기도 한다.

	(A)	(B)	(C)
①	근막	마이오신	액틴
②	근막	액틴	마이오신
③	근원섬유	근막	근섬유
④	근원섬유	액틴	마이오신

해설
근섬유의 수축단위는 근원섬유라 하는데, 이것은 두 가지 기본형의 단백질 필라멘트로 구성되어 있으며, 액틴이 마이오신 사이로 미끄러져 들어가는 현상으로 근육의 수축을 설명하기도 한다.

036
소음 발생에 있어 음원에 대한 대책으로 볼 수 없는 것은?

① 설비의 격리
② 적절한 재배치
③ 저소음 설비 사용
④ 귀마개 및 귀덮개 사용

해설
- 소음 음원 대책
  - 소음원의 제거
  - 소음원의 통제
  - 소음의 격리
  - 차음장치 및 흡음재 사용
  - 음향처리제 사용
  - 적절한 배치

037
인간공학적 의자 설계의 원리로 가장 적합하지 않은 것은?

① 자세 고정을 줄인다.
② 요부측만을 촉진한다.
③ 디스크 압력을 줄인다.
④ 등근육의 정적 부하를 줄인다.

해설
- 의자 설계의 일반 원리
  - 요추 부위의 전만곡선을 유지한다.
  - 디스크 압력을 줄인다.
  - 등근육의 정적부하를 감소시킨다.
  - 자세 고정을 줄인다.
  - 쉽게 조절할 수 있도록 설계한다.
  - 의자의 높이는 오금의 높이보다 같거나 낮게 한다.

038

FTA에서 사용되는 논리게이트 중 입력과 반대되는 현상으로 출력되는 것은?

① 부정 게이트
② 억제 게이트
③ 배타적 OR 게이트
④ 우선적 AND 게이트

해설
- 부정 게이트 : 입력현상의 반대현상이 출력되는 게이트

039

다음 그림에서 시스템 위험분석 기법 중 PHA(예비위험분석)가 실행되는 사이클의 영역으로 맞는 것은?

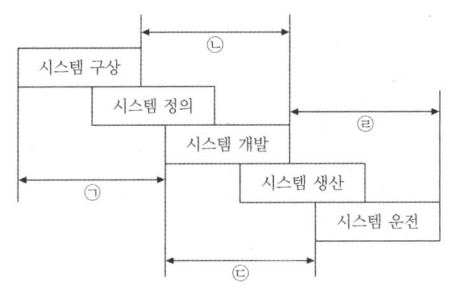

① ㉠
② ㉡
③ ㉢
④ ㉣

해설
- PHA : 시스템의 최초단계(설계단계, 구상단계)에서 실시하는 분석법

040

인간과 기계의 신뢰도가 인간 0.40, 기계 0.95인 경우, 병렬작업 시 전체 신뢰도는?

① 0.89
② 0.92
③ 0.95
④ 0.97

해설
$1 - (1 - 0.4)(1 - 0.95) = 0.97$

제3과목 기계위험방지기술

041

어떤 양중기에서 3,000kg의 질량을 가진 물체를 한쪽이 45°인 각도로 그림과 같이 2개의 와이어로프로 직접 들어 올릴 때, 안전율이 고려된 가장 적절한 와이어로프 지름을 표에서 구하면? (단, 안전율은 산업안전보건법령을 따르고, 두 와이어로프의 지름은 동일하며, 기준을 만족하는 가장 작은 지름을 선정한다.)

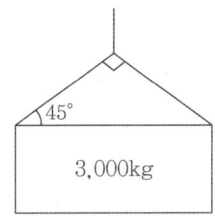

와이어로프 지름 및 절단 강도

와이어로프 지름[mm]	절단 강도[kN]
10	56
12	88
14	110
16	144

① 10mm
② 12mm
③ 14mm
④ 16mm

해설

각각의 와이어로프 $\cos(\frac{\theta}{2})$에 해당하는 값이

$\frac{화물의 무게}{2}$에 해당하는 값이므로,

$\frac{\frac{화물의 무게}{2}}{\cos(\frac{\theta}{2})} = \frac{\frac{3,000}{2}}{\cos(\frac{90}{2})} ≒ \frac{1,500}{0.707} ≒ 2,121.64 kgf$

화물의 하중을 직접 지지하는 와이어로프의 안전계수는 5이므로, $2,121.64 \times 5 = 10,608.2$

절단 강도가 약 10.6ton이므로, 와이어로프 지름은 최소 14mm 이상이어야 한다.

042

다음 중 금형 설치·해체작업의 일반적인 안전사항으로 틀린 것은?

① 금형을 설치하는 프레스의 T홈 안길이는 설치 볼트 직경 이하로 한다.
② 금형의 설치용구는 프레스의 구조에 적합한 형태로 한다.
③ 고정볼트는 고정 후 가능하면 나사산이 3~4개 정도 짧게 남겨 슬라이드 면과의 사이에 협착이 발생하지 않도록 해야 한다.
④ 금형 고정용 브래킷(물림판)을 고정시킬 때 고정용 브래킷은 수평이 되게 하고, 고정볼트는 수직이 되게 고정하여야 한다.

> **해설**
>
> | 프레스 금형작업의 안전에 관한 기술지침 |
> 6.2.2 금형 설치·해체작업의 안전
> (1) 일반적인 안전사항
> ㈎ 금형의 설치용구는 프레스의 구조에 적합한 형태로 한다.
> ㈏ 금형을 설치하는 프레스의 T홈 안길이는 설치 볼트 직경의 2배 이상으로 한다.
> ㈐ 고정볼트는 고정 후 가능하면 나사산이 3~4개 정도 짧게 남겨 슬라이드 면과의 사이에 협착이 발생하지 않도록 해야 한다.
> ㈑ 금형 고정용 브래킷(물림판)을 고정시킬 때 고정용 브래킷은 수평이 되게 하고 고정볼트는 수직이 되게 고정하여야 한다.
> ㈒ 부적합한 프레스에 금형을 설치하는 것을 방지하기 위하여 금형에 부품번호, 상형중량, 총중량, 다이하이트, 제품소재(재질) 등을 기록하여야 한다.

043

휴대용 동력드릴의 사용 시 주의해야 할 사항에 대한 설명으로 옳지 않은 것은?

① 드릴 작업 시 과도한 진동을 일으키면 즉시 작업을 중단한다.
② 드릴이나 리머를 고정하거나 제거할 때는 금속성 망치 등을 사용한다.
③ 절삭하기 위하여 구멍에 드릴날을 넣거나 뺄 때는 팔을 드릴과 직선이 되도록 한다.
④ 작업 중에는 드릴을 구멍에 맞추거나 하기 위해서 드릴날을 손으로 잡아서는 안 된다.

> **해설**
>
> | 휴대용 동력드릴의 사용안전에 관한 기술지침 |
> 17. 드릴작업의 안전
> ⑵ 절삭하기 위하여 구멍에 드릴날을 넣거나 뺄 때 반발에 의하여 손잡이 부분이 튀거나 회전하여 위험을 초래하지 않도록 팔을 드릴과 직선으로 유지한다.
> ⑶ 적당한 펀치로 중심을 잡은 후에 드릴작업을 실시한다. 드릴을 구멍에 맞추거나 스핀들의 속도를 낮추기 위해서 드릴날을 손으로 잡아서는 안 된다. 조정이나 보수를 위하여 손으로 잡아야 할 경우에는 충분히 냉각된 후에 잡는다.
> ⑸ 드릴이 과도한 진동을 일으키면 드릴이 고장이거나 작업방법이 옳지 않다는 증거이므로 즉시 작동을 중단한다. 과도한 진동이 계속되면 수리를 한다.
> ⑻ 드릴이나 리머를 고정시키거나 제거하고자 할 때 금속성물질로 두드리면 변형 및 파손될 우려가 있으므로 고무망치 등을 사용하거나 나무블록 등을 사이에 두고 두드린다.

044

방호장치를 분류할 때는 크게 위험장소에 대한 방호장치와 위험원에 대한 방호장치로 구분할 수 있는데, 다음 중 위험장소에 대한 방호장치가 아닌 것은?

① 격리형 방호장치
② 접근거부형 방호장치
③ 접근반응형 방호장치
④ 포집형 방호장치

해설

- 위험원에 대한 방호장치
  예) 포집형 방호장치, 감지형 방호장치
- 위험장소에 대한 방호장치
  예) 격리형, 위치제한형, 접근반응형, 접근거부형 등

「위험기계·기구방호장치기준」
제3조(용어의 정의)
라. 연삭기 덮개나 반발예방장치 등과 같이 위험장소에 설치하여 위험원이 비산하거나 튀는 것을 포집하여 작업자로부터 위험원을 차단하는 포집형 방호장치

045

다음 ( ) 안의 A와 B의 내용을 옳게 나타낸 것은?

아세틸렌 용접장치의 관리상 발생기에서 (A)미터 이내 또는 발생기실에서 (B)미터 이내의 장소에서는 흡연, 화기의 사용 또는 불꽃이 발생할 위험한 행위를 금지해야 한다.

① A : 7, B : 5
② A : 3, B : 1
③ A : 5, B : 5
④ A : 5, B : 3

해설

「산업안전보건기준에 관한 규칙」
제290조(아세틸렌 용접장치의 관리 등)
3. 발생기에서 5미터 이내 또는 발생기실에서 3미터 이내의 장소에서는 흡연, 화기의 사용 또는 불꽃이 발생할 위험한 행위를 금지시킬 것

046

크레인의 로프에 질량 100kg인 물체를 $5m/s^2$의 가속도로 감아올릴 때, 로프에 걸리는 하중은 약 몇 N인가?

① 500N
② 1,480N
③ 2,540N
④ 4,900N

해설

- 동하중 = $\dfrac{\text{정하중}}{\text{중력가속도}(g)} \times \text{인양가속도}$

  동하중 = $\dfrac{100}{9.8} \times 5 ≒ 51.02$

- 총하중 = 정하중 + 동하중
  총하중 = 51.02 + 100 = 151.02kgf
- 장력의 크기(N) = 총하중 × 중력가속도
  151.02 × 9.8 = 1,479.996N

따라서 로프에 걸리는 하중은 약 1,480N이다.

047

침투탐상검사에서 일반적인 작업 순서로 옳은 것은?

① 전처리 → 침투처리 → 세척처리 → 현상처리 → 관찰 → 후처리
② 전처리 → 세척처리 → 침투처리 → 현상처리 → 관찰 → 후처리
③ 전처리 → 현상처리 → 침투처리 → 세척처리 → 관찰 → 후처리
④ 전처리 → 침투처리 → 현상처리 → 세척처리 → 관찰 → 후처리

해설

- 침투탐상검사 : 시험체 표면에 침투액을 도포하고 닦아낸 뒤 그것을 직접 또는 자외선 등으로 비추어 관찰하여 결함 장소와 크기를 알아내는 비파괴시험
  – 작업 순서 : 전처리 → 침투처리 → 세척처리 → 현상처리 → 관찰 → 후처리

048

연삭기 덮개의 개구부 각도가 그림과 같이 150° 이하여야 하는 연삭기의 종류로 옳은 것은?

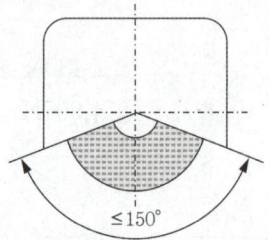

① 센터리스연삭기　② 탁상용연삭기
③ 내면연삭기　　　④ 평면연삭기

해설

「방호장치 자율안전기준 고시」
[별표 4] 연삭기 덮개의 성능기준

4. 연삭기 덮개의 각도	
연삭숫돌의 상부를 사용하는 것을 목적으로 하는 탁상용 연삭기의 덮개 각도	60° 이내
원통연삭기, 센터리스연삭기, 공구연삭기, 만능연삭기, 그 밖에 이와 비슷한 연삭기의 덮개 각도	180° 이내
휴대용 연삭기, 스윙연삭기, 스라브연삭기, 그 밖에 이와 비슷한 연삭기의 덮개 각도	180° 이내
평면연삭기, 절단연삭기, 그 밖에 이와 비슷한 연삭기의 덮개 각도	150° 이내

049

다음 중 선반에서 사용하는 바이트와 관련된 방호장치는?

① 심압대　　② 터릿
③ 칩 브레이커　④ 주축대

해설

- 칩 브레이커(Chip Breaker) : 절삭가공에서 긴 칩(Chip)을 짧게 절단하기 위한 장치로, 선반작업 시 칩이 길어지게 되면 회전하고 있는 공작물에 감겨 들어가서 가공이 어려워질 뿐만 아니라 작업이 위험하게 되므로, 칩 브레이커를 사용해 가공할 때 나오는 칩을 잘라낸다.

050

프레스기를 사용하여 작업을 할 때 작업시작 전 점검사항으로 틀린 것은?

① 클러치 및 브레이크의 기능
② 압력방출장치의 기능
③ 크랭크축 · 플라이휠 · 슬라이드 · 연결봉 및 연결나사의 풀림 유무
④ 금형 및 고정 볼트의 상태

해설

「산업안전보건기준에 관한 규칙」
[별표 3] 작업시작 전 점검사항

1. 프레스 등을 사용하여 작업을 할 때
가. 클러치 및 브레이크의 기능
나. 크랭크축 · 플라이휠 · 슬라이드 · 연결봉 및 연결 나사의 풀림 여부
다. 1행정 1정지기구 · 급정지장치 및 비상정지장치의 기능
라. 슬라이드 또는 칼날에 의한 위험방지 기구의 기능
마. 프레스의 금형 및 고정볼트 상태
바. 방호장치의 기능
사. 전단기(剪斷機)의 칼날 및 테이블의 상태

051

다음 중 기계 설비에서 재료 내부의 균열결함을 확인할 수 있는 가장 적절한 검사 방법은?

① 육안검사　　② 초음파탐상검사
③ 피로검사　　④ 액체침투탐상검사

해설

- 초음파탐상검사(UT, Ultrasonic Testing) : 시험체에 초음파를 전달하여 내부에 존재하는 결함부로부터 반사한 초음파의 신호를 분석해 내부 결함을 검출하는 비파괴시험
  - 대상 결함 : 용접부 내부 결함(기공, 슬래그, 용입부족, 균열) 등
  - 진행원리에 따른 분류
    (1) 펄스반사식
    (2) 투과식
    (3) 공진식

052

다음은 프레스 제작 및 안전기준에 따라 높이 2m 이상인 작업용 발판의 설치 기준을 설명한 것이다. ( ) 안에 알맞은 말은?

안전난간 설치기준
• 상부 난간대는 바닥면으로부터 (가) 이상 120cm 이하에 설치하고, 중간 난간대는 상부 난간대와 바닥면 등의 중간에 설치할 것
• 발끝막이판은 바닥면 등으로부터 (나) 이상의 높이를 유지할 것

　　　(가)　　(나)
① 90cm　　10cm
② 60cm　　10cm
③ 90cm　　20cm
④ 60cm　　20cm

해설

「산업안전보건기준에 관한 규칙」
제13조(안전난간의 구조 및 설치요건)
2. 상부 난간대는 바닥면·발판 또는 경사로의 표면(이하 "바닥면 등"이라 한다)으로부터 90센티미터 이상 지점에 설치하고, 상부 난간대를 120센티미터 이하에 설치하는 경우에는 중간 난간대는 상부 난간대와 바닥면 등의 중간에 설치하여야 하며, 120센티미터 이상 지점에 설치하는 경우에는 중간 난간대를 2단 이상으로 균등하게 설치하고 난간의 상하 간격은 60센티미터 이하가 되도록 할 것
3. 발끝막이판은 바닥면 등으로부터 10센티미터 이상의 높이를 유지할 것

053

다음 중 산업안전보건법령상 보일러 및 압력용기에 관한 사항으로 틀린 것은?

① 공정안전보고서 제출 대상으로서 이행상태 평가결과가 우수한 사업장의 경우 보일러의 압력방출장치에 대하여 8년에 1회 이상으로 설정압력에서 압력방출장치가 적정하게 작동하는지를 검사할 수 있다.
② 보일러의 안전한 가동을 위하여 보일러 규격에 맞는 압력방출장치를 1개 이상 설치하고 최고사용압력 이하에서 작동되도록 하여야 한다.
③ 보일러의 과열을 방지하기 위하여 최고사용압력과 상용압력 사이에서 보일러의 버너 연소를 차단할 수 있도록 압력제한스위치를 부착하여 사용하여야 한다.
④ 압력용기에서는 이를 식별할 수 있도록 하기 위하여 그 압력용기의 최고사용압력, 제조연월일, 제조회사명이 지워지지 않도록 각인(刻印) 표시된 것을 사용하여야 한다.

해설

「산업안전보건기준에 관한 규칙」
제116조(압력방출장치)
① 사업주는 보일러의 안전한 가동을 위하여 보일러 규격에 맞는 압력방출장치를 1개 또는 2개 이상 설치하고 최고사용압력(설계압력 또는 최고허용압력을 말한다. 이하 같다) 이하에서 작동되도록 하여야 한다.
② … 다만, 영 제43조에 따른 공정안전보고서 제출 대상으로서 고용노동부장관이 실시하는 공정안전보고서 이행상태 평가결과가 우수한 사업장은 압력방출장치에 대하여 4년마다 1회 이상 설정압력에서 압력방출장치가 적정하게 작동하는지를 검사할 수 있다.

제117조(압력제한스위치) 사업주는 보일러의 과열을 방지하기 위하여 최고사용압력과 상용압력 사이에서 보일러의 버너 연소를 차단할 수 있도록 압력제한스위치를 부착하여 사용하여야 한다.

제120조(최고사용압력의 표시 등) 사업주는 압력용기 등을 식별할 수 있도록 하기 위하여 그 압력용기 등의 최고사용압력, 제조연월일, 제조회사명 등이 지워지지 않도록 각인(刻印) 표시된 것을 사용하여야 한다.

054

목재가공용 둥근톱 기계에서 가동식 접촉예방장치에 대한 요건으로 옳지 않은 것은?

① 덮개의 하단이 송급되는 가공재의 상면에 항상 접하는 방식의 것이고 절단작업을 하고 있지 않을 때에는 톱날에 접촉되는 것을 방지할 수 있어야 한다.
② 절단작업 중 가공재의 절단에 필요한 날 이외의 부분을 항상 자동적으로 덮을 수 있는 구조여야 한다.
③ 지지부는 덮개의 위치를 조정할 수 있고 체결볼트에는 이완방지조치를 해야 한다.
④ 톱날이 보이지 않게 완전히 가려진 구조이어야 한다.

해설

「위험기계·기구 자율안전확인 고시」
[별표 9] 목재가공기계(둥근톱, 대패, 루타기, 띠톱, 모떼기 기계)의 제작 및 안전기준

둥근톱
7. 날 접촉 예방장치 및 분할날

둥근톱 기계에는 가동식 또는 고정식 톱날접촉예방장치를 설치해야 한다.
가. 가동식 접촉예방장치는 다음의 요건을 만족해야 한다.
  1) 덮개의 하단이 송급되는 가공재의 상면에 항상 접하는 방식의 것이고 절단작업을 하고 있지 않을 때에는 톱날에 접촉되는 것을 방지할 수 있을 것
  2) 절단작업 중 가공재의 절단에 필요한 날 이외의 부분을 항상 자동적으로 덮을 수 있는 구조일 것
  3) 작업에 현저한 지장을 초래하지 않고 톱날을 관찰할 수 있을 것
  4) 접촉 예방장치의 지지부는 덮개의 위치를 조정할 수 있고 체결볼트에는 이완방지조치를 할 것

055

다음 중 기계설비에서 반대로 회전하는 두 개의 회전체가 맞닿는 사이에 발생하는 위험점을 무엇이라 하는가?

① 물림점(Nip Point)
② 협착점(Squeeze Point)
③ 접선물림점(Tangential Point)
④ 회전말림점(Trapping Point)

해설

• 물림점 : 반대방향으로 맞물려 회전하는 두 개의 물체에 물려 들어가는 위험점

056

롤러의 가드 설치방법 중 안전한 작업공간에서 사고를 일으키는 공간함정(Trap)을 막기 위해 확보해야 할 신체 부위별 최소 틈새가 바르게 짝지어진 것은?

① 다리 : 240mm
② 발 : 180mm
③ 손목 : 150mm
④ 손가락 : 25mm

해설

가드-신체 부위 간 최소 틈새
(단위 : mm)

신체부위	손가락	손목	팔	발	다리	몸
최소틈새	25	100	120	180	240	500

057

지게차가 부하상태에서 수평거리가 12m이고, 수직높이가 1.5m인 오르막길을 주행할 때 이 지게차의 전후 안정도와 지게차 안정도 기준의 만족 여부로 옳은 것은?

① 지게차 전후 안정도는 12.5%이고 안정도 기준을 만족하지 못한다.
② 지게차 전후 안정도는 12.5%이고 안정도 기준을 만족한다.
③ 지게차 전후 안정도는 25%이고 안정도 기준을 만족하지 못한다.
④ 지게차 전후 안정도는 25%이고 안정도 기준을 만족한다.

해설

- 지게차 안정도 = $\dfrac{h}{l} \times 100$

  지게차 안정도 = $\dfrac{1.5}{12} \times 100 = 12.5\%$

  18% 이내이므로 안정도 기준을 만족한다.

「건설기계 안전기준에 관한 규칙」
제22조(안정도)

기준 부하상태	하역작업 시	전후 안정도 4%
		좌우 안정도 6%
	주행 시	전후 안정도 18%
기준 무부하상태	주행 시	좌우 안정도 $(15+1.1V)\%$ (이때, V = 최고주행속도)

058

사출성형기에서 동력작동 시 금형 고정장치의 안전사항에 대한 설명으로 옳지 않은 것은?

① 금형 또는 부품의 낙하를 방지하기 위해 기계적 억제장치를 추가하거나 자체 고정장치(Self Retain Clamping Unit) 등을 설치해야 한다.
② 자석식 금형 고정장치는 상·하(좌·우) 금형의 정확한 위치가 자동적으로 모니터(Monitor)되어야 한다.
③ 상·하(좌·우)의 두 금형 중 어느 하나가 위치를 이탈하는 경우 플레이트를 작동시켜야 한다.
④ 전자석 금형 고정장치를 사용하는 경우에는 전자기파에 의한 영향을 받지 않도록 전자파 내성대책을 고려해야 한다.

해설

「위험기계·기구 안전인증 고시」
[별표 6] 사출성형기 제작 및 안전기준

20. 동력작동식 금형 고정장치

나. 금형 또는 부품의 낙하를 방지하기 위해 기계적 억제장치를 추가하거나 자체 고정장치(Self Retain Clamping Unit) 등을 설치해야 한다.
다. 자석식 금형 고정장치는 상·하(좌·우) 금형의 정확한 위치가 자동적으로 모니터(Monitor)되어야 하며, 두 금형 중 어느 하나가 위치를 이탈하는 경우 플레이트를 더 이상 움직이지 않아야 한다.
라. 전자석 금형 고정장치를 사용하는 경우에는 전자기파에 의한 영향을 받지 않도록 전자파 내성대책을 고려해야 한다.

059

인장강도가 250N/mm²인 강판의 안전율이 4라면, 이 강판의 허용응력(N/mm²)은 얼마인가?

① 42.5 ② 62.5
③ 82.5 ④ 102.5

해설

- 안전율 = $\dfrac{\text{인장강도}}{\text{허용응력}}$

- 허용응력 = $\dfrac{\text{인장강도}}{\text{안전율}}$

  허용응력 = $\dfrac{250}{4} = 62.5$

따라서 이 강판의 허용응력은 62.5N/mm²이다.

060

다음 설명 중 (   ) 안에 알맞은 내용은?

> 롤러기의 급정지장치는 롤러를 무부하로 회전시킨 상태에서 앞면 롤러의 표면속도가 30m/min 미만일 때에는 급정지거리가 앞면 롤러 원주의 (   ) 이내에서 롤러를 정지시킬 수 있는 성능을 보유하여야 한다.

① 1/2 ② 1/4
③ 1/3 ④ 1/2.5

해설

「방호장치 자율안전기준 고시」
[별표 3] 롤러기 급정지장치의 성능기준

5. 무부하동작에서 급정지거리

앞면 롤러의 표면속도에 따른 급정지거리

앞면 롤러의 표면속도(m/min)	급정지거리
30 미만	앞면 롤러 원주의 1/3 이내
30 이상	앞면 롤러 원주의 1/2.5 이내

제4과목 전기위험방지기술

061
심장의 맥동주기 중 어느 때에 전격이 인가되면 심실세동을 일으킬 확률이 크고, 위험한가?

① 심방의 수축이 있을 때
② 심실의 수축이 있을 때
③ 심실의 수축 종료 후 심실의 휴식이 있을 때
④ 심실의 수축이 있고 심방의 휴식이 있을 때

해설
- 심장맥동주기 : P-Q-R-S-T파형
  - P파 : 심방 수축에 따라 발생
  - Q-R-S파 : 심실 수축에 따라 발생
  - T파 : 심실 수축 종료 후 심실의 휴식 시 발생
- ※ 심실 수축이 종료되는 T파 부분에 전격이 인가되면 심실세동이 일어날 확률이 가장 높고 위험하다.

062
교류 아크 용접기의 전격방지장치에서 시동감도를 바르게 정의한 것은?

① 용접봉을 모재에 접촉시켜 아크를 발생시킬 때 전격방지 장치가 동작할 수 있는 용접기의 2차측 최대저항을 말한다.
② 안전전압(24V 이하)이 2차측 전압(85~95V)으로 얼마나 빨리 전환되는가 하는 것을 말한다.
③ 용접봉을 모재로부터 분리시킨 후 주접점이 개로 되어 용접기의 2차측 전압이 무부하 전압(25V 이하)으로 될 때까지의 시간을 말한다.
④ 용접봉에서 아크를 발생시키고 있을 때 누설전류가 발생하면 전격방지 장치를 작동시켜야 할지 운전을 계속해야 할지를 결정해야 하는 민감도를 말한다.

해설
- 시동감도 : 용접봉과 모재 사이의 접촉저항으로, 용접봉을 모재에 접촉시켜 아크를 발생시킬 때 전격방지 장치가 동작할 수 있는 용접기의 2차측 최대저항, Ω 단위로 표시

063
다음 (   ) 안에 들어갈 내용으로 옳은 것은?

A. 감전 시 인체에 흐르는 전류는 인가전압에 (㉠)하고, 인체저항에 (㉡)한다.
B. 인체는 전류의 열작용이 (㉢)×(㉣)이 어느 정도 이상이 되면 발생한다.

	(㉠)	(㉡)	(㉢)	(㉣)
①	비례	반비례	전류의 세기	시간
②	반비례	비례	전류의 세기	시간
③	비례	반비례	전압	시간
④	반비례	비례	전압	시간

해설
- 옴의 법칙 : 전류의 세기(I)는 전압(V)에 비례하고, 저항(R)에 반비례한다.
- 전류의 열작용은 전류(I)×통전시간(t)이 어느 정도 이상일 경우 발생한다.

064
폭발 위험장소 분류 시 분진폭발 위험장소의 종류에 해당하지 않는 것은?

① 20종 장소
② 21종 장소
③ 22종 장소
④ 23종 장소

해설
- 분진폭발 위험장소

20종 장소	공기 중에 가연성 분진운의 형태가 지속적, 연속적으로 자주 폭발분위기로 존재하는 장소
21종 장소	공기 중에 가연성 분진운의 형태가 정상 작동 중 빈번하게 폭발분위기를 형성할 수 있는 장소
22종 장소	공기 중에 가연성 분진운의 형태가 정상 작동 중 폭발분위기를 거의 형성하지 않고, 발생하더라도 단기간만 지속될 수 있는 장소

065

분진폭발 방지대책으로 가장 거리가 먼 것은?

① 작업장 등은 분진이 퇴적하지 않는 형상으로 한다.
② 분진 취급 장치에는 유효한 집진 장치를 설치한다.
③ 분체 프로세스 장치는 밀폐화하고 누설이 없도록 한다.
④ 분진 폭발의 우려가 있는 작업장에는 감독자를 상주시킨다.

해설

④는 분진폭발 방지대책과 거리가 멀다.

- 분진폭발 방지대책
  - 분진이 발화 폭발하기 위한 조건은 가연성, 미분상태, 공기 중에서의 교반과 유동 및 점화원의 존재이다.
  - 발열량이 클수록, 입자의 표면적이 클수록, 입자의 형상이 복잡할수록, 분진의 초기 온도가 높을수록 폭발하기 쉽다.
  - 분진폭발의 위험을 낮추기 위해 주변의 점화원을 제거하고, 분진이 날리지 않도록 하고, 분진과 그 주변의 온도를 낮추고, 분진 입자의 표면적을 작게 한다.
  - 분진폭발의 위험은 금속분(알루미늄분), 유황, 적린, 곡물 등에 주로 존재한다.
  - 폭발 한계 내에서 분진의 휘발성분이 많을수록 쉽게 폭발한다.
  - 폭발한계는 입자의 크기, 입도분포, 산소농도, 함유수분, 가연성 가스의 혼입 등에 의해 같은 물질의 분진에서도 다르다.
  - 분진폭발은 '퇴적분진 → 비산 → 분산 → 발화원 → 전면폭발 → 2차 폭발'순으로 진행된다.

066

정전유도를 받고 있는 접지되어 있지 않은 도전성 물체에 접촉한 경우 전격을 당하게 되는데, 이때 물체에 유도된 전압 V(V)를 옳게 나타낸 것은? (단, E는 송전선의 대지전압, C_1은 송전선과 물체 사이의 정전용량, C_2는 물체와 대지 사이의 정전용량이며, 물체와 대지 사이의 저항은 무시한다.)

① $V = \dfrac{C_1}{C_1 + C_2} \cdot E$
② $V = \dfrac{C_1 + C_2}{C_1} \cdot E$
③ $V = \dfrac{C_1}{C_1 \times C_2} \cdot E$
④ $V = \dfrac{C_1 \times C_2}{C_1} \cdot E$

해설

직렬로 연결된 C_1과 C_2에서 송전선 전압이 E일 때, 정전용량 C_1에 걸리는 전압은 $\dfrac{C_2}{C_1 + C_2} \times E$이고, C_2에 걸리는 전압은 $\dfrac{C_1}{C_1 + C_2} \times E$이다.

물체에 유도된 전압은 C_2에 걸리는 전압이므로,

$\dfrac{C_1}{C_1 + C_2} \times E$이다.

067

화염일주한계에 대해 가장 잘 설명한 것은?

① 화염이 발화온도로 전파될 가능성의 한계값이다.
② 화염이 전파되는 것을 저지할 수 있는 틈새의 최대 간격치이다.
③ 폭발성 가스와 공기가 혼합되어 폭발한계 내에 있는 상태를 유지하는 한계값이다.
④ 폭발성 분위기가 전기 불꽃에 의하여 화염을 일으킬 수 있는 최소의 전류값이다.

해설

- 최대안전틈새(MESG, Maximum Experimental Safe Gap) : 폭발성 분위기 내에 방치된 용기의 접합면 틈새를 통해 폭발화염이 내부에서 외부로 전파되는 것(화염일주)을 방지할 수 있는 틈새의 최대 간격치로, 폭발성 가스의 종류에 따라 다름

068

정전기 발생의 일반적인 종류가 아닌 것은?

① 마찰   ② 중화
③ 박리   ④ 유동

해설

- 정전기 발생현상 : 마찰대전, 박리대전, 유동대전, 분출대전, 충돌대전, 파괴대전, 교반대전 등

069

전기기계·기구의 조작 시 안전조치로서 사업주는 근로자가 안전하게 작업할 수 있도록 전기 기계·기구로부터 폭 얼마 이상의 작업공간을 확보하여야 하는가?

① 30cm
② 50cm
③ 70cm
④ 100cm

해설

「산업안전보건기준에 관한 규칙」
제310조(전기 기계·기구의 조작 시 등의 안전조치)
① 사업주는 전기기계·기구의 조작부분을 점검하거나 보수하는 경우에는 근로자가 안전하게 작업할 수 있도록 전기 기계·기구로부터 폭 70센티미터 이상의 작업공간을 확보하여야 한다.

070

가수전류(Let-go Current)에 대한 설명으로 옳은 것은?

① 마이크 사용 중 전격으로 사망에 이른 전류
② 전격을 일으킨 전류가 교류인지 직류인지 구별할 수 없는 전류
③ 충전부로부터 인체가 자력으로 이탈할 수 있는 전류
④ 몸이 물에 젖어 전압이 낮은데도 전격을 일으킨 전류

해설

- 가수전류(이탈전류, 마비한계전류) : 인체가 자력으로 충전부로부터 이탈할 수 있는 최대한도의 전류
- 교착전류(불수전류) : 통전전류로 인하여 근육경련이 심해지고 신경이 마비되어 운동이 자유롭지 않게 되는 한계 전류

071

정전 작업 시 작업 전 안전조치사항으로 가장 거리가 먼 것은?

① 단락 접지
② 잔류전하 방전
③ 절연 보호구 수리
④ 검전기에 의한 정전확인

해설

「산업안전보건기준에 관한 규칙」
제319조(정전전로에서의 전기작업)
② 제1항의 전로 차단은 다음 각 호의 절차에 따라 시행하여야 한다.
1. 전기기기 등에 공급되는 모든 전원을 관련 도면, 배선도 등으로 확인할 것
2. 전원을 차단한 후 각 단로기 등을 개방하고 확인할 것
3. 차단장치나 단로기 등에 잠금장치 및 꼬리표를 부착할 것
4. 개로된 전로에서 유도전압 또는 전기에너지가 축적되어 근로자에게 전기위험을 끼칠 수 있는 전기기기 등은 접촉하기 전에 잔류전하를 완전히 방전시킬 것
5. 검전기를 이용하여 작업 대상 기기가 충전되었는지를 확인할 것
6. 전기기기 등이 다른 노출 충전부와의 접촉, 유도 또는 예비동력원의 역송전 등으로 전압이 발생할 우려가 있는 경우에는 충분한 용량을 가진 단락 접지기구를 이용하여 접지할 것

072

감전사고의 방지대책으로 가장 거리가 먼 것은?

① 전기 위험부의 위험 표시
② 충전부가 노출된 부분에 절연방호구 사용
③ 충전부에 접근하여 작업하는 작업자 보호구 착용
④ 사고발생 시 처리프로세스 작성 및 조치

해설

'사고발생 시 처리프로세스 작성 및 조치'는 감전사고 후처리로서, 방지대책에 해당하지 않는다.

- 감전사고 방지대책
  - 전기기기·설비의 점검 및 정비
  - 전기기기·설비의 위험부에 위험표시
  - 설비가 필요한 부분에 보호 접지
  - 전기설비에 대한 누전차단기 설치
  - 전로의 보호절연 및 충전부의 격리
  - 충전부가 노출된 부분에 절연방호구 사용
  - 안전전압 또는 안전전압 이하의 전기기기 사용

해설

흐르는 전류가 200A이고, 누설전류는 최대 공급전류의 1/2,000을 넘지 않아야 하므로

$200 \times \dfrac{1}{2,000} = 0.1A$

따라서 최소 전류는 100mA이다.

「전기설비기술기준」
제27조(전선로의 전선 및 절연성능)
③ 저압전선로 중 절연 부분의 전선과 대지 사이 및 전선의 심선 상호 간의 절연저항은 사용전압에 대한 누설전류가 최대 공급전류의 1/2,000을 넘지 않도록 하여야 한다.

073

위험방지를 위한 전기기계·기구의 설치 시 고려할 사항으로 거리가 먼 것은?

① 전기기계·기구의 충분한 전기적 용량 및 기계적 강도
② 전기기계·기구의 안전효율을 높이기 위한 시간 가동률
③ 습기·분진 등 사용장소의 주위 환경
④ 전기적·기계적 방호수단의 적정성

해설

「산업안전보건기준에 관한 규칙」
제303조(전기 기계·기구의 적정설치 등)
① 사업주는 전기기계·기구를 설치하려는 경우에는 다음 각 호의 사항을 고려하여 적절하게 설치해야 한다.
  1. 전기기계·기구의 충분한 전기적 용량 및 기계적 강도
  2. 습기·분진 등 사용장소의 주위 환경
  3. 전기적·기계적 방호수단의 적정성

075

정전기 방전에 의한 폭발로 추정되는 사고를 조사함에 있어서 필요한 조치로서 가장 거리가 먼 것은?

① 가연성 분위기 규명
② 사고현장의 방전흔적 조사
③ 방전에 따른 점화 가능성 평가
④ 전하발생 부위 및 축적 기구 규명

해설

- 정전기 폭발사고 시 조치사항
  - 사고의 개요 및 특성 규명
  - 가연성 분위기 규명
  - 전하발생 부위 및 축적 기구 규명
  - 방전에 따른 점화 가능성 평가
  - 사고 재발방지 대책 강구

074

200A의 전류가 흐르는 단상 전로의 한 선에서 누전되는 최소 전류(mA)의 기준은?

① 100   ② 200
③ 10   ④ 20

076

감전쇼크에 의해 호흡이 정지되었을 경우 일반적으로 약 몇 분 이내에 응급처치를 개시하면 95% 정도를 소생시킬 수 있는가?

① 1분 이내   ② 3분 이내
③ 5분 이내   ④ 7분 이내

> **해설**
> - 감전사고 시 응급조치 : 감전쇼크에 의해 호흡이 정지된 경우 혈액 중의 산소함유량이 약 1분 이내에 감소하며, 산소결핍현상이 나타나기 시작한다. 그러나 단시간 내 인공호흡 등 응급조치를 할 경우 감전재해자의 소생률이 높아진다.
>   1분 이내 : 95%
>   2분 이내 : 90%
>   3분 이내 : 75%
>   4분 이내 : 50%
>   6분 이내 : 25%

077
다음 중 방폭구조의 종류가 아닌 것은?

① 본질안전 방폭구조
② 고압 방폭구조
③ 압력 방폭구조
④ 내압 방폭구조

> **해설**
> - 방폭구조 종류(기호)
>   - 본질안전 방폭구조(ia, ib)
>   - 내압 방폭구조(d)
>   - 안전증 방폭구조(e)
>   - 압력 방폭구조(p)
>   - 유입 방폭구조(o)
>   - 특수 방폭구조(s)

078
전선의 절연 피복이 손상되어 동선이 서로 직접 접촉한 경우를 무엇이라 하는가?

① 절연　　② 누전
③ 접지　　④ 단락

> **해설**
> - 단락(합선) : 고장 또는 과실로 전로(電路)에 선 사이가 전기저항이 작아진 상태 또는 전혀 없는 상태에서 접촉한 이상상태

079
이상적인 피뢰기가 가져야 할 성능으로 틀린 것은?

① 제한전압이 낮을 것
② 방전개시전압이 낮을 것
③ 뇌전류 방전능력이 적을 것
④ 속류차단을 확실하게 할 수 있을 것

> **해설**
> - 피뢰기의 성능
>   - 뇌전류 방전능력이 클 것
>   - 제한전압 또는 충격방전 개시전압이 충분히 낮고 보호능력이 있을 것
>   - 속류차단을 확실하게 할 수 있을 것
>   - 대전류 방전 또는 속류차단의 반복동작에 대해 장기간 사용에 견딜 것
>   - 상용주파 방전 개시전압이 회로전압보다 충분히 높아서 상용주파 방전을 하지 않을 것

080
인체의 전기저항이 5,000Ω이고, 세동전류와 통전시간과의 관계를 $I = \dfrac{165}{\sqrt{T}}$ mA라 할 경우, 심실세동을 일으키는 위험에너지는 약 몇 J인가? (단, 통전시간은 1초로 한다.)

① 5　　② 30
③ 136　　④ 825

> **해설**
> - $W = I^2 RT$
> $W = (\dfrac{165}{\sqrt{T}} \times 10^{-3})^2 \times R \times T$
>   인체의 전기저항 R을 5,000Ω, 통전시간(T)을 1초라고 했으므로,
> $(165 \times 10^{-3})^2 \times 5,000 \times 1 = 136.125$
>   따라서 위험에너지는 약 136J이다.

제5과목 화학설비위험방지기술

081
사업주는 인화성 액체 및 인화성 가스를 저장 취급하는 화학설비에서 증기나 가스를 대기로 방출하는 경우에는 외부로부터의 화염을 방지하기 위하여 화염방지기를 설치하여야 한다. 다음 중 화염방지기의 설치 위치로 옳은 것은?

① 설비의 상단
② 설비의 하단
③ 설비의 측면
④ 설비의 조작부

해설
「산업안전보건기준에 관한 규칙」
제269조(화염방지기의 설치 등)
① 사업주는 인화성 액체 및 인화성 가스를 저장 취급하는 화학설비에서 증기나 가스를 대기로 방출하는 경우에는 외부로부터의 화염을 방지하기 위하여 화염방지기를 그 <u>설비 상단</u>에 설치하여야 한다.

082
다음 중 자연발화가 쉽게 일어나는 조건으로 틀린 것은?

① 주위온도가 높을수록
② 열 축적이 클수록
③ 적당량의 수분이 존재할 때
④ 표면적이 작을수록

해설
열전도율이 작을수록, 표면적이 넓을수록, 발열량이 크고 열 축적이 클수록, 주위 온도가 높을수록, 고온다습할수록, 통풍이 안 될수록 자연발화가 발생하기 쉽다.

083
8% NaOH 수용액과 5% NaOH 수용액을 반응기에 혼합하여 6% 100kg의 NaOH 수용액을 만들려면 각각 약 몇 kg의 NaOH 수용액이 필요한가?

① 5% NaOH 수용액 : 33.3kg
　8% NaOH 수용액 : 66.7kg
② 5% NaOH 수용액 : 56.8kg
　8% NaOH 수용액 : 43.2kg
③ 5% NaOH 수용액 : 66.7kg
　8% NaOH 수용액 : 33.3kg
④ 5% NaOH 수용액 : 43.2kg
　8% NaOH 수용액 : 56.8kg

해설
8% NaOH 수용액의 양 : x
5% NaOH 수용액의 양 : y
1) $x + y = 100$
2) $0.08x + 0.05y = 0.06 \times 100$
∴ $x = 33.3$, $y = 66.7$

084
사업주는 산업안전보건기준에 관한 규칙에서 정한 위험물을 기준량 이상으로 제조하거나 취급하는 특수화학설비를 설치하는 경우에는 내부의 이상 상태를 조기에 파악하기 위하여 필요한 온도계·유량계·압력계 등의 계측장치를 설치하여야 한다. 이때 위험물질별 기준량으로 옳은 것은?

① 부탄 – 25m^3
② 부탄 – 150m^3
③ 시안화수소 – 5kg
④ 시안화수소 – 200kg

해설
「산업안전보건기준에 관한 규칙」
[별표 9] 위험물질의 기준량
– 부탄 : 50m^3
– 시안화수소 : 5kg

085

폭발의 위험성을 고려하기 위해 정전에너지 값을 구하고자 한다. 다음 중 정전에너지를 구하는 식은? (단, E는 정전에너지, C는 정전용량, V는 전압을 의미한다.)

① $E = \dfrac{1}{2}CV^2$ ② $E = \dfrac{1}{2}VC^2$

③ $E = VC^2$ ④ $E = \dfrac{1}{4}VC$

> **해설**
> $E = \dfrac{1}{2}CV^2 = \dfrac{1}{2}QV = \dfrac{Q^2}{2C}$
> - C : 도체의 정전용량
> - V : 대전전위
> - Q : 대전전하량

086

다음 중 유류화재에 해당하는 화재의 급수는?

① A급 ② B급
③ C급 ④ D급

> **해설**
> 유류화재는 B급 화재이다.
> • 화재의 종류
> – A급(백색) : 일반화재
> – B급(황색) : 유류화재
> – C급(청색) : 전기화재
> – D급(무색) : 금속화재

087

할론 소화약제 중 Halon 2402의 화학식으로 옳은 것은?

① $C_2F_4Br_2$ ② $C_2H_4Br_2$
③ $C_2Br_4H_2$ ④ $C_2Br_4F_2$

> **해설**
> 할론 번호의 첫 번째 숫자는 탄소(C), 두 번째 숫자는 불소(F), 세 번째 숫자는 염소(Cl), 네 번째 숫자는 브롬(Br)을 의미한다.
> 따라서 Halon 2402는 $C_2F_4Br_2$이다.

088

위험물의 저장방법으로 적절하지 않은 것은?

① 탄화칼슘은 물속에 저장한다.
② 벤젠은 산화성 물질과 격리시킨다.
③ 금속나트륨은 석유 속에 저장한다.
④ 질산은 갈색병에 넣어 냉암소에 보관한다.

> **해설**
> 탄화칼슘(CaC_2)은 물과 반응하면 가연성의 아세틸렌(C_2H_2) 가스를 발생시키므로 화재·폭발의 위험이 있다.

089

다음 중 산업안전보건법령상 공정안전보고서의 안전운전계획에 포함되지 않는 항목은?

① 안전작업허가
② 안전운전지침서
③ 가동 전 점검지침
④ 비상조치계획에 따른 교육계획

> **해설**
> '비상조치계획에 따른 교육계획'은 비상조치계획에 포함되는 항목이다.
> 「산업안전보건법 시행규칙」
> 제50조(공정안전보고서의 세부 내용 등)
> ① 영 제44조에 따라 공정안전보고서에 포함해야 할 세부 내용은 다음 각 호와 같다.
> 3. 안전운전계획
>   가. 안전운전지침서
>   나. 설비점검·검사 및 보수계획, 유지계획 및 지침서
>   다. 안전작업허가
>   라. 도급업체 안전관리계획

마. 근로자 등 교육계획
바. 가동 전 점검지침
사. 변경요소 관리계획
아. 자체감사 및 사고조사계획
자. 그 밖에 안전운전에 필요한 사항

090
마그네슘의 저장 및 취급에 관한 설명으로 틀린 것은?

① 화기를 엄금하고, 가열, 충격, 마찰을 피한다.
② 분말이 비산하지 않도록 밀봉하여 저장한다.
③ 제6류 위험물과 같은 산화제와 혼합되지 않도록 격리, 저장한다.
④ 일단 연소하면 소화가 곤란하지만 초기 소화 또는 소규모 화재 시 물, CO_2 소화설비를 이용하여 소화한다.

해설
물과 반응하면 수소가 발생하고 이산화탄소와는 폭발적인 반응을 하므로 마른 모래나 분말 소화약제를 사용하여 소화해야 한다.

091
다음 중 분진이 발화 폭발하기 위한 조건으로 거리가 먼 것은?

① 불연성질
② 미분상태
③ 점화원의 존재
④ 지연성 가스 중에서의 교반과 운동

해설
불연성 및 난연성 물질의 분진은 분진폭발이 일어나지 않는다.

092
다음 중 산업안전보건법령상 산화성 액체 또는 산화성 고체에 해당하지 않는 것은?

① 질산
② 중크롬산
③ 과산화수소
④ 질산에스테르

해설
질산에스테르는 폭발성 물질 및 유기과산화물에 해당한다.
「산업안전보건기준에 관한 규칙」
[별표 1] 위험물질의 종류
3. 산화성 액체 및 산화성 고체
  가. 차아염소산 및 그 염류
  나. 아염소산 및 그 염류
  다. 염소산 및 그 염류
  라. 과염소산 및 그 염류
  마. 브롬산 및 그 염류
  바. 요오드산 및 그 염류
  사. 과산화수소 및 무기 과산화물
  아. 질산 및 그 염류
  자. 과망간산 및 그 염류
  차. 중크롬산 및 그 염류
  카. 그 밖에 가목부터 차목까지의 물질과 같은 정도의 산화성이 있는 물질
  타. 가목부터 카목까지의 물질을 함유한 물질

093
열교환기의 열 교환 능률을 향상시키기 위한 방법이 아닌 것은?

① 유체의 유속을 적절하게 조절한다.
② 유체의 흐르는 방향을 병류로 한다.
③ 열교환하는 유체의 온도차를 크게 한다.
④ 열전도율이 높은 재료를 사용한다.

해설
열교환기의 열 교환 능률을 향상시키기 위해서는 유체의 흐르는 방향을 병류보다는 향류로 하는 것이 좋다.

094

다음 중 고체의 연소방식에 관한 설명으로 옳은 것은?

① 분해연소란 고체가 표면의 고온을 유지하며 타는 것을 말한다.
② 표면연소란 고체가 가열되어 열분해가 일어나고 가연성 가스가 공기 중의 산소와 타는 것을 말한다.
③ 자기연소란 공기 중 산소를 필요로 하지 않고 자신이 분해되며 타는 것을 말한다.
④ 분무연소란 고체가 가열되어 가연성가스를 발생시키며 타는 것을 말한다.

해설
- 자기연소 : 자체 내에 산소를 함유하고 있어 공기 중의 산소를 필요로 하지 않는 연소형태 (제5류 위험물, 니트로글리세린, 니트로셀룰로오스, 트리니트로톨루엔, 질산에틸 등)

095

사업주는 안전밸브 등의 전단·후단에 차단밸브를 설치해서는 아니 된다. 다만, 별도로 정한 경우에 해당할 때는 자물쇠형 또는 이에 준하는 형식의 차단밸브를 설치할 수 있다. 이에 해당하는 경우가 아닌 것은?

① 화학설비 및 그 부속설비에 안전밸브 등이 복수방식으로 설치되어 있는 경우
② 예비용 설비를 설치하고 각각의 설비에 안전밸브 등이 설치되어 있는 경우
③ 파열판과 안전밸브를 직렬로 설치한 경우
④ 열팽창에 의하여 상승된 압력을 낮추기 위한 목적으로 안전밸브가 설치된 경우

해설
「산업안전보건기준에 관한 규칙」
제266조(차단밸브의 설치 금지) 사업주는 안전밸브 등의 전단·후단에 차단밸브를 설치해서는 아니 된다. 다만, 다음 각 호의 어느 하나에 해당하는 경우에는 자물쇠형 또는 이에 준하는 형식의 차단밸브를 설치할 수 있다.
1. 인접한 화학설비 및 그 부속설비에 안전밸브 등이 각각 설치되어 있고, 해당 화학설비 및 그 부속설비의 연결배관에 차단밸브가 없는 경우
2. 안전밸브 등의 배출용량의 2분의 1 이상에 해당하는 용량의 자동압력조절밸브(구동용 동력원의 공급을 차단하는 경우 열리는 구조인 것으로 한정한다)와 안전밸브 등이 병렬로 연결된 경우
3. 화학설비 및 그 부속설비에 안전밸브 등이 복수방식으로 설치되어 있는 경우
4. 예비용 설비를 설치하고 각각의 설비에 안전밸브 등이 설치되어 있는 경우
5. 열팽창에 의하여 상승된 압력을 낮추기 위한 목적으로 안전밸브가 설치된 경우
6. 하나의 플레어 스택(flare stack)에 둘 이상의 단위공정의 플레어 헤더(flare header)를 연결하여 사용하는 경우로서 각각의 단위공정의 플레어 헤더에 설치된 차단밸브의 열림·닫힘 상태를 중앙제어실에서 알 수 있도록 조치한 경우

096

위험물안전관리법령에서 정한 제3류 위험물에 해당하지 않는 것은?

① 나트륨
② 알킬알루미늄
③ 황린
④ 니트로글리세린

해설
니트로글리세린은 제5류 위험물이다.
「위험물안전관리법 시행령」
[별표 1] 위험물 및 지정수량

제3류 자연발화성 물질 및 금수성 물질
1. 칼륨
2. 나트륨
3. 알킬알루미늄
4. 알킬리튬
5. 황린
6. 알칼리금속(칼륨 및 나트륨을 제외한다) 및 알칼리토금속
7. 유기금속화합물(알킬알루미늄 및 알킬리튬을 제외한다)
8. 금속의 수소화물
9. 금속의 인화물
10. 칼슘 또는 알루미늄의 탄화물
11. 그 밖에 행정안전부령으로 정하는 것
12. 제1호 내지 제11호의1에 해당하는 어느 하나 이상을 함유한 것

097

다음 [표]를 참조하여 메탄 70vol%, 프로판 21vol%, 부탄 9vol%인 혼합가스의 폭발범위를 구하면 약 몇 vol%인가?

가스	폭발하한계(vol%)	폭발상한계(vol%)
C_4H_{10}	1.8	8.4
C_3H_8	2.1	9.5
C_2H_6	3.0	12.4
CH_4	5.0	15.0

① 3.45~9.11 ② 3.45~12.58
③ 3.85~9.11 ④ 3.85~12.58

해설

폭발하한계 $= \dfrac{100}{\dfrac{70}{5}+\dfrac{21}{2.1}+\dfrac{9}{1.8}} = 3.45$

폭발상한계 $= \dfrac{100}{\dfrac{70}{15}+\dfrac{21}{9.5}+\dfrac{9}{8.4}} = 12.58$

∴ 혼합가스의 폭발범위는 3.45~12.58이다.

098

ABC급 분말 소화약제의 주성분에 해당하는 것은?

① $NH_4H_2PO_4$ ② Na_2CO_3
③ Na_2SO_3 ④ K_2CO_3

해설

ABC급 분말 소화약제의 주성분은 인산암모늄($NH_4H_2PO_4$)이다.

099

공기 중 아세톤의 농도가 200ppm(TLV 500ppm), 메틸에틸케톤(MEK)의 농도가 100ppm(TLV 200ppm)일 때 혼합물질의 허용농도는 약 몇 ppm인가? (단, 두 물질은 서로 상가작용을 하는 것으로 가정한다.)

① 150 ② 200
③ 270 ④ 333

해설

• 혼합물의 노출기준(상가작용일 때)

$$= \dfrac{1}{\dfrac{f_1}{TLV_1}+\dfrac{f_2}{TLV_2}+\cdots+\dfrac{f_n}{TLV_n}}$$

여기서, $f_x =$ 각 성분의 중량비율
$TLV_x =$ 화학물질 각각의 노출기준

$\therefore \dfrac{1}{\dfrac{2/3}{500}+\dfrac{1/3}{200}} = \dfrac{1}{0.003} = 333.3$ppm

100

다음의 설명에 해당하는 안전장치는?

> 대형의 반응기, 탑, 탱크 등에서 이상상태가 발생할 때 밸브를 정지시켜 원료공급을 차단하기 위한 안전장치로, 공기압식, 유압식, 전기식 등이 있다.

① 파열판 ② 안전밸브
③ 스팀트랩 ④ 긴급차단장치

해설

• 긴급차단장치 : 대형의 반응기, 탑, 탱크 등에서 이상상태가 발생할 때 밸브를 정지시켜 원료공급을 차단하기 위한 안전장치

제6과목 건설안전기술

101
단관비계의 도괴 또는 전도를 방지하기 위하여 사용하는 벽이음의 간격기준으로 옳은 것은?

① 수직방향 5m 이하, 수평방향 5m 이하
② 수직방향 6m 이하, 수평방향 6m 이하
③ 수직방향 7m 이하, 수평방향 7m 이하
④ 수직방향 8m 이하, 수평방향 8m 이하

해설

「산업안전보건기준에 관한 규칙」
[별표 5] 강관비계의 조립간격

강관비계의 종류	조립간격(단위 : m)	
	수직방향	수평방향
단관비계	5	5
틀비계 (높이가 5m 미만인 것은 제외한다)	6	8

102
건설업 산업안전보건관리비 내역 중 계상비용에 해당되지 않는 것은?

① 근로자 건강관리비
② 건설재해예방 기술지도비
③ 개인보호구 및 안전장구 구입비
④ 외부비계, 작업발판 등의 가설구조물 설치 소요비

해설

「건설업 산업안전보건관리비 계상 및 사용기준」
제7조(사용기준)
1. 안전관리자 등의 인건비 및 각종 업무 수당 등
2. 안전시설비 등
3. 개인보호구 및 안전장구 구입비 등
4. 사업장의 안전·보건진단비 등
5. 안전보건교육비 및 행사비 등
6. 근로자의 건강관리비 등
7. 기술지도비
8. 본사 사용비

103
다음은 산업안전보건법령에 따른 동바리로 사용하는 파이프 서포트에 관한 사항이다. ( ) 안에 들어갈 내용을 순서대로 옳게 나타낸 것은?

가. 파이프 서포트를 (A) 이상 이어서 사용하지 않도록 할 것
나. 파이프 서포트를 이어서 사용하는 경우에는 (B) 이상의 볼트 또는 전용철물을 사용하여 이을 것

① A : 2개, B : 2개
② A : 3개, B : 4개
③ A : 4개, B : 3개
④ A : 4개, B : 4개

해설

「산업안전보건기준에 관한 규칙」
제332조(거푸집동바리 등의 안전조치)
8. 동바리로 사용하는 파이프 서포트에 대해서는 다음 각 목의 사항을 따를 것
  가. 파이프 서포트를 3개 이상 이어서 사용하지 않도록 할 것
  나. 파이프 서포트를 이어서 사용하는 경우에는 4개 이상의 볼트 또는 전용철물을 사용하여 이을 것

104
화물취급 작업 시 준수사항으로 옳지 않은 것은?

① 꼬임이 끊어지거나 심하게 부식된 섬유로프는 화물운반용으로 사용해서는 아니 된다.
② 섬유로프 등을 사용하여 화물취급작업을 하는 경우에 해당 섬유로프 등을 점검하고 이상을 발견한 섬유로프 등을 즉시 교체하여야 한다.
③ 차량 등에서 화물을 내리는 작업을 하는 경우에 해당 작업에 종사하는 근로자에게 쌓여 있는 화물의 중간에서 필요한 화물을 빼낼 수 있도록 허용한다.
④ 하역작업을 하는 장소에서 작업장 및 통로의 위험한 부분에는 안전하게 작업할 수 있는 조명을 유지한다.

> **해설**
>
> 「산업안전보건기준에 관한 규칙」
> 제190조(화물 중간에서 빼내기 금지) 사업주는 화물자동차에서 화물을 내리는 작업을 하는 경우에는 그 작업을 하는 근로자에게 쌓여있는 화물의 중간에서 화물을 빼내도록 해서는 아니 된다.

105

시스템 비계를 사용하여 비계를 구성하는 경우의 준수사항으로 옳지 않은 것은?

① 수직재·수평재·가새재를 견고하게 연결하는 구조가 되도록 할 것
② 수평재는 수직재와 직각으로 설치하여야 하며, 체결 후 흔들림이 없도록 견고하게 설치할 것
③ 비계 밑단의 수직재와 받침철물은 밀착되도록 설치하고, 수직재와 받침철물의 연결부의 겹침길이는 받침철물 전체길이의 3분의 1 이상이 되도록 할 것
④ 벽 연결재의 설치간격은 시공자가 안전을 고려하여 임의대로 결정한 후 설치할 것

> **해설**
>
> 「산업안전보건기준에 관한 규칙」
> 제69조(시스템 비계의 구조) 사업주는 시스템 비계를 사용하여 비계를 구성하는 경우에 다음 각 호의 사항을 준수하여야 한다.
> 1. 수직재·수평재·가새재를 견고하게 연결하는 구조가 되도록 할 것
> 2. 비계 밑단의 수직재와 받침철물은 밀착되도록 설치하고, 수직재와 받침철물의 연결부의 겹침길이는 받침철물 전체길이의 3분의 1 이상이 되도록 할 것
> 3. 수평재는 수직재와 직각으로 설치하여야 하며, 체결 후 흔들림이 없도록 견고하게 설치할 것
> 4. 수직재와 수직재의 연결철물은 이탈되지 않도록 견고한 구조로 할 것
> 5. 벽 연결재의 설치간격은 제조사가 정한 기준에 따라 설치할 것

106

건설공사 위험성평가에 관한 내용으로 옳지 않은 것은?

① 건설물, 기계·기구, 설비 등에 의한 유해·위험요인을 찾아내어 위험성을 결정하고 그 결과에 따른 조치를 하는 것을 말한다.
② 사업주는 위험성평가의 실시내용 및 결과를 기록·보존하여야 한다.
③ 위험성평가 기록물의 보존기간은 2년이다.
④ 위험성평가 기록물에는 평가대상의 유해·위험요인, 위험성결정의 내용 등이 포함된다.

> **해설**
>
> 「산업안전보건법 시행규칙」
> 제37조(위험성평가 실시내용 및 결과의 기록·보존)
> ① 사업주가 법 제36조 제3항에 따라 위험성평가의 결과와 조치사항을 기록·보존할 때에는 다음 각 호의 사항이 포함되어야 한다.
>   1. 위험성평가 대상의 유해·위험요인
>   2. 위험성 결정의 내용
>   3. 위험성 결정에 따른 조치의 내용
>   4. 그 밖에 위험성평가의 실시내용을 확인하기 위하여 필요한 사항으로서 고용노동부장관이 정하여 고시하는 사항
> ② 사업주는 제1항에 따른 자료를 3년간 보존해야 한다.

107

철골작업에서의 승강로 설치기준 중 (   ) 안에 알맞은 것은?

> 사업주는 근로자가 수직방향으로 이동하는 철골부재에는 답단간격이 (   ) 이내인 고정된 승강로를 설치하여야 한다.

① 20cm ② 30cm
③ 40cm ④ 50cm

> **해설**
>
> 「산업안전보건기준에 관한 규칙」
> 제381조(승강로의 설치) 사업주는 근로자가 수직방향으로 이동하는 철골부재(鐵骨部材)에는 답단(踏段) 간격이 30센티미터 이내인 고정된 승강로를 설치하여야 하며, 수평방향 철골과 수직방향 철골이 연결되는 부분에는 연결작업을 위하여 작업발판 등을 설치하여야 한다.

108

사다리식 통로 등을 설치하는 경우 폭은 최소 얼마 이상으로 하여야 하는가?

① 30cm ② 40cm
③ 50cm ④ 60cm

> **해설**
> 「산업안전보건기준에 관한 규칙」
> 제24조(사다리식 통로 등의 구조)
> ① 사업주는 사다리식 통로 등을 설치하는 경우 다음 각 호의 사항을 준수하여야 한다.
>   5. 폭은 30센티미터 이상으로 할 것

109

추락재해에 대한 예방차원에서 고소작업의 감소를 위한 근본적인 대책으로 옳은 것은?

① 방망 설치
② 지붕트러스의 일체화 또는 지상에서 조립
③ 안전대 사용
④ 비계 등에 의한 작업대 설치

> **해설**
> 철골구조물을 일체화하거나 지상에서 조립하는 이유는 고소작업의 감소를 통해 추락재해를 예방하기 위해서이다.

110

다음 중 건설공사 유해·위험방지계획서 제출대상 공사가 아닌 것은?

① 지상높이가 50m인 건축물 또는 인공구조물 건설공사
② 연면적이 3,000m²인 냉동·냉장창고시설의 설비공사
③ 최대 지간길이가 60m인 교량건설공사
④ 터널건설공사

> **해설**
> 「산업안전보건법 시행령」
> 제42조(유해위험방지계획서 제출 대상)
> ③ 법 제42조 제1항 제3호에서 "대통령령으로 정하는 크기·높이 등에 해당하는 건설공사"란 다음 각 호의 어느 하나에 해당하는 공사를 말한다.
>   1. 다음 각 목의 어느 하나에 해당하는 건축물 또는 시설 등의 건설·개조 또는 해체(이하 "건설 등"이라 한다) 공사
>   가. 지상높이가 31미터 이상인 건축물 또는 인공구조물
>   나. 연면적 3만제곱미터 이상인 건축물
>   다. 연면적 5천제곱미터 이상인 시설로서 다음의 어느 하나에 해당하는 시설
>   2. 연면적 5천제곱미터 이상인 냉동·냉장 창고시설의 설비공사 및 단열공사
>   3. 최대 지간(支間)길이(다리의 기둥과 기둥의 중심 사이의 거리)가 50미터 이상인 다리의 건설 등 공사
>   4. 터널의 건설 등 공사
>   5. 다목적댐, 발전용댐, 저수용량 2천만톤 이상의 용수 전용 댐 및 지방상수도 전용 댐의 건설 등 공사
>   6. 깊이 10미터 이상인 굴착공사

111

겨울철 공사 중인 건축물의 벽체 콘크리트 타설 시 거푸집이 터져서 콘크리트 쏟아지는 사고가 발생하였다. 이 사고의 발생 원인으로 추정 가능한 사안 중 가장 타당한 것은?

① 콘크리트의 타설속도가 빨랐다.
② 진동기를 사용하지 않았다.
③ 철근 사용량이 많았다.
④ 콘크리트의 슬럼프가 작았다.

> **해설**
> 콘크리트의 타설속도가 빠를수록 콘크리트 측압이 커진다.
> • 콘크리트의 측압의 영향요소
>   – 기온이 낮을수록 측압은 크다.
>   – 타설속도가 빠를수록 측압은 크다.
>   – 슬럼프가 클수록 측압은 크다.
>   – 다짐이 충분할수록 측압은 크다.
>   – 콘크리트 비중(단위중량)이 클수록 측압은 크다.
>   – 거푸집 수평단면이 클수록 측압은 크다.
>   – 거푸집의 강성이 클수록 측압은 크다.
>   – 부배합일수록 측압은 크다.
>   – 콘크리트 타설높이가 높을수록 측압은 크다.
>   – 철골, 철근량이 적을수록 측압은 크다.

112

다음 중 운반작업 시 주의사항으로 옳지 않은 것은?

① 운반 시의 시선은 진행방향을 향하고 뒷걸음 운반을 하여서는 안 된다.
② 무거운 물건을 운반할 때 무게 중심이 높은 화물은 인력으로 운반하지 않는다.
③ 어깨높이보다 높은 위치에서 화물을 들고 운반하여서는 안 된다.
④ 단독으로 긴 물건을 어깨에 메고 운반할 때에는 뒤쪽을 위로 올린 상태로 운반한다.

> **해설**
> 긴 물체를 한 사람이 운반할 경우에는 앞쪽을 어깨에 메고 뒤쪽 끝을 끌면서 운반하여야 한다.

113

다음 중 직접기초의 터파기 공법이 아닌 것은?

① 개착 공법
② 시트 파일 공법
③ 트렌치 컷 공법
④ 아일랜드 컷 공법

> **해설**
> 시트 파일 공법은 흙막이 공법의 한 종류이다.

114

건설재해대책의 사면보호공법 중 식물을 생육시켜 그 뿌리로 사면의 표층토를 고정하여 빗물에 의한 침식, 동상, 이완 등을 방지하고, 녹화에 의한 경관조성을 목적으로 시공하는 것은?

① 식생공
② 쉴드공
③ 뿜어 붙이기공
④ 블록공

> **해설**
> • 식생공 : 식물을 생육시켜 그 뿌리로 사면의 표층토를 고정하여 빗물에 의한 침식, 동상, 이완 등을 방지하고, 녹화에 의한 경관조성을 목적으로 시공하는 사면보호공법

115

훅걸이용 와이어로프 등이 훅으로부터 벗겨지는 것을 방지하기 위한 장치는?

① 해지장치
② 권과방지장치
③ 과부하방지장치
④ 턴버클

> **해설**
> 와이어로프 등이 훅으로부터 벗겨지는 것을 방지하기 위해 훅에 해지장치를 설치한다.

116

장비가 위치한 지면보다 낮은 장소를 굴착하는 데 적합한 장비는?

① 트럭크레인
② 파워쇼벨
③ 백호우
④ 진폴

> **해설**
> • 백호우 : 지면보다 낮은 곳을 굴착
> • 파워쇼벨 : 지면보다 높은 곳을 굴착

117

추락방지용 방망 중 그물코의 크기가 5cm인 매듭방망 신품의 인장강도는 최소 몇 kg 이상이어야 하는가?

① 60
② 110
③ 150
④ 200

> **해설**
> 「추락재해방지표준안전작업지침」
> 제5조(방망사의 강도)
> 방망사의 인장강도
>
> | 그물코의 크기(cm) | 방망의 종류(kg) | | | |
> |---|---|---|---|---|
> | | 매듭 없는 방망 | | 매듭 방망 | |
> | | 신품 | 폐기 시 | 신품 | 폐기 시 |
> | 10 | 240 | 150 | 200 | 135 |
> | 5 | | | 110 | 60 |

118

잠함 또는 우물통의 내부에서 굴착작업을 할 때의 준수사항으로 옳지 않은 것은?

① 굴착 깊이가 10m를 초과하는 경우에는 해당 작업장소와 외부와의 연락을 위한 통신설비 등을 설치하여야 한다.
② 산소 결핍의 우려가 있는 경우에는 산소의 농도를 측정하는 자를 지명하여 측정하도록 한다.
③ 근로자가 안전하게 승강하기 위한 설비를 설치한다.
④ 측정 결과 산소의 결핍이 인정될 경우에는 송기를 위한 설비를 설치하여 필요한 양의 공기를 공급하여야 한다.

해설

「산업안전보건기준에 관한 규칙」
제377조(잠함 등 내부에서의 작업)
① 사업주는 잠함, 우물통, 수직갱, 그 밖에 이와 유사한 건설물 또는 설비(이하 "잠함 등"이라 한다)의 내부에서 굴착작업을 하는 경우에 다음 각 호의 사항을 준수하여야 한다.
  1. 산소 결핍 우려가 있는 경우에는 산소의 농도를 측정하는 사람을 지명하여 측정하도록 할 것
  2. 근로자가 안전하게 오르내리기 위한 설비를 설치할 것
  3. 굴착 깊이가 20미터를 초과하는 경우에는 해당 작업장소와 외부와의 연락을 위한 통신설비 등을 설치할 것
② 사업주는 제1항 제1호에 따른 측정 결과 산소 결핍이 인정되거나 굴착 깊이가 20미터를 초과하는 경우에는 송기(送氣)를 위한 설비를 설치하여 필요한 양의 공기를 공급해야 한다.

119

이동식비계를 조립하여 작업을 하는 경우의 준수사항으로 옳지 않은 것은?

① 비계의 최상부에서 작업을 하는 경우에는 안전난간을 설치할 것
② 작업발판은 항상 수평을 유지하고 작업발판 위에서 안전난간을 딛고 작업을 하거나 받침대 또는 사다리를 사용하여 작업하지 않도록 할 것
③ 작업발판의 최대적재하중은 150kg을 초과하지 않도록 할 것
④ 이동식비계의 바퀴에는 뜻밖의 갑작스러운 이동 또는 전도를 방지하기 위하여 브레이크·쐐기 등으로 바퀴를 고정시킨 다음 비계의 일부를 견고한 시설물에 고정하거나 아웃트리거(Outrigger)를 설치하는 등 필요한 조치를 할 것

해설

「산업안전보건기준에 관한 규칙」
제68조(이동식비계) 사업주는 이동식비계를 조립하여 작업을 하는 경우에는 다음 각 호의 사항을 준수하여야 한다.
  1. 이동식비계의 바퀴에는 뜻밖의 갑작스러운 이동 또는 전도를 방지하기 위하여 브레이크·쐐기 등으로 바퀴를 고정시킨 다음 비계의 일부를 견고한 시설물에 고정하거나 아웃트리거(outrigger, 전도방지용 지지대)를 설치하는 등 필요한 조치를 할 것
  2. 승강용사다리는 견고하게 설치할 것
  3. 비계의 최상부에서 작업을 하는 경우에는 안전난간을 설치할 것
  4. 작업발판은 항상 수평을 유지하고 작업발판 위에서 안전난간을 딛고 작업을 하거나 받침대 또는 사다리를 사용하여 작업하지 않도록 할 것
  5. 작업발판의 최대적재하중은 250킬로그램을 초과하지 않도록 할 것

120

항타기 또는 항발기의 권상장치 드럼축과 권상장치로부터 첫 번째 도르래의 축 간의 거리는 권상장치 드럼폭의 몇 배 이상으로 하여야 하는가?

① 5배 ② 8배
③ 10배 ④ 15배

해설

「산업안전보건기준에 관한 규칙」
제216조(도르래의 부착 등)
② 사업주는 항타기 또는 항발기의 권상장치의 드럼축과 권상장치로부터 첫 번째 도르래의 축 간의 거리를 권상장치 드럼폭의 15배 이상으로 하여야 한다.

2018년 제3회 산업안전기사 채점표

구분	제1과목	제2과목	제3과목	제4과목	제5과목	제6과목	전과목 평균
점수							

※ 합격기준 : 100점을 만점으로 하여 과목당 40점 이상, 전과목 평균 60점 이상

2018년 제3회 정답

001	002	003	004	005	006	007	008	009	010	011	012	013	014	015	016	017	018	019	020
②	④	②	④	①	②	①	①	①	①	②	③	④	④	③	③	③	④	②	③
021	022	023	024	025	026	027	028	029	030	031	032	033	034	035	036	037	038	039	040
③	③	③	④	③	②	①	②	④	④	②	②	③	③	④	④	②	①	①	④
041	042	043	044	045	046	047	048	049	050	051	052	053	054	055	056	057	058	059	060
③	①	②	④	④	②	①	④	③	②	②	①	①	④	①	④	②	③	②	③
061	062	063	064	065	066	067	068	069	070	071	072	073	074	075	076	077	078	079	080
③	①	①	④	④	①	②	③	③	③	④	②	①	②	①	②	①	②	④	③
081	082	083	084	085	086	087	088	089	090	091	092	093	094	095	096	097	098	099	100
①	④	②	③	①	②	①	④	②	④	①	②	③	③	②	①	③	①	④	④
101	102	103	104	105	106	107	108	109	110	111	112	113	114	115	116	117	118	119	120
①	④	②	③	①	③	②	②	②	①	④	②	①	③	②	③	②	①	③	④

2019년 산업안전기사 기출문제

제1회
2019. 03. 03. 시행

제2회
2019. 04. 27. 시행

제3회
2019. 08. 04. 시행

산업안전기사 필기
기출문제집

2019년 제1회 산업안전기사 기출문제

2019. 03. 03. 시행

제1과목 안전관리론

001
제일선의 감독자를 교육대상으로 하고, 작업을 지도하는 방법·작업개선방법 등의 주요 내용을 다루는 기업 내 교육방법은?

① TWI ② MTP
③ ATT ④ CCS

해설
- TWI(Training Within Industry for supervisors) : 직장에서 제일선감독자(현장관리감독자)의 감독능력을 한층 더 발휘시키고, 멤버와의 인간관계를 개선하여 생산성을 높이기 위해 고안된 교육방법이다.
  - 교육내용
    (1) 작업지도훈련(JIT : Job Instruction Training)
    (2) 작업방법훈련(JMT : Job Methods Training)
    (3) 인간관계훈련(JRT : Job Relations Training)
    (4) 작업안전훈련(JST : Job Safety Training)
  - 교육단계 : 준비 → 설명 → 실습 → 확인

002
안전검사기관 및 자율검사프로그램 인정기관은 고용노동부장관에게 그 실적을 보고하도록 관련법에 명시되어 있다. 그 주기로 옳은 것은?

① 매월 ② 격월
③ 분기 ④ 반기

해설
「안전검사 절차에 관한 고시」
제9조(안전검사 실적보고)
② 안전검사기관은 별지 제1호 서식에 따라 분기마다 다음 달 10일까지 분기별 실적과, 매년 1월 20일까지 전년도 실적을 고용노동부장관에게 제출하여야 하며, 공단은 별지 제2호 서식에 따라 분기마다 다음 달 10일까지 분기별 실적과, 매년 1월 20일까지 전년도 실적을 고용노동부장관에게 제출하여야 한다.

003
다음 재해사례에서 기인물에 해당하는 것은?

> 기계작업에 배치된 작업자가 반장의 지시를 받기 전 정지된 선반을 운전시키면서 변속치차의 덮개를 벗겨내고, 치차를 저속으로 운전하면서 급유하려고 할 때 오른손이 변속치차에 맞물려 손가락이 절단되었다.

① 덮개 ② 급유
③ 선반 ④ 변속치차

해설
위 재해사례의 상해종류는 '절단', 재해형태는 '협착', 가해물은 '변속치차', 기인물은 '선반'이다.
- 재해의 분석
  - 재해형태 : 사고의 유형
  - 가해물 : 사람과 직접 충돌하거나 접촉하여 위해(危害)를 준 물건
  - 기인물 : 재해가 일어난 원인이 된 기계·장치·기타 물건 또는 환경 등

004

보호구안전인증고시에 따른 분리식 방진마스크의 성능기준에서 포집효율이 특급인 경우 염화나트륨(NaCl) 및 파라핀 오일(Paraffin Oil) 시험에서의 포집효율은?

① 99.95% 이상
② 99.9% 이상
③ 99.5% 이상
④ 99.0% 이상

해설

「보호구 안전인증 고시」
[별표 4] 방진마스크의 성능기준

형태 및 등급		염화나트륨(NaCl) 및 파라핀 오일(Paraffin oil) 시험
분리식	특급	99.95% 이상
	1급	94.0% 이상
	2급	80.0% 이상
안면부 여과식	특급	99.0% 이상
	1급	94.0% 이상
	2급	80.0% 이상

005

산업안전보건법상 특별안전보건교육에서 방사선 업무에 관계되는 작업을 할 때 교육내용으로 거리가 먼 것은?

① 방사선의 유해 · 위험 및 인체에 미치는 영향
② 방사선 측정기기 기능의 점검에 관한 사항
③ 비상시 응급처치 및 보호구 착용에 관한 사항
④ 산소농도측정 및 작업환경에 관한 사항

해설

「산업안전보건법 시행규칙」
[별표 5] 안전보건교육 교육대상별 교육내용 · 라. 특별교육 대상 작업별 교육

33. 방사선 업무에 관계되는 작업
(의료 및 실험용은 제외한다)

- 방사선의 유해 · 위험 및 인체에 미치는 영향
- 방사선의 측정기기 기능의 점검에 관한 사항
- 방호거리 · 방호벽 및 방사선물질의 취급 요령에 관한 사항
- 응급처치 및 보호구 착용에 관한 사항
- 그 밖에 안전 · 보건관리에 필요한 사항

006

주의의 수준이 Phase 0인 상태에서의 의식상태는?

① 무의식 상태
② 의식의 이완 상태
③ 명료한 상태
④ 과긴장 상태

해설

• 인간의 의식수준 5단계

단계	의식상태	주의작용	신뢰도
Phase 0	무의식, 실신, 수면 중	없음	0
Phase I	이상, 피로, 몽롱	저하, 부주의	0.9 이하
Phase II	정상, 이완상태	수동적(Passive)	0.99~0.99999
Phase III	정상, 명료, 분명	전향적(Active)	0.99999 이상
Phase IV	과긴장	한 점에 집중, 판단 정지	0.9 이하

※ Phase III은 신뢰성이 가장 높고 바람직한 상태의 의식수준으로, 중요하거나 위험한 작업을 안전하게 수행하기에 적합하다.

007

한 사람, 한 사람의 위험에 대한 감수성 향상을 도모하기 위하여 삼각 및 원 포인트 위험예지훈련을 통합한 활용기법은?

① 1인 위험예지훈련
② TBM 위험예지훈련
③ 자문자답 위험예지훈련
④ 시나리오 역할연기훈련

해설

• 1인 위험예지훈련 : 각자의 위험에 대한 감수성을 향상시키기 위한 삼각 및 원 포인트 위험예지훈련

008

재해예방의 4원칙에 관한 설명으로 틀린 것은?

① 재해의 발생에는 반드시 원인이 존재한다.
② 재해의 발생과 손실의 발생은 우연적이다.
③ 재해를 예방할 수 있는 안전대책은 반드시 존재한다.
④ 재해는 원인 제거가 불가능하므로 예방만이 최선이다.

해설

- 하인리히(Heinrich) – 재해예방 4원칙
  (1) 손실우연 원칙 : 재해손실은 사고발생 시 사고대상의 조건에 따라 달라지므로, 한 사고의 결과로서 생긴 재해손실은 우연성에 의해 결정된다.
  (2) 원인계기 원칙 : 재해발생에는 반드시 원인이 있으며, 이는 복합적이고 필연적인 인과관계로 작용한다.
  (3) 예방가능 원칙 : 모든 재해는 예방이 가능하다는 원칙으로, 원인만 제거하면 원칙적으로 예방이 가능하다.
  (4) 대책선정 원칙 : 재해예방이 가능한 안전대책은 반드시 존재하므로, 사고의 원인을 발견하면 반드시 대책을 세워야 한다.

009

적응기제(適應機制, Adjustment Mechanism)의 종류 중 도피적 기제(행동)에 해당하지 않는 것은?

① 고립   ② 퇴행
③ 억압   ④ 합리화

해설

- 적응기제

(1) 도피기제	(2) 방어기제
거부	동일시
고립	반동
고착	보상
백일몽	승화
억압	치환
퇴행	투사
	합리화

010

인간오류에 관한 분류 중 독립행동에 의한 분류가 아닌 것은?

① 생략오류   ② 실행오류
③ 명령오류   ④ 시간오류

해설

- 스웨인(Swain) – 독립행동에 관한 휴먼에러(Human Error)
  (1) 생략적 에러(Omission Error) : 필요한 작업이나 절차를 수행하지 않아서 발생하는 에러
  (2) 실행적 에러(Commission Error) : 작업이나 절차를 수행했으나 잘못 수행하여 발생하는 에러
  (3) 불필요한 에러(Extraneous Error) : 불필요한 작업이나 절차를 과잉 수행하여 발생하는 에러
  (4) 순서적 에러(Sequential Error) : 필요한 작업이나 절차의 순서 착오로 발생하는 에러
  (5) 시간적 에러(Time Error) : 필요한 작업이나 절차를 제시간에 수행하지 못하여 발생하는 에러

011

다음 중 안전·보건교육계획을 수립할 때 고려할 사항으로 가장 거리가 먼 것은?

① 현장의 의견을 충분히 반영한다.
② 대상자의 필요한 정보를 수집한다.
③ 안전교육시행체계와의 연관성을 고려한다.
④ 정부 규정에 의한 교육에 한정하여 실시한다.

해설

- 안전·보건교육계획 수립 시 고려사항
  - 현장의 의견 반영
  - 교육에 필요한 정보 수집
  - 교육시행체계와 관련하여 시행
  - 정부 법·규정 이외의 교육도 고려
  - 교육의 효과 고려

012
사고의 원인분석방법에 해당하지 않는 것은?

① 통계적 원인분석
② 종합적 원인분석
③ 클로즈(Close)분석
④ 관리도

해설
- 통계적 원인분석방법
  (1) 파레토(Pareto)도(파레토차트) : 작업현장에서 발생하는 고장·재해 등의 유형, 기인물, 발생건수, 손실금액 등을 항목별로 분류하고, 그 건수와 금액을 크기순으로 나열한 그래프
  (2) 클로즈(Close)분석 : 두 가지 이상의 문제에 대한 관계분석 시 주로 사용하는 방법으로, 데이터를 집계하고 표로 표시하여 요인별 결과 내역이 교차되도록 작성한 그림
  (3) 관리도 : 산업재해 분석 및 평가를 위해 재해발생건수 등의 추이를 파악하여 그래프화하고 관리선을 설정해 목표관리를 수행하는 방법
  (4) 특성요인도 : 특성과 요인 관계를 도표로 하여 어골(魚骨)상으로 세분화한 분석법으로, 재해의 원인과 결과를 연계하여 상호 관계를 파악하는 방법

013
하인리히의 재해 코스트 평가방식 중 직접비에 해당하지 않는 것은?

① 산재보상비
② 치료비
③ 간호비
④ 생산손실

해설
- 하인리히(Heinrich) - 재해손실비용 평가 : 총손실비용은 '직접비 + 간접비'이고, 직접비 : 간접비의 비율은 1 : 4이다.
  (1) 직접손실비용 : 법령으로 정한 피해자에게 지급되는 산재보상비
     예) 치료비, 간병비, 장례비, 산재보상비, 휴업보상비, 요양보상비, 장해보상비, 유족보상비, 직업재활급여, 상병보상연금 등
  (2) 간접손실비용 : 생산중단과 재산손실로 인하여 기업이 입은 손실
     예) 임금손실, 물적손실(시간손실 및 재산손실), 생산손실, 특수손실, 기타손실 등

014
안전관리조직의 참모식(Staff형)에 대한 장점이 아닌 것은?

① 경영자의 조언과 자문역할을 한다.
② 안전정보 수집이 용이하고 빠르다.
③ 안전에 관한 명령과 지시는 생산라인을 통해 신속하게 전달한다.
④ 안전전문가가 안전계획을 세워 문제해결 방안을 모색하고 조치한다.

해설
- 참모식(Staff) 조직 : 안전관리를 관장하는 참모(Staff)를 두고, 안전관리에 관한 계획·조사·검토·보고 등의 업무를 수행하게 하는 조직으로, 근로자 100~1,000명 이하의 중규모 사업장에 적합하다.

장점	단점
안전 지식 및 기술 축적 용이	생산부서와 마찰이 발생하기 쉬움
신속한 안전정보 입수, 신기술 개발 가능	생산부서에는 안전에 대한 책임·권한 없음
경영자에게 지도·자문·조언 가능	생산부서와 유기적으로 협조하지 못하면, 안전에 대한 지시나 전달 어려움
사업장 실정에 맞는 안전의 표준화 가능	

015
산업안전보건법령상 의무안전인증대상 기계·기구 및 설비가 아닌 것은?

① 연삭기
② 롤러기
③ 압력용기
④ 고소(高所) 작업대

해설

「산업안전보건법 시행령」
제74조(안전인증대상기계 등)
1. 다음 각 목의 어느 하나에 해당하는 기계 또는 설비
   가. 프레스
   나. 전단기 및 절곡기(折曲機)
   다. 크레인
   라. 리프트
   마. 압력용기
   바. 롤러기
   사. 사출성형기(射出成形機)
   아. 고소(高所) 작업대
   자. 곤돌라

해설

「산업안전보건법 시행규칙」
[별표 6] 안전보건표지의 종류와 형태

5. 관계자 외 출입금지		
501 허가대상물질 작업장	502 석면취급/해체 작업장	503 금지대상물질의 취급 실험실 등
관계자 외 출입금지 (허가물질 명칭) 제조/사용/보관 중 보호구/보호복 착용 흡연 및 음식물 섭취 금지	관계자 외 출입금지 석면 취급/해체 중 보호구/보호복 착용 흡연 및 음식물 섭취 금지	관계자 외 출입금지 발암물질 취급 중 보호구/보호복 착용 흡연 및 음식물 섭취 금지

016

안전교육방법 중 학습자가 이미 설명을 듣거나 시범을 보고 알게 된 지식이나 기능을 강사의 감독 아래 직접적으로 연습하여 적용할 수 있도록 하는 교육방법은?

① 모의법
② 토의법
③ 실연법
④ 반복법

해설

- 안전·보건교육방법
  - 실연법(Performance Method) : 학습자가 이미 설명을 듣거나 시범을 보고 알게 된 지식·기능을 교사의 지휘나 감독 아래 연습·적용해 보는 교육방법

017

산업안전보건법상의 안전·보건표지 종류 중 '관계자 외 출입금지 표지'에 해당하는 것은?

① 안전모 착용
② 폭발성물질 경고
③ 방사성물질 경고
④ 석면취급 및 해체·제거

018

국제노동기구(ILO)의 산업재해 정도 구분에서 부상결과 근로자가 신체장해등급 제12급 판정을 받았다면 이는 어느 정도의 부상을 의미하는가?

① 영구 전노동 불능
② 영구 일부노동 불능
③ 일시 전노동 불능
④ 일시 일부노동 불능

해설

- 국제노동기구(ILO) – 상해 정도별 구분
  (1) 사망 : 안전사고 혹은 부상의 결과로서 사망한 경우
  (2) 영구 전노동 불능상해 : 부상결과 근로기능 완전 상실(신체장해등급 제1~3급)
  (3) 영구 일부노동 불능상해 : 부상결과 신체의 일부, 근로기능 일부 상실(신체장해등급 제4~14급)
  (4) 일시 전노동 불능상해 : 의사의 진단결과 일정기간 근로를 할 수 없는 경우(신체장해가 남지 않는 일반적 휴업재해)
  (5) 일시 일부노동 불능상해 : 휴업재해 이외의 경우(일시적으로 작업시간 중에 업무를 떠나 치료를 받는 정도의 상해)
  (6) 구급처치 상해 : 응급처치 혹은 의료조치 후 부상당한 다음 날 정규근로 종사

019

특정과업에서 에너지 소비수준에 영향을 미치는 인자가 아닌 것은?

① 작업방법　② 작업속도
③ 작업관리　④ 도구

해설
에너지 소비량에 영향을 미치는 인자에는 작업자세, 작업방법, 작업속도, 도구설계 등이 있다.

020

사고예방대책의 기본원리 5단계 중 틀린 것은?

① 1단계 : 안전관리계획
② 2단계 : 현상파악
③ 3단계 : 분석평가
④ 4단계 : 대책의 선정

해설
- 하인리히(Heinrich) – 사고예방대책 기본원리 5단계

단계	구분
1	안전관리 조직과 계획 수립
2	사실의 발견(현상 파악)
3	분석 평가(원인 규명)
4	시정책 선정(대책 선정)
5	시정책 적용(대책 적용)

제2과목 인간공학 및 시스템안전공학

021

의도는 올바른 것이었지만, 행동이 의도한 것과는 다르게 나타나는 오류를 무엇이라 하는가?

① Slip　② Mistake
③ Lapse　④ Violation

해설
- 정보처리과정에서 발생하는 인간의 오류
  - 실수(Slip) : 상황이나 목표의 해석을 제대로 했으나, 의도와는 다른 행동을 한 경우
  - 착오(Mistake) : 상황 해석을 잘못하거나 착각하여 틀린 목표를 행하는 실수
  - 건망증(Lapse) : 일련의 과정 중 일부를 빠뜨리거나 기억을 하지 못해 발생하는 오류
  - 위반(Violation) : 정해진 규칙을 고의로 무시하여 발생하는 오류

022

시스템 수명주기 단계 중 마지막 단계인 것은?

① 구상단계　② 개발단계
③ 운전단계　④ 생산단계

해설
- 시스템 수명주기 5단계

단계	구분
1	구상(Concept)
2	정의(Definition)
3	개발(Development)
4	생산(Production)
5	운전(Deployment)

023
FT도에 사용되는 다음 게이트의 명칭은?

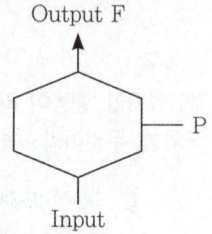

① 부정 게이트
② 억제 게이트
③ 배타적 OR 게이트
④ 우선적 AND 게이트

> **해설**
> • 억제 게이트(Inhibit Gate) : AND 게이트의 특별한 경우로서, 한 개의 입력사상에 의해 발생하며, 특정조건을 만족하면 출력사상이 생기고 만약 조건이 만족되지 않으면 출력이 생기지 않는 논리 게이트

024
FTA에서 시스템의 기능을 살리는 데 필요한 최소 요인의 집합을 무엇이라 하는가?

① Critical Set
② Minimal Gate
③ Minimal Path Set
④ Boolean Indicated Cut Set

> **해설**
> • 최소 패스셋(Minimal Path Set) : FTA에서 시스템의 기능을 살리는 데 필요한 최소 요인의 집합으로, 시스템의 신뢰도를 표시한다.

025
쾌적환경에서 추운환경으로 변화 시 신체의 조절작용이 아닌 것은?

① 피부온도가 내려간다.
② 직장온도가 약간 내려간다.
③ 몸이 떨리고 소름이 돋는다.
④ 피부를 경유하는 혈액 순환량이 감소한다.

> **해설**
> • 온도가 내려갈 때 신체 조절작용
>   – 피부의 온도가 내려간다.
>   – 직장(直腸)의 온도가 올라간다.
>   – 몸이 떨리고, 소름이 돋는다.
>   – 피부를 경유하는 혈액 순환량이 감소하고, 많은 양의 혈액이 몸의 중심부를 순환한다.
>   – 피부 근처 혈관이 수축하여 열 방출량이 감소하고, 근육을 떨리게 하여 열 발생량이 증가한다.

026
염산을 취급하는 A 업체에서는 신설 설비에 관한 안전성 평가를 실시해야 한다. 정성적 평가단계의 주요 진단 항목에 해당하는 것은?

① 공장 내의 배치
② 제조공정의 개요
③ 재평가 방법 및 계획
④ 안전·보건교육 훈련계획

> **해설**
> • 안정성 평가 6단계
>
> | 단계 | 구분 |
> | --- | --- |
> | 1 | 관계자료 정비 검토 |
> | 2 | 정성적 평가 |
> | 3 | 정량적 평가 |
> | 4 | 안전대책 수립 |
> | 5 | 재해사례에 의한 평가 |
> | 6 | FTA에 의한 평가 |
>
> – 정성적 평가 항목
>   (1) 설계관계 : 입지조건, 공장 내 배치, 건조물, 소방 설비 등
>   (2) 운전관계 : 원재료·중간체제품, 수송·저장, 공정·공정 기기 등

027

인간-기계시스템의 설계를 6단계로 구분할 때, 첫 번째 단계에서 시행하는 것은?

① 기본설계
② 시스템의 정의
③ 인터페이스 설계
④ 시스템의 목표와 성능명세 결정

해설

• 인간-기계시스템의 설계 6단계

단계	구분
1	시스템의 목표 및 성능명세 결정
2	시스템의 정의
3	기본 설계
4	인간-기계 인터페이스 설계
5	보조물 및 편의수단 설계
6	시험 및 평가

028

점광원으로부터 0.3m 떨어진 구면에 비추는 광량이 5lumen일 때, 조도는 약 몇 럭스(lux)인가?

① 0.06
② 16.7
③ 55.6
④ 83.4

해설

$$조도(lux) = \frac{광속(lumen)}{거리(m)^2} = \frac{5}{0.3^2} = 55.6 lux$$

029

음량수준을 측정할 수 있는 3가지 척도에 해당하지 않는 것은?

① sone
② 럭스
③ phon
④ 인식소음 수준

해설

• 음량수준 측정 척도
(1) Phon : 1Phon은 1,000Hz 1dB과 같은 크기로 들리는 음을 말한다.
(2) Sone : 1Sone은 1,000Hz 40dB과 같은 크기로 들리는 음을 말한다.
(3) 인식소음 수준 : 소음의 측정에 이용되는 척도로, PNdB와 PLdB로 구분된다.

030

실린더 블록에 사용하는 개스킷의 수명은 평균 10,000시간이며, 표준편차는 200시간으로 정규분포를 따른다. 사용시간이 9,600시간일 경우에 신뢰도는 약 얼마인가? (단, 표준정규분포표에서 $u_{0.8413} = 1$, $u_{0.9772} = 2$이다.)

① 84.13%
② 88.73%
③ 92.72%
④ 97.72%

해설

$$P_r(X \leq 9,600) = P_r(Z \leq \frac{9,600 - 10,000}{200})$$
$$= P_r(Z \leq -2) = 0.9772 = 97.72\%$$

031

음압수준이 70dB인 경우, 1,000Hz에서 순음의 phon치는?

① 50phon
② 70phon
③ 90phon
④ 100phon

해설

1Phon은 1,000Hz에서 1dB과 같은 크기로 들리는 음을 말한다. 따라서 1,000Hz에서 음압수준이 70dB인 경우, 순음의 phon치는 70phon이다.

032

인체계측자료의 응용원칙 중 조절범위에서 수용하는 통상의 범위는 얼마인가?

① 5~95%tile
② 20~80%tile
③ 30~70%tile
④ 40~60%tile

해설
- 인체계측자료 응용원칙
  (1) 최대치수와 최소치수 설계(극단치 설계)
  (2) 평균치를 기준으로 한 설계
  (3) 조절범위(조절식 설계)
    − 통상 5%~95% 범위 수용
    − %tile = 평균값 ± (%tile 계수 × 표준편차)
      95%tile = 평균 + 1.645 × 표준편차
      5%tile = 평균 − 1.645 × 표준편차

033
동작경제원칙에 해당하지 않는 것은?
① 신체 사용에 관한 원칙
② 작업장 배치에 관한 원칙
③ 사용자 요구 조건에 관한 원칙
④ 공구 및 설비 디자인에 관한 원칙

해설
- 동작경제 3원칙 : 작업자가 에너지의 낭비 없이 효과적으로 작업할 수 있도록 작업자의 동작을 세밀하게 분석하여 가장 경제적이고 합리적인 표준 동작을 설정하는 원칙이다.
  (1) 신체 사용에 관한 원칙
  (2) 작업장 배치에 관한 원칙
  (3) 공구 및 설비 설계에 관한 원칙

034
정신적 작업부하에 관한 생리적 척도에 해당하지 않는 것은?
① 부정맥 지수   ② 근전도
③ 점멸융합주파수 ④ 뇌파도

해설
'근전도'는 육체적 작업에 관한 생리적 척도이다.
- 정신적 작업부하(Mental Workload)의 생리적 척도
  − 부정맥, 뇌파도(EEG), 중추신경계 활동 측정, 동공 지름, 눈꺼풀 깜박임 등
  − 점멸융합주파수(플리커법) : 중추신경계의 정신 피로를 측정하는 척도로 사용되며, 피로한 경우 주파수 값이 내려간다.

035
FMEA의 장점이라 할 수 있는 것은?
① 분석방법에 대한 논리적 배경이 강하다.
② 물적, 인적요소 모두가 분석대상이 된다.
③ 서식이 간단하고 비교적 적은 노력으로 분석이 가능하다.
④ 두 가지 이상의 요소가 동시에 고장 나는 경우에도 분석이 용이하다.

해설
- 고장 형태 및 영향 분석(FMEA, Failure Mode and Effect Analysis) : 시스템에 영향을 미치는 고장을 형태별로 분석하여, 시스템 가동 중 기기나 부품의 고장에 의해 재해나 사고가 일어날 우려가 있는지 분석하는 방법이다.

장점	단점
서식이 간단하고, 도표 없이 서식에 따라 해석 가능	평가에 영향을 주는 요인이 많아 논리성 부족
적은 노력과 훈련으로 쉽게 평가 가능	인적 원인을 분석하는 데 곤란
고장 발생을 최소화하려는 경우에 유용	두 가지 이상의 요소가 동시에 해석 곤란

036
수리가 가능한 어떤 기계의 가용도(Availability)는 0.9이고, 평균수리시간(MTTR)이 2시간일 때, 이 기계의 평균수명(MTBF)은?
① 15시간   ② 16시간
③ 17시간   ④ 18시간

해설
가용도
$= \dfrac{평균수명(MTBF)}{평균수명(MTBF) + 평균수리시간(MTTR)}$
$= \dfrac{평균수명(MTBF)}{평균수명(MTBF) + 2} = 0.9$
$= MTBF = 0.9(MTBF + 2)$
$= MTBF − 0.9MTBF = 1.8$
$= 0.1MTBF = 1.8$
따라서 이 기계의 평균수명(MTBF)은 18시간이다.

037

산업안전보건법령에 따라 제조업 중 유해·위험방지계획서 제출대상 사업의 사업주가 유해·위험방지계획서를 제출하고자 할 때 첨부하여야 하는 서류에 해당하지 않는 것은? (단, 기타 고용노동부장관이 정하는 도면 및 서류 등은 제외한다.)

① 공사개요서
② 기계·설비의 배치도면
③ 기계·설비의 개요를 나타내는 서류
④ 원재료 및 제품의 취급, 제조 등의 작업방법의 개요

해설

「산업안전보건법 시행규칙」
제42조(제출서류 등)
1. 건축물 각 층의 평면도
2. 기계·설비의 개요를 나타내는 서류
3. 기계·설비의 배치도면
4. 원재료 및 제품의 취급, 제조 등의 작업방법의 개요
5. 그 밖에 고용노동부장관이 정하는 도면 및 서류

038

생명유지에 필요한 단위시간당 에너지양을 무엇이라 하는가?

① 기초 대사량
② 산소 소비율
③ 작업 대사량
④ 에너지 소비율

해설

- 기초 대사량 : 생물체가 생명을 유지하는 데 필요한 최소 열량으로, 1일 대사량은 '기초 대사량 + 작업 대사량'이다.

039

다음의 각 단계를 결함수분석법(FTA)에 의한 재해사례의 연구 순서대로 나열한 것은?

㉠ 정상 사상의 선정
㉡ FT도 작성 및 분석
㉢ 개선 계획의 작성
㉣ 각 사상의 재해 원인 규명

① ㉠ → ㉡ → ㉢ → ㉣
② ㉠ → ㉣ → ㉢ → ㉡
③ ㉠ → ㉢ → ㉡ → ㉣
④ ㉠ → ㉣ → ㉡ → ㉢

해설

- 결함수분석법(FTA) : 재해현상으로부터 재해원인을 파악하기 위한 해석기법으로, 사고를 일으킬 수 있는 실수나 이상의 조합을 연역적(Top-down)으로 도출하고 재해의 정량적 예측에 널리 활용되는 안전성 평가기법
  - 재해사례 연구 순서 : 정상(Top) 사상의 선정 → 재해 원인 및 요인 규명 → FT도 작성 및 분석 → 개선 계획 작성 → 개선안 실시 계획

040

인간-기계시스템의 연구 목적으로 가장 적절한 것은?

① 정보 저장의 극대화
② 운전 시 피로의 평준화
③ 시스템의 신뢰성 극대화
④ 안전의 극대화 및 생산능률의 향상

해설

- 인간-기계시스템
  - 연구 목적 : 안전성과 능률성 향상
  - 기본 기능 : 정보보관 기능, 정보처리 및 의사결정 기능, 감지 기능, 행동 기능

제3과목 기계위험방지기술

041
휴대용 연삭기 덮개의 개방부 각도는 몇 도(°) 이내여야 하는가?

① 60°　　② 90°
③ 125°　　④ 180°

해설
휴대용 연삭기, 스윙연삭기 등 연삭기의 덮개 노출 각도는 180° 이내로 규정되어 있다.

「방호장치 자율안전기준 고시」
제8조(정의)
3. "휴대용 연삭기"란 손으로 연삭기를 휴대하고 공작물 표면에 연삭숫돌을 접촉시켜 가공하는 연삭기를 말한다.

[별표 4] 연삭기 덮개의 성능기준

4. 연삭기 덮개의 각도
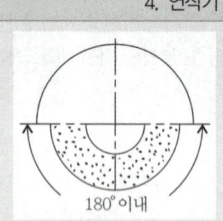 ⑤ 휴대용 연삭기, 스윙연삭기, 스라브연삭기, 그 밖에 이와 비슷한 연삭기의 덮개 각도

042
롤러기 급정지장치 조작부에 사용하는 로프의 성능 기준으로 적합한 것은? (단, 로프의 재질은 관련 규정에 적합한 것으로 본다.)

① 지름 1mm 이상의 와이어로프
② 지름 2mm 이상의 합성섬유로프
③ 지름 3mm 이상의 합성섬유로프
④ 지름 4mm 이상의 와이어로프

해설
「방호장치 자율안전기준 고시」
[별표 3] 롤러기 급정지장치의 성능기준

2. 일반요구사항
마. 조작부에 로프를 사용할 경우는 KS D 3514(와이어로프)에 정한 규격에 적합한 직경 4밀리미터 이상의 와이어로프 또는 직경 6밀리미터 이상이고 절단하중이 2.94킬로뉴턴(kN) 이상의 합성섬유의 로프를 사용하여야 한다.

043
다음 중 공장 소음에 대한 방지계획에 있어 소음원에 대한 대책에 해당하지 않는 것은?

① 해당 설비의 밀폐
② 설비실의 차음벽 시공
③ 작업자의 보호구 착용
④ 소음기 및 흡음장치 설치

해설
'작업자의 보호구 착용'은 작업장 내 소음원을 원천적으로 없애기 위한 적극적 대책이 아닌, 일시적·개인적으로 차단하는 소극적 대책이다.

- 작업장의 소음 대책
  - 소음의 격리
  - 소음원의 통제
  - 차폐장치 및 흡음재료 사용
  - 음향처리제 및 저소음설비 사용
  - 설비의 적절한 재배치

044
와이어로프의 꼬임은 일반적으로 특수로프를 제외하고는 보통 꼬임(Ordinary Lay)과 랭 꼬임(Lang's Lay)으로 분류할 수 있다. 다음 중 랭 꼬임과 비교하여 보통 꼬임의 특징에 관한 설명으로 틀린 것은?

① 킹크가 잘 생기지 않는다.
② 내마모성, 유연성, 저항성이 우수하다.
③ 로프의 변형이나 하중을 걸었을 때 저항성이 크다.
④ 스트랜드의 꼬임 방향과 로프의 꼬임 방향이 반대이다.

해설

내마모성, 유연성, 저항성이 우수한 것은 '랭 꼬임'이다.

- 크레인의 꼬임 종류
  (1) 보통 꼬임 : 로프와 스트랜드의 꼬임 방향이 서로 반대 방향인 꼬임
    - 로프 자체의 변형이 적다.
    - 하중 시 저항성이 크다.
    - 잘 풀리지 않아 킹크 발생이 적다.
    - 접촉면적이 작아 마모에 의한 손상이 크다.
  (2) 랭 꼬임 : 로프와 스트랜드의 꼬임 방향이 같은 방향인 꼬임
    - 접촉면적이 커서 마모에 의한 손상이 적다.
    - 내구성과 유연성이 우수하다.
    - 풀리기 쉽다.

046

프레스 및 전단기에 사용되는 손쳐내기식 방호장치의 성능기준에 대한 설명 중 옳지 않은 것은?

① 진동각도·진폭시험 : 행정길이가 최소일 때 진동각도는 60°~90°이다.
② 진동각도·진폭시험 : 행정길이가 최대일 때 진동각도는 30°~60°이다.
③ 완충시험 : 손쳐내기봉에 의한 과도한 충격이 없어야 한다.
④ 무부하 동작시험 : 1회의 오동작도 없어야 한다.

해설

「방호장치 안전인증 고시」
[별표 1] 프레스 또는 전단기 방호장치의 성능기준

손쳐내기식 방호장치의 성능기준
32. 진동각도·진폭시험
행정길이가 최소일 때 : (60~90)° 진동각도 최대일 때 : (45~90)° 진동각도
33. 완충시험
손쳐내기봉에 의한 과도한 충격이 없어야 한다.
34. 무부하동작시험
1회의 오동작도 없어야 한다.

045

보일러 등에 사용하는 압력방출장치의 봉인은 무엇으로 실시해야 하는가?

① 구리 테이프 ② 납
③ 봉인용 철사 ④ 알루미늄 실(Seal)

해설

「산업안전보건기준에 관한 규칙」
제116조(압력방출장치)
② 제1항의 압력방출장치는 매년 1회 이상 「국가표준기본법」 제14조 제3항에 따라 산업통상자원부장관의 지정을 받은 국가교정업무 전담기관(이하 "국가교정기관"이라 한다)에서 교정을 받은 압력계를 이용하여 설정압력에서 압력방출장치가 적정하게 작동하는지를 검사한 후 납으로 봉인하여 사용하여야 한다.

047

다음 중 산업안전보건법령상 연삭숫돌을 사용하는 작업의 안전수칙으로 틀린 것은?

① 연삭숫돌을 사용하는 경우 작업시작 전과 연삭숫돌을 교체한 후에는 1분 정도 시운전을 통해 이상 유무를 확인한다.
② 회전 중인 연삭숫돌이 근로자에 위험을 미칠 우려가 있는 경우에 그 부위에 덮개를 설치하여야 한다.
③ 연삭숫돌의 최고 사용회전속도를 초과하여 사용하여서는 안 된다.
④ 측면을 사용하는 목적으로 하는 연삭숫돌 이외에는 측면을 사용해서는 안 된다.

해설

연삭숫돌을 교체한 후에는 3분 이상 시운전을 해야 한다.

「산업안전보건기준에 관한 규칙」
제122조(연삭숫돌의 덮개 등)
① 사업주는 회전 중인 연삭숫돌(지름이 5센티미터 이상인 것으로 한정한다)이 근로자에게 위험을 미칠 우려가 있는 경우에 그 부위에 덮개를 설치하여야 한다.
② 사업주는 연삭숫돌을 사용하는 작업의 경우 작업을 시작하기 전에는 1분 이상, 연삭숫돌을 교체한 후에는 3분 이상 시험운전을 하고 해당 기계에 이상이 있는지를 확인하여야 한다.
③ 제2항에 따른 시험운전에 사용하는 연삭숫돌은 작업시작 전에 결함이 있는지를 확인한 후 사용하여야 한다.
④ 사업주는 연삭숫돌의 최고 사용회전속도를 초과하여 사용하도록 해서는 아니 된다.
⑤ 사업주는 측면을 사용하는 것을 목적으로 하지 않는 연삭숫돌을 사용하는 경우 측면을 사용하도록 해서는 아니 된다.

048

다음 중 산업용 로봇에 의한 작업 시 안전조치 사항으로 적절하지 않은 것은?

① 로봇이 운전으로 인해 근로자가 로봇에 부딪칠 위험이 있을 때에는 1.8m 이상의 울타리를 설치하여야 한다.
② 작업을 하고 있는 동안 로봇의 기동스위치 등은 작업에 종사하고 있는 근로자가 아닌 사람이 그 스위치 등을 조작할 수 없도록 필요한 조치를 한다.
③ 로봇의 조작방법 및 순서, 작업 중의 매니퓰레이터의 속도 등에 관한 지침에 따라 작업을 하여야 한다.
④ 작업에 종사하는 근로자가 이상을 발견하면, 관리 감독자에게 우선 보고하고, 지시에 따라 로봇의 운전을 정지시킨다.

해설

「산업안전보건기준에 관한 규칙」
제222조(교시 등)
2. 작업에 종사하고 있는 근로자 또는 그 근로자를 감시하는 사람은 이상을 발견하면 즉시 로봇의 운전을 정지시키기 위한 조치를 할 것

049

프레스 작업 시작 전 점검해야 할 사항으로 거리가 먼 것은?

① 매니퓰레이터 작동의 이상 유무
② 클러치 및 브레이크 기능
③ 슬라이드, 연결봉 및 연결 나사의 풀림 여부
④ 프레스 금형 및 고정볼트 상태

해설

'매니퓰레이터 작동의 이상 유무'는 산업용 로봇에 관하여 작업 시작 전 점검내용이다.

「산업안전보건기준에 관한 규칙」
[별표 3] 작업시작 전 점검사항

1. 프레스 등을 사용하여 작업을 할 때
가. 클러치 및 브레이크의 기능
나. 크랭크축·플라이휠·슬라이드·연결봉 및 연결 나사의 풀림 여부
다. 1행정 1정지기구·급정지장치 및 비상정지장치의 기능
라. 슬라이드 또는 칼날에 의한 위험방지 기구의 기능
마. 프레스의 금형 및 고정볼트 상태
바. 방호장치의 기능
사. 전단기(剪斷機)의 칼날 및 테이블의 상태

050

압력용기 등에 설치하는 안전밸브에 관련한 설명으로 옳지 않은 것은?

① 안지름이 150mm를 초과하는 압력용기에 대해서는 과압에 따른 폭발을 방지하기 위하여 규정에 맞는 안전밸브를 설치해야 한다.
② 급성 독성물질이 지속적으로 외부에 유출될 수 있는 화학설비 및 그 부속설비에는 파열판과 안전밸브를 병렬로 설치한다.
③ 안전밸브는 보호하려는 설비의 최고사용압력 이하에서 작동되도록 하여야 한다.
④ 안전밸브의 배출용량은 그 작동원인에 따라 각각의 소요분출량을 계산하여 가장 큰 수치를 해당 안전밸브의 배출용량으로 하여야 한다.

해설

「산업안전보건기준에 관한 규칙」
제263조(파열판 및 안전밸브의 직렬설치) 사업주는 급성 독성물질이 지속적으로 외부에 유출될 수 있는 화학설비 및 그 부속설비에 파열판과 안전밸브를 직렬로 설치하고 그 사이에는 압력지시계 또는 자동경보장치를 설치하여야 한다.

051

유해·위험기계·기구 중에서 진동과 소음을 동시에 수반하는 기계설비로 가장 거리가 먼 것은?

① 컨베이어
② 사출 성형기
③ 가스 용접기
④ 공기 압축기

해설

• 유해·위험기계·기구 중 진동과 소음을 동시에 수반하는 기계설비 : 컨베이어, 사출 성형기, 공기 압축기

052

기능의 안전화 방안을 소극적 대책과 적극적 대책으로 구분할 때 다음 중 적극적 대책에 해당하는 것은?

① 기계의 이상을 확인하고 급정지시켰다.
② 원활한 작동을 위해 급유를 하였다.
③ 회로를 개선하여 오동작을 방지하도록 하였다.
④ 기계를 볼트 및 너트가 이완되지 않도록 다시 조립하였다.

해설

'회로를 개선하여 오동작을 방지'하는 것은 오작동의 근본적인 원인을 해결하는 것으로, 기능의 안전화를 위한 적극적 대책에 해당한다.
• 적극적 대책 : 근본적인 원인 제거 및 해결
• 소극적 대책 : 현상 발생 시 즉각적으로 대응

053

프레스기의 비상정지스위치 작동 후 슬라이드가 하사점까지 도달시간이 0.15초 걸렸다면 양수기동식 방호장치의 안전거리는 최소 몇 cm 이상이어야 하는가?

① 24
② 240
③ 15
④ 150

해설

• 안전거리 $D_m = 1.6 \times T_m$
  문제 내 주어진 시간 0.15초를 ms단위로 변환하면, 0.15×10^3
  $1.6 \times (0.15 \times 10^3) = 240mm = 24cm$
  따라서 양수기동식 방호장치의 안전거리는 최소 24cm이다.

054

컨베이어(Conveyor) 역전방지장치의 형식을 기계식과 전기식으로 구분할 때 기계식에 해당하지 않는 것은?

① 라쳇식
② 밴드식
③ 스러스트식
④ 롤러식

해설

• 컨베이어 역전방지장치 분류
  (1) 기계식 : 라쳇식, 롤러식, 밴드식, 전자식 등
  (2) 전기식 : 전기 브레이크, 스러스트(트러스트) 브레이크 등

055

재료의 강도시험 중 항복점을 알 수 있는 시험의 종류는?

① 비파괴시험
② 충격시험
③ 인장시험
④ 피로시험

해설

'인장검사'는 재료에 서서히 인장력을 가해서 재료의 항복점, 내력, 인장강도 등을 측정하는 시험으로, 파괴시험이다.
• 비파괴시험 : 제품을 파괴하지 않고 제품 내부의 결함, 용접부 내부의 결함 등을 검사하는 방법
  – 종류 : 누수시험, 누설시험, 음향탐상, 침투탐상, 초음파탐상, 자분탐상, 방사선투과 등

056

다음 중 프레스를 제외한 사출성형기·주형조형기 및 형단조기 등에 관한 안전조치 사항으로 틀린 것은?

① 근로자의 신체 일부가 말려들어갈 우려가 있는 경우에는 양수조작식 방호장치를 설치하여 사용한다.
② 게이트가드식 방호장치를 설치할 경우에는 연동구조를 적용하여 문을 닫지 않아도 동작할 수 있도록 한다.
③ 사출성형기의 전면에 작업용 발판을 설치할 경우 근로자가 쉽게 미끄러지지 않는 구조여야 한다.
④ 기계의 히터 등의 가열부위, 감전우려가 있는 부위에는 방호덮개를 설치하여 사용한다.

해설
게이트가드식 방호장치 설치 시 '문을 닫지 않으면 동작하지 않는' 연동구조를 적용해야 한다.
「산업안전보건기준에 관한 규칙」
제121조(사출성형기 등의 방호장치)
② 제1항의 게이트가드는 닫지 아니하면 기계가 작동되지 아니하는 연동구조(連動構造)여야 한다.

057

자분탐상검사에서 사용하는 자화방법이 아닌 것은?

① 축 통전법
② 전류 관통법
③ 극간법
④ 임피던스법

해설
- 자분탐상검사 자화방법
  (1) 축 통전법 : 시험체의 축 방향으로 직접 전류를 흐르게 한다.
  (2) 직각 통전법 : 시험체의 축에 대해 직각방향으로 직접 전류를 흐르게 한다.
  (3) 프로드법 : 시험체의 국부에 두 개의 전극(프로드)을 대고 전류를 흐르게 한다.
  (4) 전류 관통법 : 시험체의 구멍 등에 통과시킨 도체에 전류를 흐르게 한다.
  (5) 코일법 : 시험체를 코일 속에 넣고 코일에 전류를 흐르게 한다.
  (6) 극간법 : 시험체 또는 시험될 부위를 전자석 또는 영구 자석의 자극 사이에 놓는다.
  (7) 자속 관통법 : 시험체의 구멍 등으로 통과한 자성체에 교류 자속 등을 가함으로써 시험체에 유도전류를 흐르게 한다.

058

다음 중 소성가공을 열간가공과 냉간가공으로 분류하는 가공온도의 기준은?

① 융해점 온도
② 공석점 온도
③ 공정점 온도
④ 재결정 온도

해설
소성가공 시 열간가공과 냉간가공의 기준이 되는 온도는 '재결정 온도'이다.
- 소성가공 : 물체의 소성을 변형시켜 여러 형태를 만드는 가공법으로, 재결정 온도보다 높은 온도에서 가공하는 '열간가공'과 낮은 온도에서 가공하는 '냉간가공'으로 구분한다.

059

컨베이어 설치 시 주의사항에 관한 설명으로 옳지 않은 것은?

① 컨베이어에 설치된 보도 및 운전실 상면은 가능한 수평이어야 한다.
② 근로자가 컨베이어를 횡단하는 곳에는 바닥면 등으로부터 90cm 이상 120cm 이하에 상부난간대를 설치하고, 바닥면과의 중간에 중간난간대가 설치된 건널다리를 설치한다.
③ 폭발의 위험이 있는 가연성 분진 등을 운반하는 컨베이어 또는 폭발의 위험이 있는 장소에 사용되는 컨베이어의 전기기계 및 기구는 방폭구조이어야 한다.
④ 보도, 난간, 계단, 사다리의 설치 시 컨베이어를 가동시킨 후에 설치하면서 설치상황을 확인한다.

해설
컨베이어를 가동하기 전에 설치해야 한다.
| 컨베이어의 안전에 관한 기술지침 |
4.2 설치
⑯ 보도, 난간, 계단, 사다리 등은 컨베이어의 가동 개시 전에 설치하여야 한다.

060

다음 중 용접 결함의 종류에 해당하지 않는 것은?

① 비드(Bead)
② 기공(Blow Hole)
③ 언더컷(Under Cut)
④ 용입 불량(Incomplete Penetration)

해설
비드(Bead)는 용접 시 모재와 용접봉이 녹아서 생긴 가늘고 긴 모양의 용착 자국이다.

- 용접 결함의 종류
  (1) 용입 불량 : 용접부가 완전히 용입되지 않은 현상
  (2) 기공 : 용접부 내부에 생긴 기체가 외부로 빠져나오지 못하여 내부에 형성된 기포
  (3) 언더컷(Under Cut) : 용접부 부근의 모재가 용접열에 의해 움푹 파인 현상
  (4) 언더필(Under Fill) : 용접이 덜 채워진 현상
  (5) 균열(크랙, Cracking) : 용접부에 금이 가는 현상
  (6) 아크 스트라이크(Arc Strike) : 모재에 용접봉을 대고 아크를 발생시키므로 모재표면이 움푹 파인 현상
  (7) 스패터(Spatter) : 용접 시 작은 금속 알갱이가 튀어나와 모재에 묻어있는 현상
  (8) 오버랩(Over Lap) : 용접개선 절단면을 지나 모재 상부까지 용접된 현상

제4과목 전기위험방지기술

061

정전작업 시 작업 중의 조치사항으로 옳은 것은?

① 검전기에 의한 정전확인
② 개폐기의 관리
③ 잔류전하의 방전
④ 단락접지 실시

해설
'검전기에 의한 정전확인', '잔류전하의 방전', '단락접지 실시'는 정전작업 전 조치사항이다.

- 정전작업 중 조치사항
  - 개폐기 관리
  - 단락접지상태 수시 확인
  - 작업지휘자에 의한 지휘
  - 근접활선에 대한 방호상태 관리

062

자동전격방지장치에 대한 설명으로 틀린 것은?

① 무부하 시 전력손실을 줄인다.
② 무부하 전압을 안전전압 이하로 저하시킨다.
③ 용접을 할 때에만 용접기의 주회로를 개로(OFF)시킨다.
④ 교류 아크용접기의 안전장치로서 용접기의 1차 또는 2차 측에 부착한다.

해설
용접을 할 때에만 용접기의 주회로를 폐로(ON)시킨다. 용접을 하지 않을 때에는 용접기 주회로를 개로(OFF)시켜 용접기 출력 측의 무부하전압을 25V로 저하시킨다.

「방호장치 자율안전기준 고시」
제4조(정의)
1. "교류아크용접기용 자동전격방지기(이하 "전격방지기"라 한다)"란 대상으로 하는 용접기의 주회로(변압기의 경우는 1차회로 또는 2차회로)를 제어하는 장치를 가지고 있어, 용접봉의 조작에 따라 용접할 때에만 용접기의 주회로를 형성하고, 그 외에는 용접기의 출력측의 무부하전압을 25볼트 이하로 저하시키도록 동작하는 장치를 말한다.

063

인체의 전기저항 R을 1,000Ω라고 할 때, 위험한계 에너지의 최저는 약 몇 J인가? (단, 통전시간은 1초이고, 심실세동전류 $I = \dfrac{165}{\sqrt{T}}$ mA이다.)

① 17.23   ② 27.23
③ 37.23   ④ 47.23

해설

- $W = I^2RT$

$W = (\dfrac{165}{\sqrt{T}} \times 10^{-3})^2 \times R \times T$

인체의 전기저항 R을 1,000Ω, 통전시간(T)을 1초라고 했으므로,

$(165 \times 10^{-3})^2 \times 1,000 \times 1 = 27.225$

따라서 위험한계 에너지는 최저 27.23J이다.

064

다음 그림과 같이 완전 누전되고 있는 전기기기의 외함에 사람이 접촉하였을 경우 인체에 흐르는 전류(I_m)는? (단, E(V)는 전원의 대지전압, R_2(Ω)는 변압기 1선 접지, 제2종 접지저항, R_3(Ω)은 전기기기 외함 접지, 제3종 접지저항, R_m(Ω)은 인체저항이다.)

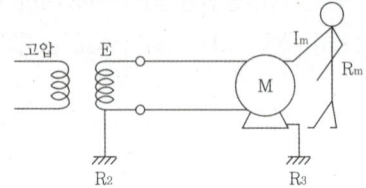

① $\dfrac{E}{R_2 + (\dfrac{R_3 \times R_m}{R_3 + R_m})} \times \dfrac{R_3}{R_3 + R_m}$

② $\dfrac{E}{R_2 + (\dfrac{R_3 + R_m}{R_3 \times R_m})} \times \dfrac{R_3}{R_3 + R_m}$

③ $\dfrac{E}{R_2 + (\dfrac{R_3 \times R_m}{R_3 + R_m})} \times \dfrac{R_m}{R_3 + R_m}$

④ $\dfrac{E}{R_3 + (\dfrac{R_2 \times R_m}{R_2 + R_m})} \times \dfrac{R_3}{R_3 + R_m}$

해설

$I_m = I \times \dfrac{R_3}{R_3 + R_m}$

$I_m = \dfrac{E}{R_2 + \dfrac{R_3 \times R_m}{R_3 + R_m}} \times \dfrac{R_3}{R_3 + R_m}$

※ 참고 : 한국전기설비규정(KEC)의 개정으로 접지대상에 따라 일괄 적용하던 종별접지(1종, 2종, 3종, 특3종)가 폐지되었습니다.

065

전기화재가 발생되는 비중이 가장 큰 발화원은?

① 주방기기
② 이동식 전열기구
③ 회전체 전기기계 및 기구
④ 전기배선 및 배선기구

해설

전기화재는 '전기배선 및 배선기구'에서 가장 빈번하게 발생한다.

066

역률개선용 커패시터(Capacitor)가 접속되어있는 전로에서 정전작업을 할 경우 다른 정전작업과는 달리 주의 깊게 취해야 할 조치사항으로 옳은 것은?

① 안전표지 부착
② 개폐기 전원투입 금지
③ 잔류전하 방전
④ 활선 근접작업에 대한 방호

해설

「산업안전보건기준에 관한 규칙」
제319조(정전전로에서의 전기작업)
4. 개로된 전로에서 유도전압 또는 전기에너지가 축적되어 근로자에게 전기위험을 끼칠 수 있는 전기기기 등은 접촉하기 전에 잔류전하를 완전히 방전시킬 것

067

감전사고를 방지하기 위한 방법으로 틀린 것은?

① 전기기기 및 설비의 위험부에 위험표지
② 전기설비에 대한 누전차단기 설치
③ 전기기기에 대한 정격표시
④ 무자격자는 전기기계 및 기구에 전기적인 접촉 금지

해설

'전기기기에 대한 정격표시'는 기기보호 방법이다.
- 감전사고 방지대책
  - 전기기기·설비의 점검 및 정비
  - 전기기기·설비의 위험부에 위험표시
  - 설비가 필요한 부분에 보호 접지
  - 전기설비에 대한 누전차단기 설치
  - 전로의 보호절연 및 충전부의 격리
  - 충전부가 노출된 부분에 절연방호구 사용
  - 안전전압 또는 안전전압 이하의 전기기기 사용

068

전기기기 방폭의 기본 개념이 아닌 것은?

① 점화원의 방폭적 격리
② 전기기기의 안전도 증강
③ 점화능력의 본질적 억제
④ 전기설비 주위 공기의 절연능력 향상

해설

- 방폭 전기기계·기구 : 전기설비의 점화원을 적절한 방법으로 억제하여 화재나 폭발이 일어나지 않도록 한 기계·기구
  - 방폭의 기본원리
    (1) 점화원의 방폭적 격리
    (2) 전기기계·기구의 안전도 증강
    (3) 점화원의 본질적 억제

069

대전물체의 표면전위를 검출전극에 의한 용량분할을 통해 측정할 수 있다. 대전물체의 표면전위 V_s는? (단, 대전물체와 검출전극 간의 정전용량은 C_1, 검출전극과 대지 간의 정전용량은 C_2, 검출전극의 전위는 V_e이다.)

① $V_s = (\dfrac{C_1 + C_2}{C_1} + 1) V_e$

② $V_s = \dfrac{C_1 + C_2}{C_1} V_e$

③ $V_s = \dfrac{C_2}{C_1 + C_2} V_e$

④ $V_s = (\dfrac{C_1}{C_1 + C_2} + 1) V_e$

해설

직렬로 연결된 C_1과 C_2에서 송전선 전압이 E일 때 정전용량 C_1에 걸리는 전압은 $\dfrac{C_2}{C_1 + C_2} \times E$이고, C_2에 걸리는 전압은 $\dfrac{C_1}{C_1 + C_2} \times E$이다.

이때 C_2에 걸리는 전압이 검출전극의 전위 V_e이고, 대전물체의 표면전위 V_s가 E와 같으므로 $V_e = \dfrac{C_1}{C_1 + C_2} \times V_s$

$\therefore V_s = \dfrac{C_1 + C_2}{C_1} \times V_e$

070

다음 중 불꽃(Spark)방전의 발생 시 공기 중에 생성되는 물질은?

① O_2　　② O_3
③ H_2　　④ C

해설

- 불꽃방전 : 기체 내 전극에 고전압을 걸었을 때, 갑자기 기체의 절연상태가 깨지면서 큰 소리와 불꽃을 동반하여 방전하는 현상으로, 불꽃방전 시 공기 중에 오존(O_3)이 생성된다.

071
감전사고가 발생했을 때 피해자를 구출하는 방법으로 틀린 것은?

① 피해자가 계속하여 전기설비에 접촉되어 있다면 우선 그 설비의 전원을 신속히 차단한다.
② 감전 사항을 빠르게 판단하고 피해자의 몸과 충전부가 접촉되어 있는지를 확인한다.
③ 충전부에 감전되어 있으면 몸이나 손을 잡고 피해자를 곧바로 이탈시켜야 한다.
④ 절연 고무장갑, 고무장화 등을 착용한 후에 구원해 준다.

해설

감전재해가 발생하면 구출자는 2차 피해를 방지하기 위해 우선 전원을 차단하고 감전자를 안전한 장소로 대피시켜야 한다. 이때 구출자는 반드시 보호용구를 착용하여야 한다.

- 감전사고 시 응급조치
  - 전원을 차단하고 피해자를 위험지역에서 신속하게 대피시켜 2차 재해가 발생하지 않도록 조치한다.
  - 재해 상태를 신속정확하게 관찰한 다음 구명시기를 놓치지 않기 위해 불필요한 시간을 낭비하지 않는다.
  - 감전에 의하여 넘어진 사람에 대한 중요 관찰사항은 의식상태, 호흡상태, 맥박상태 등이다.
  - 높은 곳에서 추락한 경우에는 출혈상태, 골절유무 등을 확인한다.
  - 관찰 결과 의식이 없거나 호흡 및 심장 정지, 과다출혈인 경우 관찰을 중지하고 필요한 응급조치(심장마사지, 인공호흡)를 한다.

072
샤워시설이 있는 욕실에 콘센트를 시설하고자 한다. 이때 설치되는 인체감전보호용 누전차단기의 정격감도전류는 몇 mA 이하인가?

① 5   ② 15
③ 30   ④ 60

해설

「한국전기설비규정(KEC)」
234.5 콘센트의 시설
라. 욕조나 샤워시설이 있는 욕실 또는 화장실 등 인체가 물에 젖어있는 상태에서 전기를 사용하는 장소에 콘센트를 시설하는 경우에는 다음 각 호에 따라 시설하여야 한다.
(1) 「전기용품 및 생활용품 안전관리법」의 적용을 받는 인체감전보호용 누전차단기(정격감도전류 15mA 이하, 동작시간 0.03초 이하의 전류동작형의 것에 한한다) 또는 절연변압기(정격용량 3kVA 이하인 것에 한한다)로 보호된 전로에 접속하거나, 인체감전보호용 누전차단기가 부착된 콘센트를 시설하여야 한다.

073
인체의 저항을 500Ω이라 할 때 단상 440V의 회로에서 누전으로 인한 감전재해를 방지할 목적으로 설치하는 누전 차단기의 규격은?

① 30mA, 0.1초   ② 30mA, 0.03초
③ 50mA, 0.1초   ④ 50mA, 0.3초

해설

- 인체감전보호용 누전차단기 : 정격감도전류 30mA 이하, 동작시간 0.03초 이하의 전류동작형

074
접지의 종류와 목적이 바르게 짝지어지지 않은 것은?

① 계통 접지 – 고압전로와 저압전로가 혼촉되었을 때의 감전이나 화재 방지를 위하여
② 지락검출용 접지 – 차단기의 동작을 확실하게 하기 위하여
③ 기능용 접지 – 피뢰기 등의 기능손상을 방지하기 위하여
④ 등전위 접지 – 병원에 있어서 의료기기 사용 시 안전을 위하여

해설

낙뢰로부터 전기기기 및 피뢰기 등의 기능손상을 방지하기 위하여 수행하는 접지 방법은 '피뢰 접지'이다.

• 접지 종류별 목적

	종류	목적
보안용 접지	(1) 계통 접지	고압전로와 저압전로의 혼촉 시 감전·화재 등 방지
	(2) 기기 접지	누전되고 있는 기기에 접촉 시 감전 방지
	(3) 피뢰 접지 (뇌 방지용 접지)	낙뢰로부터 화재·전기기기 손상 등 방지
	(4) 정전기 방지용 접지	정전기의 축적에 의한 폭발 재해 방지
	(5) 지락검출용 접지	누전차단기의 동작을 확실하게 함
	(6) 등전위 접지	병원 내 의료기기 사용 시 안전 확보
	(7) 잡음대책용 접지	잡음에 의한 전자기기의 파괴·오동작 방지
기능용 접지		전기방식 설비 등의 접지

075

방폭 기기-일반요구사항(KS C IEC 60079-0) 규정에서 제시하고 있는 방폭기기 설치 시 표준환경조건이 아닌 것은?

① 압력 : 80~110kpa
② 상대습도 : 40~80%
③ 주위온도 : -20~40℃
④ 산소 함유율 21%v/v의 공기

해설

「한국산업표준」 (KS C IEC 60079-0)
폭발성 분위기-제0부 : 기기-일반 요구사항
1. 적용범위(Scope)
  방폭기기가 작동될 수 있다고 가정할 수 있는 표준 대기 조건(대기의 폭발 특성과 관련 있는)은 다음과 같다.
  • 온도 : -20 ~ +60℃
  • 압력 : 80kPa(0.8bar)~110kPa(1.1bar)
  • 정상 산소 함량의 공기, 일반적으로 21%v/v

[비고 1] 위의 표준 대기 조건에서 -20℃~+60℃의 대기 온도범위를 표준으로 하지만, 달리 명시하거나 표시하지 않는 한 방폭기기의 정상 주위온도 범위는 -20~+40℃이다. -20~+40℃가 많은 방폭기기에 적합한 것으로 고려되며 모든 방폭기기를 주위온도 +60℃를 초과하는 표준 대기에 적합하게 제조하는 것은 불필요한 설계 제약을 초래할 수 있다.

076

정격감도전류에서 동작시간이 가장 짧은 누전차단기는?

① 시연형 누전차단기
② 반한시형 누전차단기
③ 고속형 누전차단기
④ 감전보호용 누전차단기

해설

고감도형 고속형의 동작시간이 0.1초 이내인 반면, 감전보호용 누전차단기의 동작시간은 0.03초 이내로 가장 짧다.

• 누전차단기 정격감도별 분류

구분	동작시간
감전보호용	정격감도전류에서 동작시간이 0.03초 이내인 누전차단기
고속형	정격감도전류에서 동작시간이 0.1초 이내인 누전차단기
시연형	정격감도전류에서 동작시간이 0.1초 초과~2초 이내인 누전차단기
반한시형	• 정격감도전류에서 동작시간이 0.2초 초과~2초 이내 • 정격감도전류 1.4배의 전류에서 동작시간이 0.1초 초과~0.5초 이내 • 정격감도전류 4.4배의 전류에서 동작시간이 0.05초 이내

077

방폭지역 구분 중 폭발성 가스 분위기가 정상상태에서 조성되지 않거나 조성된다 하더라도 짧은 기간에만 존재할 수 있는 장소는?

① 0종 장소 ② 1종 장소
③ 2종 장소 ④ 비방폭지역

해설

- 2종 장소 : 인화성 액체 또는 가연성 가스가 존재하지만, 정상상태에서 폭발위험 분위기가 존재할 우려가 없다. 부식·열화·파손 등으로 폭발위험 분위기가 존재할 수 있지만, 그 빈도가 아주 적고 단기간만 존재할 수 있다.
- 위험장소 분류

0종 장소	위험분위기가 지속적으로 또는 장기간 존재하는 장소
1종 장소	상용의 상태(통상적인 유지보수 및 관리상태)에서 위험분위기가 존재하기 쉬운 장소
2종 장소	이상상태(일부 기기의 고장, 기능 상실, 오작동 등) 하에서 위험분위기가 단시간 동안 존재할 수 있는 장소

078

전기설비기술기준에서 정의하는 전압의 구분으로 틀린 것은?

① 교류 저압 : 600V 이하
② 직류 저압 : 750V 이하
③ 직류 고압 : 750V 초과 7,000V 이하
④ 특고압 : 7,000V 이상

해설

- 전압의 구분

구분		개정 전	개정 후(현재)
저압	직류	750V 이하	1.5kV 이하
	교류	600V 이하	1kV 이하
고압	직류	750V 초과~7kV 이하	1.5kV 초과~7kV 이하
	교류	600V 초과~7kV 이하	1kV 초과~7kV 이하
특고압		7kV 초과	7kV 초과

※ 참고 : 한국전기설비규정(KEC)의 개정 전 출제된 문제입니다. 해당 규정의 개정으로 정답이 ④에서 '정답 없음'으로 변경되었습니다.

079

피뢰기의 구성요소로 옳은 것은?

① 직렬 갭, 특성요소
② 병렬 갭, 특성요소
③ 직렬 갭, 충격요소
④ 병렬 갭, 충격요소

해설

- 피뢰기 구성요소 : 직렬 갭 + 특성요소
  - 직렬 갭 : 정상상태 시 절연상태를 유지하고, 이상전압 발생 시 신속하게 대지로 방류하고 속류를 즉시 차단
  - 특성요소 : 높은 전류에 대해서는 낮은 저항값으로 제한전압을 가능한 한 작게 하고, 낮은 전압에는 높은 저항값으로 속류를 차단하여 직렬 갭의 속류 차단을 도움

080

내압방폭구조의 필요충분조건에 대한 사항으로 틀린 것은?

① 폭발화염이 외부로 유출되지 않을 것
② 습기침투에 대한 보호를 충분히 할 것
③ 내부에서 폭발한 경우 그 압력에 견딜 것
④ 외함의 표면온도가 외부의 폭발성가스를 점화하지 않을 것

해설

'습기침투'는 내압방폭구조의 필요충분조건과 무관하다.
- 내압방폭구조 3조건
  (1) 내부의 폭발압력에 견디는 기계적 강도
  (2) 내부의 폭발로 일어난 불꽃이나 고온 가스가 용기의 접합부분을 통하여 외부 가스에 점화하지 않음
  (3) 용기의 외부 표면온도가 외부 가스의 발화온도에 달하지 않음

제5과목 화학설비위험방지기술

081
위험물 또는 가스에 의한 화재를 경보하는 기구에 필요한 설비가 아닌 것은?

① 간이완강기 ② 자동화재감지기
③ 축전지설비 ④ 자동화재수신기

해설
- 간이완강기 : 응급상황이나 화재 시 완강기에 지지대(앵커볼트)를 걸어서 사용자의 몸무게에 의하여 자동으로 하강할 수 있도록 돕는 피난설비

082
「산업안전보건기준에 관한 규칙」에서 지정한 '화학설비 및 그 부속설비의 종류' 중 화학설비의 부속설비에 해당하는 것은?

① 응축기·냉각기·가열기 등의 열교환기류
② 반응기·혼합조 등의 화학물질 반응 또는 혼합장치
③ 펌프류·압축기 등의 화학물질 이송 또는 압축설비
④ 온도·압력·유량 등을 지시·기록하는 자동 제어 관련 설비

해설
「산업안전보건기준에 관한 규칙」
[별표 7] 화학설비 및 그 부속설비의 종류
2. 화학설비의 부속설비
   가. 배관·밸브·관·부속류 등 화학물질 이송 관련 설비
   나. 온도·압력·유량 등을 지시·기록 등을 하는 자동 제어 관련 설비
   다. 안전밸브·안전판·긴급차단 또는 방출밸브 등 비상조치 관련 설비
   라. 가스누출감지 및 경보 관련 설비
   마. 세정기, 응축기, 벤트스택(Bent Stack), 플레어스택(Flare Stack) 등 폐가스처리설비
   바. 사이클론, 백필터(Bag Filter), 전기집진기 등 분진처리설비
   사. 가목부터 바목까지의 설비를 운전하기 위하여 부속된 전기 관련 설비
   아. 정전기 제거장치, 긴급 샤워설비 등 안전 관련 설비

083
다음 중 반응기를 조작방식에 따라 분류할 때 이에 해당하지 않는 것은?

① 회분식 반응기 ② 반회분식 반응기
③ 연속식 반응기 ④ 관형식 반응기

해설
- 반응기의 분류

조작 방식	구조 형식
(1) 회분식	(1) 관형
(2) 반회분식	(2) 탑형
(3) 연속식	(3) 교반조형
	(4) 유동층형

084
다음 중 물과 반응하여 수소가스를 발생할 위험이 가장 낮은 물질은?

① Mg ② Zn
③ Cu ④ Na

해설
Mg(마그네슘), Zn(아연), Na(나트륨), 칼륨(K), 리튬(Li) 등은 물과 반응하여 수소가스(H_2)를 발생시킨다.
Cu(구리), 철(Fe), 금(Au), 은(Ag), 탄소(C) 등은 상온에서 고체상태로 존재하며, 녹는점이 낮아 물과 접촉해도 반응하지 않는다.

085
다음 중 가연성 물질이 연소하기 쉬운 조건으로 옳지 않은 것은?

① 연소 발열량이 클 것
② 점화에너지가 작을 것
③ 산소와 친화력이 클 것
④ 입자의 표면적이 작을 것

> **해설**
> 입자의 표면적이 클수록 연소하기 쉽다.
> 입자의 표면적이 작으면 산소와 접촉하는 면적이 작으므로 연소가 어렵다.

086
다음 중 열교환기의 보수에 있어 일상점검항목과 정기적 개방점검항목으로 구분할 때 일상점검항목으로 가장 거리가 먼 것은?

① 도장의 노후 상황
② 부착물에 의한 오염의 상황
③ 보온재, 보냉재의 파손 여부
④ 기초볼트의 체결정도

> **해설**
> • 열교환기의 점검항목
>
> | 일상점검항목 | 개방점검항목 |
> |---|---|
> | 도장부 결함 상태 | 용접부 상태 |
> | 보온재 및 보냉재 상태 | 내부관의 부식 및 누설 유무 |
> | 기초부 및 기초 고정부 상태 | 내부 부식의 형태 및 정도 |
> | 배관 등과의 접속부 상태 | 라이닝, 코팅, 개스킷 손상 여부 |
> | 계기(온도, 압력, 레벨) 상태 | 부착물에 의한 오염 상태 |

087
헥산 1vol%, 메탄 2vol%, 에틸렌 2vol%, 공기 95vol%로 된 혼합가스의 폭발하한계 값(vol%)은 약 얼마인가? (단, 헥산, 메탄, 에틸렌의 폭발하한계 값은 각각 1.1, 5.0, 2.7vol%이다.)

① 2.44   ② 12.89
③ 21.78   ④ 48.78

> **해설**
> 혼합가스가 공기와 섞여 있을 경우
> $$L = \frac{V_1 + V_2 + \cdots + V_n}{\frac{V_1}{L_1} + \frac{V_2}{L_2} + \cdots + \frac{V_n}{L_n}}$$
> $$L = \frac{1+2+2}{\frac{1}{1.1} + \frac{2}{5} + \frac{2}{2.7}} = 2.44(vol\%)$$

088
이산화탄소 소화약제의 특징으로 가장 거리가 먼 것은?

① 전기절연성이 우수하다.
② 액체로 저장할 경우 자체 압력으로 방사할 수 있다.
③ 기화상태에서 부식성이 매우 강하다.
④ 저장에 의한 변질이 없어 장기간 저장이 용이한 편이다.

> **해설**
> 이산화탄소 소화약제는 반응성이 거의 없어 부식성이 매우 약하다.
>
> • 이산화탄소 소화약제의 특징
> – 주된 소화효과는 질식효과로, 약간의 냉각효과가 있어 보통 유류화재(B급 화재)에 사용된다.
> – 비전도성이므로 전기화재(C급 화재)에도 좋다.
> – 밀폐 상태에서 방출되는 경우 일반화재(A급 화재)에도 좋다.
> – 상온에서는 기체지만 압력을 가하면 액화되므로, 고압가스 용기 속에 액화시켜 보관한다.
> – 액화된 이산화탄소는 자체 증기압이 매우 높아 다른 가압원의 도움 없이 자체 압력으로 방사 가능하다.
> – 장시간 저장해도 변질이 없고, 한랭지에서도 동결될 염려가 없다.
> – 무색무취하여 화재 진화 후 오손 없이 깨끗하다.

089

산업안전보건기준에 관한 규칙 중 급성 독성물질에 관한 기준 중 일부이다. (A)와 (B)에 알맞은 수치를 옳게 나타낸 것은?

- 쥐에 대한 경구투입실험에 의하여 실험동물의 50퍼센트를 사망시킬 수 있는 물질의 양, 즉 LD50(경구, 쥐)이 킬로그램당 (A)밀리그램-(체중) 이하인 화학물질
- 쥐 또는 토끼에 대한 경피흡수실험에 의하여 실험동물의 50퍼센트를 사망시킬 수 있는 물질의 양, 즉 LD50(경피, 토끼 또는 쥐)이 킬로그램당 (B)밀리그램-(체중) 이하인 화학물질

① A : 1,000, B : 300
② A : 1,000, B : 1,000
③ A : 300, B : 300
④ A : 300, B : 1,000

해설

「산업안전보건기준에 관한 규칙」
[별표 1] 위험물질의 종류
7. 급성 독성 물질
  가. 쥐에 대한 경구투입실험에 의하여 실험동물의 50퍼센트를 사망시킬 수 있는 물질의 양, 즉 LD50(경구, 쥐)이 킬로그램당 300밀리그램-(체중) 이하인 화학물질
  나. 쥐 또는 토끼에 대한 경피흡수실험에 의하여 실험동물의 50퍼센트를 사망시킬 수 있는 물질의 양, 즉 LD50(경피, 토끼 또는 쥐)이 킬로그램당 1,000밀리그램-(체중) 이하인 화학물질
  다. 쥐에 대한 4시간 동안의 흡입실험에 의하여 실험동물의 50퍼센트를 사망시킬 수 있는 물질의 농도, 즉 가스 LC50(쥐, 4시간 흡입)이 2,500ppm 이하인 화학물질, 증기 LC50(쥐, 4시간 흡입)이 10mg/l 이하인 화학물질, 분진 또는 미스트 1mg/l 이하인 화학물질

090

분진폭발을 방지하기 위하여 첨가하는 불활성첨가물로 적합하지 않은 것은?

① 탄산칼슘
② 모래
③ 석분
④ 마그네슘

해설

- 분진폭발 유발 물질
  - 마그네슘, 알루미늄, 황
  - 폴리에틸렌, 경질고무, 송진, 석탄
  - 전분, 소맥분 등의 분말

091

다음 중 가연성 가스이며 독성 가스에 해당하는 것은?

① 수소
② 프로판
③ 산소
④ 일산화탄소

해설

- 일산화탄소(CO) : 체내 헤모글로빈과 결합하여 산소운반 기능을 저하시키는 등 중독 현상을 일으킬 수 있는 독성 가스이며, 공기 중 연소 범위가 12.5~74vol%인 가연성 가스이다.

092

위험물질을 저장하는 방법으로 틀린 것은?

① 황인은 물속에 저장
② 나트륨은 석유 속에 저장
③ 칼륨은 석유 속에 저장
④ 리튬은 물속에 저장

해설

- 리튬(Li) : 물과 반응하여 수소가스(H_2)를 발생시키므로, 석유 속에 저장해야 하는 금수성 물질이다.

093

다음 중 인화성 가스가 아닌 것은?

① 부탄
② 메탄
③ 수소
④ 산소

해설

- 조연성 가스 : 가스 자체는 연소하지 않고, 다른 물질의 연소를 돕는 가스
  예) 산소, 공기, 오존, 염소, 불소

094

다음 중 자연발화의 방지법으로 가장 거리가 먼 것은?

① 직접 인화할 수 있는 불꽃과 같은 점화원만 제거하면 된다.
② 저장소 등의 주위 온도를 낮게 한다.
③ 습기가 많은 곳에는 저장하지 않는다.
④ 통풍이나 저장법을 고려하여 열의 축척을 방지한다.

해설

자연발화는 점화원 없이 저절로 발화하는 현상이다.
- 자연발화 방지대책
  - 주변 온도를 낮춘다.
  - 습도가 높지 않게 한다.
  - 통풍이 잘되게 한다.
  - 열전도가 잘되는 곳에 보관한다.
  - 공기가 접촉하지 않도록 불활성액체 내 저장한다.

095

인화성 가스가 발생할 우려가 있는 지하작업장에서 작업을 할 경우, 폭발이나 화재를 방지하기 위한 조치사항 중 가스의 농도를 측정하는 기준으로 적절하지 않은 것은?

① 매일 작업을 시작하기 전에 측정한다.
② 가스의 누출이 의심되는 경우 측정한다.
③ 장시간 작업할 때에는 매 8시간마다 측정한다.
④ 가스가 발생하거나 정체할 위험이 있는 장소에 대하여 측정한다.

해설

「산업안전보건기준에 관한 규칙」
제296조(지하작업장 등)
1. 가스의 농도를 측정하는 사람을 지명하고 다음 각 목의 경우에 그로 하여금 해당 가스의 농도를 측정하도록 할 것
   가. 매일 작업을 시작하기 전
   나. 가스의 누출이 의심되는 경우
   다. 가스가 발생하거나 정체할 위험이 있는 장소가 있는 경우
   라. 장시간 작업을 계속하는 경우(이 경우 4시간마다 가스 농도를 측정하도록 하여야 한다)

096

다음 중 가연성가스가 밀폐된 용기 안에서 폭발할 때 최대폭발압력에 영향을 주는 인자로 가장 거리가 먼 것은?

① 가연성가스의 농도(몰수)
② 가연성가스의 초기온도
③ 가연성가스의 유속
④ 가연성가스의 초기압력

해설

최대폭발압력(P_m)은 가연성가스의 유속에 영향을 받지 않는다.
최대폭발압력(P_m)은 다른 조건이 일정할 때, 초기온도가 높을수록 감소하고 초기압력이 상승할수록 증가한다.

097

물이 관 속을 흐를 때 유동하는 물속의 어느 부분의 정압이 그때의 물의 증기압보다 낮을 경우 물이 증발하여 부분적으로 증기가 발생되어 배관의 부식을 초래하는 경우가 있다. 이러한 현상을 무엇이라 하는가?

① 서징(Surging)
② 공동현상(Cavitation)
③ 비말동반(Entrainment)
④ 수격작용(Water Hammering)

해설

- 공동현상(Cavitation) : 관 속에 물이 흐를 때, 물속 어느 부분에서 그때의 증기압보다 낮은 부분이 생기면 물이 증발을 일으키거나, 물속 공기가 기포를 발생시키는 현상

098

메탄이 공기 중에서 연소될 때의 이론혼합비(화학양론조성)는 약 몇 vol%인가?

① 2.21   ② 4.03
③ 5.76   ④ 9.50

> **[해설]**
> 완전연소 조성농도
> $$C_{st} = \frac{100}{1+\text{공기몰수}\times(a+\frac{b-c-2d}{4})}$$
> 주로 공기몰수는 4.773을 사용하므로,
> $$\frac{100}{1+4.773\times(a+\frac{b-c-2d}{4})} \text{vol}\%$$
> (이때, a는 탄소, b는 수소, c는 할로겐원자의 원자수, d는 산소의 원자수이다.)
> 메탄(CH_4)은 탄소(a)가 1, 수소(b)가 4이므로,
> $$C_{st} = \frac{100}{1+4.773\times(1+\frac{4}{4})} \approx 9.5\text{vol}\%$$

099
고압의 환경에서 장시간 작업하는 경우에 발생할 수 있는 잠함병(潛函病) 또는 잠수병(潛水病)은 다음 중 어떤 물질에 의하여 중독현상이 일어나는가?

① 질소　　　　② 황화수소
③ 일산화탄소　④ 이산화탄소

> **[해설]**
> • 잠함병(잠수병) : 대기압 이상의 높은 기압에서 장시간 작업한 사람이 갑자기 감압하면, 체내 용해되었던 질소(N_2)가 완전히 배출되지 않고 혈관이나 몸속에 기포를 만들어 생기는 병

100
공기 중에서 A 가스의 폭발하한계는 2.2vol%이다. 이 폭발하한계 값을 기준으로 하여 표준 상태에서 A 가스와 공기의 혼합기체 1m³에 함유되어 있는 A 가스의 질량을 구하면 약 몇 g인가? (단, A 가스의 분자량은 26이다.)

① 19.02　　　　② 25.54
③ 29.02　　　　④ 35.54

> **[해설]**
> 표준상태(0℃, 1기압)에서 기체의 부피는 22.4L = 0.0224m³
> 단위부피당 질량(g/m³) = $\frac{\text{농도}\times\text{분자량}}{V_1}$
> 부피 0.0224, 농도 0.022, 분자량 26인 기체의 단위부피당 질량은
> $$\frac{0.022\times 26}{0.0224} \approx 25.54g$$

제6과목　건설안전기술

101
산업안전보건법령에 따른 거푸집동바리를 조립하는 경우의 준수사항으로 옳지 않은 것은?

① 개구부 상부에 동바리를 설치하는 경우에는 상부하중을 견딜 수 있는 견고한 받침대를 설치할 것
② 동바리의 이음은 맞댄이음이나 장부이음으로 하고 같은 품질의 제품을 사용할 것
③ 강재와 강재의 접속부 및 교차부는 철선을 사용하여 단단히 연결할 것
④ 거푸집이 곡면인 경우에는 버팀대의 부착 등 그 거푸집의 부상(浮上)을 방지하기 위한 조치를 할 것

> **[해설]**
> 「산업안전보건기준에 관한 규칙」
> **제332조(거푸집동바리 등의 안전조치)** 사업주는 거푸집동바리 등을 조립하는 경우에는 다음 각 호의 사항을 준수하여야 한다.
> 2. 개구부 상부에 동바리를 설치하는 경우에는 상부하중을 견딜 수 있는 견고한 받침대를 설치할 것
> 4. 동바리의 이음은 맞댄이음이나 장부이음으로 하고 같은 품질의 재료를 사용할 것
> 5. 강재와 강재의 접속부 및 교차부는 <u>볼트·클램프 등 전용철물</u>을 사용하여 단단히 연결할 것
> 6. 거푸집이 곡면인 경우에는 버팀대의 부착 등 그 거푸집의 부상(浮上)을 방지하기 위한 조치를 할 것

102

타워 크레인(Tower Crane)을 선정하기 위한 사전 검토사항으로서 가장 거리가 먼 것은?

① 붐의 모양　② 인양능력
③ 작업반경　④ 붐의 높이

해설

• 타워 크레인 사전 검토사항
  - 최대인양하중
  - 작업반경 및 범위(단위 건물당 크레인 수)
  - 붐의 높이
  - 운전 방식
  - 크레인 크기 · 비용 · 안전성

103

건설현장에서 근로자의 추락재해를 예방하기 위한 안전난간을 설치하는 경우 그 구성요소와 거리가 먼 것은?

① 상부난간대　② 중간난간대
③ 사다리　④ 발끝막이판

해설

「산업안전보건기준에 관한 규칙」
제13조(안전난간의 구조 및 설치요건) 사업주는 근로자의 추락 등의 위험을 방지하기 위하여 안전난간을 설치하는 경우 다음 각 호의 기준에 맞는 구조로 설치하여야 한다.
1. 상부 난간대, 중간 난간대, 발끝막이판 및 난간기둥으로 구성할 것. 다만, 중간 난간대, 발끝막이판 및 난간기둥은 이와 비슷한 구조와 성능을 가진 것으로 대체할 수 있다.

104

달비계(곤돌라의 달비계는 제외)의 최대적재하중을 정하는 경우에 사용하는 안전계수의 기준으로 옳은 것은?

① 달기체인의 안전계수 : 10 이상
② 달기강대와 달비계의 하부 및 상부지점의 안전계수(목재의 경우) : 2.5 이상
③ 달기와이어로프의 안전계수 : 5 이상
④ 달기강선의 안전계수 : 10 이상

해설

「산업안전보건기준에 관한 규칙」
제55조(작업발판의 최대적재하중)
② 달비계(곤돌라의 달비계는 제외한다)의 최대 적재하중을 정하는 경우 그 안전계수는 다음 각 호와 같다.
  1. 달기 와이어로프 및 달기 강선의 안전계수 : 10 이상
  2. 달기 체인 및 달기 훅의 안전계수 : 5 이상
  3. 달기 강대와 달비계의 하부 및 상부 지점의 안전계수 : 강재(鋼材)의 경우 2.5 이상, 목재의 경우 5 이상

105

달비계의 구조에서 달비계 작업발판의 폭은 최소 얼마 이상이어야 하는가?

① 30cm　② 40cm
③ 50cm　④ 60cm

해설

「산업안전보건기준에 관한 규칙」
제63조(달비계의 구조) 사업주는 달비계를 설치하는 경우에 다음 각 호의 사항을 준수하여야 한다.
  6. 작업발판은 폭을 40센티미터 이상으로 하고 틈새가 없도록 할 것

106

건설업 중 교량건설 공사의 유해위험방지계획서를 제출하여야 하는 기준으로 옳은 것은?

① 최대 지간길이가 40m 이상인 교량건설 등 공사
② 최대 지간길이가 50m 이상인 교량건설 등 공사
③ 최대 지간길이가 60m 이상인 교량건설 등 공사
④ 최대 지간길이가 70m 이상인 교량건설 등 공사

해설

「산업안전보건법 시행령」
제42조(유해위험방지계획서 제출 대상)
③ 법 제42조 제1항 제3호에서 "대통령령으로 정하는 크기, 높이 등에 해당하는 건설공사"란 다음 각 호의 어느 하나에 해당하는 공사를 말한다.
  3. 최대 지간(支間)길이(다리의 기둥과 기둥의 중심 사이의 거리)가 50미터 이상인 다리의 건설 등 공사

107

구축물이 풍압·지진 등에 의하여 붕괴 또는 전도하는 위험을 예방하기 위한 조치와 가장 거리가 먼 것은?

① 설계도서에 따라 시공했는지 확인
② 건설공사 시방서에 따라 시공했는지 확인
③ 「건축물의 구조기준 등에 관한 규칙」에 따른 구조기준을 준수했는지 확인
④ 보호구 및 방호장치의 성능검정 합격품을 사용했는지 확인

해설
「산업안전보건기준에 관한 규칙」
제51조(구축물 또는 이와 유사한 시설물 등의 안전 유지)
사업주는 구축물 또는 이와 유사한 시설물에 대하여 자중(自重), 적재하중, 적설, 풍압(風壓), 지진이나 진동 및 충격 등에 의하여 전도·폭발하거나 무너지는 등의 위험을 예방하기 위하여 다음 각 호의 조치를 하여야 한다.
1. 설계도서에 따라 시공했는지 확인
2. 건설공사 시방서(示方書)에 따라 시공했는지 확인
3. 「건축물의 구조기준 등에 관한 규칙」에 따른 구조기준을 준수했는지 확인

108

철골건립준비를 할 때 준수하여야 할 사항과 가장 거리가 먼 것은?

① 지상 작업장에서 건립준비 및 기계·기구를 배치할 경우에는 낙하물의 위험이 없는 평탄한 장소를 선정하여 정비하고 경사지에는 작업대나 임시발판 등을 설치하는 등 안전조치를 한 후 작업하여야 한다.
② 건립작업에 다소 지장이 있다하더라도 수목은 제거하여서는 안 된다.
③ 사용 전에 기계·기구에 대한 정비 및 보수를 철저히 실시하여야 한다.
④ 기계에 부착된 앵커 등 고정장치와 기초구조 등을 확인하여야 한다.

해설
철골건립 작업 시 지장이 있는 수목은 제거하거나 이설하여 안전에 유의해야 한다.

109

건설현장에서 높이 5m 이상인 콘크리트 교량의 설치작업을 하는 경우 재해예방을 위해 준수해야 할 사항으로 옳지 않은 것은?

① 작업을 하는 구역에는 관계 근로자가 아닌 사람의 출입을 금지할 것
② 재료, 기구 또는 공구 등을 올리거나 내릴 경우에는 근로자로 하여금 크레인을 이용하도록 하고, 달줄, 달포대 등의 사용을 금하도록 할 것
③ 중량물 부재를 크레인 등으로 인양하는 경우에는 부재에 인양용 고리를 견고하게 설치하고, 인양용 로프는 부재에 두 군데 이상 결속하여 인양하여야 하며, 중량물이 안전하게 거치되기 전까지는 걸이로프를 해제시키지 아니할 것
④ 자재나 부재의 낙하·전도 또는 붕괴 등에 의하여 근로자에게 위험을 미칠 우려가 있을 경우에는 출입금지구역의 설정, 자재 또는 가설시설의 좌굴(挫屈) 또는 변형 방지를 위한 보강재 부착 등의 조치를 할 것

해설
「산업안전보건기준에 관한 규칙」
제369조(작업 시 준수사항) 사업주는 제38조 제1항 제8호에 따른 교량의 설치·해체 또는 변경작업을 하는 경우에는 다음 각 호의 사항을 준수하여야 한다.
1. 작업을 하는 구역에는 관계 근로자가 아닌 사람의 출입을 금지할 것
2. 재료, 기구 또는 공구 등을 올리거나 내릴 경우에는 근로자로 하여금 달줄, 달포대 등을 사용하도록 할 것
3. 중량물 부재를 크레인 등으로 인양하는 경우에는 부재에 인양용 고리를 견고하게 설치하고, 인양용 로프는 부재에 두 군데 이상 결속하여 인양하여야 하며, 중량물이 안전하게 거치되기 전까지는 걸이로프를 해제시키지 아니할 것
4. 자재나 부재의 낙하·전도 또는 붕괴 등에 의하여 근로자에게 위험을 미칠 우려가 있을 경우에는 출입금지구역의 설정, 자재 또는 가설시설의 좌굴(挫屈) 또는 변형 방지를 위한 보강재 부착 등의 조치를 할 것

110

일반건설공사(갑)로서 대상액이 5억 원 이상 50억 원 미만인 경우에 산업안전보건관리비의 비율(가) 및 기초액(나)으로 옳은 것은?

① (가) 1.86%, (나) 5,349,000원
② (가) 1.99%, (나) 5,499,000원
③ (가) 2.35%, (나) 5,400,000원
④ (가) 1.57%, (나) 4,411,000원

해설

「건설업 산업안전보건관리비 계상 및 사용기준」
[별표 1] 공사종류 및 규모별 안전관리비 계상기준표

구분 공사 종류	대상액 5억 원 미만인 경우 적용비율(%)	대상액 5억원 이상 50억 원 미만인 경우 적용비율(%)		대상액 50억 원 이상인 경우 적용비율(%)	영 별표5에 따른 보건관리자 선임대상 건설공사의 적용비율(%)
		적용비율(%)	기초액		
일반건설 공사(갑)	2.93	1.86	5,349,000원	1.97	2.15
일반건설 공사(을)	3.09	1.99	5,499,000원	2.10	2.29
중건설 공사	3.43	2.35	5,400,000원	2.44	2.66
철도· 궤도 신설공사	2.45	1.57	4,411,000원	1.66	1.81
특수 및 기타 건설공사	1.85	1.20	3,250,000원	1.27	1.38

111

중량물을 운반할 때의 바른 자세로 옳은 것은?

① 허리를 구부리고 양손으로 들어올린다.
② 중량은 보통 체중의 60%가 적당하다.
③ 물건은 최대한 몸에서 멀리 떼어서 들어올린다.
④ 길이가 긴 물건은 앞쪽을 높게 하여 운반한다.

해설

단독으로 긴 중량물은 앞부분을 높게 하고, 뒷부분을 끌면서 운반한다.

112

추락방지용 방망의 그물코의 크기가 10cm인 신품 매듭방망사의 인장강도는 몇 킬로그램 이상이어야 하는가?

① 80 ② 110
③ 150 ④ 200

해설

「추락재해방지표준안전작업지침」
제5조(방망사의 강도)
방망사의 인장강도

그물코의 크기(cm)	방망의 종류(kg)			
	매듭 없는 방망		매듭 방망	
	신품	폐기 시	신품	폐기 시
10	240	150	200	135
5			110	60

113

다음 중 방망에 표시해야 할 사항이 아닌 것은?

① 방망의 신축성 ② 제조자명
③ 제조년월 ④ 재봉 치수

해설

- 방망 표시사항
  - 제조자명
  - 제조년월
  - 재봉 치수
  - 방망 규격
  - 방망사 강도(신품)
  - 그물코 크기

114

강관비계 조립 시의 준수사항으로 옳지 않은 것은?

① 비계기둥에는 미끄러지거나 침하하는 것을 방지하기 위하여 밑받침철물을 사용한다.
② 지상높이 4층 이하 또는 12m 이하인 건축물의 해체 및 조립 등의 작업에서만 사용한다.
③ 교차가새로 보강한다.
④ 외줄비계·쌍줄비계 또는 돌출비계에 대해서는 벽이음 및 버팀을 설치한다.

> **해설**
> 「산업안전보건기준에 관한 규칙」
> 제59조(강관비계 조립 시의 준수사항) 사업주는 강관비계를 조립하는 경우에 다음 각 호의 사항을 준수하여야 한다.
> 1. 비계기둥에는 미끄러지거나 침하하는 것을 방지하기 위하여 밑받침철물을 사용하거나 깔판·깔목 등을 사용하여 밑둥잡이를 설치하는 등의 조치를 할 것
> 2. 강관의 접속부 또는 교차부(交叉部)는 적합한 부속철물을 사용하여 접속하거나 단단히 묶을 것
> 3. 교차 가새로 보강할 것
> 4. 외줄비계·쌍줄비계 또는 돌출비계에 대해서는 다음 각 목에서 정하는 바에 따라 벽이음 및 버팀을 설치할 것
> 5. 가공전로(架空電路)에 근접하여 비계를 설치하는 경우에는 가공전로를 이설(移設)하거나 가공전로에 절연용 방호구를 장착하는 등 가공전로와의 접촉을 방지하기 위한 조치를 할 것

115

사다리식 통로 등을 설치하는 경우 고정식 사다리식 통로의 기울기는 최대 몇 도(°) 이하로 하여야 하는가?

① 60도
② 75도
③ 80도
④ 90도

> **해설**
> 「산업안전보건기준에 관한 규칙」
> 제24조(사다리식 통로 등의 구조)
> ① 사업주는 사다리식 통로 등을 설치하는 경우 다음 각 호의 사항을 준수하여야 한다.
> 1. 견고한 구조로 할 것
> 2. 심한 손상·부식 등이 없는 재료를 사용할 것
> 3. 발판의 간격은 일정하게 할 것
> 4. 발판과 벽과의 사이는 15센티미터 이상의 간격을 유지할 것
> 5. 폭은 30센티미터 이상으로 할 것
> 6. 사다리가 넘어지거나 미끄러지는 것을 방지하기 위한 조치를 할 것
> 7. 사다리의 상단은 걸쳐놓은 지점으로부터 60센티미터 이상 올라가도록 할 것
> 8. 사다리식 통로의 길이가 10미터 이상인 경우에는 5미터 이내마다 계단참을 설치할 것
> 9. 사다리식 통로의 기울기는 75도 이하로 할 것. 다만, 고정식 사다리식 통로의 기울기는 90도 이하로 하고, 그 높이가 7미터 이상인 경우에는 바닥으로부터 높이가 2.5미터 되는 지점부터 등받이울을 설치할 것
> 10. 접이식 사다리 기둥은 사용 시 접혀지거나 펼쳐지지 않도록 철물 등을 사용하여 견고하게 조치할 것

116

부두·안벽 등 하역작업을 하는 장소에서 부두 또는 안벽의 선을 따라 통로를 설치하는 경우에는 폭을 최소 얼마 이상으로 해야 하는가?

① 70cm
② 80cm
③ 90cm
④ 100cm

> **해설**
> 「산업안전보건기준에 관한 규칙」
> 제390조(하역작업장의 조치기준) 사업주는 부두·안벽 등 하역작업을 하는 장소에 다음 각 호의 조치를 하여야 한다.
> 1. 작업장 및 통로의 위험한 부분에는 안전하게 작업할 수 있는 조명을 유지할 것
> 2. 부두 또는 안벽의 선을 따라 통로를 설치하는 경우에는 폭을 90센티미터 이상으로 할 것
> 3. 육상에서의 통로 및 작업장소로서 다리 또는 선거(船渠) 갑문(閘門)을 넘는 보도(步道) 등의 위험한 부분에는 안전난간 또는 울타리 등을 설치할 것

117

건설작업장에서 근로자가 상시 작업하는 장소의 작업면 조도기준으로 옳지 않은 것은? (단, 갱내 작업장과 감광재료를 취급하는 작업장의 경우는 제외한다.)

① 초정밀 작업 : 600럭스(lux) 이상
② 정밀작업 : 300럭스(lux) 이상
③ 보통작업 : 150럭스(lux) 이상
④ 초정밀, 정밀, 보통작업을 제외한 기타 작업 : 75럭스(lux) 이상

해설

「산업안전보건기준에 관한 규칙」
제8조(조도) 사업주는 근로자가 상시 작업하는 장소의 작업면 조도(照度)를 다음 각 호의 기준에 맞도록 하여야 한다. 다만, 갱내(坑內) 작업장과 감광재료(感光材料)를 취급하는 작업장은 그러하지 아니하다.
1. 초정밀작업 : 750럭스(lux) 이상
2. 정밀작업 : 300럭스 이상
3. 보통작업 : 150럭스 이상
4. 그 밖의 작업 : 75럭스 이상

118

승강기 강선의 과다감기를 방지하는 장치는?

① 비상정지장치   ② 권과방지장치
③ 해지장치   ④ 과부하방지장치

해설

• 권과방지장치 : 승강기나 크레인의 와이어로프가 일정 한계 이상 감기는 것을 방지하기 위하여 자동으로 작동을 정지시키는 장치

119

흙막이 지보공을 설치하였을 때 정기적으로 점검하여야 할 사항과 거리가 먼 것은?

① 경보장치의 작동상태
② 부재의 손상·변형·부식·변위 및 탈락의 유무와 상태
③ 버팀대의 긴압(緊壓)의 정도
④ 부재의 접속부·부착부 및 교차부의 상태

해설

「산업안전보건기준에 관한 규칙」
제347조(붕괴 등의 위험 방지)
① 사업주는 흙막이 지보공을 설치하였을 때에는 정기적으로 다음 각 호의 사항을 점검하고 이상을 발견하면 즉시 보수하여야 한다.
  1. 부재의 손상·변형·부식·변위 및 탈락의 유무와 상태
  2. 버팀대의 긴압(緊壓)의 정도
  3. 부재의 접속부·부착부 및 교차부의 상태
  4. 침하의 정도

120

사질지반 굴착 시 굴착부와 지하수위차가 있을 때 수두 차에 의하여 침투압이 생겨 흙막이벽 근입부분을 침식하는 동시에 모래가 액상화되어 솟아오르는 현상은?

① 동상현상   ② 연화현상
③ 보일링현상   ④ 히빙현상

해설

• 보일링(Boiling)현상 : 모래지반 굴착 시 흙막이 배변지반과 굴착저면의 지하수위 차로 인하여 모래가 솟아오르는 지반 융기현상

2019년 제1회 산업안전기사 채점표

구분	제1과목	제2과목	제3과목	제4과목	제5과목	제6과목	전과목 평균
점수							

※ 합격기준 : 100점을 만점으로 하여 과목당 40점 이상, 전과목 평균 60점 이상

2019년 제1회 정답

001	002	003	004	005	006	007	008	009	010	011	012	013	014	015	016	017	018	019	020
①	③	③	①	④	①	①	④	④	③	④	②	④	③	①	③	④	②	③	①
021	022	023	024	025	026	027	028	029	030	031	032	033	034	035	036	037	038	039	040
①	③	②	③	②	①	④	③	②	④	②	①	③	②	③	④	①	①	④	④
041	042	043	044	045	046	047	048	049	050	051	052	053	054	055	056	057	058	059	060
④	④	③	②	②	②	①	④	①	②	③	③	①	③	③	②	④	④	④	①
061	062	063	064	065	066	067	068	069	070	071	072	073	074	075	076	077	078	079	080
②	③	②	①	④	③	④	②	②	④	②	②	③	②	④	③	-	①	②
081	082	083	084	085	086	087	088	089	090	091	092	093	094	095	096	097	098	099	100
①	④	④	④	②	①	③	④	④	④	④	①	③	③	②	④	①	②
101	102	103	104	105	106	107	108	109	110	111	112	113	114	115	116	117	118	119	120
③	①	②	④	②	④	②	②	①	④	④	①	②	③	②	②	③	②	①	③

2019년 제2회 산업안전기사 기출문제

2019. 04. 27. 시행

제1과목 안전관리론

001
연천인율 45인 사업장의 도수율은 얼마인가?

① 10.8　　② 18.75
③ 108　　④ 187.5

해설

연천인율 = 도수율 × 2.4

도수율 = $\dfrac{연천인율}{2.4}$

$\dfrac{45}{2.4} = 18.75$

- 연천인율 : 1년간 평균 근로자 1,000명당 재해발생건수
- 도수율 : 1,000,000시간당 재해발생건수

002
다음 중 산업안전보건법상 안전인증대상 기계·기구 등의 안전인증 표시로 옳은 것은?

① 　　②

③ 　　④

해설

「산업안전보건법 시행규칙」
[별표 14] 안전인증 및 자율안전확인의 표시 및 표시방법
1. 표시

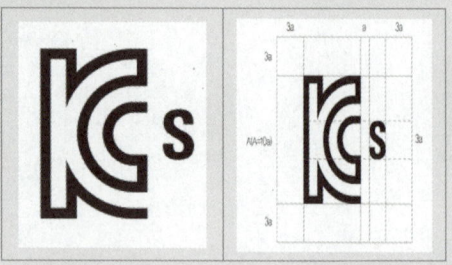

2. 표시방법
   가. 표시는 「국가표준기본법 시행령」 제15조의7 제1항에 따른 표시기준 및 방법에 따른다.
   나. 표시를 하는 경우 인체에 상해를 입힐 우려가 있는 재질이나 표면이 거친 재질을 사용해서는 안 된다.

003
불안전 상태와 불안전 행동을 제거하는 안전관리의 시책에는 적극적인 대책과 소극적인 대책이 있다. 다음 중 소극적인 대책에 해당하는 것은?

① 보호구의 사용
② 위험공정의 배제
③ 위험물질의 격리 및 대체
④ 위험성평가를 통한 작업환경 개선

해설

- 적극적 대책 : 잠재적인 위험 제거 및 해결
  예) 위험공정의 배재, 위험물질의 격리 및 대체, 위험성평가를 통한 작업환경 개선
- 소극적 대책 : 위험은 그대로 둔 채 재해를 피함
  예) 보호구 사용, 방호장치 사용, 경보장치 사용

004

안전조직 중에서 라인-스탭(Line-Staff) 조직의 특징으로 옳지 않은 것은?

① 라인형과 스탭형의 장점을 취한 절충식 조직 형태이다.
② 중규모 사업장(100명 이상~500명 미만)에 적합하다.
③ 라인의 관리, 감독자에게도 안전에 관한 책임과 권한이 부여된다.
④ 안전 활동과 생산업무가 분리될 가능성이 낮기 때문에 균형을 유지할 수 있다.

해설

• 라인-스탭형(Line-Staff, 직계-참모식) 조직 : 라인형과 스탭형의 장점을 취한 절충식 조직형태로 가장 이상적인 조직형태이며, 생산기술의 안전대책은 라인에서 안전계획·평가·조사는 스탭에서 실시하는 조직으로, 근로자 1,000명 이상의 대규모 사업장에 적합하다.

장점	단점
안전·보건에 관한 경험·기술 축적 용이	명령계통과 조언·권고적 참여 혼동 가능
사업장의 독자적 안전개선책 강구 가능	스탭(Staff)의 월권행위 가능, 라인(Line)이 스탭에 의존 또는 활용치 않는 경우
조직원 전원이 안전활동에 참여	

005

다음 중 브레인스토밍(Brain Storming)의 4원칙을 올바르게 나열한 것은?

① 자유분방, 비판금지, 대량발언, 수정발언
② 비판자유, 소량발언, 자유분방, 수정발언
③ 대량발언, 비판자유, 자유분방, 수정발언
④ 소량발언, 자유분방, 비판금지, 수정발언

해설

• 브레인스토밍(Brain Storming) 4원칙
 (1) 자유분방 : 가능한 한 많은 의견과 아이디어를 제시한다.
 (2) 비판금지 : 타인의 의견을 절대 비판·비평·비난하지 않는다.
 (3) 대량발언 : 주제를 벗어난 의견과 아이디어도 허용한다.
 (4) 수정발언 : 타인의 의견을 수정하여 발언하는 것을 허용한다.

006

매슬로우의 욕구단계이론 중 자기의 잠재력을 최대한 살리고 자기가 하고 싶었던 일을 실현하려는 인간의 욕구에 해당하는 것은?

① 생리적 욕구
② 사회적 욕구
③ 자아실현의 욕구
④ 안전의 욕구

해설

• 매슬로우(Maslow) - 인간욕구 5단계
 (1) 1단계 - 생리적 욕구 : 인간의 가장 기본적인 욕구 예 식욕, 수면욕 등
 (2) 2단계 - 안전의 욕구 : 불안, 공포, 재해 등 각종 위험에서 벗어나고자 하는 욕구
 (3) 3단계 - 사회적 욕구 : 친구, 가족 등 관계에서 애정과 소속에 대한 욕구
 (4) 4단계 - 존경의 욕구 : 타인에게 주목과 인정을 받으려는 욕구 예 명예욕, 권력욕
 (5) 5단계 - 자아실현 욕구 : 자신의 잠재력을 발휘해 하고 싶은 일을 실현하는 최고의 욕구 예 성취욕

007

수업매채별 장·단점 중 '컴퓨터 수업(Computer Assisted Instruction)'의 장점으로 옳지 않은 것은?

① 개인차를 최대한 고려할 수 있다.
② 학습자가 능동적으로 참여하고, 실패율이 낮다.
③ 교사와 학습자가 시간을 효과적으로 이용할 수 없다.
④ 학생의 학습과 과정의 평가를 과학적으로 할 수 있다.

> **해설**
> • 컴퓨터 보조수업(CAI, Computer-Assisted Instruction) : 컴퓨터를 직접 수업매체로 하여 실제 수업과 평가에 활용하는 수업으로, 학생의 반응에 따라 학습 내용이나 난이도를 조정하며 학습 진도를 조절할 수 있고 반복 학습이 가능하며 시공간의 제약을 최소화할 수 있다는 장점이 있다.

008

산업안전보건법령상 산업안전보건위원회의 구성에서 사용자위원 구성원이 아닌 것은? (단, 해당 위원이 사업장에 선임이 되어 있는 경우에 한한다.)

① 안전관리자
② 보건관리자
③ 산업보건의
④ 명예산업안전감독관

> **해설**
> 「산업안전보건법 시행령」
> 제35조(산업안전보건위원회의 구성)
> ② 산업안전보건위원회의 사용자위원은 다음 각 호의 사람으로 구성한다.
>   1. 해당 사업의 대표자
>   2. 안전관리자 1명
>   3. 보건관리자 1명
>   4. 산업보건의
>   5. 해당 사업의 대표자가 지명하는 9명 이내의 해당 사업장 부서의 장 (다만, 상시근로자 50명 이상 100명 미만 사업장에서는 제외하고 구성 가능)

009

다음 중 상황성 누발자의 재해유발원인으로 옳지 않은 것은?

① 작업의 난이성
② 기계·설비의 결함
③ 도덕성의 결여
④ 심신의 근심

> **해설**
> '도덕성의 결여'는 소질성 누발자의 재해유발원인이다.
> • 재해 누발자별 재해유발원인
>
> | | |
> |---|---|
> | (1) 미숙성 누발자 | • 기능 미숙
• 환경에 부적응 |
> | (2) 습관성 누발자 | • 재해경험으로 인한 신경과민 |
> | (3) 소질성 누발자 | • 낮은 지능, 감각운동의 부적합
• 주의력 범위의 협소, 편중
• 주의력 산만, 지속불능
• 도덕성 결여, 비정직함, 비협조성, 소심함, 경솔함 |
> | (4) 상황성 누발자 | • 심신의 근심
• 환경상 주의집중 곤란
• 작업자체의 어려움
• 기계·설비의 결함 |

010

다음 중 안전·보건교육의 단계별 교육과정 순서로 옳은 것은?

① 안전 태도교육 → 안전 지식교육 → 안전 기능교육
② 안전 지식교육 → 안전 기능교육 → 안전 태도교육
③ 안전 기능교육 → 안전 지식교육 → 안전 태도교육
④ 안전 자세교육 → 안전 지식교육 → 안전 기능교육

> **해설**
> • 안전·보건교육 단계 : 지식 → 기능 → 태도
>   (1) 안전 지식교육 : 일반적인 안전지식, 공통적인 작업안전수칙, 법률 및 사내 규정 등 새로운 작업환경에 근로자를 적응시키기 위한 교육
>   (2) 안전 기능교육 : 현장감독자를 지도자로 하여 현장작업을 통한 실습, 시범으로 표준작업동작을 체득할 때까지 교육
>   (3) 안전 태도교육 : 안전 지식과 기능교육을 체득시켜 안전한 행동을 습관화하고, 올바른 가치관을 형성하기 위한 교육

011

산업안전보건법령상 안전모의 시험성능기준 항목으로 옳지 않은 것은?

① 내열성　　② 턱끈 풀림
③ 내관통성　④ 충격흡수성

해설

「보호구 안전인증 고시」
[별표 1] 추락 및 감전 위험방지용 안전모의 성능기준
4. 안전모의 시험성능기준

항목	시험성능기준
내관통성	AE, ABE종 안전모는 관통거리가 9.5mm 이하이고, AB종 안전모는 관통거리가 11.1mm 이하이어야 한다.
충격흡수성	최고전달충격력이 4,450N을 초과해서는 안 되며, 모체와 착장체의 기능이 상실되지 않아야 한다.
내전압성	AE, ABE종 안전모는 교류 20kV에서 1분간 절연파괴 없이 견뎌야 하고, 이때 누설되는 충전전류는 10mA 이하이어야 한다.
내수성	AE, ABE종 안전모는 질량증가율이 1% 미만이어야 한다.
난연성	모체가 불꽃을 내며 5초 이상 연소되지 않아야 한다.
턱끈 풀림	150N 이상 250N 이하에서 턱끈이 풀려야 한다.

012

재해통계에 있어 강도율이 2.0인 경우에 대한 설명으로 옳은 것은?

① 재해로 인해 전체 작업비용의 2.0%에 해당하는 손실이 발생하였다.
② 근로자 100명당 2.0건의 재해가 발생하였다.
③ 근로시간 1,000시간당 2.0건의 재해가 발생하였다.
④ 근로시간 1,000시간당 2.0일의 근로손실일수가 발생했다.

해설

강도율 2.0은 '근로시간 1,000시간당 2.0일의 근로손실일수가 발생했다'는 것을 의미한다.

- 강도율 : 연근로시간 1,000시간당 근로손실일수
$$= \frac{근로손실일수}{총 근로시간 수} \times 1,000$$

013

다음 중 산업안전심리의 5대 요소에 포함되지 않는 것은?

① 습관　② 동기
③ 감정　④ 지능

해설

- 산업안전심리 5대 요소 : 기질, 동기, 감정, 습관, 습성

014

교육훈련 방법 중 OJT(On the Job Training)의 특징으로 옳지 않은 것은?

① 동시에 다수의 근로자들을 조직적으로 훈련이 가능하다.
② 개개인에게 적절한 지도 훈련이 가능하다.
③ 훈련효과에 의해 상호 신뢰 및 이해도가 높아진다.
④ 직장의 실정에 맞게 실제적 훈련이 가능하다.

해설

- OJT(직장 내 교육훈련) : 직장 내에서 상사가 실시하는 개별교육으로, 일상 업무를 통해 지식·기능·문제해결 능력 등을 향상시키는 데 주목적을 둔 교육이다.

장점	단점
개개인에 대한 효율적인 지도·훈련	한 번에 다수를 대상으로 교육하기 힘듦
직장의 실정에 맞는 실제적 훈련	고도의 전문 지식·기능 교육하기 힘듦
업무에 즉시 연결되므로 교육 효과가 즉각 나타남	업무와 교육이 병행되므로 훈련에만 전념하기 곤란
상사와 부하 직원 간 의사소통 및 유대감·신뢰감 증대	전문 강사가 아니어서 교육이 원만하지 않을 가능성

015
기술교육의 형태 중 준 듀이(J. Dewey)의 사고과정 5단계에 해당하지 않는 것은?

① 추론한다.
② 시사를 받는다.
③ 가설을 설정한다.
④ 가슴으로 생각한다.

해설

- 듀이(J. Dewey) – 반성적 사고 5단계
  (1) 1단계 : 문제인식
    - 문제해결이 가능한 방향으로 마음을 도약시키는 시사(Suggestion) 단계
    - 의심 · 어려움을 느낀 문제 상황에 봉착
  (2) 2단계 : 문제 정의
    - 머리로 생각하여 문제를 확정짓는 지식화(Intellectuali-zation) 단계
    - 자료수집을 통해 명백하게 문제 설정
  (3) 3단계 : 가설 설정
    - 해결 방법이나 아이디어를 제안하는 가설(Hypothesis) 단계
    - 문제 해결 방안 · 방향 모색
  (4) 4단계 : 가설정렬
    - 아이디어를 결합해 사고를 구성하고 체계화하는 추론(Reasoning) 단계
    - 대안(가설)에 대한 연역적 추리 · 추론
  (5) 5단계 : 가설검증
    - 실제적 경험을 통한 발견된 가설 · 추론 검증(Examine) 단계
    - 행동을 관찰하거나 실험을 통해 검증

016
허츠버그(Herzberg)의 일을 통한 동기부여 원칙으로 틀린 것은?

① 새롭고 어려운 업무의 부여
② 교육을 통한 간접적 정보 제공
③ 자기과업을 위한 작업자의 책임감 증대
④ 작업자에게 불필요한 통제를 배제

해설

- 허츠버그(Herzberg) – 일을 통한 동기부여 원칙
  - 새롭고 어려운 업무의 부여
  - 교육을 통한 직접적 정보 제공
  - 개인적 책임이나 책무 증가
  - 직무에 따른 자유와 권한 부여
  - 완전하고 자연스러운 작업단위 제공
  - 특정 직무에 있어 전문가가 될 수 있도록 전문화된 업무 배당

017
산업안전보건법상 환기가 극히 불량한 좁고 밀폐된 장소에서 용접작업을 하는 근로자 대상의 특별안전보건교육 교육내용에 해당하지 않는 것은? (단, 기타 안전 · 보건관리에 필요한 사항은 제외한다.)

① 환기설비에 관한 사항
② 작업환경 점검에 관한 사항
③ 질식 시 응급조치에 관한 사항
④ 화재예방 및 초기대응에 관한 사항

해설

「산업안전보건법 시행규칙」
[별표 5] 안전보건교육 교육대상별 교육내용
라. 특별교육 대상 작업별 교육

3. 밀폐된 장소(탱크 내 또는 환기가 극히 불량한 좁은 장소를 말한다)에서 하는 용접작업 또는 습한 장소에서 하는 전기용접 작업

- 작업순서, 안전작업방법 및 수칙에 관한 사항
- 환기설비에 관한 사항
- 전격 방지 및 보호구 착용에 관한 사항
- 질식 시 응급조치에 관한 사항
- 작업환경 점검에 관한 사항
- 그 밖에 안전 · 보건관리에 필요한 사항

018
다음의 무재해운동의 이념 중 "선취의 원칙"에 대한 설명으로 가장 적절한 것은?

① 사고의 잠재요인을 사후에 파악하는 것
② 근로자 전원이 일체감을 조성하여 참여하는 것
③ 위험요소를 사전에 발견, 파악하여 재해를 예방 또는 방지하는 것
④ 관리감독자 또는 경영층에서의 자발적 참여로 안전 활동을 촉진하는 것

해설
- 무재해운동 3원칙(기본이념)
  (1) 무(無, Zero)의 원칙 : 작업장 내 모든 위험요인을 원천적으로 제거
  (2) 안전제일(선취)의 원칙 : 행동 전 위험요인을 발견·파악·해결하여 재해를 예방·방지
  (3) 참가의 원칙 : 구성원 전원이 각자의 위치에서 재해를 발생시킬 수 있는 잠재적 위험요인을 해결하기 위해 노력

019
산업안전보건법령상 유기화합물용 방독마스크의 시험가스로 옳지 않은 것은?

① 이소부탄
② 시클로헥산
③ 디메틸에테르
④ 염소가스 또는 증기

해설
「보호구 안전인증 고시」
[별표 5] 방독마스크의 성능기준
방독마스크의 종류

종류	시험가스
유기화합물용	시클로헥산(C_6H_{12})
	디메틸에테르(CH_3OCH_3)
	이소부탄(C_4H_{10})
할로겐용	염소가스 또는 증기(Cl_2)
황화수소용	황화수소가스(H_2S)
시안화수소용	시안화수소가스(HCN)
아황산용	아황산가스(SO_2)
암모니아용	암모니아가스(NH_3)

020
산업안전보건법령상 근로자 안전보건교육 중 작업내용 변경 시의 교육을 할 때 일용근로자를 제외한 근로자의 교육시간으로 옳은 것은?

① 1시간 이상
② 2시간 이상
③ 4시간 이상
④ 8시간 이상

해설
「산업안전보건법 시행규칙」
[별표 4] 안전보건교육 교육과정별 교육시간
1. 근로자 안전보건교육

교육과정	교육대상		교육시간
정기교육	사무직 종사 근로자		매분기 3시간 이상
	사무직 종사 근로자 외의 근로자	판매업무에 직접 종사하는 근로자	매분기 3시간 이상
		판매업무에 직접 종사하는 근로자 외의 근로자	매분기 6시간 이상
	관리감독자의 지위에 있는 사람		연간 16시간 이상
채용 시 교육	일용근로자		1시간 이상
	일용근로자를 제외한 근로자		8시간 이상
작업내용 변경 시 교육	일용근로자		1시간 이상
	일용근로자를 제외한 근로자		2시간 이상
특별교육	일용근로자		2시간 이상
	타워크레인 신호작업에 종사하는 일용근로자		8시간 이상
	일용근로자를 제외한 근로자		• 16시간 이상 • 단기간 작업 또는 간헐적 작업인 경우에는 2시간 이상
건설업 기초안전·보건교육	건설 일용근로자		4시간 이상

제2과목 인간공학 및 시스템안전공학

021
화학설비에 대한 안정성 평가(Safety Assessment)에서 정량적 평가 항목이 아닌 것은?

① 습도
② 온도
③ 압력
④ 용량

해설
- 정량적 평가 항목
  - 취급물질, 화학설비의 용량, 온도, 압력, 조작

022
신체 부위의 운동에 대한 설명으로 틀린 것은?

① 굴곡(Flexion)은 부위 간의 각도가 증가하는 신체의 움직임을 의미한다.
② 외전(Abduction)은 신체 중심선으로부터 이동하는 신체의 움직임을 의미한다.
③ 내전(Adduction)은 신체의 외부에서 중심선으로 이동하는 신체의 움직임을 의미한다.
④ 외선(Lateral Rotation)은 신체의 중심선으로부터 회전하는 신체의 움직임을 의미한다.

해설
굴곡(Flexion)은 부위 간의 각도가 감소하는 신체의 움직임이고, 부위 간의 각도가 증가하는 신체의 움직임은 신전(Extension)이다.
- 신체부위의 운동
  - 굴곡 : 부위 간의 각도가 감소하는 신체의 움직임
  - 신전 : 부위 간의 각도가 증가하는 신체의 움직임
  - 내전 : 신체의 외부에서부터 중심선으로 이동하는 신체의 움직임
  - 외전 : 신체 중심선으로부터 밖으로 이동하는 신체의 움직임
  - 내선 : 신체의 바깥쪽에서 중심선 쪽으로 회전하는 신체의 움직임
  - 외선 : 신체의 중심선으로부터 바깥쪽으로 회전하는 신체의 움직임

023
n개의 요소를 가진 병렬 시스템에 있어 요소의 수명(MTTF)이 지수분포를 따를 경우 이 시스템의 수명을 구하는 식으로 맞는 것은?

① $\text{MTTF} \times n$
② $\text{MTTF} \times \dfrac{1}{n}$
③ $\text{MTTF} \times (1 + \dfrac{1}{2} + \cdots + \dfrac{1}{n})$
④ $\text{MTTF} \times (1 \times \dfrac{1}{2} \times \cdots \times \dfrac{1}{n})$

해설
지수분포를 따르는 부품의 평균수명이 MTTF이고 병렬로 연결되었으므로
기대수명은 $\text{MTTF} \times (1 + \dfrac{1}{2} + \cdots + \dfrac{1}{n})$이다.

- 지수분포를 따르는 부품의 기대수명
  - 평균수명이 t인 부품 n개를 직렬로 구성하였을 때 기대수명은 $\dfrac{t}{n}$이다.
  - 평균수명이 t인 부품 n개를 병렬로 구성하였을 때 기대수명은 $(1 + \dfrac{1}{2} + \cdots + \dfrac{1}{n}) \times t$이다.

024
인간 전달 함수(Human Transfer Function)의 결점이 아닌 것은?

① 입력의 협소성
② 시점적 제약성
③ 정신운동의 묘사성
④ 불충분한 직무 묘사

해설
- 인간 전달 함수의 결점
  - 입력의 협소성
  - 불충분한 직무 묘사
  - 시점적 제약성

025

고장형태와 영향분석(FMEA)에서 평가요소로 틀린 것은?

① 고장발생의 빈도
② 고장의 영향 크기
③ 고장방지의 가능성
④ 기능적 고장 영향의 중요도

해설
- FMEA 고장 평점을 결정하는 5가지 평가요소
  - 고장발생의 빈도
  - 고장방지의 가능성
  - 영향을 미치는 시스템의 범위
  - 신규설계의 정도
  - 기능적 고장 영향의 중요도

027

인간공학에 대한 설명으로 틀린 것은?

① 인간이 사용하는 물건, 설비, 환경의 설계에 적용된다.
② 인간을 작업과 기계에 맞추는 설계 철학이 바탕이 된다.
③ 인간-기계 시스템의 안전성과 편리성, 효율성을 높인다.
④ 인간의 생리적, 심리적인 면에서의 특성이나 한계점을 고려한다.

해설
인간공학의 설계 철학은 인간을 작업과 기계에 맞추는 것이 아니라, 작업과 기계를 인간에 맞추는 것이다.

026

결함수분석의 기대효과와 가장 관계가 먼 것은?

① 시스템의 결함 진단
② 시간에 따른 원인 분석
③ 사고원인 규명의 간편화
④ 사고원인 분석의 정량화

해설
- 결함수분석의 기대효과
  - 시스템의 결함 진단
  - 사고원인 규명의 간편화
  - 사고원인 분석의 정량화
  - 사고원인 분석의 일반화
  - 노력, 시간의 절감
  - 안전점검을 위한 체크리스트 작성

028

빨강, 노랑, 파랑의 3가지 색으로 구성된 교통 신호등이 있다. 신호등은 항상 3가지 색 중 하나가 켜지도록 되어 있다. 1시간 동안 조사한 결과, 파란등은 총 30분 동안, 빨간등과 노란등은 각각 총 15분 동안 켜진 것으로 나타났다. 이 신호등의 총 정보량은 몇 bit인가?

① 0.5
② 0.75
③ 1.0
④ 1.5

해설
파란등의 확률은 0.5, 빨간등의 확률은 0.25, 노란등의 확률은 0.25이다. 파란등의 정보량은 1, 빨간등의 정보량은 2, 노란등의 정보량은 2이다.
따라서 신호등의 총 정보량은
$0.5 \times 1 + 0.25 \times 2 + 0.25 \times 2 = 1.5$이다.

029

다음과 같은 실내 표면에서 일반적으로 추천되는 반사율의 크기를 맞게 나열한 것은?

| ㉠ 바닥 | ㉡ 천장 | ㉢ 가구 | ㉣ 벽 |

① ㉠ < ㉣ < ㉢ < ㉡
② ㉣ < ㉠ < ㉡ < ㉢
③ ㉠ < ㉢ < ㉣ < ㉡
④ ㉣ < ㉡ < ㉠ < ㉢

해설

- 반사율
  - 바닥 : 20~40%
  - 가구 : 25~45%
  - 벽 : 40~60%
  - 천장 : 80~90%

030

어떤 결함수를 분석하여 Minimal Cut Set을 구한 결과 다음과 같았다. 각 기본사상의 발생확률을 q_i, i = 1, 2, 3이라 할 때, 정상사상의 발생확률함수로 맞는 것은?

| $K_1 = [1, 2]$ | $K_2 = [1, 3]$ | $K_3 = [2, 3]$ |

① $q_1q_2 + q_1q_2 - q_2q_3$
② $q_1q_2 + q_1q_3 - q_1q_2$
③ $q_1q_2 + q_1q_3 + q_2q_3 - q_1q_2q_3$
④ $q_1q_2 + q_1q_3 + q_2q_3 - 2q_1q_2q_3$

해설

$K_1 = q_1q_2$, $K_2 = q_1q_3$, $K_3 = q_2q_3$
$T = 1 - (1 - q_1q_2)(1 - q_1q_3)(1 - q_2q_3)$
$(1 - q_1q_2)(1 - q_1q_3) = 1 - q_1q_3 - q_1q_2 + q_1q_2q_3$ 이고,
$(1 - q_1q_3 - q_1q_2 + q_1q_2q_3)(1 - q_2q_3)$
$= 1 - q_2q_3 - q_1q_3 + q_1q_2q_3 - q_1q_2 + q_1q_2q_3 + q_1q_2q_3 - q_1q_2q_3$
$= 1 - q_2q_3 - q_1q_3 - q_1q_2 + 2(q_1q_2q_3)$
∴ $T = 1 - 1 + q_2q_3 + q_1q_3 + q_1q_2 - 2(q_1q_2q_3)$
$= q_2q_3 + q_1q_3 + q_1q_2 - 2q_1q_2q_3$

031

산업안전보건법령에 따라 유해위험방지계획서의 제출대상 사업은 해당 사업으로서 전기 계약용량이 얼마 이상인 사업인가?

① 150kW ② 200kW
③ 300kW ④ 500kW

해설

「산업안전보건법 시행령」
제42조(유해위험방지계획서 제출 대상)
① 법 제42조 제1항 제1호에서 "대통령령으로 정하는 사업의 종류 및 규모에 해당하는 사업"이란 다음 각 호의 어느 하나에 해당하는 사업으로서 전기 계약 용량이 300킬로와트 이상인 경우를 말한다.

032

음량수준을 평가하는 척도와 관계없는 것은?

① HSI   ② phon
③ dB   ④ sone

해설

HSI는 열압박지수로 음량수준과는 관계가 없다. 열압박지수는 열평형을 유지하기 위해 증발해야 하는 땀의 양으로 열부하를 나타낸다.

033

인간의 오류모형에서 "알고 있음에도 의도적으로 따르지 않거나 무시한 경우"를 무엇이라 하는가?

① 실수(Slip)   ② 착오(Mistake)
③ 건망증(Lapse)   ④ 위반(Violation)

해설
- 인간오류의 유형
  - 착오(Mistake) : 상황해석을 잘못하거나 목표에 대한 잘못된 이해로 착각하여 행하는 경우
  - 실수(Slip) : 상황이나 목표에 대한 해석은 제대로 하였으나 의도와는 다른 행동을 하는 경우
  - 건망증(Lapse) : 여러 과정이 연계적으로 일어나는 행동 중에서 일부를 잊어버리고 하지 않거나 또는 기억의 실패에 의해 발생하는 경우
  - 위반(Violation) : 정해져 있는 규칙을 알고 있으면서 고의로 따르지 않거나 무시하는 경우

034
그림과 같이 7개의 부품으로 구성된 시스템의 신뢰도는 약 얼마인가? (단, 네모 안의 숫자는 각 부품의 신뢰도이다.)

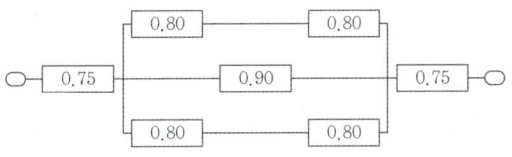

① 0.5552　　② 0.5427
③ 0.6234　　④ 0.9740

해설
0.75×{1−(1−0.8×0.8)×(1−0.9)×(1−0.8×0.8)}×0.75
= 0.55521

035
소음방지 대책에 있어 가장 효과적인 방법은?

① 음원에 대한 대책
② 수음자에 대한 대책
③ 전파경로에 대한 대책
④ 거리감쇠와 지향성에 대한 대책

해설
소음방지 대책에서 음원에 대한 대책이 가장 효과적이다.

036
정성적 표시장치의 설명으로 틀린 것은?

① 정성적 표시장치의 근본 자료 자체는 정량적인 것이다.
② 전력계에서와 같이 기계적 혹은 전자적으로 숫자가 표시된다.
③ 색채 부호가 부적합한 경우에는 계기판 표시 구간을 형상 부호화하여 나타낸다.
④ 연속적으로 변하는 변수의 대략적인 값이나 변화추세, 변화율 등을 알고자 할 때 사용된다.

해설
전자적으로 숫자를 표시하는 표시장치는 정량적 표시장치이다.

037
FT도에 사용하는 기호에서 3개의 입력현상 중 임의의 시간에 2개가 발생하면 출력이 생기는 기호의 명칭은?

① 억제 게이트
② 조합 AND 게이트
③ 배타적 OR 게이트
④ 우선적 AND 게이트

해설
- 조합 AND 게이트 : 3개의 입력현상 중 임의의 시간에 2개의 입력사상이 발생하면 출력이 생기는 기호

038
공정안전관리(Process Safety Management : PSM)의 적용대상 사업장이 아닌 것은?

① 복합비료 제조업
② 농약 원제 제조업
③ 차량 등의 운송설비업
④ 합성수지 및 기타 플라스틱물질 제조업

> **해설**
>
> 「산업안전보건법 시행령」
> 제43조(공정안전보고서의 제출 대상)
> 1. 원유 정제처리업
> 2. 기타 석유정제물 재처리업
> 3. 석유화학계 기초화학물질 제조업 또는 합성수지 및 기타 플라스틱물질 제조업. 다만, 합성수지 및 기타 플라스틱물질 제조업은 별표 13 제1호 또는 제2호에 해당하는 경우로 한정한다.
> 4. 질소 화합물, 질소·인산 및 칼리질 화학비료 제조업 중 질소질 비료 제조
> 5. 복합비료 및 기타 화학비료 제조업 중 복합비료 제조(단순혼합 또는 배합에 의한 경우는 제외한다)
> 6. 화학 살균살충제·인산 살충제 및 농업용 약제 제조업[농약 원제(原劑) 제조만 해당한다]
> 7. 화약 및 불꽃제품 제조업

> **해설**
>
> • 착석식 작업대 높이 설계 시 고려사항
> – 의자의 높이
> – 대퇴 여유
> – 작업의 성질
> – 작업대의 두께

제3과목 기계위험방지기술

039

아령을 사용하여 30분간 훈련한 후, 이두근의 근육 수축작용에 대한 전기적인 신호 데이터를 모았다. 이 데이터들을 이용하여 분석할 수 있는 것은 무엇인가?

① 근육의 질량과 밀도
② 근육의 활성도와 밀도
③ 근육의 피로도와 크기
④ 근육의 피로도와 활성도

> **해설**
>
> 근육 수축작용에 대한 전기적 신호 데이터를 통해 근육의 피로도와 활성도를 분석할 수 있다.

041

컨베이어 방호장치에 대한 설명으로 맞는 것은?

① 역전방지장치에 롤러식, 라쳇식, 권과방지식, 전기브레이크식 등이 있다.
② 작업자가 임의로 작업을 중단할 수 없도록 비상정지장치를 부착하지 않는다.
③ 구동부 측면에 롤러 안내가이드 등의 이탈방지장치를 설치한다.
④ 롤러 컨베이어의 롤 사이에 방호판을 설치할 때 롤과의 최대간격은 8mm이다.

> **해설**
>
> • 컨베이어(Conveyor)
> – 역전방지장치 종류
>   (1) 기계식 : 라쳇식, 롤러식, 밴드식, 전자식 등
>   (2) 전기식 : 전기 브레이크, 스러스트(트러스트) 브레이크 등
> – 비상정지장치 설치 : 근로자가 위험해질 우려가 있는 경우 등 비상시 즉시 컨베이어의 운전을 정지시킬 수 있는 장치를 설치해야 한다.
> – 방호판 설치 : 롤러 컨베이어의 롤 사이에 방호판 설치 시 롤과 최대간격은 5mm이다.

040

착석식 작업대의 높이를 설계할 경우 고려해야 할 사항과 가장 관계가 먼 것은?

① 의자의 높이
② 대퇴 여유
③ 작업의 성격
④ 작업대의 형태

042

가스 용접에 이용되는 아세틸렌가스 용기의 색상으로 옳은 것은?

① 녹색
② 회색
③ 황색
④ 청색

해설

「고압가스 안전관리법 시행규칙」
[별표 24] 용기 등의 표시
가연성가스 및 독성가스의 용기

가스 종류	도색 구분	가스 종류	도색 구분
액화석유가스	밝은 회색	액화암모니아	백색
수소	주황색	액화염소	갈색
아세틸렌	황색	그 밖의 가스	회색

043

롤러기 맞물림점의 전방에 개구부의 간격을 30mm로 하여 가드를 설치하고자 한다. 가드의 설치 위치는 맞물림점에서 적어도 얼마의 간격을 유지하여야 하는가?

① 154mm
② 160mm
③ 166mm
④ 172mm

해설

- 개구부와 위험점 간 거리가 160mm 미만인 경우
  개구부 간격 = 6 + (0.15 × 개구부와 위험점 간 거리)
  $30 = 6 + 0.15x$
  $x = \dfrac{30-6}{0.15} = 160$
  따라서 160mm의 간격을 유지해야 한다.
- 최대 개구 간격

(단위 : mm)

가드	개구부와 위험점 간 거리가 160mm 미만인 경우	개구부 간격 = 6 + (0.15 × 개구부와 위험점 간 거리)
	개구부와 위험점 간 거리가 160mm 이상인 경우	개구부 간격 = 30mm
일반 평행보호망, 위험점이 전동체인 경우		개구부 간격 = 6 + (0.1 × 개구부와 위험점 간 거리)

044

비파괴시험의 종류가 아닌 것은?

① 자분 탐상시험
② 침투 탐상시험
③ 와류 탐상시험
④ 샤르피 충격시험

해설

샤르피 충격시험은 진자식 해머 운동에 의한 샤르피 충격 시험기를 사용해서 진행하는 충격 인장시험으로, 파괴시험이다.

- 비파괴시험 : 제품을 파괴하지 않고 제품 내부의 결함, 용접부 내부의 결함 등을 검사하는 방법
  - 종류 : 누수시험, 누설시험, 음향탐상, 침투탐상, 초음파 탐상, 자분탐상, 방사선투과 등

045

소음에 관한 사항으로 틀린 것은?

① 소음에는 익숙해지기 쉽다.
② 소음계는 소음에 한하여 계측할 수 있다.
③ 소음의 피해는 정신적, 심리적인 것이 주가 된다.
④ 소음이란 귀에 불쾌한 음이나 생활을 방해하는 음을 통틀어 말한다.

해설

소음계는 귀가 느끼는 소리의 크기를 근사적으로 측정하는 장치로, 소음뿐만 아니라 인간이 들을 수 있는 소리를 계측하여 음압의 레벨을 측정한다.

046

와이어로프의 꼬임에 관한 설명으로 틀린 것은?

① 보통 꼬임에는 S꼬임이나 Z꼬임이 있다.
② 보통 꼬임은 스트랜드의 꼬임 방향과 로프의 꼬임 방향이 반대로 된 것을 말한다.
③ 랭 꼬임은 로프의 끝이 자유로이 회전하는 경우나 킹크가 생기기 쉬운 곳에 적당하다.
④ 랭 꼬임은 보통 꼬임에 비하여 마모에 대한 저항성이 우수하다.

> **해설**
>
> 로프의 끝이 자유로이 회전하는 경우나 킹크가 생기기 쉬운 곳에는 잘 풀리지 않아 킹크 발생이 적은 '보통 꼬임'이 적당하다.
>
> • 크레인의 꼬임 종류
>   (1) 보통 꼬임 : 로프와 스트랜드의 꼬임 방향이 서로 반대 방향인 꼬임
>   – 로프 자체의 변형이 적다.
>   – 하중 시 저항성이 크다.
>   – 잘 풀리지 않아 킹크 발생이 적다.
>   – 접촉면적이 작아 마모에 의한 손상이 크다.
>   (2) 랭 꼬임 : 로프와 스트랜드의 꼬임 방향이 같은 방향인 꼬임
>   – 접촉면적이 커서 마모에 의한 손상이 적다.
>   – 내구성과 유연성이 우수하다.
>   – 풀리기 쉽다.

047

구내운반차의 제동장치 준수사항에 대한 설명으로 틀린 것은?

① 조명이 없는 장소에서 작업 시 전조등과 후미등을 갖출 것
② 운전석이 차 실내에 있는 것은 좌우에 한 개씩 방향지시기를 갖출 것
③ 핸들의 중심에서 차체 바깥 측까지의 거리가 70센티미터 이상일 것
④ 주행을 제동하거나 정지상태를 유지하기 위하여 유효한 제동장치를 갖출 것

> **해설**
>
> 「산업안전보건기준에 관한 규칙」
> 제184조(제동장치 등) 사업주는 구내운반차(작업장 내 운반을 주목적으로 하는 차량으로 한정한다)를 사용하는 경우에 다음 각 호의 사항을 준수하여야 한다.
> 1. 주행을 제동하거나 정지상태를 유지하기 위하여 유효한 제동장치를 갖출 것
> 2. 경음기를 갖출 것
> 3. 핸들의 중심에서 차체 바깥 측까지의 거리가 65센티미터 이상일 것
> 4. 운전석이 차 실내에 있는 것은 좌우에 한 개씩 방향지시기를 갖출 것
> 5. 전조등과 후미등을 갖출 것. 다만, 작업을 안전하게 하기 위하여 필요한 조명이 있는 장소에서 사용하는 구내운반차에 대해서는 그러하지 아니하다.

048

프레스의 방호장치 중 광전자식 방호장치에 관한 설명으로 틀린 것은?

① 연속 운전작업에 사용할 수 있다.
② 핀클러치 구조의 프레스에 사용할 수 있다.
③ 기계적 고장에 의한 2차 낙하에는 효과가 없다.
④ 시계를 차단하지 않기 때문에 작업에 지장을 주지 않는다.

> **해설**
>
> 핀클러치(확동식 클러치) 구조에는 신뢰성 문제가 있으므로, 광전자식 방호장치가 아닌 '수인식' 또는 '손쳐내기식' 방호장치를 사용한다.
> '광전자식'은 주로 마찰 프레스의 방호장치로 사용된다.

049

다음 용접 중 불꽃 온도가 가장 높은 것은?

① 산소-메탄 용접   ② 산소-수소 용접
③ 산소-프로판 용접 ④ 산소-아세틸렌 용접

> **해설**
>
> 용접 종류별 불꽃 온도
>
> | 용접 종류 | 불꽃 온도 | 용접 종류 | 불꽃 온도 |
> |---|---|---|---|
> | 산소-아세틸렌 | 3,500℃ | 산소-프로판 | 2,000℃ |
> | 산소-수소 | 2,500℃ | 산소-메탄 | 1,500℃ |
>
> • 가스용접(산소 연료 용접) : 산소와 연소가스 혼합물의 연소에 의한 높은 열을 통한 용접 방법으로, 사용하는 가스에 따라 종류가 구분되며, 가장 많이 사용되는 용접은 '산소-아세틸렌' 용접이다.
>
> | 장점 | 단점 |
> |---|---|
> | 전기를 이용할 수 없는 곳에서 금속접합에 용이 | 폭발 위험성 큼, 용접 변형 발생 가능성, 금속이 산화될 가능성 |
> | 운반이 편리하며, 응용범위가 넓음 | |
> | 다른 용접장치에 비해 설치 비용 저렴 | 금속의 종류에 따라 기계적 강도 떨어짐 |

050

다음 중 선반작업 시 지켜야 할 안전수칙으로 거리가 먼 것은?

① 작업 중 절삭칩이 눈에 들어가지 않도록 보안경을 착용한다.
② 공작물 세팅에 필요한 공구는 세팅이 끝난 후 바로 제거한다.
③ 상의의 옷자락은 안으로 넣고, 끈을 이용하여 소맷자락을 묶어 작업을 준비한다.
④ 공작물은 전원스위치를 끄고 바이트를 충분히 멀리 위치시킨 후 고정한다.

해설

- 선반작업 안전수칙
  - 작동 전 기계의 모든 상태를 점검할 것
  - 작업 중 장갑을 착용하지 말 것
  - 절삭작업 중에는 반드시 보안경을 착용하여 눈을 보호할 것
  - 칩이 비산할 때는 보안경을 쓰고 방호판을 설치할 것
  - 바이트는 가급적 짧고, 단단하게 조일 것
  - 가공물이나 척에 말리지 않도록 옷자락은 안으로 넣고, 옷소매를 묶을 때는 끈을 사용하지 않을 것
  - 칩이 짧게 끊어지도록 칩 브레이커를 설치하고, 작업 중 칩이 많이 쌓여 치울 시에는 반드시 기계작동을 멈춘 후 할 것
  - 칩을 제거할 때는 압축공기를 사용하지 말고 브러시를 사용할 것
  - 바이트 교환 시, 주유 및 청소 시 반드시 기계작동을 멈춘 후 할 것
  - 긴 물체(가공물 길이가 지름의 12배 이상)를 가공 시 방진구를 설치하여 진동을 방지할 것
  - 공작물의 설치가 끝나면 척에서 렌치류는 곧바로 제거할 것

051

기계설비 구조의 안전화 중 가공결함 방지를 위해 고려할 사항이 아닌 것은?

① 안전율
② 열처리
③ 가공경화
④ 응력집중

해설

안전율은 기계 설계 시 고려사항이다.
- 구조의 안전화 : 구조·강도 저하에 따른 기계설비의 파손으로, 구조의 안전화를 위해서는 재료·설계·가공 등의 결함에 유의해야 한다.
- 기계설비 안전화 방안
  (1) 외형의 안전화
  (2) 구조(강도)의 안전화
  (3) 기능의 안전화
  (4) 작업의 안전화
  (5) 유지·보수의 안전화

052

회전수가 300rpm, 연삭숫돌의 지름이 200mm일 때 숫돌의 원주 속도는 약 몇 m/min인가?

① 60.0
② 94.2
③ 150.0
④ 188.5

해설

원주 속도 = $\dfrac{\pi \times 직경 \times 회전수}{1,000}$ 이므로,

$\dfrac{\pi \times 200 \times 300}{1,000} ≒ 188.5$

따라서 원주 속도는 약 188.5m/min이다.

053

일반적으로 장갑을 착용해야 하는 작업은?

① 드릴작업
② 밀링작업
③ 선반작업
④ 전기용접작업

해설

드릴, 밀링, 선반작업 시 장갑을 착용하면 손이 말려 들어갈 위험이 있다. 또한 정밀기계 작업 시 장갑을 착용하지 않아야 하며, 회전기계 작업 시에는 특히 면장갑 착용이 금지된다. 용접 중 아크 열, 스패터 등에 의한 화상방지를 위해 용접용 가죽장갑을 사용해야 한다. 손에 땀이 나서 장갑이 수분을 함유하게 되면 절연성이 떨어지므로 속에 또 다른 장갑을 착용하거나, 가죽을 실리콘 수지에 처리한 장갑을 사용해야 한다.

054

산업용 로봇에 사용되는 안전매트의 종류 및 일반구조에 관한 설명으로 틀린 것은?

① 단선 경보장치가 부착되어 있어야 한다.
② 감응시간을 조절하는 장치가 부착되어 있어야 한다.
③ 감응도 조절장치가 있는 경우 봉인되어 있어야 한다.
④ 안전매트의 종류는 연결사용 가능 여부에 따라 단일 감지기와 복합 감지기가 있다.

해설

방호장치 자율안전기준 고시
[별표 7] 안전매트의 성능기준 및 시험방법

구분	내용		
종류	안전매트의 종류는 연결사용 가능 여부에 따라 다음과 같이 한다.		
	종류	형태	용도
	단일 감지기	A	감지기를 단독으로 사용
	복합 감지기	B	여러 개의 감지기를 연결하여 사용
일반구조	가. 단선경보장치가 부착되어 있어야 한다. 나. 감응시간을 조절하는 장치는 부착되어 있지 않아야 한다. 다. 감응도 조절장치가 있는 경우 봉인되어 있어야 한다.		

055

지게차의 방호장치인 헤드가드에 대한 설명으로 맞는 것은?

① 상부틀의 각 개구의 폭 또는 길이는 16센티미터 미만일 것
② 운전자가 앉아서 조작하는 방식의 지게차의 경우에는 운전자의 좌석 윗면에서 헤드가드의 상부틀 아랫면까지의 높이는 1.5미터 이상일 것
③ 강도는 지게차의 최대하중의 2배 값(5톤을 넘는 값에 대해서는 5톤으로 한다)의 등분포정하중에 견딜 수 있을 것
④ 운전자가 서서 조작하는 방식의 지게차의 경우에는 운전석의 바닥면에서 헤드가드의 상부틀 하면까지의 높이는 1.8미터 이상일 것

해설

「산업안전보건기준에 관한 규칙」
제180조(헤드가드) 사업주는 다음 각 호에 따른 적합한 헤드가드(Head Guard)를 갖추지 아니한 지게차를 사용해서는 아니 된다. 다만, 화물의 낙하에 의하여 지게차의 운전자에게 위험을 미칠 우려가 없는 경우에는 그러하지 아니하다.
1. 강도는 지게차의 최대하중의 2배 값(4톤을 넘는 값에 대해서는 4톤으로 한다)의 등분포정하중(等分布靜荷重)에 견딜 수 있을 것
2. 상부틀의 각 개구의 폭 또는 길이가 16센티미터 미만일 것
3. 운전자가 앉아서 조작하거나 서서 조작하는 지게차의 헤드가드는 「산업표준화법」 제12조에 따른 한국산업표준에서 정하는 높이 기준 이상일 것

좌승식	좌석기준점(SIP)으로부터 903mm 이상
입승식	조종사가 서 있는 플랫폼에서부터 1,880mm 이상

056

프레스기에 설치하는 방호장치에 관한 사항으로 틀린 것은?

① 수인식 방호장치의 수인끈 재료는 합성섬유로 직경이 4mm 이상이어야 한다.
② 양수조작식 방호장치는 1행정마다 누름버튼에서 양손을 떼지 않으면 다음 작업의 동작을 할 수 없는 구조이어야 한다.
③ 광전자식 방호장치의 정상동작 표시램프는 적색, 위험 표시램프는 녹색으로 하며, 쉽게 근로자가 볼 수 있는 곳에 설치해야 한다.
④ 손쳐내기식 방호장치는 슬라이드 하행정거리의 3/4 위치에서 손을 완전히 밀어내야 한다.

> **해설**
> 「방호장치 안전인증 고시」
> [별표 1] 프레스 또는 전단기 방호장치의 성능기준
> 　　4. 광전자식 방호장치의 일반사항
> 　가. 정상동작 표시램프는 녹색, 위험 표시램프는 붉은색으로 하며, 쉽게 근로자가 볼 수 있는 곳에 설치해야 한다.

057

프레스 금형부착, 수리 작업 등의 경우 슬라이드의 낙하를 방지하기 위하여 설치하는 것은?

① 슈트　　② 키이록
③ 안전블록　　④ 스트리퍼

> **해설**
> 「산업안전보건기준에 관한 규칙」
> 제104조(금형조정작업의 위험 방지) 사업주는 프레스 등의 금형을 부착·해체 또는 조정하는 작업을 할 때에 해당 작업에 종사하는 근로자의 신체가 위험한계 내에 있는 경우 슬라이드가 갑자기 작동함으로써 근로자에게 발생할 우려가 있는 위험을 방지하기 위하여 안전블록을 사용하는 등 필요한 조치를 하여야 한다.

058

회전 중인 연삭숫돌이 근로자에게 위험을 미칠 우려가 있을 시 덮개를 설치하여야 할 연삭숫돌의 최소 지름은?

① 지름이 5cm 이상인 것
② 지름이 10cm 이상인 것
③ 지름이 15cm 이상인 것
④ 지름이 20cm 이상인 것

> **해설**
> 「산업안전보건기준에 관한 규칙」
> 제122조(연삭숫돌의 덮개 등)
> ① 사업주는 회전 중인 연삭숫돌(지름이 5센티미터 이상인 것으로 한정한다)이 근로자에게 위험을 미칠 우려가 있는 경우에 그 부위에 덮개를 설치하여야 한다.

059

다음 중 기계설비의 정비·청소·급유·검사·수리 등의 작업 시 근로자가 위험해질 우려가 있는 경우 필요한 조치와 거리가 먼 것은?

① 근로자의 위험방지를 위하여 해당 기계를 정지시킨다.
② 작업지휘자를 배치하여 갑작스러운 기계가동에 대비한다.
③ 기계 내부에 압출된 기체나 액체가 불시에 방출될 수 있는 경우에는 사전에 방출조치를 실시한다.
④ 기계 운전을 정지한 경우에는 기동장치에 잠금장치를 하고 다른 작업자가 그 기계를 임의 조작할 수 있도록 열쇠를 찾기 쉬운 곳에 보관한다.

해설

「산업안전보건기준에 관한 규칙」
제92조(정비 등의 작업 시의 운전정지 등)
① 사업주는 공작기계·수송기계·건설기계 등의 정비·청소·급유·검사·수리·교체 또는 조정 작업 또는 그 밖에 이와 유사한 작업을 할 때에 근로자가 위험해질 우려가 있으면 해당 기계의 운전을 정지하여야 한다.
② 사업주는 제1항에 따라 기계의 운전을 정지한 경우에 다른 사람이 그 기계를 운전하는 것을 방지하기 위하여 기계의 기동장치에 잠금장치를 하고 그 열쇠를 별도 관리하거나 표지판을 설치하는 등 필요한 방호 조치를 하여야 한다.
③ 사업주는 작업하는 과정에서 적절하지 아니한 작업방법으로 인하여 기계가 갑자기 가동될 우려가 있는 경우 작업지휘자를 배치하는 등 필요한 조치를 하여야 한다.
④ 사업주는 기계·기구 및 설비 등의 내부에 압축된 기체 또는 액체 등이 방출되어 근로자가 위험해질 우려가 있는 경우에 제1항부터 제3항까지의 규정 따른 조치 외에도 압축된 기체 또는 액체 등을 미리 방출시키는 등 위험 방지를 위하여 필요한 조치를 하여야 한다.

060

아세틸렌 용접 시 역류를 방지하기 위하여 설치하여야 하는 것은?

① 안전기 ② 청정기
③ 발생기 ④ 유량기

해설

아세틸렌 용접 시 역류를 방지하기 위하여 '안전기'를 설치해야 한다.

「산업안전보건기준에 관한 규칙」
제289조(안전기의 설치)
① 사업주는 아세틸렌 용접장치의 취관마다 안전기를 설치하여야 한다. 다만, 주관 및 취관에 가장 가까운 분기관(分岐管)마다 안전기를 부착한 경우에는 그러하지 아니하다.
② 사업주는 가스용기가 발생기와 분리되어 있는 아세틸렌 용접장치에 대하여 발생기와 가스용기 사이에 안전기를 설치하여야 한다.

제4과목 전기위험방지기술

061

교류아크용접기의 허용사용률(%)은? (단, 정격사용률은 10%, 2차 정격전류는 500A, 교류아크용접기의 사용전류는 250A이다.)

① 30 ② 40
③ 50 ④ 60

해설

- 허용사용률(%)

$$= 정격사용률 \times \left(\frac{정격 2차 전류}{실제 용접 전류}\right)^2$$

$$10 \times \left(\frac{500}{250}\right)^2 = 40$$

따라서 허용사용률은 40%이다.

062

피뢰기의 여유도가 33%이고, 충격절연강도가 1,000kV라고 할 때 피뢰기의 제한전압은 약 몇 kV인가?

① 852 ② 752
③ 652 ④ 552

해설

- 피뢰기의 보호여유도(%)

$$= \frac{충격절연강도 - 제한전압}{제한전압} \times 100$$

$$\frac{1{,}000 - x}{x} \times 100 = 33$$

$$1{,}000 - x = 0.33x$$

$$x = \frac{1{,}000}{1.33} \fallingdotseq 751.87$$

따라서 제한전압은 약 752kV이다.

063

전력용 피뢰기에서 직렬 갭의 주된 사용 목적은?

① 방전내량을 크게 하고 장시간 사용 시 열화를 적게 하기 위하여
② 충격방전 개시전압을 높게 하기 위하여
③ 이상전압 발생 시 신속히 대지로 방류함과 동시에 속류를 즉시 차단하기 위하여
④ 충격파 침입 시에 대지로 흐르는 방전전류를 크게 하여 제한전압을 낮게 하기 위하여

해설
- 피뢰기 구성요소 : 직렬 갭 + 특성요소
  - 직렬 갭 : 정상상태 시 절연상태를 유지하고, 이상전압 발생 시 신속하게 대지로 방류하고 속류를 즉시 차단
  - 특성요소 : 높은 전류에 대해서는 낮은 저항값으로 제한전압을 가능한 한 작게 하고, 낮은 전압에는 높은 저항값으로 속류를 차단하여 직렬 갭의 속류 차단을 도움

064

방전전극에 약 7,000V의 전압을 인가하면 공기가 전리되어 코로나 방전을 일으킴으로서 발생한 이온으로 대전체의 전하를 중화시키는 방법을 이용한 제전기는?

① 전압인가식 제전기
② 자기방전식 제전기
③ 이온스프레이식 제전기
④ 이온식 제전기

해설
- 제전기 종류
  (1) 전압인가식 : 약 7,000V의 전압을 인가해 코로나 방전을 일으킴으로서 발생한 이온으로, 대전체의 전하를 중화시키는 원리로 가장 제전능력이 뛰어난 방식이다.
  (2) 자기방전식 : 코로나 방전을 일으켜 공기를 이온화하는 것을 이용하는 방식으로, 이동물체에 대해 제전이 가능하며 착화하는 경우는 없지만 본체가 금속이므로 접지하여야 하고, 2kV 내외의 대전이 남는 결점이 있다.
  (3) 방사선식(이온식) : 방사선의 전리작용으로 공기를 이온화시키는 방식으로, 제전효율이 낮고 이동물체에 부적합하지만, 안전하여 폭발위험지역에 적절하다.

065

전류가 흐르는 상태에서 단로기를 끊었을 때 여러 가지 파괴작용을 일으킨다. 다음 그림에서 유입차단기의 차단순위와 투입순위가 안전수칙에 가장 적합한 것은?

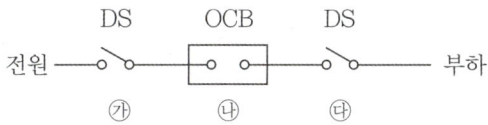

① 차단 : ㉮ → ㉯ → ㉰, 투입 : ㉮ → ㉯ → ㉰
② 차단 : ㉯ → ㉰ → ㉮, 투입 : ㉯ → ㉰ → ㉮
③ 차단 : ㉰ → ㉯ → ㉮, 투입 : ㉰ → ㉮ → ㉯
④ 차단 : ㉯ → ㉰ → ㉮, 투입 : ㉰ → ㉮ → ㉯

해설
- 전원 차단 시 : 차단기(OCB) 개방 후 단로기(DS) 개방
  - 차단 순서 : ㉯ OCB → ㉰ DS → ㉮ DS
- 전원 투입 시 : 단로기(DS) 투입 후 차단기(OCB) 투입
  - 투입 순서 : ㉰ DS → ㉮ DS → ㉯ OCB

066

내압방폭구조에서 안전간극(Safe Gap)을 적게 하는 이유로 옳은 것은?

① 최소점화에너지를 높게 하기 위해
② 폭발화염이 외부로 전파되지 않도록 하기 위해
③ 폭발압력에 견디고 파손되지 않도록 하기 위해
④ 설치류가 전선 등을 훼손하지 않도록 하기 위해

해설
내압방폭구조에서 안전간극(Safe Gap)을 적게 하는 이유는 최대안전틈새가 좁을 경우 폭발화염이 내부에서 외부로 새어나오더라도 최소점화에너지 이하로 열을 식힘으로서 외부로 전파되는 것(화염일주)을 방지할 수 있기 때문이다.

067
정전작업 시 작업 전 조치하여야 할 실무사항으로 틀린 것은?

① 잔류전하의 방전
② 단락 접지기구의 철거
③ 검전기에 의한 정전확인
④ 개로개폐기의 잠금 또는 표시

> **해설**
> '단락 접지기구의 철거'는 정전작업 후 조치사항이다.
> - 정전작업 전 조치사항
>   - 전원 차단
>   - 잔류전하의 방전
>   - 검전기에 의한 정전확인
>   - 단락 접지

068
인체감전보호용 누전차단기의 정격감도전류(mA)와 동작시간(초)의 최대값은?

① 10mA, 0.03초
② 20mA, 0.01초
③ 30mA, 0.03초
④ 50mA, 0.1초

> **해설**
> - 인체감전보호용 누전차단기 : 정격감도전류 30mA 이하, 동작시간 0.03초 이하의 전류동작형

069
방폭전기기기의 온도등급의 기호는?

① E
② S
③ T
④ N

> **해설**
> 「방호장치 안전인증 고시」
> [별표 6] 가스·증기방폭구조인 전기기기의 일반성능기준 전기기기에 대한 최고표면온도의 분류
>
> | 온도등급 | 최고표면온도 | 온도등급 | 최고표면온도 |
> |---|---|---|---|
> | T_1 | 450℃ | T_4 | 135℃ |
> | T_2 | 300℃ | T_5 | 100℃ |
> | T_3 | 200℃ | T_6 | 85℃ |

070
산업안전보건기준에 관한 규칙에서 일반 작업장에 전기위험 방지 조치를 취하지 않아도 되는 전압은 몇 V 이하인가?

① 24
② 30
③ 50
④ 100

> **해설**
> 우리나라는 안전전압의 한계를 산업안전보건법(산업안전보건기준에 관한 규칙 제324조)에서 30V 이하로 규정하고 있다.
> 「산업안전보건기준에 관한 규칙」
> 제324조(적용 제외) … 대지전압이 30볼트 이하인 전기기계·기구·배선 또는 이동전선에 대해서는 적용하지 아니한다.

071
폭발위험장소에서의 본질안전 방폭구조에 대한 설명으로 틀린 것은?

① 본질안전 방폭구조의 기본적 개념은 점화능력의 본질적 억제이다.
② 본질안전 방폭구조 Exib는 Fault에 대한 2중 안전보장으로 0종~2종 장소에 사용할 수 있다.
③ 이론적으로는 모든 전기기기에 본질안전 방폭구조를 적용할 수 있으나, 동력을 직접 사용하는 기기는 실제적으로 적용이 곤란하다.
④ 온도, 압력, 액면유량 등의 검출용 측정기는 대표적인 본질안전 방폭구조의 예이다.

해설
- 본질안전 방폭구조(Exia, Exib)는 0종, 1종, 2종 장소에 모두 적합하나, 0종 장소에는 Exia 형식만 가능하다.
- 본질안전 방폭구조(Exia, Exib) : 방폭지역에서 정상 시 및 사고 시 발생하는 스파크, 아크 또는 고온부에 의해 발생되는 전기적 에너지를 제한하여 전기적 점화원 발생을 억제하고, 만약 점화원이 발생하더라도 위험물질을 점화할 수 없다는 것이 시험을 통해 확인된 구조

072
감전사고를 방지하기 위한 대책으로 틀린 것은?

① 전기설비에 대한 보호 접지
② 전기기기에 대한 정격 표시
③ 전기설비에 대한 누전차단기 설치
④ 충전부가 노출된 부분에는 절연 방호구 사용

해설
'전기기기에 대한 정격 표시' 전기기기 보호방법이다.
- 감전사고 방지대책
  - 전기기기·설비의 점검 및 정비
  - 전기기기·설비의 위험부에 위험표시
  - 설비가 필요한 부분에 보호 접지
  - 전기설비에 대한 누전차단기 설치
  - 전로의 보호절연 및 충전부의 격리
  - 충전부가 노출된 부분에 절연방호구 사용
  - 안전전압 또는 안전전압 이하의 전기기기 사용

073
인체 피부의 전기저항에 영향을 주는 주요인자와 가장 거리가 먼 것은?

① 접촉면적
② 인가전압의 크기
③ 통전경로
④ 인가시간

해설
인체의 피부 전기저항은 인가전압, 통전시간, 접촉면적, 습기·땀 유무 등이 있다.
- 인체의 전기저항 : 전압이 일정한 경우 통전전류의 크기를 결정하는 주요 요소로서, 크게 내부 저항과 피부 저항으로 구분한다.

074
다음 중 전동기를 운전하고자 할 때 개폐기의 조작순서로 옳은 것은?

① 메인 스위치 → 분전반 스위치 → 전동기용 개폐기
② 분전반 스위치 → 메인 스위치 → 전동기용 개폐기
③ 전동기용 개폐기 → 분전반 스위치 → 메인 스위치
④ 분전반 스위치 → 전동기용 스위치 → 메인 스위치

해설
- 전동기 운전 시 개폐기 조작순서 : 메인 스위치 → 분전반 스위치 → 전동기용 개폐기

075
정전기 발생현상의 분류에 해당되지 않는 것은?

① 유체대전
② 마찰대전
③ 박리대전
④ 교반대전

해설
- 정전기 발생현상 : 마찰대전, 박리대전, 유동대전, 분출대전, 충돌대전, 파괴대전, 교반대전 등

076
전기기기, 설비 및 전선로 등의 충전 유무 등을 확인하기 위한 장비는?

① 위상검출기
② 디스콘 스위치
③ COS
④ 저압 및 고압용 검전기

해설
- 검전기 : 전류, 전하, 전위의 유무를 검사하는 측정기의 총칭
  - 고·저압회로의 기기 및 설비 등 정전 확인
  - 보수작업 수행 시 고·저압 충전 유무 확인
  - 지지물 등 기타 기기의 부속 부위 고·저압 충전 유무 확인

해설
- 허용접촉전압

종별	접촉상태	허용접촉전압
제1종	인체의 대부분이 수중에 있는 상태	2.5V 이하
제2종	① 인체가 현저히 젖어있는 상태 ② 금속성의 전기·기계장치나 구조물에 인체의 일부가 상시 접촉되어 있는 상태	25V 이하
제3종	제1종, 제2종 이외의 경우로서 통상의 인체상태에 있어서 접촉전압이 가해지면 위험성이 높은 상태	50V 이하
제4종	① 제1종, 제2종 이외의 경우로서 통상의 인체상태에 접촉전압이 가해져도 위험성이 낮은 상태 ② 접촉전압이 가해질 우려가 없는 경우	제한 없음

077
다음 ( ) 안에 들어갈 내용으로 알맞은 것은?

> 과전류차단장치는 반드시 접지선이 아닌 전로에 ( )로 연결하여 과전류 발생 시 전로를 자동으로 차단하도록 설치할 것

① 직렬 ② 병렬
③ 임시 ④ 직병렬

해설
「산업안전보건기준에 관한 규칙」
제305조(과전류 차단장치)
1. 과전류차단장치는 반드시 접지선이 아닌 전로에 직렬로 연결하여 과전류 발생 시 전로를 자동으로 차단하도록 설치할 것

078
일반 허용접촉전압과 그 종별을 짝지은 것으로 틀린 것은?

① 제1종 : 0.5V 이하 ② 제2종 : 25V 이하
③ 제3종 : 50V 이하 ④ 제4종 : 제한 없음

079
누전된 전동기에 인체가 접촉하여 500mA의 누전전류가 흘렀고 정격감도전류 500mA인 누전차단기가 동작하였다. 이때 인체전류를 약 10mA로 제한하기 위해서는 전동기 외함에 설치할 접지저항의 크기는 약 몇 Ω인가? (단, 인체저항은 500Ω이며, 다른 저항은 무시한다.)

① 5   ② 10
③ 50   ④ 100

해설
- 인체감전전류 $= \dfrac{R_3}{R_3 + R} \times I$

(이때, R = 인체저항, R_3 = (제3종) 접지저항, I = 누전전류(지락전류))

$10 = \dfrac{R_3}{R_3 + 500} \times 500$

$R_3 \fallingdotseq 10$

따라서 전동기 외함에 설치할 접지저항의 크기는 약 10Ω이다.

080

내부에서 폭발하더라도 틈의 냉각 효과로 인하여 외부의 폭발성 가스에 착화될 우려가 없는 방폭구조는?

① 내압 방폭구조
② 유입 방폭구조
③ 안전증 방폭구조
④ 본질안전 방폭구조

해설
- 내압방폭구조 : 용기 내부에 발생한 폭발압력을 견딜 수 있는 강도를 지닌 구조로, 외부 점화원에 착화되거나 파급되지 않도록 한 방폭구조
  - 내압방폭구조 3조건
    (1) 내부의 폭발압력에 견디는 기계적 강도
    (2) 내부의 폭발로 일어난 불꽃이나 고온 가스가 용기의 접합부분을 통하여 외부 가스에 점화하지 않음
    (3) 용기의 외부 표면온도가 외부 가스의 발화온도에 달하지 않음

제5과목 화학설비위험방지기술

081

가연성 가스 혼합물을 구성하는 각 성분의 조성과 연소범위가 다음 [표]와 같을 때 혼합 가스의 연소하한값은 약 몇 vol%인가?

성분	조성 (vol%)	연소하한값 (vol%)	연소상한값 (vol%)
헥산	1	1.1	7.4
메탄	2.5	5.0	15.0
에틸렌	0.5	2.7	36.0
공기	96	–	–

① 2.51
② 7.51
③ 12.07
④ 15.01

해설
$$L = \frac{V_1 + V_2 + \cdots + V_n}{\frac{V_1}{L_1} + \frac{V_2}{L_2} + \cdots + \frac{V_n}{L_n}} = \frac{1 + 2.5 + 0.5}{\frac{1}{1.1} + \frac{2.5}{5.0} + \frac{0.5}{2.7}} ≒ 2.51$$

082

다음 중 자연발화의 방지법으로 적절하지 않은 것은?

① 통풍을 잘 시킬 것
② 습도가 높은 곳에 저장할 것
③ 저장실의 온도 상승을 피할 것
④ 공기가 접촉되지 않도록 불활성물질 중에 저장할 것

해설
- 자연발화 방지법
  - 습도가 높지 않도록 할 것
  - 통풍이 잘 되게 할 것
  - 주변 온도를 낮게 할 것
  - 공기가 접촉되지 않도록 불활성물질 중에 저장할 것

083

알루미늄분이 고온의 물과 반응하였을 때 생성되는 가스는?

① 산소
② 수소
③ 메탄
④ 에탄

해설
알루미늄분이 고온의 물과 반응하면 수소가 발생한다.

084

20℃, 1기압의 공기를 5기압으로 단열압축하면 공기의 온도는 약 몇 ℃가 되겠는가? (단, 공기의 비열비는 1.4이다.)

① 32
② 191
③ 305
④ 464

해설
$$\frac{T_2}{T_1} = \left(\frac{P_2}{P_1}\right)^{\frac{r-1}{r}}$$

$$T_2 = \left(\frac{5}{1}\right)^{\frac{1.4-1}{1.4}} \times (273+20) = 464K$$

따라서 464 − 273 = 191℃

085

가연성물질을 취급하는 장치를 퍼지하고자 할 때 잘못된 것은?

① 대상물질의 물성을 파악한다.
② 사용하는 불활성가스의 물성을 파악한다.
③ 퍼지용 가스를 가능한 한 빠른 속도로 단시간에 다량 송입한다.
④ 장치내부를 세정한 후 퍼지용 가스를 송입한다.

해설
퍼지용 가스를 가능한 한 천천히 송입해야 한다.

086

다음 물질이 물과 접촉하였을 때 위험성이 가장 낮은 것은?

① 과산화칼륨   ② 나트륨
③ 메틸리튬   ④ 이황화탄소

해설
이황화탄소(CS_2)는 물속에 저장한다.

087

폭발원인물질의 물리적 상태에 따라 구분할 때 기상폭발(Gas Explosion)에 해당되지 않는 것은?

① 분진폭발   ② 응상폭발
③ 분무폭발   ④ 가스폭발

해설
폭발은 폭발원인물질의 물리적 상태에 따라 기상폭발과 응상폭발로 구분한다.
• 기상폭발의 종류 : 분진폭발, 분무폭발, (혼합)가스폭발 등

088

화염방지기의 설치에 관한 사항으로 ( )에 알맞은 것은?

> 사업주는 인화성 액체 및 인화성 가스를 저장 취급하는 화학설비에서 증기나 가스를 대기로 방출하는 경우에는 외부로부터의 화염을 방지하기 위하여 화염방지기를 그 설비 ( )에 설치하여야 한다.

① 상단   ② 하단
③ 중앙   ④ 무게중심

해설
「산업안전보건기준에 관한 규칙」
제269조(화염방지기의 설치 등)
① 사업주는 인화성 액체 및 인화성 가스를 저장 취급하는 화학설비에서 증기나 가스를 대기로 방출하는 경우에는 외부로부터의 화염을 방지하기 위하여 화염방지기를 그 설비 상단에 설치하여야 한다.

089

공정안전보고서에 포함하여야 할 세부 내용 중 공정안전자료의 세부내용이 아닌 것은?

① 유해·위험설비의 목록 및 사양
② 폭발위험장소 구분도 및 전기단선도
③ 유해·위험물질에 대한 물질안전보건자료
④ 설비점검·검사 및 보수계획, 유지계획 및 지침서

해설
설비점검·검사 및 보수계획, 유지계획 및 지침서는 안전운전계획의 세부내용에 해당한다.
「산업안전보건법 시행규칙」
제50조(공정안전보고서의 세부 내용 등)
① 영 제44조에 따라 공정안전보고서에 포함해야 할 세부 내용은 다음 각 호와 같다.
  1. 공정안전자료
    가. 취급·저장하고 있거나 취급·저장하려는 유해·위험물질의 종류 및 수량
    나. 유해·위험물질에 대한 물질안전보건자료

다. 유해하거나 위험한 설비의 목록 및 사양
라. 유해하거나 위험한 설비의 운전방법을 알 수 있는 공정도면
마. 각종 건물·설비의 배치도
바. 폭발위험장소 구분도 및 전기단선도
사. 위험설비의 안전설계·제작 및 설치 관련 지침서

091

산업안전보건법령에 따라 사업주가 특수화학설비를 설치하는 때에 그 내부의 이상상태를 조기에 파악하기 위하여 설치하여야 하는 장치는?

① 자동경보장치
② 긴급차단장치
③ 자동문개폐장치
④ 스크러버개방장치

해설

「산업안전보건기준에 관한 규칙」
제274조(자동경보장치의 설치 등) 사업주는 특수화학설비를 설치하는 경우에는 그 내부의 이상 상태를 조기에 파악하기 위하여 필요한 자동경보장치를 설치하여야 한다. 다만, 자동경보장치를 설치하는 것이 곤란한 경우에는 감시인을 두고 그 특수화학설비의 운전 중 설비를 감시하도록 하는 등의 조치를 하여야 한다.

090

산업안전보건법령상 화학설비와 화학설비의 부속설비를 구분할 때 화학설비에 해당하는 것은?

① 응축기·냉각기·가열기·증발기 등 열교환기류
② 사이클론·백필터·전기집진기 등 분진처리설비
③ 온도·압력·유량 등을 지시·기록 등을 하는 자동제어 관련설비
④ 안전밸브·안전판·긴급차단 또는 방출밸브 등 비상조치 관련설비

해설

「산업안전보건기준에 관한 규칙」
[별표 7] 화학설비 및 그 부속설비의 종류
1. 화학설비
  가. 반응기·혼합조 등 화학물질 반응 또는 혼합장치
  나. 증류탑·흡수탑·추출탑·감압탑 등 화학물질 분리장치
  다. 저장탱크·계량탱크·호퍼·사일로 등 화학물질 저장설비 또는 계량설비
  라. 응축기·냉각기·가열기·증발기 등 열교환기류
  마. 고로 등 점화기를 직접 사용하는 열교환기류
  바. 캘린더(calender)·혼합기·발포기·인쇄기·압출기 등 화학제품 가공설비
  사. 분쇄기·분체분리기·용융기 등 분체화학물질 취급장치
  아. 결정조·유동탑·탈습기·건조기 등 분체화학물질 분리장치
  자. 펌프류·압축기·이젝터(ejector) 등의 화학물질 이송 또는 압축설비

092

다음 중 위험물과 그 소화방법이 잘못 연결된 것은?

① 염소산칼륨 – 다량의 물로 냉각소화
② 마그네슘 – 건조사 등에 의한 질식소화
③ 칼륨 – 이산화탄소에 의한 질식소화
④ 아세트알데히드 – 다량의 물에 의한 희석소화

해설

칼륨은 자연발화 및 금수성 물질로, 이산화탄소와 접촉하면 폭발적인 반응이 일어나므로 건조사나 D급(금속화재) 소화기를 이용해야 한다.

093

부탄(C_4H_{10})의 연소에 필요한 최소산소농도(MOC)를 추정하여 계산하면 약 몇 vol%인가? (단, 부탄의 폭발하한계는 공기 중에서 1.6vol%이다.)

① 5.6
② 7.8
③ 10.4
④ 14.1

> **해설**
>
> 최소산소농도 = 폭발하한계 × $\dfrac{\text{산소의 몰수}}{\text{연료의 몰수}}$
>
> 부탄의 폭발하한계 : 1.6vol%
> 부탄의 완전연소식은
> $C_4H_{10} + 6.5O_2 \rightarrow 4CO_2 + 5H_2O$ 이고,
> 부탄 1mol당 산소 6.5mol이 반응하므로
>
> 최소산소농도 = $1.6 \times \dfrac{6.5}{1} = 10.4$

094

다음 중 산화성 물질이 아닌 것은?

① KNO_3
② NH_4ClO_3
③ HNO_3
④ P_4S_3

> **해설**
>
> P_4S_3(삼황화인)은 물반응성 물질 및 인화성 고체에 해당한다. KNO_3(질산칼륨), NH_4ClO_3(염소산암모늄), HNO_3(질산)은 산화성 물질에 해당한다.
>
> 「산업안전보건기준에 관한 규칙」
> [별표 1] 위험물질의 종류
> 3. 산화성 액체 및 산화성 고체
> 　가. 차아염소산 및 그 염류
> 　나. 아염소산 및 그 염류
> 　다. 염소산 및 그 염류
> 　라. 과염소산 및 그 염류
> 　마. 브롬산 및 그 염류
> 　바. 요오드산 및 그 염류
> 　사. 과산화수소 및 무기 과산화물
> 　아. 질산 및 그 염류
> 　자. 과망간산 및 그 염류
> 　차. 중크롬산 및 그 염류
> 　카. 그 밖에 가목부터 차목까지의 물질과 같은 정도의 산화성이 있는 물질
> 　타. 가목부터 카목까지의 물질을 함유한 물질

095

위험물안전관리법령상 제4류 위험물 중 제2석유류로 분류되는 물질은?

① 실린더유
② 휘발유
③ 등유
④ 중유

> **해설**
>
> 등유는 제2석유류에 해당한다.
>
> 「위험물안전관리법 시행령」
> [별표 1] 위험물 및 지정수량
>
> | 제4류 | 인화성 액체 | 1. 특수인화물 |
> |---|---|---|
> | | | 2. 제1석유류 |
> | | | 3. 알코올류 |
> | | | 4. 제2석유류 |
> | | | 5. 제3석유류 |
> | | | 6. 제4석유류 |
> | | | 7. 동식물유류 |
>
> 비고
> 13. 제1석유류 : 아세톤, 휘발유 그 밖에 1기압에서 인화점이 섭씨 21도 미만인 것
> 15. 제2석유류 : 등유, 경유 그 밖에 1기압에서 인화점이 섭씨 21도 이상 70도 미만인 것
> 16. 제3석유류 : 중유, 클레오소트유 그 밖에 1기압에서 인화점이 섭씨 70도 이상 섭씨 200도 미만인 것
> 17. 제4석유류 : 기어유, 실린더유 그 밖에 1기압에서 인화점이 섭씨 200도 이상 섭씨 250도 미만의 것

096

산업안전보건법령상 사업주가 인화성액체 위험물을 액체상태로 저장하는 저장탱크를 설치하는 경우에는 위험물질이 누출되어 확산되는 것을 방지하기 위하여 무엇을 설치하여야 하는가?

① Flame Arrester
② Ventstack
③ 긴급방출장치
④ 방유제

> **해설**
>
> 「산업안전보건기준에 관한 규칙」
> 제272조(방유제 설치) 사업주는 별표 1 제4호부터 제7호까지의 위험물을 액체상태로 저장하는 저장탱크를 설치하는 경우에는 위험물질이 누출되어 확산되는 것을 방지하기 위하여 방유제(防油堤)를 설치하여야 한다.

097

다음 가스 중 가장 독성이 큰 것은?

① CO
② $COCl_2$
③ NH_3
④ H_2

해설

$COCl_2$(포스겐)는 TWA 0.1의 맹독성 가스이다.

- 시간가중 평균노출기준(TWA)
  - $COCl_2$(포스겐) : 0.1
  - NH_3(암모니아) : 25
  - CO(일산화탄소) : 30
  - H_2(수소) : 독성자료 없음

099

가솔린(휘발유)의 일반적인 연소범위에 가장 가까운 값은?

① 2.7~27.8vol% ② 3.4~11.8vol%
③ 1.4~7.6vol%   ④ 5.1~18.2vol%

해설

가솔린의 연소범위는 1.4~7.6vol%이다.

098

건조설비를 사용하여 작업을 하는 경우에 폭발이나 화재를 예방하기 위하여 준수하여야 하는 사항으로 틀린 것은?

① 위험물 건조설비를 사용하는 경우에는 미리 내부를 청소하거나 환기할 것
② 위험물 건조설비를 사용하여 가열건조하는 건조물은 쉽게 이탈되도록 할 것
③ 고온으로 가열건조한 인화성 액체는 발화의 위험이 없는 온도로 냉각한 후에 격납시킬 것
④ 바깥 면이 현저히 고온이 되는 건조설비에 가까운 장소에는 인화성 액체를 두지 않도록 할 것

해설

「산업안전보건기준에 관한 규칙」
제283조(건조설비의 사용) 사업주는 건조설비를 사용하여 작업을 하는 경우에 폭발이나 화재를 예방하기 위하여 다음 각 호의 사항을 준수하여야 한다.
1. 위험물 건조설비를 사용하는 경우에는 미리 내부를 청소하거나 환기할 것
2. 위험물 건조설비를 사용하는 경우에는 건조로 인하여 발생하는 가스·증기 또는 분진에 의하여 폭발·화재의 위험이 있는 물질을 안전한 장소로 배출시킬 것
3. 위험물 건조설비를 사용하여 가열건조하는 건조물은 쉽게 이탈되지 않도록 할 것
4. 고온으로 가열건조한 인화성 액체는 발화의 위험이 없는 온도로 냉각한 후에 격납시킬 것
5. 건조설비(바깥 면이 현저히 고온이 되는 설비만 해당한다)에 가까운 장소에는 인화성 액체를 두지 않도록 할 것

100

가스 또는 분진 폭발 위험장소에 설치되는 건축물의 내화 구조를 설명한 것으로 틀린 것은?

① 건축물 기둥 및 보는 지상 1층까지 내화구조로 한다.
② 위험물 저장·취급용기의 지지대는 지상으로부터 지지대의 끝부분까지 내화구조로 한다.
③ 건축물 주변에 자동소화설비를 설치한 경우 건축물 화재 시 1시간 이상 그 안전성을 유지한 경우는 내화구조로 하지 아니할 수 있다.
④ 배관·전선관 등의 지지대는 지상으로부터 1단까지 내화구조로 한다.

해설

「산업안전보건기준에 관한 규칙」
제270조(내화기준)
① 사업주는 제230조 제1항에 따른 가스폭발 위험장소 또는 분진폭발 위험장소에 설치되는 건축물 등에 대해서는 다음 각 호에 해당하는 부분을 내화구조로 하여야 하며, 그 성능이 항상 유지될 수 있도록 점검·보수 등 적절한 조치를 하여야 한다. 다만, 건축물 등의 주변에 화재에 대비하여 물 분무시설 또는 폼 헤드(foam head) 설비 등의 자동소화설비를 설치하여 건축물 등이 화재 시에 2시간 이상 그 안전성을 유지할 수 있도록 한 경우에는 내화구조로 하지 아니할 수 있다.
  1. 건축물의 기둥 및 보 : 지상 1층(지상 1층의 높이가 6미터를 초과하는 경우에는 6미터)까지
  2. 위험물 저장·취급용기의 지지대(높이가 30센티미터 이하인 것은 제외한다) : 지상으로부터 지지대의 끝부분까지
  3. 배관·전선관 등의 지지대 : 지상으로부터 1단(1단의 높이가 6미터를 초과하는 경우에는 6미터)까지

제6과목 건설안전기술

101
그물코의 크기가 5cm인 매듭 방망사의 폐기 시 인장강도 기준으로 옳은 것은?

① 200kg ② 100kg
③ 60kg   ④ 30kg

해설

「추락재해방지표준안전작업지침」
제5조(방망사의 강도)
방망사의 인장강도

그물코의 크기(cm)	방망의 종류(kg)			
	매듭 없는 방망		매듭 방망	
	신품	폐기 시	신품	폐기 시
10	240	150	200	135
5			110	60

102
크레인 또는 데릭에서 붐각도 및 작업반경별로 작용시킬 수 있는 최대하중에서 후크(Hook), 와이어로프 등 달기구의 중량을 공제한 하중은?

① 작업하중 ② 정격하중
③ 이동하중 ④ 적재하중

해설

「안전검사 고시」
제5조(정의)
10. "정격하중(rated load)"이란 크레인의 권상하중에서 훅, 크래브 또는 버킷 등 달기기구의 중량에 상당하는 하중을 뺀 하중을 말한다.

103
차량계 하역운반기계를 사용하는 작업을 할 때 그 기계가 넘어지거나 굴러떨어짐으로써 근로자에게 위험을 미칠 우려가 있는 경우에 우선적으로 조치하여야 할 사항과 가장 거리가 먼 것은?

① 해당 기계에 대한 유도자 배치
② 지반의 부동침하 방지 조치
③ 갓길 붕괴 방지 조치
④ 경보 장치 설치

해설

「산업안전보건기준에 관한 규칙」
제171조(전도 등의 방지) 사업주는 차량계 하역운반기계 등을 사용하는 작업을 할 때에 그 기계가 넘어지거나 굴러떨어짐으로써 근로자에게 위험을 미칠 우려가 있는 경우에는 그 기계를 유도하는 사람(이하 "유도자"라 한다)을 배치하고 지반의 부동침하 방지 및 갓길 붕괴를 방지하기 위한 조치를 하여야 한다.

104
보통흙의 건조된 지반을 흙막이 지보공 없이 굴착하려 할 때 굴착면의 기울기 기준으로 옳은 것은?

① 1:1~1:1.5   ② 1:0.5~1:1
③ 1:1.8   ④ 1:2

해설

「산업안전보건기준에 관한 규칙」
[별표 11] 굴착면의 기울기 기준

구분	지반의 종류	기울기
보통흙	습지	1:1~1:1.5
	건지	1:0.5~1:1
암반	풍화암	1:1.0
	연암	1:1.0
	경암	1:0.5

105

차량계 하역운반기계 등에 화물을 적재하는 경우에 준수하여야 할 사항으로 옳지 않은 것은?

① 하중이 한쪽으로 치우쳐서 효율적으로 적재되도록 할 것
② 구내운반차 또는 화물자동차의 경우 화물의 붕괴 또는 낙하에 의한 위험을 방지하기 위하여 화물에 로프를 거는 등 필요한 조치를 할 것
③ 운전자의 시야를 가리지 않도록 화물을 적재할 것
④ 최대적재량을 초과하지 않도록 할 것

해설

「산업안전보건기준에 관한 규칙」
제173조(화물적재 시의 조치)
① 사업주는 차량계 하역운반기계 등에 화물을 적재하는 경우에 다음 각 호의 사항을 준수하여야 한다.
 1. 하중이 한쪽으로 치우치지 않도록 적재할 것
 2. 구내운반차 또는 화물자동차의 경우 화물의 붕괴 또는 낙하에 의한 위험을 방지하기 위하여 화물에 로프를 거는 등 필요한 조치를 할 것
 3. 운전자의 시야를 가리지 않도록 화물을 적재할 것
② 제1항의 화물을 적재하는 경우에는 최대적재량을 초과해서는 아니 된다.

106

강관비계의 설치 기준으로 옳은 것은?

① 비계기둥의 간격은 띠장 방향에서는 1.5m 이상 1.8m 이하로 하고, 장선 방향에서는 2.0m 이하로 한다.
② 띠장 간격은 1.8m 이하로 설치하되, 첫 번째 띠장은 지상으로부터 2m 이하의 위치에 설치한다.
③ 비계기둥 간의 적재하중은 400kg을 초과하지 않도록 한다.
④ 비계기둥의 제일 윗부분으로부터 21m되는 지점 밑부분의 비계기둥은 2개의 강관으로 묶어 세운다.

해설

「산업안전보건기준에 관한 규칙」
제60조(강관비계의 구조) 사업주는 강관을 사용하여 비계를 구성하는 경우 다음 각 호의 사항을 준수하여야 한다.
 1. 비계기둥의 간격은 띠장 방향에서는 1.85미터 이하, 장선(長線) 방향에서는 1.5미터 이하로 할 것. 다만, 선박 및 보트 건조작업의 경우 안전성에 대한 구조검토를 실시하고 조립도를 작성하면 띠장 방향 및 장선 방향으로 각각 2.7미터 이하로 할 수 있다.
 2. 띠장 간격은 2.0미터 이하로 할 것. 다만, 작업의 성질상 이를 준수하기가 곤란하여 쌍기둥틀 등에 의하여 해당 부분을 보강한 경우에는 그러하지 아니하다.
 3. 비계기둥의 제일 윗부분으로부터 31미터되는 지점 밑부분의 비계기둥은 2개의 강관으로 묶어 세울 것. 다만, 브라켓(bracket, 까치발) 등으로 보강하여 2개의 강관으로 묶을 경우 이상의 강도가 유지되는 경우에는 그러하지 아니하다.
 4. 비계기둥 간의 적재하중은 400킬로그램을 초과하지 않도록 할 것

107

다음 중 유해위험방지계획서를 작성 및 제출하여야 하는 공사에 해당되지 않는 것은?

① 지상높이가 31m인 건축물의 건설·개조 또는 해체
② 최대 지간길이가 50m인 교량건설 등 공사
③ 깊이가 9m인 굴착공사
④ 터널 건설 등의 공사

해설

「산업안전보건법 시행령」
제42조(유해위험방지계획서 제출 대상)
③ 법 제42조 제1항 제3호에서 "대통령령으로 정하는 크기, 높이 등에 해당하는 건설공사"란 다음 각 호의 어느 하나에 해당하는 공사를 말한다.
 1. 다음 각 목의 어느 하나에 해당하는 건축물 또는 시설 등의 건설·개조 또는 해체(이하 "건설 등"이라 한다) 공사
  가. 지상높이가 31미터 이상 건축물 또는 인공구조물
  나. 연면적 3만제곱미터 이상인 건축물

다. 연면적 5천제곱미터 이상인 시설로서 다음의 어느 하나에 해당하는 시설
2. 연면적 5천제곱미터 이상인 냉동·냉장 창고시설의 설비공사 및 단열공사
3. 최대 지간(支間)길이(다리의 기둥과 기둥의 중심 사이의 거리)가 50미터 이상인 다리의 건설 등 공사
4. 터널의 건설 등 공사
5. 다목적댐, 발전용댐, 저수용량 2천만톤 이상의 용수 전용 댐 및 지방상수도 전용 댐의 건설 등 공사
6. 깊이 10미터 이상인 굴착공사

109

흙막이 가시설 공사 시 사용되는 각 계측기 설치 목적으로 옳지 않은 것은?

① 지표침하계 – 지표면 침하량 측정
② 수위계 – 지반 내 지하수위의 변화 측정
③ 하중계 – 상부 적재하중 변화 측정
④ 지중경사계 – 지중의 수평 변위량 측정

해설
- 하중계 : 버팀보, 어스앵커 등의 실제 축하중 변화를 측정하는 계측기

108

건립 중 강풍에 의한 풍압 등 외압에 대한 내력이 설계에 고려되었는지 확인하여야 하는 철골구조물의 기준으로 옳지 않은 것은?

① 높이 20m 이상의 구조물
② 구조물의 폭과 높이의 비가 1 : 4 이상인 구조물
③ 이음부가 공장 제작인 구조물
④ 연면적당 철골량이 $50 kg/m^2$ 이하인 구조물

해설
「철골공사표준안전작업지침」
제3조(설계도 및 공작도 확인)
7. 구조안전의 위험이 큰 다음 각 목의 철골구조물은 건립 중 강풍에 의한 풍압 등 외압에 대한 내력이 설계에 고려되었는지 확인하여야 한다.
  가. 높이 20미터 이상의 구조물
  나. 구조물의 폭과 높이의 비가 1 : 4 이상인 구조물
  다. 단면구조에 현저한 차이가 있는 구조물
  라. 연면적당 철골량이 50킬로그램/평방미터 이하인 구조물
  마. 기둥이 타이플레이트(tie plate)형인 구조물
  바. 이음부가 현장용접인 구조물

110

건설현장의 가설단계 및 계단참을 설치하는 경우 얼마 이상의 하중에 견딜 수 있는 강도를 가진 구조로 설치하여야 하는가?

① $200 kg/m^2$ ② $300 kg/m^2$
③ $400 kg/m^2$ ④ $500 kg/m^2$

해설
「산업안전보건기준에 관한 규칙」
제26조(계단의 강도)
① 사업주는 계단 및 계단참을 설치하는 경우 매제곱미터당 500킬로그램 이상의 하중에 견딜 수 있는 강도를 가진 구조로 설치하여야 하며, 안전율[안전의 정도를 표시하는 것으로서 재료의 파괴응력도(破壞應力度)와 허용응력도(許容應力度)의 비율을 말한다]은 4 이상으로 하여야 한다.

111

터널굴착작업을 하는 때 미리 작성하여야 하는 작업계획서에 포함되어야 할 사항이 아닌 것은?

① 굴착의 방법
② 암석의 분할방법
③ 환기 또는 조명시설을 설치할 때에는 그 방법
④ 터널지보공 및 복공의 시공방법과 용수의 처리방법

해설

'암석의 분할방법'은 '채석작업'의 작업계획서 내용에 해당한다.

「산업안전보건기준에 관한 규칙」
[별표 4] 사전조사 및 작업계획서 내용
7. 터널굴착작업의 작업계획서 내용
   가. 굴착의 방법
   나. 터널지보공 및 복공(覆工)의 시공방법과 용수(湧水)의 처리방법
   다. 환기 또는 조명시설을 설치할 때에는 그 방법

112

근로자에게 작업 중 또는 통행 시 전락(轉落)으로 인하여 근로자가 화상·질식 등의 위험에 처할 우려가 있는 케틀(Kettle), 호퍼(Hopper), 피트(Pit) 등이 있는 경우에 그 위험을 방지하기 위하여 최소 높이 얼마 이상의 울타리를 설치하여야 하는가?

① 80cm 이상
② 85cm 이상
③ 90cm 이상
④ 95cm 이상

해설

「산업안전보건기준에 관한 규칙」
제48조(울타리의 설치) 사업주는 근로자에게 작업 중 또는 통행 시 굴러 떨어짐으로 인하여 근로자가 화상·질식 등의 위험에 처할 우려가 있는 케틀(kettle, 가열 용기), 호퍼(hopper, 깔때기 모양의 출입구가 있는 큰 통), 피트(pit, 구덩이) 등이 있는 경우에 그 위험을 방지하기 위하여 필요한 장소에 높이 90센티미터 이상의 울타리를 설치하여야 한다.

113

거푸집 해체작업 시 유의사항으로 옳지 않은 것은?

① 일반적으로 수평부재의 거푸집은 연직부재의 거푸집보다 빨리 떼어낸다.
② 해체된 거푸집이나 각목 등에 박혀있는 못 또는 날카로운 돌출물은 즉시 제거하여야 한다.
③ 상하 동시 작업은 원칙적으로 금지하여 부득이한 경우에는 긴밀히 연락을 위하며 작업을 하여야 한다.
④ 거푸집 해체작업장 주위에는 관계자를 제외하고는 출입을 금지시켜야 한다.

해설

「콘크리트공사표준안전작업지침」
제9조(해체)
3. 거푸집을 해체할 때에는 다음 각 목에 정하는 사항을 유념하여 작업하여야 한다.
   가. 해체작업을 할 때에는 안전모 등 안전 보호장구를 착용토록 하여야 한다.
   나. 거푸집 해체작업장 주위에는 관계자를 제외하고는 출입을 금지시켜야 한다.
   다. 상하 동시 작업은 원칙적으로 금지하여 부득이한 경우에는 긴밀히 연락을 위하며 작업을 하여야 한다.
   라. 거푸집 해체때 구조체에 무리한 충격이나 큰 힘에 의한 지렛대 사용은 금지하여야 한다.
   마. 보 또는 스라브 거푸집을 제거할 때에는 거푸집의 낙하 충격으로 인한 작업원의 돌발적 재해를 방지하여야 한다.
   바. 해체된 거푸집이나 각목 등에 박혀있는 못 또는 날카로운 돌출물은 즉시 제거하여야 한다.
   사. 해체된 거푸집이나 각목은 재사용 가능한 것과 보수하여야 할 것을 선별, 분리하여 적치하고 정리정돈을 하여야 한다.

114

비계(달비계, 달대비계 및 말비계는 제외)의 높이가 2m 이상인 작업장소에 설치하여야 하는 작업발판의 기준으로 옳지 않은 것은?

① 작업발판의 폭은 40cm 이상으로 하고, 발판재료 간의 틈은 3cm 이하로 할 것
② 추락의 위험이 있는 장소에는 안전난간을 설치할 것
③ 작업발판의 지지물은 하중에 의하여 파괴될 우려가 없는 것을 사용할 것
④ 작업발판재료는 뒤집히거나 떨어지지 않도록 1개 이상의 지지물에 연결하거나 고정시킬 것

해설
「산업안전보건기준에 관한 규칙」
제56조(작업발판의 구조) 사업주는 비계(달비계, 달대비계 및 말비계는 제외한다)의 높이가 2미터 이상인 작업장소에 다음 각 호의 기준에 맞는 작업발판을 설치하여야 한다.
6. 작업발판재료는 뒤집히거나 떨어지지 않도록 둘 이상의 지지물에 연결하거나 고정시킬 것

115

안전대의 종류는 사용구분에 따라 벨트식과 안전그네식으로 구분되는데, 이 중 안전그네식에만 적용하는 것은?

① 추락방지대, 안전블록
② 1개 걸이용, U자 걸이용
③ 1개 걸이용, 추락방지대
④ U자 걸이용, 안전블록

해설
「보호구 안전인증 고시」
[별표 9] 안전대의 성능기준
안전대의 종류

종류	사용구분
벨트식 안전그네식	1개 걸이용
	U자 걸이용
	추락방지대
	안전블록

비고. 추락방지대 및 안전블록은 안전그네식에만 적용함

116

다음은 달비계 또는 높이 5m 이상의 비계를 조립·해체하거나 변경하는 작업을 하는 경우에 대한 내용이다. ( )에 알맞은 숫자는?

> 비계재료의 연결·해체작업을 하는 경우에는 폭 ( )cm 이상의 발판을 설치하고 근로자로 하여금 안전대를 사용하도록 하는 등 추락을 방지하기 위한 조치를 할 것

① 15
② 20
③ 25
④ 30

해설
「산업안전보건기준에 관한 규칙」
제57조(비계 등의 조립·해체 및 변경)
① 사업주는 달비계 또는 높이 5미터 이상의 비계를 조립·해체하거나 변경하는 작업을 하는 경우 다음 각 호의 사항을 준수하여야 한다.
5. 비계재료의 연결·해체작업을 하는 경우에는 폭 20센티미터 이상의 발판을 설치하고 근로자로 하여금 안전대를 사용하도록 하는 등 추락을 방지하기 위한 조치를 할 것

117

다음은 사다리식 통로 등을 설치하는 경우의 준수사항이다. ( ) 안에 들어갈 숫자로 옳은 것은?

> 사다리의 상단은 걸쳐놓은 지점으로부터 ( )cm 이상 올라가도록 할 것

① 30
② 40
③ 50
④ 60

해설

「산업안전보건기준에 관한 규칙」
제24조(사다리식 통로 등의 구조)
① 사업주는 사다리식 통로 등을 설치하는 경우 다음 각 호의 사항을 준수하여야 한다.
7. 사다리의 상단은 걸쳐놓은 지점으로부터 60센티미터 이상 올라가도록 할 것

118

다음은 가설통로를 설치하는 경우의 준수사항이다. ( ) 안에 들어갈 숫자로 옳은 것은?

> 건설공사에 사용하는 높이 8m 이상인 비계다리에는 ( )m 이내마다 계단참을 설치할 것

① 7
② 6
③ 5
④ 4

해설

「산업안전보건기준에 관한 규칙」
제23조(가설통로의 구조) 사업주는 가설통로를 설치하는 경우 다음 각 호의 사항을 준수하여야 한다.
6. 건설공사에 사용하는 높이 8미터 이상인 비계다리에는 7미터 이내마다 계단참을 설치할 것

119

건설업 산업안전보건관리비의 사용내역에 대하여 수급인 또는 자기공사자는 공사 시작 후 몇 개월마다 1회 이상 발주자 또는 감리원의 확인을 받아야 하는가?

① 3개월
② 4개월
③ 5개월
④ 6개월

해설

「건설업 산업안전보건관리비 계상 및 사용기준」
제9조(확인)
① 수급인 또는 자기공사자는 안전보건관리비 사용내역에 대하여 공사 시작 후 6개월마다 1회 이상 발주자 또는 감리원의 확인을 받아야 한다. 다만, 6개월 이내에 공사가 종료되는 경우에는 종료 시 확인을 받아야 한다.

120

터널 지보공을 설치한 경우에 수시로 점검하여 이상을 발견 시 즉시 보강하거나 보수해야 할 사항이 아닌 것은?

① 부재의 손상·변형·부식·변위·탈락의 유무 및 상태
② 부재의 긴압의 정도
③ 부재의 접속부 및 교차부의 상태
④ 계측기 설치상태

해설

「산업안전보건기준에 관한 규칙」
제366조(붕괴 등의 방지) 사업주는 터널 지보공을 설치한 경우에 다음 각 호의 사항을 수시로 점검하여야 하며, 이상을 발견한 경우에는 즉시 보강하거나 보수하여야 한다.
1. 부재의 손상·변형·부식·변위 탈락의 유무 및 상태
2. 부재의 긴압 정도
3. 부재의 접속부 및 교차부의 상태
4. 기둥침하의 유무 및 상태

2019년 제2회 산업안전기사 채점표

구분	제1과목	제2과목	제3과목	제4과목	제5과목	제6과목	전과목 평균
점수							

※ 합격기준 : 100점을 만점으로 하여 과목당 40점 이상, 전과목 평균 60점 이상

2019년 제2회 정답

001	002	003	004	005	006	007	008	009	010	011	012	013	014	015	016	017	018	019	020
②	①	①	②	①	③	③	④	③	②	①	④	④	①	④	②	④	③	④	②
021	022	023	024	025	026	027	028	029	030	031	032	033	034	035	036	037	038	039	040
①	①	③	③	②	②	②	④	③	④	③	①	④	①	①	②	②	③	④	④
041	042	043	044	045	046	047	048	049	050	051	052	053	054	055	056	057	058	059	060
③	③	②	④	②	③	③	②	④	③	①	④	④	②	①	③	③	①	④	①
061	062	063	064	065	066	067	068	069	070	071	072	073	074	075	076	077	078	079	080
②	②	③	①	④	②	②	③	③	②	②	②	③	①	①	④	①	①	②	①
081	082	083	084	085	086	087	088	089	090	091	092	093	094	095	096	097	098	099	100
①	②	②	②	③	④	②	①	④	①	③	③	④	③	④	②	④	②	③	③
101	102	103	104	105	106	107	108	109	110	111	112	113	114	115	116	117	118	119	120
③	②	④	②	①	③	③	③	③	②	③	③	①	④	①	②	④	①	④	④

2019년 제3회 산업안전기사 기출문제

2019. 08. 04. 시행

제1과목 안전관리론

001
적성요인에 있어 직업적성을 검사하는 항목이 아닌 것은?
① 지능
② 촉각 적응력
③ 형태식별능력
④ 운동속도

해설
- 직업적성 검사 항목
  - 지능
  - 형태식별능력
  - 운동속도

002
라인(Line)형 안전관리조직에 대한 설명으로 옳은 것은?
① 명령계통과 조언이나 권고적 참여가 혼동되기 쉽다.
② 생산부서와의 마찰이 일어나기 쉽다.
③ 명령계통이 간단명료하다.
④ 생산부분에는 안전에 대한 책임과 권한이 없다.

해설
- 라인(Line)형 조직 : 경영자의 지시와 명령이 위에서 아래로 신속하게 전달되는 조직으로, 100명 이하 소규모 사업장에 적합하다.

장점	단점
안전에 대한 지시·조치가 신속·철저함	안전·보건에 관한 전문 지식·기술의 결여
안전관리 계획·실시·평가 전 과정이 생산라인에서 이루어 짐	안전에 대한 정보 수집 및 신기술 개발이 미흡
참모식(Staff) 조직보다 경제적	라인(Line)에 과중한 책임을 지우기 쉬움

003
새로 손을 얹고 팀의 행동구호를 외치는 무재해 운동 추진 기법의 하나로, 스킨십(Skinship)에 바탕을 두고 팀 전원의 일체감, 연대감을 느끼게 하며, 대뇌피질에 안전태도 형성에 좋은 이미지를 심어주는 기법은?

① Touch and Call
② Brain Storming
③ Error Cause Removal
④ Safety Training Observation Program

해설
- 터치 앤 콜(Touch and Call) : 작업현장에서 동료끼리 서로의 피부를 맞대고(Skinship) 소리치는 것으로, 동료애·일체감·연대감을 조성하며 대뇌 구피질에 좋은 이미지를 불어 넣어 안전행동을 유발하는 기법이다.
  - 자세 및 방법
    (1) 고리형 : 왼손 엄지를 서로 맞잡고 둥근 원을 만들어 팀의 행동목표나 무재해운동의 구호를 지적하는 자세로, 5~6명 이상에 적합
    (2) 포개기형 : 왼손을 서로 포개는 형으로, 왼손 엄지로 원을 만들 수 없기 때문에 취하는 자세이며, 2~3명에 적합
    (3) 어깨동무형 : 왼손을 동료의 왼쪽 어깨에 얹고 오른손으로 지적하는 자세로, 서로의 어깨를 껴안아 일체감을 조성하며, 발은 서로 맞대어 둥글게 원을 만들어 무재해의 제로(0)를 의미한다. 이는 5~6명 이상에 적합

004

안전점검의 종류 중 태풍이나 폭우 등의 천재지변이 발생한 후에 실시하는 기계·기구 및 설비 등에 대한 점검의 명칭은?

① 정기점검　② 수시점검
③ 특별점검　④ 임시점검

해설
- 안전점검 종류
  (1) 정기점검 : 일정 기간을 정해서 실시하는 점검
  (2) 일상점검(수시점검) : 작업자가 작업장에서 작업 전·중·후 수시로 실시하는 점검
  (3) 특별점검 : 기계·기구 및 설비의 신설, 변경, 고장 수리, 천재지변 등 기술 책임자가 실시하는 부정기적인 점검
  (4) 임시점검 : 이상 발견 시 혹은 재해 발생 시 임시로 실시하는 점검

005

하인리히 안전론에서 (　) 안에 들어갈 단어로 적합한 것은?

- 안전은 사고예방
- 사고예방은 (　　　)와(과) 인간 및 기계의 관계를 통제하는 과학이자 기술이다.

① 물리적 환경　② 화학적 요소
③ 위험요인　④ 사고 및 재해

해설
- 하인리히(Heinrich) – 안전론 : 안전은 사고예방이며, 사고예방은 물리적 환경과 인간 및 기계의 관계를 통제하는 과학이자 기술이다.

006

1년간 80건의 재해가 발생한 A 사업장은 1,000명의 근로자가 1주일당 48시간, 1년간 52주를 근무하고 있다. A 사업장의 도수율은? (단, 근로자들은 재해와 관련 없는 사유로 연간 노동시간의 3%를 결근하였다.)

① 31.06　② 32.05
③ 33.04　④ 34.03

해설
- 도수율 : 1,000,000시간당 재해발생건수
  연간재해건수 = 80건
  총근로시간 = 1,000×48×52×(1 – 0.03) = 2,421,120시간이므로
  $$도수율 = \frac{연간 재해 건수}{연 총 근로 시간} \times 10^6$$
  $$\frac{80}{2,421,120} \times 10^6 = 33.04$$

007

안전보건교육의 단계에 해당하지 않는 것은?

① 지식교육　② 기초교육
③ 태도교육　④ 기능교육

해설
- 안전·보건교육 단계 : 지식 → 기능 → 태도
  (1) 안전 지식교육 : 일반적인 안전지식, 공통적인 작업안전수칙, 법률 및 사내 규정 등 새로운 작업환경에 근로자를 적응시키기 위한 교육
  (2) 안전 기능교육 : 현장감독자를 지도자로 하여 현장작업을 통한 실습, 시범으로 표준작업동작을 체득할 때까지 교육
  (3) 안전 태도교육 : 안전 지식과 기능교육을 체득시켜 안전한 행동을 습관화하고, 올바른 가치관을 형성하기 위한 교육

008

위험예지훈련의 문제해결 4라운드에 속하지 않는 것은?

① 현상파악　② 본질추구
③ 원인결정　④ 대책수립

해설
- 위험예지훈련 4라운드
  (1) 1라운드 – 현상파악 : 구성원 전원이 대화를 통해 어떤 위험이 잠재되어 있는지 발견
  (2) 2라운드 – 본질추구 : 발견된 위험요인 중 중요한 위험 포인트를 파악하여 표시
  (3) 3라운드 – 대책수립 : 표시한 위험 포인트를 해결하기 위한 구체적·실행가능한 대책 수립
  (4) 4라운드 – 목표설정 : 수립한 대책 중 중점실시항목에 표시하고, 이를 실천하기 위한 팀 행동목표를 설정 후 제창

009

산소결핍이 예상되는 맨홀 내에서 작업을 실시할 때의 사고 방지 대책으로 적절하지 않은 것은?

① 작업 시작 전 및 작업 중 충분한 환기 실시
② 작업 장소의 입장 및 퇴장 시 인원점검
③ 방진마스크의 보급과 착용 철저
④ 작업장과 외부와의 상시 연락을 위한 설비 설치

해설

「산업안전보건기준에 관한 규칙」
제620조(환기 등)
① 사업주는 근로자가 밀폐공간에서 작업을 하는 경우에 작업을 시작하기 전과 작업 중에 해당 작업장을 적정공기 상태가 유지되도록 환기하여야 한다. 다만, 폭발이나 산화 등의 위험으로 인하여 환기할 수 없거나 작업의 성질상 환기하기가 매우 곤란한 경우에는 근로자에게 공기호흡기 또는 송기마스크를 지급하여 착용하도록 하고 환기하지 아니할 수 있다.
제621조(인원의 점검) 사업주는 근로자가 밀폐공간에서 작업을 하는 경우에 그 장소에 근로자를 입장시킬 때와 퇴장시킬 때마다 인원을 점검하여야 한다.
제623조(감시인의 배치 등)
③ 사업주는 근로자가 밀폐공간에서 작업을 하는 동안 그 작업장과 외부의 감시인 간에 항상 연락을 취할 수 있는 설비를 설치하여야 한다.

010

안전교육방법 중 강의법에 대한 설명으로 옳지 않은 것은?

① 단기간의 교육 시간 내에 비교적 많은 내용을 전달할 수 있다.
② 다수의 수강자를 대상으로 동시에 교육할 수 있다.
③ 다른 교육방법에 비해 수강자의 참여가 제약된다.
④ 수강자 개개인의 학습 진도를 조절할 수 있다.

해설

강의법은 한 번에 다수의 학습자에게 공통된 내용을 전달할 수 있으나, 개인별 차이를 고려하기는 힘들다.

- 안전·보건교육방법
  - 강의법(Lecture Method) : 가장 오래된 교수법으로, 사전에 계획된 내용체계에 따라 전문가가 학습자에게 일방적으로 지식·기능을 설명하는 교육방법

011

적응기제(適應機制)의 형태 중 방어적 기제에 해당하지 않는 것은?

① 고립   ② 보상
③ 승화   ④ 합리화

해설

- 적응기제

(1) 도피기제	(2) 방어기제
거부	동일시
고립	반동
고착	보상
백일몽	승화
억압	치환
퇴행	투사
	합리화

012

부주의 발생 원인에 포함되지 않는 것은?

① 의식의 단절   ② 의식의 우회
③ 의식수준의 저하 ④ 의식의 지배

해설

- 부주의 발생 원인
  - 의식의 단절
  - 의식의 우회
  - 의식의 혼란
  - 의식수준 저하
  - 의식의 과잉

013

안전교육 훈련에 있어 동기부여 방법에 대한 설명으로 가장 거리가 먼 것은?

① 안전 목표를 명확히 설정한다.
② 안전활동의 결과를 평가, 검토하도록 한다.
③ 경쟁과 협동을 유발시킨다.
④ 동기유발 수준을 과도하게 높인다.

> **해설**
> - 안전교육 동기부여방법
>   - 안전의 근본이념 인식
>   - 안전 목표의 명확한 설정
>   - 안전 활동의 결과 인식
>   - 상벌제도 시행
>   - 경쟁과 협동 유발
>   - 동기유발의 최적수준 유지

014

산업안전보건법령상 유해위험 방지계획서 제출 대상 공사에 해당하는 것은?

① 깊이가 5m 이상인 굴착공사
② 최대지간거리 30m 이상인 교량건설 공사
③ 지상 높이 21m 이상인 건축물 공사
④ 터널 건설 공사

> **해설**
> 「산업안전보건법 시행령」
> 제42조(유해위험방지계획서 제출 대상)
> ③ 법 제42조 제1항 제3호에서 "대통령령으로 정하는 크기 높이 등에 해당하는 건설공사"란 다음 각 호의 어느 하나에 해당하는 공사를 말한다.
>   1. 다음 각 목의 어느 하나에 해당하는 건축물 또는 시설 등의 건설·개조 또는 해체(이하 "건설 등"이라 한다) 공사
>   가. 지상높이가 31미터 이상인 건축물 또는 인공구조물
>   나. 연면적 3만 제곱미터 이상인 건축물
>   다. 연면적 5천 제곱미터 이상인 시설로서 다음의 어느 하나에 해당하는 시설
>   2. 연면적 5천 제곱미터 이상인 냉동·냉장 창고시설의 설비공사 및 단열공사
>   3. 최대 지간(支間)길이가 50미터 이상인 다리의 건설 등 공사
>   4. 터널의 건설 등 공사
>   5. 다목적댐, 발전용댐, 저수용량 2천만 톤 이상의 용수 전용 댐 및 지방상수도 전용 댐의 건설 등 공사
>   6. 깊이 10미터 이상인 굴착공사

015

스트레스의 요인 중 외부적 자극 요인에 해당하지 않는 것은?

① 자존심의 손상
② 대인관계 갈등
③ 가족의 죽음, 질병
④ 경제적 어려움

> **해설**
> - 스트레스 자극 요인
>
> | (1) 내적 요인 | (2) 외적 요인 |
> | --- | --- |
> | 자존심 손상 | 대인관계 갈등 |
> | 현실 부적응 | 죽음 및 질병 |
> | 업무상 죄책감 | 경제적 궁핍 |

016

하인리히 방식의 재해코스트 산정에서 직접비에 해당되지 않는 것은?

① 휴업보상비
② 병상위문금
③ 장해특별보상비
④ 상병보상연금

해설

병상 위문금, 입원 중의 잡비, 여비, 통신비 등은 기타손실로 간접비에 해당한다.

- 하인리히(Heinrich) – 재해손실비용 평가 : 총손실비용은 '직접비 + 간접비'이고, 직접비 : 간접비의 비율은 1 : 4이다.
  (1) 직접손실비용 : 법령으로 정한 피해자에게 지급되는 산재보상비
      예) 치료비, 간병비, 장례비, 산재보상비, 휴업보상비, 요양보상비, 장해보상비, 유족보상비, 직업재활급여, 상병보상연금 등
  (2) 간접손실비용 : 생산중단과 재산손실로 인하여 기업이 입은 손실
      예) 임금손실, 물적손실(시간손실 및 재산손실), 생산손실, 특수손실, 기타손실 등

017

산업안전보건법령상 관리감독자 대상 정기안전보건교육의 교육내용으로 옳은 것은?

① 작업 개시 전 점검에 관한 사항
② 정리정돈 및 청소에 관한 사항
③ 작업공정의 유해·위험과 재해 예방대책에 관한 사항
④ 기계·기구의 위험성과 작업의 순서 및 동선에 관한 사항

해설

「산업안전보건법 시행규칙」
[별표 5] 안전보건교육 교육대상별 교육내용
나. 관리감독자 정기교육
- 산업안전 및 사고 예방에 관한 사항
- 산업보건 및 직업병 예방에 관한 사항
- 유해·위험 작업환경 관리에 관한 사항
- 산업안전보건법령 및 산업재해보상보험 제도에 관한 사항
- 직무스트레스 예방 및 관리에 관한 사항
- 직장 내 괴롭힘, 고객의 폭언 등으로 인한 건강장해 예방 및 관리에 관한 사항
- 작업공정의 유해·위험과 재해 예방대책에 관한 사항
- 표준안전 작업방법 및 지도 요령에 관한 사항
- 관리감독자의 역할과 임무에 관한 사항
- 안전보건교육 능력 배양에 관한 사항

※ 참고 : 「산업안전보건법 시행규칙」의 개정으로 '관리감독자 정기안전·보건교육'에서 '관리감독자 정기교육'으로 용어가 변경되었습니다.

018

산업안전보건법령상 ( )에 알맞은 기준은?

안전·보건표지의 제작에 있어 안전·보건표지 속의 그림 또는 부호의 크기는 안전·보건표지의 크기와 비례하여야 하며, 안전·보건표지 전체 규격의 ( ) 이상이 되어야 한다.

① 20%
② 30%
③ 40%
④ 50%

해설

「산업안전보건법 시행규칙」
제40조(안전보건표지의 제작)
① 안전보건표지는 그 종류별로 별표 9에 따른 기본모형에 의하여 별표 7의 구분에 따라 제작해야 한다.
② 안전보건표지는 그 표시내용을 근로자가 빠르고 쉽게 알아볼 수 있는 크기로 제작해야 한다.
③ 안전보건표지 속의 그림 또는 부호의 크기는 안전보건표지의 크기와 비례해야 하며, 안전보건표지 전체 규격의 30퍼센트 이상이 되어야 한다.
④ 안전보건표지는 쉽게 파손되거나 변형되지 않는 재료로 제작해야 한다.
⑤ 야간에 필요한 안전보건표지는 야광물질을 사용하는 등 쉽게 알아볼 수 있도록 제작해야 한다.

019

산업안전보건법령상 주로 고음을 차음하고, 저음은 차음하지 않는 방음보호구의 기호로 옳은 것은?

① NRR
② EM
③ EP-1
④ EP-2

해설

「보호구 안전인증 고시」
[별표 12] 방음용 귀마개 또는 귀덮개의 성능기준
1. 종류 및 등급 등

종류	기호(등급)	성능	비고
귀마개	EP-1(1종)	저음부터 고음까지 차음하는 것	귀마개의 경우 재사용 여부를 제조 특성으로 표기
	EP-2(2종)	주로 고음을 차음하고 저음(회화음영역)은 차음하지 않는 것	
귀덮개	EM		

020
산업재해의 기본원인 중 "작업정보, 작업방법 및 작업환경" 등이 분류되는 항목은?

① Man ② Machine
③ Media ④ Management

해설
- 4M 분석기법 : 재해의 원인과 원인분석을 통한 대책을 세우기 위한 기법이다.
  (1) Man(인간) : 착오, 실수, 불안전 행동, 오조작 등
  (2) Machine(기계) : 설계 착오, 제작 착오, 배치 착오, 고장 등
  (3) Media(작업매체) : 작업정보의 부족, 작업환경의 불량
  (4) Management(관리) : 계획 불량, 교육의 부족, 점검 및 단속 미비, 안전조직 미비

제2과목 인간공학 및 시스템안전공학

021
작업의 강도는 에너지대사율(RMR)에 따라 분류된다. 분류 기간 중, 중(中)작업(보통작업)의 에너지 대사율은?

① 0~1RMR ② 2~4RMR
③ 4~7RMR ④ 7~9RMR

해설
- 에너지 대사율(RMR)에 따른 작업의 분류
  - 초경작업 : 0~1
  - 경작업 : 1~2
  - 중(보통)작업 : 2~4
  - 중(무거운)작업 : 4~7
  - 초중(무거운)작업 : 7 이상

022
산업안전보건법령상 유해·위험방지계획서의 제출 시 첨부하는 서류에 포함되지 않는 것은?

① 설비 점검 및 유지계획
② 기계·설비의 배치도면
③ 건축물 각 층의 평면도
④ 원재료 및 제품의 취급, 제조 등의 작업방법의 개요

해설
「산업안전보건법 시행규칙」
제42조(제출서류 등)
1. 건축물 각 층의 평면도
2. 기계·설비의 개요를 나타내는 서류
3. 기계·설비의 배치도면
4. 원재료 및 제품의 취급, 제조 등의 작업방법의 개요
5. 그 밖에 고용노동부장관이 정하는 도면 및 서류

023
인간의 실수 중 수행해야 할 작업 및 단계를 생략하여 발생하는 오류는?

① Omission Error ② Commission Error
③ Sequence Error ④ Timing Error

해설
- 독립행동에 의한 휴먼에러 분류
  - 생략 에러(Omission Error) : 필요한 직무나 단계를 수행하지 않은 에러(생략, 누락)
  - 실행 에러(Commission Error) : 직무나 순서 등을 착각하여 잘못 수행한 에러(불확실한 수행)
  - 과잉행동 에러(Extraneous Error) : 불필요한 직무 또는 절차를 수행하여 발생한 에러
  - 순서 에러(Sequential Error) : 직무 수행과정에서 순서를 잘못 지켜 발생한 에러(순서 착오)
  - 시간 에러(Timing Error) : 정해진 시간 내 직무를 수행하지 못하여 발생한 에러(수행 지연)

024

초기고장과 마모고장 각각의 고장형태와 그 예방대책에 관한 연결로 틀린 것은?

① 초기고장 – 감소형 – 번인(Burn in)
② 마모고장 – 증가형 – 예방보전(PM)
③ 초기고장 – 감소형 – 디버깅(Debugging)
④ 마모고장 – 증가형 – 스크리닝(Screening)

> **해설**
> - 초기고장(감소형)
>   - 생산 시 품질관리 불량 또는 제조 불량으로 인해 발생하는 고장
>   - 대책 : 번인, 스크리닝, 디버깅
> - 마모고장(증가형)
>   - 설비 등이 수명을 다해 발생하는 고장(부식 또는 마모, 불충분한 정비 등)
>   - 대책 : 예방보전(PM)

025

작업개선을 위하여 도입되는 원리인 ECRS에 포함되지 않는 것은?

① Combine   ② Standard
③ Eliminate ④ Rearrange

> **해설**
> - 작업방법의 개선원칙(ECRS)
>   - 제거(Eliminate) : 불필요한 작업요소 제거
>   - 결합(Combine) : 다른 작업요소와의 결합
>   - 재배열(Rearrange) : 작업순서의 변경
>   - 단순화(Simplify) : 작업요소의 단순화·간소화

026

온도와 습도 및 공기 유동이 인체에 미치는 열효과를 하나의 수치로 통합한 경험적 감각지수로, 상대습도 100%일 때의 건구온도에서 느끼는 것과 동일한 온감을 의미하는 온열조건의 용어는?

① Oxford 지수   ② 발한율
③ 실효온도   ④ 열압박지수

> **해설**
> - 실효온도
>   - 온도, 습도 및 공기 유동이 인체에 미치는 열효과를 하나의 수치로 통합한 경험적 감각지수이다.
>   - 상대습도 100%일 때의 건구온도에서 느끼는 것과 동일한 온감이다.

027

화학설비의 안전성 평가 5단계 중 4단계에 해당하는 것은?

① 안전대책   ② 정성적 평가
③ 정량적 평가 ④ 재평가

> **해설**
> 화학설비의 안전성 평가는 5단계 또는 6단계로 구분하며, 4단계에서는 안전대책을 수립한다.
> - 화학설비의 안전성 평가
>   (1) 1단계 : 관계자료의 정비 검토
>   (2) 2단계 : 정성적 평가
>   (3) 3단계 : 정량적 평가
>   (4) 4단계 : 안전대책 수립
>   (5) 5단계 : 재해정보에 의한 재평가
>   (6) 6단계 : FTA에 의한 재평가

028
양립성의 종류에 포함되지 않는 것은?

① 공간 양립성　② 형태 양립성
③ 개념 양립성　④ 운동 양립성

해설

- 양립성의 종류
  (1) 양식 양립성 : 직무에 알맞은 자극과 응답 양식의 존재에 대한 양립성
    예) 소리로 제시된 정보는 말로 반응하게 하고, 시각적으로 제시된 정보는 손으로 반응하는 것이 양립성이 높음
  (2) 공간적 양립성 : 표시장치와 조종장치의 물리적 형태 및 공간적 배치의 양립성
    예) 오른쪽 버튼을 누르면 오른쪽 기계가 작동
  (3) 운동 양립성 : 표시장치와 조종장치 간의 운동방향의 양립성
    예) 자동차 핸들 조작 방향으로 바퀴가 회전
  (4) 개념적 양립성 : 특정 신호가 전달하려는 내용과 연관성이 있는지에 관한 양립성
    예) 온수 손잡이는 빨간색, 냉수 손잡이는 파란색

029
다음 설명에 해당하는 설비보전방식의 유형은?

> 설비보전 정보와 신기술을 기초로 신뢰성, 조작성, 보전성, 안전성, 경제성 등이 우수한 설비의 선정, 조달 또는 설계를 통하여 궁극적으로 설비의 설계, 제작 단계에서 보전활동이 불필요한 체제를 목표로 한 설비보전 방법을 말한다.

① 개량보전　② 보전예방
③ 사후보전　④ 일상보전

해설

- 보전예방
  - 설비를 새로이 계획·설계하는 단계에서 보전 정보나 새로운 기술을 채용해서 신뢰성, 보전성, 경제성, 조작성, 안전성 등을 고려하여 보전비나 열화 손실을 적게 하는 활동이다.
  - 궁극적으로는 설비의 설계, 제작 단계에서 보전활동이 불필요한 체제를 목표로 하는 설비보전 방법이다.

030
원자력 산업과 같이 상당한 안전이 확보되어 있는 장소에서 추가적인 고도의 안전 달성을 목적으로 하고 있으며, 관리, 설계, 생산, 보전 등 광범위한 안전을 도모하기 위하여 개발된 분석기법은?

① DT　② FTA
③ THERP　④ MORT

해설

- MORT(Management Oversight and Risk Tree)
  - 산업안전을 목적으로 개발된 시스템안전프로그램으로 관리, 설계, 생산, 보전 등 넓은 범위의 안전성을 검토하기 위한 방법
  - 원자력 산업과 같이 이미 상당한 안전이 확보되어 있는 장소에서 광범위하고 고도의 안전달성을 목적으로 하는 시스템 해석법

031
결함수분석(FTA)에 관한 설명으로 틀린 것은?

① 연역적 방법이다.
② 버텀-업(Bottom-Up) 방식이다.
③ 기능적 결함의 원인을 분석하는 데 용이하다.
④ 정량적 분석이 가능하다.

해설

결함수분석(FTA)은 버텀-업(Bottom-Up) 방식이 아니라, 탑-다운(Top-Down) 방식이다.

- 결함수분석법(FTA)의 특징
  - 연역적 방법
  - 정량적 해석 가능
  - Top-Down 형식
  - 논리기호를 사용한 특정사상에 대한 해석

032

조종-반응비(Control-Response Ratio, C/R비)에 대한 설명 중 틀린 것은?

① 조종장치와 표시장치의 이동 거리 비율을 의미한다.
② C/R비가 클수록 조종장치는 민감하다.
③ 최적 C/R비는 조정시간과 이동시간의 교점이다.
④ 이동시간과 조정시간을 감안하여 최적 C/R비를 구할 수 있다.

해설

C/R비가 작을수록 이동시간은 짧고, 조종은 어려워서 민감한 조종장치이다.

- 조종-반응비

$$C/R비 = \frac{조종장치의 이동거리}{표시장치의 반응거리}$$

033

다음 FT도에서 최소 컷셋(Minimal Cut Set)으로만 올바르게 나열한 것은?

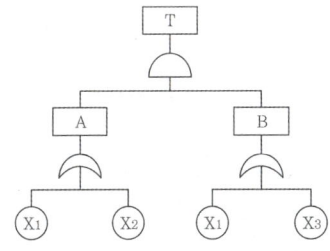

① [X_1]
② [X_1], [X_2]
③ [X_1, X_2, X_3]
④ [X_1, X_2], [X_1, X_3]

해설

A와 B는 OR 게이트이므로 각각 (X_1+X_2)와 (X_1+X_3)이다. T는 A와 B의 AND 연산이므로 $(X_1+X_2)(X_1+X_3)$로 표시된다.

$(X_1+X_2)(X_1+X_3) = X_1X_1 + X_1X_3 + X_1X_2 + X_2X_3$
$= X_1(1+X_2+X_3) + (X_2X_3)$
$= X_1 + (X_2X_3)$

따라서 최소 컷셋은 [X_1] 또는 [X_2, X_3]이다.

034

인간의 정보처리 과정 3단계에 포함되지 않는 것은?

① 인지 및 정보처리단계
② 반응단계
③ 행동단계
④ 인식 및 감지단계

해설

- 인간의 정보처리 과정
  (1) 인식 및 감지단계
  (2) 인지 및 정보처리단계
  (3) 행동단계

035

시각 표시장치보다 청각 표시장치의 사용이 바람직한 경우는?

① 전언이 복잡한 경우
② 전언이 재참조되는 경우
③ 전언이 즉각적인 행동을 요구하는 경우
④ 직무상 수신자가 한 곳에 머무는 경우

해설

- 청각적 표시장치
  - 메시지가 짧고 단순한 경우
  - 메시지가 시간적 사건을 다룰 경우
  - 메시지를 나중에 참고할 필요가 없을 경우
  - 수신장소가 너무 밝거나 암조응유지가 필요할 경우
  - 수신자가 자주 움직일 경우
  - 즉각적인 행동이 필요한 경우
  - 수신자의 시각계통이 과부하 상태인 경우

036

FTA에서 사용하는 수정게이트의 종류 중 3개의 입력현상 중 2개가 발생한 경우에 출력이 생기는 것은?

① 위험지속기호
② 조합 AND 게이트
③ 배타적 OR 게이트
④ 억제 게이트

해설
- 조합 AND 게이트 : 3개의 입력현상 중 임의의 시간에 2개의 입력사상이 발생하면 출력이 생기는 기호

037

인간의 신뢰도가 0.6, 기계의 신뢰도가 0.9이다. 인간과 기계가 직렬체제로 작업할 때의 신뢰도는?

① 0.32
② 0.54
③ 0.75
④ 0.96

해설
$0.6 \times 0.9 = 0.54$

038

8시간 근무를 기준으로 남성작업자 A의 대사량을 측정한 결과, 산소소비량이 1.3L/min으로 측정되었다. Murrell 방법으로 계산 시, 8시간의 총 근로시간에 포함되어야 할 휴식시간은?

① 124분
② 134분
③ 144분
④ 154분

해설
$$R = \frac{(60 \times h) \times (E-5)}{E-1.5}$$
- $h = 8$
- $E = 1.3 \times 5 = 6.5 \text{kcal}$
- $\therefore R = \frac{(60 \times 8) \times (6.5-5)}{6.5-1.5} = 144$

039

국소진동에 지속적으로 노출된 근로자에게 발생할 수 있으며, 말초혈관 장해로 손가락이 창백해지고 동통을 느끼는 질환의 명칭은?

① 레이노병(Raynaud's phenomenon)
② 파킨슨병(Parkinson's disease)
③ 규폐증
④ C5-dip 현상

해설
국소진동에 지속적으로 노출 시에 말초혈관 장해로 손가락이 창백해지고 통증을 느끼는 질환은 레이노병이다.

040

암호체계의 사용상에 있어서, 일반적인 지침에 포함되지 않는 것은?

① 암호의 검출성
② 부호의 양립성
③ 암호의 표준화
④ 암호의 단일 차원화

해설
- 암호체계 사용상의 일반적 지침
  - 암호의 검출성 : 암호화한 자극은 검출이 가능해야 함
  - 암호의 변별성 : 다른 암호 표시와 구별될 수 있어야 함
  - 암호의 표준화 : 암호는 표준화되어야 함
  - 부호의 양립성 : 자극-반응의 관계가 인간의 기대와 모순되지 않아야 함
  - 부호의 의미 : 사용자가 그 뜻을 분명히 알 수 있어야 함
  - 다차원 암호의 사용 : 두 가지 이상의 암호를 조합해서 사용하면 정보전달이 촉진됨

제3과목 기계위험방지기술

041
연삭기에서 숫돌의 바깥지름이 180mm일 경우 숫돌 고정용 평형플랜지의 지름으로 적합한 것은?

① 30mm 이상
② 40mm 이상
③ 50mm 이상
④ 60mm 이상

해설
플랜지의 지름은 숫돌 지름의 1/3 이상이어야 한다.
따라서 180÷3 = 60mm 이상이 적합하다.

042
산업안전보건법령에 따라 산업용 로봇의 작동범위에서 교시 등의 작업을 하는 경우에 로봇에 의한 위험을 방지하기 위한 조치사항으로 틀린 것은?

① 2명 이상의 근로자에게 작업을 시킬 경우의 신호방법을 정한다.
② 작업 중의 매니퓰레이터 속도에 관한 지침을 정하고 그 지침에 따라 작업한다.
③ 작업을 하는 동안 다른 작업자가 작동시킬 수 없도록 기동스위치에 작업 중 표시를 한다.
④ 작업에 종사하고 있는 근로자가 이상을 발견하면 즉시 안전담당자에게 보고하고 계속해서 로봇을 운전한다.

해설
「산업안전보건기준에 관한 규칙」
제222조(교시 등)
1. 다음 각 목의 사항에 관한 지침을 정하고 그 지침에 따라 작업을 시킬 것
  가. 로봇의 조작방법 및 순서
  나. 작업 중의 매니퓰레이터의 속도
  다. 2명 이상의 근로자에게 작업을 시킬 경우의 신호방법
  라. 이상을 발견한 경우의 조치
  마. 이상을 발견하여 로봇의 운전을 정지시킨 후 이를 재가동시킬 경우의 조치
  바. 그 밖에 로봇의 예기치 못한 작동 또는 오조작에 의한 위험을 방지하기 위하여 필요한 조치
2. 작업에 종사하고 있는 근로자 또는 그 근로자를 감시하는 사람은 이상을 발견하면 즉시 로봇의 운전을 정지시키기 위한 조치를 할 것
3. 작업을 하고 있는 동안 로봇의 기동스위치 등에 작업 중이라는 표시를 하는 등 작업에 종사하고 있는 근로자가 아닌 사람이 그 스위치 등을 조작할 수 없도록 필요한 조치를 할 것

043
기준무부하 상태에서 지게차 주행 시의 좌우 안정도 기준은? (단, V는 구내최고속도(km/h)이다.)

① $(15 + 1.1 \times V)\%$ 이내
② $(15 + 1.5 \times V)\%$ 이내
③ $(20 + 1.1 \times V)\%$ 이내
④ $(20 + 1.5 \times V)\%$ 이내

해설
기준무부하 상태에서 지게차 주행 시 좌우 안정도는 $(15 + 1.1V)\%$ 이내이다.
「건설기계 안전기준에 관한 규칙」
제22조(안정도)
2. 지게차의 기준무부하 상태에서 주행할 경우 구배가 지게차의 최고주행속도에 1.1을 곱한 후 15를 더한 값인 지면

044
산업안전보건법령에 따라 사다리식 통로를 설치하는 경우 준수해야 할 기준으로 틀린 것은?

① 사다리식 통로의 기울기는 60° 이하로 할 것
② 발판과 벽과의 사이는 15cm 이상의 간격을 유지할 것
③ 사다리의 상단은 걸쳐놓은 지점으로부터 60cm 이상 올라가도록 할 것
④ 사다리식 통로의 길이가 10m 이상인 경우에는 5m 이내마다 계단참을 설치할 것

> [해설]
>
> 「산업안전보건기준에 관한 규칙」
> 제24조(사다리식 통로 등의 구조)
> ① 사업주는 사다리식 통로 등을 설치하는 경우 다음 각 호의 사항을 준수하여야 한다.
>   1. 견고한 구조로 할 것
>   2. 심한 손상·부식 등이 없는 재료를 사용할 것
>   3. 발판의 간격은 일정하게 할 것
>   4. 발판과 벽과의 사이는 15센티미터 이상의 간격을 유지할 것
>   5. 폭은 30센티미터 이상으로 할 것
>   6. 사다리가 넘어지거나 미끄러지는 것을 방지하기 위한 조치를 할 것
>   7. 사다리의 상단은 걸쳐놓은 지점으로부터 60센티미터 이상 올라가도록 할 것
>   8. 사다리식 통로의 길이가 10미터 이상인 경우에는 5미터 이내마다 계단참을 설치할 것
>   9. 사다리식 통로의 기울기는 75도 이하로 할 것. 다만, 고정식 사다리식 통로의 기울기는 90도 이하로 하고, 그 높이가 7미터 이상인 경우에는 바닥으로부터 높이가 2.5미터 되는 지점부터 등받이울을 설치할 것
>   10. 접이식 사다리 기둥은 사용 시 접혀지거나 펼쳐지지 않도록 철물 등을 사용하여 견고하게 조치할 것

045

산업안전보건법령에 따른 승강기의 종류에 해당하지 않는 것은?

① 리프트
② 승객용 승강기
③ 에스컬레이터
④ 화물용 승강기

> [해설]
>
> 리프트와 승강기는 모두 양중기에 해당한다.
>
> 「산업안전보건기준에 관한 규칙」
> 제132조(양중기)
>   5. "승강기"란 건축물이나 고정된 시설물에 설치되어 일정한 경로에 따라 사람이나 화물을 승강장으로 옮기는 데에 사용되는 설비로서 다음 각 목의 것을 말한다.
>   가. 승객용 엘리베이터
>   나. 승객화물용 엘리베이터
>   다. 화물용 엘리베이터
>   라. 소형화물용 엘리베이터
>   마. 에스컬레이터

046

재료가 변형 시에 외부응력이나 내부의 변형과정에서 방출되는 낮은 응력파(Stress Wave)를 감지하여 측정하는 비파괴시험은?

① 와류탐상 시험
② 침투탐상 시험
③ 음향탐상 시험
④ 방사선투과 시험

> [해설]
>
> '음향탐상(방출) 시험'은 손이나 망치 등으로 타격 후 진동시켜 발생하는 음을 검사하는 간단한 방법으로, 재료 변형 시 외부응력이나 내부 변형과정에서 방출하는 낮은 응력파를 감지해 측정하는 비파괴시험이다.
>
> • 비파괴시험 : 제품을 파괴하지 않고 제품 내부의 결함, 용접부 내부의 결함 등을 검사하는 방법
>   – 종류 : 누수시험, 누설시험, 음향탐상, 침투탐상, 초음파탐상, 자분탐상, 방사선투과 등

047

산업안전보건법령에 따라 다음 괄호 안에 들어갈 내용으로 옳은 것은?

> 사업주는 바닥으로부터 짐 윗면까지의 높이가 (   ) 미터 이상인 화물자동차에 짐을 싣는 작업 또는 내리는 작업을 하는 경우에는 근로자의 추가 위험을 방지하기 위하여 해당 작업에 종사하는 근로자가 바닥과 적재함의 짐 윗면 간을 안전하게 오르내리기 위한 설비를 설치하여야 한다.

① 1.5
② 2
③ 2.5
④ 3

> [해설]
>
> 「산업안전보건기준에 관한 규칙」
> 제187조(승강설비) 사업주는 바닥으로부터 짐 윗면까지의 높이가 2미터 이상인 화물자동차에 짐을 싣는 작업 또는 내리는 작업을 하는 경우에는 근로자의 추가 위험을 방지하기 위하여 해당 작업에 종사하는 근로자가 바닥과 적재함의 짐 윗면 간을 안전하게 오르내리기 위한 설비를 설치하여야 한다.

048

진동에 의한 1차 설비진단법 중 정상, 비정상, 악화의 정도를 판단하기 위한 방법에 해당하지 않는 것은?

① 상호 판단
② 비교 판단
③ 절대 판단
④ 평균 판단

해설

- 진동 상태 평가기준
  (1) 상호 판단 : 여러 대의 설비를 측정한 값을 상호 비교하여 판단
  (2) 비교 판단 : 정기적인 측정결과 간 비교하여 정상인지 여부를 판단
  (3) 절대 판단 : 판정기준과 측정결과를 비교하여 정상인지 여부를 판단

049

둥근톱 기계의 방호장치에서 분할날과 톱날 원주면과의 거리는 몇 mm 이내로 조정, 유지할 수 있어야 하는가?

① 12
② 14
③ 16
④ 18

해설

「방호장치 자율안전기준 고시」
[별표 5] 목재가공용 덮개 및 분할날 성능기준

2. 일반구조

마. 둥근톱에는 분할날을 설치하여야 하며 다음의 세목과 같이 한다.
  1) 분할날의 두께는 둥근톱 두께의 1.1배 이상일 것
     $1.1\,t_1 \leq t_2 < b$
     (t_1 : 톱두께, t_2 : 분할날두께, b : 치진폭)
  2) 견고히 고정할 수 있으며 분할날과 톱날 원주면과의 거리는 12밀리미터 이내로 조정, 유지할 수 있어야 하고 표준 테이블면(승강반에 있어서도 테이블을 최하로 내린 때의 면) 상의 톱 뒷날의 2/3 이상을 덮도록 할 것

050

산업안전보건법령에 따라 사업주가 보일러의 폭발사고를 예방하기 위하여 유지·관리하여야 할 안전장치가 아닌 것은?

① 압력방호판
② 화염 검출기
③ 압력방출장치
④ 고저수위 조절장치

해설

「산업안전보건기준에 관한 규칙」
제119조(폭발위험의 방지) 사업주는 보일러의 폭발 사고를 예방하기 위하여 압력방출장치, 압력제한스위치, 고저수위 조절장치, 화염 검출기 등의 기능이 정상적으로 작동될 수 있도록 유지·관리하여야 한다.

051

질량이 100kg인 물체를 그림과 같이 길이가 같은 2개의 와이어로프로 매달아 옮기고자 할 때 와이어로프 Ta에 걸리는 장력은 약 몇 N인가?

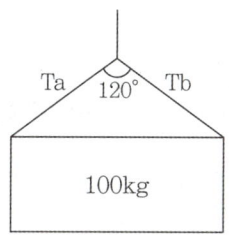

① 200
② 400
③ 490
④ 980

해설

각각의 와이어로프 $\cos(\frac{\theta}{2})$에 해당하는 값이

$\frac{화물의 무게}{2}$에 해당하는 값이므로,

$\frac{\frac{화물의 무게}{2}}{\cos(\frac{\theta}{2})} = \frac{\frac{100}{2}}{\cos(\frac{120}{2})} = \frac{50}{\cos 60} = 100$kg

장력을 구해야 하므로, $100 \times 9.8 = 980$N

052

다음 중 드릴작업의 안전수칙으로 가장 적합한 것은?

① 손을 보호하기 위하여 장갑을 착용한다.
② 작은 일감은 양 손으로 견고히 잡고 작업한다.
③ 정확한 작업을 위하여 구멍에 손을 넣어 확인한다.
④ 작업시작 전 척 렌치(Chuck Wrench)를 반드시 제거하고 작업한다.

해설

- 드릴작업 안전수칙
  - 시동 전 드릴이 올바르게 고정되어 있는지 확인할 것
  - 장갑을 착용하지 않을 것
  - 작업모를 착용하고 옷소매가 긴 작업복은 입지 않을 것
  - 보호안경을 쓰거나 안전덮개를 설치할 것
  - 전기드릴 사용 시 반드시 접지를 할 것
  - 작업 시작 전 척 렌치(Chuck Wrench)를 반드시 제거할 것
  - 이송레버에 파이프를 걸고 작업하지 말 것
  - 드릴 회전 후 테이블에 고정시키지 말 것
  - 드릴 회전 중 칩을 입으로 불거나 손으로 털지 말 것
  - 칩은 와이어 브러시로 제거할 것
  - 작은 구멍을 뚫고 나서 큰 구멍을 뚫을 것
  - 구멍 끝 작업 시 절삭압력을 주지 않을 것
  - 구멍을 뚫을 때 관통한 것을 확인하기 위해 손으로 만지지 말 것
  - 바이스, 지그 등을 사용하여 작업 중 공작물의 유동을 방지할 것
  - 얇은 판에 구멍을 뚫을 때는 나무판을 밑에 받치고 기구로 고정할 것

053

산업안전보건법령에 따라 레버풀러(Lever Puller) 또는 체인블록(Chain Block)을 사용하는 경우 훅의 입구(Hook Mouth) 간격이 제조자가 제공하는 제품사양서 기준으로 몇 % 이상 벌어진 것은 폐기하여야 하는가?

① 3
② 5
③ 7
④ 10

해설

「산업안전보건기준에 관한 규칙」
제96조(작업도구 등의 목적 외 사용 금지 등)
② 사업주는 레버풀러(Lever Puller) 또는 체인블록(Chain Block)을 사용하는 경우 다음 각 호의 사항을 준수하여야 한다.
5. 훅의 입구(Hook Mouth) 간격이 제조자가 제공하는 제품사양서 기준으로 10퍼센트 이상 벌어진 것은 폐기할 것

054

금형의 설치, 해체, 운반 시 안전사항에 관한 설명으로 틀린 것은?

① 운반을 위하여 관통 아이볼트가 사용될 때는 구멍 틈새가 최소화되도록 한다.
② 금형을 설치하는 프레스의 T홈 안길이는 설치볼트 지름의 1/2배 이하로 한다.
③ 고정볼트는 고정 후 가능하면 나사산이 3~4개 정도 짧게 남겨 설치 또는 해체 시 슬라이드 면과의 사이에 협착이 발생하지 않도록 해야 한다.
④ 운반 시 상부금형과 하부금형이 닿을 위험이 있을 때는 고정 패드를 이용한 스트랩, 금속재질이나 우레탄 고무의 블록 등을 사용한다.

> **해설**
> | 프레스 금형작업의 안전에 관한 기술지침 |
> 6. 금형의 운반 및 설치·해체에 의한 위험 방지
>   - 상부금형과 하부금형이 닿을 위험이 있을 때는 고정 패드를 이용한 스트랩, 금속재질이나 우레탄 고무의 블록 등을 사용한다.
>   - 관통 아이볼트가 사용될 때는 구멍 틈새가 최소화되도록 한다. 아이볼트 고정을 위한 탭(Tap)이 있는 구멍들은 볼트 크기가 섞이지 않도록 한다.
>   - <u>금형을 설치하는 프레스의 T홈 안길이는 설치 볼트 직경의 2배 이상으로 한다.</u>
>   - 고정볼트는 고정 후 가능하면 나사산이 3~4개 정도 짧게 남겨 슬라이드 면과의 사이에 협착이 발생하지 않도록 해야 한다.

055

밀링작업의 안전조치에 대한 설명으로 적절하지 않은 것은?

① 절삭 중의 칩 제거는 칩 브레이커로 한다.
② 공작물을 고정할 때에는 기계를 정지시킨 후 작업한다.
③ 강력절삭을 할 경우에는 공작물을 바이스에 깊게 물려 작업한다.
④ 가공 중 공작물의 치수를 측정할 때에는 기계를 정지시킨 후 측정한다.

> **해설**
> - 밀링작업 안전수칙
>   - 장갑을 착용하지 않을 것
>   - 칩의 비산이 많으므로 보안경을 착용할 것
>   - 작업자의 옷소매 등이 커터에 말릴 수 있으므로 주의하고, 끈을 사용해 묶지 않을 것
>   - 칩 제거는 절삭작업이 끝난 후 브러시를 사용할 것
>   - 공작물을 고정할 때에는 기계를 정지시킨 후 작업할 것
>   - 커터는 될 수 있는 한 칼럼에 가깝게 설치할 것
>   - 강력절삭을 할 경우에는 공작물을 바이스에 깊게 물려 작업할 것
>   - 가공 중 공작물의 치수를 측정할 때에는 기계를 정지시킨 후 측정할 것
>   - 커터 교환 시 테이블 위에 나무판을 받칠 것
>   - 커터를 끼울 때는 아버를 깨끗이 닦을 것
>   - 절삭공구에 절삭유 주유 시 커터 위부터 공급할 것

056

산업안전보건법령에 따라 아세틸렌 용접장치의 아세틸렌 발생기를 설치하는 경우, 발생기실의 설치장소에 대한 설명 중 A, B에 들어갈 내용으로 옳은 것은?

> - 발생기실은 건물의 최상층에 위치하여야 하며, 화기를 사용하는 설비로부터 (A)를 초과하는 장소에 설치하여야 한다.
> - 발생기실을 옥외에 설치한 경우에는 그 개구부를 다른 건축물로부터 (B) 이상 떨어지도록 하여야 한다.

① A : 1.5m, B : 3m
② A : 2m, B : 4m
③ A : 3m, B : 1.5m
④ A : 4m, B : 2m

> **해설**
> 「산업안전보건기준에 관한 규칙」
> 제286조(발생기실의 설치장소 등)
> ② 제1항의 발생기실은 건물의 최상층에 위치하여야 하며, 화기를 사용하는 설비로부터 <u>3미터를 초과하는</u> 장소에 설치하여야 한다.
> ③ 제1항의 발생기실을 옥외에 설치한 경우에는 그 개구부를 다른 건축물로부터 <u>1.5미터 이상</u> 떨어지도록 하여야 한다.

057

프레스기의 방호장치 중 위치제한형 방호장치에 해당되는 것은?

① 수인식 방호장치
② 광전자식 방호장치
③ 손쳐내기식 방호장치
④ 양수조작식 방호장치

해설
- 양수조작식 방호장치 : 기동스위치를 활용한 가장 대표적인 위치제한형 방호장치로, 슬라이드 작동 중 정지가 가능하고, 양손으로 동시에 조작해야 하며 한 손이라도 떼어내면 기계를 정지시키는 방호장치
- 완전차단형 방호장치 예 덮개
- 위치제한형 방호장치 예 양수조작식 방호장치
- 접근반응형 방호장치 예 광전자식 방호장치
- 접근거부형 방호장치 예 수인식 방호장치, 손쳐내기식 방호장치

058

프레스 방호장치 중 수인식 방호장치의 일반구조에 대한 사항으로 틀린 것은?

① 수인끈의 재료는 합성섬유로 지름이 4mm이상이어야 한다.
② 수인끈의 길이는 작업자에 따라 임의로 조정할 수 없도록 해야 한다.
③ 수인끈의 안내통은 끈의 마모와 손상을 방지할 수 있는 조치를 해야 한다.
④ 손목밴드(Wrist Band)의 재료는 유연한 내유성 피혁 또는 이와 동등한 재료를 사용해야 한다.

해설
「방호장치 안전인증 고시」
[별표 1] 프레스 또는 전단기 방호장치의 성능기준
35. 수인식 방호장치의 일반구조
가. 손목밴드(Wrist Band)의 재료는 유연한 내유성 피혁 또는 이와 동등한 재료를 사용해야 한다.
나. 손목밴드는 착용감이 좋으며 쉽게 착용할 수 있는 구조이어야 한다.
다. 수인끈의 재료는 합성섬유로 직경이 4mm 이상이어야 한다.
라. 수인끈은 작업자와 작업공정에 따라 그 길이를 조정할 수 있어야 한다.
마. 수인끈의 안내통은 끈의 마모와 손상을 방지할 수 있는 조치를 해야 한다.
바. 각종 레버는 경량이면서 충분한 강도를 가져야 한다.
사. 수인량의 시험은 수인량이 링크에 의해서 조정될 수 있도록 되어야 하며 금형으로부터 위험한계 밖으로 당길 수 있는 구조이어야 한다.

059

산업안전보건법령에 따라 원동기·회전축 등의 위험방지를 위한 설명 중 괄호 안에 들어갈 내용은?

> 사업주는 회전축·기어·풀리 및 플라이휠 등에 부속되는 키·핀 등의 기계요소는 (   )으로 하거나 해당 부위에 덮개를 설치하여야 한다.

① 개방형
② 돌출형
③ 묻힘형
④ 고정형

해설
「산업안전보건기준에 관한 규칙」
제87조(원동기·회전축 등의 위험 방지)
② 사업주는 회전축·기어·풀리 및 플라이휠 등에 부속되는 키·핀 등의 기계요소는 묻힘형으로 하거나 해당 부위에 덮개를 설치하여야 한다.

060

공기압축기의 방호장치가 아닌 것은?

① 언로드 밸브
② 압력방출장치
③ 수봉식 안전기
④ 회전부의 덮개

해설
'수봉식 안전기'는 용접장치의 방호장치이다.
공기압축기의 방호장치로 언로드 밸브, 압력방출장치, 회전부 덮개 등을 설치해야 한다.

제4과목 전기위험방지기술

061

아래 그림과 같이 인체가 전기설비의 외함에 접촉하였을 때 누전사고가 발생하였다. 인체통과전류(mA)는 약 얼마인가?

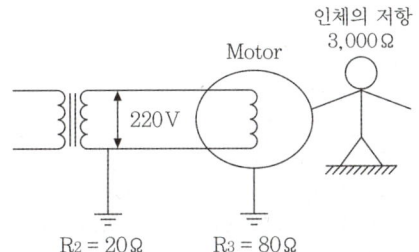

① 35
② 47
③ 58
④ 66

해설

- 인체가 외함에 접촉하였을 때 지락전류
$$I = \frac{V}{R_2 + \frac{RR_3}{R+R_3}} = 2.25$$

- 인체통과전류(감전전류) $= \frac{R_3}{R_3 + R} \times I$

이때, $I = 2.25$이므로,
$$\frac{80}{80+3,000} \times 2.25 ≒ 58.44$$

따라서 인체가 외함에 접촉하였을 때 인체통과전류는 약 58mA이다.

062

전기화재 발생 원인으로 틀린 것은?

① 발화원
② 내화물
③ 착화물
④ 출화의 경과

해설

- 전기화재 발생원인 3요소 : 발화원, 착화물, 출화의 경과

063

사용전압이 380V인 전동기 전로에서 절연저항은 몇 MΩ 이상이어야 하는가?

① 0.1
② 0.2
③ 0.3
④ 0.4

해설

「전기설비기술기준」
제52조(저압전로의 절연성능) 전기사용 장소의 사용전압이 저압인 전로의 전선 상호 간 및 전로와 대지 사이의 절연저항은 개폐기 또는 과전류차단기로 구분할 수 있는 전로마다 다음 표에서 정한 값 이상이어야 한다.

전로의 사용전압	DC 시험전압	절연저항
SELV 및 PELV	250V	0.5MΩ
FELV, 500V 이하	500V	1.0MΩ
500V 초과	1,000V	1.0MΩ

[주] 특별저압(Extra Low Voltage : 2차 전압이 AC 50V, DC 120V 이하)으로 SELV(비접지회로 구성) 및 PELV(접지회로 구성)은 1차와 2차가 전기적으로 절연된 회로, FELV는 1차와 2차가 전기적으로 절연되지 않은 회로

※ 참고 : 「전기설비기술기준」의 개정 전 출제된 문제입니다. 해당 법령의 개정으로 정답이 ③에서 '정답 없음'으로 변경되었습니다.

개정 전

전로의 사용전압의 구분		절연저항치
400V 미만	대지전압이 150V 이하	0.1MΩ
	대지전압이 150V를 넘고 300V 이하	0.2MΩ
	사용전압이 300V를 넘고 400V 미만	0.3MΩ
400V 이상		0.4MΩ

064

정전에너지를 나타내는 식으로 알맞은 것은? (단, Q는 대전 전하량, C는 정전용량이다.)

① $\dfrac{Q}{2C}$
② $\dfrac{Q}{2C^2}$
③ $\dfrac{Q^2}{2C}$
④ $\dfrac{Q^2}{2C^2}$

> **해설**
>
> - 정전에너지 $W = \frac{1}{2}CV^2 = \frac{1}{2}QV = \frac{Q^2}{2C}$
>
>   (이때, C = 정전용량, V = 전압, Q = 전하, $\therefore Q = CV$)

065

누전차단기의 설치가 필요한 것은?

① 이중절연 구조의 전기기계·기구
② 비접지식 전로의 전기기계·기구
③ 절연대 위에서 사용하는 전기기계·기구
④ 도전성이 높은 장소의 전기기계·기구

> **해설**
>
> '이중절연 구조', '비접지식', '절연대 위'의 전기기계·기구는 누전차단기 설치가 필요하지 않다.
>
> 「산업안전보건기준에 관한 규칙」
> 제304조(누전차단기에 의한 감전방지)
> ① 사업주는 다음 각 호의 전기 기계·기구에 대하여 누전에 의한 감전위험을 방지하기 위하여 해당 전로의 정격에 적합하고 감도(전류 등에 반응하는 정도)가 양호하며 확실하게 작동하는 감전방지용 누전차단기를 설치해야 한다.
>   1. 대지전압이 150볼트를 초과하는 이동형 또는 휴대형 전기기계·기구
>   2. 물 등 도전성이 높은 액체가 있는 습윤장소에서 사용하는 저압(1.5천볼트 이하 직류전압이나 1천볼트 이하의 교류전압을 말한다)용 전기기계·기구
>   3. 철판·철골 위 등 도전성이 높은 장소에서 사용하는 이동형 또는 휴대형 전기기계·기구
>   4. 임시배선의 전로가 설치되는 장소에서 사용하는 이동형 또는 휴대형 전기기계·기구
> ③ 다음 각 호의 어느 하나에 해당하는 경우에는 제1항과 제2항을 적용하지 않는다.
>   1. 「전기용품 및 생활용품 안전관리법」이 적용되는 이중절연 또는 이와 같은 수준 이상으로 보호되는 구조로 된 전기기계·기구
>   2. 절연대 위 등과 같이 감전위험이 없는 장소에서 사용하는 전기기계·기구
>   3. 비접지방식의 전로

066

동작 시 아크를 발생하는 고압용 개폐기·차단기·피뢰기 등은 목재의 벽 또는 천장 기타의 가연성 물체로부터 몇 m 이상 떼어놓아야 하는가?

① 0.3
② 0.5
③ 1.0
④ 1.5

> **해설**
>
> 「한국전기설비규정(KEC)」
> 341.7 아크를 발생하는 기구의 시설
> 고압용 또는 특고압용의 개폐기·차단기·피뢰기 기타 이와 유사한 기구(이하 이 조에서 "기구 등"이라 한다)로서 동작 시에 아크가 생기는 것은 목재의 벽 또는 천장 기타의 가연성 물체로부터 다음 표에서 정한 값 이상 이격하여 시설하여야 한다.
>
> 아크를 발생하는 기구 시설 시 이격거리
>
> | 기구 등의 구분 | 이격거리 |
> | --- | --- |
> | 고압용의 것 | 1m 이상 |
> | 특고압용의 것 | 2m 이상(사용전압이 35kV 이하의 특고압용의 기구 등으로서 동작할 때에 생기는 아크의 방향과 길이를 화재가 발생할 우려가 없도록 제한하는 경우에는 1m 이상) |

067

6,600/100V, 15kVA의 변압기에서 공급하는 저압 전선로의 허용 누설전류는 몇 A를 넘지 않아야 하는가?

① 0.025
② 0.045
③ 0.075
④ 0.085

> **해설**
>
> $P = VI$에서 $I = \frac{P}{V}$ 이므로,
>
> 전류 $I = \frac{15 \times 1,000}{100}$
>
> 누설전류는 최대 공급전류의 1/2,000을 넘지 않아야 하므로
>
> $150 \times \frac{1}{2,000} = 0.075A$

「전기설비기술기준」
제27조(전선로의 전선 및 절연성능)
③ 저압전선로 중 절연 부분의 전선과 대지 사이 및 전선의 심선 상호 간의 절연저항은 사용전압에 대한 누설전류가 최대 공급전류의 1/2,000을 넘지 않도록 하여야 한다.

069

정전기 발생에 대한 방지대책의 설명으로 틀린 것은?

① 가스용기, 탱크 등의 도체부는 전부 접지한다.
② 배관 내 액체의 유속을 제한한다.
③ 화학섬유의 작업복을 착용한다.
④ 대전 방지제 또는 제전기를 사용한다.

해설

정전기 발생방지를 위해서 대전방지 작업복을 착용해야 한다.

- 정전기 방지대책
  - 마찰로 인한 정전기를 방지하기 위해 마찰을 최대한 적게 하고, 가습을 한다.
  - 공기를 이온화한다.
  - 도체 부분을 접지한다.
  - 배관 내 액체의 유속을 제한한다.
  - 대전방지제를 사용한다.
  - 제전기 등 제전용구를 사용한다.
  - 작업자는 제전복, 정전화 등을 착용한다.
  - 작업장 바닥에 도전성(정전기 방지용) 매트를 사용한다.

068

이동하여 사용하는 전기기계기구의 금속제 외함 등에 제1종 접지공사를 하는 경우, 접지선 중 가요성을 요하는 부분의 접지선 종류와 단면적의 기준으로 옳은 것은?

① 다심코드, $0.75mm^2$ 이상
② 다심캡타이어 케이블, $2.5mm^2$ 이상
③ 3종 클로로프렌캡타이어 케이블, $4mm^2$ 이상
④ 3종 클로로프렌캡타이어 케이블, $10mm^2$ 이상

해설

※ 참고 : 한국전기설비규정(KEC)의 개정으로 접지대상에 따라 일괄 적용한 종별접지(1종, 2종, 3종, 특3종)가 폐지되어 성립될 수 없는 문제입니다. 해당 규정의 개정으로 정답이 ④에서 '정답 없음'으로 변경되었습니다.

개정 전		
접지공사	접지선 종류	접지선 단면적
제1종 및 제2종	• 3종 및 4종 클로로프렌 캡타이어케이블 • 3종 및 4종 클로로설포네이트 폴리에틸렌캡타이어케이블의 일심 • 다심 캡타이어케이블의 차폐 • 기타의 금속제	$10mm^2$
제3종 및 특별 제3종	• 다심 코드 • 다심 캡타이어케이블의 일심	$0.75mm^2$
	다심 코드 및 다심 캡타이어케이블의 일심 이외의 가요성이 있는 연동전선	$1.5mm^2$

070

정전기의 유동대전에 가장 크게 영향을 미치는 요인은?

① 액체의 밀도
② 액체의 유동속도
③ 액체의 접촉면적
④ 액체의 분출온도

해설

유동대전에 가장 큰 영향을 미치는 요인은 '유동속도'이며, 정전기는 유속의 1.2~2.0 제곱에 비례한다.

- 정전기 유동대전 : 액체류를 파이프 등(고체류)으로 수송할 때 액체와 고체류가 접촉하면서 서로 대전되는 현상으로, 액체의 흐름이 정전기 발생에 영향을 미치는 것으로 고체류 속에 저항이 높은 액체가 흐를 때 발생한다.

071

과전류에 의해 전선의 허용전류보다 큰 전류가 흐르는 경우 절연물이 화구가 없더라도 자연히 발화하고 심선이 용단되는 발화단계의 전선 전류밀도(A/mm^2)는?

① 10~20　　② 30~50
③ 60~120　　④ 130~200

해설

- 전선 전류밀도
  - 인화단계 : 40~43A/mm^2
  - 착화단계 : 43~60A/mm^2
  - 발화단계 : 60~120A/mm^2
  - 용단단계 : 120A/mm^2 이상

해설

「한국전기설비규정(KEC)」
232.12.2 금속관 및 부속품의 선정
(3) 금속관의 방폭형 부속품 중 … 다음의 표준에 적합할 것
　(가) 재료는 건식아연도금법에 의하여 아연도금을 한 위에 투명한 도료를 칠하거나 기타 적당한 방법으로 녹이 스는 것을 방지하도록 한 강(鋼) 또는 가단주철(可鍛鑄鐵)일 것
　(나) 안쪽 면 및 끝부분은 전선을 넣거나 바꿀 때에 전선의 피복을 손상하지 아니하도록 매끈한 것일 것
　(다) 전선관과의 접속부분의 나사는 5턱 이상 완전히 나사결합이 될 수 있는 길이일 것
　(라) 접합면(나사의 결합부분을 제외한다)은 내압 방폭구조(d)의 일반 요구사항에 적합한 것일 것
　(마) 접합면 중 나사의 접합은 내압 방폭구조(d)의 나사 접합에 적합한 것일 것
　(바) 완성품은 내압 방폭구조(d)의 폭발압력(기준압력)측정 및 압력시험에 적합한 것일 것

072

방폭구조에 관계있는 위험 특성이 아닌 것은?

① 발화 온도　　② 증기 밀도
③ 화염 일주한계　　④ 최소 점화전류

해설

'발화 온도', '화염 일주한계(최대 안전틈새)', '최소 점화전류'는 방폭구조와 관계있는 위험 특성이다.

073

금속관의 방폭형 부속품에 대한 설명으로 틀린 것은?

① 재료는 아연도금을 하거나 녹이 스는 것을 방지하도록 한 강 또는 가단주철일 것
② 안쪽 면 및 끝부분은 전선의 피복을 손상하지 않도록 매끈한 것일 것
③ 전선관과의 접속부분의 나사는 5턱 이상 완전히 나사결합이 될 수 있는 길이일 것
④ 완성품은 유입방폭구조의 폭발압력시험에 적합할 것

074

접지의 목적과 효과로 볼 수 없는 것은?

① 낙뢰에 의한 피해방지
② 송배전선에서 지락사고의 발생 시 보호계전기를 신속하게 작동시킴
③ 설비의 절연물이 손상되었을 때 흐르는 누설전류에 의한 감전방지
④ 송배전선로의 지락사고 시 대지전위의 상승을 억제하고 절연강도를 상승시킴

해설

접지를 하였을 경우, 송배전선로의 지락사고 시 대지전위의 상승을 억제하고 절연강도를 경감시킨다.

075

방폭전기설비의 용기 내부에 보호가스를 압입하여 내부압력을 외부 대기 이상의 압력으로 유지함으로써 용기 내부에 폭발성가스 분위기가 형성되는 것을 방지하는 방폭구조는?

① 내압 방폭구조
② 압력 방폭구조
③ 안전증 방폭구조
④ 유입 방폭구조

해설
- 압력 방폭구조(Exp) : 전기설비 용기 내부에 공기, 질소 등의 불활성가스 등을 불어 넣어 용기 내의 압력을 외부 압력보다 높게 유지하여 내부에 가연성 가스 또는 증기가 유입되지 못하도록 한 구조

076

1종 위험장소로 분류되지 않는 것은?

① 탱크류의 벤트(Vent) 개구부 부근
② 인화성 액체 탱크 내의 액면 상부의 공간부
③ 점검수리 작업에서 가연성 가스 또는 증기를 방출하는 경우의 밸브 부근
④ 탱크롤리, 드럼관 등이 인화성 액체를 충전하고 있는 경우의 개구부 부근

해설
'인화성 액체 탱크 내의 액면 상부의 공간부', 즉 인화성 액체 용기 내부는 위험분위기가 지속적 또는 장기간 존재하는 '0종 장소'에 해당한다.

077

기중 차단기의 기호로 옳은 것은?

① VCB
② MCCB
③ OCB
④ ACB

해설
- 기중 차단기(ACB, Air Circuit Breaker) : 공기 중에서 이상상태 때 개폐 가능한 기구로, 회로의 개폐나 단락사고에 의한 단락전류 등에서 전로를 보존하기 위한 차단기
- 진공 차단기(VCB, Vacuum Circuit Breaker) : 절연 내력이 매우 높은 진공 상태의 밀폐공간에서 전력공급 선로의 전류를 차단하기 위한 차단기
- 배선용 차단기(MCCB, Molded Case Circuit Breaker) : 저압 옥내전압의 보호에 사용되는 몰드 케이스 차단기로, 과부하 및 단락보호를 겸한 차단기
- 유입 차단기(OCB, Oil Circuit Breaker) : 차단 부분이 절연유 속에 들어 있는 것으로, 공기 중에 설치된 차단기에 비해 차단효과가 큰 차단기

078

누전사고가 발생될 수 있는 취약 개소가 아닌 것은?

① 나선으로 접속된 분기회로의 접속점
② 전선의 열화가 발생한 곳
③ 부도체를 사용하여 이중절연이 되어 있는 곳
④ 리드선과 단자와의 접속이 불량한 곳

해설
'부도체를 사용하여 이중절연이 되어 있는 곳'은 누전사고가 발생할 가능성이 낮다.

079
지락전류가 거의 0에 가까워서 안정도가 양호하고 무정전의 송전이 가능한 접지방식은?

① 직접 접지방식 ② 리액터 접지방식
③ 저항 접지방식 ④ 소호리액터 접지방식

> **해설**
> - 소호리액터 접지방식 : 소호리액터는 계통의 중성점과 대지 사이에 접속되는 리액터로, 송전선의 중성점을 접지하는 방식이다.
>   - 과도안정도가 좋아 고장 중에도 전력 공급 가능
>   - 지락전류가 최소 0에 가까워 유도장해 적음
>   - 보호장치의 동작이 불확실하여 고장검출 어려움
>   - 단선 사고 시 직렬공진에 의한 이상전압 최대 발생

080
피뢰기가 갖추어야 할 특성으로 알맞은 것은?

① 충격방전 개시전압이 높을 것
② 제한전압이 높을 것
③ 뇌전류의 방전능력이 클 것
④ 속류를 차단하지 않을 것

> **해설**
> - 피뢰기의 성능
>   - 뇌전류 방전능력이 클 것
>   - 제한전압 또는 충격방전 개시전압이 충분히 낮고 보호능력이 있을 것
>   - 속류차단을 확실하게 할 수 있을 것
>   - 대전류 방전 또는 속류차단의 반복동작에 대해 장기간 사용에 견딜 것
>   - 상용주파 방전 개시전압이 회로전압보다 충분히 높아서 상용주파 방전을 하지 않을 것

제5과목 화학설비위험방지기술

081
고체의 연소형태 중 증발연소에 속하는 것은?

① 나프탈렌 ② 목재
③ TNT   ④ 목탄

> **해설**
> - 고체연소
>   - 증발연소 : 고체 가연물이 점화에너지를 공급받아 가연성 증기를 발생하여 발생한 증기와 공기의 혼합상태에서 연소하는 형태(나프탈렌, 황, 파라핀 등)
>   - 표면연소 : 가열 시 열분해에 의해 증발되는 성분 없이 물체 표면에서 산소와 직접 반응하여 연소하는 형태(코크스, 금속분, 목탄 등)
>   - 분해연소 : 고체 가연물이 점화원에 의하여 에너지를 공급할 때 이 공급된 에너지에 의하여 복잡한 경로의 열분해 반응을 일으켜 생성된 가연성 증기와 공기가 혼합하여 연소하는 형태(목재, 종이, 플라스틱, 석탄 등)
>   - 자기연소 : 자체 내에 산소를 함유하고 있어 공기 중의 산소를 필요로 하지 않는 연소형태(제5류 위험물, 니트로글리세린, 니트로셀룰로오스, 트리니트로톨루엔, 질산에틸 등)

082
산업안전보건법령상 "부식성 산류"에 해당하지 않는 것은?

① 농도 20%인 염산
② 농도 40%인 인산
③ 농도 50%인 질산
④ 농도 60%인 아세트산

> **해설**
> 「산업안전보건기준에 관한 규칙」
> [별표 1] 위험물질의 종류
> 6. 부식성 물질
>   가. 부식성 산류
>   (1) 농도가 20퍼센트 이상인 염산, 황산, 질산, 그 밖에 이와 같은 정도 이상의 부식성을 가지는 물질

(2) 농도가 60퍼센트 이상인 인산, 아세트산, 불산, 그 밖에 이와 같은 정도 이상의 부식성을 가지는 물질
나. 부식성 염기류
농도가 40퍼센트 이상인 수산화나트륨, 수산화칼륨, 그 밖에 이와 같은 정도 이상의 부식성을 가지는 염기류

083
뜨거운 금속에 물이 닿으면 튀는 현상과 같이 핵비등(Nucleate Boiling) 상태에서 막비등(Film Boiling)으로 이행하는 온도를 무엇이라 하는가?

① Burn-out Point
② Leidenfrost Point
③ Entrainment Point
④ Sub-cooling Boiling Point

해설
- Leidenfrost Point : 핵비등(Nucleate Boiling) 상태에서 막비등(Film Boiling)으로 이행하는 온도

084
위험물의 취급에 관한 설명으로 틀린 것은?

① 모든 폭발성 물질은 석유류에 침지시켜 보관해야 한다.
② 산화성 물질의 경우 가연물과의 접촉을 피해야 한다.
③ 가스 누설의 우려가 있는 장소에서는 점화원의 철저한 관리가 필요하다.
④ 도전성이 나쁜 액체는 정전기 발생을 방지하기 위한 조치를 취한다.

해설
폭발성 물질은 가연성 물질인 동시에 산소 함유물로, 공기의 공급이 없어도 연소하기 때문에 모든 폭발성 물질을 석유류에 침지시켜 보관할 경우 매우 위험하다.

085
이상반응 또는 폭발로 인하여 발생되는 압력의 방출장치가 아닌 것은?

① 파열판
② 폭압방산구
③ 화염방지기
④ 가용합금안전밸브

해설
화염방지기(Flame Arrester)는 내부에서 발생한 압력의 방출이 아닌 외부에서 발생된 화재가 설비 내부로 역류하는 것을 막는 기능을 한다.

086
분진폭발의 특징으로 옳은 것은?

① 연소속도가 가스폭발보다 크다.
② 완전연소로 가스중독의 위험이 작다.
③ 화염의 파급속도보다 압력의 파급속도가 크다.
④ 가스폭발보다 연소시간은 짧고 발생에너지는 작다.

해설
- 분진폭발의 특징
  - 가스폭발보다 폭발압력과 연소속도가 작다.
  - 가스폭발에 비해 불완전연소의 가능성이 커서 일산화탄소 존재로 인한 가스중독의 위험이 크다.
  - 화염의 파급속도보다 압력의 파급속도가 크다.
  - 가스폭발보다 연소시간이 길고 발생에너지가 크다.
  - 주위 분진에 의해 2차, 3차 폭발로 파급될 수 있다.

087
독성가스에 속하지 않는 것은?

① 암모니아
② 황화수소
③ 포스겐
④ 질소

해설
질소는 불활성 가스로 독성이 없다. 암모니아, 황화수소, 포스겐은 모두 독성 가스이다.

088

Burgess-Wheeler의 법칙에 따르면 서로 유사한 탄화수소계의 가스에서 폭발하한계의 농도(vol%)와 연소열(kcal/mol)의 곱의 값은 약 얼마 정도인가?

① 1,100
② 2,800
③ 3,200
④ 3,800

해설

- Burgess-Wheeler의 법칙 : 포화탄화수소계의 가스에서는 폭발하한계의 농도(vol%)와 그의 연소열(kcal/mol)의 곱은 약 1,100으로 일정하다.

089

위험물안전관리법령상 제3류 위험물 중 금수성 물질에 대하여 적응성이 있는 소화기는?

① 포소화기
② 이산화탄소소화기
③ 할로겐화합물소화기
④ 탄산수소염류분말소화기

해설

금수성 물질에 대하여 적응성이 있는 소화기는 분말소화기 중 탄산수소염류분말소화기이다.

090

공기 중에서 이황화탄소(CS_2)의 폭발한계는 하한값이 1.25vol%, 상한값이 44vol%이다. 이를 20℃ 대기압 하에서 mg/L의 단위로 환산하면 하한값과 상한값은 각각 약 얼마인가? (단, 이황화탄소의 분자량은 76.1이다.)

① 하한값 : 61, 상한값 : 640
② 하한값 : 39.6, 상한값 : 1,393
③ 하한값 : 146, 상한값 : 860
④ 하한값 : 55.4, 상한값 : 1,642

해설

기체는 0℃, 1기압에서 22.4L의 부피를 가진다. 이때 온도를 20℃로 올리면 절대온도 273K에서 22.4L이므로 293K에서의 부피는 $\frac{293}{273} \times 22.4 ≒ 24L$가 된다.

이를 mg/L 단위로 환산하면,

하한값의 경우 농도는 1.25%이므로 12.5×10^{-3}이고, 분자량은 76.1이므로 하한값의 단위부피당 질량은

$$\frac{12.5 \times 10^{-3} \times 76.1}{24} ≒ 39.635 \times 10^{-3} = 39.635 mg/L$$

가 된다.

상한값의 경우 농도는 44%이므로 440×10^{-3}이고, 분자량은 76.1이므로 단위부피당 질량은

$$\frac{440 \times 10^{-3} \times 76.1}{24} ≒ 1,395.2 \times 10^{-3} = 1,395.2 mg/L$$

가 된다.

091

일산화탄소에 대한 설명으로 틀린 것은?

① 무색·무취의 기체이다.
② 염소와 촉매 존재 하에 반응하여 포스겐이 된다.
③ 인체 내의 헤모글로빈과 결합하여 산소운반기능을 저하시킨다.
④ 불연성 가스로서, 허용농도가 10ppm이다.

해설

- 일산화탄소(CO)
  - 가연성 가스로서, 허용농도가 30ppm이다.
  - 무색·무취의 기체이다.
  - 일산화탄소는 촉매가 있으면 염소와 반응하여 포스겐이 된다.
  - 인체 내의 헤모글로빈과 결합하여 산소운반기능을 저하시킨다.

092

금속의 용접·용단 또는 가열에 사용되는 가스 등의 용기를 취급할 때의 준수사항으로 틀린 것은?

① 전도의 위험이 없도록 한다.
② 밸브를 서서히 개폐한다.
③ 용해아세틸렌의 용기는 세워서 보관한다.
④ 용기의 온도를 섭씨 65도 이하로 유지한다.

해설

「산업안전보건기준에 관한 규칙」
제234조(가스 등의 용기) 사업주는 금속의 용접·용단 또는 가열에 사용되는 가스 등의 용기를 취급하는 경우에 다음 각 호의 사항을 준수하여야 한다.
1. 다음 각 목의 어느 하나에 해당하는 장소에서 사용하거나 해당 장소에 설치·저장 또는 방치하지 않도록 할 것
   가. 통풍이나 환기가 불충분한 장소
   나. 화기를 사용하는 장소 및 그 부근
   다. 위험물 또는 제236조에 따른 인화성 액체를 취급하는 장소 및 그 부근
2. 용기의 온도를 섭씨 40도 이하로 유지할 것
3. 전도의 위험이 없도록 할 것
4. 충격을 가하지 않도록 할 것
5. 운반하는 경우에는 캡을 씌울 것
6. 사용하는 경우에는 용기의 마개에 부착되어 있는 유류 및 먼지를 제거할 것
7. 밸브의 개폐는 서서히 할 것
8. 사용 전 또는 사용 중인 용기와 그 밖의 용기를 명확히 구별하여 보관할 것
9. 용해아세틸렌의 용기는 세워 둘 것
10. 용기의 부식·마모 또는 변형상태를 점검한 후 사용할 것

093

산업안전보건법령상 건조설비를 사용하여 작업을 하는 경우 폭발 또는 화재를 예방하기 위하여 준수하여야 하는 사항으로 적절하지 않은 것은?

① 위험물 건조설비를 사용하는 때에는 미리 내부를 청소하거나 환기할 것
② 위험물 건조설비를 사용하는 때에는 건조로 인하여 발생하는 가스·증기 또는 분진에 의하여 폭발·화재의 위험이 있는 물질을 안전한 장소로 배출시킬 것
③ 위험물 건조설비를 사용하여 가열건조하는 건조물은 쉽게 이탈되도록 할 것
④ 고온으로 가열건조한 가연성 물질은 발화의 위험이 없는 온도로 냉각한 후에 격납시킬 것

해설

「산업안전보건기준에 관한 규칙」
제283조(건조설비의 사용) 사업주는 건조설비를 사용하여 작업을 하는 경우에 폭발이나 화재를 예방하기 위하여 다음 각 호의 사항을 준수하여야 한다.
1. 위험물 건조설비를 사용하는 경우에는 미리 내부를 청소하거나 환기할 것
2. 위험물 건조설비를 사용하는 경우에는 건조로 인하여 발생하는 가스·증기 또는 분진에 의하여 폭발·화재의 위험이 있는 물질을 안전한 장소로 배출시킬 것
3. 위험물 건조설비를 사용하여 가열건조하는 건조물은 쉽게 이탈되지 않도록 할 것
4. 고온으로 가열건조한 인화성 액체는 발화의 위험이 없는 온도로 냉각한 후에 격납시킬 것
5. 건조설비(바깥 면이 현저히 고온이 되는 설비만 해당한다)에 가까운 장소에는 인화성 액체를 두지 않도록 할 것

094

유류저장탱크에서 화염의 차단을 목적으로 외부에 증기를 방출하기도 하고 탱크 내 외기를 흡입하기도 하는 부분에 설치하는 안전장치는?

① Vent Stack ② Safety Valve
③ Gate Valve ④ Flame Arrester

해설
화염방지기(Flame Arrester)는 가연성 증기가 발생하는 유류저장탱크에서 증기를 방출하거나 외기를 흡입하는 부분에 설치하는 안전장치로서 화염의 차단을 목적으로 한다.

095

다음 중 공기와 혼합 시 최소착화에너지 값이 가장 작은 것은?

① CH_4 ② C_3H_8
③ C_6H_6 ④ H_2

해설
- CH_4(메탄) : 0.28
- C_3H_8(프로판) : 0.26
- C_6H_6(벤젠) : 0.20
- H_2(수소) : 0.019

096

펌프의 사용 시 공동현상(Cavitation)을 방지하고자 할 때의 조치사항으로 틀린 것은?

① 펌프의 회전수를 높인다.
② 흡입비 속도를 작게 한다.
③ 펌프의 흡입관의 두(Head) 손실을 줄인다.
④ 펌프의 설치높이를 낮추어 흡입양정을 짧게 한다.

해설
- 공동현상(Cavitation) 방지법
  – 펌프의 회전수를 낮춘다.
  – 흡입비 속도를 작게 한다.
  – 펌프의 흡입관의 두(Head) 손실을 줄인다.
  – 펌프의 설치높이를 낮추어 흡입양정을 짧게 한다.

097

다음 중 연소속도에 영향을 주는 요인으로 가장 거리가 먼 것은?

① 가연물의 색상 ② 촉매
③ 산소와의 혼합비 ④ 반응계의 온도

해설
연소속도와 가연물의 색상은 관련이 없다.
연소속도에 영향을 주는 요인으로는 가연물의 온도, 산소와의 혼합비, 반응속도, 촉매, 압력 등이 있다.

098

기체의 자연발화온도 측정법에 해당하는 것은?

① 중량법 ② 접촉법
③ 예열법 ④ 발열법

해설
기체의 자연발화온도 측정법에는 충격파법과 예열법이 있다.

099

디에틸에테르와 에틸알코올이 3 : 1로 혼합증기의 몰비가 각각 0.75, 0.25이고, 디에틸에테르와 에틸알코올의 폭발하한값이 각각 1.9vol%, 4.3vol%일 때 혼합가스의 폭발하한값은 약 몇 vol%인가?

① 2.2
② 3.5
③ 22.0
④ 34.7

해설

V_1(디에틸에테르 부피비) $= \dfrac{3}{3+1} \times 100 = 75$

V_2(에틸알코올 부피비) $= \dfrac{1}{3+1} \times 100 = 25$

$L = \dfrac{100}{\dfrac{75}{1.9} + \dfrac{25}{4.3}} ≒ 2.2$

100

프로판가스 $1m^3$를 완전 연소시키는 데 필요한 이론 공기량은 몇 m^3인가? (단, 공기 중의 산소농도는 20vol%이다.)

① 20
② 25
③ 30
④ 35

해설

프로판(C_3H_8)의 완전연소식은
$C_3H_8 + 5O_2 \rightarrow 3CO_2 + 4H_2O$이다.
프로판 1몰이 연소하기 위해서 산소 5몰이 필요하다. 프로판 $1m^3$를 완전연소시킬 때 필요한 이론 산소량은 비례식을 만들어 구할 수 있다.
$22.4m^3 : 5 \times 22.4m^3 = 1m^3 : x$
∴ 이론 산소량(x) = $5m^3$
이론공기량 $= \dfrac{\text{이론산소량}}{\text{공기의 농도}} = \dfrac{5}{0.2} = 25m^3$

제6과목 건설안전기술

101

다음은 동바리로 사용하는 파이프 서포트의 설치기준이다. ( ) 안에 들어갈 내용으로 옳은 것은?

> 파이프 서포트를 ( ) 이상 이어서 사용하지 않도록 할 것

① 2개
② 3개
③ 4개
④ 5개

해설

「산업안전보건기준에 관한 규칙」
제332조(거푸집동바리 등의 안전조치)
8. 동바리로 사용하는 파이프 서포트에 대해서는 다음 각 목의 사항을 따를 것
 가. 파이프 서포트를 3개 이상 이어서 사용하지 않도록 할 것
 나. 파이프 서포트를 이어서 사용하는 경우에는 4개 이상의 볼트 또는 전용철물을 사용하여 이을 것
 다. 높이가 3.5미터를 초과하는 경우에는 제7호 가목의 조치를 할 것

102

콘크리트 타설 시 거푸집 측압에 관한 설명으로 옳지 않은 것은?

① 타설속도가 빠를수록 측압이 커진다.
② 거푸집의 투수성이 낮을수록 측압은 커진다.
③ 타설높이가 높을수록 측압이 커진다.
④ 콘크리트의 온도가 높을수록 측압이 커진다.

해설
- 콘크리트의 측압의 영향요소
  - 기온이 낮을수록 측압은 크다.
  - 타설속도가 빠를수록 측압은 크다.
  - 슬럼프가 클수록 측압은 크다.
  - 다짐이 충분할수록 측압은 크다.
  - 콘크리트 비중(단위중량)이 클수록 측압은 크다.
  - 거푸집 수평단면이 클수록 측압은 크다.
  - 거푸집의 강성이 클수록 측압은 크다.
  - 부배합일수록 측압은 크다.
  - 콘크리트 타설높이가 높을수록 측압은 크다.
  - 철골, 철근량이 적을수록 측압은 크다.

103
권상용 와이어로프의 절단하중이 200ton일 때 와이어로프에 걸리는 최대하중은? (단, 안전계수는 5이다.)

① 1,000ton
② 400ton
③ 100ton
④ 40ton

해설
안전계수 = $\dfrac{절단하중}{최대하중}$ 이므로

최대하중 = $\dfrac{절단하중}{안전계수} = \dfrac{200}{5} = 40$ 이다.

104
터널 지보공을 설치한 경우에 수시로 점검하고, 이상을 발견한 경우에는 즉시 보강하거나 보수해야 할 사항이 아닌 것은?

① 부재의 긴압 정도
② 기둥침하의 유무 및 상태
③ 부재의 접속부 및 교차부 상태
④ 부재를 구성하는 재질의 종류 확인

해설
「산업안전보건기준에 관한 규칙」
제366조(붕괴 등의 방지) 사업주는 터널 지보공을 설치한 경우에 다음 각 호의 사항을 수시로 점검하여야 하며, 이상을 발견한 경우에는 즉시 보강하거나 보수하여야 한다.
1. 부재의 손상·변형·부식·변위 탈락의 유무 및 상태
2. 부재의 긴압 정도
3. 부재의 접속부 및 교차부의 상태
4. 기둥침하의 유무 및 상태

105
선창의 내부에서 화물취급작업을 하는 근로자가 안전하게 통행할 수 있는 설비를 설치하여야 하는 기준은 갑판의 윗면에서 선창 밑바닥까지의 깊이가 최소 얼마를 초과할 때인가?

① 1.3m
② 1.5m
③ 1.8m
④ 2.0m

해설
「산업안전보건기준에 관한 규칙」
제394조(통행설비의 설치 등) 사업주는 갑판의 윗면에서 선창(船倉) 밑바닥까지의 깊이가 1.5미터를 초과하는 선창의 내부에서 화물취급작업을 하는 경우에 그 작업에 종사하는 근로자가 안전하게 통행할 수 있는 설비를 설치하여야 한다. 다만, 안전하게 통행할 수 있는 설비가 선박에 설치되어 있는 경우에는 그러하지 아니하다.

106
굴착기계의 운행 시 안전대책으로 옳지 않은 것은?

① 버킷에 사람의 탑승을 허용해서는 안 된다.
② 운전반경 내에 사람이 있을 때 회전은 10rpm 정도의 느린 속도로 하여야 한다.
③ 장비의 주차 시 경사지나 굴착작업장으로부터 충분히 이격시켜 주차한다.
④ 전선이나 구조물 등에 인접하여 붐을 선회해야 할 작업에는 사전에 회전반경, 높이제한 등 방호조치를 강구한다.

해설
운전반경 내에 사람이 있을 때는 회전 및 작업을 금지해야 한다.

107
폭우 시 옹벽배면의 배수시설이 취약하면 옹벽 저면을 통하여 침투수(Seepage)의 수위가 올라간다. 이 침투수가 옹벽의 안정에 미치는 영향으로 옳지 않은 것은?

① 옹벽 배면토의 단위수량 감소로 인한 수직 저항력 증가
② 옹벽 바닥면에서의 양압력 증가
③ 수평 저항력(수동토압)의 감소
④ 포화 또는 부분 포화에 따른 뒷채움용 흙무게의 증가

해설
폭우 시 옹벽 배면토의 단위수량이 증가한다.

108
그물코의 크기가 5cm인 매듭 방망일 경우 방망사의 인장강도는 최소 얼마 이상이어야 하는가? (단, 방망사는 신품인 경우이다.)

① 50kg   ② 100kg
③ 110kg   ④ 150kg

해설
「추락재해방지표준안전작업지침」
제5조(방망사의 강도)
방망사의 인장강도

그물코의 크기(cm)	방망의 종류(kg)			
	매듭 없는 방망		매듭 방망	
	신품	폐기 시	신품	폐기 시
10	240	150	200	135
5			110	60

109
부두 등의 하역작업장에서 부두 또는 안벽의 선에 따라 통로를 설치하는 경우, 최소 폭 기준은?

① 90cm 이상   ② 75cm 이상
③ 60cm 이상   ④ 45cm 이상

해설
「산업안전보건기준에 관한 규칙」
제390조(하역작업장의 조치기준) 사업주는 부두·안벽 등 하역작업을 하는 장소에 다음 각 호의 조치를 하여야 한다.
1. 작업장 및 통로의 위험한 부분에는 안전하게 작업할 수 있는 조명을 유지할 것
2. 부두 또는 안벽의 선을 따라 통로를 설치하는 경우에는 폭을 90센티미터 이상으로 할 것
3. 육상에서의 통로 및 작업장소로서 다리 또는 선거(船渠) 갑문(閘門)을 넘는 보도(步道) 등의 위험한 부분에는 안전난간 또는 울타리 등을 설치할 것

110
건설업 산업안전보건관리비 계상 및 사용기준(고용노동부 고시)은 산업재해보상보험법의 적용을 받는 공사 중 총 공사금액이 얼마 이상인 공사에 적용하는가?

① 4천만 원   ② 3천만 원
③ 2천만 원   ④ 1천만 원

해설
「건설업 산업안전보건관리비 계상 및 사용기준」
제3조(적용범위) 이 고시는 「산업재해보상보험법」 제6조에 따라 「산업재해보상보험법」의 적용을 받는 공사 중 총공사금액 2천만 원 이상인 공사에 적용한다.

※ 참고 : 「건설업 산업안전보건관리비 계상 및 사용기준」의 개정 전 출제된 문제입니다. 해당 법령의 개정으로 정답이 ①에서 ③으로 변경되었습니다.

개정 전
제3조(적용범위) 이 고시는 「산업재해보상보험법」 제6조에 따라 「산업재해보상보험법」의 적용을 받는 공사 중 총공사금액 4천만 원 이상인 공사에 적용한다.

111

가설통로를 설치하는 경우 준수하여야 할 기준으로 옳지 않은 것은?

① 경사는 30° 이하로 할 것
② 경사가 15°를 초과하는 경우에는 미끄러지지 아니하는 구조로 할 것
③ 수직갱에 가설된 통로의 길이가 15m 이상인 때에는 15m 이내마다 계단참을 설치할 것
④ 건설공사에 사용하는 높이 8m 이상의 비계다리에는 7m 이내마다 계단참을 설치할 것

> **해설**
> 「산업안전보건기준에 관한 규칙」
> 제23조(가설통로의 구조) 사업주는 가설통로를 설치하는 경우 다음 각 호의 사항을 준수하여야 한다.
> 1. 견고한 구조로 할 것
> 2. 경사는 30도 이하로 할 것. 다만, 계단을 설치하거나 높이 2미터 미만의 가설통로로서 튼튼한 손잡이를 설치한 경우에는 그러하지 아니하다.
> 3. 경사가 15도를 초과하는 경우에는 미끄러지지 아니하는 구조로 할 것
> 4. 추락할 위험이 있는 장소에는 안전난간을 설치할 것. 다만, 작업상 부득이한 경우에는 필요한 부분만 임시로 해체할 수 있다.
> 5. 수직갱에 가설된 통로의 길이가 15미터 이상인 경우에는 10미터 이내마다 계단참을 설치할 것
> 6. 건설공사에 사용하는 높이 8미터 이상인 비계다리에는 7미터 이내마다 계단참을 설치할 것

112

온도가 하강함에 따라 토증수가 얼어 부피가 약 9% 정도 증대하게 됨으로써 지표면이 부풀어 오르는 현상은?

① 동상현상   ② 연화현상
③ 리칭현상   ④ 액상화현상

> **해설**
> • 동상현상 : 온도가 하강함에 따라 토증수가 얼어 부피가 약 9% 정도 증대하게 됨으로써 지표면이 부풀어 오르는 현상

113

강관틀비계를 조립하여 사용하는 경우 준수해야 할 기준으로 옳지 않은 것은?

① 높이가 20m를 초과하거나 중량물의 적재를 수반하는 작업을 할 경우에는 주틀 간의 간격을 2.4m 이하로 할 것
② 수직방향으로 6m, 수평방향으로 8m 이내마다 벽이음을 할 것
③ 길이가 띠장 방향으로 4m 이하이고 높이가 10m를 초과하는 경우에는 10m 이내마다 띠장 방향으로 버팀기둥을 설치할 것
④ 주틀 간에 교차 가새를 설치하고 최상층 및 5층 이내마다 수평재를 설치할 것

> **해설**
> 「산업안전보건기준에 관한 규칙」
> 제62조(강관틀비계) 사업주는 강관틀 비계를 조립하여 사용하는 경우 다음 각 호의 사항을 준수하여야 한다.
> 1. 비계기둥의 밑둥에는 밑받침 철물을 사용하여야 하며 밑받침에 고저차(高低差)가 있는 경우에는 조절형 밑받침 철물을 사용하여 각각의 강관틀비계가 항상 수평 및 수직을 유지하도록 할 것
> 2. 높이가 20미터를 초과하거나 중량물의 적재를 수반하는 작업을 할 경우에는 주틀 간의 간격을 1.8미터 이하로 할 것
> 3. 주틀 간에 교차 가새를 설치하고 최상층 및 5층 이내마다 수평재를 설치할 것
> 4. 수직방향으로 6미터, 수평방향으로 8미터 이내마다 벽이음을 할 것
> 5. 길이가 띠장 방향으로 4미터 이하이고 높이가 10미터를 초과하는 경우에는 10미터 이내마다 띠장 방향으로 버팀기둥을 설치할 것

114

근로자의 추락 등의 위험을 방지하기 위한 안전난간의 구조 및 설치요건에 관한 기준으로 옳지 않은 것은?

① 상부난간대는 바닥면·발판 또는 경사로의 표면으로부터 90cm 이상 지점에 설치할 것
② 발끝막이판은 바닥면 등으로부터 10cm 이상의 높이를 유지할 것
③ 난간대는 지름 1.5cm 이상의 금속제 파이프나 그 이상의 강도를 가진 재료일 것
④ 안전난간은 구조적으로 가장 취약한 지점에서 가장 취약한 방향으로 작용하는 100kg 이상의 하중에 견딜 수 있는 튼튼한 구조일 것

해설
「산업안전보건기준에 관한 규칙」
제13조(안전난간의 구조 및 설치요건)
6. 난간대는 지름 2.7센티미터 이상의 금속제 파이프나 그 이상의 강도가 있는 재료일 것

115

건설공사 유해·위험방지계획서를 제출해야 할 대상 공사에 해당하지 않는 것은?

① 깊이 10m인 굴착공사
② 다목적댐 건설공사
③ 최대 지간길이가 40m인 교량건설 공사
④ 연면적 5,000m² 인 냉동·냉장창고시설의 설비공사

해설
「산업안전보건법 시행령」
제42조(유해위험방지계획서 제출 대상)
③ 법 제42조 제1항 제3호에서 "대통령령으로 정하는 크기 높이 등에 해당하는 건설공사"란 다음 각 호의 어느 하나에 해당하는 공사를 말한다.
1. 다음 각 목의 어느 하나에 해당하는 건축물 또는 시설 등의 건설·개조 또는 해체(이하 "건설 등"이라 한다) 공사
  가. 지상높이가 31미터 이상인 건축물 또는 인공구조물
  나. 연면적 3만제곱미터 이상인 건축물
  다. 연면적 5천제곱미터 이상인 시설로서 다음 어느 하나에 해당하는 시설
2. 연면적 5천제곱미터 이상인 냉동·냉장 창고시설의 설비공사 및 단열공사
3. 최대 지간(支間)길이(다리의 기둥과 기둥의 중심 사이의 거리)가 50미터 이상인 다리의 건설 등 공사
4. 터널의 건설 등 공사
5. 다목적댐, 발전용댐, 저수용량 2천만톤 이상의 용수 전용 댐 및 지방상수도 전용 댐의 건설 등 공사
6. 깊이 10미터 이상인 굴착공사

116

건설현장에 달비계를 설치하여 작업 시 달비계에 사용가능한 와이어로프로 볼 수 있는 것은?

① 이음매가 있는 것
② 와이어로프의 한 꼬임에서 끊어진 소선의 수가 5%인 것
③ 지름의 감소가 공칭지름의 10%인 것
④ 열과 전기충격에 의해 손상된 것

해설
「산업안전보건기준에 관한 규칙」
제63조(달비계의 구조)
① 사업주는 곤돌라형 달비계를 설치하는 경우에는 다음 각 호의 사항을 준수해야 한다.
1. 다음 각 목의 어느 하나에 해당하는 와이어로프를 달비계에 사용해서는 아니 된다.
  가. 이음매가 있는 것
  나. 와이어로프의 한 꼬임[스트랜드(strand)를 말한다. 이하 같다]에서 끊어진 소선(素線)[필러(pillar)선은 제외한다]의 수가 10퍼센트 이상(비자전로프의 경우에는 끊어진 소선의 수가 와이어로프 호칭지름의 6배 길이 이내에서 4개 이상이거나 호칭지름 30배 길이 이내에서 8개 이상)인 것
  다. 지름의 감소가 공칭지름의 7퍼센트를 초과하는 것
  라. 꼬인 것
  마. 심하게 변형되거나 부식된 것
  바. 열과 전기충격에 의해 손상된 것

117
토질시험(Soil Test)방법 중 전단시험에 해당하지 않는 것은?

① 1면 전단 시험 ② 베인 테스트
③ 일축 압축 시험 ④ 투수시험

해설
투수시험은 투수계수를 측정하기 위한 역학적 시험의 한 종류이다.

118
철골 건립기계 선정 시 사전 검토사항과 가장 거리가 먼 것은?

① 건립기계의 소음영향
② 건립기계로 인한 일조권 침해
③ 건물형태
④ 작업반경

해설
일조권 침해 문제는 건립기계 선정 시 사전 검토사항에 해당하지 않는다.

「철골공사표준안전작업지침」
제4조(건립계획)
2. 건립기계는 제3조 제2호 외에 다음 각 목의 사항을 검토하여 적절한 것을 선정하여야 한다.
    가. 건립기계의 출입로, 설치장소, 기계조립에 필요한 면적, 이동식 크레인은 건물주위 주행통로의 유무. 타워크레인과 가이데릭 등 기초구조물을 필요로 하는 정치식 기계는 기초구조물을 설치할 수 있는 공간과 면적 등을 검토하여야 한다.
    나. 이동식 크레인의 엔진소음은 부근의 환경을 해칠 우려가 있으므로 학교, 병원, 주택 등이 근접되어 있는 경우에는 소음을 측정 조사하고 소음진동 허용치는 관계법에서 정하는 바에 따라 처리하여야 한다.
    다. 건물의 길이 또는 높이 등 건물의 형태에 적합한 건립기계를 선정하여야 한다.
    라. 타워크레인, 가이데릭, 삼각데릭 등 정치식 건립기계의 경우 그 기계의 작업반경이 건물전체를 수용할 수 있는 지의 여부, 또 부움이 안전하게 인양할 수 있는 하중범위, 수평거리, 수직높이 등을 검토하여야 한다.

119
감전재해의 직접적인 요인으로 가장 거리가 먼 것은?

① 통전전압의 크기 ② 통전전류의 크기
③ 통전시간 ④ 통전경로

해설
감전재해의 직접적인 요인으로 가장 거리가 먼 것은 통전전압의 크기이다.
• 감전재해의 직접적인 요인 : 통전전류의 크기, 통전시간, 통전경로, 통전전원의 종류 등

120
클램셸(Clam Shell)의 용도로 옳지 않은 것은?

① 잠함안의 굴착에 사용된다.
② 수면 아래의 자갈, 모래를 굴착하고 준설선에 많이 사용된다.
③ 건축구조물의 기초 등 정해진 범위의 깊은 굴착에 적합하다.
④ 단단한 지반의 작업도 가능하며 작업속도가 빠르고 특히 암반굴착에 적합하다.

해설
클램셸은 단단한 지반의 작업은 어렵다.

2019년 제3회 산업안전기사 채점표

구분	제1과목	제2과목	제3과목	제4과목	제5과목	제6과목	전과목 평균
점수							

※ 합격기준 : 100점을 만점으로 하여 과목당 40점 이상, 전과목 평균 60점 이상

2019년 제3회 정답

001	002	003	004	005	006	007	008	009	010	011	012	013	014	015	016	017	018	019	020
②	③	①	③	①	③	②	③	③	④	①	④	④	④	①	②	③	②	④	③
021	022	023	024	025	026	027	028	029	030	031	032	033	034	035	036	037	038	039	040
②	①	①	④	②	③	①	②	②	④	②	②	①	②	③	②	②	③	①	④
041	042	043	044	045	046	047	048	049	050	051	052	053	054	055	056	057	058	059	060
④	④	①	①	①	③	②	④	①	①	④	④	④	②	①	③	④	②	③	③
061	062	063	064	065	066	067	068	069	070	071	072	073	074	075	076	077	078	079	080
③	②	–	③	④	③	③	–	③	②	③	②	④	④	②	②	④	③	④	③
081	082	083	084	085	086	087	088	089	090	091	092	093	094	095	096	097	098	099	100
①	②	②	④	③	④	①	④	②	④	④	③	④	④	④	①	①	④	①	②
101	102	103	104	105	106	107	108	109	110	111	112	113	114	115	116	117	118	119	120
②	④	④	④	④	②	①	③	①	③	③	①	①	③	③	④	②	②	①	④

2020년 산업안전기사 기출문제

제1·2회 통합
2020. 06. 06. 시행

제3회
2020. 08. 22. 시행

제4회
2020. 09. 26. 시행

산업안전기사 필기
기출문제집

2020년 제1·2회 통합 산업안전기사 기출문제

2020. 06. 06. 시행

제1과목 안전관리론

001
산업안전보건법령상 안전보건표지의 종류 중 경고표지에 해당하지 않는 것은?

① 레이저광선 경고
② 급성독성물질 경고
③ 매달린 물체 경고
④ 차량통행 경고

해설
「산업안전보건법 시행규칙」
[별표 6] 안전보건표지의 종류와 형태
2. 경고표지
- 201 인화성물질 경고
- 202 산화성물질 경고
- 203 폭발성물질 경고
- 204 급성독성물질 경고
- 205 부식성물질 경고
- 206 방사성물질 경고
- 207 고압전기 경고
- 208 매달린 물체 경고
- 209 낙하물 경고
- 210 고온 경고
- 211 저온 경고
- 212 몸균형 상실 경고
- 213 레이저광선 경고
- 214 발암성·변이원성·생식독성·전신독성·호흡기과민성 물질 경고
- 215 위험장소 경고

002
몇 사람의 전문가에 의하여 과제에 관한 견해를 발표한 뒤에 참가자로 하여금 의견이나 질문을 하게 하여 토의하는 방법을 무엇이라 하는가?

① 심포지엄(Symposium)
② 버즈 세션(Buzz Session)
③ 케이스 메소드(Case Method)
④ 패널 디스커션(Panel Discussion)

해설
- 심포지엄(Symposium) : 여러 명의 전문가가 하나의 주제에 대한 각자의 입장을 발표하고, 참가자로 하여금 의견이나 질문을 하게 하는 토의방식
- 버즈 세션(Buzz Session) : 참가자가 다수인 경우, 집단 구성원 모두가 토의에 참여할 수 있도록 소집단으로 나누어 진행하는 토의방식
- 케이스 메소드(Case Method) : 개인이나 집단 등을 하나의 단위로 선택하여, 실제의 구체적인 사례를 다양한 측면에서 면밀하게 조사·분석하는 사례연구
- 패널 디스커션(Panel Discussion) : 토론집단을 각 분야의 전문가로 구성된 패널 멤버와 청중으로 나누고, 토론 주제에 대해 우선 패널 멤버 간 토론 후 패널 멤버와 청중의 질의응답 방식으로 진행하는 토론형식

003
작업을 하고 있을 때 긴급 이상상태 또는 돌발 사태가 되면 순간적으로 긴장하게 되어 판단능력의 둔화 또는 정지상태가 되는 것은?

① 의식의 우회
② 의식의 과잉
③ 의식의 단절
④ 의식의 수준 저하

해설
- 의식의 과잉 : 지나친 의욕에 의해서 생기는 부주의 현상으로, 돌발 사태 및 긴급 이상 사태 시 순간적으로 긴장되고 의식이 한 방향으로만 쏠리게 되어 판단능력의 둔화 또는 정지상태가 되는 것
- 부주의 발생 원인
  - 의식의 단절
  - 의식의 우회
  - 의식의 혼란
  - 의식수준 저하
  - 의식의 과잉

004

A 사업장의 2019년 도수율이 10이라 할 때, 연천인율은 얼마인가?

① 2.4
② 5
③ 12
④ 24

해설

연천인율 = 도수율 × 2.4
= 10 × 2.4 = 24

- 연천인율 : 1년간 평균 근로자 1,000명당 재해발생건수

005

산업안전보건법령상 산업안전보건위원회의 사용자위원에 해당되지 않는 사람은? (단, 각 사업장은 해당하는 사람을 선임하여야 하는 대상 사업장으로 한다.)

① 안전관리자
② 산업보건의
③ 명예산업안전감독관
④ 해당 사업장 부서의 장

해설

「산업안전보건법 시행령」
제35조(산업안전보건위원회의 구성)
② 산업안전보건위원회의 사용자위원은 다음 각 호의 사람으로 구성한다. 다만, 상시근로자 50명 이상 100명 미만을 사용하는 사업장에서는 제5호에 해당하는 사람을 제외하고 구성할 수 있다.
  1. 해당 사업의 대표자
  2. 안전관리자 1명
  3. 보건관리자 1명
  4. 산업보건의
  5. 해당 사업의 대표자가 지명하는 9명 이내의 해당 사업장 부서의 장

006

산업안전보건법상 안전관리자의 업무는?

① 직업성질환 발생의 원인조사 및 대책수립
② 해당 사업장 안전교육계획의 수립 및 안전교육 실시에 관한 보좌 및 조언·지도
③ 근로자의 건강장해의 원인조사와 재발방지를 위한 의학적 조치
④ 당해 작업에서 발생한 산업재해에 관한 보고 및 이에 대한 응급조치

해설

「산업안전보건법 시행령」
제18조(안전관리자의 업무 등)
① 안전관리자의 업무는 다음 각 호와 같다.
  1. 산업안전보건위원회 또는 안전 및 보건에 관한 노사협의체에서 심의·의결한 업무와 해당 사업장의 안전보건관리규정 및 취업규칙에서 정한 업무
  2. 위험성평가에 관한 보좌 및 지도·조언
  3. 안전인증대상 기계 등과 자율안전확인대상 기계 등 구입 시 적격품의 선정에 관한 보좌 및 지도·조언
  4. 해당 사업장 안전교육계획의 수립 및 안전교육 실시에 관한 보좌 및 지도·조언
  5. 사업장 순회점검, 지도 및 조치 건의
  6. 산업재해 발생의 원인 조사·분석 및 재발 방지를 위한 기술적 보좌 및 지도·조언
  7. 산업재해에 관한 통계의 유지·관리·분석을 위한 보좌 및 지도·조언
  8. 법 또는 법에 따른 명령으로 정한 안전에 관한 사항의 이행에 관한 보좌 및 지도·조언
  9. 업무 수행 내용의 기록·유지
  10. 그 밖에 안전에 관한 사항으로서 고용노동부장관이 정하는 사항

007

어느 사업장에서 물적손실이 수반된 무상해사고가 180건 발생하였다면 중상은 몇 건이나 발생할 수 있는가? (단, 버드의 재해구성 비율법칙에 따른다.)

① 6건
② 18건
③ 20건
④ 29건

> **해설**
> 버드의 재해구성비율에 따르면
> 무상해사고 : 중상 = 30 : 10이므로,
> 무상해사고가 180일 경우 중상은 60이 된다.
> - 버드(Bird) – 재해발생비율
>   중상 또는 폐질 : 경상 : 무상해 사고 : 무상해 및 무사고 고장 = 1 : 10 : 30 : 600

008
안전보건교육 계획에 포함해야 할 사항이 아닌 것은?

① 교육지도안
② 교육장소 및 교육방법
③ 교육의 종류 및 대상
④ 교육의 과목 및 교육내용

> **해설**
> - 안전·보건교육계획 포함사항
>   - 교육 대상
>   - 교육 종류 및 방법
>   - 교육 내용 및 과목
>   - 교육 기간 및 시간
>   - 교육 장소
>   - 교육 강사 및 담당자

009
Y·G 성격검사에서 "안전, 적응, 적극형"에 해당하는 형의 종류는?

① A형 ② B형
③ C형 ④ D형

> **해설**
> - Y·G 성격검사
>   - A형(평균형) : 조화적, 적응적
>   - B형(우편형) : 정서불안정, 활동적, 외향적
>   - C형(좌편형) : 온순, 소극적, 내향적
>   - D형(우하형) : 안정, 적응, 적극형
>   - E형(좌하형) : 불안정, 부적응, 수동형

010
안전교육에 대한 설명으로 옳은 것은?

① 사례중심과 실연을 통하여 기능적 이해를 돕는다.
② 사무직과 기능직은 그 업무가 판이하게 다르므로 분리하여 교육한다.
③ 현장 작업자는 이해력이 낮으므로 단순반복 및 암기를 시킨다.
④ 안전교육에 건성으로 참여하는 것을 방지하기 위하여 인사고과에 필히 반영한다.

> **해설**
> - 안전교육
>   - 사례중심과 실연을 통하여 기능적 이해를 돕는다.
>   - 동시에 사무직과 기능직 교육이 가능하다.
>   - 단순반복 및 암기는 피한다.

011
산업안전보건법령에 따라 환기가 극히 불량한 좁은 밀폐된 장소에서 용접작업을 하는 근로자를 대상으로 한 특별안전·보건교육 내용에 포함되지 않는 것은? (단, 일반적인 안전·보건에 필요한 사항은 제외한다.)

① 환기설비에 관한 사항
② 질식 시 응급조치에 관한 사항
③ 작업순서, 안전작업방법 및 수칙에 관한 사항
④ 폭발 한계점, 발화점 및 인화점 등에 관한 사항

> **해설**
> 「산업안전보건법 시행규칙」
> [별표 5] 안전보건교육 교육대상별 교육내용
> 1. 근로자 안전보건교육
>   라. 특별교육 대상 작업별 교육
>   3. 밀폐된 장소(탱크 내 또는 환기가 극히 불량한 좁은 장소를 말한다)에서 하는 용접작업 또는 습한 장소에서 하는 전기 용접 작업
> - 작업순서, 안전작업방법 및 수칙에 관한 사항
> - 환기설비에 관한 사항
> - 전격 방지 및 보호구 착용에 관한 사항
> - 질식 시 응급조치에 관한 사항
> - 작업환경 점검에 관한 사항
> - 그 밖에 안전·보건관리에 필요한 사항

012

크레인, 리프트 및 곤돌라는 사업장에 설치가 끝난 날부터 몇 년 이내에 최초의 안전검사를 실시해야 하는가? (단, 이동식 크레인, 이삿짐운반용 리프트는 제외한다.)

① 1년　　② 2년
③ 3년　　④ 4년

> **해설**
> 「산업안전보건법 시행규칙」
> 제126조(안전검사의 주기와 합격표시 및 표시방법) 제1항
> 1. 크레인(이동식 크레인은 제외한다), 리프트(이삿짐운반용 리프트는 제외한다) 및 곤돌라 : 사업장에 설치가 끝난 날부터 3년 이내에 최초 안전검사를 실시하되, 그 이후부터 2년마다(건설현장에서 사용하는 것은 최초로 설치한 날부터 6개월마다)

013

재해코스트 산정에 있어 시몬즈(R. H. Simonds)방식에 의한 재해코스트 산정법으로 옳은 것은?

① 직접비 + 간접비
② 간접비 + 비보험코스트
③ 보험코스트 + 비보험코스트
④ 보험코스트 + 사업부보상금 지급액

> **해설**
> • 시몬즈의 재해코스트 산정법
> 　총 재해코스트 = 보험코스트 + 비보험코스트

014

다음 중 맥그리거(McGregor)의 Y이론과 가장 거리가 먼 것은?

① 성선설　　　② 상호신뢰
③ 선진국형　　④ 권위주의적 리더십

> **해설**
> • 맥그리거(McGregor) – X · Y이론
> (1) X이론
> 　– 저개발국형
> 　– 성악설
> 　– 인간 불신감
> 　– 물질욕구(저차원 욕구)에 만족
> 　– 명령, 통제에 의한 관리(권위주의적 리더십)
> (2) Y이론
> 　– 선진국형
> 　– 성선설
> 　– 상호 신뢰감
> 　– 정신욕구(고차원 욕구)에 만족
> 　– 목표통합과 자기통제에 의한 자율 관리

015

생체리듬(Biorhythm) 중 일반적으로 28일을 주기로 반복되며, 주의력 · 창조력 · 예감 및 통찰력 등을 좌우하는 리듬은?

① 육체적 리듬　　② 지성적 리듬
③ 감성적 리듬　　④ 정신적 리듬

> **해설**
> • 생체리듬(Biorhythm) : 인간의 체온, 호르몬 분비, 대사, 수면 등의 변동에 일정한 주기가 있다는 이론이다.
> – 종류 및 주기
> 　(1) 신체(Physical) 리듬의 주기 : 23일
> 　　⑩ 활동력, 지구력 등
> 　(2) 감정(Sensitivity) 리듬의 주기 : 28일
> 　　⑩ 정서, 창조력, 예감, 감정 등
> 　(3) 지성(Intellectual) 리듬의 주기 : 33일
> 　　⑩ 상상력, 사고력, 판단력, 기억력 등

016
재해예방의 4원칙에 해당하지 않는 것은?

① 예방가능의 원칙   ② 손실가능의 원칙
③ 원인연계의 원칙   ④ 대책선정의 원칙

해설
- 하인리히(Heinrich) – 재해예방 4원칙
  (1) 손실우연 원칙 : 재해손실은 사고발생 시 사고대상의 조건에 따라 달라지므로, 한 사고의 결과로서 생긴 재해손실은 우연성에 의해 결정된다.
  (2) 원인계기 원칙 : 재해발생에는 반드시 원인이 있으며, 이는 복합적이고 필연적인 인과관계로 작용한다.
  (3) 예방가능 원칙 : 모든 재해는 예방이 가능하다는 원칙으로, 원인만 제거하면 원칙적으로 예방이 가능하다.
  (4) 대책선정 원칙 : 재해예방이 가능한 안전대책은 반드시 존재하므로, 사고의 원인을 발견하면 반드시 대책을 세워야 한다.

017
관리감독자를 대상으로 교육하는 TWI의 교육내용이 아닌 것은?

① 문제해결훈련   ② 작업지도훈련
③ 인간관계훈련   ④ 작업방법훈련

해설
- TWI(Training Within Industry for supervisors) 교육내용
  (1) 작업지도훈련(JIT : Job Instruction Training)
  (2) 작업방법훈련(JMT : Job Methods Training)
  (3) 인간관계훈련(JRT : Job Relations Training)
  (4) 작업안전훈련(JST : Job Safety Training)

018
위험예지훈련 4R(라운드) 기법의 진행방법에서 3R에 해당하는 것은?

① 목표설정   ② 대책수립
③ 본질추구   ④ 현상파악

해설
- 위험예지훈련 4라운드
  (1) 1라운드 – 현상파악 : 구성원 전원이 대화를 통해 어떤 위험이 잠재되어 있는지 발견
  (2) 2라운드 – 본질추구 : 발견된 위험요인 중 중요한 위험 포인트를 파악하여 표시
  (3) 3라운드 – 대책수립 : 표시한 위험 포인트를 해결하기 위한 구체적·실행가능한 대책 수립
  (4) 4라운드 – 목표설정 : 수립한 대책 중 중점실시항목에 표시하고, 이를 실천하기 위한 팀 행동목표를 설정 후 제창

019
무재해운동의 기본이념 3원칙 중 다음에서 설명하는 것은?

> 직장 내의 모든 잠재 위험요인을 적극적으로 사전에 발견, 파악, 해결함으로써 뿌리에서부터 산업 재해를 제거하는 것

① 무의 원칙   ② 선취의 원칙
③ 참가의 원칙   ④ 확인의 원칙

해설
- 무재해운동의 3원칙(기본이념)
  (1) 무(無, Zero)의 원칙 : 모든 잠재 위험요인을 사전에 발견하고 파악·해결하여 산업재해의 근원적인 요소를 없앰
  (2) 안전제일(선취)의 원칙 : 행동하기 전에 잠재 위험요인을 발견하고 파악·해결하여 재해를 예방
  (3) 참가의 원칙 : 잠재 위험요인을 발견하고 파악·해결하기 위해 전원이 협력하여 문제해결

020

방진마스크의 사용 조건 중 산소농도의 최소기준으로 옳은 것은?

① 16% ② 18%
③ 21% ④ 23.5%

해설
「보호구 안전인증 고시」
[별표 4] 방진마스크의 성능기준
2. 형태 및 구조분류

| 사용 조건 | 산소농도 18% 이상인 장소에서 사용하여야 한다. |

제2과목 인간공학 및 시스템안전공학

021

인체 계측 자료의 응용 원칙이 아닌 것은?

① 기존 동일 제품을 기준으로 한 설계
② 최대치수와 최소치수를 기준으로 한 설계
③ 조절범위를 기준으로 한 설계
④ 평균치를 기준으로 한 설계

해설
- 인체 계측 자료의 응용 원칙
  (1) 최대치수와 최소치수 설계(극단치 설계)
  (2) 조절범위 설계
  (3) 평균치를 기준으로 한 설계

022

인체에서 뼈의 주요 기능이 아닌 것은?

① 인체의 지주   ② 장기의 보호
③ 골수의 조혈   ④ 근육의 대사

해설
- 인체에서 뼈의 주요 기능
  - 인체의 지주
  - 장기의 보호
  - 골수의 조혈

023

각 부품의 신뢰도가 다음과 같을 때 시스템의 전체 신뢰도는 약 얼마인가?

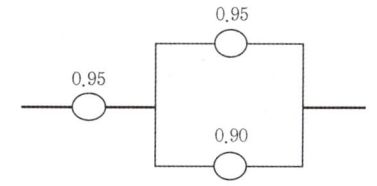

① 0.8123 ② 0.9453
③ 0.9553 ④ 0.9953

해설
$0.95 \times \{1 - (1 - 0.95)(1 - 0.90)\} = 0.94525 ≒ 0.9453$

024

손이나 특정 신체부위에 발생하는 누적손상장애(CTD)의 발생인자와 가장 거리가 먼 것은?

① 무리한 힘   ② 다습한 환경
③ 장시간의 진동 ④ 반복도가 높은 작업

해설
- 누적손상장애(CTD)의 발생원인
  - 반복적인 동작
  - 부적절한 작업 자세
  - 무리한 힘의 사용
  - 날카로운 면과 신체 접촉
  - 진동 및 온도

025

인간공학 연구조사에 사용되는 기준의 구비조건과 가장 거리가 먼 것은?

① 다양성   ② 적절성
③ 무오염성   ④ 기준 척도의 신뢰성

> **해설**
> - 연구기준의 요건
>   - 타당성(적절성) : 실제로 의도하는 바와 부합해야 함
>   - 순수성(무오염성) : 측정하고자 하는 변수 외의 다른 변수의 영향을 받아서는 안 됨
>   - 신뢰성 : 비슷한 조건에서 일정한 결과를 반복적으로 얻을 수 있어야 함
>   - 민감도 : 예상 차이점에 비례하는 단위로 측정해야 함

026
의자 설계 시 고려해야 할 일반적인 원리와 가장 거리가 먼 것은?

① 자세 고정을 줄인다.
② 조정이 용이해야 한다.
③ 디스크가 받는 압력을 줄인다.
④ 요추 부위의 후만곡선을 유지한다.

> **해설**
> - 의자 설계의 일반 원리
>   - 요추 부위의 전만곡선을 유지한다.
>   - 디스크 압력을 줄인다.
>   - 등근육의 정적부하를 감소시킨다.
>   - 자세 고정을 줄인다.
>   - 쉽게 조절할 수 있도록 설계한다.
>   - 의자의 높이는 오금의 높이보다 같거나 낮게 한다.

027
다음 FT도에서 시스템에 고장이 발생할 확률은 약 얼마인가? (단, X_1과 X_2의 발생확률은 각각 0.05, 0.03이다.)

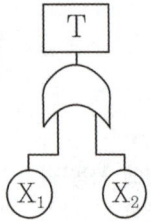

① 0.0015
② 0.0785
③ 0.9215
④ 0.9985

> **해설**
> $T = 1 - (1 - 0.05)(1 - 0.03) = 0.0785$

028
반사율이 85%, 글자의 밝기가 400cd/m²인 VDT화면에 350lux의 조명이 있다면 대비는 약 얼마인가?

① -6.0
② -5.0
③ -4.2
④ -2.8

> **해설**
> - 휘도 = $\dfrac{반사율 \times 조도}{면적}$ (단, 면적은 r=1m인 원)
> - 전체휘도 = 밝기 + 휘도
> - 대비 = $\dfrac{휘도 - 전체휘도}{휘도}$
>
> 반사율 : 85%, 조도 : 350lux, 밝기 : 400cd/m²
> 휘도 : $\dfrac{0.85 \times 350}{3.14} ≒ 94.7 cd/m^2$
> 전체 공간의 휘도 : 400 + 94.7 = 494.7cd/m²
> ∴ 대비 : $\dfrac{94.7 - 494.7}{94.7} ≒ -4.22$

029
화학설비에 대한 안전성 평가 중 정량적 평가항목에 해당되지 않는 것은?

① 공정
② 취급물질
③ 압력
④ 화학설비 용량

> **해설**
> - 정량적 평가 항목
>   - 취급물질, 화학설비의 용량, 온도, 압력, 조작

030
시각 장치와 비교하여 청각 장치 사용이 유리한 경우는?

① 메시지가 길 때
② 메시지가 복잡할 때
③ 정보 전달 장소가 너무 소란할 때
④ 메시지에 대한 즉각적인 반응이 필요할 때

해설
- 청각적 표시장치
  - 메시지가 짧고 단순한 경우
  - 메시지가 시간적 사건을 다룰 경우
  - 메시지를 나중에 참고할 필요가 없을 경우
  - 수신장소가 너무 밝거나 암조응유지가 필요할 경우
  - 수신자가 자주 움직일 경우
  - 즉각적인 행동이 필요한 경우
  - 수신자의 시각계통이 과부하 상태인 경우
- 시각적 표시장치
  - 메시지가 길고 복잡한 경우
  - 메시지가 공간적 위치를 다룰 경우
  - 메시지를 나중에 참고할 필요가 있을 경우
  - 소음이 과도할 경우
  - 수신자의 이동이 적을 경우
  - 즉각적인 행동이 불필요한 경우
  - 수신자의 청각계통이 과부하 상태인 경우

031
산업안전보건법령상 사업주가 유해위험방지계획서를 제출할 때에는 사업장별로 관련 서류를 첨부하여 해당 작업 시작 며칠 전까지 해당 기관에 제출하여야 하는가?

① 7일   ② 15일
③ 30일 ④ 60일

해설
「산업안전보건법 시행규칙」
제42조(제출서류 등)
① 법 제42조 제1항 제1호에 해당하는 사업주가 유해위험방지계획서를 제출할 때에는 사업장별로 별지 제16호 서식의 제조업 등 유해위험방지계획서에 다음 각 호의 서류를 첨부하여 해당 작업 시작 15일 전까지 공단에 2부를 제출해야 한다. 이 경우 유해위험방지계획서의 작성기준, 작성자, 심사기준, 그 밖에 심사에 필요한 사항은 고용노동부장관이 정하여 고시한다.

032
인간-기계 시스템을 설계할 때에는 특정기능을 기계에 할당하거나 인간에게 할당하게 된다. 이러한 기능 할당과 관련된 사항으로 옳지 않은 것은? (단, 인공지능과 관련된 사항은 제외한다.)

① 인간은 원칙을 적용하여 다양한 문제를 해결하는 능력이 기계에 비해 우월하다.
② 일반적으로 기계는 장시간 일관성이 있는 작업을 수행하는 능력이 인간에 비해 우월하다.
③ 인간은 소음, 이상온도 등의 환경에서 작업을 수행하는 능력이 기계에 비해 우월하다.
④ 일반적으로 인간은 주위가 이상하거나 예기치 못한 사건을 감지하여 대처하는 능력이 기계에 비해 우월하다.

해설
- 인간이 기계보다 우수한 기능
  - 매우 낮은 수준의 자극도 감지
  - 갑작스런 이상현상이나 예기치 못한 사건을 감지
  - 많은 양의 정보를 장시간 보관
  - 과부하 상황에서는 상대적으로 중요한 활동에만 관심
  - 귀납적 추리
  - 원칙을 적용, 다양한 문제해결
  - 주관적인 추산과 평가
  - 보관된 정보를 회수(상기)하며, 관련된 수많은 정보 항목들을 회수(회수신뢰도는 낮음)
- 기계가 인간보다 우수한 기능
  - 인간의 정상적인 감지 범위 밖의 자극을 감지
  - 사전에 명시된 사상이나 드물게 발생하는 사상을 감지
  - 암호화된 정보를 신속하게 대량으로 보관 가능
  - 과부하 상태에서도 효율적으로 작동
  - 연역적 추리
  - 정해진 프로그램에 의해 정량적인 정보처리
  - 물리적인 양을 계수하거나 측정
  - 반복 작업의 수행에 높은 신뢰성
  - 장시간에 걸쳐 원만한 작업 수행
  - 여러 개의 프로그램된 활동 동시 수행
  - 주위가 소란해도 효율적으로 작동

033

모든 시스템 안전분석에서 제일 첫 번째 단계의 분석으로, 실행되고 있는 시스템을 포함한 모든 것의 상태를 인식하고 시스템의 개발단계에서 시스템 고유의 위험상태를 식별하여 예상되고 있는 재해의 위험수준을 결정하는 것을 목적으로 하는 위험분석 기법은?

① 결함위험분석(FHA : Fault Hazard Analysis)
② 시스템위험분석(SHA : System Hazard Analysis)
③ 예비위험분석(PHA : Preliminary Hazard Analysis)
④ 운용위험분석(OHA : Operating Hazard Analysis)

해설
- 예비위험분석(PHA)
  - 모든 시스템 안전 프로그램의 최초단계 분석
  - 시스템 내의 위험요소가 얼마나 위험한 상태에 있는가를 정성적으로 평가
  - 시스템 개발 단계에서 시스템 고유의 위험상태를 식별하고 예상되는 재해의 위험 수준을 결정

034

컷셋(Cut Set)과 패스셋(Path Set)에 관한 설명으로 옳은 것은?

① 동일한 시스템에서 패스셋의 개수와 컷셋의 개수는 같다.
② 패스셋은 동시에 발생했을 때 정상사상을 유발하는 사상들의 집합이다.
③ 일반적으로 시스템에서 최소 컷셋의 개수가 늘어나면 위험 수준이 높아진다.
④ 최소 컷셋은 어떤 고장이나 실수를 일으키지 않으면 재해는 일어나지 않는다고 하는 것이다.

해설
- 컷셋(Cut Set)
  - 정상사상을 발생시키는 기본사상의 집합
  - 모든 기본사상이 일어났을 때 정상사상을 일으키는 기본사상의 집합
- 최소 컷셋(Minimal Cut Set)
  - 정상사상을 일으키기 위하여 필요한 최소한의 컷셋
  - 시스템의 위험성을 나타냄
- 일반적으로 시스템에서 최소 컷셋의 개수가 늘어나면 위험 수준이 높아짐
- 패스셋(Path Set)
  - 시스템의 고장을 일으키지 않는 기본사상의 집합
  - 포함된 기본사상이 일어나지 않을 때 처음으로 정상사상이 일어나지 않는 기본사상의 집합
- 최소 패스셋(Minimal Path Set)
  - 시스템의 기능을 살리는 최소한의 집합
  - 시스템의 신뢰성을 나타냄

035

조종장치를 촉각적으로 식별하기 위하여 사용되는 촉각적 코드화의 방법으로 옳지 않은 것은?

① 색감을 활용한 코드화
② 크기를 이용한 코드화
③ 조종장치의 형상 코드화
④ 표면 촉감을 이용한 코드화

해설
- 조종장치의 촉각적 암호화
  - 표면 촉감을 사용하는 경우
  - 형상을 구별하여 사용하는 경우
  - 크기를 구별하여 사용하는 경우

036

FT도에서 사용하는 기호 중 다음 그림과 같이 OR 게이트이지만 2개 또는 그 이상의 입력이 동시에 존재할 때 출력이 생기지 않는 경우 사용하는 것은?

① 부정 OR 게이트   ② 배타적 OR 게이트
③ 억제 게이트   ④ 조합 OR 게이트

> **해설**
> 배타적 OR 게이트는 OR 게이트이나 2개 또는 그 이상의 입력이 존재하는 경우에는 출력이 발생하지 않는다.

037

휴먼 에러(Human Error)의 요인을 심리적 요인과 물리적 요인으로 구분할 때, 심리적 요인에 해당하는 것은?

① 일이 너무 복잡한 경우
② 일의 생산성이 너무 강조될 경우
③ 동일 형상의 것이 나란히 있을 경우
④ 서두르거나 절박한 상황에 놓여있을 경우

> **해설**
> - 휴먼에러의 심리적 요인 : 지식이 부족한 경우, 의욕·사기가 결여되는 경우, 서두르거나 절박한 상황에 놓여있을 경우 등
> - 휴먼에러의 물리적 요인 : 일이 단조로운 경우, 일이 너무 복잡한 경우, 일의 생산성이 너무 강조될 경우, 동일 형상의 것이 나란히 있는 경우 등

038

적절한 온도의 작업환경에서 추운 환경으로 온도가 변할 때 우리의 신체가 수행하는 조절작용이 아닌 것은?

① 발한(發汗)이 시작된다.
② 피부의 온도가 내려간다.
③ 직장(直腸)온도가 약간 올라간다.
④ 혈액의 많은 양이 몸의 중심부를 위주로 순환한다.

> **해설**
> 발한이 시작되는 것은 더운 환경으로 변했을 때 나타나는 조절작용이다.
> - 온도가 내려갈 때 신체 조절작용
>   - 피부의 온도가 내려간다.
>   - 직장(直腸)의 온도가 올라간다.
>   - 몸이 떨리고, 소름이 돋는다.
>   - 피부를 경유하는 혈액 순환량이 감소하고, 많은 양의 혈액이 몸의 중심부를 순환한다.
>   - 피부 근처 혈관이 수축하여 열 방출량이 감소하고, 근육을 떨리게 하여 열 발생량이 증가한다.

039

시스템안전 MIL-STD-882B 분류기준의 위험성 평가 매트릭스에서 발생빈도에 속하지 않는 것은?

① 거의 발생하지 않는(Remote)
② 전혀 발생하지 않는(Impossible)
③ 보통 발생하는(Reasonably Probable)
④ 극히 발생하지 않을 것 같은(Extremely Improbable)

> **해설**
> - 시스템안전 MIL-STD-882B 분류기준 발생빈도
>   - 자주 발생하는(Frequent)
>   - 보통 발생하는(Probable)
>   - 가끔 발생하는(Occasional)
>   - 거의 발생하지 않는(Remote)
>   - 극히 발생하지 않는(Improbable)

040

FTA에 의한 재해사례 연구순서 중 2단계에 해당하는 것은?

① FT도의 작성
② 톱 사상의 선정
③ 개선계획의 작성
④ 사상의 재해원인을 규명

> **해설**
> - FTA에 의한 재해사례 연구순서
>   (1) 제1단계 : 톱 사상 선정
>   (2) 제2단계 : 사상의 재해원인 및 요인 규명
>   (3) 제3단계 : FT도 작성
>   (4) 제4단계 : 개선계획 작성

제3과목 기계위험방지기술

041
산업안전보건법령상 로봇에 설치되는 제어장치의 조건에 적합하지 않은 것은?

① 누름버튼은 오작동 방지를 위한 가드를 설치하는 등 불시기동을 방지할 수 있는 구조로 제작·설치되어야 한다.
② 로봇에는 외부 보호 장치와 연결하기 위해 하나 이상의 보호정지회로를 구비해야 한다.
③ 전원공급램프, 자동운전, 결함검출 등 작동제어의 상태를 확인할 수 있는 표시장치를 설치해야 한다.
④ 조작버튼 및 선택스위치 등 제어장치에는 해당 기능을 명확하게 구분할 수 있도록 표시해야 한다.

해설
「위험기계·기구 자율안전확인 고시」
[별표 2] 산업용 로봇의 제작 및 안전기준

5. 제어장치
가. 누름버튼은 오작동 방지를 위한 가드를 설치하는 등 불시기동을 방지할 수 있는 구조로 제작·설치되어야 한다.
나. 전원공급램프, 자동운전, 결함검출 등 작동제어의 상태를 확인할 수 있는 표시장치를 설치해야 한다.
다. 조작버튼 및 선택스위치 등 제어장치에는 해당 기능을 명확하게 구분할 수 있도록 표시해야 한다.

042
컨베이어의 제작 및 안전기준상 작업구역 및 통행구역에 덮개, 울 등을 설치해야 하는 부위에 해당하지 않는 것은?

① 컨베이어의 동력전달 부분
② 컨베이어의 제동장치 부분
③ 호퍼, 슈트의 개구부 및 장력 유지장치
④ 컨베이어 벨트, 풀리, 롤러, 체인, 스프라켓, 스크류 등

해설
「위험기계·기구 자율안전확인 고시」
[별표 6] 컨베이어의 제작 및 안전기준

6. 덮개 또는 울
가. 작업구역 및 통행구역에서 다음의 부위에는 덮개, 울, 물림보호물(Nip Guard), 감응형 방호장치(광전자식, 안전매트 등) 등을 설치해야 한다. 1) 컨베이어의 동력전달 부분 2) 컨베이어 벨트, 풀리, 롤러, 체인, 스프라켓, 스크류 등 3) 호퍼, 슈트의 개구부 및 장력 유지장치 4) 기타 가동부분과 정지부분 또는 다른 물건 사이 틈 등 작업자에게 위험을 미칠 우려가 있는 부분. 다만, 그 틈이 5mm 이내인 경우에는 예외로 할 수 있다. 5) 운반되는 재료 또는 컨베이어가 화상 등을 일으킬 수 있는 구간. 다만, 이 경우 덮개나 울을 설치해야 한다.

043
산업안전보건법령상 탁상용 연삭기의 덮개에는 작업받침대와 연삭숫돌과의 간격을 몇 mm 이하로 조정할 수 있어야 하는가?

① 3
② 4
③ 5
④ 10

해설
「방호장치 자율안전기준 고시」
[별표 4] 연삭기 덮개의 성능기준

2. 일반구조
가. 덮개에 인체의 접촉으로 인한 손상위험이 없어야 한다.
나. 덮개에는 그 강도를 저하시키는 균열 및 기포 등이 없어야 한다.
다. 탁상용 연삭기의 덮개에는 워크레스트 및 조정편을 구비하여야 하며, 워크레스트는 연삭숫돌과의 간격을 3밀리미터 이하로 조정할 수 있는 구조이어야 한다.
라. 각종 고정부분은 부착하기 쉽고 견고하게 고정될 수 있어야 한다.

044
다음 중 회전축, 커플링 등 회전하는 물체에 작업복 등이 말려드는 위험을 초래하는 위험점은?

① 협착점
② 접선물림점
③ 절단점
④ 회전말림점

해설
- 기계설비의 위험점
  (1) 협착점 : 왕복운동을 하는 동작부분과 고정부분 사이에 형성되는 위험점
      예 프레스, 압축용접기, 성형기, 펀칭기, 단조해머 등
  (2) 끼임점 : 고정부와 회전하는 동작부분 사이에 형성되는 위험점
      예 연삭숫돌과 덮개 사이, 교반기 날개와 용기의 몸체 사이, 반복작동하는 링크기구, 프레임의 요동운동 등
  (3) 절단점 : 회전하는 운동부분이나 운동하는 기계부분 자체의 위험에서 초래되는 위험점
      예 밀링커터, 둥근톱날, 띠톱, 벨트의 이음새 등
  (4) 물림점 : 반대방향으로 맞물려 회전하는 두 개의 물체에 물려 들어가는 위험점
      예 롤러와 기어가 서로 맞물려 회전 등
  (5) 접선물림점 : 회전하는 부분의 접선방향으로 물려 들어가는 위험점
      예 풀리와 V-belt 사이, 체인과 스프로킷 휠 사이, 피니언과 랙 사이 등
  (6) 회전말림점 : 회전하는 물체에 작업복 등이 말려 들어가는 위험점
      예 축, 커플링, 회전하는 드릴 등

045

가공기계에 쓰이는 주된 풀 푸르프(Fool Proof)에서 가드(Guard)의 형식으로 틀린 것은?

① 인터록 가드(Interlock Guard)
② 안내 가드(Guide Guard)
③ 조정 가드(Adjustable Guard)
④ 고정 가드(Fixed Guard)

해설
- 풀 푸르프(Fool Proof) : 작업자의 실수나 오류가 사고로 이어지지 않도록 예방하는 안전기구
  - 가드(Guard) 종류
    (1) 고정가드 : 개구부로부터 가공물과 공구 등을 넣어도 손은 위험영역에 머무르지 않음
    (2) 조정가드 : 가공물과 공구에 맞도록 형상과 크기 조절
    (3) 경고가드 : 손이 위험영역에 들어가기 전 경고
    (4) 인터록가드 : 기계식 작동 중에 개폐되는 경우 기계 정지

046

밀링작업 시 안전수칙으로 틀린 것은?

① 보안경을 착용한다.
② 칩은 기계를 정지시킨 다음에 브러시로 제거한다.
③ 가공 중에는 손으로 가공면을 점검하지 않는다.
④ 면장갑을 착용하여 작업한다.

해설
- 밀링작업 안전수칙
  - 장갑을 착용하지 않을 것
  - 칩의 비산이 많으므로 보안경을 착용할 것
  - 작업자의 옷소매 등이 커터에 말릴 수 있으므로 주의하고, 끈을 사용해 묶지 않을 것
  - 칩 제거는 절삭작업이 끝난 후 브러시를 사용할 것
  - 공작물을 고정할 때에는 기계를 정지시킨 후 작업할 것
  - 커터는 될 수 있는 한 칼럼에 가깝게 설치할 것
  - 강력절삭을 할 경우에는 공작물을 바이스에 깊게 물려 작업할 것
  - 가공 중 공작물의 치수를 측정할 때에는 기계를 정지시킨 후 측정할 것
  - 커터 교환 시 테이블 위에 나무판을 받칠 것
  - 커터를 끼울 때는 아버를 깨끗이 닦을 것
  - 절삭공구에 절삭유 주유 시 커터 위부터 공급할 것

047

크레인의 방호장치에 해당되지 않는 것은?

① 권과방지장치   ② 과부하방지장치
③ 비상정지장치   ④ 자동보수장치

해설
크레인의 방호장치로 과부하방지장치, 권과방지장치, 비상정지장치 및 제동장치 등을 설치해야 한다.

048

무부하 상태에서 지게차로 20km/h의 속도로 주행할 때, 좌우 안정도는 몇 % 이내이어야 하는가?

① 37%   ② 39%
③ 41%   ④ 43%

해설

기준무부하 상태에서 지게차 주행 시 좌우 안정도는 (15 + 1.1 V)%이므로, 15 + 1.1×20 = 37
따라서 좌우 안정도는 37% 이내이어야 한다.

「건설기계 안전기준에 관한 규칙」
제22조(안정도)

기준 부하상태	하역작업 시	전후 안정도 4%
		좌우 안정도 6%
	주행 시	전후 안정도 18%
기준 무부하상태	주행 시	좌우 안정도 (15 + 1.1 V)% (이때, V = 최고주행속도)

049

선반가공 시 연속적으로 발생되는 칩으로 인해 작업자가 다치는 것을 방지하기 위하여 칩을 짧게 절단시켜 주는 안전장치는?

① 커버
② 브레이크
③ 보안경
④ 칩 브레이커

해설

- 칩 브레이커(Chip Breaker) : 절삭가공에서 긴 칩(Chip)을 짧게 절단하기 위한 장치로, 선반작업 시 칩이 길어지게 되면 회전하고 있는 공작물에 감겨 들어가서 가공이 어려워질 뿐만 아니라 작업이 위험하게 되므로, 칩 브레이커를 사용해 가공할 때 나오는 칩을 잘라낸다.

050

아세틸렌 용접장치에 관한 설명 중 틀린 것은?

① 아세틸렌 발생기로부터 5m 이내, 발생기실로부터 3m 이내에는 흡연 및 화기사용을 금지한다.
② 발생기실에는 관계 근로자가 아닌 사람이 출입하는 것을 금지한다.
③ 아세틸렌 용기는 뉘어서 사용한다.
④ 건식안전기의 형식으로 소결금속식과 우회로식이 있다.

해설

「산업안전보건기준에 관한 규칙」
제234조(가스 등의 용기)
9. 용해아세틸렌의 용기는 세워 둘 것
제290조(아세틸렌 용접장치의 관리 등)
2. 발생기실에는 관계 근로자가 아닌 사람이 출입하는 것을 금지할 것
3. 발생기에서 5미터 이내 또는 발생기실에서 3미터 이내의 장소에서는 흡연, 화기의 사용 또는 불꽃이 발생할 위험한 행위를 금지시킬 것

051

산업안전보건법령상 프레스의 작업시작 전 점검사항이 아닌 것은?

① 금형 및 고정볼트 상태
② 방호장치의 기능
③ 전단기의 칼날 및 테이블의 상태
④ 트롤리(Trolley)가 횡행하는 레일의 상태

해설

「산업안전보건기준에 관한 규칙」
[별표 3] 작업시작 전 점검사항

1. 프레스 등을 사용하여 작업을 할 때
가. 클러치 및 브레이크의 기능
나. 크랭크축·플라이휠·슬라이드·연결봉 및 연결 나사의 풀림 여부
다. 1행정 1정지기구·급정지장치 및 비상정지장치의 기능
라. 슬라이드 또는 칼날에 의한 위험방지 기구의 기능
마. 프레스의 금형 및 고정볼트 상태
바. 방호장치의 기능
사. 전단기(剪斷機)의 칼날 및 테이블의 상태

052

프레스 양수조작식 방호장치 누름버튼의 상호 간 내측거리는 몇 mm 이상인가?

① 50
② 100
③ 200
④ 300

> **해설**
> 「방호장치 안전인증 고시」
> [별표 1] 프레스 또는 전단기 방호장치의 성능기준
> 20. 양수조작식 방호장치의 일반구조
> 아. 누름버튼의 상호 간 내측거리는 300mm 이상이어야 한다.

053

산업안전보건법령상 승강기의 종류에 해당하지 않는 것은?

① 리프트
② 에스컬레이터
③ 화물용 엘리베이터
④ 승객용 엘리베이터

> **해설**
> 리프트와 승강기는 모두 양중기에 해당한다.
> 「산업안전보건기준에 관한 규칙」
> 제132조(양중기)
> 5. "승강기"란 건축물이나 고정된 시설물에 설치되어 일정한 경로에 따라 사람이나 화물을 승강장으로 옮기는 데에 사용되는 설비로서 다음 각 목의 것을 말한다.
> 가. 승객용 엘리베이터
> 나. 승객화물용 엘리베이터
> 다. 화물용 엘리베이터
> 라. 소형화물용 엘리베이터
> 마. 에스컬레이터

054

롤러기의 앞면 롤의 지름이 300mm, 분당회전수가 30회일 경우 허용되는 급정지장치의 급정지거리는 약 몇 mm 이내이어야 하는가?

① 37.7
② 31.4
③ 377
④ 314

> **해설**
> 앞면 롤러의 표면속도
> $V = \dfrac{\pi \cdot D \cdot N}{1,000} = \dfrac{\pi \times 300 \times 30}{1,000} ≒ 28.27$ 이므로, 30 미만이다. 그러므로 급정지거리는 1/3 이내여야 한다.
> 앞면 롤러 원주 $= \pi \times d$ 이므로,
> 급정지거리 $= \dfrac{\pi \times d}{3} = \dfrac{\pi \times 300}{3} ≒ 314$ mm
>
> 「방호장치 자율안전기준 고시」
> [별표 3] 롤러기 급정지장치의 성능기준
> 5. 무부하동작에서 급정지거리
> 앞면 롤러의 표면속도에 따른 급정지거리
>
> | 앞면 롤러의 표면속도(m/min) | 급정지거리 |
> |---|---|
> | 30 미만 | 앞면 롤러 원주의 1/3 이내 |
> | 30 이상 | 앞면 롤러 원주의 1/2.5 이내 |
>
> 이때 표면속도의 산식은 $V = \dfrac{\pi \cdot D \cdot N}{1,000}$ (m/min)
> [단, V: 표면속도, D: 롤러 원통의 직경(mm), N: 1분간에 롤러기가 회전되는 수(rpm)]

055

어떤 로프의 최대하중이 700N이고, 정격하중은 100N이다. 이때 안전계수는 얼마인가?

① 5
② 6
③ 7
④ 8

> **해설**
> 허용하중(정격하중) $= \dfrac{절단하중(최대하중)}{안전계수}$ 이므로,
> $100 = \dfrac{700}{안전계수}$ 이다.
> 따라서 안전계수는 7이다.

056

다음 중 설비의 진단방법에 있어 비파괴시험이나 검사에 해당하지 않는 것은?

① 피로시험
② 음향탐상검사
③ 방사선투과시험
④ 초음파탐상검사

> **해설**
> '피로시험'은 재료의 피로에 대한 저항력을 시험하는 것으로, 재료에 반복하중을 가하고 파괴될 때까지 반복 횟수를 구하는 파괴시험이다.
> - 비파괴시험 : 제품을 파괴하지 않고 제품 내부의 결함, 용접부 내부의 결함 등을 검사하는 방법
>   - 종류 : 누수시험, 누설시험, 음향탐상, 침투탐상, 초음파탐상, 자분탐상, 방사선투과 등

> **해설**
> | 프레스 금형작업의 안전에 관한 기술지침 |
> 5.1 금형의 파손에 의한 위험방지
> (2) 헐거움 방지
>   금형의 조립에 사용하는 볼트 및 너트는 헐거움 방지를 위해 분해, 조립을 고려하면서 스프링 와셔, 로크 너트, 키, 핀, 용접, 접착제 등을 적절히 사용한다.
> (3) 편하중 대책
>   금형의 하중 중심은 편하중 방지를 위해 원칙적으로 프레스의 하중 중심과 일치하도록 한다.
> (5) 낙하방지 등
>   금형에 사용하는 <u>스프링은 압축형으로 한다.</u>

057
지름 5cm 이상을 갖는 회전 중인 연삭숫돌이 근로자들에게 위험을 미칠 우려가 있는 경우에 필요한 방호장치는?

① 받침대　　② 과부하 방지장치
③ 덮개　　　④ 프레임

> **해설**
> 「산업안전보건기준에 관한 규칙」
> 제122조(연삭숫돌의 덮개 등)
> ① 사업주는 회전 중인 연삭숫돌(지름이 5센티미터 이상인 것으로 한정한다)이 근로자에게 위험을 미칠 우려가 있는 경우에 그 부위에 덮개를 설치하여야 한다.

059
기계설비의 작업능률과 안전을 위해 공장의 설비 배치 3단계를 올바른 순서대로 나열한 것은?

① 지역배치 → 건물배치 → 기계배치
② 건물배치 → 지역배치 → 기계배치
③ 기계배치 → 건물배치 → 지역배치
④ 지역배치 → 기계배치 → 건물배치

> **해설**
> - 기계설비의 작업능률과 안전을 위한 배치 단계 : 지역배치 → 건물배치 → 기계배치

058
프레스 금형의 파손에 의한 위험방지 방법이 아닌 것은?

① 금형에 사용하는 스프링은 반드시 인장형으로 할 것
② 작업 중 진동 및 충격에 의해 볼트 및 너트의 헐거워짐이 없도록 할 것
③ 금형의 하중 중심은 원칙적으로 프레스 기계의 하중 중심과 일치하도록 할 것
④ 캠, 기타 충격이 반복해서 가해지는 부분에는 완충장치를 설치할 것

060
다음 중 연삭숫돌의 파괴원인으로 거리가 먼 것은?

① 플랜지가 현저히 클 때
② 숫돌에 균열이 있을 때
③ 숫돌의 측면을 사용할 때
④ 숫돌의 치수 특히 내경의 크기가 적당하지 않을 때

해설

- 연삭숫돌 파괴원인
  - 플랜지 지름이 현저히 작은 경우(플랜지는 숫돌 지름의 1/3 이상)
  - 숫돌의 치수 특히 내경의 크기가 적당하지 않은 경우
  - 숫돌 자체에 균열이 있거나, 과한 충격이 가해진 경우
  - 숫돌 회전중심이 잡히지 않았거나, 베어링 마모에 의한 진동이 생긴 경우
  - 측면용 연삭숫돌이 아닌 연삭숫돌의 측면을 사용
  - 연삭숫돌의 최고 사용회전속도를 초과하여 사용

062

폭발위험장소의 분류 중 인화성 액체의 증기 또는 가연성 가스에 의한 폭발위험이 지속적으로 또는 장기간 존재하는 장소는 몇 종 장소로 분류되는가?

① 0종 장소 ② 1종 장소
③ 2종 장소 ④ 3종 장소

해설

- 0종 장소 : 인화성 또는 가연성 가스·물질·액체·증기가 존재하는 탱크의 내부, 파이프라인, 장치의 내부 등으로, 폭발성 가스 혹은 증기가 폭발 가능한 농도로 계속해서 존재하는 지역이다.
- 위험장소 분류

0종 장소	위험분위기가 지속적으로 또는 장기간 존재하는 장소
1종 장소	상용의 상태(통상적인 유지보수 및 관리상태)에서 위험분위기가 존재하기 쉬운 장소
2종 장소	이상상태(일부 기기의 고장, 기능 상실, 오작동 등) 하에서 위험분위기가 단시간 동안 존재할 수 있는 장소

제4과목 전기위험방지기술

061

충격전압시험 시의 표준충격파형을 1.2×50μs로 나타내는 경우 1.2와 50이 뜻하는 것은?

① 파두장 – 파미장
② 최초섬락시간 – 최종섬락시간
③ 라이징타임 – 스테이블타임
④ 라이징타임 – 충격전압인가시간

해설

- 충격전압시험 시 표준충격파형 = 1.2×50μs
  '1.2×50μs'는 파두 시간이 1.2μs, 파미 시간이 50μs 소요된다는 의미이다.
  - 파두장 : 전압이 정점(파고점)까지 소요되는 시간
  - 파미장 : 파고점에서 파고점의 1/2전압까지 내려오는 데 소요되는 시간

063

활선 작업 시 사용할 수 없는 전기작업용 안전장구는?

① 전기안전모 ② 절연장갑
③ 검전기 ④ 승주용 가제

해설

'승주용 가제'는 작업용 설비로, 절연용 보호구에 해당하지 않는다.

064

인체의 전기저항을 500Ω이라 한다면 심실세동을 일으키는 위험에너지(J)는? (단, 심실세동전류 $I = \dfrac{165}{\sqrt{T}}$ mA, 통전시간은 1초이다.)

① 13.61 ② 23.21
③ 33.42 ④ 44.63

해설

- $W = I^2RT$

$W = (\dfrac{165}{\sqrt{T}} \times 10^{-3})^2 \times R \times T$

인체의 전기저항(R)은 500Ω, 통전시간(T)은 1초이므로,
$(165 \times 10^{-3})^2 \times 500 \times 1 ≒ 13.612$
따라서 위험에너지는 약 13.61J이다.

065

피뢰침의 제한전압이 800kV, 충격절연강도가 1,000kV라 할 때, 보호여유도는 몇 %인가?

① 25
② 33
③ 47
④ 63

해설

- 피뢰기의 보호여유도(%)

$= \dfrac{충격절연강도 - 제한전압}{제한전압} \times 100$

$= \dfrac{1,000 - 800}{800} \times 100 = 25$

따라서 보호여유도는 25%이다.

066

감전사고를 일으키는 주된 형태가 아닌 것은?

① 충전전로에 인체가 접촉되는 경우
② 이중절연 구조로 된 전기 기계·기구를 사용하는 경우
③ 고전압의 전선로에 인체가 근접하여 섬락이 발생된 경우
④ 충전 전기회로에 인체가 단락회로의 일부를 형성하는 경우

해설

'이중절연 구조로 된 전기 기계·기구를 사용하는 경우'는 감전사고 예방대책에 해당한다.

067

화재가 발생하였을 때 조사해야 하는 내용으로 가장 관계가 먼 것은?

① 발화원
② 착화물
③ 출화의 경과
④ 응고물

해설

「화재조사 및 보고규정」
제3조(조사구분 및 범위)
1. 화재원인조사
  가. 발화원인 조사 : 발화지점, 발화열원, 발화요인, 최초 착화물 및 발화관련기기 등
  나. 발견, 통보 및 초기소화상황 조사 : 발견경위, 통보 및 초기소화 등 일련의 행동과정
  다. 연소상황 조사 : 화재의 연소경로 및 연소확대물, 연소확대사유 등
  라. 피난상황 조사 : 피난경로, 피난상의 장애요인 등
  마. 소방·방화시설 등 조사 : 소방·방화시설의 활용 또는 작동 등의 상황

068

정전기에 관한 설명으로 옳은 것은?

① 정전기는 발생에서부터 억제-축적방지-안전한 방전이 재해를 방지할 수 있다.
② 정전기 발생은 고체의 분쇄공정에서 가장 많이 발생한다.
③ 액체의 이송 시 그 속도(유속)를 7m/s 이상 빠르게 하여 정전기의 발생을 억제한다.
④ 접지 값은 10Ω 이하로 하되 플라스틱 같은 절연도가 높은 부도체를 사용한다.

해설

- 정전기의 특성
  - 정전기 발생은 물체의 특성, 표면의 상태, 물질의 이력, 접촉 면적 및 압력 등에 따라 달라진다. 대개 분체투입 및 집진공정에서와 같이 분진을 취급하는 공정에서 가장 많이 발생한다.
  - 저항률이 10^{10} Ω·cm 미만인 도전성 위험물의 배관유속은 7m/s 이하로 한다.
  - 정전기 대책을 위한 접지는 10^6 Ω이다. 부도체는 전하이동이 어려워 접지 효과가 거의 없다.

069

전기설비의 필요한 부분에 반드시 보호접지를 실시하여야 한다. 접지공사의 종류에 따른 접지저항과 접지선의 굵기가 틀린 것은?

① 제1종 : 10Ω 이하, 공칭단면적 6mm² 이상의 연동선
② 제2종 : $\frac{150}{1선지락전류}$ Ω 이하, 공칭단면적 2.5mm² 이상의 연동선
③ 제3종 : 100Ω 이하, 공칭단면적 2.5mm² 이상의 연동선
④ 특별 제3종 : 10Ω 이하, 공칭단면적 2.5mm² 이상의 연동선

해설

• 접지방식

접지대상	개정 전		개정 후(현재)
(특)고압 설비	1종 : 접지저항 10Ω 이하		• 계통접지 : TN, TT, IT 계통 • 보호접지 : 등전위 본딩 등 • 피뢰시스템접지
600V 이하 설비	특3종 : 접지저항 10Ω 이하		
400V 이하 설비	3종 : 접지저항 100Ω 이하		
변압기	2종 : $\frac{150/300/600}{1선지락전류}$ Ω 이하		'변압기 중성점 접지'로 명칭 변경

• 접지도체 최소단면적

접지대상	개정 전		개정 후(현재)
(특)고압 설비	1종 : 6.0mm² 이상		상도체 단면적 S(mm²)에 따라 선정 • $S ≤ 16 : S$ • $16 < S ≤ 35 : 16$ • $35 < S : S/2$ 또는 차단시간 5초 이하의 경우 • $S = \sqrt{I^2 t}/k$
600V 이하 설비	특3종 : 2.5mm² 이상		
400V 이하 설비	3종 : 2.5mm² 이상		
변압기	2종 : 16.0mm² 이상		

※ 참고 : 한국전기설비규정(KEC)의 개정으로 접지대상에 따라 일괄 적용한 종별접지(1종, 2종, 3종, 특3종)가 폐지되어 성립될 수 없는 문제입니다. 해당 규정의 개정으로 정답이 ②에서 '정답 없음'으로 변경되었습니다.

070

교류아크용접기에 전격 방지기를 설치하는 요령 중 틀린 것은?

① 이완 방지 조치를 한다.
② 직각으로만 부착해야 한다.
③ 동작 상태를 알기 쉬운 곳에 설치한다.
④ 테스트 스위치는 조작이 용이한 곳에 위치시킨다.

해설

사용전류에 차이가 발생하므로 전격 방지기는 직각으로 부착해야 한다. 단, 직각으로 부착이 어려울 때는 연직 또는 수평에 대해 부착면의 경사가 20°를 넘지 않게 부착할 수 있다.

071

전기기기의 Y종 절연물의 최고 허용온도는?

① 80℃   ② 85℃
③ 90℃   ④ 105℃

해설

• Y종 절연 : 허용 최고 온도 90℃에 충분히 견디는 재료로 구성된 절연으로, 물·비단·종이 등의 재료로 구성되어 바니쉬류를 함침하지 않은 또는 유중에 담그지도 않은 절연물
• 절연물 등급에 따른 허용 최고온도

구분	최고허용온도
Y종	90℃
A종	105℃
E종	120℃
B종	130℃
F종	155℃
H종	180℃
C종	180℃ 초과

072

내압방폭구조의 기본적 성능에 관한 사항으로 틀린 것은?

① 내부에서 폭발할 경우 그 압력에 견딜 것
② 폭발화염이 외부로 유출되지 않을 것
③ 습기침투에 대한 보호가 될 것
④ 외함 표면온도가 주위의 가연성 가스에 점화하지 않을 것

해설
- 내압방폭구조 : 용기 내부에 발생한 폭발압력을 견딜 수 있는 강도를 지닌 구조로, 외부 점화원에 착화되거나 파급되지 않도록 한 방폭구조
  - 내압방폭구조 3조건
    (1) 내부의 폭발압력에 견디는 기계적 강도
    (2) 내부의 폭발로 일어난 불꽃이나 고온 가스가 용기의 접합부분을 통하여 외부 가스에 점화하지 않음
    (3) 용기의 외부 표면온도가 외부 가스의 발화온도에 달하지 않음

073

온도조절용 바이메탈과 온도 퓨즈가 회로에 조합되어 있는 다리미를 사용한 가정에서 화재가 발생했다. 다리미에 부착되어 있던 바이메탈과 온도 퓨즈를 대상으로 화재사고를 분석하려 하는데 논리기호를 사용하여 표현하고자 한다. 어느 기호가 적당한가? (단, 바이메탈의 작동과 온도 퓨즈가 끊어졌을 경우를 0, 그렇지 않을 경우를 1이라 한다.)

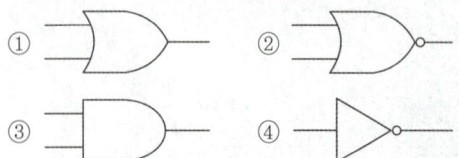

해설
온도조절용 바이메탈과 온도 퓨즈가 일정 온도 이상에도 끊어지지 않고 계속 연결되어, 다리미의 온도가 지속적으로 상승해 화재가 발생한 경우이다.
두 개의 입력(바이메탈과 온도 퓨즈)이 모두 1일 때, 출력이 1이 되는 회로는 AND(논리곱) 회로이다.
- AND Gate : 바이메탈이 작동하거나 온도 퓨즈가 끊어지면 다리미는 작동하지 않음

입력		출력
바이메탈	온도 퓨즈	
0	0	0
0	1	0
1	0	0
1	1	1

- 바이메탈 : 일정 온도에 이르면 자동으로 회로가 열려 과열 방지
- 온도 퓨즈 : 바이메탈을 이용한 자동온도 조절장치가 고장나면 퓨즈가 끊어지면서 전류 차단

074

화염일주한계에 대한 설명으로 옳은 것은?

① 폭발성 가스와 공기의 혼합기에 온도를 높인 경우 화염이 발생할 때까지의 시간 한계치
② 폭발성 분위기에 있는 용기의 접합면 틈새를 통해 화염이 내부에서 외부로 전파되는 것을 저지할 수 있는 틈새의 최대 간격치
③ 폭발성 분위기 속에서 전기불꽃에 의하여 폭발을 일으킬 수 있는 화염을 발생시키기에 충분한 교류파형의 1주기치
④ 방폭설비에서 이상이 발생하여 불꽃이 생성된 경우에 그것이 점화원으로 작용하지 않도록 화염의 에너지를 억제하여 폭발하한계로 되도록 화염 크기를 조정하는 한계치

해설
- 최대안전틈새(MESG, Maximum Experimental Safe Gap) : 폭발성 분위기 내에 방치된 용기의 접합면 틈새를 통해 폭발화염이 내부에서 외부로 전파되는 것(화염일주)을 방지할 수 있는 틈새의 최대 간격치로, 폭발성 가스의 종류에 따라 다름

075

폭발위험이 있는 장소의 설정 및 관리와 가장 관계가 먼 것은?

① 인화성 액체의 증기 사용
② 가연성 가스의 제조
③ 가연성 분진 제조
④ 종이 등 가연성 물질 취급

해설

「산업안전보건기준에 관한 규칙」
제230조(폭발위험이 있는 장소의 설정 및 관리)
① 사업주는 다음 각 호의 장소에 대하여 폭발위험장소의 구분도(區分圖)를 작성하는 경우에는 「산업표준화법」에 따른 한국산업표준으로 정하는 기준에 따라 가스폭발 위험장소 또는 분진폭발 위험장소로 설정하여 관리하여야 한다.
  1. 인화성 액체의 증기나 인화성 가스 등을 제조·취급 또는 사용하는 장소
  2. 인화성 고체를 제조·사용하는 장소

076

인체의 표면적이 $0.5m^2$이고 정전용량은 $0.02pF/cm^2$이다. 3,300V의 전압이 인가되어 있는 전선에 접근하여 작업을 할 때 인체에 축적되는 정전기 에너지(J)는?

① 5.445×10^{-2}
② 5.445×10^{-4}
③ 2.723×10^{-2}
④ 2.723×10^{-4}

해설

- 정전에너지 $W = \frac{1}{2}CV^2$

정전용량 $0.02pF/cm^2$를 m^2로 단위 통일하기 위해서는 길이가 아니고 면적이므로 100^2을 곱해야 한다.

정전용량 $C = 0.5m^2 \times (100^2 \times 0.02)pF/m^2 = 100pF$

$\frac{1}{2} \times 100 \times 10^{-12} \times (3,300)^2 = 5.445 \times 10^{-4}$

따라서 문제 내 작업 시 인체 내 축적되는 정전기 에너지는 5.445×10^{-4}J이다.

- 정전에너지 $W = \frac{1}{2}CV^2 = \frac{1}{2}QV = \frac{Q^2}{2C}$
  (이때, C = 정전용량, V = 전압, Q = 전하, ∴ $Q = CV$)

077

제3종 접지공사를 시설하여야 하는 장소가 아닌 것은?

① 금속몰드 배선에 사용하는 몰드
② 고압계기용 변압기의 2차측 전로
③ 고압용 금속제 케이블트레이 계통의 금속트레이
④ 400V 미만의 저압용 기계기구의 철대 및 금속제 외함

해설

- 접지방식

접지대상	개정 전	개정 후(현재)
(특)고압 설비	1종 : 접지저항 10Ω 이하	• 계통접지 : TN, TT, IT 계통
600V 이하 설비	특3종 : 접지저항 10Ω 이하	• 보호접지 : 등전위 본딩 등
400V 이하 설비	3종 : 접지저항 100Ω 이하	• 피뢰시스템접지
변압기	2종 : $\frac{150/300/600}{1선지락전류}$Ω 이하	'변압기 중성점 접지'로 명칭 변경

※ 참고 : 한국전기설비규정(KEC)의 개정으로 접지대상에 따라 일괄 적용한 종별접지(1종, 2종, 3종, 특3종)가 폐지되어 성립될 수 없는 문제입니다. 해당 규정의 개정으로 정답이 ③에서 '정답 없음'으로 변경되었습니다.

078

전자파 중에서 광량자 에너지가 가장 큰 것은?

① 극저주파
② 마이크로파
③ 가시광선
④ 적외선

해설

전자파 중에서 광량자 에너지가 가장 큰 것은 '가시광선'이다.

- 광량자 에너지 크기 순서 : 가시광선 > 적외선 > 마이크로파 > 극저주파

079

다음 중 폭발위험장소에 전기설비를 설치할 때 전기적인 방호조치로 적절하지 않은 것은?

① 다상 전기기기는 결상운전으로 인한 과열방지 조치를 한다.
② 배선은 단락·지락 사고 시의 영향과 과부하로부터 보호한다.
③ 자동차단이 점화의 위험보다 클 때는 경보장치를 사용한다.
④ 단락보호장치는 고장상태에서 자동복구되도록 한다.

해설
단락보호장치는 고장상태에서 '수동복구'를 원칙으로 한다. 사고가 제거되지 않은 상태에서 자동복구될 경우 폭발 가능성이 있기 때문이다.

제5과목 화학설비위험방지기술

081

다음 관(Pipe) 부속품 중 관로의 방향을 변경하기 위하여 사용하는 부속품은?

① 니플(Nipple) ② 유니언(Union)
③ 플랜지(Flange) ④ 엘보우(Elbow)

해설
관로의 방향을 변경할 때는 엘보우, Y자관 등의 부속을 사용한다.
• 관(Pipe) 부속품
 - 2개의 관 연결 : 니플, 유니언, 플랜지, 소켓
 - 관의 지름 변경 : 리듀서, 부싱
 - 관로 방향 변경 : 엘보우, Y형 관이음쇠
 - 유로 차단 : 플러그, 밸브, 캡

080

감전사고 방지대책으로 틀린 것은?

① 설비의 필요한 부분에 보호접지 실시
② 노출된 충전부에 통전망 설치
③ 안전전압 이하의 전기기기 사용
④ 전기기기 및 설비의 정비

해설
노출된 충전부에는 절연방호구를 사용해야 한다.
• 감전사고 방지대책
 - 전기기기·설비의 점검 및 정비
 - 전기기기·설비의 위험부에 위험표시
 - 설비가 필요한 부분에 보호 접지
 - 전기설비에 대한 누전차단기 설치
 - 전로의 보호절연 및 충전부의 격리
 - 충전부가 노출된 부분에 절연방호구 사용
 - 안전전압 또는 안전전압 이하의 전기기기 사용

082

산업안전보건기준에 관한 규칙상 국소배기장치의 후드 설치 기준이 아닌 것은?

① 유해물질이 발생하는 곳마다 설치할 것
② 후드의 개구부 면적은 가능한 한 크게 할 것
③ 외부식 또는 리시버식 후드는 해당 분진 등의 발산원에 가장 가까운 위치에 설치할 것
④ 후드 형식은 가능하면 포위식 또는 부스식 후드를 설치할 것

해설
「산업안전보건기준에 관한 규칙」
제72조(후드) 사업주는 인체에 해로운 분진, 흄(fume, 열이나 화학반응에 의하여 형성된 고체증기가 응축되어 생긴 미세입자), 미스트(mist, 공기 중에 떠다니는 작은 액체방울), 증기 또는 가스 상태의 물질(이하 "분진 등"이라 한다)을 배출하기 위하여 설치하는 국소배기장치의 후드가 다음 각 호의 기준에 맞도록 하여야 한다.

1. 유해물질이 발생하는 곳마다 설치할 것
2. 유해인자의 발생형태와 비중, 작업방법 등을 고려하여 해당 분진 등의 발산원(發散源)을 제어할 수 있는 구조로 설치할 것
3. 후드(hood) 형식은 가능하면 포위식 또는 부스식 후드를 설치할 것
4. 외부식 또는 리시버식 후드는 해당 분진 등의 발산원에 가장 가까운 위치에 설치할 것

084

반응성 화학물질의 위험성은 실험에 의한 평가 대신 문헌조사 등을 통해 계산에 의해 평가하는 방법을 사용할 수 있다. 이에 관한 설명으로 옳지 않은 것은?

① 위험성이 너무 커서 물성을 측정할 수 없는 경우 계산에 의한 평가 방법을 사용할 수도 있다.
② 연소열, 분해열, 폭발열 등의 크기에 의해 그 물질의 폭발 또는 발화의 위험예측이 가능하다.
③ 계산에 의한 평가를 하기 위해서는 폭발 또는 분해에 따른 생성물의 예측이 이루어져야 한다.
④ 계산에 의한 위험성 예측은 모든 물질에 대해 정확성이 있으므로 더 이상의 실험을 필요로 하지 않는다.

해설
계산에 의한 위험성 예측은 주어진 상황과 물질의 변화에 따라 달라질 수 있으므로 실험을 통해 실제 위험성을 평가할 필요가 있다.

083

산업안전보건기준에 관한 규칙에 따르면 쥐에 대한 경구투입실험에 의하여 실험동물의 50퍼센트를 사망시킬 수 있는 물질의 양, 즉 LD_{50}(경구, 쥐)이 킬로그램당 몇 밀리그램-(체중) 이하인 화학물질이 급성 독성 물질에 해당하는가?

① 25
② 100
③ 300
④ 500

해설
「산업안전보건기준에 관한 규칙」
[별표 1] 위험물질의 종류
7. 급성 독성 물질
가. 쥐에 대한 경구투입실험에 의하여 실험동물의 50퍼센트를 사망시킬 수 있는 물질의 양, 즉 LD_{50}(경구, 쥐)이 킬로그램당 300밀리그램-(체중) 이하인 화학물질
나. 쥐 또는 토끼에 대한 경피흡수실험에 의하여 실험동물의 50퍼센트를 사망시킬 수 있는 물질의 양, 즉 LD_{50}(경피, 토끼 또는 쥐)이 킬로그램당 1,000밀리그램-(체중) 이하인 화학물질
다. 쥐에 대한 4시간 동안의 흡입실험에 의하여 실험동물의 50퍼센트를 사망시킬 수 있는 물질의 농도, 즉 가스 LC_{50}(쥐, 4시간 흡입)이 2,500ppm 이하인 화학물질, 증기 LC_{50}(쥐, 4시간 흡입)이 10mg/L 이하인 화학물질, 분진 또는 미스트 1mg/L 이하인 화학물질

085

압축기와 송풍의 관로에 심한 공기의 맥동과 진동을 발생하면서 불안정한 운전이 되는 서징(Surging) 현상의 방지법으로 옳지 않은 것은?

① 풍량을 감소시킨다.
② 배관의 경사를 완만하게 한다.
③ 교축밸브를 기계에서 멀리 설치한다.
④ 토출가스를 흡입측에 바이패스 시키거나 방출밸브에 의해 대기로 방출시킨다.

해설
교축밸브를 기계 가까이 설치해야 한다.

086
다음 중 독성이 가장 강한 가스는?

① NH_3
② $COCl_2$
③ $C_6H_5CH_3$
④ H_2S

해설

$COCl_2$(포스겐)는 TWA 0.1의 맹독성 가스이다.
- 시간가중 평균노출기준(TWA)
  - $COCl_2$(포스겐) : 0.1
  - H_2S(황화수소) : 10
  - NH_3(암모니아) : 25
  - $C_6H_5CH_3$(톨루엔) : 50

087
다음 중 분해 폭발의 위험성이 있는 아세틸렌의 용제로 가장 적절한 것은?

① 에테르
② 에틸알코올
③ 아세톤
④ 아세트알데히드

해설

아세틸렌은 폭발 위험성이 높아 아세톤에 용해시켜 다공성 물질과 함께 보관한다.

088
분진폭발의 발생 순서로 옳은 것은?

① 비산 → 분산 → 퇴적분진 → 발화원 → 2차폭발 → 전면폭발
② 비산 → 퇴적분진 → 분산 → 발화원 → 2차폭발 → 전면폭발
③ 퇴적분진 → 발화원 → 분산 → 비산 → 전면폭발 → 2차폭발
④ 퇴적분진 → 비산 → 분산 → 발화원 → 전면폭발 → 2차폭발

해설

- 분진폭발 순서 : 퇴적분진 → 비산 → 분산 → 발화원 → 전면폭발 → 2차폭발

089
폭발방호대책 중 이상 또는 과잉압력에 대한 안전장치로 볼 수 없는 것은?

① 안전 밸브(Safety Valve)
② 릴리프 밸브(Relief Valve)
③ 파열판(Bursting Disk)
④ 플레임 어레스터(Flame Arrester)

해설

플레임 어레스터는 인화성 액체 및 인화성 가스를 저장 취급하는 화학설비에서 증기나 가스를 대기로 방출하는 경우 외부로부터의 화염을 방지하기 위하여 설치하는 안전장치이다.
- 이상압력이나 과잉압력에 대한 안전장치 종류
  - 안전 밸브, 릴리프 밸브, 파열판 등

090
다음 인화성 가스 중 가장 가벼운 물질은?

① 아세틸렌
② 수소
③ 부탄
④ 에틸렌

해설

수소(H_2)가 가장 분자량이 적어 가장 가볍다.

091
가연성 가스 및 증기의 위험도에 따른 방폭전기기기의 분류로 폭발등급을 사용하는데, 이러한 폭발등급을 결정하는 것은?

① 발화도
② 화염일주한계
③ 폭발한계
④ 최소 발화에너지

해설

- 안전간격(화염일주한계)
  - 압력용기 등의 내부에서 가스점화 시 외측의 폭발성 혼합가스까지 화염이 전달되지 않는 한계의 틈을 말한다.
  - 가연성 가스 및 증기의 위험도에 따른 방폭전기기기의 분류로 폭발등급의 결정기준이 된다.

092

다음 중 메타인산(HPO_3)에 의한 소화효과를 가진 분말소화약제의 종류는?

① 제1종 분말소화약제
② 제2종 분말소화약제
③ 제3종 분말소화약제
④ 제4종 분말소화약제

해설

메타인산(HPO_3)에 의한 소화효과를 가진 분말소화약제의 종류는 제3종 분말소화약제이다.

- 분말소화약제의 주성분
  - 제1종: 탄산수소나트륨($NaHCO_3$)
  - 제2종: 탄산수소칼륨($KHCO_3$)
  - 제3종: 제1인산암모늄($NH_4H_2PO_4$)
  - 제4종: 탄산수소칼륨과 요소와의 반응물($KC_2N_2H_3O_3$)

093

다음 중 파열판에 관한 설명으로 틀린 것은?

① 압력 방출속도가 빠르다.
② 한번 파열되면 재사용할 수 없다.
③ 한번 부착한 후에는 교환할 필요가 없다.
④ 높은 점성의 슬러리나 부식성 유체에 적용할 수 있다.

해설

파열판은 일정 기간을 정해서 교체해야 한다.

094

공기 중에서 폭발범위가 12.5~74vol%인 일산화탄소의 위험도는 얼마인가?

① 4.92   ② 5.26
③ 6.26   ④ 7.05

해설

$$위험도 = \frac{폭발상한계 - 폭발하한계}{폭발하한계}$$

$$= \frac{74 - 12.5}{12.5} = 4.92$$

095

산업안전보건법령에 따라 유해하거나 위험한 설비의 설치·이전 또는 주요 구조부분의 변경공사 시 공정안전보고서의 제출시기는 착공일 며칠 전까지 관련 기관에 제출하여야 하는가?

① 15일   ② 30일
③ 60일   ④ 90일

해설

「산업안전보건법 시행규칙」
제51조(공정안전보고서의 제출 시기) 사업주는 유해하거나 위험한 설비의 설치·이전 또는 주요 구조부분의 변경공사의 착공일 30일 전까지 공정안전보고서를 2부 작성하여 공단에 제출해야 한다.

096

소화약제 IG-100의 구성성분은?

① 질소   ② 산소
③ 이산화탄소   ④ 수소

해설

「소화약제의 형식승인 및 제품검사의 기술기준」
제9조(불활성기체 소화약제) 불활성기체 소화약제는 다음 각 호의 어느 하나에 적합하여야 한다.
1. IG-541 소화약제의 구성물은 질소 (52±4)vol%, 아르곤 (40±4)vol%, 이산화탄소 (8~9)vol%로 구성되어야 한다.
2. IG-01 소화약제의 구성물은 아르곤이 99.9vol% 이상이어야 한다.
3. IG-100 소화약제의 구성물은 질소가 99.9vol% 이상이어야 한다.
4. IG-55 소화약제의 구성물은 질소 (50±5)vol%, 아르곤 (50±5)vol%로 구성되어야 한다.

097

프로판(C_3H_8)의 연소에 필요한 최소 산소농도의 값은 약 얼마인가? (단, 프로판의 폭발하한은 Jone식에 의해 추산한다.)

① 8.1%v/v ② 11.1%v/v
③ 15.1%v/v ④ 20.1%v/v

해설

- Jones식에 의한 프로판의 폭발하한계
$$C_{st} = \frac{100}{1+4.773 \times \left(a+\frac{b-c-2d}{4}\right)}$$
(이때, a는 탄소, b는 수소, c는 할로겐원소, d는 산소의 원자 수)
프로판(C_3H_8)은 탄소(a)가 3, 수소(b)가 8이므로
$$C_{st} = \frac{100}{1+4.773 \times \left(3+\frac{8}{4}\right)} ≒ 4.02$$
폭발하한계 = $0.55 \times C_{st} = 0.55 \times 4.02 ≒ 2.21$

- 프로판의 최소 산소농도
프로판의 완전연소반응식은
$C_3H_8 + 5O_2 \rightarrow 3CO_2 + 4H_2O$이므로
최소 산소농도 = 폭발하한계 $\times \dfrac{\text{산소의 몰수}}{\text{연료의 몰수}}$
$= 2.21 \times \dfrac{5}{1} ≒ 11.1$

098

다음 중 물과 반응하여 아세틸렌을 발생시키는 물질은?

① Zn ② Mg
③ Al ④ CaC_2

해설

탄화칼슘(CaC_2)이 물과 반응하면 가연성의 아세틸렌(C_2H_2) 가스가 발생한다.
$CaC_2 + 2H_2O \rightarrow Ca(OH)_2 + C_2H_2$

099

메탄 1vol%, 헥산 2vol%, 에틸렌 2vol%, 공기 95vol%로 된 혼합가스의 폭발하한계 값(vol%)은 약 얼마인가? (단, 메탄, 헥산, 에틸렌의 폭발하한계 값은 각각 5.0, 1.1, 2.7vol%이다.)

① 1.8 ② 3.5
③ 12.8 ④ 21.7

해설

$$L = \frac{1+2+2}{\frac{1}{5}+\frac{2}{1.1}+\frac{2}{2.7}} = 1.8$$

- 르샤틀리에의 법칙
(혼합가스와 공기가 섞여 있을 경우)
$$L = \frac{V_1+V_2+\cdots+V_n}{\frac{V_1}{L_1}+\frac{V_2}{L_2}+\cdots+\frac{V_n}{L_n}}$$
- L : 혼합가스의 폭발한계
- L_n : 각 성분가스의 폭발한계
- V_n : 전체 혼합가스 중 각 성분가스의 비율

100

가열·마찰·충격 또는 다른 화학물질과의 접촉 등으로 인하여 산소나 산화제의 공급이 없더라도 폭발 등 격렬한 반응을 일으킬 수 있는 물질은?

① 에틸알코올 ② 인화성 고체
③ 니트로화합물 ④ 테레핀유

해설

「산업안전보건기준에 관한 규칙」
[별표 1] 위험물질의 종류
1. 폭발성 물질 및 유기과산화물
  가. 질산에스테르류
  나. 니트로화합물
  다. 니트로소화합물
  라. 아조화합물
  마. 디아조화합물
  바. 하이드라진 유도체
  사. 유기과산화물
  아. 그 밖에 가목부터 사목까지의 물질과 같은 정도의 폭발 위험이 있는 물질
  자. 가목부터 아목까지의 물질을 함유한 물질

제6과목 건설안전기술

101
사업주가 유해위험방지계획서 제출 후 건설공사 중 6개월 이내마다 안전보건공단의 확인을 받아야 할 내용이 아닌 것은?

① 유해위험방지계획서의 내용과 실제공사 내용이 부합하는지 여부
② 유해위험방지계획서 변경 내용의 적정성
③ 자율안전관리 업체 유해·위험방지계획서 제출·심사 면제
④ 추가적인 유해·위험요인의 존재 여부

해설
「산업안전보건법 시행규칙」
제46조(확인)
① 법 제42조 제1항 제1호 및 제2호에 따라 유해위험방지계획서를 제출한 사업주는 해당 건설물·기계·기구 및 설비의 시운전단계에서, 법 제42조 제1항 제3호에 따른 사업주는 건설공사 중 6개월 이내마다 법 제43조 제1항에 따라 다음 각 호의 사항에 관하여 공단의 확인을 받아야 한다.
1. 유해위험방지계획서의 내용과 실제공사 내용이 부합하는지 여부
2. 법 제42조 제6항에 따른 유해위험방지계획서 변경 내용의 적정성
3. 추가적인 유해·위험요인의 존재 여부

102
철골공사 시 안전작업방법 및 준수사항으로 옳지 않은 것은?

① 강풍, 폭우 등과 같은 악천우 시에는 작업을 중지하여야 하며 특히 강풍 시에는 높은 곳에 있는 부재나 공구류가 낙하비래하지 않도록 조치하여야 한다.
② 철골부재 반입 시 시공순서가 빠른 부재는 상단부에 위치하도록 한다.
③ 구명줄 설치 시 마닐라 로프 직경 10mm를 기준하여 설치하고 작업방법을 충분히 검토하여야 한다.
④ 철골보의 두 곳을 매어 인양시킬 때 와이어로프의 내각은 60° 이하이어야 한다.

해설
「철골공사표준안전작업지침」
제16조(재해방지 설비)
3. 구명줄을 설치할 경우에는 1가닥의 구명줄을 여러 명이 동시에 사용하지 않도록 하여야 하며 구명줄을 마닐라 로프 직경 16밀리미터를 기준하여 설치하고 작업방법을 충분히 검토하여야 한다.

103
지면보다 낮은 땅을 파는 데 적합하고 수중굴착도 가능한 굴착기계는?

① 백호우　　② 파워쇼벨
③ 가이데릭　④ 파일드라이버

해설
- 백호우 : 지면보다 낮은 곳을 굴착
- 파워쇼벨 : 지면보다 높은 곳을 굴착

104

산업안전보건법령에 따른 지반의 종류별 굴착면의 기울기 기준으로 옳지 않은 것은?

① 보통흙 습지 – 1 : 1~1 : 1.5
② 보통흙 건지 – 1 : 0.3~1 : 1
③ 풍화암 – 1 : 0.8
④ 연암 – 1 : 0.5

해설

「산업안전보건기준에 관한 규칙」
[별표 11] 굴착면의 기울기 기준

구분	지반의 종류	(개정 전) 기울기	(개정 후) 기울기
보통흙	습지	1 : 1~1 : 1.5	1 : 1~1 : 1.5
	건지	1 : 0.5~1 : 1	1 : 0.5~1 : 1
암반	풍화암	1 : 0.8	1 : 1.0
	연암	1 : 0.5	1 : 1.0
	경암	1 : 0.3	1 : 0.5

※ 참고 : 「산업안전보건기준에 관한 규칙」의 개정 전 출제된 문제입니다. 해당 법령의 개정으로 정답이 ②에서 ②, ③, ④로 변경되었습니다.

105

콘크리트 타설 시 거푸집 측압에 관한 설명으로 옳지 않은 것은?

① 기온이 높을수록 측압은 크다.
② 타설속도가 클수록 측압은 크다.
③ 슬럼프가 클수록 측압은 크다.
④ 다짐이 과할수록 측압은 크다.

해설

- 콘크리트의 측압의 영향요소
  – 기온이 낮을수록 측압은 크다.
  – 타설속도가 빠를수록 측압은 크다.
  – 슬럼프가 클수록 측압은 크다.
  – 다짐이 충분할수록 측압은 크다.
  – 콘크리트 비중(단위중량)이 클수록 측압은 크다.
  – 거푸집 수평단면이 클수록 측압은 크다.
  – 거푸집의 강성이 클수록 측압은 크다.
  – 부배합일수록 측압은 크다.
  – 콘크리트 타설높이가 높을수록 측압은 크다.
  – 철골, 철근량이 적을수록 측압은 크다.

106

강관비계의 수직방향 벽이음 조립간격(m)으로 옳은 것은? (단, 틀비계이며 높이가 5m 이상일 경우이다.)

① 2m   ② 4m
③ 6m   ④ 9m

해설

「산업안전보건기준에 관한 규칙」
[별표 5] 강관비계의 조립간격

강관비계의 종류	조립간격(단위 : m)	
	수직방향	수평방향
단관비계	5	5
틀비계 (높이가 5m 미만인 것은 제외)	6	8

107

굴착과 싣기를 동시에 할 수 있는 토공기계가 아닌 것은?

① Power Shovel   ② Tractor Shovel
③ Back Hoe   ④ Motor Grader

해설

백호우와 쇼벨계 건설기계(파워쇼벨, 트랙터쇼벨 등)는 굴착과 함께 싣기가 가능한 토공기계이다.

모터 그레이더(Motor Grader)는 정지 및 배토기계이다.

108

구축물에 안전진단 등 안전성 평가를 실시하여 근로자에게 미칠 위험성을 미리 제거하여야 하는 경우가 아닌 것은?

① 구축물 또는 이와 유사한 시설물의 인근에서 굴착·항타작업 등으로 침하·균열 등이 발생하여 붕괴의 위험이 예상될 경우
② 구조물, 건축물, 그 밖의 시설물이 그 자체의 무게·적설·풍압 또는 그 밖에 부가되는 하중 등으로 붕괴 등의 위험이 있을 경우
③ 화재 등으로 구축물 또는 이와 유사한 시설물의 내력(耐力)이 심하게 저하되었을 경우
④ 구축물의 구조체가 안전측으로 과도하게 설계가 되었을 경우

해설

「산업안전보건기준에 관한 규칙」
제52조(구축물 또는 이와 유사한 시설물의 안전성 평가)
사업주는 구축물 또는 이와 유사한 시설물이 다음 각 호의 어느 하나에 해당하는 경우 안전진단 등 안전성 평가를 하여 근로자에게 미칠 위험성을 미리 제거하여야 한다.
1. 구축물 또는 이와 유사한 시설물의 인근에서 굴착·항타작업 등으로 침하·균열 등이 발생하여 붕괴의 위험이 예상될 경우
2. 구축물 또는 이와 유사한 시설물에 지진, 동해(凍害), 부동침하(不同沈下) 등으로 균열·비틀림 등이 발생하였을 경우
3. 구조물, 건축물, 그 밖의 시설물이 그 자체의 무게·적설·풍압 또는 그 밖에 부가되는 하중 등으로 붕괴 등의 위험이 있을 경우
4. 화재 등으로 구축물 또는 이와 유사한 시설물의 내력(耐力)이 심하게 저하되었을 경우
5. 오랜 기간 사용하지 아니하던 구축물 또는 이와 유사한 시설물을 재사용하게 되어 안전성을 검토하여야 하는 경우
6. 그 밖의 잠재위험이 예상될 경우

109

다음 중 방망사의 폐기 시 인장강도에 해당하는 것은? (단, 그물코의 크기는 10cm이며 매듭 없는 방망의 경우이다.)

① 50kg ② 100kg
③ 150kg ④ 200kg

해설

「추락재해방지표준안전작업지침」
제5조(방망사의 강도)
방망사의 인장강도

그물코의 크기(cm)	방망의 종류(kg)			
	매듭 없는 방망		매듭 방망	
	신품	폐기 시	신품	폐기 시
10	240	150	200	135
5			110	60

110

작업장에 계단 및 계단참을 설치하는 경우 매 제곱미터당 최소 몇 킬로그램 이상의 하중에 견딜 수 있는 강도를 가진 구조로 설치하여야 하는가?

① 300kg ② 400kg
③ 500kg ④ 600kg

해설

「산업안전보건기준에 관한 규칙」
제26조(계단의 강도)
① 사업주는 계단 및 계단참을 설치하는 경우 매 제곱미터당 500킬로그램 이상의 하중에 견딜 수 있는 강도를 가진 구조로 설치하여야 하며, 안전율[안전의 정도를 표시하는 것으로서 재료의 파괴응력도(破壞應力度)와 허용응력도(許容應力度)의 비율을 말한다]은 4 이상으로 하여야 한다.

111

굴착공사에서 비탈면 또는 비탈면 하단을 성토하여 붕괴를 방지하는 공법은?

① 배수공
② 배토공
③ 공작물에 의한 방지공
④ 압성토공

> **해설**
> 비탈면 또는 비탈면 하단을 성토하여 붕괴를 방지하는 공법은 압성토공이다.

112

공정률이 65%인 건설현장의 경우 공사 진척에 따른 산업안전보건관리비의 최소 사용기준으로 옳은 것은? (단, 공정률은 기성공정률을 기준으로 한다.)

① 40% 이상
② 50% 이상
③ 60% 이상
④ 70% 이상

> **해설**
> 「건설업 산업안전보건관리비 계상 및 사용기준」
> [별표 3] 공사진척에 따른 안전관리비 사용기준
>
> | 공정률 | 사용기준 |
> |---|---|
> | 50퍼센트 이상 70퍼센트 미만 | 50퍼센트 이상 |
> | 70퍼센트 이상 90퍼센트 미만 | 70퍼센트 이상 |
> | 90퍼센트 이상 | 90퍼센트 이상 |
>
> ※ 공정률은 기성공정률을 기준으로 한다.

113

해체공사 시 작업용 기계기구의 취급 안전기준에 관한 설명으로 옳지 않은 것은?

① 철제해머와 와이어로프의 결속은 경험이 많은 사람으로서 선임된 자에 한하여 실시하도록 하여야 한다.
② 팽창제 천공간격은 콘크리트 강도에 의하여 결정되나 70~120cm 정도를 유지하도록 한다.
③ 쐐기타입으로 해체 시 천공구멍은 타입기 삽입부분의 직경과 거의 같아야 한다.
④ 화염방사기로 해체작업 시 용기 내 압력은 온도에 의해 상승하기 때문에 항상 40℃ 이하로 보존해야 한다.

> **해설**
> 「해체공사표준안전작업지침」
> 제8조(팽창제) 광물의 수화반응에 의한 팽창압을 이용하여 파쇄하는 공법으로 다음 각 호의 사항을 준수하여야 한다.
> 1. 팽창제와 물과의 시방 혼합비율을 확인하여야 한다.
> 2. 천공직경이 너무 작거나 크면 팽창력이 작아 비효율적이므로, 천공 직경은 30 내지 50mm 정도를 유지하여야 한다.
> 3. 천공간격은 콘크리트 강도에 의하여 결정되나 30 내지 70cm 정도를 유지하도록 한다.
> 4. 팽창제를 저장하는 경우에는 건조한 장소에 보관하고 직접 바닥에 두지 말고 습기를 피하여야 한다.
> 5. 개봉된 팽창제는 사용하지 말아야 하며 쓰다 남은 팽창제 처리에 유의하여야 한다.

114

가설통로의 설치에 관한 기준으로 옳지 않은 것은?

① 경사는 30° 이하로 한다.
② 건설공사에 사용하는 높이 8m 이상인 비계다리에는 7m 이내마다 계단참을 설치한다.
③ 작업상 부득이한 경우에는 필요한 부분에 한하여 안전난간을 임시로 해체할 수 있다.
④ 수직갱에 가설된 통로의 길이가 10m 이상인 경우에는 5m 이내마다 계단참을 설치한다.

116
다음은 안전대와 관련된 설명이다. 아래 내용에 해당되는 용어로 옳은 것은?

> 로프 또는 레일 등과 같은 유연하거나 단단한 고정줄로서 추락발생 시 추락을 저지시키는 추락방지대를 지탱해 주는 줄모양의 부품

① 안전블록 ② 수직구명줄
③ 죔줄   ④ 보조죔줄

해설

「보호구 안전인증 고시」
제26조(정의)
15. "수직구명줄"이란 로프 또는 레일 등과 같은 유연하거나 단단한 고정줄로서 추락발생 시 추락을 저지시키는 추락방지대를 지탱해 주는 줄모양의 부품을 말한다.

해설 (115 앞)

「산업안전보건기준에 관한 규칙」
제23조(가설통로의 구조) 사업주는 가설통로를 설치하는 경우 다음 각 호의 사항을 준수하여야 한다.
1. 견고한 구조로 할 것
2. 경사는 30도 이하로 할 것. 다만, 계단을 설치하거나 높이 2미터 미만의 가설통로로서 튼튼한 손잡이를 설치한 경우에는 그러하지 아니하다.
3. 경사가 15도를 초과하는 경우에는 미끄러지지 아니하는 구조로 할 것
4. 추락할 위험이 있는 장소에는 안전난간을 설치할 것. 다만, 작업상 부득이한 경우에는 필요한 부분만 임시로 해체할 수 있다.
5. 수직갱에 가설된 통로의 길이가 15미터 이상인 경우에는 10미터 이내마다 계단참을 설치할 것
6. 건설공사에 사용하는 높이 8미터 이상인 비계다리에는 7미터 이내마다 계단참을 설치할 것

115
작업으로 인하여 물체가 떨어지거나 날아올 위험이 있는 경우 필요한 조치와 가장 거리가 먼 것은?

① 투하설비 설치
② 낙하물 방지망 설치
③ 수직보호망 설치
④ 출입금지구역 설정

해설

「산업안전보건기준에 관한 규칙」
제14조(낙하물에 의한 위험의 방지)
② 사업주는 작업으로 인하여 물체가 떨어지거나 날아올 위험이 있는 경우 낙하물 방지망, 수직보호망 또는 방호선반의 설치, 출입금지구역의 설정, 보호구의 착용 등 위험을 방지하기 위하여 필요한 조치를 하여야 한다. 이 경우 낙하물 방지망 및 수직보호망은 「산업표준화법」에 따른 한국산업표준에서 정하는 성능기준에 적합한 것을 사용하여야 한다.

117
크레인의 운전실 또는 운전대를 통하는 통로의 끝과 건설물 등의 벽체의 간격은 최대 얼마 이하로 하여야 하는가?

① 0.2m   ② 0.3m
③ 0.4m   ④ 0.5m

해설

「산업안전보건기준에 관한 규칙」
제145조(건설물 등의 벽체와 통로의 간격 등) 사업주는 다음 각 호의 간격을 0.3미터 이하로 하여야 한다. 다만, 근로자가 추락할 위험이 없는 경우에는 그 간격을 0.3미터 이하로 유지하지 아니할 수 있다.
1. 크레인의 운전실 또는 운전대를 통하는 통로의 끝과 건설물 등의 벽체의 간격
2. 크레인 거더(girder)의 통로 끝과 크레인 거더의 간격
3. 크레인 거더의 통로로 통하는 통로의 끝과 건설물 등의 벽체의 간격

118

달비계의 최대 적재하중을 정하는 경우 그 안전계수 기준으로 옳지 않은 것은?

① 달기와이어로프 및 달기강선의 안전계수 : 10 이상
② 달기체인 및 달기 훅의 안전계수 : 5 이상
③ 달기강대와 달비계의 하부 및 상부 지점의 안전계수 : 강재의 경우 3 이상
④ 달기강대와 달비계의 하부 및 상부 지점의 안전계수 : 목재의 경우 5 이상

해설

「산업안전보건기준에 관한 규칙」
제55조(작업발판의 최대적재하중)
② 달비계(곤돌라의 달비계는 제외한다)의 최대 적재하중을 정하는 경우 그 안전계수는 다음 각 호와 같다.
1. 달기와이어로프 및 달기강선의 안전계수 : 10 이상
2. 달기체인 및 달기 훅의 안전계수 : 5 이상
3. 달기강대와 달비계의 하부 및 상부 지점의 안전계수 : 강재(鋼材)의 경우 2.5 이상, 목재의 경우 5 이상

119

달비계에 사용이 불가한 와이어로프의 기준으로 옳지 않은 것은?

① 이음매가 있는 것
② 와이어로프의 한 꼬임에서 끊어진 소선의 수가 7% 이상인 것
③ 지름의 감소가 공칭지름의 7%를 초과하는 것
④ 심하게 변형되거나 부식된 것

해설

「산업안전보건기준에 관한 규칙」
제63조(달비계의 구조)
① 사업주는 곤돌라형 달비계를 설치하는 경우에는 다음 각 호의 사항을 준수해야 한다.
1. 다음 각 목의 어느 하나에 해당하는 와이어로프를 달비계에 사용해서는 아니 된다.
  가. 이음매가 있는 것
  나. 와이어로프의 한 꼬임[스트랜드(strand)를 말한다. 이하 같다]에서 끊어진 소선(素線)[필러(pillar)선은 제외한다]의 수가 10퍼센트 이상(비자전로프의 경우에는 끊어진 소선의 수가 와이어로프 호칭지름의 6배 길이 이내에서 4개 이상이거나 호칭지름 30배 길이 이내에서 8개 이상)인 것
  다. 지름의 감소가 공칭지름의 7퍼센트를 초과하는 것
  라. 꼬인 것
  마. 심하게 변형되거나 부식된 것
  바. 열과 전기충격에 의해 손상된 것

120

흙막이 지보공을 설치하였을 때 정기적으로 점검하여 이상 발견 시 즉시 보수하여야 할 사항이 아닌 것은?

① 굴착 깊이의 정도
② 버팀대의 긴압의 정도
③ 부재의 접속부·부착부 및 교차부의 상태
④ 부재의 손상·변형·부식·변위 및 탈락의 유무와 상태

해설

「산업안전보건기준에 관한 규칙」
제347조(붕괴 등의 위험 방지)
① 사업주는 흙막이 지보공을 설치하였을 때에는 정기적으로 다음 각 호의 사항을 점검하고 이상을 발견하면 즉시 보수하여야 한다.
1. 부재의 손상·변형·부식·변위 및 탈락의 유무와 상태
2. 버팀대의 긴압(緊壓)의 정도
3. 부재의 접속부·부착부 및 교차부의 상태
4. 침하의 정도

2020년 제1·2회 통합 산업안전기사 채점표

구분	제1과목	제2과목	제3과목	제4과목	제5과목	제6과목	전과목 평균
점수							

※ 합격기준 : 100점을 만점으로 하여 과목당 40점 이상, 전과목 평균 60점 이상

2020년 제1·2회 통합 정답

001	002	003	004	005	006	007	008	009	010	011	012	013	014	015	016	017	018	019	020
④	①	②	④	③	②	①	①	④	①	④	③	③	④	③	②	①	②	①	②
021	022	023	024	025	026	027	028	029	030	031	032	033	034	035	036	037	038	039	040
①	④	②	②	①	④	②	③	①	④	②	③	③	③	①	③	④	①	②	④
041	042	043	044	045	046	047	048	049	050	051	052	053	054	055	056	057	058	059	060
②	②	①	④	②	④	④	①	④	③	④	④	①	②	③	②	③	①	①	①
061	062	063	064	065	066	067	068	069	070	071	072	073	074	075	076	077	078	079	080
①	①	④	①	③	④	①	–	②	③	③	③	③	②	④	②	–	③	④	②
081	082	083	084	085	086	087	088	089	090	091	092	093	094	095	096	097	098	099	100
④	②	③	④	③	③	④	④	①	③	③	①	②	①	②	②	④	①	④	③
101	102	103	104	105	106	107	108	109	110	111	112	113	114	115	116	117	118	119	120
③	③	①	②,③,④	①	③	④	④	③	③	④	②	②	④	①	②	②	③	②	①

2020년 제3회 산업안전기사 기출문제

2020. 08. 22. 시행

제1과목 안전관리론

001
레빈(Lewin)의 인간 행동 특성을 다음과 같이 표현하였다. 변수 'E'가 의미하는 것은?

$$B = f(P \cdot E)$$

① 연령
② 성격
③ 환경
④ 지능

해설
- 레빈(Lewin) – 장 이론(Field Theory) : 인간의 행동을 개인과 환경의 함수관계로 설명하며, $B = f(P \cdot E)$ 공식으로 나타낸다.
  - B : Behavior(인간의 행동)
  - f : function(함수관계)
  - P : Person(개체 : 연령, 경험, 성격 등)
  - E : Environment(심리적 환경 : 인간관계, 작업조건 등)

002
다음 중 안전교육의 형태 중 OJT(On the Job of Training) 교육에 대한 설명과 거리가 먼 것은?

① 다수의 근로자에게 조직적 훈련이 가능하다.
② 직장의 실정에 맞게 실제적인 훈련이 가능하다.
③ 훈련에 필요한 업무의 지속성이 유지된다.
④ 직장의 직속상사에 의한 교육이 가능하다.

해설
다수의 근로자에게 조직적 훈련이 가능한 것은 'Off JT(직장 외 교육훈련)'이다.
- OJT(직장 내 교육훈련) : 직장 내에서 상사가 실시하는 개별교육으로, 일상 업무를 통해 지식·기능·문제해결 능력 등을 향상시키는 데 주목적을 둔 교육이다.

장점	단점
개개인에 대한 효율적인 지도·훈련	한 번에 다수를 대상으로 교육하기 힘듦
직장의 실정에 맞는 실제적 훈련	고도의 전문 지식·기능 교육하기 힘듦
업무에 즉시 연결되므로 교육 효과가 즉각 나타남	업무와 교육이 병행되므로 훈련에만 전념하기 곤란
상사와 부하 직원 간 의사소통 및 유대감·신뢰감 증대	전문 강사가 아니어서 교육이 원만하지 않을 가능성

003
다음 중 안전교육의 기본 방향과 가장 거리가 먼 것은?

① 생산성 향상을 위한 교육
② 사고사례 중심의 안전교육
③ 안전작업을 위한 교육
④ 안전의식 향상을 위한 교육

해설
안전교육의 기본 방향은 안전의 중요성을 인식시키는 것으로, 생산성 향상을 중시하는 교육을 하다 보면 안전이 등한시될 수 있다.
- 안전교육의 기본 방향
  (1) 사고사례 중심의 안전교육
  (2) 안전작업을 위한 교육
  (3) 안전의식 향상을 위한 교육

004

다음 설명의 학습지도 형태는 어떤 토의법 유형인가?

> 6-6 회의라고도 하며, 6명씩 소집단으로 구분하고, 집단별로 각각의 사회자를 선발하여 6분간씩 자유토의를 행하여 의견을 종합하는 방법

① 포럼(Forum)
② 버즈 세션(Buzz Session)
③ 케이스 메소드(Case Method)
④ 패널 디스커션(Panel Discussion)

해설
- 포럼(Forum) : 두 명의 전문가가 하나의 과제에 대해 대화한 후 토론 화제나 재료를 제공하여, 청중과 질의응답 과정을 진행하는 토의방식
- 버즈 세션(Buzz Session) : 참가자가 다수인 경우, 집단 구성원 모두가 토의에 참여할 수 있도록 소집단으로 나누어 진행하는 토의방식
- 케이스 메소드(Case Method) : 개인이나 집단 등을 하나의 단위로 선택하여, 실제의 구체적인 사례를 다양한 측면에서 면밀하게 조사·분석하는 사례연구
- 패널 디스커션(Panel Discussion) : 토론집단을 각 분야의 전문가로 구성된 패널 멤버와 청중으로 나누고, 토론 주제에 대해 우선 패널 멤버 간 토론 후 패널 멤버와 청중의 질의응답 방식으로 진행하는 토론형식

005

안전점검의 종류 중 태풍, 폭우 등에 의한 침수, 지진 등의 천재지변이 발생한 경우나 이상사태 발생 시 관리자나 감독자가 기계, 기구, 설비 등의 기능상 이상 유무에 대하여 점검하는 것은?

① 일상점검
② 정기점검
③ 특별점검
④ 수시점검

해설
- 안전점검 종류
  (1) 정기점검 : 일정 기간을 정해서 실시하는 점검
  (2) 일상점검(수시점검) : 작업자가 작업장에서 작업 전·중·후 수시로 실시하는 점검
  (3) 특별점검 : 기계·기구 및 설비의 신설, 변경, 고장 수리, 천재지변 등 기술 책임자가 실시하는 부정기적인 점검
  (4) 임시점검 : 이상 발견 시 혹은 재해 발생 시 임시로 실시하는 점검

006

다음 중 산업재해의 원인으로 간접적 원인에 해당되지 않는 것은?

① 기술적 원인
② 물적 원인
③ 관리적 원인
④ 교육적 원인

해설
물적 원인은 산업재해의 직접적 원인에 해당한다.
- 산업재해의 간접적 원인
  - 기술적 원인
  - 관리적 원인
  - 안전교육적 원인
  - 신체적 원인
  - 정신적 원인

007

산업안전보건법령상 안전보건관리책임자 등에 대한 교육시간 기준으로 틀린 것은?

① 보건관리자, 보건관리전문기관의 종사자 보수교육 : 24시간 이상
② 안전관리자, 안전관리전문기관의 종사자 신규교육 : 34시간 이상
③ 안전보건관리책임자 보수교육 : 6시간 이상
④ 건설재해예방전문 지도기관의 종사자 신규교육 : 24시간 이상

해설

「산업안전보건법 시행규칙」
[별표 4] 안전보건교육 교육과정별 교육시간
2. 안전보건관리책임자 등에 대한 교육

교육대상	교육시간	
	신규교육	보수교육
안전보건관리책임자	6시간 이상	6시간 이상
안전관리자, 안전관리전문기관의 종사자	34시간 이상	24시간 이상
보건관리자, 보건관리전문기관의 종사자	34시간 이상	24시간 이상
건설재해예방전문지도기관의 종사자	34시간 이상	24시간 이상
석면조사기관의 종사자	34시간 이상	24시간 이상
안전보건관리담당자	–	8시간 이상
안전검사기관, 자율안전검사기관의 종사자	34시간 이상	24시간 이상

008

매슬로우(Maslow)의 욕구단계 이론 중 제2단계 욕구에 해당하는 것은?

① 자아실현의 욕구 ② 안전에 대한 욕구
③ 사회적 욕구 ④ 생리적 욕구

해설

- 매슬로우(Maslow) – 인간욕구 5단계
  (1) 1단계 – 생리적 욕구 : 인간의 가장 기본적인 욕구
      예 식욕, 수면욕 등
  (2) 2단계 – 안전의 욕구 : 불안, 공포, 재해 등 각종 위험에서 벗어나고자 하는 욕구
  (3) 3단계 – 사회적 욕구 : 친구, 가족 등 관계에서 애정과 소속에 대한 욕구
  (4) 4단계 – 존경의 욕구 : 타인에게 주목과 인정을 받으려는 욕구 예 명예욕, 권력욕
  (5) 5단계 – 자아실현 욕구 : 자신의 잠재력을 발휘해 하고 싶은 일을 실현하는 최고의 욕구 예 성취욕

009

다음 중 재해예방의 4원칙과 관련이 가장 적은 것은?

① 모든 재해의 발생 원인은 우연적인 상황에서 발생한다.
② 재해손실은 사고가 발생할 때 사고 대상의 조건에 따라 달라진다.
③ 재해예방을 위한 가능한 안전대책은 반드시 존재한다.
④ 재해는 원칙적으로 원인만 제거되면 예방이 가능하다.

해설

하인리히의 재해예방 4원칙에 따르면, 재해의 발생 원인이 아닌 재해에 따른 손실 크기에 대한 우연성을 강조한다.

- 하인리히(Heinrich) – 재해예방 4원칙
  (1) 손실우연 원칙 : 재해손실은 사고발생 시 사고대상의 조건에 따라 달라지므로, 한 사고의 결과로서 생긴 재해손실은 우연성에 의해 결정된다.
  (2) 원인계기 원칙 : 재해발생에는 반드시 원인이 있으며, 이는 복합적이고 필연적인 인과관계로 작용한다.
  (3) 예방가능 원칙 : 모든 재해는 예방이 가능하다는 원칙으로, 원인만 제거하면 원칙적으로 예방이 가능하다.
  (4) 대책선정 원칙 : 재해예방이 가능한 안전대책은 반드시 존재하므로, 사고의 원인을 발견하면 반드시 대책을 세워야 한다.

010

파블로프(Pavlov)의 조건반사설에 의한 학습이론의 원리가 아닌 것은?

① 일관성의 원리 ② 계속성의 원리
③ 준비성의 원리 ④ 강도의 원리

해설

- 파블로프(Pavlov) – 조건반사설 : 자극에 대한 반응이 강화되어 학습이 일어난다.
  – 학습이론 원리
    (1) 일관성의 원리
    (2) 계속성의 원리
    (3) 강도의 원리
    (4) 시간의 원리

011

인간의 동작특성 중 판단과정의 착오요인이 아닌 것은?

① 합리화 ② 정서불안정
③ 작업조건불량 ④ 정보부족

해설

정서불안정은 '인지과정의 착오요인'에 해당한다.

- 착오 3요인
  (1) 인지과정의 착오 : 외부 정보가 대뇌에 전달되기까지의 실수
     ⓓ 정보 저장능력의 한계, 감각차단 현상(반복작업 등), 정서·심리불안정 등
  (2) 판단과정의 착오 : 의사결정 후 동작 명령까지의 실수
     ⓓ 정보의 부족, 능력의 부족, 자기기술 과신, 합리화, 작업조건 불량 등
  (3) 조치과정의 착오 : 동작이 현실로 나타나기까지의 실수
     ⓓ 잘못된 정보, 부족한 경험, 미숙한 기술 등

해설

「산업안전보건법 시행규칙」
[별표 8] 안전보건표지의 색도기준 및 용도

색채	색도기준	용도	사용례
빨간색	7.5R 4/14	금지	정지신호, 소화설비 및 그 장소, 유해행위의 금지
		경고	화학물질 취급장소에서의 유해·위험 경고
노란색	5Y 8.5/12	경고	화학물질 취급장소에서의 유해·위험경고 이외의 위험경고, 주의표지 또는 기계방호물
파란색	2.5PB 4/10	지시	특정 행위의 지시 및 사실의 고지
녹색	2.5G 4/10	안내	비상구 및 피난소, 사람 또는 차량의 통행표지
흰색	N9.5		파란색 또는 녹색에 대한 보조색
검은색	N0.5		문자 및 빨간색 또는 노란색에 대한 보조색

012

산업안전보건법령상 안전·보건표지의 색채와 사용사례의 연결로 틀린 것은?

① 노란색 - 정지신호, 소화설비 및 그 장소, 유해행위의 금지
② 파란색 - 특정 행위의 지시 및 사실의 고지
③ 빨간색 - 화학물질 취급장소에서의 유해·위험 경고
④ 녹색 - 비상구 및 피난소, 사람 또는 차량의 통행표지

013

산업안전보건법령상 안전·보건표지의 종류 중 다음 표지의 명칭은? (단, 마름모 테두리는 빨간색이며, 안의 내용은 검은색이다.)

① 폭발성물질 경고 ② 산화성물질 경고
③ 부식성물질 경고 ④ 급성독성물질 경고

해설

「산업안전보건법 시행규칙」
[별표 6] 안전보건표지의 종류와 형태

	201 인화성물질 경고	202 산화성물질 경고	203 폭발성물질 경고	204 급성독성물질 경고	205 부식성물질 경고
2. 경고표지					
	206 방사성물질 경고	207 고압전기 경고	208 매달린 물체 경고	209 낙하물 경고	210 고온 경고	211 저온 경고
	212 몸균형 상실 경고	213 레이저광선 경고	214 발암성·변이원성·생식독성·전신독성·호흡기 과민성 물질 경고	215 위험장소 경고		

015

허츠버그(Herzberg)의 위생–동기 이론에서 동기요인에 해당하는 것은?

① 감독   ② 안전
③ 책임감   ④ 작업조건

해설

- 허츠버그(Herzberg) – 위생–동기 이론 : 인간에게는 상호 독립적인 두 가지의 욕구 범주가 있다.
  (1) 위생요인 : 환경적인 요인으로, 충족 시 불만족을 제거하지만 동기를 부여하지는 않는다.
      예) 급여, 직위, 기술적 감독, 동료와 인간관계, 회사의 정책과 행정, 작업 조건, 직장의 안정성 등
  (2) 동기요인 : 직무 그 자체와 관련된 요인으로, 충족 시 만족감과 동기가 높아진다.
      예) 성취감, 성장 가능성, 흥미, 칭찬, 인정, 책임감, 발전성, 직무의 도전성 등

014

하인리히의 재해발생 이론이 다음과 같이 표현될 때, α가 의미하는 것으로 옳은 것은?

재해의 발생 = 설비적 결함 + 관리적 결함 + α

① 노출된 위험의 상태
② 재해의 직접적인 원인
③ 물적 불안전 상태
④ 잠재된 위험의 상태

해설

- 하인리히(Heinrich) – 재해발생 이론 :
  재해의 발생 = 물적 불안전 상태 + 인적 불안전 행동 + α
         = 설비적 결함 + 관리적 결함 + α
  ※ α : '잠재된 위험의 상태'를 의미한다.

016

재해분석도구 중 재해발생의 유형을 어골상(魚骨像)으로 분류하여 분석하는 것은?

① 파레토도   ② 특성요인도
③ 관리도   ④ 클로즈분석

해설

- 통계적 원인분석방법
  (1) 파레토(Pareto)도(파레토차트) : 작업현장에서 발생하는 고장·재해 등의 유형, 기인물, 발생건수, 손실금액 등을 항목별로 분류하고, 그 건수와 금액을 크기순으로 나열한 그래프
  (2) 클로즈(Close)분석 : 두 가지 이상의 문제에 대한 관계 분석 시 주로 사용하는 방법으로, 데이터를 집계하고 표로 표시하여 요인별 결과 내역이 교차되도록 작성한 그림
  (3) 관리도 : 산업재해 분석 및 평가를 위해 재해발생건수 등의 추이를 파악하여 그래프화하고 관리선을 설정해 목표관리를 수행하는 방법
  (4) 특성요인도 : 특성과 요인 관계를 도표로 하여 어골(魚骨)상으로 세분화한 분석법으로, 재해의 원인과 결과를 연계하여 상호 관계를 파악하는 방법

017

다음 중 안전모의 성능시험에 있어서 AE, ABE종에만 한하여 실시하는 시험은?

① 내관통성시험, 충격흡수성시험
② 난연성시험, 내수성시험
③ 난연성시험, 내전압성시험
④ 내전압성시험, 내수성시험

해설

「보호구 안전인증 고시」
[별표 1] 추락 및 감전 위험방지용 안전모의 성능기준
4. 안전모의 시험성능기준

항목	시험성능기준
내관통성	AE, ABE종 안전모는 관통거리가 9.5mm 이하이고, AB종 안전모는 관통거리가 11.1mm 이하이어야 한다.
충격흡수성	최고전달충격력이 4,450N을 초과해서는 안 되며, 모체와 착장체의 기능이 상실되지 않아야 한다.
내전압성	AE, ABE종 안전모는 교류 20kV에서 1분간 절연파괴 없이 견뎌야 하고, 이때 누설되는 충전전류는 10mA 이하이어야 한다.
내수성	AE, ABE종 안전모는 질량증가율이 1% 미만이어야 한다.
난연성	모체가 불꽃을 내며 5초 이상 연소되지 않아야 한다.
턱끈 풀림	150N 이상 250N 이하에서 턱끈이 풀려야 한다.

018

플리커 검사(Flicker Test)의 목적으로 가장 적절한 것은?

① 혈중 알코올농도 측정
② 체내 산소량 측정
③ 작업강도 측정
④ 피로의 정도 측정

해설

- 플리커 검사(Flicker Test, 점열융합주파수) : 중추신경계의 정신 피로를 측정하는 척도로 사용되며, 피로한 경우 주파수 값이 내려간다.

019

강도율에 관한 설명 중 틀린 것은?

① 사망 및 영구 전노동 불능(신체장해등급 1~3급)의 근로손실일수는 7,500일로 환산한다.
② 신체장해등급 중 제14급은 근로손실일수를 50일로 환산한다.
③ 영구 일부노동 불능은 신체장해등급에 따른 근로손실일수에 300/365를 곱하여 환산한다.
④ 일시 전노동 불능은 휴업일수에 300/365를 곱하여 근로손실일수를 환산한다.

해설

영구 일부노동 불능상해는 신체장해등급(제4~14급)에 따른 손실일수를 적용한다.

- 국제노동기구(ILO) - 상해 정도별 구분

구분		근로손실일수
(1) 사망		7,500
(2) 영구 전노동 불능상해	1~3	7,500
	4	5,500
	5	4,000
	6	3,000
	7	2,200
(3) 영구 일부노동 불능상해 (신체장해등급)	8	1,500
	9	1,000
	10	600
	11	400
	12	200
	13	100
	14	50

020

다음 중 브레인스토밍의 4원칙과 가장 거리가 먼 것은?

① 자유로운 비평
② 자유분방한 발언
③ 대량적인 발언
④ 타인 의견의 수정 발언

> **해설**
> - 브레인스토밍(Brain Storming) 4원칙
>   (1) 자유분방 : 가능한 한 많은 의견과 아이디어를 제시한다.
>   (2) 비판금지 : 타인의 의견을 절대 비판·비평·비난하지 않는다.
>   (3) 대량발언 : 주제를 벗어난 의견과 아이디어도 허용한다.
>   (4) 수정발언 : 타인의 의견을 수정하여 발언하는 것을 허용한다.

> **해설**
> - 독립행동에 의한 휴먼에러 분류
>   – 생략 에러(Omission Error) : 필요한 직무나 단계를 수행하지 않은 에러(생략, 누락)
>   – 실행 에러(Commission Error) : 직무나 순서 등을 착각하여 잘못 수행한 에러(불확실한 수행)
>   – 과잉행동 에러(Extraneous Error) : 불필요한 직무 또는 절차를 수행하여 발생한 에러
>   – 순서 에러(Sequential Error) : 직무 수행과정에서 순서를 잘못 지켜 발생한 에러(순서 착오)
>   – 시간 에러(Timing Error) : 정해진 시간 내 직무를 수행하지 못하여 발생한 에러(수행 지연)

제2과목 인간공학 및 시스템안전공학

021

화학설비의 안전성 평가에서 정량적 평가의 항목에 해당되지 않는 것은?

① 훈련 ② 조작
③ 취급물질 ④ 화학설비 용량

> **해설**
> - 정량적 평가 항목
>   – 취급물질, 화학설비의 용량, 온도, 압력, 조작

022

인간 에러(Human Error)에 관한 설명으로 틀린 것은?

① Omission Error : 필요한 작업 또는 절차를 수행하지 않는데 기인한 에러
② Commission Error : 필요한 작업 또는 절차의 수행지연으로 인한 에러
③ Extraneous Error : 불필요한 작업 또는 절차를 수행함으로써 기인한 에러
④ Sequential Error : 필요한 작업 또는 절차의 순서 착오로 인한 에러

023

다음은 유해위험방지계획서의 제출에 관한 설명이다. ( ) 안에 들어갈 내용으로 옳은 것은?

> 산업안전보건법령상 "대통령령으로 정하는 사업의 종류 및 규모에 해당하는 사업으로서 해당 제품의 생산 공정과 직접적으로 관련된 건설물·기계·기구 및 설비 등 일체를 설치·이전하거나 그 주요 구조 부분을 변경하려는 경우"에 해당하는 사업주는 유해위험방지계획서에 관련 서류를 첨부하여 해당 작업 시작 (㉠)까지 공단에 (㉡)부를 제출하여야 한다.

① ㉠ : 7일 전, ㉡ : 2
② ㉠ : 7일 전, ㉡ : 4
③ ㉠ : 15일 전, ㉡ : 2
④ ㉠ : 15일 전, ㉡ : 4

> **해설**
> 「산업안전보건법 시행규칙」
> 제42조(제출서류 등)
> ① 법 제42조 제1항 제1호에 해당하는 사업주가 유해위험방지계획서를 제출할 때에는 사업장별로 별지 제16호 서식의 제조업 등 유해위험방지계획서에 다음 각 호의 서류를 첨부하여 해당 작업 시작 15일 전까지 공단에 2부를 제출해야 한다. 이 경우 유해위험방지계획서의 작성기준, 작성자, 심사기준, 그 밖에 심사에 필요한 사항은 고용노동부장관이 정하여 고시한다.

024

그림과 같이 FTA로 분석된 시스템에서 현재 모든 기본사상에 대한 부품이 고장 난 상태이다. 부품 X_1부터 부품 X_5까지 순서대로 복구한다면 어느 부품을 수리 완료하는 시점에서 시스템이 정상가동 되는가?

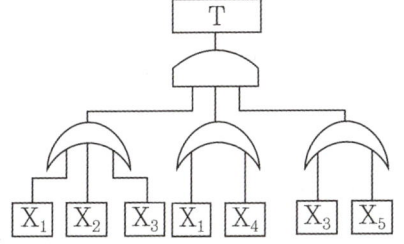

① 부품 X_2 ② 부품 X_3
③ 부품 X_4 ④ 부품 X_5

해설
T가 정상가동되려면 AND 게이트에 걸려있는 OR 게이트가 모두 출력되어야 한다. X_1과 X_2가 복구될 경우, 첫 번째와 두 번째 OR 게이트는 정상화되나, 세 번째 OR 게이트가 동작하지 않아 T는 정상가동 되지 않는다. 따라서 X_3까지 복구되어야 T가 정상가동 된다.

025

눈과 물체의 거리가 23cm, 시선과 직각으로 측정한 물체의 크기가 0.03cm일 때 시각(분)은 얼마인가? (단, 시각은 600 이하이며, radian 단위를 분으로 환산하기 위한 상수값은 57.3과 60을 모두 적용하여 계산하도록 한다.)

① 0.001   ② 0.007
③ 4.48   ④ 24.55

해설
$$시각(분) = 57.3 \times 60 \times \frac{L}{D}$$
- L : 시선과 직각으로 측정한 물체의 크기
- D : 물체와 눈 사이의 거리
- 57.3과 60 : radian 단위를 분으로 환산하는 정수

$$\therefore 57.3 \times 60 \times \frac{0.03}{23} \fallingdotseq 4.48$$

026

Sanders와 McCormick의 의자 설계의 일반적인 원칙으로 옳지 않은 것은?

① 요부 후반을 유지한다.
② 조정이 용이해야 한다.
③ 등근육의 정적부하를 줄인다.
④ 디스크가 받는 압력을 줄인다.

해설
- 의자 설계의 일반 원리
  - 요추 부위의 전만곡선을 유지한다.
  - 디스크 압력을 줄인다.
  - 등근육의 정적부하를 감소시킨다.
  - 자세 고정을 줄인다.
  - 쉽게 조절할 수 있도록 설계한다.
  - 의자의 높이는 오금의 높이보다 같거나 낮게 한다.

027

후각적 표시장치(Olfactory Display)와 관련된 내용으로 옳지 않은 것은?

① 냄새의 확산을 제어할 수 없다.
② 시각적 표시장치에 비해 널리 사용되지 않는다.
③ 냄새에 대한 민감도의 개별적 차이가 존재한다.
④ 경보 장치로서 실용성이 없기 때문에 사용되지 않는다.

해설
- 후각적 표시장치
  - 사람의 감각기관 중 가장 예민하고 빨리 피로해지기 쉬운 기관이다.
  - 냄새의 확산을 통제하기 어렵다.
  - 냄새에 대한 민감도에 개인차가 커서 널리 이용되지는 않는다.
  - 가스누출경보, 광산 갱 탈출경보 등으로 이용된다.

028
그림과 같은 FT도에서 $F_1 = 0.015$, $F_2 = 0.02$, $F_3 = 0.05$이면, 정상사상 T가 발생할 확률은 약 얼마인가?

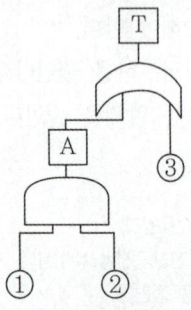

① 0.0002 ② 0.0283
③ 0.0503 ④ 0.9500

> **해설**
> $A = 0.015 \times 0.02 = 0.0003$
> $T = 1 - (1 - A)(1 - 0.05) = 1 - (0.9997 \times 0.95)$
> $\quad = 1 - 0.949715 = 0.050285 ≒ 0.0503$

029
NIOSH Lifting Guideline에서 권장무게한계(RWL) 산출에 사용되는 계수가 아닌 것은?

① 휴식 계수   ② 수평 계수
③ 수직 계수   ④ 비대칭 계수

> **해설**
> • 권장무게한계(RWL) 공식
> $\quad RWL = 23 \times HM \times VM \times DM \times AM \times FM \times CM$
> $\quad$ – HM : 수평 계수
> $\quad$ – VM : 수직 계수
> $\quad$ – DM : 거리 계수
> $\quad$ – AM : 비대칭 계수
> $\quad$ – FM : 빈도 계수
> $\quad$ – CM : 커플링 계수

030
인간공학을 기업에 적용할 때의 기대효과로 볼 수 없는 것은?

① 노사 간의 신뢰 저하
② 작업손실시간의 감소
③ 제품과 작업의 질 향상
④ 작업자의 건강 및 안전 향상

> **해설**
> • 인간공학의 필요성
> $\quad$ – 산업재해 감소
> $\quad$ – 생산원가 절감
> $\quad$ – 직무만족도 향상
> $\quad$ – 재해로 인한 손실 감소
> $\quad$ – 기업의 이미지와 상품선호도 향상
> $\quad$ – 노사 간의 신뢰 구축

031
THERP(Technique for Human Error Rate Prediction)의 특징에 대한 설명으로 옳은 것을 모두 고른 것은?

> ㉠ 인간-기계 계(System)에서 여러 가지의 인간의 에러와 이에 의해 발생할 수 있는 위험성의 예측과 개선을 위한 기법
> ㉡ 인간의 과오를 정성적으로 평가하기 위하여 개발된 기법
> ㉢ 가지처럼 갈라지는 형태의 논리구조와 나무 형태의 그래프를 이용

① ㉠, ㉡   ② ㉠, ㉢
③ ㉡, ㉢   ④ ㉠, ㉡, ㉢

> **해설**
> • THERP(휴먼 에러율 예측 기법)
> $\quad$ – 시스템에서 인간의 과오(휴먼 에러)를 정량적으로 평가하기 위한 기법
> $\quad$ – Tree 구조와 비슷한 그림을 이용하며, 사건들을 일련의 2개로 나눠지는 것으로 모형화하여 직무의 올바른 수행 여부를 확률적으로 부여함으로 에러율 추정
> $\quad$ – 인간의 에러율 추정법 등 5개 스텝으로 되어 있음
> $\quad$ – 기본적으로는 ETA의 변형으로 간주되지만 루프(Loop)나 바이패스(Bypass)를 구비할 수 있음

032

차폐효과에 대한 설명으로 옳지 않은 것은?

① 차폐음과 배음의 주파수가 가까울 때 차폐효과가 크다.
② 헤어드라이어 소음 때문에 전화 음을 듣지 못한 것과 관련이 있다.
③ 유의적 신호와 배경 소음의 차이를 신호/소음(S/N) 비로 나타낸다.
④ 차폐효과는 어느 한 음 때문에 다른 음에 대한 감도가 증가되는 현상이다.

해설
- 차폐효과 : 어느 한 음 때문에 다른 음에 대한 감도가 감소되는 현상

033

산업안전보건기준에 관한 규칙상 '강렬한 소음 작업'에 해당하는 기준은?

① 85데시벨 이상의 소음이 1일 4시간 이상 발생하는 작업
② 85데시벨 이상의 소음이 1일 8시간 이상 발생하는 작업
③ 90데시벨 이상의 소음이 1일 4시간 이상 발생하는 작업
④ 90데시벨 이상의 소음이 1일 8시간 이상 발생하는 작업

해설
「산업안전보건기준에 관한 규칙」
제512조(정의)
1. "소음작업"이란 1일 8시간 작업을 기준으로 85데시벨 이상의 소음이 발생하는 작업을 말한다.
2. "강렬한 소음작업"이란 다음 각목의 어느 하나에 해당하는 작업을 말한다.

소음(dB)	노출시간
90 이상	1일 8시간 이상
95 이상	1일 4시간 이상
100 이상	1일 2시간 이상
105 이상	1일 1시간 이상
110 이상	1일 30분 이상
115 이상	1일 15분 이상

3. "충격소음작업"이란 소음이 1초 이상의 간격으로 발생하는 작업으로서 다음 각 목의 어느 하나에 해당하는 작업을 말한다.

소음(dB)	노출횟수
120 초과	1일 1만회 이상
130 초과	1일 1천회 이상
140 초과	1일 1백회 이상

034

HAZOP 기법에서 사용하는 가이드 워드와 의미가 잘못 연결된 것은?

① No/Not – 설계 의도의 완전한 부정
② More/Less – 정량적인 증가 또는 감소
③ Part of – 성질상의 감소
④ Other than – 기타 환경적인 요인

해설
- 유인어(Guide Words)의 종류와 뜻
  - No/Not : 설계 의도의 완전한 부정
  - More/Less : 양의 증가 혹은 감소(정량적)
  - As Well As : 성질상의 증가(정성적 증가)
  - Part Of : 성질상의 감소(정성적 감소)
  - Reverse : 설계의도의 논리적인 역
  - Other Than : 완전한 대체

035

그림과 같이 신뢰도 95%인 펌프 A가 각각 신뢰도 90%인 밸브 B와 밸브 C의 병렬밸브계와 직렬계를 이룬 시스템의 실패확률은 약 얼마인가?

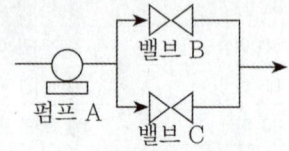

① 0.0091 ② 0.0595
③ 0.9405 ④ 0.9811

해설

$1 - 0.95 \times \{1 - (1 - 0.9)(1 - 0.9)\} = 0.0595$

036

인간이 기계보다 우수한 기능으로 옳지 않은 것은? (단, 인공지능은 제외한다.)

① 암호화된 정보를 신속하게 대량으로 보관할 수 있다.
② 관찰을 통해서 일반화하여 귀납적으로 추리한다.
③ 항공사진의 피사체나 말소리처럼 상황에 따라 변화하는 복잡한 자극의 형태를 식별할 수 있다.
④ 수신 상태가 나쁜 음극선관에 나타나는 영상과 같이 배경 잡음이 심한 경우에도 신호를 인지할 수 있다.

해설

암호화된 정보를 신속하게 대량으로 보관할 수 있는 것은 기계가 인간보다 우수한 기능에 해당한다.

037

FTA에서 사용되는 최소 컷셋에 대한 설명으로 옳지 않은 것은?

① 일반적으로 Fussell Algorithm을 이용한다.
② 정상사상(Top event)을 일으키는 최소한의 집합이다.
③ 반복되는 사건이 많은 경우 Limnios와 Ziani Algorithm을 이용하는 것이 유리하다.
④ 시스템에 고장이 발생하지 않도록 하는 모든 사상의 집합이다.

해설

시스템에 고장이 발생하지 않도록 하는 모든 사상의 집합은 패스셋(Path Set)이다.

• 최소 컷셋(Minimal Cut Set)
 - 정상사상을 일으키기 위하여 필요한 최소한의 컷셋
 - 일반적으로 시스템에서 최소 컷셋의 개수가 늘어나면 위험 수준이 높아짐
 - 일반적으로 Fussell Algorithm을 이용함
 - 반복되는 사건이 많은 경우 Limnios와 Ziani Algorithm을 이용하는 것이 유리함

038

직무에 대하여 청각적 자극 제시에 대한 음성 응답을 하도록 할 때 가장 관련 있는 양립성은?

① 공간적 양립성   ② 양식 양립성
③ 운동 양립성   ④ 개념적 양립성

해설

• 양립성의 종류
 (1) 양식 양립성 : 직무에 알맞은 자극과 응답 양식의 존재에 대한 양립성
   예 소리로 제시된 정보는 말로 반응하게 하고, 시각적으로 제시된 정보는 손으로 반응하는 것이 양립성이 높음
 (2) 공간적 양립성 : 표시장치와 조종장치의 물리적 형태 및 공간적 배치의 양립성
   예 오른쪽 버튼을 누르면 오른쪽 기계가 작동

(3) 운동 양립성 : 표시장치와 조종장치 간의 운동방향의 양립성
  예 자동차 핸들 조작 방향으로 바퀴가 회전
(4) 개념적 양립성 : 특정 신호가 전달하려는 내용과 연관성이 있는지에 관한 양립성
  예 온수 손잡이는 빨간색, 냉수 손잡이는 파란색

039

컴퓨터 스크린 상에 있는 버튼을 선택하기 위해 커서를 이동시키는 데 걸리는 시간을 예측하는 가장 적합한 법칙은?

① Fitts의 법칙
② Lewin의 법칙
③ Hick의 법칙
④ Weber의 법칙

[해설]
• Fitts의 법칙
 – 인간의 행동에 대해 속도와 정확성의 관계를 설명하는 기본적인 법칙
 – 표적이 작고 이동거리가 길수록 이동시간이 증가함

040

설비의 고장과 같이 발생확률이 낮은 사건의 특정시간 또는 구간에서의 발생횟수를 측정하는 데 가장 적합한 확률분포는?

① 이항분포(Binomial Distribution)
② 푸아송분포(Poisson Distribution)
③ 와이블분포(Weibulll Distribution)
④ 지수분포(Exponential Distribution)

[해설]
• 푸아송분포 : 발생확률이 낮은 사건의 특정시간 또는 구간에서의 발생횟수를 측정하는 데 가장 적합한 확률분포

제3과목 기계위험방지기술

041

산업안전보건법령상 양중기를 사용하여 작업하는 운전자 또는 작업자가 보기 쉬운 곳에 해당 양중기에 대해 표시하여야 할 내용으로 가장 거리가 먼 것은? (단, 승강기는 제외한다.)

① 정격 하중
② 운전 속도
③ 경고 표시
④ 최대 인양 높이

[해설]
「산업안전보건기준에 관한 규칙」
제133조(정격하중 등의 표시) 사업주는 양중기(승강기는 제외한다) 및 달기구를 사용하여 작업하는 운전자 또는 작업자가 보기 쉬운 곳에 해당 기계의 정격하중, 운전속도, 경고표시 등을 부착하여야 한다. 다만, 달기구는 정격하중만 표시한다.

042

롤러기의 급정지장치에 관한 설명으로 가장 적절하지 않은 것은?

① 복부 조작식은 조작부 중심점을 기준으로 밑면으로부터 1.2~1.4m 이내의 높이로 설치한다.
② 손 조작식은 조작부 중심점을 기준으로 밑면으로부터 1.8m 이내의 높이로 설치한다.
③ 급정지장치의 조작부에 사용하는 줄은 사용 중에 늘어져서는 안 된다.
④ 급정지장치의 조작부에 사용하는 줄은 충분한 인장강도를 가져야 한다.

[해설]
「위험기계·기구 안전인증 고시」
[별표 5] 롤러기 제작 및 안전기준

13. 급정지장치의 설치방법
가. 급정지장치 중 손으로 조작하는 급정지장치의 조작부는 롤러기의 전면 및 후면에 각각 1개씩 수평으로 설치하여야 하며 그 길이는 롤러의 길이 이상이어야 한다.

나. 급정지장치의 조작부에 사용하는 줄은 사용 중에 늘어져
서는 안 되며 충분한 인장강도를 가져야 한다.

급정지장치 조작부의 종류 및 위치

급정지장치 조작부의 종류	위치	비고
손으로 조작하는 것	밑면으로부터 1.8m 이내	위치는 급정지장치 조작부의 중심점을 기준으로 함
복부로 조작하는 것	밑면으로부터 0.8m 이상 1.1m 이내	
무릎으로 조작하는 것	밑면으로부터 0.4m 이상 0.6m 이내	

044

롤러기의 가드와 위험점 간의 거리가 100mm일 경우 ILO 규정에 의한 가드 개구부의 안전간격은?

① 11mm ② 21mm
③ 26mm ④ 31mm

해설

개구부 간격(mm) = 6 + 0.15X = 6 + 0.15×100 = 21
(단, X = 가드와 위험점 간 최단거리)

043

연삭기의 안전작업수칙에 대한 설명 중 가장 거리가 먼 것은?

① 숫돌의 정면에 서서 숫돌 원주면을 사용한다.
② 숫돌 교체 시 3분 이상 시운전을 한다.
③ 숫돌의 회전은 최고 사용 원주속도를 초과하여 사용하지 않는다.
④ 연삭숫돌에 충격을 가하지 않는다.

해설

연삭숫돌 정면에서 150° 정도 비켜서서 작업해야 한다.

「산업안전보건기준에 관한 규칙」
제122조(연삭숫돌의 덮개 등)
① 사업주는 회전 중인 연삭숫돌(지름이 5센티미터 이상인 것으로 한정한다)이 근로자에게 위험을 미칠 우려가 있는 경우에 그 부위에 덮개를 설치하여야 한다.
② 사업주는 연삭숫돌을 사용하는 작업의 경우 작업을 시작하기 전에는 1분 이상, 연삭숫돌을 교체한 후에는 3분 이상 시험운전을 하고 해당 기계에 이상이 있는지를 확인하여야 한다.
③ 제2항에 따른 시험운전에 사용하는 연삭숫돌은 작업시작 전에 결함이 있는지를 확인한 후 사용하여야 한다.
④ 사업주는 연삭숫돌의 최고 사용회전속도를 초과하여 사용하도록 해서는 아니 된다.
⑤ 사업주는 측면을 사용하는 것을 목적으로 하지 않는 연삭숫돌을 사용하는 경우 측면을 사용하도록 해서는 아니 된다.

045

지게차의 포크에 적재된 화물이 마스트 후방으로 낙하함으로써 근로자에게 미치는 위험을 방지하기 위하여 설치하는 것은?

① 헤드가드 ② 백레스트
③ 낙하방지장치 ④ 과부하방지장치

해설

「산업안전보건기준에 관한 규칙」
제181조(백레스트) 사업주는 백레스트(Backrest)를 갖추지 아니한 지게차를 사용해서는 아니 된다. 다만, 마스트의 후방에서 화물이 낙하함으로써 근로자가 위험해질 우려가 없는 경우에는 그러하지 아니하다.

046

산업안전보건법령상 프레스 및 전단기에서 안전블록을 사용해야 하는 작업으로 가장 거리가 먼 것은?

① 금형 가공작업 ② 금형 해체작업
③ 금형 부착작업 ④ 금형 조정작업

해설

「산업안전보건기준에 관한 규칙」
제104조(금형조정작업의 위험 방지) 사업주는 프레스 등의 금형을 부착·해체 또는 조정하는 작업을 할 때에 해당 작업에 종사하는 근로자의 신체가 위험한계 내에 있는 경우 슬라이드가 갑자기 작동함으로써 근로자에게 발생할 우려가 있는 위험을 방지하기 위하여 안전블록을 사용하는 등 필요한 조치를 하여야 한다.

047
다음 중 기계설비의 안전조건에서 안전화의 종류로 가장 거리가 먼 것은?

① 재질의 안전화 ② 작업의 안전화
③ 기능의 안전화 ④ 외형의 안전화

해설
- 기계설비 안전화 방안
  (1) 외형의 안전화
  (2) 구조(강도)의 안전화
  (3) 기능의 안전화
  (4) 작업의 안전화
  (5) 유지·보수의 안전화

048
다음 중 비파괴검사법으로 틀린 것은?

① 인장검사 ② 자기탐상검사
③ 초음파탐상검사 ④ 침투탐상검사

해설
'인장검사'는 재료에 서서히 인장력을 가해서 재료의 항복점, 내력, 인장강도 등을 측정하는 시험으로, 파괴시험이다.
- 비파괴시험 : 제품을 파괴하지 않고 제품 내부의 결함, 용접부 내부의 결함 등을 검사하는 방법
  - 종류 : 누수시험, 누설시험, 음향탐상, 침투탐상, 초음파탐상, 자분탐상, 방사선투과 등

049
산업안전보건법령상 아세틸렌 용접장치를 사용하여 금속의 용접·용단 또는 가열작업을 하는 경우 게이지 압력은 얼마를 초과하는 압력의 아세틸렌을 발생시켜 사용하면 안 되는가?

① 98kPa ② 127kPa
③ 147kPa ④ 196kPa

해설
「산업안전보건기준에 관한 규칙」
제285조(압력의 제한) 사업주는 아세틸렌 용접장치를 사용하여 금속의 용접·용단 또는 가열작업을 하는 경우에는 게이지 압력이 127킬로파스칼을 초과하는 압력의 아세틸렌을 발생시켜 사용해서는 아니 된다.

050
산업안전보건법령상 산업용 로봇으로 인하여 근로자에게 발생할 수 있는 부상 등의 위험이 있는 경우 위험을 방지하기 위하여 울타리를 설치할 때 높이는 최소 몇 m 이상으로 해야 하는가? (단, 산업표준화법 및 국제적으로 통용되는 안전기준은 제외한다.)

① 1.8 ② 2.1
③ 2.4 ④ 1.2

해설
「산업안전보건기준에 관한 규칙」
제223조(운전 중 위험 방지) 사업주는 로봇의 운전(제222조에 따른 교시 등을 위한 로봇의 운전과 제224조 단서에 따른 로봇의 운전은 제외한다)으로 인하여 근로자에게 발생할 수 있는 부상 등의 위험을 방지하기 위하여 높이 1.8미터 이상의 울타리(로봇의 가동범위 등을 고려하여 높이로 인한 위험성이 없는 경우에는 높이를 그 이하로 조절할 수 있다)를 설치하여야 하며, 컨베이어 시스템의 설치 등으로 울타리를 설치할 수 없는 일부 구간에 대해서는 안전매트 또는 광전자식 방호장치 등 감응형(感應形) 방호장치를 설치하여야 한다.

051
크레인의 사용 중 하중이 정격을 초과하였을 때 자동적으로 상승이 정지되는 장치는?

① 해지장치 ② 이탈방지장치
③ 아웃트리거 ④ 과부하방지장치

해설
- 과부하방지장치 : 크레인에 적재하중을 초과하여 걸리는 경우, 자동으로 상승이 정지되는 장치

052

인간이 기계 등의 취급을 잘못해도 그것이 바로 사고나 재해와 연결되는 일이 없는 기능을 의미하는 것은?

① Fail Safe
② Fail Active
③ Fail Operational
④ Fool Proof

해설
- 풀 프르프(Fool Proof) : 작업자의 실수나 오류가 사고로 이어지지 않도록 예방하는 안전기구

053

산업안전보건법령상 컨베이어를 사용하여 작업을 할 때 작업시작 전 점검사항으로 가장 거리가 먼 것은?

① 원동기 및 풀리(Pulley) 기능의 이상 유무
② 이탈 등의 방지장치 기능의 이상 유무
③ 유압장치의 기능의 이상 유무
④ 비상정지장치 기능의 이상 유무

해설
「산업안전보건기준에 관한 규칙」
[별표 3] 작업시작 전 점검사항

13. 컨베이어 등을 사용하여 작업을 할 때
가. 원동기 및 풀리(Pulley) 기능의 이상 유무
나. 이탈 등의 방지장치 기능의 이상 유무
다. 비상정지장치 기능의 이상 유무
라. 원동기·회전축·기어 및 풀리 등의 덮개 또는 울 등의 이상 유무

054

다음 중 기계설비에서 반대로 회전하는 두 개의 회전체가 맞닿는 사이에 발생하는 위험점으로 가장 적절한 것은?

① 물림점
② 협착점
③ 끼임점
④ 절단점

해설
- 기계설비의 위험점
  (1) 협착점 : 왕복운동을 하는 동작부분과 고정부분 사이에 형성되는 위험점
      예 프레스, 압축용접기, 성형기, 펀칭기, 단조해머 등
  (2) 끼임점 : 고정부와 회전하는 동작부분 사이에 형성되는 위험점
      예 연삭숫돌과 덮개 사이, 교반기 날개와 용기의 몸체 사이, 반복작동하는 링크기구, 프레임의 요동운동 등
  (3) 절단점 : 회전하는 운동부분이나 운동하는 기계부분 자체의 위험에서 초래되는 위험점
      예 밀링커터, 둥근톱날, 띠톱, 벨트의 이음새 등
  (4) 물림점 : 반대방향으로 맞물려 회전하는 두 개의 물체에 물려 들어가는 위험점
      예 롤러와 기어가 서로 맞물려 회전 등
  (5) 접선물림점 : 회전하는 부분의 접선방향으로 물려 들어가는 위험점
      예 풀리와 V-belt 사이, 체인과 스프로킷 휠 사이, 피니언과 랙 사이 등
  (6) 회전말림점 : 회전하는 물체에 작업복 등이 말려 들어가는 위험점
      예 축, 커플링, 회전하는 드릴 등

055

선반작업 시 안전수칙으로 가장 적절하지 않은 것은?

① 주유 및 청소 시 반드시 기계를 정지시키고 한다.
② 칩 제거 시 브러시를 사용한다.
③ 바이트에는 칩 브레이커를 설치한다.
④ 선반의 바이트는 끝을 길게 장치한다.

해설
- 선반작업 안전수칙
  - 작동 전 기계의 모든 상태를 점검할 것
  - 작업 중 장갑을 착용하지 말 것
  - 절삭작업 중에는 반드시 보안경을 착용하여 눈을 보호할 것
  - 칩이 비산할 때는 보안경을 쓰고 방호판을 설치할 것
  - 바이트는 가급적 짧고, 단단하게 조일 것
  - 가공물이나 척에 말리지 않도록 옷자락은 안으로 넣고, 옷소매를 묶을 때는 끈을 사용하지 않을 것
  - 칩이 짧게 끊어지도록 칩 브레이커를 설치하고, 작업 중 칩이 많이 쌓여 치울 시에는 반드시 기계작동을 멈춘 후 할 것
  - 칩을 제거할 때는 압축공기를 사용하지 말고 브러시를 사용할 것
  - 바이트 교환 시, 주유 및 청소 시 반드시 기계작동을 멈춘 후 할 것
  - 긴 물체(가공물 길이가 지름의 12배 이상)를 가공 시 방진구를 설치하여 진동을 방지할 것
  - 공작물의 설치가 끝나면 척에서 렌치류는 곧바로 제거할 것

056

산업안전보건법령상 산업용 로봇의 작업 시작 전 점검 사항으로 가장 거리가 먼 것은?

① 외부 전선의 피복 또는 외장의 손상 유무
② 압력방출장치의 이상 유무
③ 매니퓰레이터 작동 이상 유무
④ 제동장치 및 비상정지장치의 기능

해설
「산업안전보건기준에 관한 규칙」
[별표 3] 작업시작 전 점검사항

2. 로봇의 작동 범위에서 그 로봇에 관하여 교시 등(로봇의 동력원을 차단하고 하는 것은 제외한다)의 작업을 할 때
   가. 외부 전선의 피복 또는 외장의 손상 유무
   나. 매니퓰레이터(Manipulator) 작동의 이상 유무
   다. 제동장치 및 비상정지장치의 기능

057

산업안전보건법령상 보일러의 과열을 방지하기 위하여 최고사용압력과 상용압력 사이에서 보일러의 버너 연소를 차단해 정상 압력으로 유도하는 방호장치로 가장 적절한 것은?

① 압력방출장치
② 고저수위조절장치
③ 언로우드밸브
④ 압력제한스위치

해설
「산업안전보건기준에 관한 규칙」
제117조(압력제한스위치) 사업주는 보일러의 과열을 방지하기 위하여 최고사용압력과 상용압력 사이에서 보일러의 버너 연소를 차단할 수 있도록 <u>압력제한스위치</u>를 부착하여 사용하여야 한다.

058

프레스 작동 후 슬라이드가 하사점에 도달할 때까지의 소요시간이 0.5s일 때 양수기동식 방호장치의 안전거리는 최소 얼마인가?

① 200mm
② 400mm
③ 600mm
④ 800mm

해설
- 안전거리 $D_m = 1.6 \times T_m$
  $1.6 \times 0.5 = 0.8m = 800mm$
  따라서 양수기동식 방호장치의 안전거리는 최소 800mm이다.

059

둥근톱기계의 방호장치 중 반발예방장치의 종류로 틀린 것은?

① 분할날
② 반발방지기구(Finger)
③ 보조안내판
④ 안전덮개

해설
반발예방장치에는 분할날, 반발방지기구, 보조안내판, 반발방지롤 등이 있다.

060

산업안전보건법령상 형삭기(Slotter, Shaper)의 주요 구조부로 가장 거리가 먼 것은? (단, 수치제어식은 제외한다.)

① 공구대
② 공작물 테이블
③ 램
④ 아버

해설

아버(Arbor)는 한쪽 끝을 기계 주측의 끝에 삽입할 수 있도록 테이퍼 가공되어 있으며, 밀링머신에 장치하여 사용하는 절삭공구를 부착하는 작은 축이다.

「위험기계·기구 자율안전확인 고시」
제18조(정의)
5. "형삭기(Slotter, Shaper)"란 공작물을 테이블 위에 고정시키고 램(Ram)에 의하여 절삭공구가 수평 또는 상·하 운동하면서 공작물을 절삭하는 공작기계를 말하며, 주요 구조부는 다음 각 목과 같다.
 가. 공작물 테이블
 나. 공구대
 다. 공구공급장치(수치제어식으로 한정한다)
 라. 램

제4과목 전기위험방지기술

061

피뢰기가 구비하여야 할 조건으로 틀린 것은?

① 제한전압이 낮아야 한다.
② 상용주파 방전 개시전압이 높아야 한다.
③ 충격방전 개시전압이 높아야 한다.
④ 속류 차단 능력이 충분하여야 한다.

해설

- 피뢰기의 성능
  - 뇌전류 방전능력이 클 것
  - 제한전압 또는 충격방전 개시전압이 충분히 낮고 보호능력이 있을 것
  - 속류차단을 확실하게 할 수 있을 것
  - 대전류 방전 또는 속류차단의 반복동작에 대해 장기간 사용에 견딜 것
  - 상용주파 방전 개시전압이 회로전압보다 충분히 높아서 상용주파 방전을 하지 않을 것

062

다음 중 정전기의 발생현상에 포함되지 않는 것은?

① 파괴에 의한 발생
② 분출에 의한 발생
③ 전도 대전
④ 유동에 의한 대전

해설

- 정전기 발생현상 : 마찰대전, 박리대전, 유동대전, 분출대전, 충돌대전, 파괴대전, 교반대전 등

063

방폭기기에 별도의 주위 온도 표시가 없을 때 방폭기기의 주위 온도 범위는? (단, 기호 "X"의 표시가 없는 기기이다.)

① 20℃~40℃   ② −20℃~40℃
③ 10℃~50℃   ④ −10℃~50℃

해설

「한국산업표준」 (KS C IEC 60079-0)
폭발성 분위기-제0부 : 기기-일반 요구사항
1. 적용범위(Scope)
   방폭기기가 작동될 수 있다고 가정할 수 있는 표준 대기 조건(대기의 폭발 특성과 관련 있는)은 다음과 같다.
   • 온도 : −20~+60℃
   • 압력 : 80kPa(0.8bar)~110kPa(1.1bar)
   • 정상 산소 함량의 공기, 일반적으로 21%v/v
   [비고 1] 위의 표준 대기 조건에서 −20℃~+60℃의 대기 온도범위를 표준으로 하지만, 달리 명시하거나 표시하지 않는 한 방폭기기의 정상 주위온도 범위는 −20~+40℃이다. −20~+40℃가 많은 방폭기기에 적합한 것으로 고려되며 모든 방폭기기를 주위온도 +60℃를 초과하는 표준 대기에 적합하게 제조하는 것은 불필요한 설계 제약을 초래할 수 있다.

해설

'제전 설비'는 정전기를 제거하는 설비이다.

「산업안전보건기준에 관한 규칙」
제325조(정전기로 인한 화재 폭발 등 방지)
① 사업주는 다음 각 호의 설비를 사용할 때에 정전기에 의한 화재 또는 폭발 등의 위험이 발생할 우려가 있는 경우에는 해당 설비에 대하여 확실한 방법으로 접지를 하거나, 도전성 재료를 사용하거나 가습 및 점화원이 될 우려가 없는 제전(除電)장치를 사용하는 등 정전기의 발생을 억제하거나 제거하기 위하여 필요한 조치를 하여야 한다.
  1. 위험물을 탱크로리 · 탱크차 및 드럼 등에 주입하는 설비
  2. 탱크로리 · 탱크차 및 드럼 등 위험물저장 설비
  3. 인화성 액체를 함유하는 도료 및 접착제 등을 제조 · 저장 · 취급 또는 도포(塗布)하는 설비
  4. 위험물건조 설비 또는 그 부속 설비
  5. 인화성 고체를 저장하거나 취급하는 설비
  6. 드라이클리닝 설비, 염색가공 설비 또는 모피류 등을 씻는 설비 등 인화성유기용제를 사용하는 설비
  7. 유압, 압축공기 또는 고전위정전기 등을 이용하여 인화성 액체나 인화성 고체를 분무하거나 이송하는 설비
  8. 고압가스를 이송하거나 저장 · 취급하는 설비
  9. 화약류제조 설비
  10. 발파공에 장전된 화약류를 점화시키는 경우에 사용하는 발파기(발파공을 막는 재료로 물을 사용하거나 갱도발파를 하는 경우는 제외한다)

064

정전기로 인한 화재 및 폭발을 방지하기 위하여 조치가 필요한 설비가 아닌 것은?

① 드라이클리닝 설비
② 위험물건조 설비
③ 화약류제조 설비
④ 위험기구의 제전 설비

065

300A의 전류가 흐르는 저압 가공전선로의 1선에서 허용 가능한 누설전류(mA)는?

① 600   ② 450
③ 300   ④ 150

해설

흐르는 전류가 300A이고, 누설전류는 최대 공급전류의 1/2,000을 넘지 않아야 하므로

$$300 \times \frac{1}{2,000} = 0.15A = 150mA$$

「전기설비기술기준」
제27조(전선로의 전선 및 절연성능)
③ 저압전선로 중 절연 부분의 전선과 대지 사이 및 전선의 심선 상호 간의 절연저항은 사용전압에 대한 누설전류가 최대 공급전류의 1/2,000을 넘지 않도록 하여야 한다.

066

산업안전보건기준에 관한 규칙 제319조에 따라 감전될 우려가 있는 장소에서 작업을 하기 위해서는 전로를 차단하여야 한다. 전로 차단을 위한 시행 절차 중 틀린 것은?

① 전기기기 등에 공급되는 모든 전원을 관련 도면, 배선도 등으로 확인
② 각 단로기를 개방한 후 전원 차단
③ 단로기 개방 후 차단장치나 단로기 등에 잠금장치 및 꼬리표를 부착
④ 잔류전하 방전 후 검전기를 이용하여 작업 대상기기가 충전되어 있는지 확인

해설

제319조 제2항 제2호에 따르면, 전원을 차단한 후 각 단로기 등을 개방해야 한다.

「산업안전보건기준에 관한 규칙」
제319조(정전전로에서의 전기작업)
② 제1항의 전로 차단은 다음 각 호의 절차에 따라 시행하여야 한다.
  1. 전기기기 등에 공급되는 모든 전원을 관련 도면, 배선도 등으로 확인할 것
  2. 전원을 차단한 후 각 단로기 등을 개방하고 확인할 것
  3. 차단장치나 단로기 등에 잠금장치 및 꼬리표를 부착할 것
  4. 개로된 전로에서 유도전압 또는 전기에너지가 축적되어 근로자에게 전기위험을 끼칠 수 있는 전기기기 등은 접촉하기 전에 잔류전하를 완전히 방전시킬 것
  5. 검전기를 이용하여 작업 대상 기기가 충전되었는지를 확인할 것
  6. 전기기기 등이 다른 노출 충전부와의 접촉, 유도 또는 예비동력원의 역송전 등으로 전압이 발생할 우려가 있는 경우에는 충분한 용량을 가진 단락 접지기구를 이용하여 접지할 것

067

유자격자가 아닌 근로자가 방호되지 않은 충전전로 인근의 높은 곳에서 작업할 때에 근로자의 몸은 충전전로에서 몇 cm 이내로 접근할 수 없도록 하여야 하는가? (단, 대지전압이 50kV이다.)

① 50
② 100
③ 200
④ 300

해설

「산업안전보건기준에 관한 규칙」
제321조(충전전로에서의 전기작업)
7. 유자격자가 아닌 근로자가 충전전로 인근의 높은 곳에서 작업할 때에 근로자의 몸 또는 긴 도전성 물체가 방호되지 않은 충전전로에서 대지전압이 50킬로볼트 이하인 경우에는 300센티미터 이내로, 대지전압이 50킬로볼트를 넘는 경우에는 10킬로볼트당 10센티미터씩 더한 거리 이내로 각각 접근할 수 없도록 할 것

068

다음 중 정전기의 재해방지 대책으로 틀린 것은?

① 설비의 도체 부분을 접지
② 작업자는 정전화를 착용
③ 작업장의 습도를 30% 이하로 유지
④ 배관 내 액체의 유속 제한

해설

정전기 재해방지를 위해서 작업장 내 습도를 70% 정도로 유지하는 것이 바람직하다.

• 정전기 방지대책
  – 마찰로 인한 정전기를 방지하기 위해 마찰을 최대한 적게 하고, 가습을 한다.
  – 공기를 이온화한다.
  – 도체 부분을 접지한다.
  – 배관 내 액체의 유속을 제한한다.
  – 대전방지제를 사용한다.
  – 제전기 등 제전용구를 사용한다.
  – 작업자는 제전복, 정전화 등을 착용한다.
  – 작업장 바닥에 도전성(정전기 방지용) 매트를 사용한다.

069

가스(발화온도 120℃)가 존재하는 지역에 방폭기기를 설치하고자 한다. 설치가 가능한 기기의 온도 등급은?

① T_2 ② T_3
③ T_4 ④ T_5

해설

「방호장치 안전인증 고시」
[별표 6] 가스·증기방폭구조인 전기기기의 일반성능기준
전기기기에 대한 최고표면온도의 분류

온도등급	최고표면온도	온도등급	최고표면온도
T_1	450℃	T_4	135℃
T_2	300℃	T_5	100℃
T_3	200℃	T_6	85℃

070

변압기의 중성점을 제2종 접지한 수전전압 22.9kV, 사용전압 220V인 공장에서 외함을 제3종 접지공사를 한 전동기가 운전 중에 누전되었을 경우에 작업자가 접촉될 수 있는 최소전압은 약 몇 V인가? (단, 1선 지락전류 10A, 제3종 접지저항 30Ω, 인체저항 10,000Ω이다.)

① 116.7   ② 127.5
③ 146.7   ④ 165.6

해설

※ 참고 : 한국전기설비규정(KEC)의 개정으로 접지대상에 따라 일괄 적용한 종별접지(1종, 2종, 3종, 특3종)가 폐지되어 성립될 수 없는 문제입니다.

사용전압 220V인 공장에서 3종 접지공사를 한 전동기(접지저항 30Ω)가 누전되었다.
2종 접지저항과 3종 접지저항이 직렬로 연결된 경우이다.
이때, 2종 접지저항은 (1선 지락전류 10A 해당 접지저항 $\frac{150}{1선지락전류} = \frac{150}{10}$) 15Ω이고, 3종 접지저항은 30Ω이다.
저항의 직렬연결은 저항을 지날 때마다 전압강하가 발생하며 이는 저항 값에 비례한다.
30Ω에는 $220 \times \frac{30}{(30+15)} ≒ 146.66V$의 전압강하가 발생한다.
원동기 접지저항은 30Ω이므로, 작업자에게 접촉되는 최소전압은 약 146.7V이다.

071

제전기의 종류가 아닌 것은?

① 전압인가식 제전기
② 정전식 제전기
③ 방사선식 제전기
④ 자기방전식 제전기

해설

• 제전기 종류
(1) 전압인가식 : 약 7,000V의 전압을 인가해 코로나 방전을 일으킴으로서 발생한 이온으로, 대전체의 전하를 중화시키는 원리로 가장 제전능력이 뛰어난 방식이다.
(2) 자기방전식 : 코로나 방전을 일으켜 공기를 이온화하는 것을 이용하는 방식으로, 이동물체에 대해 제전이 가능하며 착화하는 경우는 없지만 본체가 금속이므로 접지하여야 하고, 2kV 내외의 대전이 남는 결점이 있다.
(3) 방사선식(이온식) : 방사선의 전리작용으로 공기를 이온화시키는 방식으로, 제전효율이 낮고 이동물체에 부적합하지만, 안전하여 폭발위험지역에 적절하다.

072
정전기 방전현상에 해당되지 않는 것은?

① 연면방전 ② 코로나방전
③ 낙뢰방전 ④ 스팀방전

해설
- 정전기 방전현상 : 연면방전, 코로나방전, 낙뢰방전, 불꽃(스파크)방전, 스트리머(브러시)방전 등

073
전로에 지락이 생겼을 때에 자동적으로 전로를 차단하는 장치를 시설해야 하는 전기기계의 사용전압 기준은? (단, 금속제 외함을 가지는 저압의 기계기구로서 사람이 쉽게 접촉할 우려가 있는 곳에 시설되어 있다.)

① 30V 초과 ② 50V 초과
③ 90V 초과 ④ 150V 초과

해설
「한국전기설비규정(KEC)」
211. 2. 4 누전차단기의 시설
가. 금속제 외함을 가지는 사용전압이 50V를 초과하는 저압의 기계기구로서 사람이 쉽게 접촉할 우려가 있는 곳에 시설하는 것에 전기를 공급하는 전로

074
정전용량 C = 20μF, 방전 시 전압 V = 2kV일 때 정전에너지(J)는 얼마인가?

① 40   ② 80
③ 400 ④ 800

해설
- 정전에너지 $W = \frac{1}{2}CV^2$

  정전용량 $C = 20\mu F$, 전압 $V = 2kV$이므로,
  $\frac{1}{2} \times 20 \times 10^{-6} \times (2 \times 10^3)^2 = 10^{-5} \times 4 \times 10^6 = 40$
  따라서 정전에너지는 40J이다.

- 정전에너지 $W = \frac{1}{2}CV^2 = \frac{1}{2}QV = \frac{Q^2}{2C}$
  (이때, C = 정전용량, V = 전압, Q = 전하, $\therefore Q = CV$)

075
전로에 시설하는 기계기구의 금속제 외함에 접지공사를 하지 않아도 되는 경우로 틀린 것은?

① 저압용의 기계기구를 건조한 목재의 마루 위에서 취급하도록 시설한 경우
② 외함 주위에 적당한 절연대를 설치한 경우
③ 교류 대지전압이 300V 이하인 기계기구를 건조한 곳에 시설한 경우
④ 전기용품 및 생활용품 안전관리법의 적용을 받는 2중 절연구조로 되어 있는 기계기구를 시설하는 경우

해설
「한국전기설비규정(KEC)」
142.7 기계기구의 철대 및 외함의 접지
1. 전로에 시설하는 기계기구의 철대 및 금속제 외함(외함이 없는 변압기 또는 계기용 변성기는 철심)에는 140에 의한 접지공사를 하여야 한다.
2. 다음의 어느 하나에 해당하는 경우에는 제1의 규정에 따르지 않을 수 있다.
   가. 사용전압이 직류 300V 또는 교류 대지전압이 150V 이하인 기계기구를 건조한 곳에 시설하는 경우
   나. 저압용의 기계기구를 건조한 목재의 마루 기타 이와 유사한 절연성 물건 위에서 취급하도록 시설하는 경우
   라. 철대 또는 외함의 주위에 적당한 절연대를 설치하는 경우
   바. 「전기용품 및 생활용품 안전관리법」의 적용을 받는 이중절연구조로 되어 있는 기계기구를 시설하는 경우

076

Dalziel에 의하여 동물 실험을 통해 얻어진 전류값을 인체에 적용했을 때 심실세동을 일으키는 전기에너지(J)는 약 얼마인가? (단, 인체 전기저항은 500Ω으로 보며, 흐르는 전류 $I = \dfrac{165}{\sqrt{T}}$ mA로 한다.)

① 9.8
② 13.6
③ 19.6
④ 27

해설

- $W = I^2 RT$
  이때, 인체 전기저항(R)은 500Ω이고,
  흐르는 전류 $I = \dfrac{165}{\sqrt{T}}$ mA이므로
  $(\dfrac{165}{\sqrt{T}} \times 10^{-3})^2 \times 500 ≒ 13.612$
  따라서 심실세동을 일으키는 전기에너지는 약 13.6J이다.

077

전기설비의 방폭구조의 종류가 아닌 것은?

① 근본 방폭구조
② 압력 방폭구조
③ 안전증 방폭구조
④ 본질안전 방폭구조

해설

- 방폭구조 종류(기호)
  - 본질안전 방폭구조(ia, ib)
  - 내압 방폭구조(d)
  - 안전증 방폭구조(e)
  - 압력 방폭구조(p)
  - 유입 방폭구조(o)
  - 특수 방폭구조(s)

078

작업자가 교류전압 7,000V 이하의 전로에 활선 근접작업 시 감전사고 방지를 위한 절연용 보호구는?

① 고무절연관
② 절연시트
③ 절연커버
④ 절연안전모

해설

- 절연안전모 : 교류전압 7,000V 이하의 전로에 활선 근접작업 시 감전사고 방지를 위한 절연용 보호구

079

방폭전기기기에 "Ex ia IIC T_4 Ga"라고 표시되어 있다. 해당 기기에 대한 설명으로 틀린 것은?

① 정상 작동, 예상된 오작동에 또는 드문 오작동 중에 점화원이 될 수 없는 "매우 높은" 보호등급의 기기이다.
② 온도 등급이 T_4이므로 최고표면온도가 150℃를 초과해서는 안 된다.
③ 본질안전 방폭구조로 0종 장소에서 사용이 가능하다.
④ 수소 및 아세틸렌 등의 가스가 존재하는 곳에 사용이 가능하다.

해설

온도 등급이 T_4이므로 최고표면온도가 100℃ 초과 135℃ 이하이어야 한다.

- 전기설비의 방폭구조 표기
  예 Exd IIA T_4

구분	Ex	d	IIA	T_4
설명	Explosion Proof	방폭구조	가스그룹	온도등급
종류		d, p, e, o, ia, ib	IIA, IIB, IIC	$T_1 \sim T_6$

080

전기기계·기구의 기능 설명으로 옳은 것은?

① CB는 부하전류를 개폐시킬 수 있다.
② ACB는 진공 중에서 차단동작을 한다.
③ DS는 회로의 개폐 및 대용량부하를 개폐시킨다.
④ 피뢰침은 뇌나 계통의 개폐에 의해 발생하는 이상 전압을 대지로 방전시킨다.

해설
- 차단기(CB, Circuit Breaker) : 부하전류 개폐 및 고장전류 차단
- 기중차단기(ACB, Air Circuit Breaker) : 공기 중에서 이상 상태 때 개폐 가능
- 단로기(DS, Disconnecting Switch) : 무부하 시 개폐 가능하며, 부하전류 개폐 불가
- 피뢰기(LA, Lightning Arrester) : 이상전압을 저감시켜 전기기기를 절연파괴에서 보호

제5과목 화학설비위험방지기술

081

다음 중 압축기 운전 시 토출압력이 갑자기 증가하는 이유로 가장 적절한 것은?

① 윤활유의 과다
② 피스톤 링의 가스 누설
③ 토출관 내에 저항 발생
④ 저장조 내 가스압의 감소

해설
압축기 운전 시 토출관 내에 저항이 발생하면 토출압력이 증가한다.

082

진한 질산이 공기 중에서 햇빛에 의해 분해되었을 때 발생하는 갈색 증기는?

① N_2
② NO_2
③ NH_3
④ NH_2

해설
진한 질산이 공기 중에서 햇빛에 의해 분해되었을 때 발생하는 갈색 증기는 NO_2(이산화질소)이다.
$4HNO_3 \rightarrow 2H_2O + 4NO_2 + O_2$

083

고온에서 완전 열분해하였을 때 산소를 발생하는 물질은?

① 황화수소
② 과염소산칼륨
③ 메틸리튬
④ 적린

해설
과염소산칼륨($KClO_4$)은 400℃ 이상으로 가열하면 산소($2O_2$)와 염화칼륨(KCl)으로 분해된다.

084
다음 중 분진폭발에 관한 설명으로 틀린 것은?

① 폭발한계 내에서 분진의 휘발성분이 많으면 폭발 위험성이 높다.
② 분진이 발화 폭발하기 위한 조건은 가연성, 미분상태, 공기 중에서의 교반과 유동 및 점화원의 존재이다.
③ 가스폭발과 비교하여 연소의 속도나 폭발의 압력이 크고, 연소시간이 짧으며, 발생에너지가 작다.
④ 폭발한계는 입자의 크기, 입도분포, 산소농도, 함유수분, 가연성가스의 혼입 등에 의해 같은 물질의 분진에서도 달라진다.

해설
분진폭발은 가스폭발과 비교하여 연소의 속도나 폭발의 압력이 작으나, 연소시간이 길고, 발생에너지가 크다.

085
다음 중 유류화재의 화재급수에 해당하는 것은?

① A급 ② B급
③ C급 ④ D급

해설
유류화재의 급수는 B급이다.
• 화재의 종류
  - A급(백색) : 일반화재
  - B급(황색) : 유류화재
  - C급(청색) : 전기화재
  - D급(무색) : 금속화재

086
증기 배관 내에 생성하는 응축수를 제거할 때 증기가 배출되지 않도록 하면서 응축수를 자동적으로 배출하기 위한 장치를 무엇이라 하는가?

① Vent Stack ② Steam Trap
③ Blow Down ④ Relief Valve

해설
• 스팀트랩(Steam Trap) : 증기 배관 내에 생성하는 응축수를 제거할 때 증기가 배출되지 않도록 하면서 응축수를 자동적으로 배출하기 위한 장치

087
다음 중 수분(H_2O)과 반응하여 유독성 가스인 포스핀이 발생되는 물질은?

① 금속나트륨 ② 알루미늄 분말
③ 인화칼슘   ④ 수소화리튬

해설
인화칼슘(Ca_3P_2)은 물과 반응하여 유독성 가스인 포스핀(PH_3)을 발생시킨다.
$Ca_3P_2 + 6H_2O \rightarrow 3Ca(OH)_2 + 2PH_3$

088
대기압에서 사용하나 증발에 의한 액체의 손실을 방지함과 동시에 액면 위의 공간에 폭발성 위험가스를 형성할 위험이 적은 구조의 저장탱크는?

① 유동형 지붕 탱크
② 원추형 지붕 탱크
③ 원통형 저장 탱크
④ 구형 저장 탱크

해설
• 유동형 지붕 탱크 : 증발에 의한 액체의 손실을 방지함과 동시에 폭발성 위험가스를 형성할 위험이 적다.

089
자동화재탐지설비의 감지기 종류 중 열감지기가 아닌 것은?

① 차동식　　② 정온식
③ 보상식　　④ 광전식

해설
광전식 감지기는 연기감지기의 종류이다.
- 화재감지기의 종류
  - 열감지기 : 차동식, 정온식, 보상식
  - 연기감지기 : 광전식, 이온화식, 감광식

090
산업안전보건법령에서 규정하고 있는 위험물질의 종류 중 부식성 염기류로 분류되기 위하여 농도가 40% 이상이어야 하는 물질은?

① 염산　　② 아세트산
③ 불산　　④ 수산화칼륨

해설
「산업안전보건기준에 관한 규칙」
[별표 1] 위험물질의 종류
6. 부식성 물질
   가. 부식성 산류
      (1) 농도가 20퍼센트 이상인 염산, 황산, 질산, 그 밖에 이와 같은 정도 이상의 부식성을 가지는 물질
      (2) 농도가 60퍼센트 이상인 인산, 아세트산, 불산, 그 밖에 이와 같은 정도 이상의 부식성을 가지는 물질
   나. 부식성 염기류
      농도가 40퍼센트 이상인 수산화나트륨, 수산화칼륨, 그 밖에 이와 같은 정도 이상의 부식성을 가지는 염기류

091
인화점이 각 온도 범위에 포함되지 않는 물질은?

① -30℃ 미만 : 디에틸에테르
② -30℃ 이상 0℃ 미만 : 아세톤
③ 0℃ 이상 30℃ 미만 : 벤젠
④ 30℃ 이상 65℃ 이하 : 아세트산

해설
벤젠의 인화점은 -11℃이다.
- 디에틸에테르 : -45℃
- 아세톤 : -18℃
- 아세트산 : 41.7℃

092
다음 중 아세틸렌을 용해가스로 만들 때 사용되는 용제로 가장 적합한 것은?

① 아세톤　　② 메탄
③ 부탄　　　④ 프로판

해설
아세틸렌은 폭발 위험성이 높아 아세톤에 용해시켜 다공성 물질과 함께 보관한다.

093
다음 중 산업안전보건법령상 화학설비의 부속설비로만 이루어진 것은?

① 사이클론, 백필터, 전기집진기 등 분진처리설비
② 응축기, 냉각기, 가열기, 증발기 등 열교환기류
③ 고로 등 점화기를 직접 사용하는 열교환기류
④ 혼합기, 발포기, 압출기 등 화학제품 가공설비

해설

「산업안전보건기준에 관한 규칙」
[별표 7] 화학설비 및 그 부속설비의 종류
2. 화학설비의 부속설비
  가. 배관·밸브·관·부속류 등 화학물질 이송 관련 설비
  나. 온도·압력·유량 등을 지시·기록 등을 하는 자동제어 관련 설비
  다. 안전밸브·안전판·긴급차단 또는 방출밸브 등 비상조치 관련 설비
  라. 가스누출감지 및 경보 관련 설비
  마. 세정기, 응축기, 벤트스택(bent stack), 플레어스택(flare stack) 등 폐가스처리설비
  바. 사이클론, 백필터(bag filter), 전기집진기 등 분진처리설비
  사. 가목부터 바목까지의 설비를 운전하기 위하여 부속된 전기 관련 설비
  아. 정전기 제거장치, 긴급 샤워설비 등 안전 관련 설비

094

다음 중 밀폐 공간 내 작업 시의 조치사항으로 가장 거리가 먼 것은?

① 산소결핍이나 유해가스로 인한 질식의 우려가 있으면 진행 중인 작업에 방해되지 않도록 주의하면서 환기를 강화하여야 한다.
② 해당 작업장을 적정한 공기상태로 유지되도록 환기하여야 한다.
③ 그 장소에 근로자를 입장시킬 때와 퇴장시킬 때마다 인원을 점검하여야 한다.
④ 그 작업장과 외부의 감시인 간에 항상 연락을 취할 수 있는 설비를 설치하여야 한다.

해설

「산업안전보건기준에 관한 규칙」
제639조(사고 시의 대피 등)
① 사업주는 근로자가 밀폐공간에서 작업을 하는 경우에 산소결핍이나 유해가스로 인한 질식·화재·폭발 등의 우려가 있으면 즉시 작업을 중단시키고 해당 근로자를 대피하도록 하여야 한다.

095

산업안전보건법령상 폭발성 물질을 취급하는 화학설비를 설치하는 경우에 단위공정설비로부터 다른 단위공정설비 사이의 안전거리는 설비 바깥 면으로부터 몇 m 이상이어야 하는가?

① 10
② 15
③ 20
④ 30

해설

「산업안전보건기준에 관한 규칙」
[별표 8] 안전거리

구분	안전거리
1. 단위공정시설 및 설비로부터 다른 단위공정시설 및 설비의 사이	설비의 바깥 면으로부터 10미터 이상
2. 플레어스택으로부터 단위공정시설 및 설비, 위험물질 저장탱크 또는 위험물질 하역설비의 사이	플레어스택으로부터 반경 20미터 이상
3. 위험물질 저장탱크로부터 단위공정시설 및 설비, 보일러 또는 가열로의 사이	저장탱크의 바깥 면으로부터 20미터 이상
4. 사무실·연구실·실험실·정비실 또는 식당으로부터 단위공정시설 및 설비, 위험물질 저장탱크, 위험물질 하역설비, 보일러 또는 가열로의 사이	사무실 등의 바깥 면으로부터 20미터 이상

096

탄화수소 증기의 연소하한값 추정식은 연료의 양론농도(C_{st})의 0.55배이다. 프로판 1몰의 연소반응식이 다음과 같을 때 연소하한값은 약 몇 vol%인가?

$$C_3H_8 + 5O_2 \rightarrow 3CO_2 + 4H_2O$$

① 2.22
② 4.03
③ 4.44
④ 8.06

해설

$$C_{st} = \frac{100}{1+4.773\times\left(a+\frac{b-c-2d}{4}\right)}$$

(이때, a는 탄소, b는 수소, c는 할로겐원소, d는 산소의 원자 수)

프로판(C_3H_8)은 탄소(a)가 3, 수소(b)가 8이므로

$$C_{st} = \frac{100}{1+4.773\times\left(3+\frac{8}{4}\right)} \fallingdotseq 4.02$$

연소하한값 $= 0.55 \times C_{st} = 0.55 \times 4.02 \fallingdotseq 2.21$

해설

프로판 : 메탄 = 75 : 25 (3 : 1)

$$L = \frac{V_1 + V_2 + \cdots + V_n}{\dfrac{V_1}{LEL_1} + \dfrac{V_2}{LEL_2} + \cdots + \dfrac{V_n}{LEL_n}}$$

(LEL_n : 폭발하한계, V_n : 기체부피)

$$\therefore L = \frac{75+25}{\dfrac{75}{2.5} + \dfrac{25}{5.0}} = 2.9$$

097

에틸알콜(C_2H_5OH) 1몰이 완전연소할 때 생성되는 CO_2의 몰수로 옳은 것은?

① 1 ② 2
③ 3 ④ 4

해설

$C_2H_5OH + 3O_2 \rightarrow 2CO_2 + 3H_2O$
　　1　:　3　　　2　:　3

완전연소식에 따르면 에틸알콜 1몰이 반응할 때 생성되는 CO_2는 2몰이다.

099

다음 중 소화약제로 사용되는 이산화탄소에 관한 설명으로 틀린 것은?

① 사용 후에 오염의 영향이 거의 없다.
② 장시간 저장하여도 변화가 없다.
③ 주된 소화효과는 억제소화이다.
④ 자체 압력으로 방사가 가능하다.

해설

이산화탄소의 주된 소화효과는 질식소화이다.

100

다음 중 물질의 자연발화를 촉진시키는 요인으로 가장 거리가 먼 것은?

① 표면적이 넓고, 발열량이 클 것
② 열전도율이 클 것
③ 주위 온도가 높을 것
④ 적당한 수분을 보유할 것

해설

열전도율이 작을수록, 표면적이 넓을수록, 발열량이 크고 열 축적이 클수록, 주위 온도가 높을수록, 고온다습할수록, 통풍이 안 될수록 자연발화가 발생하기 쉽다.

098

프로판과 메탄의 폭발하한계가 각각 2.5, 5.0vol%이라고 할 때 프로판과 메탄이 3 : 1의 체적비로 혼합되어 있다면 이 혼합가스의 폭발하한계는 약 몇 vol% 인가? (단, 상온, 상압 상태이다.)

① 2.9 ② 3.3
③ 3.8 ④ 4.0

제6과목 건설안전기술

101
콘크리트 타설을 위한 거푸집 동바리의 구조검토 시 가장 선행되어야 할 작업은?

① 각 부재에 생기는 응력에 대하여 안전한 단면을 산정한다.
② 가설물에 작용하는 하중 및 외력의 종류, 크기를 산정한다.
③ 하중 및 외력에 의하여 각 부재에 생기는 응력을 구한다.
④ 사용할 거푸집동바리의 설치간격을 결정한다.

해설
콘크리트 타설을 위한 거푸집 동바리의 구조검토 시 가설물에 작용하는 하중 및 외력의 종류, 크기를 우선적으로 산정한다.

102
다음 중 해체작업용 기계 기구로 가장 거리가 먼 것은?

① 압쇄기 ② 핸드 브레이커
③ 철제해머 ④ 진동롤러

해설
진동롤러는 철 바퀴를 진동시키는데 따라 자중(自重) 및 진동을 주어서 다지는 기계이다.
「해체공사표준안전작업지침」
제2장 해체작업용 기계기구
압쇄기, 대형브레이커, 철제해머, 화약류, 핸드브레이커, 팽창제, 절단톱, 재키, 쐐기타입기, 화염방사기, 절단줄톱

103
거푸집동바리 등을 조립하는 경우에 준수하여야 할 안전조치기준으로 옳지 않은 것은?

① 동바리로 사용하는 강관은 높이 2m 이내마다 수평연결재를 2개 방향으로 만들고 수평연결재의 변위를 방지할 것
② 동바리로 사용하는 파이프 서포트는 3개 이상 이어서 사용하지 않도록 할 것
③ 동바리로 사용하는 파이프 서포트를 이어서 사용하는 경우에는 3개 이상의 볼트 또는 전용 철물을 사용하여 이을 것
④ 동바리로 사용하는 강관틀과 강관틀 사이에는 교차가새를 설치할 것

해설
「산업안전보건기준에 관한 규칙」
제332조(거푸집동바리 등의 안전조치)
8. 동바리로 사용하는 파이프 서포트에 대해서는 다음 각 목의 사항을 따를 것
  가. 파이프 서포트를 3개 이상 이어서 사용하지 않도록 할 것
  나. 파이프 서포트를 이어서 사용하는 경우에는 4개 이상의 볼트 또는 전용철물을 사용하여 이을 것
  다. 높이가 3.5미터를 초과하는 경우에는 제7호 가목의 조치를 할 것

104
다음은 말비계를 조립하여 사용하는 경우에 관한 준수사항이다. ( ) 안에 들어갈 내용으로 옳은 것은?

- 지주부재와 수평면의 기울기를 (A)° 이하로 하고, 지주부재와 지주부재 사이를 고정시키는 보조부재를 설치할 것
- 말비계의 높이가 2m를 초과하는 경우에는 작업발판의 폭을 (B)cm 이상으로 할 것

① A : 75, B : 30 ② A : 75, B : 40
③ A : 85, B : 30 ④ A : 85, B : 40

> **[해설]**
> 「산업안전보건기준에 관한 규칙」
> 제67조(말비계) 사업주는 말비계를 조립하여 사용하는 경우에 다음 각 호의 사항을 준수하여야 한다.
> 1. 지주부재(支柱部材)의 하단에는 미끄럼 방지장치를 하고, 근로자가 양측 끝부분에 올라서서 작업하지 않도록 할 것
> 2. 지주부재와 수평면의 기울기를 75도 이하로 하고, 지주부재와 지주부재 사이를 고정시키는 보조부재를 설치할 것
> 3. 말비계의 높이가 2미터를 초과하는 경우에는 작업발판의 폭을 40센티미터 이상으로 할 것

105

산업안전보건관리비 계상기준에 따른 일반건설공사(갑), 대상액 「5억 원 이상~50억 원 미만」의 안전관리비 비율 및 기초액으로 옳은 것은?

① 비율 : 1.86%, 기초액 : 5,349,000원
② 비율 : 1.99%, 기초액 : 5,499,000원
③ 비율 : 2.35%, 기초액 : 5,400,000원
④ 비율 : 1.57%, 기초액 : 4,411,000원

> **[해설]**
> 「건설업 산업안전보건관리비 계상 및 사용기준」
> [별표 1] 공사종류 및 규모별 안전관리비 계상기준표
>
> | 구분
공사
종류 | 대상액
5억 원
미만인
경우
적용
비율(%) | 대상액 5억원 이상
50억원 미만인 경우 | | 대상액
50억 원
이상인
경우
적용
비율(%) | 영 별표5에
따른
보건관리자
선임대상
건설공사의
적용비율(%) |
> |---|---|---|---|---|---|
> | | | 적용
비율
(%) | 기초액 | | |
> | 일반건설
공사(갑) | 2.93 | 1.86 | 5,349,000원 | 1.97 | 2.15 |
> | 일반건설
공사(을) | 3.09 | 1.99 | 5,499,000원 | 2.10 | 2.29 |
> | 중건설
공사 | 3.43 | 2.35 | 5,400,000원 | 2.44 | 2.66 |
> | 철도·
궤도
신설공사 | 2.45 | 1.57 | 4,411,000원 | 1.66 | 1.81 |
> | 특수 및
기타
건설공사 | 1.85 | 1.20 | 3,250,000원 | 1.27 | 1.38 |

106

터널작업 시 자동경보장치에 대하여 당일의 작업시작 전 점검하여야 할 사항으로 옳지 않은 것은?

① 검지부의 이상 유무
② 조명시설의 이상 유무
③ 경보장치의 작동 상태
④ 계기의 이상 유무

> **[해설]**
> 「산업안전보건기준에 관한 규칙」
> 제350조(인화성 가스의 농도측정 등)
> ④ 사업주는 제2항 및 제3항에 따른 자동경보장치에 대하여 당일 작업 시작 전 다음 각 호의 사항을 점검하고 이상을 발견하면 즉시 보수하여야 한다.
> 1. 계기의 이상 유무
> 2. 검지부의 이상 유무
> 3. 경보장치의 작동 상태

107

다음은 강관틀비계를 조립하여 사용하는 경우 준수해야 할 기준이다. ( ) 안에 알맞은 숫자를 나열한 것은?

> 길이가 띠장 방향으로 (A)미터 이하이고 높이가 (B)미터를 초과하는 경우에는 (C)미터 이내마다 띠장 방향으로 버팀기둥을 설치할 것

① A : 4, B : 10, C : 5
② A : 4, B : 10, C : 10
③ A : 5, B : 10, C : 5
④ A : 5, B : 10, C : 10

> **[해설]**
> 「산업안전보건기준에 관한 규칙」
> 제62조(강관틀비계)
> 5. 길이가 띠장 방향으로 4미터 이하이고 높이가 10미터를 초과하는 경우에는 10미터 이내마다 띠장 방향으로 버팀기둥을 설치할 것

108
지반의 종류가 다음과 같을 때 굴착면의 기울기 기준으로 옳은 것은?

보통흙의 습지

① 1 : 0.5~1 : 1 ② 1 : 1~1 : 1.5
③ 1 : 0.8 ④ 1 : 0.5

해설

「산업안전보건기준에 관한 규칙」
[별표 11] 굴착면의 기울기 기준

구분	지반의 종류	기울기
보통흙	습지	1 : 1~1 : 1.5
	건지	1 : 0.5~1 : 1
암반	풍화암	1 : 1.0
	연암	1 : 1.0
	경암	1 : 0.5

109
동력을 사용하는 항타기 또는 항발기에 대하여 무너짐을 방지하기 위하여 준수하여야 할 기준으로 옳지 않은 것은?

① 연약한 지반에 설치하는 경우에는 각부(脚部)나 가대(架臺)의 침하를 방지하기 위하여 깔판·깔목 등을 사용할 것
② 각부나 가대가 미끄러질 우려가 있는 경우에는 말뚝 또는 쐐기 등을 사용하여 각부나 가대를 고정시킬 것
③ 버팀대만으로 상단부분을 안정시키는 경우에는 버팀대는 3개 이상으로 하고 그 하단 부분은 견고한 버팀·말뚝 또는 철골 등으로 고정시킬 것
④ 버팀줄만으로 상단 부분을 안정시키는 경우에는 버팀줄을 2개 이상으로 하고 같은 간격으로 배치할 것

해설

「산업안전보건기준에 관한 규칙」
제209조(무너짐의 방지) 사업주는 동력을 사용하는 항타기 또는 항발기에 대하여 무너짐을 방지하기 위하여 다음 각 호의 사항을 준수하여야 한다.
1. 연약한 지반에 설치하는 경우에는 각부(脚部)나 가대(架臺)의 침하를 방지하기 위하여 깔판·깔목 등을 사용할 것
2. 시설 또는 가설물 등에 설치하는 경우에는 그 내력을 확인하고 내력이 부족하면 그 내력을 보강할 것
3. 각부나 가대가 미끄러질 우려가 있는 경우에는 말뚝 또는 쐐기 등을 사용하여 각부나 가대를 고정시킬 것
4. 궤도 또는 차로 이동하는 항타기 또는 항발기에 대해서는 불시에 이동하는 것을 방지하기 위하여 레일 클램프(rail clamp) 및 쐐기 등으로 고정시킬 것
5. 버팀대만으로 상단부분을 안정시키는 경우에는 버팀대는 3개 이상으로 하고 그 하단 부분은 견고한 버팀·말뚝 또는 철골 등으로 고정시킬 것
6. 버팀줄만으로 상단 부분을 안정시키는 경우에는 버팀줄을 3개 이상으로 하고 같은 간격으로 배치할 것
7. 평형추를 사용하여 안정시키는 경우에는 평형추의 이동을 방지하기 위하여 가대에 견고하게 부착시킬 것

110
운반작업을 인력 운반작업과 기계 운반작업으로 분류할 때 기계 운반작업으로 실시하기에 부적당한 대상은?

① 단순하고 반복적인 작업
② 표준화되어 있어 지속적이고 운반량이 많은 작업
③ 취급물의 형상, 성질, 크기 등이 다양한 작업
④ 취급물이 중량인 작업

해설

취급물의 형상, 성질, 크기 등이 다양한 작업은 기계 운반작업으로 실시하기에 부적당하다.

111

터널 등의 건설작업을 하는 경우에 낙반 등에 의하여 근로자가 위험해질 우려가 있는 경우에 필요한 직접적인 조치사항과 거리가 먼 것은?

① 터널지보공 설치 ② 부석의 제거
③ 울 설치 ④ 록볼트 설치

해설

「산업안전보건기준에 관한 규칙」
제351조(낙반 등에 의한 위험의 방지) 사업주는 터널 등의 건설작업을 하는 경우에 낙반 등에 의하여 근로자가 위험해질 우려가 있는 경우에 터널 지보공 및 록볼트의 설치, 부석(浮石)의 제거 등 위험을 방지하기 위하여 필요한 조치를 하여야 한다.

해설

「산업안전보건기준에 관한 규칙」
제24조(사다리식 통로 등의 구조)
① 사업주는 사다리식 통로 등을 설치하는 경우 다음 각 호의 사항을 준수하여야 한다.
1. 견고한 구조로 할 것
2. 심한 손상·부식 등이 없는 재료를 사용할 것
3. 발판의 간격은 일정하게 할 것
4. 발판과 벽과의 사이는 15센티미터 이상의 간격을 유지할 것
5. 폭은 30센티미터 이상으로 할 것
6. 사다리가 넘어지거나 미끄러지는 것을 방지하기 위한 조치를 할 것
7. 사다리의 상단은 걸쳐놓은 지점으로부터 60센티미터 이상 올라가도록 할 것
8. 사다리식 통로의 길이가 10미터 이상인 경우에는 5미터 이내마다 계단참을 설치할 것
9. 사다리식 통로의 기울기는 75도 이하로 할 것. 다만, 고정식 사다리식 통로의 기울기는 90도 이하로 하고, 그 높이가 7미터 이상인 경우에는 바닥으로부터 높이가 2.5미터 되는 지점부터 등받이울을 설치할 것
10. 접이식 사다리 기둥은 사용 시 접혀지거나 펼쳐지지 않도록 철물 등을 사용하여 견고하게 조치할 것

112

장비 자체보다 높은 장소의 땅을 굴착하는 데 적합한 장비는?

① 파워쇼벨(Power Shovel)
② 불도저(Bulldozer)
③ 드래그라인(Drag Line)
④ 클램쉘(Clam Shell)

해설

파워쇼벨은 장비 자체보다 높은 장소의 땅을 굴착하는 데 적합한 장비이다.

114

추락방지망 설치 시 그물코의 크기가 10cm인 매듭 있는 방망의 신품에 대한 인장강도 기준으로 옳은 것은?

① 100kgf 이상 ② 200kgf 이상
③ 300kgf 이상 ④ 400kgf 이상

해설

「추락재해방지표준안전작업지침」
제5조(방망사의 강도)
방망사의 인장강도

그물코의 크기(cm)	방망의 종류(kg)			
	매듭 없는 방망		매듭 방망	
	신품	폐기 시	신품	폐기 시
10	240	150	200	135
5			110	60

113

사다리식 통로의 길이가 10m 이상일 때 얼마 이내마다 계단참을 설치하여야 하는가?

① 3m 이내마다 ② 4m 이내마다
③ 5m 이내마다 ④ 6m 이내마다

115

타워크레인을 자립고(自立高) 이상의 높이로 설치할 때 지지벽체가 없어 와이어로프로 지지하는 경우의 준수사항으로 옳지 않은 것은?

① 와이어로프를 고정하기 위한 전용 지지프레임을 사용할 것
② 와이어로프 설치각도는 수평면에서 60° 이내로 하되, 지지점은 4개소 이상으로 하고, 같은 각도로 설치할 것
③ 와이어로프와 그 고정부위는 충분한 강도와 장력을 갖도록 설치하되, 와이어로프를 클립·샤클(Shackle) 등의 기구를 사용하여 고정하지 않도록 유의할 것
④ 와이어로프가 가공전선에 근접하지 않도록 할 것

해설

「산업안전보건기준에 관한 규칙」
제142조(타워크레인의 지지)
③ 사업주는 타워크레인을 와이어로프로 지지하는 경우 다음 각 호의 사항을 준수하여야 한다.
1. 제2항 제1호 또는 제2호의 조치를 취할 것
2. 와이어로프를 고정하기 위한 전용 지지프레임을 사용할 것
3. 와이어로프 설치각도는 수평면에서 60도 이내로 하되, 지지점은 4개소 이상으로 하고, 같은 각도로 설치할 것
4. <u>와이어로프와 그 고정부위는 충분한 강도와 장력을 갖도록 설치하고, 와이어로프를 클립·샤클(shackle), 연결고리) 등의 고정기구를 사용하여 견고하게 고정시켜 풀리지 아니하도록 하며, 사용 중에는 충분한 강도와 장력을 유지하도록 할 것</u>
5. 와이어로프가 가공전선(架空電線)에 근접하지 않도록 할 것

116

토질시험 중 연약한 점토 지반의 점착력을 판별하기 위하여 실시하는 현장시험은?

① 베인테스트(Vane Test)
② 표준관입시험(SPT)
③ 하중재하시험
④ 삼축압축시험

해설
- 베인테스트 : 연약한 점토 지반의 시험에 주로 적용하는 지반 조사 방법

117

비계의 부재 중 기둥과 기둥을 연결시키는 부재가 아닌 것은?

① 띠장   ② 장선
③ 가새   ④ 작업발판

해설
작업발판은 비계의 부재 중 기둥과 기둥을 연결시키는 부재에 해당하지 않는다.

118

항만하역작업에서의 선박승강설비 설치기준으로 옳지 않은 것은?

① 200톤급 이상의 선박에서 하역작업을 하는 경우에 근로자들이 안전하게 오르내릴 수 있는 현문(舷門) 사다리를 설치하여야 하며, 이 사다리 밑에 안전망을 설치하여야 한다.
② 현문 사다리는 견고한 재료로 제작된 것으로 너비는 55cm 이상이어야 한다.
③ 현문 사다리의 양측에는 82cm 이상의 높이로 울타리를 설치하여야 한다.
④ 현문 사다리는 근로자의 통행에만 사용하여야 하며, 화물용 발판 또는 화물용 보관으로 사용하도록 해서는 아니 된다.

> **해설**
>
> 「산업안전보건기준에 관한 규칙」
> 제397조(선박승강설비의 설치)
> ① 사업주는 300톤급 이상의 선박에서 하역작업을 하는 경우에 근로자들이 안전하게 오르내릴 수 있는 현문(舷門) 사다리를 설치하여야 하며, 이 사다리 밑에 안전망을 설치하여야 한다.
> ② 제1항에 따른 현문 사다리는 견고한 재료로 제작된 것으로 너비는 55센티미터 이상이어야 하고, 양측에 82센티미터 이상의 높이로 울타리를 설치하여야 하며, 바닥은 미끄러지지 않도록 적합한 재질로 처리되어야 한다.
> ③ 제1항의 현문 사다리는 근로자의 통행에만 사용하여야 하며, 화물용 발판 또는 화물용 보판으로 사용하도록 해서는 아니 된다.

> **해설**
>
> 「산업안전보건법 시행령」
> 제42조(유해위험방지계획서 제출 대상)
> ③ 법 제42조 제1항 제3호에서 "대통령령으로 정하는 크기 높이 등에 해당하는 건설공사"란 다음 각 호의 어느 하나에 해당하는 공사를 말한다.
>   1. 다음 각 목의 어느 하나에 해당하는 건축물 또는 시설 등의 건설·개조 또는 해체(이하 "건설 등"이라 한다) 공사
>   가. 지상높이가 31미터 이상인 건축물 또는 인공구조물
>   나. 연면적 3만제곱미터 이상인 건축물
>   다. 연면적 5천제곱미터 이상인 시설로서 다음의 어느 하나에 해당하는 시설
>   2. 연면적 5천제곱미터 이상인 냉동·냉장 창고시설의 설비공사 및 단열공사
>   3. 최대 지간(支間)길이(다리의 기둥과 기둥의 중심 사이의 거리)가 50미터 이상인 다리의 건설 등 공사
>   4. 터널의 건설 등 공사
>   5. 다목적댐, 발전용댐, 저수용량 2천만톤 이상의 용수 전용 댐 및 지방상수도 전용 댐의 건설 등 공사
>   6. 깊이 10미터 이상인 굴착공사

119

다음 중 유해위험방지계획서 제출 대상 공사가 아닌 것은?

① 지상높이가 30m인 건축물 건설공사
② 최대 지간길이가 50m인 교량건설공사
③ 터널 건설공사
④ 깊이가 11m인 굴착공사

120

본 터널(Main Tunnel)을 시공하기 전에 터널에서 약간 떨어진 곳에 지질조사, 환기, 배수, 운반 등의 상태를 알아보기 위하여 설치하는 터널은?

① 프리패브(Prefab) 터널
② 사이드(Side) 터널
③ 쉴드(Shield) 터널
④ 파일럿(Pilot) 터널

> **해설**
>
> • 파일럿(Pilot) 터널 : 본 터널을 시공하기 전에 지질조사, 환기, 배수, 운반 등의 상태를 알아보기 위하여 설치하는 터널

2020년 제3회 산업안전기사 채점표

구분	제1과목	제2과목	제3과목	제4과목	제5과목	제6과목	전과목 평균
점수							

※ 합격기준 : 100점을 만점으로 하여 과목당 40점 이상, 전과목 평균 60점 이상

2020년 제3회 정답

001	002	003	004	005	006	007	008	009	010	011	012	013	014	015	016	017	018	019	020
③	①	①	②	③	②	④	②	①	③	②	①	④	④	③	②	④	④	③	①
021	022	023	024	025	026	027	028	029	030	031	032	033	034	035	036	037	038	039	040
①	②	③	④	③	①	④	③	①	①	②	④	④	④	②	①	④	②	①	②
041	042	043	044	045	046	047	048	049	050	051	052	053	054	055	056	057	058	059	060
④	①	①	②	②	①	①	①	②	①	④	④	③	①	④	②	①	④	④	④
061	062	063	064	065	066	067	068	069	070	071	072	073	074	075	076	077	078	079	080
③	③	②	④	④	②	④	③	④	③	②	④	②	①	③	②	①	④	②	①
081	082	083	084	085	086	087	088	089	090	091	092	093	094	095	096	097	098	099	100
③	②	②	②	④	②	①	④	④	②	①	①	①	①	①	①	①	①	③	②
101	102	103	104	105	106	107	108	109	110	111	112	113	114	115	116	117	118	119	120
②	④	②	①	②	②	②	④	③	③	①	③	②	③	③	②	②	①	①	④

2020년 제4회 산업안전기사 기출문제

2020. 09. 26. 시행

제1과목 안전관리론

001
라인(Line)형 안전관리 조직의 특징으로 옳은 것은?

① 안전에 관한 기술의 축적이 용이하다.
② 안전에 관한 지시나 조치가 신속하다.
③ 조직원 전원을 자율적으로 안전활동에 참여시킬 수 있다.
④ 권한 다툼이나 조정 때문에 통제수속이 복잡해지며, 시간과 노력이 소모된다.

해설
- 라인(Line)형 조직 : 경영자의 지시와 명령이 위에서 아래로 신속하게 전달되는 조직으로, 100명 이하 소규모 사업장에 적합하다.

장점	단점
안전에 대한 지시·조치가 신속·철저함	안전·보건에 관한 전문 지식·기술의 결여
안전관리 계획·실시·평가 전 과정이 생산라인에서 이루어 짐	안전에 대한 정보 수집 및 신기술 개발이 미흡
참모식(Staff) 조직보다 경제적	라인(Line)에 과중한 책임을 지우기 쉬움

002
레빈(Lewin)의 인간 행동 특성을 다음과 같이 표현하였다. 변수 'P'가 의미하는 것은?

$$B = f(P \cdot E)$$

① 행동　　② 소질
③ 환경　　④ 함수

해설
- 레빈(Lewin) – 장 이론(Field Theory) : 인간의 행동을 개인과 환경의 함수관계로 설명하며, $B = f(P \cdot E)$ 공식으로 나타낸다.
  - B : Behavior(인간의 행동)
  - f : function(함수관계)
  - P : Person(개체 : 연령, 경험, 성격 등)
  - E : Environment(심리적 환경 : 인간관계, 작업조건 등)

003
Y-K(Yutaka-Kohate) 성격검사에 관한 사항으로 옳은 것은?

① C, C'형은 적응이 빠르다.
② M, M'형은 내구성, 집념이 부족하다.
③ S, S'형은 담력, 자신감이 강하다
④ P, P'형은 운동, 결단이 빠르다.

해설
- Y-K(Yutaka-Kohate) 성격검사
  - C, C'형(담즙질) : 운동성·적응력·결단 빠름, 세심하지 않음, 내구성·집념 부족, 자신감 강함
  - M, M'형(흑담즙질, 신경질형) : 운동성·적응력 느림, 세심, 내구성·집념·담력 강함, 자신감 강함
  - S, S'형(다혈질, 운동성형) : C, C'형과 동일하지만, 자신감 약함
  - P, P'형(점액질, 평범수동성형) : M, M'형과 동일하지만, 자신감 약함
  - Am형(이상질) : 극도로 나쁨, 극도로 느림, 극도로 결핍, 극도로 강하거나 약함

004

재해예방의 4원칙이 아닌 것은?

① 손실우연의 원칙 ② 사전준비의 원칙
③ 원인계기의 원칙 ④ 대책선정의 원칙

해설

- 하인리히(Heinrich) – 재해예방 4원칙
  (1) 손실우연 원칙 : 재해손실은 사고발생 시 사고대상의 조건에 따라 달라지므로, 한 사고의 결과로서 생긴 재해손실은 우연성에 의해 결정된다.
  (2) 원인계기 원칙 : 재해발생에는 반드시 원인이 있으며, 이는 복합적이고 필연적인 인과관계로 작용한다.
  (3) 예방가능 원칙 : 모든 재해는 예방이 가능하다는 원칙으로, 원인만 제거하면 원칙적으로 예방이 가능하다.
  (4) 대책선정 원칙 : 재해예방이 가능한 안전대책은 반드시 존재하므로, 사고의 원인을 발견하면 반드시 대책을 세워야 한다.

005

재해의 발생확률은 개인적 특성이 아니라 그 사람이 종사하는 작업의 위험성에 기초한다는 이론은?

① 암시설   ② 경향설
③ 미숙설   ④ 기회설

해설

- 사고경향성자 유형
  - 암시설 : 재해를 경험해 본 경우, 재해에 민감하여 대응능력이 떨어진다.
  - 미숙설 : 기능이 미숙하거나, 환경에 익숙하지 않아 재해를 누발한다.
  - 경향설 : 재해에 대한 대응능력이 떨어지는 소질적 결함을 갖고 있는 사람이 있다.
  - 기회설 : 재해가 빈번하게 발생하는 위험 업종에 종사하여 재해 누발의 기회가 많다.

006

타인의 비판 없이 자유로운 토론을 통하여 다량의 독창적인 아이디어를 이끌어내고, 대안적 해결안을 찾기 위한 집단적 사고기법은?

① Role Playing   ② Brain Storming
③ Action Playing   ④ Fish Bowl Playing

해설

- 브레인스토밍(Brain Storming) 4원칙
  (1) 자유분방 : 가능한 한 많은 의견과 아이디어를 제시한다.
  (2) 비판금지 : 타인의 의견을 절대 비판·비평·비난하지 않는다.
  (3) 대량발언 : 주제를 벗어난 의견과 아이디어도 허용한다.
  (4) 수정발언 : 타인의 의견을 수정하여 발언하는 것을 허용한다.

007

강도율 7인 사업장에서 한 작업자가 평생 동안 작업을 한다면 산업재해로 인한 근로손실일수는 며칠로 예상되는가? (단, 이 사업장의 연근로시간과 한 작업자의 평생근로시간은 100,000시간으로 가정한다.)

① 500   ② 600
③ 700   ④ 800

해설

강도율 = $\dfrac{근로손실일수}{총 근로시간 수} \times 1,000$ 이므로,

근로손실일수 = $\dfrac{강도율 \times 총 근로시간 수}{1,000}$ 이다.

$\dfrac{7 \times 100,000}{1,000} = 700$

따라서 근로손실일수는 700일로 예상된다.

- 강도율 : 연근로시간 1,000시간당 근로손실일수

008

산업안전보건법령상 유해·위험 방지를 위한 방호조치가 필요한 기계·기구가 아닌 것은?

① 예초기 ② 지게차
③ 금속절단기 ④ 금속탐지기

해설

「산업안전보건법 시행령」
[별표 20] 유해·위험 방지를 위한 방호조치가 필요한 기계·기구
1. 예초기
2. 원심기
3. 공기압축기
4. 금속절단기
5. 지게차
6. 포장기계(진공포장기, 래핑기로 한정한다)

009

산업안전보건법령상 안전·보건표지의 색채와 사용사례의 연결로 틀린 것은?

① 노란색 – 화학물질 취급장소에서의 유해·위험 경고 이외의 위험경고
② 파란색 – 특정 행위의 지시 및 사실의 고지
③ 빨간색 – 화학물질 취급장소에서의 유해·위험 경고
④ 녹색 – 정지신호, 소화설비 및 그 장소, 유해행위의 금지

해설

「산업안전보건법 시행규칙」
[별표 8] 안전보건표지의 색도기준 및 용도

색채	색도기준	용도	사용례
빨간색	7.5R 4/14	금지	정지신호, 소화설비 및 그 장소, 유해행위의 금지
		경고	화학물질 취급장소에서의 유해·위험 경고
노란색	5Y 8.5/12	경고	화학물질 취급장소에서의 유해·위험경고 이외의 위험경고, 주의표지 또는 기계방호물
파란색	2.5PB 4/10	지시	특정 행위의 지시 및 사실의 고지
녹색	2.5G 4/10	안내	비상구 및 피난소, 사람 또는 차량의 통행표지
흰색	N9.5		파란색 또는 녹색에 대한 보조색
검은색	N0.5		문자 및 빨간색 또는 노란색에 대한 보조색

010

재해의 발생형태 중 다음 그림이 나타내는 것은?

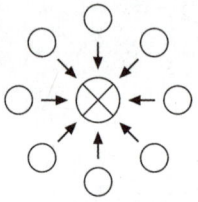

① 단순연쇄형 ② 복합연쇄형
③ 단순자극형 ④ 복합형

해설

- 재해 발생형태
  (1) 단순 자극형(집중형) : 상호자극에 의해 순간적으로 재해 발생
  (2) 연쇄형 : 하나의 사고요인이 또 다른 요인을 발생시키면서 재해 발생
  (3) 복합형 : 단순 자극형과 연쇄형의 복합적인 발생 유형

단순 자극형(집중형)	복합형
1단순연쇄형	2복합연쇄형
○→○→○→재해	○→○→○↘ ○→○→○→재해

011
생체리듬의 변화에 대한 설명으로 틀린 것은?

① 야간에는 체중이 감소한다.
② 야간에는 말초운동 기능이 증가된다.
③ 체온, 혈압, 맥박수는 주간에 상승하고 야간에 감소한다.
④ 혈액의 수분과 염분량은 주간에 감소하고 야간에 상승한다.

> **해설**
> - 생체리듬(Biorhythm) : 인간의 체온, 호르몬 분비, 대사, 수면 등의 변동에 일정한 주기가 있다는 이론이다.
>   – 변화 및 특징
>   (1) 야간에는 체중이 감소한다.
>   (2) 야간에는 말초운동 기능이 저하되며, 피로의 자각증상이 증가한다.
>   (3) 체온·혈압·맥박은 주간에 상승하고, 야간에 감소한다.
>   (4) 혈액의 수분·염분량은 주간에 감소하고, 야간에 증가한다.

013
안전인증 절연장갑에 안전인증 표시 외에 추가로 표시하여야 하는 등급별 색상의 연결로 옳은 것은? (단, 고용노동부 고시를 기준으로 한다.)

① 00등급 : 갈색
② 0등급 : 흰색
③ 1등급 : 노란색
④ 2등급 : 빨강색

> **해설**
> 「보호구 안전인증 고시」
> [별표 3] 내전압용절연장갑의 성능기준
> 1. 절연장갑의 등급
>
> | 등급 | 최대사용전압 | | 색상 |
> |---|---|---|---|
> | | 교류(V, 실효값) | 직류(V) | |
> | 00 | 500 | 750 | 갈색 |
> | 0 | 1,000 | 1,500 | 빨강 |
> | 1 | 7,500 | 11,250 | 흰색 |
> | 2 | 17,000 | 25,500 | 노랑 |
> | 3 | 26,500 | 39,750 | 녹색 |
> | 4 | 36,000 | 54,000 | 등색 |

012
무재해 운동을 추진하기 위한 조직의 세 기둥으로 볼 수 없는 것은?

① 최고경영자의 경영자세
② 소집단 자주활동의 활성화
③ 전 종업원의 안전요원화
④ 라인관리자에 의한 안전보건의 추진

> **해설**
> - 무재해운동 3요소
>   (1) 최고경영자의 경영 자세 – 최고경영자(이념)
>   (2) 라인 관리자에 의한 안전보건 추진 – 라인관리자(실천)
>   (3) 직장의 자주안전활동 활성화 – 근로자(기법)

014
안전교육방법 중 구안법(Project Method)의 4단계의 순서로 옳은 것은?

① 계획수립 → 목적결정 → 활동 → 평가
② 평가 → 계획수립 → 목적결정 → 활동
③ 목적결정 → 계획수립 → 활동 → 평가
④ 활동 → 계획수립 → 목적결정 → 평가

> **해설**
> 구안법은 '목적 → 계획 → 실행 → 비판(평가)' 네 단계로 이루어진다.
> - 안전·보건교육방법
>   – 구안법(Project Method) : 기존의 암기식 지도에서 탈피하고, 학습자 스스로 계획하고 구상하여 문제를 해결하는 실천적 활동을 중시함으로써 지식과 경험을 종합적으로 체득하기 위한 교육방법

015
산업안전보건법령상 사업 내 안전보건교육 중 관리감독자 정기교육의 내용이 아닌 것은?

① 유해·위험 작업환경 관리에 관한 사항
② 표준안전 작업방법 및 지도 요령에 관한 사항
③ 작업공정의 유해·위험과 재해 예방대책에 관한 사항
④ 기계·기구의 위험성과 작업의 순서 및 동선에 관한 사항

해설
「산업안전보건법 시행규칙」
[별표 5] 안전보건교육 교육대상별 교육내용
나. 관리감독자 정기교육
- 산업안전 및 사고 예방에 관한 사항
- 산업보건 및 직업병 예방에 관한 사항
- 유해·위험 작업환경 관리에 관한 사항
- 산업안전보건법령 및 산업재해보상보험 제도에 관한 사항
- 직무스트레스 예방 및 관리에 관한 사항
- 직장 내 괴롭힘, 고객의 폭언 등으로 인한 건강장해 예방 및 관리에 관한 사항
- 작업공정의 유해·위험과 재해 예방대책에 관한 사항
- 표준안전 작업방법 및 지도 요령에 관한 사항
- 관리감독자의 역할과 임무에 관한 사항
- 안전보건교육 능력 배양에 관한 사항

016
다음 재해원인 중 간접원인에 해당하지 않는 것은?

① 기술적 원인   ② 교육적 원인
③ 관리적 원인   ④ 인적 원인

해설
인적 원인은 산업재해의 직접적 원인에 해당한다.
- 산업재해의 간접적 원인
  - 기술적 원인
  - 관리적 원인
  - 안전교육적 원인
  - 신체적 원인
  - 정신적 원인

017
재해원인 분석방법의 통계적 원인분석 중 사고의 유형, 기인물 등 분류항목을 큰 순서대로 도표화한 것은?

① 파레토도   ② 특성요인도
③ 크로스도   ④ 관리도

해설
- 파레토(Pareto)도(파레토차트) : 작업현장에서 발생하는 고장·재해 등의 유형, 기인물, 발생건수, 손실금액 등을 항목별로 분류하고, 그 건수와 금액을 크기순으로 나열한 그래프

018
다음 중 헤드십(Headship)에 관한 설명과 가장 거리가 먼 것은?

① 권한의 근거는 공식적이다.
② 지휘의 형태는 민주주의적이다.
③ 상사와 부하와의 사회적 간격은 넓다.
④ 상사와 부하와의 관계는 지배적이다.

해설
- 헤드십(Headship) : 구성원에 의해 선출된 것이 아니라 조직에 의해 임명된 지도자의 권한 행사로, 권한의 근거는 공식적이며, 상사와 부하의 관계는 지배적이고, 지배의 형태는 권위적이다.

019
다음 설명에 해당하는 학습지도의 원리는?

> 학습자가 지니고 있는 각자의 요구와 능력 등에 알맞은 학습활동의 기회를 마련해주어야 한다는 원리

① 직관의 원리   ② 자기활동의 원리
③ 개별화의 원리   ④ 사회화의 원리

- 학습지도 원리
  (1) 개별화 원리 : 학습자 개개인의 요구와 능력에 맞게 지도해야 한다는 원리
  (2) 자발성 원리 : 학습자의 내적동기를 유발해 자발적으로 학습에 참여해야 한다는 원리
  (3) 사회화 원리 : 학습자의 협동심과 사회성을 발달시키기 위해 공동학습을 해야 한다는 원리
  (4) 통합의 원리 : 학습자의 능력을 조화롭게 발달시키기 위해 종합적인 전체로서 지도하는 통합교육의 원리
  (5) 직관의 원리 : 구체적인 사물이나 경험을 제시하여 학습효과를 일으킬 수 있다는 직접경험의 원리
  (6) 목적의 원리 : 적극적인 학습활동을 통한 교육 효과를 달성하기 위해 분명한 교수목표를 제시해야 한다는 원리
  (7) 과학성의 원리 : 논리적 사고력을 발달시키기 위해 자연과학이나 사회과학을 지도해 과학적 수준을 발달시켜야 한다는 원리

제2과목 인간공학 및 시스템안전공학

021

결함수분석의 기호 중 입력사상이 어느 하나라도 발생할 경우 출력사상이 발생하는 것은?

① NOR GATE
② AND GATE
③ OR GATE
④ NAND GATE

해설

- OR GATE : 하위의 사건 중 하나라도 만족하면 출력사상이 발생하는 논리 게이트

020

안전교육의 단계에 있어 교육대상자가 스스로 행함으로써 습득하게 하는 교육은?

① 의식교육
② 기능교육
③ 지식교육
④ 태도교육

해설

교육대상자 스스로 반복하며 실습하여 시행착오에 의해 형성되는 것은 '기능교육'이다.
- 안전·보건교육 단계 : 지식 → 기능 → 태도
  (1) 안전 지식교육 : 일반적인 안전지식, 공통적인 작업안전수칙, 법률 및 사내 규정 등 새로운 작업환경에 근로자를 적응시키기 위한 교육
  (2) 안전 기능교육 : 현장감독자를 지도자로 하여 현장작업을 통한 실습, 시범으로 표준작업동작을 체득할 때까지 교육
  (3) 안전 태도교육 : 안전 지식과 기능교육을 체득시켜 안전한 행동을 습관화하고, 올바른 가치관을 형성하기 위한 교육

022

가스밸브를 잠그는 것을 잊어 사고가 발생했다면 작업자는 어떤 인적오류를 범한 것인가?

① 생략 오류(Omission Error)
② 시간지연 오류(Time Error)
③ 순서 오류(Sequential Error)
④ 작위적 오류(Commission Error)

해설

- 독립행동에 의한 휴먼에러 분류
  - 생략 에러(Omission Error) : 필요한 직무나 단계를 수행하지 않은 에러(생략, 누락)
  - 실행 에러(Commission Error) : 직무나 순서 등을 착각하여 잘못 수행한 에러(불확실한 수행)
  - 과잉행동 에러(Extraneous Error) : 불필요한 직무 또는 절차를 수행하여 발생한 에러
  - 순서 에러(Sequential Error) : 직무 수행과정에서 순서를 잘못 지켜 발생한 에러(순서 착오)
  - 시간 에러(Timing Error) : 정해진 시간 내 직무를 수행하지 못하여 발생한 에러(수행 지연)

023

어떤 소리가 1,000Hz, 60dB인 음과 같은 높이임에도 4배 더 크게 들린다면, 이 소리의 음압수준은 얼마인가?

① 70dB
② 80dB
③ 90dB
④ 100dB

해설

- 음압수준
  - 10dB 증가 시 소음은 2배 증가
  - 20dB 증가 시 소음은 4배 증가
- ∴ 60dB + 20dB = 80dB

024

시스템 안전분석 방법 중 예비위험분석(PHA)단계에서 식별하는 4가지 범주에 속하지 않는 것은?

① 위기상태
② 무시가능상태
③ 파국적상태
④ 예비조처상태

해설

- 예비위험분석(PHA) 카테고리 분류
  (1) 파국적 : 사망, 시스템 손상
  (2) 위기적 : 심각한 상해, 시스템 중대 손상
  (3) 한계적 : 경미한 상해, 시스템 성능 저하
  (4) 무시가능 : 경미한 상해 및 시스템 성능 저하 없음

025

다음은 불꽃놀이용 화학물질취급설비에 대한 정량적 평가이다. 해당 항목에 대한 위험등급이 올바르게 연결된 것은?

항목	A (10점)	B (5점)	C (2점)	D (0점)
취급물질	○	○	○	
조작		○		○
화학설비의 용량	○		○	
온도	○	○		
압력		○	○	○

① 취급물질 – Ⅰ등급, 화학설비의 용량 – Ⅰ등급
② 온도 – Ⅰ등급, 화학설비의 용량 – Ⅱ등급
③ 취급물질 – Ⅰ등급, 조작 – Ⅳ등급
④ 온도 – Ⅱ등급, 압력 – Ⅲ등급

해설

- 정량적 평가 위험등급
  - 위험등급 Ⅰ등급 : 합산점수 16점 이상
  - 위험등급 Ⅱ등급 : 합산점수 11~15점
  - 위험등급 Ⅲ등급 : 합산점수 10점 이하

취급물질 : 10 + 5 + 2 = 17점 → Ⅰ등급
조작 : 5 + 0 = 5점 → Ⅲ등급
화학설비의 용량 : 10 + 2 = 12점 → Ⅱ등급
온도 : 10 + 5 = 15점 → Ⅱ등급
압력 : 5 + 2 + 0 = 7점 → Ⅲ등급

026

산업안전보건법령상 유해위험방지계획서의 제출 대상 제조업은 전기 계약 용량이 얼마 이상인 경우에 해당되는가? (단, 기타 예외사항은 제외한다.)

① 50kW
② 100kW
③ 200kW
④ 300kW

해설

「산업안전보건법 시행령」
제42조(유해위험방지계획서 제출 대상)
① 법 제42조 제1항 제1호에서 "대통령령으로 정하는 사업의 종류 및 규모에 해당하는 사업"이란 다음 각 호의 어느 하나에 해당하는 사업으로서 전기 계약 용량이 300킬로와트 이상인 경우를 말한다.

027

인간-기계 시스템에서 시스템의 설계를 다음과 같이 구분할 때 제3단계인 기본설계에 해당되지 않는 것은?

| 1단계 : 시스템의 목표와 성능 명세 결정 |
| 2단계 : 시스템의 정의 |
| 3단계 : 기본 설계 |
| 4단계 : 인터페이스 설계 |
| 5단계 : 보조물 설계 |
| 6단계 : 시험 및 평가 |

① 화면 설계
② 작업 설계
③ 직무 분석
④ 기능 할당

해설

화면 설계는 4단계인 인터페이스 설계에 해당한다.
- 기본설계
  - 인간-기계 시스템 설계의 3단계에 해당
  - 직무 분석, 작업 설계, 기능 할당

028

결함수 분석법에서 Path Set에 관한 설명으로 옳은 것은?

① 시스템의 약점을 표현한 것이다.
② Top 사상을 발생시키는 조합이다.
③ 시스템이 고장 나지 않도록 하는 사상의 조합이다.
④ 시스템 고장을 유발시키는 필요불가결한 기본 사상들의 집합이다.

해설

- 패스셋(Path Set)
  - 시스템의 고장을 일으키지 않는 기본사상의 집합
  - 포함된 기본사상이 일어나지 않을 때 처음으로 정상사상이 일어나지 않는 기본사상의 집합

029

연구 기준의 요건과 내용이 옳은 것은?

① 무오염성 : 실제로 의도하는 바와 부합해야 한다.
② 적절성 : 반복 실험 시 재현성이 있어야 한다.
③ 신뢰성 : 측정하고자 하는 변수 이외의 다른 변수의 영향을 받아서는 안 된다.
④ 민감도 : 피실험자 사이에서 볼 수 있는 예상 차이점에 비례하는 단위로 측정해야 한다.

해설

- 연구기준의 요건
  - 타당성(적절성) : 실제로 의도하는 바와 부합해야 함
  - 순수성(무오염성) : 측정하고자 하는 변수 외의 다른 변수의 영향을 받아서는 안 됨
  - 신뢰성 : 비슷한 조건에서 일정한 결과를 반복적으로 얻을 수 있어야 함
  - 민감도 : 예상 차이점에 비례하는 단위로 측정해야 함

030

FTA 결과 다음과 같은 패스셋을 구하였다. 최소 패스셋(Minimal Path Sets)으로 옳은 것은?

$$\{X_2, X_3, X_4\}$$
$$\{X_1, X_3, X_4\}$$
$$\{X_3, X_4\}$$

① $\{X_3, X_4\}$
② $\{X_1, X_3, X_4\}$
③ $\{X_2, X_3, X_4\}$
④ $\{X_2, X_3, X_4\}$와 $\{X_3, X_4\}$

해설

최소 패스셋은 $\{X_3, X_4\}$이다.
- 최소 패스셋(Minimal Path Set)
  - 시스템의 기능을 살리는 최소한의 집합
  - 시스템의 신뢰성을 나타냄

031

인체측정에 대한 설명으로 옳은 것은?

① 인체측정은 동적측정과 정적측정이 있다.
② 인체측정학은 인체의 생화학적 특징을 다룬다.
③ 자세에 따른 인체지수의 변화는 없다고 가정한다.
④ 측정항목에 무게, 둘레, 두께, 길이는 포함되지 않는다.

해설

- 인체측정
  - 인체측정은 동적측정과 정적측정이 있다.
  - 인체측정학은 인체의 생화학적 특징을 다루지 않는다.
  - 자세에 따른 인체지수의 변화가 있다고 가정한다.
  - 측정항목에 무게, 둘레, 두께, 길이를 포함한다.

032

실린더 블록에 사용하는 개스킷의 수명 분포는 $X \sim N(10,000, 200^2)$인 정규분포를 따른다. $t = 9,600$ 시간일 경우에 신뢰도($R(t)$)는? (단, $P(Z \leq 1) = 0.8413$, $P(Z \leq 1.5) = 0.9332$, $P(Z \leq 2) = 0.9772$, $P(Z \leq 3) = 0.9987$이다.)

① 84.13% ② 93.32%
③ 97.72% ④ 99.87%

해설

$$P_r(X \geq 9,600) = P_r\left(Z \geq \frac{9,600 - 10,000}{200}\right)$$
$$= P_r(Z \geq -2) = P_r(Z \leq 2) = 0.9772 = 97.72\%$$

033

다음 중 열중독증(Heat Illness)의 강도를 올바르게 나열한 것은?

ⓐ 열소모(Heat Exhaustion)
ⓑ 열발진(Heat Rash)
ⓒ 열경련(Heat Cramp)
ⓓ 열사병(Heat Stroke)

① ⓒ < ⓑ < ⓐ < ⓓ
② ⓒ < ⓑ < ⓓ < ⓐ
③ ⓑ < ⓒ < ⓐ < ⓓ
④ ⓑ < ⓓ < ⓐ < ⓒ

해설

- 열중독증 강도
  : 열발진 < 열경련 < 열소모 < 열사병
  - 열발진 : 열로 인해 발생하는 피부장애(땀띠)
  - 열경련 : 고열의 작업환경에서 심한 근육작업 후 발생. 근육수축이 일어나고 탈수와 체내염분농도 부족
  - 열소모 : 땀을 많이 흘려 수분과 염분손실이 많음(두통, 구역질, 현기증, 무기력증, 갈증)
  - 열사병 : 체온조절계통의 기능이 상실되어 갑자기 의식 상실에 빠지고 심하면 사망에 이름

034

사무실 의자나 책상에 적용할 인체 측정 자료의 설계 원칙으로 가장 적합한 것은?

① 평균치 설계 ② 조절식 설계
③ 최대치 설계 ④ 최소치 설계

해설

- 조절식 설계
  - 여러 사람이 사용 가능하도록 조절식으로 설계
  - 통상 5~95%의 범위를 수용 대상으로 설계
  - 사무실 의자의 높낮이 조절, 자동차 좌석의 전후 조절 등

035

암호체계의 사용 시 고려해야 될 사항과 거리가 먼 것은?

① 정보를 암호화한 자극은 검출이 가능하여야 한다.
② 다차원의 암호보다 단일차원화된 암호가 정보 전달이 촉진된다.
③ 암호를 사용할 때는 사용자가 그 뜻을 분명히 알 수 있어야 한다.
④ 모든 암호 표시는 감지장치에 의해 검출될 수 있고, 다른 암호 표시와 구별될 수 있어야 한다.

해설
- 암호체계 사용상의 일반적 지침
  - 암호의 검출성 : 암호화한 자극은 검출이 가능해야 함
  - 암호의 변별성 : 다른 암호 표시와 구별될 수 있어야 함
  - 암호의 표준화 : 암호는 표준화되어야 함
  - 부호의 양립성 : 자극-반응의 관계가 인간의 기대와 모순되지 않아야 함
  - 부호의 의미 : 사용자가 그 뜻을 분명히 알 수 있어야 함
  - 다차원 암호의 사용 : 두 가지 이상의 암호를 조합해서 사용하면 정보전달이 촉진됨

036

신호검출이론(SDT)의 판정결과 중 신호가 없었는데도 있었다고 말하는 경우는?

① 긍정(Hit)
② 누락(Miss)
③ 허위(False Alarm)
④ 부정(Correct Rejection)

해설
- 허위(False Alarm) : 판정결과 중 신호가 없었는데도 있었다고 말하는 경우

037

촉감의 일반적인 척도의 하나인 2점 문턱값(Two-Point Threshold)이 감소하는 순서대로 나열된 것은?

① 손가락 → 손바닥 → 손가락 끝
② 손바닥 → 손가락 → 손가락 끝
③ 손가락 끝 → 손가락 → 손바닥
④ 손가락 끝 → 손바닥 → 손가락

해설
- 문턱값 : 감지가 가능한 가장 작은 자극의 크기
- 2점 문턱값 : 자극을 구별할 수 있는 최소 거리
  - 손가락 끝으로 갈수록 2점 문턱값은 감소됨
  (손바닥 → 손가락 → 손가락 끝)

038

시스템 안전분석 방법 중 HAZOP에서 "완전 대체"를 의미하는 것은?

① Not
② Reverse
③ Part Of
④ Other Than

해설
- 유인어(Guide Words)의 종류와 뜻
  - No/Not : 설계 의도의 완전한 부정
  - More/Less : 양의 증가 혹은 감소(정량적)
  - As Well As : 성질상의 증가(정성적 증가)
  - Part Of : 성질상의 감소(정성적 감소)
  - Reverse : 설계의도의 논리적인 역
  - Other Than : 완전한 대체

039

어느 부품 1,000개를 100,000시간 동안 가동하였을 때 5개의 불량품이 발생하였을 경우 평균동작시간(MTTF)은?

① 1×10^6 시간
② 2×10^7 시간
③ 1×10^8 시간
④ 2×10^9 시간

해설

- MTTF = $\dfrac{\text{총 가동시간}}{\text{고장건수}}$

  = $\dfrac{1{,}000 \times 100{,}000}{5}$ = 2×10^7 시간

040

신체활동의 생리학적 측정법 중 전신의 육체적인 활동을 측정하는 데 가장 적합한 방법은?

① Flicker 측정
② 산소 소비량 측정
③ 근전도(EMG) 측정
④ 피부전기반사(GSR) 측정

해설

전신의 육체적인 활동을 측정하는 데 가장 적합한 방법은 산소 소비량 측정 방법이다.

제3과목 기계위험방지기술

041

산업안전보건법령상 롤러기의 방호장치 중 롤러의 앞면 표면 속도가 30m/min 이상일 때 무부하 동작에서 급정지거리는?

① 앞면 롤러 원주의 1/2.5 이내
② 앞면 롤러 원주의 1/3 이내
③ 앞면 롤러 원주의 1/3.5 이내
④ 앞면 롤러 원주의 1/5.5 이내

해설

「방호장치 자율안전기준 고시」
[별표 3] 롤러기 급정지장치의 성능기준

5. 무부하동작에서 급정지거리	
앞면 롤러의 표면속도에 따른 급정지거리	
앞면 롤러의 표면속도(m/min)	급정지거리
30 미만	앞면 롤러 원주의 1/3 이내
30 이상	앞면 롤러 원주의 1/2.5 이내

042

극한하중이 600N인 체인에 안전계수가 4일 때 체인의 정격하중(N)은?

① 130
② 140
③ 150
④ 160

해설

허용하중(정격하중) = $\dfrac{\text{절단하중(최대하중)}}{\text{안전계수}}$ 이므로,

$\dfrac{600}{4} = 150$이다.

따라서 체인의 정격하중은 150N이다.

043

연삭작업에서 숫돌의 파괴원인으로 가장 적절하지 않은 것은?

① 숫돌의 회전속도가 너무 빠를 때
② 연삭작업 시 숫돌의 정면을 사용할 때
③ 숫돌에 큰 충격을 줬을 때
④ 숫돌의 회전중심이 제대로 잡히지 않았을 때

해설

- 연삭숫돌 파괴원인
  - 플랜지 지름이 현저히 작은 경우(플랜지는 숫돌 지름의 1/3 이상)
  - 숫돌의 치수 특히 내경의 크기가 적당하지 않은 경우
  - 숫돌 자체에 균열이 있거나, 과한 충격이 가해진 경우
  - 숫돌 회전중심이 잡히지 않았거나, 베어링 마모에 의한 진동이 생긴 경우
  - 측면용 연삭숫돌이 아닌 연삭숫돌의 측면을 사용
  - 연삭숫돌의 최고 사용회전속도를 초과하여 사용

044

산업안전보건법령상 용접장치의 안전에 관한 준수사항으로 옳은 것은?

① 아세틸렌 용접장치의 발생기실을 옥외에 설치한 경우에는 그 개구부를 다른 건축물로부터 1m 이상 떨어지도록 하여야 한다.
② 가스집합장치로부터 7m 이내의 장소에서는 화기의 사용을 금지시킨다.
③ 아세틸렌 발생기에서 10m 이내 또는 발생기실에서 4m 이내의 장소에서는 화기의 사용을 금지시킨다.
④ 아세틸렌 용접장치를 사용하여 용접작업을 할 경우 게이지 압력이 127kPa을 초과하는 압력의 아세틸렌을 발생시켜 사용해서는 아니 된다.

해설

「산업안전보건기준에 관한 규칙」

제285조(압력의 제한) 사업주는 아세틸렌 용접장치를 사용하여 금속의 용접·용단 또는 가열작업을 하는 경우에는 게이지 압력이 127킬로파스칼을 초과하는 압력의 아세틸렌을 발생시켜 사용해서는 아니 된다.

제286조(발생기실의 설치장소 등)
② 제1항의 발생기실은 건물의 최상층에 위치하여야 하며, 화기를 사용하는 설비로부터 3미터를 초과하는 장소에 설치하여야 한다.
③ 제1항의 발생기실을 옥외에 설치한 경우에는 그 개구부를 다른 건축물로부터 1.5미터 이상 떨어지도록 하여야 한다.

제291조(가스집합장치의 위험 방지)
① 사업주는 가스집합장치에 대해서는 화기를 사용하는 설비로부터 5미터 이상 떨어진 장소에 설치하여야 한다.

045

500rpm으로 회전하는 연삭숫돌의 지름이 300mm일 때 원주 속도(m/min)는?

① 약 748
② 약 650
③ 약 532
④ 약 471

해설

원주 속도 = $\dfrac{\pi \times 직경 \times 회전수}{1,000}$ 이므로,

$\dfrac{\pi \times 300 \times 500}{1,000} ≒ 471$

따라서 원주 속도는 약 471m/min이다.

046

산업안전보건법령상 로봇을 운전하는 경우 근로자가 로봇에 부딪칠 위험이 있을 때 높이는 최소 얼마 이상의 울타리를 설치하여야 하는가? (단, 로봇의 가동범위 등을 고려하여 높이로 인한 위험성이 없는 경우는 제외한다.)

① 0.9m
② 1.2m
③ 1.5m
④ 1.8m

> **해설**
>
> 「산업안전보건기준에 관한 규칙」
> 제223조(운전 중 위험 방지) 사업주는 로봇의 운전(제222조에 따른 교시 등을 위한 로봇의 운전과 제224조 단서에 따른 로봇의 운전은 제외한다)으로 인하여 근로자에게 발생할 수 있는 부상 등의 위험을 방지하기 위하여 높이 <u>1.8미터 이상의 울타리</u>(로봇의 가동범위 등을 고려하여 높이로 인한 위험성이 없는 경우에는 높이를 그 이하로 조절할 수 있다)를 설치하여야 하며, 컨베이어 시스템의 설치 등으로 울타리를 설치할 수 없는 일부 구간에 대해서는 안전매트 또는 광전자식 방호장치 등 감응형(感應形) 방호장치를 설치하여야 한다.

047

일반적으로 전류가 과대하고, 용접속도가 너무 빠르며, 아크를 짧게 유지하기 어려운 경우 모재 및 용접부의 일부가 녹아서 홈 또는 오목한 부분이 생기는 용접부 결함은?

① 잔류응력 ② 융합불량
③ 기공   ④ 언더컷

> **해설**
>
> - 용접 결함의 종류
>   (1) 용입 불량 : 용접부가 완전히 용입되지 않은 현상
>   (2) 기공 : 용접부 내부에 생긴 기체가 외부로 빠져나오지 못하여 내부에 형성된 기포
>   (3) 언더컷(Under Cut) : 용접부 부근의 모재가 용접열에 의해 움푹 파인 현상
>   (4) 언더필(Under Fill) : 용접이 덜 채워진 현상
>   (5) 균열(크랙, Cracking) : 용접부에 금이 가는 현상
>   (6) 아크 스트라이크(Arc Strike) : 모재에 용접봉을 대고 아크를 발생시키므로 모재표면이 움푹 파인 현상
>   (7) 스패터(Spatter) : 용접 시 작은 금속 알갱이가 튀어나와 모재에 묻어있는 현상
>   (8) 오버랩(Over Lap) : 용접개선 절단면을 지나 모재 상부까지 용접된 현상

048

산업안전보건법령상 승강기의 종류로 옳지 않은 것은?

① 승객용 엘리베이터
② 리프트
③ 화물용 엘리베이터
④ 승객화물용 엘리베이터

> **해설**
>
> 리프트와 승강기는 모두 양중기에 해당한다.
> 「산업안전보건기준에 관한 규칙」
> 제132조(양중기)
> 5. "승강기"란 건축물이나 고정된 시설물에 설치되어 일정한 경로에 따라 사람이나 화물을 승강장으로 옮기는 데에 사용되는 설비로서 다음 각 목의 것을 말한다.
>   가. <u>승객용 엘리베이터</u>
>   나. <u>승객화물용 엘리베이터</u>
>   다. <u>화물용 엘리베이터</u>
>   라. 소형화물용 엘리베이터
>   마. 에스컬레이터

049

다음 중 선반의 방호장치로 가장 거리가 먼 것은?

① 쉴드(Shield)   ② 슬라이딩
③ 척 커버   ④ 칩 브레이커

> **해설**
>
> 선반의 방호장치로 쉴드(Shield), 척 커버, 칩 브레이커, 급정지 브레이크, 덮개 또는 울 등을 설치해야 한다.

050

산업안전보건법령상 목재가공용 둥근톱 작업에서 분할날과 톱날 원주면과의 간격은 최대 얼마 이내가 되도록 조정하는가?

① 10mm   ② 12mm
③ 14mm   ④ 16mm

> [해설]
> 「방호장치 자율안전기준 고시」
> [별표 5] 목재가공용 덮개 및 분할날 성능기준
>
> | 2. 일반구조 |
> | --- |
> | 마. 둥근톱에는 분할날을 설치하여야 하며 다음의 세목과 같이 한다. |
>
> 1) 분할날의 두께는 둥근톱 두께의 1.1배 이상일 것
>
> $$1.1\, t_1 \leq t_2 < b$$
>
> (t_1 : 톱두께, t_2 : 분할날두께, b : 치진폭)
>
> 2) 견고히 고정할 수 있으며 분할날과 톱날 원주면과의 거리는 12밀리미터 이내로 조정, 유지할 수 있어야 하고 표준 테이블면(승강반에 있어서도 테이블을 최하로 내린 때의 면) 상의 톱 뒷날의 2/3 이상을 덮도록 할 것

052

산업안전보건법령상 화물의 낙하에 의해 운전자가 위험을 미칠 경우 지게차의 헤드가드(Head Guard)는 지게차의 최대하중의 몇 배가 되는 등분포정하중에 견디는 강도를 가져야 하는가? (단, 4톤을 넘는 값은 제외한다.)

① 1배 ② 1.5배
③ 2배 ④ 3배

> [해설]
> 「산업안전보건기준에 관한 규칙」
> 제180조(헤드가드)
> 1. 강도는 지게차의 최대하중의 2배 값(4톤을 넘는 값에 대해서는 4톤으로 한다)의 등분포정하중(等分布靜荷重)에 견딜 수 있을 것

051

기계설비에서 기계 고장률의 기본 모형으로 옳지 않은 것은?

① 조립 고장 ② 초기 고장
③ 우발 고장 ④ 마모 고장

> [해설]
> • 설비고장곡선(욕조 곡선, 수명특성곡선) : 기계설비 고장률을 시간의 함수로 나타낸 곡선으로, 고장률의 시간에 따른 변화 양상을 보여줌
> (1) 초기 고장(감소형) : 설계나 제조상의 결함, 사용 조건이나 환경의 부적합 등으로 제품수명 초기에 발생
> (2) 우발 고장(일정형) : 일정 시간 경과 후 사용조건의 예측할 수 없는 간격이나 변화에 기인하여 발생
> (3) 마모 고장(증가형) : 장시간 사용 후 기계적인 변화, 노화, 열화, 마모 등에 기인하여 발생

053

다음 중 컨베이어의 안전장치로 옳지 않은 것은?

① 비상정지장치 ② 반발예방장치
③ 역회전방지장치 ④ 이탈방지장치

> [해설]
> 컨베이어의 안전장치로 비상정지장치, 역전방지장치, 덮개 또는 울, 건널다리 등을 설치해야 한다.

054

크레인에 돌발 상황이 발생한 경우 안전을 유지하기 위하여 모든 전원을 차단하여 크레인을 급정지시키는 방호장치는?

① 호이스트 ② 이탈방지장치
③ 비상정지장치 ④ 아우트리거

> [해설]
> • 비상정지장치 : 돌발 상황 등 비상시 기계·기구의 모든 전원을 차단해 작동 정지시키는 방호장치

055

산업안전보건법령상 프레스 등을 사용하여 작업을 할 때에 작업시작 전 점검 사항으로 가장 거리가 먼 것은?

① 압력방출장치의 기능
② 클러치 및 브레이크의 기능
③ 프레스의 금형 및 고정볼트 상태
④ 1행정 1정지기구·급정지장치 및 비상정지장치의 기능

해설

'압력방출장치의 기능'은 공기압축기를 가동하는 작업 시작 전 점검내용이다.

「산업안전보건기준에 관한 규칙」
[별표 3] 작업시작 전 점검사항

1. 프레스 등을 사용하여 작업을 할 때
가. 클러치 및 브레이크의 기능
나. 크랭크축·플라이휠·슬라이드·연결봉 및 연결 나사의 풀림 여부
다. 1행정 1정지기구·급정지장치 및 비상정지장치의 기능
라. 슬라이드 또는 칼날에 의한 위험방지 기구의 기능
마. 프레스의 금형 및 고정볼트 상태
바. 방호장치의 기능
사. 전단기(剪斷機)의 칼날 및 테이블의 상태

056

다음 중 프레스 방호장치에서 게이트가드식 방호장치의 종류를 작동방식에 따라 분류할 때 가장 거리가 먼 것은?

① 경사식   ② 하강식
③ 도립식   ④ 횡슬라이드식

해설

- 게이트가드식 방호장치 : 가드가 열려 있는 상태에서는 기계의 위험부분이 동작되지 않고, 기계가 위험한 상태일 때에는 가드를 열 수 없도록 한 방호장치
  - 작동방식에 따른 분류 : 상승식, 하강식, 도립식, 횡슬라이드식 등

057

선반작업의 안전수칙으로 가장 거리가 먼 것은?

① 기계에 주유 및 청소를 할 때에는 저속회전에서 한다.
② 일반적으로 가공물의 길이가 지름의 12배 이상일 때는 방진구를 사용하여 선반작업을 한다.
③ 바이트는 가급적 짧게 설치한다.
④ 면장갑을 사용하지 않는다.

해설

- 선반작업 안전수칙
  - 작동 전 기계의 모든 상태를 점검할 것
  - 작업 중 장갑을 착용하지 말 것
  - 절삭작업 중에는 반드시 보안경을 착용하여 눈을 보호할 것
  - 칩이 비산할 때는 보안경을 쓰고 방호판을 설치할 것
  - 바이트는 가급적 짧고, 단단하게 조일 것
  - 가공물이나 척에 말리지 않도록 옷자락은 안으로 넣고, 옷소매를 묶을 때는 끈을 사용하지 않을 것
  - 칩이 짧게 끊어지도록 칩 브레이커를 설치하고, 작업 중 칩이 많이 쌓여 치울 시에는 반드시 기계작동을 멈춘 후 할 것
  - 칩을 제거할 때는 압축공기를 사용하지 말고 브러시를 사용할 것
  - 바이트 교환 시, 주유 및 청소 시 반드시 기계작동을 멈춘 후 할 것
  - 긴 물체(가공물 길이가 지름의 12배 이상)를 가공 시 방진구를 설치하여 진동을 방지할 것
  - 공작물의 설치가 끝나면 척에서 렌치류는 곧바로 제거할 것

058

다음 중 보일러 운전 시 안전수칙으로 가장 적절하지 않은 것은?

① 가동 중인 보일러에는 작업자가 항상 정위치를 떠나지 아니할 것
② 보일러의 각종 부속장치의 누설상태를 점검할 것
③ 압력방출장치는 매 7년마다 정기적으로 작동 시험을 할 것
④ 노 내의 환기 및 통풍장치를 점검할 것

해설

「산업안전보건기준에 관한 규칙」
제116조(압력방출장치)
② 제1항의 압력방출장치는 매년 1회 이상 「국가표준기본법」 제14조 제3항에 따라 산업통상자원부장관의 지정을 받은 국가교정업무 전담기관(이하 "국가교정기관"이라 한다)에서 교정을 받은 압력계를 이용하여 설정압력에서 압력방출장치가 적절하게 작동하는지를 검사한 후 납으로 봉인하여 사용하여야 한다. 다만, 영 제43조에 따른 공정안전보고서 제출 대상으로서 고용노동부장관이 실시하는 공정안전보고서 이행상태 평가결과가 우수한 사업장은 압력방출장치에 대하여 4년마다 1회 이상 설정압력에서 압력방출장치가 적절하게 작동하는지를 검사할 수 있다.

059

산업안전보건법령상 크레인에서 권과방지장치의 달기구 윗면이 권상장치의 아랫면과 접촉할 우려가 있는 경우 최소 몇 m 이상 간격이 되도록 조정하여야 하는가? (단, 직동식 권과방지장치의 경우는 제외한다.)

① 0.1 ② 0.15
③ 0.25 ④ 0.3

해설

「산업안전보건기준에 관한 규칙」
제134조(방호장치의 조정)
② 제1항 제1호 및 제2호의 양중기에 대한 권과방지장치는 훅·버킷 등 달기구의 윗면(그 달기구에 권상용 도르래가 설치된 경우에는 권상용 도르래의 윗면)이 드럼, 상부 도르래, 트롤리프레임 등 권상장치의 아랫면과 접촉할 우려가 있는 경우에 그 간격이 0.25미터 이상(직동식(直動式) 권과방지장치는 0.05미터 이상으로 한다)이 되도록 조정하여야 한다.

060

슬라이드가 내려옴에 따라 손을 쳐내는 막대가 좌우로 왕복하면서 위험한계에 있는 손을 보호하는 프레스 방호장치는?

① 수인식 ② 게이트가드식
③ 반발예방장치 ④ 손쳐내기식

해설

• 손쳐내기식 방호장치 : 슬라이드의 작동에 연동시켜 위험 상태로 되기 전에 손을 위험 영역에서 밀어내거나 쳐내는 방호장치로, 프레스용으로 확동식 클러치형 프레스에 한해서 사용됨

제4과목 전기위험방지기술

061

KS C IEC 60079-0에 따른 방폭기기에 대한 설명이다. 다음 빈칸에 들어갈 알맞은 용어는?

(ⓐ)은 EPL로 표현되며 점화원이 될 수 있는 가능성에 기초하여 기기에 부여된 보호등급이다. EPL의 등급 중 (ⓑ)는 정상 작동, 예상된 오작동, 드문 오작동 중에 점화원이 될 수 없는 "매우 높은" 보호 등급의 기기이다.

① ⓐ Explosion Protection Level, ⓑ EPL Ga
② ⓐ Explosion Protection Level, ⓑ EPL Gc
③ ⓐ Equipment Protection Level, ⓑ EPL Ga
④ ⓐ Equipment Protection Level, ⓑ EPL Gc

해설

기기보호등급 EPL은 'Equipment Protection Level'의 약어이며, 'EPL Ga'는 폭발성 가스분위기에 설치되는 기기로 정상 작동, 예상된 오작동 또는 드문 오작동 중에 점화원이 될 수 없는 "매우 높은" 보호등급의 기기이다.

「한국산업표준」 (KS C IEC 60079-0)
폭발성 분위기-제0부 : 기기-일반 요구사항
3.33 기기보호등급(Equipment Protection Level)
점화원이 될 수 있는 가능성에 기초하여 기기에 부여된 보호등급으로, 폭발성 가스 분위기, 폭발성 분진 분위기 및 폭발성 갱내 가스에 취약한 광산 내 폭발성 분위기의 차이를 구별한다.

(1)	EPL Ma	(5)	EPL Gc
(2)	EPL Mb	(6)	EPL Da
(3)	EPL Ga	(7)	EPL Db
(4)	EPL Gb	(8)	EPL Dc

062
접지계통 분류에서 TN접지방식이 아닌 것은?

① TN-S 방식 ② TN-C 방식
③ TN-T 방식 ④ TN-C-S 방식

해설
- TN접지방식 : TN-C, TN-S, TN-C-S

063
접지공사의 종류에 따른 접지선(연동선)의 굵기 기준으로 옳은 것은?

① 제1종 : 공칭단면적 $6mm^2$ 이상
② 제2종 : 공칭단면적 $12mm^2$ 이상
③ 제3종 : 공칭단면적 $5mm^2$ 이상
④ 특별 제3종 : 공칭단면적 $3.5mm^2$ 이상

해설
※ 참고 : 한국전기설비규정(KEC)의 개정으로 접지대상에 따라 일괄 적용한 종별접지(1종, 2종, 3종, 특3종)가 폐지되어 성립될 수 없는 문제입니다. 해당 규정의 개정으로 정답이 ①에서 '정답 없음'으로 변경되었습니다.

개정 전	
접지공사	접지선 굵기
제1종	공칭단면적 $6.0mm^2$ 이상의 연동선
제2종	공칭단면적 $16.0mm^2$ 이상의 연동선(고압전로 또는 특고압 가공전선로의 전로와 저압전로를 변압기에 의하여 결합하는 경우에는 공칭단면적 $6.0mm^2$ 이상의 연동선)
제3종 / 특별 제3종	공칭단면적 $2.5mm^2$ 이상의 연동선

064
최소 착화에너지가 0.26mJ인 가스에 정전용량이 100pF인 대전 물체로부터 정전기 방전에 의하여 착화할 수 있는 전압은 약 몇 V인가?

① 2,240 ② 2,260
③ 2,280 ④ 2,300

해설
- 정전에너지 $W = \dfrac{1}{2}CV^2$

  정전용량 $C = 100pF$이므로,

  $0.26 \times 10^{-3} = \dfrac{1}{2} \times 100 \times 10^{-12} \times V^2$

  $V ≒ 2,280.35$

  따라서 착화할 수 있는 전압은 약 2,280V이다.

065
누전차단기의 구성요소가 아닌 것은?

① 누전검출부 ② 영상변류기
③ 차단장치   ④ 전력퓨즈

해설
누전차단기는 누전검출부, 영상변류기, 차단장치 등으로 구성되어 있다.

066
우리나라의 안전전압으로 볼 수 있는 것은 약 몇 V인가?

① 30 ② 50
③ 60 ④ 70

해설
우리나라는 안전전압의 한계를 산업안전보건법(산업안전보건기준에 관한 규칙 제324조)에서 30V 이하로 규정하고 있다.
「산업안전보건기준에 관한 규칙」
제324조(적용 제외) … 대지전압이 30볼트 이하인 전기기계·기구·배선 또는 이동전선에 대해서는 적용하지 아니한다.

067

산업안전보건기준에 관한 규칙에 따라 누전에 의한 감전의 위험을 방지하기 위하여 접지를 하여야 하는 대상의 기준으로 틀린 것은? (단, 예외조건은 고려하지 않는다.)

① 전기기계·기구의 금속제 외함
② 고압 이상의 전기를 사용하는 전기기계·기구 주변의 금속제 칸막이
③ 고정배선에 접속된 전기기계·기구 중 사용전압이 대지전압 100V를 넘는 비충전 금속체
④ 코드와 플러그를 접속하여 사용하는 전기기계·기구 중 휴대형 전동기계·기구의 노출된 비충전 금속체

해설

「산업안전보건기준에 관한 규칙」
제302조(전기 기계·기구의 접지)
① 사업주는 누전에 의한 감전의 위험을 방지하기 위하여 다음 각 호의 부분에 대하여 접지를 해야 한다.
  1. 전기 기계·기구의 금속제 외함, 금속제 외피 및 철대
  2. 고정 설치되거나 고정배선에 접속된 전기기계·기구의 노출된 비충전 금속체 중 충전될 우려가 있는 다음 각 목의 어느 하나에 해당하는 비충전 금속체
    라. 사용전압이 대지전압 150볼트를 넘는 것
  3. 전기를 사용하지 아니하는 설비 중 다음 각 목의 어느 하나에 해당하는 금속체
    다. 고압(1.5천볼트 초과 7천볼트 이하의 직류전압 또는 1천볼트 초과 7천볼트 이하의 교류전압을 말한다. 이하 같다) 이상의 전기를 사용하는 전기 기계·기구 주변의 금속제 칸막이·망 및 이와 유사한 장치
  4. 코드와 플러그를 접속하여 사용하는 전기 기계·기구 중 다음 각 목의 어느 하나에 해당하는 노출된 비충전 금속체
    다. 고정형·이동형 또는 휴대형 전동기계·기구

068

정전유도를 받고 있는 접지되어 있지 않은 도전성 물체에 접촉한 경우 전격을 당하게 되는데, 이때 물체에 유도된 전압 V(V)를 옳게 나타낸 것은? (단, E는 송전선의 대지전압, C_1은 송전선과 물체 사이의 정전용량, C_2는 물체와 대지 사이의 정전용량이며, 물체와 대지 사이의 저항은 무시한다.)

① $V = \dfrac{C_1}{C_1 + C_2} \times E$

② $V = \dfrac{C_1 + C_2}{C_1} \times E$

③ $V = \dfrac{C_1}{C_1 \times C_2} \times E$

④ $V = \dfrac{C_1 \times C_2}{C_1} \times E$

해설

직렬로 연결된 C_1과 C_2에서 송전선 전압이 E일 때, 정전용량 C_1에 걸리는 전압은 $\dfrac{C_2}{C_1 + C_2} \times E$이고, C_2에 걸리는 전압은 $\dfrac{C_1}{C_1 + C_2} \times E$이다.

물체에 유도된 전압은 C_2에 걸리는 전압이므로, $\dfrac{C_1}{C_1 + C_2} \times E$이다.

069

교류아크용접기의 자동전격방지장치는 전격의 위험을 방지하기 위하여 아크 발생이 중단된 후 약 1초 이내에 출력측 무부하전압을 자동적으로 몇 V 이하로 저하시켜야 하는가?

① 85
② 70
③ 50
④ 25

해설
「방호장치 자율안전기준 고시」
제4조(정의)
1. "교류아크용접기용 자동전격방지기(이하 "전격방지기"라 한다)"란 대상으로 하는 용접기의 주회로(변압기의 경우는 1차회로 또는 2차회로)를 제어하는 장치를 가지고 있어, 용접봉의 조작에 따라 용접할 때에만 용접기의 주회로를 형성하고, 그 외에는 용접기의 출력측의 무부하전압을 25볼트 이하로 저하시키도록 동작하는 장치를 말한다.

070
정전기 발생에 영향을 주는 요인으로 가장 적절하지 않은 것은?

① 분리속도
② 물체의 질량
③ 접촉면적 및 압력
④ 물체의 표면상태

해설
- 정전기 유발요인 : 물질의 특성, 분리속도, 접촉면적 및 압력, 표면상태, 대전이력 등

071
다음에서 설명하고 있는 방폭구조는?

> 전기기기의 정상 사용 조건 및 특정 비정상 상태에서 과도한 온도 상승, 아크 또는 스파크의 발생위험을 방지하기 위해 추가적인 안전 조치를 취한 것으로 Ex e라고 표시한다.

① 유입 방폭구조
② 압력 방폭구조
③ 내압 방폭구조
④ 안전증 방폭구조

해설
- 안전증 방폭구조(Ex e) : 정상적인 운전 중 불꽃, 아크 또는 과열의 발생을 방지하기 위하여 구조와 온도상승에 대한 안전도를 특히 증가시킨 구조

072
KS C IEC 60079-6에 따른 유입방폭구조 "o" 방폭장비의 최소 IP 등급은?

① IP44
② IP54
③ IP55
④ IP66

해설
「한국산업표준」(KS C IEC 60079-6)
폭발성 분위기-제6부 : 유입 방폭구조 "o"에 의한 기기 보호
4.5.4 통기장치 또는 압력방출장치의 배출구
밀봉되지 않은 기기의 통기장치의 배출구 및 밀봉된 기기의 압력방출장치의 배출구는 아래를 향해야 하며 KS C IEC 60529에 따른 IP66 이상의 보호등급을 가져야 한다.

073
20Ω의 저항 중에 5A의 전류를 3분간 흘렸을 때의 발열량(cal)은?

① 4,320
② 90,000
③ 21,600
④ 376,560

해설
- 발열량 $= 0.24 I^2 Rt$
  $= 0.24 \times 5^2 \times 20 \times (3 \times 60)$
  $= 21,600\text{cal}$

074
다음은 어떤 방전에 대한 설명인가?

> 정전기가 대전되어 있는 부도체에 접지체가 접근한 경우 대전물체와 접지체 사이에 발생하는 방전과 거의 동시에 부도체의 표면을 따라서 발생하는 나뭇가지 형태의 발광을 수반하는 방전

① 코로나 방전
② 뇌상 방전
③ 연면 방전
④ 불꽃 방전

> **해설**
> • 연면 방전 : 공기 중에 놓여진 절연체 표면의 전계강도가 큰 경우 고체표면을 따라서 진행하는 방전으로, 부도체의 대전량이 극히 크거나 또는 대전된 부도체의 표면 가까이에 접지체가 있는 경우 쉽게 발생한다.

075
가연성 가스가 있는 곳에 저압 옥내전기설비를 금속관 공사에 의해 시설하고자 한다. 관 상호 간 또는 관과 전기기계기구와는 몇 턱 이상 나사조임으로 접속하여야 하는가?

① 2턱
② 3턱
③ 4턱
④ 5턱

> **해설**
> 「한국전기설비규정(KEC)」
> 242.3.1 가스증기 위험장소
> 관 상호 간 및 관과 박스 기타의 부속품·풀 박스 또는 전기기계기구와는 5턱 이상 나사 조임으로 접속하는 방법 또는 기타 이와 동등 이상의 효력이 있는 방법에 의하여 견고하게 접속할 것

076
전기시설의 직접 접촉에 의한 감전방지 방법으로 적절하지 않은 것은?

① 충전부는 내구성이 있는 절연물로 완전히 덮어 감쌀 것
② 충전부가 노출되지 않도록 폐쇄형 외함이 있는 구조로 할 것
③ 충전부에 충분한 절연효과가 있는 방호망 또는 절연 덮개를 설치할 것
④ 충전부는 출입이 용이한 전개된 장소에 설치하고, 위험표시 등의 방법으로 방호를 강화할 것

> **해설**
> 「산업안전보건기준에 관한 규칙」
> 제301조(전기 기계·기구 등의 충전부 방호)
> 1. 충전부가 노출되지 않도록 폐쇄형 외함(外函)이 있는 구조로 할 것
> 2. 충전부에 충분한 절연효과가 있는 방호망이나 절연덮개를 설치할 것
> 3. 충전부는 내구성이 있는 절연물로 완전히 덮어 감쌀 것
> 4. 발전소·변전소 및 개폐소 등 구획되어 있는 장소로서 관계 근로자가 아닌 사람의 출입이 금지되는 장소에 충전부를 설치하고, 위험표시 등의 방법으로 방호를 강화할 것
> 5. 전주 위 및 철탑 위 등 격리되어 있는 장소로서 관계 근로자가 아닌 사람이 접근할 우려가 없는 장소에 충전부를 설치할 것

077
심실세동을 일으키는 위험한계 에너지는 약 몇 J인가? (단, 심실세동전류 $I = \dfrac{165}{\sqrt{T}}$ mA, 인체의 전기저항 $R = 800\Omega$, 통전시간 $T = 1$초이다.)

① 12
② 22
③ 32
④ 42

> **해설**
> • $W = I^2 RT$
> $W = (\dfrac{165}{\sqrt{T}} \times 10^{-3})^2 \times R \times T$
> 인체의 전기저항 R을 800Ω, 통전시간 T를 1초라고 했으므로,
> $(165 \times 10^{-3})^2 \times 800 \times 1 = 21.78$
> 따라서 위험한계 에너지는 약 22J이다.

078

전기기계·기구에 설치되어 있는 감전방지용 누전차단기의 정격감도전류 및 작동시간으로 옳은 것은? (단, 정격전부하전류가 50A 미만이다.)

① 15mA 이하, 0.1초 이내
② 30mA 이하, 0.03초 이내
③ 50mA 이하, 0.5초 이내
④ 100mA 이하, 0.05초 이내

> **해설**
> • 인체감전보호용 누전차단기 : 정격감도전류 30mA 이하, 동작시간 0.03초 이하의 전류동작형

079

피뢰레벨에 따른 회전구체 반경이 틀린 것은?

① 피뢰레벨 Ⅰ : 20m
② 피뢰레벨 Ⅱ : 30m
③ 피뢰레벨 Ⅲ : 50m
④ 피뢰레벨 Ⅳ : 60m

> **해설**
> 「한국산업표준」 (KS C IEC 62305-3)
> 피뢰 시스템—제3부 : 구조물의 물리적 손상 및 인명위험
> 피뢰시스템의 등급별 회전구체 반지름
>
> | 피뢰레벨 | 회전구체 반지름(m) |
> |---|---|
> | Ⅰ | 20 |
> | Ⅱ | 30 |
> | Ⅲ | 45 |
> | Ⅳ | 60 |

080

지락사고 시 1초를 초과하고 2초 이내에 고압전로를 자동차단하는 장치가 설치되어 있는 고압전로에 제2종 접지공사를 하였다. 접지저항은 몇 Ω 이하로 유지해야 하는가? (단, 변압기의 고압측 전로의 1선 지락전류는 10A이다.)

① 10Ω
② 20Ω
③ 30Ω
④ 40Ω

> **해설**
> ※ 참고 : 한국전기설비규정(KEC)의 개정으로 접지대상에 따라 일괄 적용한 종별접지(1종, 2종, 3종, 특3종)가 폐지되어 성립될 수 없는 문제입니다. 해당 규정의 개정으로 정답이 ③에서 '정답 없음'으로 변경되었습니다.
>
> | 개정 전 ||
> |---|---|
> | 접지공사 | 접지저항 |
> | 제1종 | 10Ω 이하 |
> | 제2종 | $\dfrac{150}{1선지락전류}$ Ω 이하

단, 혼촉 시 1초를 초과하고 2초 내 자동적으로 고압전로 또는 사용전압이 35kV 이하의 특고압 전로를 차단하는 장치를 설치할 때는
$\dfrac{300}{1선지락전류}$ Ω 이하

1초 이내에 자동적으로 고압전로 또는 사용전압 35kV 이하의 특고압전로를 차단하는 장치를 설치할 때는
$\dfrac{600}{1선지락전류}$ Ω 이하 |
> | 제3종 | 100Ω 이하 |
> | 특별 제3종 | 10Ω 이하 |

제5과목 화학설비위험방지기술

081

사업주는 가스폭발 위험장소 또는 분진폭발 위험장소에 설치되는 건축물 등에 대해서는 규정에서 정한 부분을 내화구조로 하여야 한다. 다음 중 내화구조로 하여야 하는 부분에 대한 기준이 틀린 것은?

① 건축물의 기둥 : 지상 1층(지상 1층의 높이가 6미터를 초과하는 경우에는 6미터)까지
② 위험물 저장·취급용기의 지지대(높이가 30센티미터 이하인 것은 제외) : 지상으로부터 지지대의 끝부분까지
③ 건축물의 보 : 지상 2층(지상 2층의 높이가 10미터를 초과하는 경우에는 10미터)까지
④ 배관·전선관 등의 지지대 : 지상으로부터 1단(1단의 높이가 6미터를 초과하는 경우에는 6미터)까지

해설

「산업안전보건기준에 관한 규칙」
제270조(내화기준)
① 사업주는 제230조 제1항에 따른 가스폭발 위험장소 또는 분진폭발 위험장소에 설치되는 건축물 등에 대해서는 다음 각 호에 해당하는 부분을 내화구조로 하여야 하며, 그 성능이 항상 유지될 수 있도록 점검·보수 등 적절한 조치를 하여야 한다. 다만, 건축물 등의 주변에 화재에 대비하여 물 분무시설 또는 폼 헤드(foam head) 설비 등의 자동소화설비를 설치하여 건축물 등이 화재 시에 2시간 이상 그 안전성을 유지할 수 있도록 한 경우에는 내화구조로 하지 아니할 수 있다.
1. 건축물의 기둥 및 보 : 지상 1층(지상 1층의 높이가 6미터를 초과하는 경우에는 6미터)까지
2. 위험물 저장·취급용기의 지지대(높이가 30센티미터 이하인 것은 제외한다) : 지상으로부터 지지대의 끝부분까지
3. 배관·전선관 등의 지지대 : 지상으로부터 1단(1단의 높이가 6미터를 초과하는 경우에는 6미터)까지

082

다음 물질 중 인화점이 가장 낮은 물질은?

① 이황화탄소
② 아세톤
③ 크실렌
④ 경유

해설

- 이황화탄소 : -30℃
- 아세톤 : -18℃
- 크실렌 : 25℃
- 경유 : 62℃

083

물의 소화력을 높이기 위하여 물에 탄산칼륨(K_2CO_3)과 같은 염류를 첨가한 소화약제를 일반적으로 무엇이라 하는가?

① 포 소화약제
② 분말 소화약제
③ 강화액 소화약제
④ 산알칼리 소화약제

해설

탄산칼륨 등의 수용액을 주성분으로 강알칼리성 수용액을 용기 내에 봉입하여 소화능력을 증대시킨 소화기를 강화액 소화기라고 하며, 이 소화기에 사용되는 약제를 강화액 소화약제라고 한다.

084

다음 중 분진의 폭발위험성을 증대시키는 조건에 해당하는 것은?

① 분진의 온도가 낮을수록
② 분위기 중 산소농도가 작을수록
③ 분진 내의 수분농도가 작을수록
④ 분진의 표면적이 입자체적에 비교하여 작을수록

해설

- 분진의 폭발위험성 증대 조건
  - 분진 내의 수분농도가 작을수록
  - 분진의 온도가 높을수록
  - 분위기 중 산소농도가 클수록
  - 분진의 표면적이 입자체적에 비교하여 클수록

085
다음 중 관의 지름을 변경하는 데 사용되는 관의 부속품으로 가장 적절한 것은?

① 엘보우(Elbow) ② 커플링(Coupling)
③ 유니온(Union) ④ 리듀서(Reducer)

해설
관의 지름을 변경할 때는 리듀서, 부싱 등의 부속을 사용한다.
- 관(Pipe) 부속품
  - 2개의 관 연결 : 니플, 유니언, 플랜지, 소켓
  - 관의 지름 변경 : 리듀서, 부싱
  - 관로 방향 변경 : 엘보우, Y형 관이음쇠
  - 유로 차단 : 플러그, 밸브, 캡

086
가연성 물질의 저장 시 산소농도를 일정한 값 이하로 낮추어 연소를 방지할 수 있는데 이때 첨가하는 물질로 적합하지 않은 것은?

① 질소   ② 이산화탄소
③ 헬륨   ④ 일산화탄소

해설
질소, 이산화탄소, 헬륨은 불연성 가스로, 산소 농도를 일정한 값 이하로 낮추어 연소를 방지할 수 있다.

087
다음 중 물과의 반응성이 가장 큰 물질은?

① 니트로글리세린 ② 이황화탄소
③ 금속나트륨   ④ 석유

해설
금속나트륨은 물과 반응 시 다량의 수소가 발생한다.

088
산업안전보건법령상 위험물질의 종류에서 폭발성 물질에 해당하는 것은?

① 니트로화합물   ② 등유
③ 황   ④ 질산

해설
「산업안전보건기준에 관한 규칙」
[별표 1] 위험물질의 종류
1. 폭발성 물질 및 유기과산화물
   가. 질산에스테르류
   나. 니트로화합물
   다. 니트로소화합물
   라. 아조화합물
   마. 디아조화합물
   바. 하이드라진 유도체
   사. 유기과산화물
   아. 그 밖에 가목부터 사목까지의 물질과 같은 정도의 폭발 위험이 있는 물질
   자. 가목부터 아목까지의 물질을 함유한 물질

089
어떤 습한 고체재료 10kg을 완전 건조 후 무게를 측정하였더니 6.8kg이었다. 이 재료의 건량 기준 함수율은 몇 kg · H_2O/kg인가?

① 0.25   ② 0.36
③ 0.47   ④ 0.58

해설
$$\frac{건조 전 질량 - 건조 후 질량}{건조 후 질량} = \frac{10-6.8}{6.8} ≒ 0.47$$

090
대기압하에서 인화점이 0℃ 이하인 물질이 아닌 것은?

① 메탄올   ② 이황화탄소
③ 산화프로필렌 ④ 디에틸에테르

> **해설**
> - 메탄올 : 11℃
> - 이황화탄소 : −30℃
> - 산화프로필렌 : −37℃
> - 디에틸에테르 : −45℃

091
가연성 가스의 폭발범위에 관한 설명으로 틀린 것은?

① 압력 증가에 따라 폭발상한계와 하한계가 모두 현저히 증가한다.
② 불활성 가스를 주입하면 폭발범위는 좁아진다.
③ 온도의 상승과 함께 폭발범위는 넓어진다.
④ 산소 중에서 폭발범위는 공기 중에서 보다 넓어진다.

> **해설**
> 가연성 가스의 폭발범위는 압력 증가에 따라 폭발상한계는 증가하지만, 폭발하한계는 변동이 없다.

092
열교환기의 정기적 점검을 일상점검과 개방점검으로 구분할 때 개방점검 항목에 해당하는 것은?

① 보냉재의 파손 상황
② 플랜지부나 용접부에서의 누출 여부
③ 기초볼트의 체결 상태
④ 생성물, 부착물에 의한 오염 상황

> **해설**
> 생성물, 부착물에 의한 오염 상황은 개방점검 항목이다.
> - 열교환기의 일상점검 항목
>   - 보온재 및 보냉재의 파손 상황
>   - 플랜지부, 용접부 등의 누설 여부
>   - 기초볼트의 조임 상태
>   - 도장의 노후 상황

093
다음 중 분진폭발을 일으킬 위험이 가장 높은 물질은?

① 염소 ② 마그네슘
③ 산화칼슘 ④ 에틸렌

> **해설**
> - 분진폭발을 일으키는 물질
>   - 마그네슘, 알루미늄, 아연, 철분 등
>   - 밀가루, 전분, 솜, 담배가루 등

094
산업안전보건법령에서 인화성 액체를 정의할 때 기준이 되는 표준압력은 몇 kPa인가?

① 1 ② 100
③ 101.3 ④ 273.15

> **해설**
> 「산업안전보건법 시행령」
> [별표 13] 유해·위험물질 규정량
> 비고
> 3. 인화성 액체란 표준압력(101.3kPa)에서 인화점이 60℃ 이하이거나 고온·고압의 공정운전조건으로 인하여 화재·폭발위험이 있는 상태에서 취급되는 가연성 물질을 말한다.

095
다음 중 C급 화재에 해당하는 것은?

① 금속화재 ② 전기화재
③ 일반화재 ④ 유류화재

> **해설**
> - 화재의 종류
>   - A급(백색) : 일반화재
>   - B급(황색) : 유류화재
>   - C급(청색) : 전기화재
>   - D급(무색) : 금속화재

096

액화 프로판 310kg을 내용적 50L 용기에 충전할 때 필요한 소요 용기의 수는 몇 개인가? (단, 액화 프로판의 가스정수는 2.35이다.)

① 15   ② 17
③ 19   ④ 21

해설

액화가스의 부피 = 액화가스 무게 × 가스 정수
= 310 × 2.35 = 728.5

필요한 소요 용기의 수 = $\dfrac{액화가스의 부피}{소요용기의 내용적}$

= $\dfrac{728.5}{50}$ = 14.57

∴ 소요 용기는 15개가 필요하다.

097

다음 중 가연성 가스의 연소형태에 해당하는 것은?

① 분해연소   ② 증발연소
③ 표면연소   ④ 확산연소

해설

- 확산연소 : 가연성 가스가 공기 중의 지연성 가스와 접촉하여 접촉면에서 연소가 일어나는 방식

098

다음 중 산업안전보건법령상 위험물질의 종류에 있어 인화성 가스에 해당하지 않는 것은?

① 수소   ② 부탄
③ 에틸렌   ④ 과산화수소

해설

「산업안전보건기준에 관한 규칙」
[별표 1] 위험물질의 종류
5. 인화성 가스
   가. 수소
   나. 아세틸렌
   다. 에틸렌
   라. 메탄
   마. 에탄
   바. 프로판
   사. 부탄
   아. 영 별표 13에 따른 인화성 가스

099

반응 폭주 등 급격한 압력 상승의 우려가 있는 경우에 설치하여야 하는 것은?

① 파열판   ② 통기밸브
③ 체크밸브   ④ Flame Arrester

해설

「산업안전보건기준에 관한 규칙」
제262조(파열판의 설치) 사업주는 제261조 제1항 각 호의 설비가 다음 각 호의 어느 하나에 해당하는 경우에는 파열판을 설치하여야 한다.
1. 반응 폭주 등 급격한 압력 상승 우려가 있는 경우
2. 급성 독성물질의 누출로 인하여 주위의 작업환경을 오염시킬 우려가 있는 경우
3. 운전 중 안전밸브에 이상 물질이 누적되어 안전밸브가 작동되지 아니할 우려가 있는 경우

100

다음 중 응상폭발이 아닌 것은?

① 분해폭발
② 수증기폭발
③ 전선폭발
④ 고상 간의 전이에 의한 폭발

해설

가스의 분해폭발은 기상폭발에 해당한다.
- 응상폭발의 종류 : 수증기폭발, 전선폭발, 고상 간의 전이에 의한 폭발 등

제6과목 건설안전기술

101
건설재해대책의 사면보호공법 중 식물을 생육시켜 그 뿌리로 사면의 표층토를 고정하여 빗물에 의한 침식, 동상, 이완 등을 방지하고, 녹화에 의한 경관조성을 목적으로 시공하는 것은?

① 식생공
② 쉴드공
③ 뿜어 붙이기공
④ 블록공

해설
- 식생공 : 식물을 생육시켜 그 뿌리로 사면의 표층토를 고정하여 빗물에 의한 침식, 동상, 이완 등을 방지하고, 녹화에 의한 경관조성을 목적으로 시공하는 사면보호공법

102
산업안전보건법령에 따른 양중기의 종류에 해당하지 않는 것은?

① 곤돌라
② 리프트
③ 클램쉘
④ 크레인

해설
「산업안전보건기준에 관한 규칙」
제132조(양중기)
① 양중기란 다음 각 호의 기계를 말한다.
  1. 크레인[호이스트(hoist)를 포함한다]
  2. 이동식 크레인
  3. 리프트(이삿짐운반용 리프트의 경우에는 적재하중이 0.1톤 이상인 것으로 한정한다)
  4. 곤돌라
  5. 승강기

103
화물취급작업과 관련한 위험방지를 위해 조치하여야 할 사항으로 옳지 않은 것은?

① 하역작업을 하는 장소에서 작업장 및 통로의 위험한 부분에는 안전하게 작업할 수 있는 조명을 유지할 것
② 하역작업을 하는 장소에서 부두 또는 안벽의 선을 따라 통로를 설치하는 경우에는 폭을 50cm 이상으로 할 것
③ 차량 등에서 화물을 내리는 작업을 하는 경우에 해당 작업에 종사하는 근로자에게 쌓여 있는 화물 중간에서 화물을 빼내도록 하지 말 것
④ 꼬임이 끊어진 섬유로프 등을 화물운반용 또는 고정용으로 사용하지 말 것

해설
「산업안전보건기준에 관한 규칙」
제390조(하역작업장의 조치기준) 사업주는 부두·안벽 등 하역작업을 하는 장소에 다음 각 호의 조치를 하여야 한다.
1. 작업장 및 통로의 위험한 부분에는 안전하게 작업할 수 있는 조명을 유지할 것
2. 부두 또는 안벽의 선을 따라 통로를 설치하는 경우에는 폭을 90센티미터 이상으로 할 것
3. 육상에서의 통로 및 작업장소로서 다리 또는 선거(船渠) 갑문(閘門)을 넘는 보도(步道) 등의 위험한 부분에는 안전난간 또는 울타리 등을 설치할 것

104
표준관입시험에 관한 설명으로 옳지 않은 것은?

① N치(N-value)는 지반을 30cm 굴진하는 데 필요한 타격횟수를 의미한다.
② N치가 4~10일 경우 모래의 상대밀도는 매우 단단한 편이다.
③ 63.5kg 무게의 추를 76cm 높이에서 자유낙하하여 타격하는 시험이다.
④ 사질지반에 적용하며, 점토지반에서는 편차가 커서 신뢰성이 떨어진다.

> **해설**
> N치가 4~10일 경우 모래의 상대밀도는 묽은 편이다.
> • 표준관입시험
>
> | N값 | 모래의 상대밀도 |
> |---|---|
> | 0~4 | 매우 묽다 |
> | 4~10 | 묽다 |
> | 10~30 | 보통 |
> | 30~50 | 단단하다 |
> | 50 이상 | 매우 단단하다 |

106

건설현장에 설치하는 사다리식 통로의 설치기준으로 옳지 않은 것은?

① 발판과 벽과의 사이는 15cm 이상의 간격을 유지할 것
② 발판의 간격은 일정하게 할 것
③ 사다리의 상단은 걸쳐놓은 지점으로부터 60cm 이상 올라가도록 할 것
④ 사다리식 통로의 길이가 10m 이상인 경우에는 3m 이내마다 계단참을 설치할 것

> **해설**
> 「산업안전보건기준에 관한 규칙」
> 제24조(사다리식 통로 등의 구조)
> ① 사업주는 사다리식 통로 등을 설치하는 경우 다음 각 호의 사항을 준수하여야 한다.
> 8. 사다리식 통로의 길이가 10미터 이상인 경우에는 5미터 이내마다 계단참을 설치할 것

105

근로자의 추락 등의 위험을 방지하기 위한 안전난간의 설치요건에서 상부 난간대를 120cm 이상 지점에 설치하는 경우 중간 난간대를 최소 몇 단 이상 균등하게 설치하여야 하는가?

① 2단　② 3단
③ 4단　④ 5단

> **해설**
> 「산업안전보건기준에 관한 규칙」
> 제13조(안전난간의 구조 및 설치요건)
> 2. 상부 난간대는 바닥면·발판 또는 경사로의 표면(이하 "바닥면 등"이라 한다)으로부터 90센티미터 이상 지점에 설치하고, 상부 난간대를 120센티미터 이하에 설치하는 경우에는 중간 난간대는 상부 난간대와 바닥면 등의 중간에 설치하여야 하며, 120센티미터 이상 지점에 설치하는 경우에는 중간 난간대를 2단 이상으로 균등하게 설치하고 난간의 상하 간격은 60센티미터 이하가 되도록 할 것. 다만, 계단의 개방된 측면에 설치된 난간기둥 간의 간격이 25센티미터 이하인 경우에는 중간 난간대를 설치하지 아니할 수 있다.

107

불도저를 이용한 작업 중 안전조치사항으로 옳지 않은 것은?

① 작업종료와 동시에 삽날을 지면에서 띄우고 주차 제동장치를 건다.
② 모든 조종간은 엔진 시동 전에 중립 위치에 놓는다.
③ 장비의 승차 및 하차 시 뛰어내리거나 오르지 말고 안전하게 잡고 오르내린다.
④ 야간작업 시 자주 장비에서 내려와 장비 주위를 살피며 점검하여야 한다.

> **해설**
> 작업종료와 동시에 삽날을 지면에 내리고 주차 제동장치를 건다.

108
건설공사의 산업안전보건관리비 계상 시 대상액이 구분되어 있지 않은 공사는 도급계약 또는 자체사업 계획상의 총 공사금액 중 얼마를 대상액으로 하는가?

① 50% ② 60%
③ 70% ④ 80%

해설
「건설업 산업안전보건관리비 계상 및 사용기준」
제5조(계상방법 및 계상시기 등)
③ 대상액이 구분되어 있지 않은 공사는 도급계약 또는 자체사업계획상의 총 공사금액의 70퍼센트를 대상액으로 하여 제4조에 따라 안전보건관리비를 계상하여야 한다.

109
도심지 폭파해체 공법에 관한 설명으로 옳지 않은 것은?

① 장기간 발생하는 진동, 소음이 적다.
② 해체 속도가 빠르다.
③ 주위의 구조물에 끼치는 영향이 적다.
④ 많은 분진 발생으로 민원을 발생시킬 우려가 있다.

해설
해체물의 비산, 진동, 분진 발생 등으로 인해 주변 구조물에 영향을 줄 수 있다.

110
NATM 공법 터널공사의 경우 록 볼트 작업과 관련된 계측결과에 해당되지 않는 것은?

① 내공변위 측정 결과
② 천단침하 측정 결과
③ 인발시험 결과
④ 진동 측정 결과

해설
「터널공사표준안전작업지침 – NATM 공법」
제21조(시공) 록 볼트 시공에 있어서는 다음 각 호의 사항을 준수하여야 한다.
8. 록 볼트 작업의 표준시공방식으로서 시스템 볼팅을 실시하여야 하며 인발시험, 내공변위 측정, 천단침하 측정, 지중변위 측정 등의 계측결과로부터 다음 각 목에 해당될 때에는 록 볼트의 추가시공을 하여야 한다.

111
거푸집동바리 등을 조립하는 경우에 준수하여야 할 사항으로 옳지 않은 것은?

① 깔목의 사용, 콘크리트 타설, 말뚝박기 등 동바리의 침하를 방지하기 위한 조치를 할 것
② 개구부 상부에 동바리를 설치하는 경우에는 상부하중을 견딜 수 있는 견고한 받침대를 설치할 것
③ 거푸집이 곡면인 경우에는 버팀대의 부착 등 그 거푸집의 부상(浮上)을 방지하기 위한 조치를 할 것
④ 동바리의 이음은 맞댄이음이나 장부이음을 피할 것

해설
「산업안전보건기준에 관한 규칙」
제332조(거푸집동바리 등의 안전조치) 사업주는 거푸집동바리 등을 조립하는 경우에는 다음 각 호의 사항을 준수하여야 한다.
1. 깔목의 사용, 콘크리트 타설, 말뚝박기 등 동바리의 침하를 방지하기 위한 조치를 할 것
2. 개구부 상부에 동바리를 설치하는 경우에는 상부하중을 견딜 수 있는 견고한 받침대를 설치할 것
3. 동바리의 상하 고정 및 미끄러짐 방지 조치를 하고, 하중의 지지상태를 유지할 것
4. 동바리의 이음은 맞댄이음이나 장부이음으로 하고 같은 품질의 재료를 사용할 것
5. 강재와 강재의 접속부 및 교차부는 볼트·클램프 등 전용철물을 사용하여 단단히 연결할 것
6. 거푸집이 곡면인 경우에는 버팀대의 부착 등 그 거푸집의 부상(浮上)을 방지하기 위한 조치를 할 것

112

비계의 높이가 2m 이상인 작업장소에 설치하는 작업발판의 설치기준으로 옳지 않은 것은? (단, 달비계, 달대비계 및 말비계는 제외한다.)

① 작업발판의 폭은 40cm 이상으로 한다.
② 작업발판재료는 뒤집히거나 떨어지지 않도록 하나 이상의 지지물에 연결하거나 고정시킨다.
③ 발판재료 간의 틈은 3cm 이하로 한다.
④ 작업발판의 지지물은 하중에 의하여 파괴될 우려가 없는 것을 사용한다.

해설

「산업안전보건기준에 관한 규칙」
제56조(작업발판의 구조) 사업주는 비계(달비계, 달대비계 및 말비계는 제외한다)의 높이가 2미터 이상인 작업장소에 다음 각 호의 기준에 맞는 작업발판을 설치하여야 한다.
6. 작업발판재료는 뒤집히거나 떨어지지 않도록 둘 이상의 지지물에 연결하거나 고정시킬 것

113

흙막이 지보공을 설치하였을 경우 정기적으로 점검하고 이상을 발견하면 즉시 보수하여야 하는 사항과 가장 거리가 먼 것은?

① 부재의 접속부·부착부 및 교차부의 상태
② 버팀대의 긴압(緊壓)의 정도
③ 부재의 손상·변형·부식·변위 및 탈락의 유무와 상태
④ 지표수의 흐름 상태

해설

「산업안전보건기준에 관한 규칙」
제347조(붕괴 등의 위험 방지)
① 사업주는 흙막이 지보공을 설치하였을 때에는 정기적으로 다음 각 호의 사항을 점검하고 이상을 발견하면 즉시 보수하여야 한다.
1. 부재의 손상·변형·부식·변위 및 탈락의 유무와 상태
2. 버팀대의 긴압(緊壓)의 정도
3. 부재의 접속부·부착부 및 교차부의 상태
4. 침하의 정도

114

말비계를 조립하여 사용하는 경우 지주부재와 수평면의 기울기는 얼마 이하로 하여야 하는가?

① 65°   ② 70°
③ 75°   ④ 80°

해설

「산업안전보건기준에 관한 규칙」
제67조(말비계) 사업주는 말비계를 조립하여 사용하는 경우에 다음 각 호의 사항을 준수하여야 한다.
1. 지주부재(支柱部材)의 하단에는 미끄럼 방지장치를 하고, 근로자가 양측 끝부분에 올라서서 작업하지 않도록 할 것
2. 지주부재와 수평면의 기울기를 75도 이하로 하고, 지주부재와 지주부재 사이를 고정시키는 보조부재를 설치할 것
3. 말비계의 높이가 2미터를 초과하는 경우에는 작업발판의 폭을 40센티미터 이상으로 할 것

115

지반 등의 굴착 시 위험을 방지하기 위한 연암 지반 굴착면의 기울기 기준으로 옳은 것은?

① 1 : 0.3   ② 1 : 0.4
③ 1 : 0.5   ④ 1 : 0.6

해설

「산업안전보건기준에 관한 규칙」
[별표 11] 굴착면의 기울기 기준

구분	지반의 종류	(개정 전) 기울기	(개정 후) 기울기
보통흙	습지	1 : 1~1 : 1.5	1 : 1~1 : 1.5
	건지	1 : 0.5~1 : 1	1 : 0.5~1 : 1
암반	풍화암	1 : 0.8	1 : 1.0
	연암	1 : 0.5	1 : 1.0
	경암	1 : 0.3	1 : 0.5

※ 참고 : 「산업안전보건기준에 관한 규칙」의 개정 전 출제된 문제입니다. 해당 법령의 개정으로 정답이 ③에서 '정답 없음'으로 변경되었습니다.

116
작업발판 및 통로의 끝이나 개구부로서 근로자가 추락할 위험이 있는 장소에서 난간 등의 설치가 매우 곤란하거나 작업의 필요상 임시로 난간 등을 해체하여야 하는 경우에 설치하여야 하는 것은?

① 구명구
② 수직보호망
③ 석면포
④ 추락방호망

해설
「산업안전보건기준에 관한 규칙」
제43조(개구부 등의 방호 조치)
② 사업주는 난간 등을 설치하는 것이 매우 곤란하거나 작업의 필요상 임시로 난간 등을 해체하여야 하는 경우 제42조 제2항 각 호의 기준에 맞는 추락방호망을 설치하여야 한다. 다만, 추락방호망을 설치하기 곤란한 경우에는 근로자에게 안전대를 착용하도록 하는 등 추락할 위험을 방지하기 위하여 필요한 조치를 하여야 한다.

117
흙막이 공법을 흙막이 지지방식에 의한 분류와 구조방식에 의한 분류로 나눌 때 다음 중 지지방식에 의한 분류에 해당하는 것은?

① 수평 버팀대식 흙막이 공법
② H-Pile 공법
③ 지하연속벽 공법
④ Top Down Method 공법

해설
수평 버팀대식 흙막이 공법은 지지방식에 의한 분류이고, 나머지는 구조방식에 의한 분류이다.
• 흙막이 공법
  - 지지방식에 의한 분류 : 자립식 공법, 버팀대식(수평 버팀대식, 경사 버팀대식) 공법, 어스앵커 공법 등
  - 구조방식에 의한 분류 : H-Pile 공법, 지하연속벽 공법, 널말뚝 공법, Top Down 공법 등

118
철골용접부의 내부결함을 검사하는 방법으로 가장 거리가 먼 것은?

① 알칼리 반응 시험
② 방사선 투과시험
③ 자기분말 탐상시험
④ 침투 탐상시험

해설
철골용접부의 내부결함을 검사하는 방법으로 방사선 투과시험이 적합하다.
※ 참고 : 가답안은 ①로 발표되었으나, 문제 오류로 ①, ③, ④가 정답 처리되었습니다.

119
유해위험방지계획서를 제출하려고 할 때 그 첨부서류와 가장 거리가 먼 것은?

① 공사개요서
② 산업안전보건관리비 작성요령
③ 전체 공정표
④ 재해 발생 위험 시 연락 및 대피방법

해설
「산업안전보건법 시행규칙」
[별표 10] 유해위험방지계획서 첨부서류
1. 공사 개요 및 안전보건관리계획
  가. 공사 개요서
  나. 공사현장의 주변 현황 및 주변과의 관계를 나타내는 도면(매설물 현황을 포함한다)
  다. 전체 공정표
  라. 산업안전보건관리비 사용계획서
  마. 안전관리 조직표
  바. 재해 발생 위험 시 연락 및 대피방법

120

콘크리트 타설작업과 관련하여 준수하여야 할 사항으로 가장 거리가 먼 것은?

① 당일의 작업을 시작하기 전에 해당 작업에 관한 거푸집동바리 등의 변형·변위 및 지반의 침하 유무 등을 점검하고 이상이 있으면 보수할 것
② 콘크리트를 타설하는 경우에는 편심이 발생하지 않도록 골고루 분산하여 타설할 것
③ 진동기의 사용은 많이 할수록 균일한 콘크리트를 얻을 수 있으므로 가급적 많이 사용할 것
④ 설계도서상의 콘크리트 양생기간을 준수하여 거푸집동바리 등을 해체할 것

> **해설**
>
> 「산업안전보건기준에 관한 규칙」
> **제334조(콘크리트의 타설작업)** 사업주는 콘크리트 타설작업을 하는 경우에는 다음 각 호의 사항을 준수하여야 한다.
> 1. 당일의 작업을 시작하기 전에 해당 작업에 관한 거푸집동바리 등의 변형·변위 및 지반의 침하 유무 등을 점검하고 이상이 있으면 보수할 것
> 2. 작업 중에는 거푸집동바리 등의 변형·변위 및 침하 유무 등을 감시할 수 있는 감시자를 배치하여 이상이 있으면 작업을 중지하고 근로자를 대피시킬 것
> 3. 콘크리트 타설작업 시 거푸집 붕괴의 위험이 발생할 우려가 있으면 충분한 보강조치를 할 것
> 4. 설계도서상의 콘크리트 양생기간을 준수하여 거푸집동바리 등을 해체할 것
> 5. 콘크리트를 타설하는 경우에는 편심이 발생하지 않도록 골고루 분산하여 타설할 것

2020년 제4회 산업안전기사 채점표

구분	제1과목	제2과목	제3과목	제4과목	제5과목	제6과목	전과목 평균
점수							

※ 합격기준 : 100점을 만점으로 하여 과목당 40점 이상, 전과목 평균 60점 이상

2020년 제4회 정답

001	002	003	004	005	006	007	008	009	010	011	012	013	014	015	016	017	018	019	020
②	②	①	②	④	②	③	④	④	③	②	③	①	③	④	④	①	②	③	②
021	022	023	024	025	026	027	028	029	030	031	032	033	034	035	036	037	038	039	040
③	①	②	④	④	④	①	③	④	①	①	③	③	②	②	③	②	④	②	②
041	042	043	044	045	046	047	048	049	050	051	052	053	054	055	056	057	058	059	060
①	③	②	④	④	④	④	②	②	②	①	③	②	③	①	①	①	③	③	④
061	062	063	064	065	066	067	068	069	070	071	072	073	074	075	076	077	078	079	080
③	③	–	③	④	①	③	①	④	②	④	④	③	③	④	④	②	②	③	–
081	082	083	084	085	086	087	088	089	090	091	092	093	094	095	096	097	098	099	100
③	①	③	③	④	④	③	①	③	①	①	④	②	③	②	①	④	④	①	①
101	102	103	104	105	106	107	108	109	110	111	112	113	114	115	116	117	118	119	120
①	③	②	②	①	④	①	③	③	④	④	②	④	③	–	④	①	①,③,④	②	③

2021년 산업안전기사 기출문제

제1회
2021. 03. 07. 시행

제2회
2021. 05. 15. 시행

제3회
2021. 08. 14. 시행

산업안전기사 필기
기출문제집

2021년 제1회 산업안전기사 기출문제

2021. 03. 07. 시행

제1과목 안전관리론

001
참가자에게 일정한 역할을 주어 실제적으로 연기를 시켜봄으로써 자기의 역할을 보다 확실히 인식할 수 있도록 체험학습을 시키는 교육방법은?

① Symposium ② Brain Storming
③ Role Playing ④ Fish Bowl Playing

해설
- 심포지엄(Symposium) : 여러 명의 전문가가 하나의 주제에 대한 각자의 입장을 발표하고, 참가자로 하여금 의견이나 질문을 하게 하는 토의방식
- 브레인스토밍(Brain Storming) : 타인의 비판 없이 자유로운 토론을 통하여 다량의 독창적인 아이디어를 이끌어내고, 대안적 해결안을 찾기 위한 집단적 사고기법
- 역할극(Role Playing) : 참가자에게 일정한 역할을 주어 실제적으로 연기를 시켜봄으로써 자기의 역할을 보다 확실히 인식할 수 있도록 체험학습을 시키는 교육방법
- 금붕어 어항방식 훈련(Fish Bowl Playing) : 교육생들이 서로 모여 앉아 이야기하는 것을 관찰하는 것이 마치 금붕어 어항을 들여다보는 모습과 닮았다고 하여 이름 붙여진 교육방법

002
일반적으로 시간의 변화에 따라 야간에 상승하는 생체리듬은?

① 혈압 ② 맥박수
③ 체중 ④ 혈액의 수분

해설
- 생체리듬(Biorhythm) : 인간의 체온, 호르몬 분비, 대사, 수면 등의 변동에 일정한 주기가 있다는 이론이다.
  - 변화 및 특징
    (1) 야간에는 체중이 감소한다.
    (2) 야간에는 말초운동 기능이 저하되며, 피로의 자각증상이 증가한다.
    (3) 체온 · 혈압 · 맥박은 주간에 상승하고, 야간에 감소한다.
    (4) 혈액의 수분 · 염분량은 주간에 감소하고, 야간에 증가한다.

003
하인리히의 재해구성비율 "1 : 29 : 300"에서 "29"에 해당되는 사고발생비율은?

① 8.8% ② 9.8%
③ 10.8% ④ 11.8%

해설
하인리히 재해구성비율에 따르면 문제 내 29건의 경상이 차지하는 비율은 다음과 같다.
$$\frac{29}{330} \times 100 ≒ 8.78$$
따라서 "29"에 해당되는 사고발생비율은 약 8.8%이다.
- 하인리히(Heinrich) – 재해구성비율
  사망 및 중상 : 경상 : 무상해 사고 = 1 : 29 : 300

004
무재해 운동의 3원칙에 해당되지 않는 것은?

① 무의 원칙 ② 참가의 원칙
③ 선취의 원칙 ④ 대책선정의 원칙

해설
- 무재해운동 3원칙(기본이념)
  (1) 무(無, Zero)의 원칙 : 작업장 내 모든 위험요인을 원천적으로 제거
  (2) 안전제일(선취)의 원칙 : 행동 전 위험요인을 발견·파악·해결하여 재해를 예방·방지
  (3) 참가의 원칙 : 구성원 전원이 각자의 위치에서 재해를 발생시킬 수 있는 잠재적 위험요인을 해결하기 위해 노력

005

안전보건관리조직의 형태 중 라인-스태프(Line-Staff)형에 관한 설명으로 틀린 것은?

① 조직원 전원을 자율적으로 안전 활동에 참여시킬 수 있다.
② 라인의 관리, 감독자에게도 안전에 관한 책임과 권한이 부여된다.
③ 중규모 사업장(100명 이상~500명 미만)에 적합하다.
④ 안전 활동과 생산업무가 유리될 우려가 없기 때문에 균형을 유지할 수 있어 이상적인 조직형태이다.

해설
- 라인-스탭형(Line-Staff, 직계-참모식) 조직 : 라인형과 스탭형의 장점을 취한 절충식 조직형태로 가장 이상적인 조직형태이며, 생산기술의 안전대책은 라인에서 안전계획·평가·조사는 스탭에서 실시하는 조직으로, 근로자 1,000명 이상의 대규모 사업장에 적합하다.

장점	단점
안전·보건에 관한 경험·기술 축적 용이	명령계통과 조언·권고적 참여 혼동 가능
사업장의 독자적 안전개선책 강구 가능	스탭(Staff)의 월권행위 가능, 라인(Line)이 스탭에 의존 또는 활용치 않는 경우
조직원 전원이 안전활동에 참여	

006

브레인스토밍 기법에 관한 설명으로 옳은 것은?

① 타인의 의견을 수정하지 않는다.
② 지정된 표현방식에서 벗어나 자유롭게 의견을 제시한다.
③ 참여자에게는 동일한 횟수의 의견제시 기회가 부여된다.
④ 주제와 내용이 다르거나 잘못된 의견은 지적하여 조정한다.

해설
- 브레인스토밍(Brain Storming) 4원칙
  (1) 자유분방 : 가능한 한 많은 의견과 아이디어를 제시한다.
  (2) 비판금지 : 타인의 의견을 절대 비판·비평·비난하지 않는다.
  (3) 대량발언 : 주제를 벗어난 의견과 아이디어도 허용한다.
  (4) 수정발언 : 타인의 의견을 수정하여 발언하는 것을 허용한다.

007

산업안전보건법령상 안전인증대상기계 등에 포함되는 기계, 설비, 방호장치에 해당하지 않는 것은?

① 롤러기
② 크레인
③ 동력식 수동대패용 칼날 접촉 방지장치
④ 방폭구조(防爆構造) 전기기계·기구 및 부품

해설
「산업안전보건법 시행령」
제74조(안전인증대상기계 등)
1. 다음 각 목의 어느 하나에 해당하는 기계 또는 설비
   다. 크레인
   바. 롤러기
2. 다음 각 목의 어느 하나에 해당하는 방호장치
   사. 방폭구조(防爆構造) 전기기계·기구 및 부품

008

안전교육 중 같은 것을 반복하여 개인의 시행착오에 의해서만 점차 그 사람에게 형성되는 것은?

① 안전기술의 교육 ② 안전지식의 교육
③ 안전기능의 교육 ④ 안전태도의 교육

해설

교육대상자 스스로 반복하며 실습하여 시행착오에 의해 형성되는 것은 '안전기능의 교육'이다.

- 안전·보건교육 단계 : 지식 → 기능 → 태도
  (1) 안전 지식교육 : 일반적인 안전지식, 공통적인 작업안전수칙, 법률 및 사내 규정 등 새로운 작업환경에 근로자를 적응시키기 위한 교육
  (2) 안전 기능교육 : 현장감독자를 지도자로 하여 현장작업을 통한 실습, 시범으로 표준작업동작을 체득할 때까지 교육
  (3) 안전 태도교육 : 안전 지식과 기능교육을 체득시켜 안전한 행동을 습관화하고, 올바른 가치관을 형성하기 위한 교육

009

상황성 누발자의 재해 유발원인과 가장 거리가 먼 것은?

① 작업이 어렵기 때문이다.
② 심신에 근심이 있기 때문이다.
③ 기계설비의 결함이 있기 때문이다.
④ 도덕성이 결여되어 있기 때문이다.

해설

- 재해 누발자별 재해유발원인

(1) 미숙성 누발자	• 기능 미숙 • 환경에 부적응
(2) 습관성 누발자	• 재해경험으로 인한 신경과민
(3) 소질성 누발자	• 낮은 지능, 감각운동의 부적합 • 주의력 범위의 협소, 편중 • 주의력 산만, 지속불능 • 도덕성 결여, 비정직성, 비협조성, 소심함, 경솔함
(4) 상황성 누발자	• 심신의 근심 • 환경상 주의집중 곤란 • 작업자체의 어려움 • 기계·설비의 결함

010

작업자 적성의 요인이 아닌 것은?

① 지능   ② 인간성
③ 흥미   ④ 연령

해설

- 작업자 적성 요인
  - 인간성
  - 지능
  - 흥미
  - 직업적성(기계적 적성과 사무적 적성)

011

재해로 인한 직접비용으로 8,000만 원의 산재보상비가 지급되었을 때, 하인리히 방식에 따른 총 손실비용은?

① 16,000만 원   ② 24,000만 원
③ 32,000만 원   ④ 40,000만 원

해설

하인리히 재해손실비용 평가 방식에 따르면
$1 : 4 = 8,000 : x$이므로, $x = 32,000$이다.
따라서 총 손실비용은 $8,000 + 32,000 = 40,000$만 원이다.

- 하인리히(Heinrich) – 재해손실비용 평가 : 총손실비용은 '직접비 + 간접비'이고, 직접비 : 간접비의 비율은 1 : 4이다.

012

재해조사의 목적과 가장 거리가 먼 것은?

① 재해예방 자료수집
② 재해관련 책임자 문책
③ 동종 및 유사재해 재발 방지
④ 재해발생 원인 및 결함 규명

해설
- 재해조사 목적
  - 재해예방을 위한 자료를 수집
  - 재해발생 원인 및 결함 규명
  - 동종 및 유사재해 재발 방지
- 재해조사 설명
  - 조사목적과 무관한 조사 피함
  - 목격자나 현장 책임자의 진술 경청
  - 조사자는 객관적이고 공정한 입장을 취함

013
교육훈련기법 중 Off.J.T(Off the Job Training)의 장점이 아닌 것은?

① 업무의 계속성이 유지된다.
② 외부의 전문가를 강사로 활용할 수 있다.
③ 특별교재, 시설을 유효하게 사용할 수 있다.
④ 다수의 대상자에게 조직적 훈련이 가능하다.

해설
업무의 계속성이 유지되는 것은 'OJT(직장 내 교육훈련)'이다.
- Off.J.T(직장 외 교육훈련) : 직장 밖에서 공통된 계층이나 직능의 교육 대상자를 한데 모아 실시하는 집합·집단교육이다.

014
산업안전보건법령상 중대재해의 범위에 해당하지 않는 것은?

① 1명의 사망자가 발생한 재해
② 1개월의 요양을 요하는 부상자가 동시에 5명 발생한 재해
③ 3개월의 요양을 요하는 부상자가 동시에 3명 발생한 재해
④ 10명의 직업성 질병자가 동시에 발생한 재해

해설
「산업안전보건법 시행규칙」
제3조(중대재해의 범위) 법 제2조 제2호에서 "고용노동부령으로 정하는 재해"란 다음 각 호의 어느 하나에 해당하는 재해를 말한다.

1. 사망자가 1명 이상 발생한 재해
2. 3개월 이상의 요양이 필요한 부상자가 동시에 2명 이상 발생한 재해
3. 부상자 또는 직업성 질병자가 동시에 10명 이상 발생한 재해

015
Thorndike의 시행착오설에 의한 학습의 원칙이 아닌 것은?

① 연습의 원칙   ② 효과의 원칙
③ 동일성의 원칙 ④ 준비성의 원칙

해설
- 손다이크(Thorndike) – 시행착오설 : 맹목적 시행을 반복하는 가운데 자극과 반응이 결합하여 행동한다.
  - 학습 원칙
    (1) 연습의 원칙
    (2) 효과의 원칙
    (3) 준비성의 원칙

016
산업안전보건법령상 보안경 착용을 포함하는 안전보건표지의 종류는?

① 지시표지   ② 안내표지
③ 금지표지   ④ 경고표지

해설
「산업안전보건법 시행규칙」
[별표 6] 안전보건표지의 종류와 형태

3. 지시표지	301 보안경 착용	302 방독마스크 착용	303 방진마스크 착용	304 보안면 착용
	305 안전모 착용	306 귀마개 착용	307 안전화 착용	308 안전장갑 착용	309 안전복 착용

017

보호구에 관한 설명으로 옳은 것은?

① 유해물질이 발생하는 산소결핍지역에서는 필히 방독마스크를 착용하여야 한다.
② 차광용보안경의 사용구분에 따른 종류에는 자외선용, 적외선용, 복합용, 용접용이 있다.
③ 선반작업과 같이 손에 재해가 많이 발생하는 작업장에서는 장갑 착용을 의무화한다.
④ 귀마개는 처음에는 저음만을 차단하는 제품부터 사용하며, 일정 기간이 지난 후 고음까지 모두 차단할 수 있는 제품을 사용한다.

해설

- 보호구의 착용
  - 유해물질이 발생하는 산소결핍지역에서는 필히 송기마스크를 착용하여야 한다.
  - 차광(遮光)용 보안경은 자외선용, 적외선용, 복합용, 용접용으로 구분된다.
  - 선반작업 시 장갑 착용을 금지한다.
  - 방음용 귀마개는 성능에 따라 1종(저음~고음 차음)과 2종(고음 차음)으로 분류되며, 소음 영역에 따라 사용해야 한다.

해설

「산업안전보건법 시행규칙」
[별표 4] 안전보건교육 교육과정별 교육시간
1. 근로자 안전보건교육

교육과정	교육대상		교육시간
정기교육	사무직 종사 근로자		매분기 3시간 이상
	사무직 종사 근로자 외의 근로자	판매업무에 직접 종사하는 근로자	매분기 3시간 이상
		판매업무에 직접 종사하는 근로자 외의 근로자	매분기 6시간 이상
	관리감독자의 지위에 있는 사람		연간 16시간 이상
채용 시 교육	일용근로자		1시간 이상
	일용근로자를 제외한 근로자		8시간 이상
작업내용 변경 시 교육	일용근로자		1시간 이상
	일용근로자를 제외한 근로자		2시간 이상
특별교육	일용근로자		2시간 이상
	타워크레인 신호작업에 종사하는 일용근로자		8시간 이상
	일용근로자를 제외한 근로자		• 16시간 이상 • 단기간 작업 또는 간헐적 작업인 경우에는 2시간 이상
건설업 기초안전·보건교육	건설 일용근로자		4시간 이상

018

산업안전보건법령상 사업 내 안전보건교육의 교육시간에 관한 설명으로 옳은 것은?

① 일용근로자의 작업내용 변경 시의 교육은 2시간 이상이다.
② 사무직에 종사하는 근로자의 정기교육은 매분기 3시간 이상이다.
③ 일용근로자를 제외한 근로자의 채용 시 교육은 4시간 이상이다.
④ 관리감독자의 지위에 있는 사람의 정기교육은 연간 8시간 이상이다.

019

집단에서의 인간관계 메커니즘(Mechanism)과 가장 거리가 먼 것은?

① 분열, 강박
② 모방, 암시
③ 동일화, 일체화
④ 커뮤니케이션, 공감

해설
- 인간관계 메커니즘(Mechanism)
  (1) 동일화(Identification) : 다른 사람의 행동양식이나 태도를 투입시키거나 다른 사람 가운데서 자신과 비슷한 것을 발견하는 것
  (2) 투사(Projection, 투출) : 자기 속의 억압된 것을 다른 사람의 것으로 생각하는 것
  (3) 공감(Empathy) : 상대방의 관점에서 바라보고, 다른 사람이 느끼고 있는 감정을 파악하고 이해하는 것
  (4) 커뮤니케이션(Communication) : 갖가지 행동양식이나 기호를 매개로 하여 어떤 사람으로부터 다른 사람에게 전달하는 과정
  (5) 모방(Imitation) : 다른 사람의 행동이나 판단을 표본으로 하여 그것과 같거나 또는 그것에 가까운 행동 또는 판단을 취하려는 것
  (6) 암시(Suggestion) : 다른 사람으로부터의 판단이나 행동을 무비판적으로 논리적, 사실적 근거 없이 받아들이는 것

제2과목 인간공학 및 시스템안전공학

021
인체측정 자료를 장비, 설비 등의 설계에 적용하기 위한 응용원칙에 해당하지 않는 것은?

① 조절식 설계
② 극단치를 이용한 설계
③ 구조적 치수 기준의 설계
④ 평균치를 기준으로 한 설계

해설
- 인체 계측 자료의 응용 원칙
  (1) 최대치수와 최소치수 설계(극단치 설계)
  (2) 조절범위 설계(조절식 설계)
  (3) 평균치를 기준으로 한 설계

020
재해의 빈도와 상해의 강약도를 혼합하여 집계하는 지표로 옳은 것은?

① 강도율
② 종합재해지수
③ 안전활동율
④ Safe-T-Score

해설
- 종합재해지수(F.S.I, Frequency Severity Indicator) : 재해 빈도의 다수와 상해 정도의 강약을 종합한 것
  - 종합재해지수 = $\sqrt{도수율 \times 강도율}$
- 강도율 : 연근로시간 1,000시간당 근로손실일수
  - 강도율 = $\dfrac{근로손실일수}{총 근로시간 수} \times 1,000$
- 안전활동율 = $\dfrac{안전활동건수}{총 근로시간 수} \times 10^6$
- 세이프티스코어(Safe-T-Score) : 과거와 현재의 안전성적을 비교 및 평가하는 방법으로, 단위는 없으며 계산결과가 +면 나쁜 기록이고, −면 과거에 비해 좋은 기록으로 판단

022
컷셋(Cut Sets)과 최소 패스셋(Minimal Path Sets)의 정의로 옳은 것은?

① 컷셋은 시스템 고장을 유발시키는 필요 최소한의 고장들의 집합이며, 최소 패스셋은 시스템의 신뢰성을 표시한다.
② 컷셋은 시스템 고장을 유발시키는 기본고장들의 집합이며, 최소 패스셋은 시스템의 불신뢰도를 표시한다.
③ 컷셋은 그 속에 포함되어 있는 모든 기본사상이 일어났을 때 정상사상을 일으키는 기본사상의 집합이며, 최소 패스셋은 시스템의 신뢰성을 표시한다.
④ 컷셋은 그 속에 포함되어 있는 모든 기본사상이 일어났을 때 정상사상을 일으키는 기본사상의 집합이며, 최소 패스셋은 시스템의 성공을 유발하는 기본사상의 집합이다.

해설
- 컷셋(Cut Set)
  - 정상사상을 발생시키는 기본사상의 집합
  - 모든 기본사상이 일어났을 때 정상사상을 일으키는 기본사상의 집합
- 최소 패스셋(Minimal Path Set)
  - 시스템의 기능을 살리는 최소한의 집합
  - 시스템의 신뢰성을 나타냄

023
작업공간의 배치에 있어 구성요소 배치의 원칙에 해당하지 않는 것은?

① 기능성의 원칙   ② 사용빈도의 원칙
③ 사용순서의 원칙   ④ 사용방법의 원칙

해설
- 구성요소 배치의 원칙
  (1) 중요성의 원칙 : 목표달성에 긴요한 정도에 따른 우선순위
  (2) 사용빈도의 원칙 : 사용되는 빈도에 따른 우선순위
  (3) 기능별 배치의 원칙 : 기능적으로 관련된 부품들을 모아서 배치
  (4) 사용 순서의 원칙 : 순서적으로 사용되는 장치들을 순서에 맞게 배치

024
시스템의 수명 및 신뢰성에 관한 설명으로 틀린 것은?

① 병렬설계 및 디레이팅 기술로 시스템의 신뢰성을 증가시킬 수 있다.
② 직렬시스템에서는 부품들 중 최소 수명을 갖는 부품에 의해 시스템 수명이 정해진다.
③ 수리가 가능한 시스템의 평균수명(MTBF)은 평균 고장률(λ)과 정비례 관계가 성립한다.
④ 수리가 불가능한 구성요소로 병렬구조를 갖는 설비는 중복도가 늘어날수록 시스템 수명이 길어진다.

해설
수리가 가능한 시스템의 평균수명(MTBF)은 평균 고장률(λ)과 반비례 관계가 성립한다.

025
자동차를 생산하는 공장의 어떤 근로자가 95dB(A)의 소음수준에서 하루 8시간 작업하며 매 시간 조용한 휴게실에서 20분씩 휴식을 취한다고 가정하였을 때, 8시간 시간가중평균(TWA)은? (단, 소음은 누적소음노출량측정기로 측정하였으며, OSHA에서 정한 95dB(A)의 허용시간은 4시간이라 가정한다.)

① 약 91dB(A)   ② 약 92dB(A)
③ 약 93dB(A)   ④ 약 94dB(A)

해설
- 소음노출량(D) $= \dfrac{가동시간}{기준시간} \times 100$

$$= \dfrac{8 \times \dfrac{(60-20)}{60}}{4} \times 100 = 133\%$$

- 시간가중평균(TWA) $= 16.61 \times \log \dfrac{D}{100} + 90$

$$= 16.61 \times \log \dfrac{133}{100} + 90 = 92.06 \text{dB}$$

026
화학설비에 대한 안정성 평가 중 정성적 평가방법의 주요 진단 항목으로 볼 수 없는 것은?

① 건조물   ② 취급물질
③ 입지 조건   ④ 공장 내 배치

해설
- 정성적 평가 항목
  - 설계관계 : 입지조건, 공장 내 배치, 건조물, 소방 설비 등
  - 운전관계 : 원재료·중간체제품, 수송·저장, 공정·공정 기기 등
- 정량적 평가 항목
  - 취급물질, 화학설비의 용량, 온도, 압력, 조작

027

작업면상의 필요한 장소만 높은 조도를 취하는 조명은?

① 완화조명 ② 전반조명
③ 투명조명 ④ 국소조명

> **해설**
> • 국소조명 : 작업대의 조명과 같이 필요한 부분만 밝게 하는 조명

028

동작경제의 원칙에 해당하지 않는 것은?

① 공구의 기능을 각각 분리하여 사용하도록 한다.
② 두 팔의 동작은 동시에 서로 반대방향으로 대칭적으로 움직이도록 한다.
③ 공구나 재료는 작업동작이 원활하게 수행되도록 그 위치를 정해준다.
④ 가능하다면 쉽고도 자연스러운 리듬이 작업동작에 생기도록 작업을 배치한다.

> **해설**
> 공구의 기능은 결합하여 사용한다.

> **해설**
> 인간은 귀납적 추리 기능이 우수하고, 기계는 연역적 추리 기능이 우수하다.
>
> • 인간이 기계보다 우수한 기능
> - 매우 낮은 수준의 자극도 감지
> - 갑작스런 이상현상이나 예기치 못한 사건을 감지
> - 많은 양의 정보를 장시간 보관
> - 과부하 상황에서는 상대적으로 중요한 활동에만 관심
> - 귀납적 추리
> - 원칙을 적용, 다양한 문제해결
> - 주관적인 추산과 평가
> - 보관된 정보를 회수(상기)하며, 관련된 수많은 정보 항목들을 회수(회수신뢰도는 낮음)
>
> • 기계가 인간보다 우수한 기능
> - 인간의 정상적인 감지 범위 밖의 자극을 감지
> - 사전에 명시된 사상이나 드물게 발생하는 사상을 감지
> - 암호화된 정보를 신속하게 대량으로 보관 가능
> - 과부하 상태에서도 효율적으로 작동
> - 연역적 추리
> - 정해진 프로그램에 의해 정량적인 정보처리
> - 물리적인 양을 계수하거나 측정
> - 반복 작업의 수행에 높은 신뢰성
> - 장시간에 걸쳐 원만한 작업 수행
> - 여러 개의 프로그램된 활동 동시 수행
> - 주위가 소란해도 효율적으로 작동

029

인간이 기계보다 우수한 기능이라 할 수 있는 것은? (단, 인공지능은 제외한다.)

① 일반화 및 귀납적 추리
② 신뢰성 있는 반복 작업
③ 신속하고 일관성 있는 반응
④ 대량의 암호화된 정보의 신속한 보관

030

시각적 표시장치보다 청각적 표시장치를 사용하는 것이 더 유리한 경우는?

① 정보의 내용이 복잡하고 긴 경우
② 정보가 공간적인 위치를 다룬 경우
③ 직무상 수신자가 한 곳에 머무르는 경우
④ 수신 장소가 너무 밝거나 암순응이 요구될 경우

해설

- 청각적 표시장치
  - 메시지가 짧고 단순한 경우
  - 메시지가 시간적 사건을 다룰 경우
  - 메시지를 나중에 참고할 필요가 없을 경우
  - 수신장소가 너무 밝거나 암조응유지가 필요할 경우
  - 수신자가 자주 움직일 경우
  - 즉각적인 행동이 필요한 경우
  - 수신자의 시각계통이 과부하 상태인 경우
- 시각적 표시장치
  - 메시지가 길고 복잡한 경우
  - 메시지가 공간적 위치를 다룰 경우
  - 메시지를 나중에 참고할 필요가 있을 경우
  - 소음이 과도할 경우
  - 수신자의 이동이 적을 경우
  - 즉각적인 행동이 불필요한 경우
  - 수신자의 청각계통이 과부하 상태인 경우

031

다음 시스템의 신뢰도 값은?

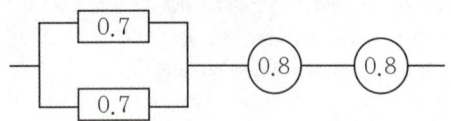

① 0.5824　② 0.6682
③ 0.7855　④ 0.8642

해설

$\{1-(1-0.7)(1-0.7)\} \times 0.8 \times 0.8 = 0.5824$

032

다음 현상을 설명한 이론은?

> 인간이 감지할 수 있는 외부의 물리적 자극 변화의 최소범위는 표준 자극의 크기에 비례한다.

① 피츠(Fitts) 법칙
② 웨버(Weber) 법칙
③ 신호검출이론(SDT)
④ 힉-하이만(Hick-Hyman) 법칙

해설

- 웨버(Weber) 법칙 : 같은 종류의 두 자극을 구별할 수 있는 최소 차이는 자극의 강도에 비례한다.

033

그림과 같은 FT도에서 정상사상 T의 발생 확률은? (단, X_1, X_2, X_3의 발생 확률은 각각 0.1, 0.15, 0.1이다.)

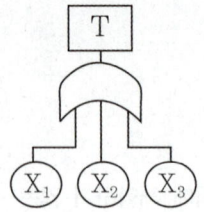

① 0.3115　② 0.35
③ 0.496　④ 0.9985

해설

$1-(1-0.1)(1-0.15)(1-0.1) = 0.3115$

034

산업안전보건법령상 해당 사업주가 유해위험방지계획서를 작성하여 제출해야 하는 대상은?

① 시·도지사　② 관할 구청장
③ 고용노동부장관　④ 행정안전부장관

해설

「산업안전보건법」
제42조(유해위험방지계획서의 작성·제출 등)
① 사업주는 다음 각 호의 어느 하나에 해당하는 경우에는 이 법 또는 이 법에 따른 명령에서 정하는 유해·위험 방지에 관한 사항을 적은 계획서(이하 "유해위험방지계획서"라 한다)를 작성하여 고용노동부령으로 정하는 바에 따라 고용노동부장관에게 제출하고 심사를 받아야 한다.

035

인간의 위치 동작에 있어 눈으로 보지 않고 손을 수평면상에서 움직이는 경우 짧은 거리는 지나치고, 긴 거리는 못 미치는 경향이 있는데 이를 무엇이라고 하는가?

① 사정효과(Range Effect)
② 반응효과(Reaction Effect)
③ 간격효과(Distance Effect)
④ 손동작효과(Hand Action Effect)

해설

- 사정효과
  - 육안으로 보지 않고 수평면상에서 손을 움직이는 경우 짧은 거리는 지나치고, 긴 거리는 못 미치는 현상이다.
  - 조작자가 큰 오차에는 과소반응, 작은 오차에는 과잉반응을 한다.

036

정신작업 부하를 측정하는 척도를 크게 4가지로 분류할 때 심박수의 변동, 뇌 전위, 동공 반응 등 정보처리에 중추신경계 활동이 관여하고 그 활동이나 징후를 측정하는 것은?

① 주관적(Subjective) 척도
② 생리적(Physiological) 척도
③ 주 임무(Primary Task) 척도
④ 부 임무(Secondary Task) 척도

해설

정신작업 부하를 측정하는 척도 중 심박수의 변동, 뇌 전위, 동공 반응 등 정보처리에 중추신경계 활동이 관여하고 그 활동이나 징후를 측정하는 것은 '생리적 척도'이다.

037

서브시스템, 구성요소, 기능 등의 잠재적 고장 형태에 따른 시스템의 위험을 파악하는 위험 분석 기법으로 옳은 것은?

① ETA(Event Tree Analysis)
② HEA(Human Error Analysis)
③ PHA(Preliminary Hazard Analysis)
④ FMEA(Failure Mode and Effect Analysis)

해설

서브시스템, 구성요소, 기능 등의 잠재적 고장 형태에 따른 시스템의 위험을 파악하는 위험 분석 기법은 'FMEA'이다.

- FMEA
  - 고장을 형태별로 분석하여 그 영향을 검토하는 정성적, 귀납적 분석법이다.
  - FTA보다 서식이 간단하고 적은 노력으로 특별한 훈련 없이 분석이 가능하다.
  - 논리성이 부족하고 각 요소 간의 영향 분석이 어려워 두 가지 이상의 요소가 고장 날 경우 분석이 곤란하다.

038

불필요한 작업을 수행함으로써 발생하는 오류로 옳은 것은?

① Command Error
② Extraneous Error
③ Secondary Error
④ Commission Error

해설

불필요한 작업을 수행함으로써 발생하는 오류는 과잉행동 에러(Extraneous Error)이다.

- 독립행동에 의한 휴먼에러 분류
  - 생략 에러(Omission Error) : 필요한 직무나 단계를 수행하지 않은 에러(생략, 누락)
  - 실행 에러(Commission Error) : 직무나 순서 등을 착각하여 잘못 수행한 에러(불확실한 수행)
  - 과잉행동 에러(Extraneous Error) : 불필요한 직무 또는 절차를 수행하여 발생한 에러
  - 순서 에러(Sequential Error) : 직무 수행과정에서 순서를 잘못 지켜 발생한 에러(순서 착오)
  - 시간 에러(Timing Error) : 정해진 시간 내 직무를 수행하지 못하여 발생한 에러(수행 지연)

039

불(Boole) 대수의 정리를 나타낸 관계식으로 틀린 것은?

① $A \cdot A = A$
② $A + \overline{A} = 0$
③ $A + AB = A$
④ $A + A = A$

> **해설**
> $A + \overline{A} = 1$

040

Chapanis가 정의한 위험의 확률수준과 그에 따른 위험발생률로 옳은 것은?

① 전혀 발생하지 않는(Impossible) 발생빈도 : 10^{-8}/day
② 극히 발생할 것 같지 않는(Extremely Unlikely) 발생빈도 : 10^{-7}/day
③ 거의 발생하지 않은(Remote) 발생빈도 : 10^{-6}/day
④ 가끔 발생하는(Occasional) 발생빈도 : 10^{-5}/day

> **해설**
> • Chapanis의 위험발생률
> – 전혀 발생하지 않는(Impossible) : 10^{-8}/day
> – 극히 발생할 것 같지 않는(Extremely Unlikely) : 10^{-6}/day
> – 거의 발생하지 않는(Remote) : 10^{-5}/day
> – 가끔 발생하는(Occasional) : 10^{-4}/day

제3과목 기계위험방지기술

041

휴대형 연삭기 사용 시 안전사항에 대한 설명으로 가장 적절하지 않은 것은?

① 잘 안 맞는 장갑이나 옷은 착용하지 말 것
② 긴 머리는 묶고 모자를 착용하고 작업할 것
③ 연삭숫돌을 설치하거나 교체하기 전에 전선과 압축공기 호스를 설치할 것
④ 연삭작업 시 클램핑 장치를 사용하여 공작물을 확실히 고정할 것

> **해설**
> 휴대형 연삭기 사용 시 연삭숫돌을 설치하거나 교체한 후에 전선과 압축공기 호스를 설치해야 한다.

042

선반 작업에 대한 안전수칙으로 가장 적절하지 않은 것은?

① 선반의 바이트는 끝을 짧게 장치한다.
② 작업 중에는 면장갑을 착용하지 않도록 한다.
③ 작업이 끝난 후 절삭 칩의 제거는 반드시 브러시 등의 도구를 사용한다.
④ 작업 중 일감의 치수 측정 시 기계 운전 상태를 저속으로 하고 측정한다.

> **해설**
> 일감의 치수 측정 시 기계를 반드시 정지해야 한다.
> • 선반작업 안전수칙
> – 작동 전 기계의 모든 상태를 점검할 것
> – 작업 중 장갑을 착용하지 말 것
> – 절삭작업 중에는 반드시 보안경을 착용하여 눈을 보호할 것
> – 칩이 비산할 때는 보안경을 쓰고 방호판을 설치할 것
> – 바이트는 가급적 짧고, 단단하게 조일 것
> – 가공물이나 척에 말리지 않도록 옷자락은 안으로 넣고, 옷소매를 묶을 때는 끈을 사용하지 않을 것

- 칩이 짧게 끊어지도록 칩 브레이커를 설치하고, 작업 중 칩이 많이 쌓여 치울 시에는 반드시 기계작동을 멈춘 후 할 것
- 칩을 제거할 때는 압축공기를 사용하지 말고 브러시를 사용할 것
- 바이트 교환 시, 주유 및 청소 시 반드시 기계작동을 멈춘 후 할 것
- 긴 물체(가공물 길이가 지름의 12배 이상)를 가공 시 방진구를 설치하여 진동을 방지할 것
- 공작물의 설치가 끝나면 척에서 렌치류는 곧바로 제거할 것

043

다음 중 금형을 설치 및 조정할 때 안전수칙으로 가장 적절하지 않은 것은?

① 금형을 체결할 때에는 적합한 공구를 사용한다.
② 금형의 설치 및 조정은 전원을 끄고 실시한다.
③ 금형을 부착하기 전에 하사점을 확인하고 설치한다.
④ 금형을 체결할 때에는 안전블록을 잠시 제거하고 실시한다.

해설

「산업안전보건기준에 관한 규칙」
제104조(금형조정작업의 위험 방지) 사업주는 프레스 등의 금형을 부착·해체 또는 조정하는 작업을 할 때에 해당 작업에 종사하는 근로자의 신체가 위험한계 내에 있는 경우 슬라이드가 갑자기 작동함으로써 근로자에게 발생할 우려가 있는 위험을 방지하기 위하여 안전블록을 사용하는 등 필요한 조치를 하여야 한다.

044

지게차의 방호장치에 해당하는 것은?

① 버킷   ② 포크
③ 마스트   ④ 헤드가드

해설

지게차의 방호장치에는 헤드가드(Head Guard), 백레스트(Backrest), 전조등 및 후미등, 좌석 안전띠 등이 있다.

045

다음 중 절삭가공으로 틀린 것은?

① 선반   ② 밀링
③ 프레스   ④ 보링

해설

'프레스(Press)'는 비절삭(소성) 가공 기계이다.

- 절삭가공 기계
  - 선반
  - 밀링 머신(Milling Machine)
  - 보링 머신(Boring Machine)
  - 드릴링 머신(Drilling Machine)
  - 셰이퍼(Shaper, 형삭기)
  - 플래너(Planer, 평삭기)

046

산업안전보건법령상 롤러기의 방호장치 설치 시 유의해야 할 사항으로 가장 적절하지 않은 것은?

① 손으로 조작하는 급정지장치의 조작부는 롤러기의 전면 및 후면에 각각 1개씩 수평으로 설치하여야 한다.
② 앞면 롤러의 표면속도가 30m/min 미만인 경우 급정지 거리는 앞면 롤러 원주의 1/2.5 이하로 한다.
③ 급정지장치의 조작부에 사용하는 줄은 사용 중 늘어져서는 안 된다.
④ 급정지장치의 조작부에 사용하는 줄은 충분한 인장강도를 가져야 한다.

해설

「방호장치 자율안전기준 고시」
[별표 3] 롤러기 급정지장치의 성능기준

5. 무부하동작에서 급정지거리	
앞면 롤러의 표면속도에 따른 급정지거리	
앞면 롤러의 표면속도(m/min)	급정지거리
30 미만	앞면 롤러 원주의 1/3 이내
30 이상	앞면 롤러 원주의 1/2.5 이내

047

보일러 부하의 급변, 수위의 과상승 등에 의해 수분이 증기와 분리되지 않아 보일러 수면이 심하게 솟아올라 올바른 수위를 판단하지 못하는 현상은?

① 프라이밍 ② 모세관
③ 워터해머 ④ 역화

> **해설**
> • 프라이밍(Priming) : 보일러 수위가 지나치게 높아졌을 때 보일러 속의 수변으로부터 격렬하게 증발하는 증기와 물보라처럼 비상하는 보일러수가 가는 입자의 물방울이 되어 증기와 함께 보일러 밖으로 송출되는 현상

048

자동화 설비를 사용하고자 할 때 기능의 안전화를 위하여 검토할 사항으로 거리가 가장 먼 것은?

① 재료 및 가공 결함에 의한 오동작
② 사용압력 변동 시의 오동작
③ 전압강하 및 정전에 따른 오동작
④ 단락 또는 스위치 고장 시의 오동작

> **해설**
> • 기능의 안전화 방안
>   – 밸브 고장 시 오작동
>   – 사용압력 변동 시 오동작
>   – 전압강하 및 정전에 따른 오동작
>   – 단락 또는 스위치 고장 시 오동작
> • 기계설비 안전화 방안
>   (1) 외형의 안전화
>   (2) 구조(강도)의 안전화
>   (3) 기능의 안전화
>   (4) 작업의 안전화
>   (5) 유지·보수의 안전화

049

산업안전보건법령상 금속의 용접, 용단에 사용하는 가스 용기를 취급할 때 유의사항으로 틀린 것은?

① 밸브의 개폐는 서서히 할 것
② 운반하는 경우에는 캡을 벗길 것
③ 용기의 온도는 40℃ 이하로 유지할 것
④ 통풍이나 환기가 불충분한 장소에는 설치하지 말 것

> **해설**
> 「산업안전보건기준에 관한 규칙」
> **제234조(가스 등의 용기)** 사업주는 금속의 용접·용단 또는 가열에 사용되는 가스 등의 용기를 취급하는 경우에 다음 각 호의 사항을 준수하여야 한다.
> 1. 다음 각 목의 어느 하나에 해당하는 장소에서 사용하거나 해당 장소에 설치·저장 또는 방치하지 않도록 할 것
>   가. 통풍이나 환기가 불충분한 장소
>   나. 화기를 사용하는 장소 및 그 부근
>   다. 위험물 또는 제236조에 따른 인화성 액체를 취급하는 장소 및 그 부근
> 2. 용기의 온도를 섭씨 40도 이하로 유지할 것
> 3. 전도의 위험이 없도록 할 것
> 4. 충격을 가하지 않도록 할 것
> 5. <u>운반하는 경우에는 캡을 씌울 것</u>
> 6. 사용하는 경우에는 용기의 마개에 부착되어 있는 유류 및 먼지를 제거할 것
> 7. 밸브의 개폐는 서서히 할 것
> 8. 사용 전 또는 사용 중인 용기와 그 밖의 용기를 명확히 구별하여 보관할 것
> 9. 용해아세틸렌의 용기는 세워 둘 것
> 10. 용기의 부식·마모 또는 변형상태를 점검한 후 사용할 것

050

크레인 로프에 질량 2,000kg의 물건을 10m/s²의 가속도로 감아올릴 때, 로프에 걸리는 총 하중(kN)은? (단, 중력가속도는 9.8m/s²이다.)

① 9.6　　② 19.6
③ 29.6　　④ 39.6

해설
- 힘 = 질량×가속도(끌어올리는 가속도 + 중력 가속도)
  2,000×(10 + 9.8) = 39,600
  따라서 로프에 걸리는 총 하중은 39.6kN이다.

051

산업안전보건법령상 보일러에 설치해야 하는 안전장치로 거리가 가장 먼 것은?

① 해지장치　　② 압력방출장치
③ 압력제한스위치　　④ 고·저수위조절장치

해설
「산업안전보건기준에 관한 규칙」
제119조(폭발위험의 방지) 사업주는 보일러의 폭발 사고를 예방하기 위하여 압력방출장치, 압력제한스위치, 고저수위조절장치, 화염 검출기 등의 기능이 정상적으로 작동될 수 있도록 유지·관리하여야 한다.

052

프레스 작동 후 작업점까지의 도달시간이 0.3초인 경우 위험한계로부터 양수조작식 방호장치의 최단 설치거리는?

① 48cm 이상　　② 58cm 이상
③ 68cm 이상　　④ 78cm 이상

해설
- 안전거리 $D_m = 1.6 \times T_m$
  $1.6 \times 0.3 = 0.48m$
  따라서 양수조작식 방호장치의 최단 설치거리는 48cm 이상이다.

053

산업안전보건법령상 고속회전체의 회전시험을 하는 경우 미리 회전축의 재질 및 형상 등에 상응하는 종류의 비파괴검사를 해서 결함 유무를 확인해야 한다. 이때 검사 대상이 되는 고속회전체의 기준은?

① 회전축의 중량이 0.5톤을 초과하고, 원주속도가 100m/s 이내인 것
② 회전축의 중량이 0.5톤을 초과하고, 원주속도가 120m/s 이상인 것
③ 회전축의 중량이 1톤을 초과하고, 원주속도가 100m/s 이내인 것
④ 회전축의 중량이 1톤을 초과하고, 원주속도가 120m/s 이상인 것

해설
「산업안전보건기준에 관한 규칙」
제115조(비파괴검사의 실시) 사업주는 고속회전체(회전축의 중량이 1톤을 초과하고 원주속도가 초당 120미터 이상인 것으로 한정한다)의 회전시험을 하는 경우 미리 회전축의 재질 및 형상 등에 상응하는 종류의 비파괴검사를 해서 결함 유무(有無)를 확인하여야 한다.

054

프레스의 손쳐내기식 방호장치 설치기준으로 틀린 것은?

① 방호판의 폭이 금형 폭의 1/2 이상이어야 한다.
② 슬라이드 행정수가 300SPM 이상의 것에 사용한다.
③ 손쳐내기봉의 행정(Stroke) 길이를 금형의 높이에 따라 조정할 수 있고 진동폭은 금형폭 이상이어야 한다.
④ 슬라이드 하행정거리의 3/4 위치에서 손을 완전히 밀어내야 한다.

해설

「방호장치 안전인증 고시」
[별표 1] 프레스 또는 전단기 방호장치의 성능기준

31. 손쳐내기식 방호장치의 일반구조
가. 슬라이드 하행정거리의 3/4 위치에서 손을 완전히 밀어 내야 한다.
나. 손쳐내기봉의 행정(Stroke) 길이를 금형의 높이에 따라 조정할 수 있고 진동폭은 금형폭 이상이어야 한다.
다. 방호판과 손쳐내기봉은 경량이면서 충분한 강도를 가져야 한다.
라. 방호판의 폭은 금형폭의 1/2 이상이어야 하고, 행정길이가 300mm 이상의 프레스기계에는 방호판 폭을 300mm로 해야 한다.
마. 손쳐내기봉은 손 접촉 시 충격을 완화할 수 있는 완충재를 부착해야 한다.
바. 부착볼트 등의 고정금속부분은 예리하게 돌출되지 않아야 한다.

055

산업안전보건법령상 컨베이어에 설치하는 방호장치로 거리가 가장 먼 것은?

① 건널다리   ② 반발예방장치
③ 비상정지장치   ④ 역주행방지장치

해설
컨베이어의 안전장치로 비상정지장치, 역전방지장치, 덮개 또는 울, 건널다리 등을 설치해야 한다.

056

산업안전보건법령상 숫돌 지름이 60cm인 경우 숫돌 고정 장치인 평형 플랜지의 지름은 최소 몇 cm 이상인가?

① 10   ② 20
③ 30   ④ 60

해설
플랜지의 지름은 숫돌 지름의 1/3 이상이어야 한다.
따라서 60×1/3 = 20cm 이상이다.

057

기계설비의 위험점 중 연삭숫돌과 작업받침대, 교반기의 날개와 하우스 등 고정부분과 회전하는 동작 부분 사이에서 형성되는 위험점은?

① 끼임점   ② 물림점
③ 협착점   ④ 절단점

해설
• 기계설비의 위험점
(1) 협착점 : 왕복운동을 하는 동작부분과 고정부분 사이에 형성되는 위험점
  예) 프레스, 압축용접기, 성형기, 펀칭기, 단조해머 등
(2) 끼임점 : 고정부와 회전하는 동작부분 사이에 형성되는 위험점
  예) 연삭숫돌과 덮개 사이, 교반기 날개와 용기의 몸체 사이, 반복작동하는 링크기구, 프레임의 요동운동 등
(3) 절단점 : 회전하는 운동부분이나 운동하는 기계부분 자체의 위험에서 초래되는 위험점
  예) 밀링커터, 둥근톱날, 띠톱, 벨트의 이음새 등
(4) 물림점 : 반대방향으로 맞물려 회전하는 두 개의 물체에 물려 들어가는 위험점
  예) 롤러와 기어가 서로 맞물려 회전 등
(5) 접선물림점 : 회전하는 부분의 접선방향으로 물려 들어가는 위험점
  예) 풀리와 V-belt 사이, 체인과 스프로킷 휠 사이, 피니언과 랙 사이 등
(6) 회전말림점 : 회전하는 물체에 작업복 등이 말려 들어가는 위험점
  예) 축, 커플링, 회전하는 드릴 등

058

500rpm으로 회전하는 연삭숫돌의 지름이 300mm일 때 회전속도(m/min)는?

① 471   ② 551
③ 751   ④ 1025

해설
회전속도 = $\dfrac{\pi \times 직경 \times 회전수}{1,000}$ 이므로,

$\dfrac{\pi \times 300 \times 500}{1,000} ≒ 471$

따라서 회전속도는 약 471m/min이다.

059

산업안전보건법령상 정상적으로 작동될 수 있도록 미리 조정해 두어야 할 이동식 크레인의 방호장치로 가장 적절하지 않은 것은?

① 제동장치
② 권과방지장치
③ 과부하방지장치
④ 파이널 리미트 스위치

해설
크레인 또는 이동식 크레인의 방호장치로 과부하방지장치, 권과방지장치, 비상정지장치 및 제동장치 등을 설치해야 한다. '파이널 리미트 스위치(final limit switch)'는 승강기의 방호장치이다.

060

비파괴 검사 방법으로 틀린 것은?

① 인장 시험
② 음향 탐상 시험
③ 와류 탐상 시험
④ 초음파 탐상 시험

해설
'인장 시험'은 재료에 서서히 인장력을 가해서 재료의 항복점, 내력, 인장강도 등을 측정하는 시험으로, 파괴시험이다.
- 비파괴 시험: 제품을 파괴하지 않고 제품 내부의 결함, 용접부 내부의 결함 등을 검사하는 방법
  - 종류: 누수 시험, 누설 시험, 음향탐상, 침투탐상, 초음파탐상, 자분탐상, 방사선투과 등

제4과목 전기위험방지기술

061

속류를 차단할 수 있는 최고의 교류전압을 피뢰기의 정격전압이라고 하는데 이 값은 통상적으로 어떤 값으로 나타내고 있는가?

① 최대값
② 평균값
③ 실효값
④ 파고값

해설
피뢰기의 정격전압은 '실효값(RMS value)'으로 나타낸다.

062

전로에 시설하는 기계기구의 철대 및 금속제 외함에 접지공사를 생략할 수 없는 경우는?

① 30V 이하의 기계기구를 건조한 곳에 시설하는 경우
② 물기 없는 장소에 설치하는 저압용 기계기구를 위한 전로에 정격감도전류 40mA 이하, 동작시간 2초 이하의 전류동작형 누전차단기를 시설하는 경우
③ 철대 또는 외함의 주위에 적당한 절연대를 설치하는 경우
④ 「전기용품 및 생활용품 안전관리법」의 적용을 받는 이중절연구조로 되어 있는 기계기구를 시설하는 경우

> **해설**
>
> 「한국전기설비규정(KEC)」
> 142.7 기계기구의 철대 및 외함의 접지
> 1. 전로에 시설하는 기계기구의 철대 및 금속제 외함(외함이 없는 변압기 또는 계기용 변성기는 철심)에는 140에 의한 접지공사를 하여야 한다.
> 2. 다음의 어느 하나에 해당하는 경우에는 제1의 규정에 따르지 않을 수 있다.
>   가. 사용전압이 직류 300V 또는 교류 대지전압이 150V 이하인 기계기구를 건조한 곳에 시설하는 경우
>   라. 철대 또는 외함의 주위에 적당한 절연대를 설치하는 경우
>   바. 「전기용품 및 생활용품 안전관리법」의 적용을 받는 이중절연구조로 되어 있는 기계기구를 시설하는 경우
>   아. 물기 있는 장소 이외의 장소에 시설하는 저압용의 개별 기계기구에 전기를 공급하는 전로에 「전기용품 및 생활용품 안전관리법」의 적용을 받는 인체감전보호용 누전차단기(정격감도전류가 30mA 이하, 동작시간이 0.03초 이하의 전류동작형에 한한다)를 시설하는 경우

064

전기설비에 접지를 하는 목적으로 틀린 것은?

① 누설전류에 의한 감전방지
② 낙뢰에 의한 피해방지
③ 지락사고 시 대지전위 상승유도 및 절연강도 증가
④ 지락사고 시 보호계전기 신속동작

> **해설**
>
> 접지를 하였을 경우, 지락사고 시 대지전위의 상승을 억제하여 전선로 및 기기의 절연강도를 경감시킨다.

065

한국전기설비규정에 따라 과전류차단기로 저압전로에 사용하는 범용 퓨즈(gG)의 용단전류는 정격전류의 몇 배인가? (단, 정격전류가 4A 이하인 경우이다.)

① 1.5배 ② 1.6배
③ 1.9배 ④ 2.1배

> **해설**
>
> 「한국전기설비규정(KEC)」
> 212.3.4 보호장치의 특성
> 2. 과전류차단기로 저압전로에 사용하는 범용의 퓨즈(「전기용품 및 생활용품 안전관리법」에서 규정하는 것을 제외한다)는 다음 표에 적합한 것이어야 한다.
>
> 퓨즈(gG)의 용단특성
>
> | 정격전류의 구분 | 시간 | 정격전류의 배수 | |
> | --- | --- | --- | --- |
> | | | 불용단전류 | 용단전류 |
> | 4A 이하 | 60분 | 1.5배 | 2.1배 |
> | 4A 초과 16A 미만 | 60분 | 1.5배 | 1.9배 |
> | 16A 이상 63A 이하 | 60분 | 1.25배 | 1.6배 |
> | 63A 초과 160A 이하 | 120분 | 1.25배 | 1.6배 |
> | 160A 초과 400A 이하 | 180분 | 1.25배 | 1.6배 |
> | 400A 초과 | 240분 | 1.25배 | 1.6배 |

063

인체의 전기저항을 500Ω으로 하는 경우 심실세동을 일으킬 수 있는 에너지는 약 얼마인가? (단, 심실세동전류 $I = \dfrac{165}{\sqrt{T}}$ mA로 한다.)

① 13.6J ② 19.0J
③ 13.6mJ ④ 19.0mJ

> **해설**
>
> - $W = I^2 RT$(J/S)
>   이때, 인체 전기저항(R)은 500Ω이고,
>   흐르는 전류 $I = \dfrac{165}{\sqrt{T}}$ mA이므로
> $(\dfrac{165}{\sqrt{T}} \times 10^{-3})^2 \times 500 ≒ 13.612$
>   따라서 심실세동을 일으키는 전기에너지는 약 13.6J이다.

066

정전기가 대전된 물체를 제전시키려고 한다. 다음 중 대전된 물체의 절연저항이 증가되어 제전의 효과를 감소시키는 것은?

① 접지한다.
② 건조시킨다.
③ 도전성 재료를 첨가한다.
④ 주위를 가습한다.

해설
공기 중의 습도를 높일 경우 제전 효과가 증가하는 반면, 건조할 경우 정전기가 공기 중에서 흐르지 못하고 축적되므로 제전 효과가 감소한다.

067

감전 등의 재해를 예방하기 위하여 특고압용 기계·기구 주위에 관계자 외 출입을 금하도록 울타리를 설치할 때, 울타리의 높이와 울타리로부터 충전부분까지의 거리의 합이 최소 몇 m 이상이 되어야 하는가? (단, 사용전압이 35kV 이하인 특고압용 기계기구이다.)

① 5m   ② 6m
③ 7m   ④ 9m

해설
「한국전기설비규정(KEC)」
351.1 발전소 등의 울타리·담 등의 시설
2. 제1의 울타리·담 등은 다음에 따라 시설하여야 한다.
　가. 울타리·담 등의 높이는 2m 이상으로 하고 지표면과 울타리·담 등의 하단 사이의 간격은 0.15m 이하로 할 것
　나. 울타리·담 등과 고압 및 특고압의 충전 부분이 접근하는 경우에는 울타리·담 등의 높이와 울타리·담 등으로부터 충전부분까지 거리의 합계는 다음 표에서 정한 값 이상으로 할 것

발전소 등의 울타리·담 등의 시설 시 이격거리

사용전압의 구분	울타리·담 등의 높이와 울타리·담 등으로부터 충전부분까지 거리의 합계
35kV 이하	5m
35kV 초과 160kV 이하	6m
160kV 초과	6m에 160kV를 초과하는 10kV 또는 그 단수마다 0.12m를 더한 값

068

개폐기로 인한 발화는 스파크에 의한 가연물의 착화 화재가 많이 발생한다. 이를 방지하기 위한 대책으로 틀린 것은?

① 가연성증기, 분진 등이 있는 곳은 방폭형을 사용한다.
② 개폐기를 불연성 상자 안에 수납한다.
③ 비포장 퓨즈를 사용한다.
④ 접속부분의 나사풀림이 없도록 한다.

해설
화재를 방지하기 위한 대책으로 포장 퓨즈를 사용한다.

069

극간 정전용량이 1,000pF이고, 착화에너지가 0.019mJ인 가스에서 폭발한계 전압(V)은 약 얼마인가? (단, 소수점 이하는 반올림한다.)

① 3,900   ② 1,950
③ 390   ④ 195

해설
- 최소 착화에너지 $E = \frac{1}{2}CV^2$

정전용량 C = 1,000pF이고,
pF = 10^{-12}F, mJ = 10^{-3}J이므로
$$V = \sqrt{\frac{2E}{C}} = \sqrt{\frac{2 \times 0.019 \times 10^{-3}}{1,000 \times 10^{-12}}} = 195$$

따라서 폭발한계 전압은 195V이다.

070

개폐기, 차단기, 유도 전압조정기의 최대 사용 전압이 7kV 이하인 전로의 경우 절연 내력 시험은 최대 사용 전압의 1.5배의 전압을 몇 분간 가하는가?

① 10
② 15
③ 20
④ 25

해설

「한국전기설비규정(KEC)」
136 기구 등의 전로의 절연내력
1. 개폐기 · 차단기 · 전력용 커패시터 · 유도전압조정기 · 계기용변성기 기타의 기구의 전로 및 발전소 · 변전소 · 개폐소 또는 이에 준하는 곳에 시설하는 기계기구의 접속선 및 모선(전로를 구성하는 것에 한한다. 이하 "기구 등의 전로"라 한다)은 다음 표에서 정하는 시험전압을 충전 부분과 대지 사이(다심케이블은 심선 상호 간 및 심선과 대지 사이)에 연속하여 10분간 가하여 절연내력을 시험하였을 때에 이에 견디어야 한다.

종류	시험전압
1. 최대 사용전압이 7kV 이하인 기구 등의 전로	최대 사용전압이 1.5배의 전압(직류의 충전 부분에 대하여는 최대 사용전압의 1.5배의 직류전압 또는 1배의 교류전압) (500V 미만으로 되는 경우에는 500V)

071

한국전기설비규정에 따라 욕조나 샤워시설이 있는 욕실 등 인체가 물에 젖어있는 상태에서 전기를 사용하는 장소에 인체감전보호용 누전차단기가 부착된 콘센트를 시설하는 경우 누전차단기의 정격감도전류 및 동작시간은?

① 15mA 이하, 0.01초 이하
② 15mA 이하, 0.03초 이하
③ 30mA 이하, 0.01초 이하
④ 30mA 이하, 0.03초 이하

해설

「한국전기설비규정(KEC)」
234.5 콘센트의 시설
라. 욕조나 샤워시설이 있는 욕실 또는 화장실 등 인체가 물에 젖어있는 상태에서 전기를 사용하는 장소에 콘센트를 시설하는 경우에는 다음 각 호에 따라 시설하여야 한다.
(1) 「전기용품 및 생활용품 안전관리법」의 적용을 받는 인체감전보호용 누전차단기(정격감도전류 15mA 이하, 동작시간 0.03초 이하의 전류동작형의 것에 한한다) 또는 절연변압기(정격용량 3kVA 이하인 것에 한한다)로 보호된 전로에 접속하거나, 인체감전보호용 누전차단기가 부착된 콘센트를 시설하여야 한다.

072

불활성화할 수 없는 탱크, 탱크롤리 등에 위험물을 주입하는 배관은 정전기 재해방지를 위하여 배관 내 액체의 유속제한을 한다. 배관 내 유속제한에 대한 설명으로 틀린 것은?

① 물이나 기체를 혼합하는 비수용성 위험물의 배관 내 유속은 1m/s 이하로 할 것
② 저항률이 10^{10} Ω·cm 미만의 도전성 위험물의 배관 내 유속은 7m/s 이하로 할 것
③ 저항률이 10^{10} Ω·cm 이상인 위험물의 배관 내 유속은 관내경이 0.05m이면 3.5m/s 이하로 할 것
④ 이황화탄소 등과 같이 유동대전이 심하고 폭발 위험성이 높은 것은 배관 내 유속을 3m/s 이하로 할 것

해설
이황화탄소 등과 같이 유동대전이 심하고 폭발 위험성이 높은 것은 배관 내 유속을 1m/s 이하로 한다.

해설
정전기 발생에 기여하는 전자는 자유전자이다. 자유전자는 물체에 빛을 쪼이거나 가열하는 등 외부에서 물리적 힘을 가하면 입자 외부로 방출되는데, 이때 필요한 최소에너지를 '일함수'라고 한다.
일함수는 물체의 종류에 따라 서로 다른 고유한 값을 가진다. 따라서 서로 다른 두 종류의 물체를 접촉시키면, 두 물체의 일함수 차 때문에 그 접촉면에는 접촉 전위가 발생한다.

073
절연물의 절연계급을 최고허용온도가 낮은 온도에서 높은 온도 순으로 배치한 것은?

① Y종 → A종 → E종 → B종
② A종 → B종 → E종 → Y종
③ Y종 → E종 → B종 → A종
④ B종 → Y종 → A종 → E종

해설
- 절연물 등급에 따른 허용 최고온도

구분	최고허용온도
Y종	90℃
A종	105℃
E종	120℃
B종	130℃
F종	155℃
H종	180℃
C종	180℃ 초과

074
다른 두 물체가 접촉할 때 접촉 전위차가 발생하는 원인으로 옳은 것은?

① 두 물체의 온도 차
② 두 물체의 습도 차
③ 두 물체의 밀도 차
④ 두 물체의 일함수 차

075
방폭인증서에서 방폭부품을 나타내는 데 사용되는 인증번호의 접미사는?

① "G"   ② "X"
③ "D"   ④ "U"

해설
「방호장치 안전인증 고시」
제12조(정의)
14. "방폭부품(Ex component)"이란 전기기기 및 모듈(예 케이블글랜드를 제외한다)의 부품을 말하며, 기호 "U"로 표시하고, 폭발성가스 분위기에서 사용하는 전기기기 및 시스템에 사용할 때 단독으로 사용하지 않고 추가 고려사항이 요구된다.

076
고압 및 특고압 전로에 시설하는 피뢰기의 설치장소로 잘못된 곳은?

① 가공전선로와 지중전선로가 접속되는 곳
② 발전소, 변전소의 가공전선 인입구 및 인출구
③ 고압 가공전선로에 접속하는 배전용 변압기의 저압측
④ 고압 가공전선로로부터 공급을 받는 수용장소의 인입구

> **해설**
> - 피뢰기의 설치장소
>   - 가공전선로와 지중전선로가 접속되는 곳
>   - 발전소, 변전소 및 이에 준하는 장소의 가공전선 인입구 및 인출구
>   - 가공전선로에 접속하는 배전용 변압기의 고압 및 특고압측
>   - 고압 및 특고압 가공전선으로부터 공급받는 수용장소의 인입구

077

산업안전보건기준에 관한 규칙 제319조에 의한 정전전로에서의 정전 작업을 마친 후 전원을 공급하는 경우에 사업주가 작업에 종사하는 근로자 및 전기기기와 접촉할 우려가 있는 근로자에게 감전의 위험이 없도록 준수해야 할 사항이 아닌 것은?

① 단락 접지기구 및 작업기구를 제거하고 전기기기 등이 안전하게 통전될 수 있는지 확인한다.
② 모든 작업자가 작업이 완료된 전기기기에서 떨어져 있는지 확인한다.
③ 잠금장치와 꼬리표를 근로자가 직접 설치한다.
④ 모든 이상 유무를 확인한 후 전기기기 등의 전원을 투입한다.

> **해설**
> 「산업안전보건기준에 관한 규칙」
> 제319조(정전전로에서의 전기작업)
> ③ 사업주는 제1항 각 호 외의 부분 본문에 따른 작업 중 또는 작업을 마친 후 전원을 공급하는 경우에는 작업에 종사하는 근로자 또는 그 인근에서 작업하거나 정전된 전기기기 등(고정 설치된 것으로 한정한다)과 접촉할 우려가 있는 근로자에게 감전의 위험이 없도록 다음 각 호의 사항을 준수하여야 한다.
> 1. 작업기구, 단락 접지기구 등을 제거하고 전기기기 등이 안전하게 통전될 수 있는지를 확인할 것
> 2. 모든 작업자가 작업이 완료된 전기기기 등에서 떨어져 있는지를 확인할 것
> 3. 잠금장치와 꼬리표는 설치한 근로자가 직접 철거할 것
> 4. 모든 이상 유무를 확인한 후 전기기기 등의 전원을 투입할 것

078

변압기의 최소 IP 등급은? (단, 유입 방폭구조의 변압기이다.)

① IP55   ② IP56
③ IP65   ④ IP66

> **해설**
> 「방호장치 안전인증 고시」
> [별표 10] 유입방폭구조인 전기기기의 성능기준
>
> | 1. 구조요건 |
> | --- |
> | 라. 보호액은 외부에서 유입되는 먼지나 습기로 인해 보호액의 품질이 저하되지 않도록 다음 각 세목과 같은 방법으로 기기를 제작해야 한다. |
> | 1) 밀봉기기는 다음과 같이 할 것 |
> | 다) 기기의 보호등급은 KS C IEC 60529에 따라 최소 IP 66에 적합해야 하며, 압력완화장치 배출구의 보호등급은 최소 IP 23에 적합할 것 |

079

가스그룹이 ⅡB인 지역에 내압방폭구조 "d"의 방폭기기가 설치되어 있다. 기기의 플랜지 개구부에서 장애물까지의 최소 거리(mm)는?

① 10   ② 20
③ 30   ④ 40

> **해설**
> 「한국산업표준」 (KS C IEC 60079-1)
> 폭발성 분위기-제1부 : 내압방폭용기 "d"에 의한 기기 보호
> 내압방폭구조 "d" 플랜지 개구부에서 장애물까지의 최소 거리
>
> | 가스 그룹 | 최소 거리 |
> | --- | --- |
> | ⅡA | 10mm |
> | ⅡB | 30mm |
> | ⅡC | 40mm |

080

방폭전기설비의 용기 내부에서 폭발성가스 또는 증기가 폭발하였을 때 용기가 그 압력에 견디고 접합면이나 개구부를 통해서 외부의 폭발성가스나 증기에 인화되지 않도록 한 방폭구조는?

① 내압 방폭구조   ② 압력 방폭구조
③ 유입 방폭구조   ④ 본질안전 방폭구조

해설

- 내압 방폭구조 : 용기 내부에 발생한 폭발압력을 견딜 수 있는 강도를 지닌 구조로, 외부 점화원에 착화되거나 파급되지 않도록 한 방폭구조
  - 내압 방폭구조 3조건
    (1) 내부의 폭발압력에 견디는 기계적 강도
    (2) 내부의 폭발로 일어난 불꽃이나 고온 가스가 용기의 접합부분을 통하여 외부 가스에 점화하지 않음
    (3) 용기의 외부 표면온도가 외부 가스의 발화온도에 달하지 않음

제5과목 화학설비위험방지기술

081

포스겐가스 누설검지의 시험지로 사용되는 것은?

① 연당지   ② 염화팔라듐지
③ 하리슨 시험지 ④ 초산벤젠지

해설

포스겐가스 누설검지의 시험지로 사용되는 것은 하리슨 시험지이다.
- 포스겐 : 하리슨 시험지
- 황화수소 : 연당지(초산납 시험지)
- 일산화탄소 : 염화팔라듐지
- 시안화수소 : 질산구리벤젠지(초산구리벤젠지)
- 암모니아 : 적색리트머스지
- 염소 : KI전분지(요오드화칼륨 녹말종이)

082

안전밸브 전단·후단에 자물쇠형 또는 이에 준하는 형식의 차단밸브 설치를 할 수 있는 경우에 해당하지 않는 것은?

① 자동압력조절밸브와 안전밸브 등이 직렬로 연결된 경우
② 화학설비 및 그 부속설비에 안전밸브 등이 복수방식으로 설치되어 있는 경우
③ 열팽창에 의하여 상승된 압력을 낮추기 위한 목적으로 안전밸브가 설치된 경우
④ 인접한 화학설비 및 그 부속설비에 안전밸브 등이 각각 설치되어 있고, 해당 화학설비 및 그 부속설비의 연결배관에 차단밸브가 없는 경우

해설

「산업안전보건기준에 관한 규칙」
제266조(차단밸브의 설치 금지) 사업주는 안전밸브 등의 전단·후단에 차단밸브를 설치해서는 아니 된다. 다만, 다음 각 호의 어느 하나에 해당하는 경우에는 자물쇠형 또는 이에 준하는 형식의 차단밸브를 설치할 수 있다.
1. 인접한 화학설비 및 그 부속설비에 안전밸브 등이 각각 설치되어 있고, 해당 화학설비 및 그 부속설비의 연결배관에 차단밸브가 없는 경우
2. 안전밸브 등의 배출용량의 2분의 1 이상에 해당하는 용량의 자동압력조절밸브(구동용 동력원의 공급을 차단하는 경우 열리는 구조인 것으로 한정한다)와 안전밸브 등이 병렬로 연결된 경우
3. 화학설비 및 그 부속설비에 안전밸브 등이 복수방식으로 설치되어 있는 경우
4. 예비용 설비를 설치하고 각각의 설비에 안전밸브 등이 설치되어 있는 경우
5. 열팽창에 의하여 상승된 압력을 낮추기 위한 목적으로 안전밸브가 설치된 경우
6. 하나의 플레어 스택(flare stack)에 둘 이상의 단위공정의 플레어 헤더(flare header)를 연결하여 사용하는 경우로서 각각의 단위공정의 플레어 헤더에 설치된 차단밸브의 열림·닫힘 상태를 중앙제어실에서 알 수 있도록 조치한 경우

083

압축하면 폭발할 위험성이 높아 아세톤 등에 용해시켜 다공성 물질과 함께 저장하는 물질은?

① 염소　　　　② 아세틸렌
③ 에탄　　　　④ 수소

해설
아세틸렌은 폭발 위험성이 높아 아세톤에 용해시켜 다공성 물질과 함께 보관한다.

084

산업안전보건법령상 대상 설비에 설치된 안전밸브에 대해서는 경우에 따라 구분된 검사주기마다 안전밸브가 적정하게 작동하는지 검사하여야 한다. 화학공정 유체와 안전밸브의 디스크 또는 시트가 직접 접촉될 수 있도록 설치된 경우의 검사주기로 옳은 것은?

① 매년 1회 이상
② 2년마다 1회 이상
③ 3년마다 1회 이상
④ 4년마다 1회 이상

해설
「산업안전보건기준에 관한 규칙」
제261조(안전밸브 등의 설치)
③ 제1항에 따라 설치된 안전밸브에 대해서는 다음 각 호의 구분에 따른 검사주기마다 국가교정기관에서 교정을 받은 압력계를 이용하여 설정압력에서 안전밸브가 적정하게 작동하는지를 검사한 후 납으로 봉인하여 사용하여야 한다. 다만, 공기나 질소취급용기 등에 설치된 안전밸브 중 안전밸브 자체에 부착된 레버 또는 고리를 통하여 수시로 안전밸브가 적정하게 작동하는지를 확인할 수 있는 경우에는 검사하지 아니할 수 있고 납으로 봉인하지 아니할 수 있다.
  1. 화학공정 유체와 안전밸브의 디스크 또는 시트가 직접 접촉될 수 있도록 설치된 경우: 매년 1회 이상
  2. 안전밸브 전단에 파열판이 설치된 경우: 2년마다 1회 이상
  3. 영 제43조에 따른 공정안전보고서 제출 대상으로서 고용노동부장관이 실시하는 공정안전보고서 이행상태 평가결과가 우수한 사업장의 안전밸브의 경우: 4년마다 1회 이상

085

위험물을 산업안전보건법령에서 정한 기준량 이상으로 제조하거나 취급하는 설비로서 특수화학설비에 해당되는 것은?

① 가열시켜 주는 물질의 온도가 가열되는 위험물질의 분해온도보다 높은 상태에서 운전되는 설비
② 상온에서 게이지 압력으로 200kPa의 압력으로 운전되는 설비
③ 대기압 하에서 300℃로 운전되는 설비
④ 흡열반응이 행하여지는 반응설비

해설
「산업안전보건기준에 관한 규칙」
제273조(계측장치 등의 설치) 사업주는 별표 9에 따른 위험물을 같은 표에서 정한 기준량 이상으로 제조하거나 취급하는 다음 각 호의 어느 하나에 해당하는 화학설비(이하 "특수화학설비"라 한다)를 설치하는 경우에는 내부의 이상 상태를 조기에 파악하기 위하여 필요한 온도계 · 유량계 · 압력계 등의 계측장치를 설치하여야 한다.
1. 발열반응이 일어나는 반응장치
2. 증류 · 정류 · 증발 · 추출 등 분리를 하는 장치
3. 가열시켜 주는 물질의 온도가 가열되는 위험물질의 분해온도 또는 발화점보다 높은 상태에서 운전되는 설비
4. 반응폭주 등 이상 화학반응에 의하여 위험물질이 발생할 우려가 있는 설비
5. 온도가 섭씨 350도 이상이거나 게이지 압력이 980킬로파스칼 이상인 상태에서 운전되는 설비
6. 가열로 또는 가열기

086

산업안전보건법령상 다음 내용에 해당하는 폭발위험장소는?

> 20종 장소 밖으로서 분진운 형태의 가연성 분진이 폭발농도를 형성할 정도의 충분한 양이 정상작동 중에 존재할 수 있는 장소를 말한다.

① 21종 장소　　② 22종 장소
③ 0종 장소　　　④ 1종 장소

해설
- 21종 장소 : 20종 장소 외의 장소로서, 분진운 형태의 가연성 분진이 폭발농도를 형성할 정도의 충분한 양이 정상작동 중에 존재할 수 있는 장소

089
수분을 함유하는 에탄올에서 순수한 에탄올을 얻기 위해 벤젠과 같은 물질을 첨가하여 수분을 제거하는 증류 방법은?

① 공비증류 ② 추출증류
③ 가압증류 ④ 감압증류

해설
- 공비증류 : 공비 혼합물이나 끓는점이 비슷하여 분리하기 어려운 액체혼합물의 성분을 완전히 분리시키기 위해 이용되는 증류법으로, 수분을 함유하는 에탄올에서 순수한 에탄올을 얻기 위해 쓰이는 대표적인 증류법이다.

087
Li과 Na에 관한 설명으로 틀린 것은?

① 두 금속 모두 실온에서 자연발화의 위험성이 있으므로 알코올 속에 저장해야 한다.
② 두 금속은 물과 반응하여 수소기체를 발생한다.
③ Li은 비중 값이 물보다 작다.
④ Na는 은백색의 무른 금속이다.

해설
두 금속 모두 실온에서 자연발화의 위험성이 있으므로 석유 속에 저장해야 한다.

088
다음 중 누설 발화형 폭발재해의 예방 대책으로 가장 거리가 먼 것은?

① 발화원 관리
② 밸브의 오동작 방지
③ 가연성 가스의 연소
④ 누설물질의 검지 경보

해설
누설 발화형 폭발재해의 예방 대책으로 가장 거리가 먼 것은 '가연성 가스의 연소'이다.
- 누설 발화형 폭발재해 예방 대책
  - 발화원 관리
  - 밸브의 오동작 방지
  - 누설물질의 검지 경보

090
다음 중 인화점에 관한 설명으로 옳은 것은?

① 액체의 표면에서 발생한 증기농도가 공기 중에서 연소하한 농도가 될 수 있는 가장 높은 액체온도
② 액체의 표면에서 발생한 증기농도가 공기 중에서 연소상한 농도가 될 수 있는 가장 낮은 액체온도
③ 액체의 표면에 발생한 증기농도가 공기 중에서 연소하한 농도가 될 수 있는 가장 낮은 액체온도
④ 액체의 표면에서 발생한 증기농도가 공기 중에서 연소상한 농도가 될 수 있는 가장 높은 액체온도

해설
- 인화점 : 액체의 표면에 발생한 증기농도가 공기 중에서 연소하한 농도가 될 수 있는 가장 낮은 액체온도

091

분진폭발의 특징에 관한 설명으로 옳은 것은?

① 가스폭발보다 발생에너지가 작다.
② 폭발압력과 연소속도는 가스폭발보다 크다.
③ 입자의 크기, 부유성 등이 분진폭발에 영향을 준다.
④ 불완전연소로 인한 가스중독의 위험성은 작다.

> **해설**
> • 분진폭발의 특징
> − 입자의 크기, 부유성 등이 분진폭발에 영향을 준다.
> − 가스폭발보다 발생에너지가 크다.
> − 폭발압력과 연소속도는 가스폭발보다 작다.
> − 불완전연소로 인한 가스중독의 위험성은 크다.

092

위험물안전관리법령상 제1류 위험물에 해당하는 것은?

① 과염소산나트륨   ② 과염소산
③ 과산화수소   ④ 과산화벤조일

> **해설**
> • 과염소산나트륨 : 제1류 위험물
> • 과염소산 : 제6류 위험물
> • 과산화수소 : 제6류 위험물
> • 과산화벤조일 : 제5류 위험물

093

다음 중 질식소화에 해당하는 것은?

① 가연성 기체의 분출화재 시 주 밸브를 닫는다.
② 가연성 기체의 연쇄반응을 차단하여 소화한다.
③ 연료 탱크를 냉각하여 가연성 가스의 발생속도를 작게 한다.
④ 연소하고 있는 가연물이 존재하는 장소를 기계적으로 폐쇄하여 공기의 공급을 차단한다.

> **해설**
> 질식소화에 해당하는 것은 ④이다.
> ① 제거소화, ② 억제소화, ③ 냉각소화

094

산업안전보건기준에 관한 규칙에서 정한 위험물질의 종류에서 "물반응성 물질 및 인화성 고체"에 해당하는 것은?

① 질산에스테르류   ② 니트로화합물
③ 칼륨·나트륨   ④ 니트로소화합물

> **해설**
> 「산업안전보건기준에 관한 규칙」
> [별표 1] 위험물질의 종류
> 2. 물반응성 물질 및 인화성 고체
> 가. 리튬
> 나. <u>칼륨·나트륨</u>
> 다. 황
> 라. 황린
> 마. 황화인·적린
> 바. 셀룰로이드류
> 사. 알킬알루미늄·알킬리튬
> 아. 마그네슘 분말
> 자. 금속 분말(마그네슘 분말은 제외한다)
> 차. 알칼리금속(리튬·칼륨 및 나트륨은 제외한다)
> 카. 유기 금속화합물(알킬알루미늄 및 알킬리튬은 제외한다)
> 타. 금속의 수소화물
> 파. 금속의 인화물
> 하. 칼슘 탄화물, 알루미늄 탄화물
> 거. 그 밖에 가목부터 하목까지의 물질과 같은 정도의 발화성 또는 인화성이 있는 물질
> 너. 가목부터 거목까지의 물질을 함유한 물질

095

공기 중 아세톤의 농도가 200ppm(TLV 500ppm), 메틸에틸케톤(MEK)의 농도가 100ppm(TLV 200ppm)일 때 혼합물질의 허용농도(ppm)는? (단, 두 물질은 서로 상가작용을 하는 것으로 가정한다.)

① 150   ② 200
③ 270   ④ 333

해설

- 혼합물의 노출기준(상가작용일 때)

$$= \dfrac{1}{\dfrac{f_1}{TLV_1} + \dfrac{f_2}{TLV_2} + \cdots + \dfrac{f_n}{TLV_n}}$$

여기서, f_x = 각 성분의 중량비율
TLV_x = 화학물질 각각의 노출기준

$$\therefore \dfrac{1}{\dfrac{2/3}{500} + \dfrac{1/3}{200}} = \dfrac{1}{0.003} = 333.3\text{ppm}$$

098
다음 중 최소발화에너지(E[J])를 구하는 식으로 옳은 것은? (단, I는 전류[A], R은 저항[Ω], V는 전압[V], C는 콘덴서용량[F], T는 시간[초]이라 한다.)

① $E = IRT$
② $E = 0.24I^2\sqrt{R}$
③ $E = \dfrac{1}{2}CV^2$
④ $E = \dfrac{1}{2}\sqrt{C^2V}$

해설

$$E = \dfrac{1}{2}CV^2 = \dfrac{1}{2}QV = \dfrac{Q^2}{2C}$$

- C : 도체의 정전용량
- V : 대전전위
- Q : 대전전하량

096
다음 중 분진이 발화 폭발하기 위한 조건으로 거리가 먼 것은?

① 불연성질
② 미분상태
③ 점화원의 존재
④ 산소 공급

해설

불연성 및 난연성 물질의 분진은 분진폭발이 일어나지 않는다.

099
공기 중에서 A 물질의 폭발하한계가 4vol%, 상한계가 75vol%라면 이 물질의 위험도는?

① 16.75
② 17.75
③ 18.75
④ 19.75

해설

$$위험도 = \dfrac{폭발상한계 - 폭발하한계}{폭발하한계} = \dfrac{75-4}{4} = 17.75$$

097
다음 중 폭발한계(vol%)의 범위가 가장 넓은 것은?

① 메탄
② 부탄
③ 톨루엔
④ 아세틸렌

해설

- 폭발한계 범위
  - 아세틸렌 : 2.5~81
  - 메탄 : 5~15
  - 부탄 : 1.8~8.4
  - 톨루엔 : 1.3~6.7

100
다음 중 관의 지름을 변경하고자 할 때 필요한 관 부속품은?

① Elbow
② Reducer
③ Plug
④ Valve

해설

관의 지름을 변경할 때는 리듀서, 부싱 등의 부속을 사용한다.

- 관(Pipe) 부속품
  - 2개의 관 연결 : 니플, 유니언, 플랜지, 소켓
  - 관의 지름 변경 : 리듀서, 부싱
  - 관로 방향 변경 : 엘보우, Y형 관이음쇠
  - 유로 차단 : 플러그, 밸브, 캡

제6과목 건설안전기술

101
다음 중 지하수위 측정에 사용되는 계측기는?

① Load Cell ② Inclinometer
③ Extensometer ④ Piezometer

> **해설**
> |굴착공사 계측관리 기술지침|
> 3. 용어의 정의
>   (나) "지중경사계(Inclinometer)"라 함은 지반 변위의 위치, 방향, 크기 및 속도를 계측하여 지반의 이완 영역 및 흙막이 구조물의 안전성을 계측하는 기구를 말한다.
>   (다) "지하수위계(Water Level Meter)"라 함은 지하수위 변화를 계측하는 기구를 말한다.
>   (라) "간극수압계(Piezometer)"라 함은 굴착공사에 따른 간극수압의 변화를 측정하는 기구를 말한다.
>   (바) "하중계(Load Cell)"라 함은 스트럿(Strut) 또는 어스앵커(Earth Anchor) 등의 축 하중 변화를 측정하는 기구를 말한다.
> ※ 참고 : 가답안은 ④로 발표되었으나, 문제 오류로 모두 정답 처리되었습니다.
> [정답 없음. 정답은 "지하수위계(Water Level Meter)"임]

102
이동식비계를 조립하여 작업을 하는 경우에 준수하여야 할 기준으로 옳지 않은 것은?

① 승강용사다리는 견고하게 설치할 것
② 비계의 최상부에서 작업을 하는 경우에는 안전난간을 설치할 것
③ 작업발판의 최대적재하중은 400kg을 초과하지 않도록 할 것
④ 작업발판은 항상 수평을 유지하고 작업발판 위에서 안전난간을 딛고 작업을 하거나 받침대 또는 사다리를 사용하여 작업하지 않도록 할 것

> **해설**
> 「산업안전보건기준에 관한 규칙」
> 제68조(이동식비계) 사업주는 이동식비계를 조립하여 작업을 하는 경우에는 다음 각 호의 사항을 준수하여야 한다.
> 1. 이동식비계의 바퀴에는 뜻밖의 갑작스러운 이동 또는 전도를 방지하기 위하여 브레이크·쐐기 등으로 바퀴를 고정시킨 다음 비계의 일부를 견고한 시설물에 고정하거나 아웃트리거(outrigger, 전도방지용 지지대)를 설치하는 등 필요한 조치를 할 것
> 2. 승강용사다리는 견고하게 설치할 것
> 3. 비계의 최상부에서 작업을 하는 경우에는 안전난간을 설치할 것
> 4. 작업발판은 항상 수평을 유지하고 작업발판 위에서 안전난간을 딛고 작업을 하거나 받침대 또는 사다리를 사용하여 작업하지 않도록 할 것
> 5. <u>작업발판의 최대적재하중은 250킬로그램을 초과하지 않도록 할 것</u>

103
터널 지보공을 조립하거나 변경하는 경우에 조치하여야 하는 사항으로 옳지 않은 것은?

① 목재의 터널 지보공은 그 터널 지보공의 각 부재에 작용하는 긴압 정도를 체크하여 그 정도가 최대한 차이 나도록 할 것
② 강(鋼)아치 지보공의 조립은 연결볼트 및 띠장 등을 사용하여 주재 상호 간을 튼튼하게 연결할 것
③ 기둥에는 침하를 방지하기 위하여 받침목을 사용하는 등의 조치를 할 것
④ 주재(主材)를 구성하는 1세트의 부재는 동일 평면 내에 배치할 것

> **해설**
> 「산업안전보건기준에 관한 규칙」
> 제364조(조립 또는 변경 시의 조치)
> 2. 목재의 터널 지보공은 그 터널 지보공의 각 부재의 긴압 정도가 균등하게 되도록 할 것

104

거푸집동바리 등을 조립하는 경우에 준수하여야 하는 기준으로 옳지 않은 것은?

① 동바리로 사용하는 파이프 서포트를 이어서 사용하는 경우에는 3개 이상의 볼트 또는 전용 철물을 사용하여 이을 것
② 동바리로 사용하는 강관은 높이 2m 이내마다 수평연결재를 2개 방향으로 만들 것
③ 깔목의 사용, 콘크리트 타설, 말뚝박기 등 동바리의 침하를 방지하기 위한 조치를 할 것
④ 동바리로 사용하는 파이프 서포트를 3개 이상 이어서 사용하지 않도록 할 것

해설

「산업안전보건기준에 관한 규칙」
제332조(거푸집동바리 등의 안전조치)
8. 동바리로 사용하는 파이프 서포트에 대해서는 다음 각 목의 사항을 따를 것
   가. 파이프 서포트를 3개 이상 이어서 사용하지 않도록 할 것
   나. 파이프 서포트를 이어서 사용하는 경우에는 4개 이상의 볼트 또는 전용철물을 사용하여 이을 것
   다. 높이가 3.5미터를 초과하는 경우에는 제7호 가목의 조치를 할 것

105

가설통로를 설치하는 경우 준수하여야 할 기준으로 옳지 않은 것은?

① 경사는 30° 이하로 할 것
② 경사가 15°를 초과하는 경우에는 미끄러지지 아니하는 구조로 할 것
③ 추락할 위험이 있는 장소에는 안전난간을 설치할 것
④ 수직갱에 가설된 통로의 길이가 15m 이상인 경우에는 7m 이내마다 계단참을 설치할 것

해설

「산업안전보건기준에 관한 규칙」
제23조(가설통로의 구조) 사업주는 가설통로를 설치하는 경우 다음 각 호의 사항을 준수하여야 한다.
1. 견고한 구조로 할 것
2. 경사는 30도 이하로 할 것. 다만, 계단을 설치하거나 높이 2미터 미만의 가설통로로서 튼튼한 손잡이를 설치한 경우에는 그러하지 아니하다.
3. 경사가 15도를 초과하는 경우에는 미끄러지지 아니하는 구조로 할 것
4. 추락할 위험이 있는 장소에는 안전난간을 설치할 것. 다만, 작업상 부득이한 경우에는 필요한 부분만 임시로 해체할 수 있다.
5. 수직갱에 가설된 통로의 길이가 15미터 이상인 경우에는 10미터 이내마다 계단참을 설치할 것
6. 건설공사에 사용하는 높이 8미터 이상인 비계다리에는 7미터 이내마다 계단참을 설치할 것

106

사면 보호 공법 중 구조물에 의한 보호 공법에 해당되지 않는 것은?

① 블록공
② 식생구멍공
③ 돌쌓기공
④ 현장타설 콘크리트 격자공

해설

식생구멍공은 구조물에 의한 보호 공법이 아니다.

107

안전계수가 4이고 2,000MPa의 인장강도를 갖는 강선의 최대허용응력은?

① 500MPa
② 1,000MPa
③ 1,500MPa
④ 2,000MPa

해설

$$허용응력 = \frac{인장강도}{안전계수} = \frac{2,000}{4} = 500 \text{MPa}$$

108

터널공사의 전기발파작업에 관한 설명으로 옳지 않은 것은?

① 전선은 점화하기 전에 화약류를 충진한 장소로부터 30m 이상 떨어진 안전한 장소에서 도통시험 및 저항시험을 하여야 한다.
② 점화는 충분한 허용량을 갖는 발파기를 사용하고 규정된 스위치를 반드시 사용하여야 한다.
③ 발파 후 발파기와 발파모선의 연결을 유지한 채 그 단부를 절연시킨 후 재점화가 되지 않도록 한다.
④ 점화는 선임된 발파책임자가 행하고 발파기의 핸들을 점화할 때 이외는 시건장치를 하거나 모선을 분리하여야 하며 발파책임자의 엄중한 관리하에 두어야 한다.

> **해설**
> 「터널공사표준안전작업지침 - NATM 공법」
> 제8조(전기발파) 사업주는 전기발파작업 시 다음 각 호의 사항을 준수하도록하여야 한다.
> 7. 전선은 점화하기 전에 화약류를 충진한 장소로부터 30m 이상 떨어진 안전한 장소에서 도통시험 및 저항시험을 하여야 한다.
> 8. 점화는 충분한 허용량을 갖는 발파기를 사용하고 규정된 스위치를 반드시 사용하여야 한다.
> 9. 점화는 선임된 발파책임자가 행하고 발파기의 핸들을 점화할 때 이외는 시건장치를 하거나 모선을 분리하여야 하며 발파책임자의 엄중한 관리하에 두어야 한다.
> 10. 발파 후 즉시 발파모선을 발파기로부터 분리하고 그 단부를 절연시킨 후 재점화가 되지 않도록 하여야 한다.
> 11. 발파 후 30분 이상 경과한 후가 아니면 발파장소에 접근하지 않아야 한다.

109

화물을 적재하는 경우의 준수사항으로 옳지 않은 것은?

① 침하 우려가 없는 튼튼한 기반 위에 적재할 것
② 건물의 칸막이나 벽 등이 화물의 압력에 견딜 만큼의 강도를 지니지 아니한 경우에는 칸막이나 벽에 기대어 적재하지 않도록 할 것
③ 불안정할 정도로 높이 쌓아 올리지 말 것
④ 하중이 한쪽으로 치우치더라도 화물을 최대한 효율적으로 적재할 것

> **해설**
> 「산업안전보건기준에 관한 규칙」
> 제393조(화물의 적재) 사업주는 화물을 적재하는 경우에 다음 각 호의 사항을 준수하여야 한다.
> 1. 침하 우려가 없는 튼튼한 기반 위에 적재할 것
> 2. 건물의 칸막이나 벽 등이 화물의 압력에 견딜 만큼의 강도를 지니지 아니한 경우에는 칸막이나 벽에 기대어 적재하지 않도록 할 것
> 3. 불안정할 정도로 높이 쌓아 올리지 말 것
> 4. 하중이 한쪽으로 치우치지 않도록 쌓을 것

110

발파구간 인접구조물에 대한 피해 및 손상을 예방하기 위한 건물기초에서의 허용 진동치(cm/sec) 기준으로 옳지 않은 것은? (단, 기존 구조물에 금이 가 있거나 노후구조물 대상일 경우 등은 고려하지 않는다.)

① 문화재 : 0.2cm/sec
② 주택, 아파트 : 0.5cm/sec
③ 상가 : 1.0cm/sec
④ 철골콘크리트 빌딩 : 0.8~1.0cm/sec

해설

「발파작업표준안전작업지침」
제5조(진동 및 파손)
4. 발파구간 인접 구조물에 대한 피해 및 손상을 예방하기 위하여 다음 〈표〉에 의한 값을 준용한다.

건물분류	건물기초에서의 허용 진동치(cm/sec)
문화재	0.2
주택, 아파트	0.5
상가 (금이 없는 상태)	1.0
철골 콘크리트 빌딩 및 상가	1.0~4.0

* 기존 구조물에 금이 있거나 노후 구조물 등에 대하여는 상기 표의 기준을 실정에 따라 허용범위를 하향 조정하여야 한다.

111

거푸집동바리 등을 조립 또는 해체하는 작업을 하는 경우의 준수사항으로 옳지 않은 것은?

① 재료, 기구 또는 공구 등을 올리거나 내리는 경우에는 근로자로 하여금 달줄·달포대 등의 사용을 금하도록 할 것
② 낙하·충격에 의한 돌발적 재해를 방지하기 위하여 버팀목을 설치하고 거푸집동바리 등을 인양장비에 매단 후에 작업을 하도록 하는 등 필요한 조치를 할 것
③ 비, 눈, 그 밖의 기상상태의 불안정으로 날씨가 몹시 나쁜 경우에는 그 작업을 중지할 것
④ 해당 작업을 하는 구역에는 관계 근로자가 아닌 사람의 출입을 금지할 것

해설

「산업안전보건기준에 관한 규칙」
제336조(조립 등 작업 시의 준수사항)
① 사업주는 기둥·보·벽체·슬래브 등의 거푸집동바리 등을 조립하거나 해체하는 작업을 하는 경우에는 다음 각 호의 사항을 준수해야 한다.
  1. 해당 작업을 하는 구역에는 관계 근로자가 아닌 사람의 출입을 금지할 것
  2. 비, 눈, 그 밖의 기상상태의 불안정으로 날씨가 몹시 나쁜 경우에는 그 작업을 중지할 것
  3. 재료, 기구 또는 공구 등을 올리거나 내리는 경우에는 근로자로 하여금 달줄·달포대 등을 사용하도록 할 것
  4. 낙하·충격에 의한 돌발적 재해를 방지하기 위하여 버팀목을 설치하고 거푸집동바리 등을 인양장비에 매단 후에 작업을 하도록 하는 등 필요한 조치를 할 것

112

강관을 사용하여 비계를 구성하는 경우 준수하여야 할 기준으로 옳지 않은 것은?

① 비계기둥의 간격은 띠장 방향에서는 1.85m 이하, 장선(長線) 방향에서는 1.5m 이하로 할 것
② 띠장 간격은 2.0m 이하로 할 것
③ 비계기둥의 제일 윗부분으로부터 31m 되는 지점 밑부분의 비계기둥은 3개의 강관으로 묶어 세울 것
④ 비계기둥 간의 적재하중은 400kg을 초과하지 않도록 할 것

해설

「산업안전보건기준에 관한 규칙」
제60조(강관비계의 구조) 사업주는 강관을 사용하여 비계를 구성하는 경우 다음 각 호의 사항을 준수하여야 한다.
1. 비계기둥의 간격은 띠장 방향에서는 1.85미터 이하, 장선(長線) 방향에서는 1.5미터 이하로 할 것. 다만, 선박 및 보트 건조작업의 경우 안전성에 대한 구조검토를 실시하고 조립도를 작성하면 띠장 방향 및 장선 방향으로 각각 2.7미터 이하로 할 수 있다.
2. 띠장 간격은 2.0미터 이하로 할 것. 다만, 작업의 성질상 이를 준수하기가 곤란하여 쌍기둥틀 등에 의하여 해당 부분을 보강한 경우에는 그러하지 아니하다.
3. 비계기둥의 제일 윗부분으로부터 31미터 되는 지점 밑부분의 비계기둥은 2개의 강관으로 묶어 세울 것. 다만, 브라켓(bracket, 까치발) 등으로 보강하여 2개의 강관으로 묶을 경우 이상의 강도가 유지되는 경우에는 그러하지 아니하다.
4. 비계기둥 간의 적재하중은 400킬로그램을 초과하지 않도록 할 것

113

지하수위 상승으로 포화된 사질토 지반의 액상화 현상을 방지하기 위한 가장 직접적이고 효과적인 대책은?

① Well Point 공법 적용
② 동다짐 공법 적용
③ 입도가 불량한 재료를 입도가 양호한 재료로 치환
④ 밀도를 증가시켜 한계간극비 이하로 상대밀도를 유지하는 방법 강구

해설
지하수위 상승으로 포화된 사질토 지반의 액상화 현상을 방지하기 위한 가장 직접적이고 효과적인 대책은 Well Point 공법 적용이다.
- Well Point 공법 : 웰 포인트라고 불리는 집수관을 지하수면 밑에 박아 넣고, 이것을 감압하여 지하수를 흡수해서 배수하는 지하 수위 저하 공법

114

크레인 등 건설장비의 가공전선로 접근 시 안전대책으로 옳지 않은 것은?

① 안전 이격거리를 유지하고 작업한다.
② 장비를 가공전선로 밑에 보관한다.
③ 장비의 조립, 준비 시부터 가공전선로에 대한 감전 방지 수단을 강구한다.
④ 장비 사용 현장의 장애물, 위험물 등을 점검 후 작업계획을 수립한다.

해설
장비를 가공전선로에서 멀리 보관해야 한다.

115

흙의 투수계수에 영향을 주는 인자에 관한 설명으로 옳지 않은 것은?

① 포화도 : 포화도가 클수록 투수계수도 크다.
② 공극비 : 공극비가 클수록 투수계수는 작다.
③ 유체의 점성계수 : 점성계수가 클수록 투수계수는 작다.
④ 유체의 밀도 : 유체의 밀도가 클수록 투수계수는 크다.

해설
공극비가 클수록 투수계수는 크다.

116

산업안전보건법령에서 규정하는 철골작업을 중지하여야 하는 기후조건에 해당하지 않는 것은?

① 풍속이 초당 10m 이상인 경우
② 강우량이 시간당 1mm 이상인 경우
③ 강설량이 시간당 1cm 이상인 경우
④ 기온이 영하 5℃ 이하인 경우

해설
「산업안전보건기준에 관한 규칙」
제383조(작업의 제한) 사업주는 다음 각 호의 어느 하나에 해당하는 경우에 철골작업을 중지하여야 한다.
1. 풍속이 초당 10미터 이상인 경우
2. 강우량이 시간당 1밀리미터 이상인 경우
3. 강설량이 시간당 1센티미터 이상인 경우

117

차량계 건설기계를 사용하여 작업을 하는 경우 작업계획서 내용에 포함되지 않는 사항은?

① 사용하는 차량계 건설기계의 종류 및 성능
② 차량계 건설기계의 운행경로
③ 차량계 건설기계에 의한 작업방법
④ 차량계 건설기계 사용 시 유도자 배치 위치

119
공사진척에 따른 공정률이 다음과 같을 때 안전관리비 사용기준으로 옳은 것은? (단, 공정률은 기성공정률을 기준으로 한다.)

> 공정률 : 70퍼센트 이상, 90퍼센트 미만

① 50퍼센트 이상   ② 60퍼센트 이상
③ 70퍼센트 이상   ④ 80퍼센트 이상

해설
「건설업 산업안전보건관리비 계상 및 사용기준」
[별표 3] 공사진척에 따른 안전관리비 사용기준

공정률	사용기준
50퍼센트 이상 70퍼센트 미만	50퍼센트 이상
70퍼센트 이상 90퍼센트 미만	70퍼센트 이상
90퍼센트 이상	90퍼센트 이상

※ 공정률은 기성공정률을 기준으로 한다.

해설
「산업안전보건기준에 관한 규칙」
[별표 4] 사전조사 및 작업계획서 내용
3. 차량계 건설기계를 사용하는 작업의 작업계획서 내용
　가. 사용하는 차량계 건설기계의 종류 및 성능
　나. 차량계 건설기계의 운행경로
　다. 차량계 건설기계에 의한 작업방법

118
유해위험방지계획서를 고용노동부장관에게 제출하고 심사를 받아야 하는 대상 건설공사 기준으로 옳지 않은 것은?

① 최대 지간길이가 50m 이상인 다리의 건설 등 공사
② 지상높이 25m 이상인 건축물 또는 인공구조물의 건설 등 공사
③ 깊이 10m 이상인 굴착공사
④ 다목적댐, 발전용댐, 저수용량 2천만톤 이상의 용수 전용 댐 및 지방상수도 전용 댐의 건설 등 공사

해설
「산업안전보건법 시행령」
제42조(유해위험방지계획서 제출 대상)
③ 법 제42조 제1항 제3호에서 "대통령령으로 정하는 크기 높이 등에 해당하는 건설공사"란 다음 각 호의 어느 하나에 해당하는 공사를 말한다.
　1. 다음 각 목의 어느 하나에 해당하는 건축물 또는 시설 등의 건설·개조 또는 해체(이하 "건설 등"이라 한다) 공사
　　가. 지상높이가 31미터 이상인 건축물 또는 인공구조물
　　나. 연면적 3만제곱미터 이상인 건축물
　　다. 연면적 5천제곱미터 이상인 시설로서 다음의 어느 하나에 해당하는 시설
　2. 연면적 5천제곱미터 이상인 냉동·냉장 창고시설의 설비공사 및 단열공사
　3. 최대 지간(支間)길이(다리의 기둥과 기둥의 중심 사이의 거리)가 50미터 이상인 다리의 건설 등 공사
　4. 터널의 건설 등 공사
　5. 다목적댐, 발전용댐, 저수용량 2천만톤 이상의 용수 전용 댐 및 지방상수도 전용 댐의 건설 등 공사
　6. 깊이 10미터 이상인 굴착공사

120
미리 작업장소의 지형 및 지반 상태 등에 적합한 제한속도를 정하지 않아도 되는 차량계 건설기계의 속도 기준은?

① 최대 제한속도가 10km/h 이하
② 최대 제한속도가 20km/h 이하
③ 최대 제한속도가 30km/h 이하
④ 최대 제한속도가 40km/h 이하

해설
「산업안전보건기준에 관한 규칙」
제98조(제한속도의 지정 등)
① 사업주는 차량계 하역운반기계, 차량계 건설기계(최대 제한속도가 시속 10킬로미터 이하인 것은 제외한다)를 사용하여 작업을 하는 경우 미리 작업장소의 지형 및 지반 상태 등에 적합한 제한속도를 정하고, 운전자로 하여금 준수하도록 하여야 한다.

2021년 제1회 산업안전기사 채점표

구분	제1과목	제2과목	제3과목	제4과목	제5과목	제6과목	전과목 평균
점수							

※ 합격기준 : 100점을 만점으로 하여 과목당 40점 이상, 전과목 평균 60점 이상

2021년 제1회 정답

001	002	003	004	005	006	007	008	009	010	011	012	013	014	015	016	017	018	019	020
③	④	①	④	③	②	③	③	④	④	④	②	①	②	③	①	②	②	①	②
021	022	023	024	025	026	027	028	029	030	031	032	033	034	035	036	037	038	039	040
③	③	④	③	②	②	④	①	①	④	①	②	①	③	①	②	④	②	②	①
041	042	043	044	045	046	047	048	049	050	051	052	053	054	055	056	057	058	059	060
③	④	④	④	③	②	①	①	②	④	①	①	④	②	②	②	①	①	④	①
061	062	063	064	065	066	067	068	069	070	071	072	073	074	075	076	077	078	079	080
③	②	①	③	④	②	①	③	④	①	②	①	①	④	④	③	③	④	③	①
081	082	083	084	085	086	087	088	089	090	091	092	093	094	095	096	097	098	099	100
③	①	②	①	①	①	③	①	③	①	④	③	④	④	①	④	④	③	②	②
101	102	103	104	105	106	107	108	109	110	111	112	113	114	115	116	117	118	119	120
–	③	①	①	④	②	④	④	④	④	①	②	②	②	④	④	④	②	③	①

2021년 제2회 산업안전기사 기출문제

2021. 05. 15. 시행

제1과목 안전관리론

001
학습자가 자신의 학습속도에 적합하도록 프로그램 자료를 가지고 단독으로 학습하도록 하는 안전교육 방법은?

① 실연법　　② 모의법
③ 토의법　　④ 프로그램 학습법

해설
- 안전·보건교육방법
  - 프로그램 학습법(Programmed Self-instruction Method)
    : 학습자가 주어진 매체를 활용하여 이미 만들어진 프로그램을 통해 스스로 학습하는 개별학습 방법

장점	단점
학습자 개인차 고려 및 흥미 유발 가능, 학습과정 파악 용이	수업 내용의 고정, 한 번 개발된 프로그램 자료의 수정 힘듦
기본 개념학, 논리적 학습에 유용	동료와의 집단 사고의 기회 제약
시공간의 제약 거의 없음	개발 비용이 비쌈

002
헤드십의 특성이 아닌 것은?

① 지휘형태는 권위주의적이다.
② 권한행사는 임명된 헤드이다.
③ 구성원과의 사회적 간격은 넓다.
④ 상관과 부하와의 관계는 개인적인 영향이다.

해설
- 헤드십(Headship) : 구성원에 의해 선출된 것이 아니라 조직에 의해 임명된 지도자의 권한 행사로, 권한의 근거는 공식적이며, 상사와 부하의 관계는 지배적이고, 지배의 형태는 권위적이다.

003
산업안전보건법령상 특정행위의 지시 및 사실의 고지에 사용되는 안전·보건표지의 색도기준으로 옳은 것은?

① 2.5G 4/10　　② 5Y 8.5/12
③ 2.5PB 4/10　　④ 7.5R 4/14

해설
「산업안전보건법 시행규칙」
[별표 8] 안전보건표지의 색도기준 및 용도

색채	색도기준	용도	사용례
빨간색	7.5R 4/14	금지	정지신호, 소화설비 및 그 장소, 유해행위의 금지
		경고	화학물질 취급장소에서의 유해·위험 경고
노란색	5Y 8.5/12	경고	화학물질 취급장소에서의 유해·위험경고 이외의 위험경고, 주의표지 또는 기계방호물
파란색	2.5PB 4/10	지시	특정 행위의 지시 및 사실의 고지
녹색	2.5G 4/10	안내	비상구 및 피난소, 사람 또는 차량의 통행표지
흰색	N9.5		파란색 또는 녹색에 대한 보조색
검은색	N0.5		문자 및 빨간색 또는 노란색에 대한 보조색

004
인간관계의 메커니즘 중 다른 사람의 행동 양식이나 태도를 투입시키거나 다른 사람 가운데서 자기와 비슷한 것을 발견하는 것은?

① 공감
② 모방
③ 동일화
④ 일체화

해설
- 인간관계 메커니즘(Mechanism)
  (1) 동일화(Identification) : 다른 사람의 행동양식이나 태도를 투입시키거나 다른 사람 가운데서 자신과 비슷한 것을 발견하는 것
  (2) 투사(Projection, 투출) : 자기 속의 억압된 것을 다른 사람의 것으로 생각하는 것
  (3) 공감(Empathy) : 상대방의 관점에서 바라보고, 다른 사람이 느끼고 있는 감정을 파악하고 이해하는 것
  (4) 커뮤니케이션(Communication) : 갖가지 행동양식이나 기호를 매개로 하여 어떤 사람으로부터 다른 사람에게 전달하는 과정
  (5) 모방(Imitation) : 다른 사람의 행동이나 판단을 표본으로 하여 그것과 같거나 또는 그것에 가까운 행동 또는 판단을 취하려는 것
  (6) 암시(Suggestion) : 다른 사람으로부터의 판단이나 행동을 무비판적으로 논리적, 사실적 근거 없이 받아들이는 것

005
다음의 교육내용과 관련 있는 교육은?

- 작업 동작 및 표준작업방법의 습관화
- 공구·보호구 등의 관리 및 취급태도의 확립
- 작업 전후의 점검, 검사요령의 정확화 및 습관화

① 지식교육
② 기능교육
③ 태도교육
④ 문제해결교육

해설
- 안전·보건교육 단계 : 지식 → 기능 → 태도
  (1) 안전 지식교육 : 일반적인 안전지식, 공통적인 작업안전수칙, 법률 및 사내 규정 등 새로운 작업환경에 근로자를 적응시키기 위한 교육
  (2) 안전 기능교육 : 현장감독자를 지도자로 하여 현장작업을 통한 실습, 시범으로 표준작업동작을 체득할 때까지 교육
  (3) 안전 태도교육 : 안전 지식과 기능교육을 체득시켜 안전한 행동을 습관화하고, 올바른 가치관을 형성하기 위한 교육

006
데이비스(K. Davis)의 동기부여 이론에 관한 등식에서 그 관계가 틀린 것은?

① 지식×기능 = 능력
② 상황×능력 = 동기유발
③ 능력×동기유발 = 인간의 성과
④ 인간의 성과×물질의 성과 = 경영의 성과

해설
- 데이비스(K. Davis) - 동기부여 이론
  - 지식×기능 = 능력
  - 상황×태도 = 동기유발
  - 능력×동기유발 = 인간의 성과
  - 인간의 성과×물질의 성과 = 경영의 성과

007
산업안전보건법령상 보호구 안전인증 대상 방독마스크의 유기화합물용 정화통 외부 측면 표시 색으로 옳은 것은?

① 갈색
② 녹색
③ 회색
④ 노랑색

해설

「보호구 안전인증 고시」
[별표 5] 방독마스크의 성능기준
정화통 외부 측면의 표시 색

종류	표시 색
유기화합물용 정화통	갈색
할로겐용 정화통	회색
황화수소용 정화통	
시안화수소용 정화통	
아황산용 정화통	노랑색
암모니아용 정화통	녹색
복합용 및 겸용의 정화통	복합용의 경우 : 해당가스 모두 표시 (2층 분리) 겸용의 경우 : 백색과 해당가스 모두 표시(2층 분리)

※ 증기밀도가 낮은 유기화합물 정화통의 경우 색상표시 및 화학물질명 또는 화학기호를 표기

009
TWI의 교육내용 중 인간관계 관리방법, 즉 부하 통솔법을 주로 다루는 것은?

① JST(Job Safety Training)
② JMT(Job Method Training)
③ JRT(Job Relation Training)
④ JIT(Job Instruction Training)

해설
TWI 중 인간관계 관리방법, 즉 부하 통솔법을 다루는 교육내용은 인간관계훈련(JRT)이다.
- TWI(Training Within Industry for supervisors) 교육내용
  (1) 작업지도훈련(JIT : Job Instruction Training)
  (2) 작업방법훈련(JMT : Job Methods Training)
  (3) 인간관계훈련(JRT : Job Relations Training)
  (4) 작업안전훈련(JST : Job Safety Training)

008
재해원인 분석기법의 하나인 특성요인도의 작성 방법에 대한 설명으로 틀린 것은?

① 큰뼈는 특성이 일어나는 요인이라고 생각되는 것을 크게 분류하여 기입한다.
② 등뼈는 원칙적으로 우측에서 좌측으로 향하여 가는 화살표를 기입한다.
③ 특성의 결정은 무엇에 대한 특성요인도를 작성할 것인가를 결정하고 기입한다.
④ 중뼈는 특성이 일어나는 큰뼈의 요인마다 다시 미세하게 원인을 결정하여 기입한다.

해설
- 특성요인도 : 특성과 요인 관계를 도표로 하여 어골(魚骨)상으로 세분화한 분석법으로, 재해의 원인과 결과를 연계하여 상호 관계를 파악하는 방법
  – 분석 방법
  (1) 큰뼈는 특성이 일어나는 요인이라고 생각되는 것을 크게 분류하여 기입한다.
  (2) 특성의 결정은 무엇에 대한 특성요인도를 작성할 것인가를 결정하고 기입한다.
  (3) 중뼈는 특성이 일어나는 큰뼈의 요인마다 다시 미세하게 원인을 결정하여 기입한다.

010
산업안전보건법령상 안전보건관리규정에 반드시 포함되어야 할 사항이 아닌 것은? (단, 그 밖에 안전 및 보건에 관한 사항은 제외한다.)

① 재해코스트 분석 방법
② 사고 조사 및 대책 수립
③ 작업장 안전 및 보건관리
④ 안전 및 보건 관리조직과 그 직무

해설
「산업안전보건법 시행규칙」
[별표 3] 안전보건관리규정의 세부 내용
1. 총칙
2. 안전·보건 관리조직과 그 직무
3. 안전·보건교육
4. 작업장 안전관리
5. 작업장 보건관리
6. 사고 조사 및 대책 수립
7. 위험성평가에 관한 사항
8. 보칙

011

재해조사에 관한 설명으로 틀린 것은?

① 조사목적에 무관한 조사는 피한다.
② 조사는 현장을 정리한 후에 실시한다.
③ 목격자나 현장 책임자의 진술을 듣는다.
④ 조사자는 객관적이고 공정한 입장을 취해야 한다.

해설

- 재해조사 설명
  - 조사목적과 무관한 조사 피함
  - 목격자나 현장 책임자의 진술 경청
  - 조사자는 객관적이고 공정한 입장을 취함
- 재해조사 목적
  - 재해예방을 위한 자료를 수집
  - 재해발생 원인 및 결함 규명
  - 동종 및 유사재해 재발 방지

012

산업안전보건법령상 안전보건표지의 종류 중 경고표지의 기본모형(형태)이 다른 것은?

① 고압전기 경고
② 방사성물질 경고
③ 폭발성물질 경고
④ 매달린 물체 경고

해설

「산업안전보건법 시행규칙」
[별표 6] 안전보건표지의 종류와 형태

2. 경고표지	201 인화성물질 경고	202 산화성물질 경고	203 폭발성물질 경고	204 급성독성물질 경고	205 부식성물질 경고
	206 방사성물질 경고	207 고압전기 경고	208 매달린 물체 경고	209 낙하물 경고	210 고온 경고	211 저온 경고
	212 몸균형 상실 경고	213 레이저광선 경고	214 발암성·변이원성·생식독성·전신독성·호흡기과민성 물질 경고	215 위험장소 경고		

013

무재해운동 추진의 3요소에 관한 설명이 아닌 것은?

① 안전보건은 최고경영자의 무재해 및 무질병에 대한 확고한 경영자세로 시작된다.
② 안전보건을 추진하는 데에는 관리감독자들의 생산 활동 속에 안전보건을 실천하는 것이 중요하다.
③ 모든 재해는 잠재요인을 사전에 발견·파악·해결함으로써 근원적으로 산업재해를 없애야 한다.
④ 안전보건은 각자 자신의 문제이며, 동시에 동료의 문제로서 직장의 팀 멤버와 협동 노력하여 자주적으로 추진하는 것이 필요하다.

해설

'모든 재해는 잠재요인을 사전에 발견·파악·해결함으로써 근원적으로 산업재해를 없애야 한다.'는 무재해운동의 기본이념 3원칙 중 '무의 원칙'에 해당한다.

- 무재해운동 3요소
  (1) 최고경영자의 경영 자세 – 최고경영자(이념)
  (2) 라인 관리자에 의한 안전보건 추진 – 라인관리자(실천)
  (3) 직장의 자주안전활동 활성화 – 근로자(기법)
- 무재해운동 3원칙(기본이념)
  (1) 무(無, Zero)의 원칙 : 모든 잠재 위험요인을 사전에 발견하고 파악·해결하여 산업재해의 근원적인 요소를 없앰
  (2) 안전제일(선취)의 원칙 : 행동하기 전에 잠재 위험요인을 발견하고 파악·해결하여 재해를 예방
  (3) 참가의 원칙 : 잠재 위험요인을 발견하고 파악·해결하기 위해 전원이 협력하여 문제해결

014

헤링(Hering)의 착시현상에 해당하는 것은?

①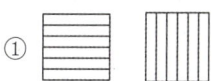

②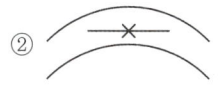

③

④

해설

- 착시의 종류
  (1) 헬름홀츠(Helmholtz)의 분할착시 : 가로줄무늬로 등분할된 정사각형은 세로로 긴 직사각형으로 보이고, 세로줄무늬로 등분할된 정사각형은 가로로 긴 직사각형으로 보인다.
  (2) 쾰러(Köhler)의 윤곽착시 : 먼저 평형의 호를 본 후 즉시 직선을 보면 직선이 호의 반대 방향으로 굽어 있는 것처럼 보인다.
  (3) 뮐러-리어(Müller-Lyer)의 동화착시 : 화살표에 끼인 직선의 길이는 같은데, 바깥쪽 화살표선 조건이 안쪽 화살표선 조건에 비해 길어 보인다.
  (4) 헤링(Hering)의 착시 : 방사형 선상 앞에 놓인 두 개의 직선(평행선)은 바깥쪽으로 벌어진 것처럼 보인다.

015

도수율이 24.5이고, 강도율이 1.15인 사업장에서 한 근로자가 입사하여 퇴직할 때까지의 근로손일일수는?

① 2.45일   ② 115일
③ 215일   ④ 245일

해설

- 환산강도율(평생 작업 시 예상 근로손실일수 S)
  = 강도율×100
  = 1.15×100 = 115
  따라서 근로손실일수는 115일이다.

- 환산도수율(평생 작업 시 예상 재해건수 F)
  = 도수율/10 = 도수율×0.1

- 재해 1건당 근로손실일수 = $\dfrac{S}{F}$

016

학습을 자극(Stimulus)에 의한 반응(Response)으로 보는 이론에 해당하는 것은?

① 장설(Field Theory)
② 통찰설(Insight Theory)
③ 기호형태설(Sign-gestalt Theory)
④ 시행착오설(Trial and Error Theory)

해설

- 손다이크(Thorndike) - 시행착오설 : 맹목적 시행을 반복하는 가운데 자극과 반응이 결합하여 행동한다.
- 레빈(Lewin) - 장설 : 개인이 지각하는 외부의 장과 심리적 장의 관계에서 일어나는 인지구조의 성립 또는 변화가 학습이다.
- 쾰러(Köhler) - 통찰설 : 문제상황과 해결책 간의 핵심적인 인과관계에 대한 급작스러운 이해 또는 지각을 통찰(아하 현상)이라고 하며, 통찰을 바탕으로 학습이 이루어진다.
- 톨만(Tolman) - 기호형태설 : 어떤 반응이 어떤 목표를 달성하게 하는가라는 목적과 수단의 관계를 의미하는 기호를 배우는 것, 즉 인지적 지도(Cognitive Map)의 형성이 학습이다.

017

하인리히의 사고방지 기본원리 5단계 중 시정방법의 선정 단계에 있어서 필요한 조치가 아닌 것은?

① 인사 조정
② 안전행정의 개선
③ 교육 및 훈련의 개선
④ 안전점검 및 사고조사

해설

하인리히의 사고방지 기본원리 5단계 중 '시정방법의 선정'은 4단계에 해당하며, 필요한 조치는 다음과 같다.
(1) 기술적 개선
(2) 안전행정의 개선
(3) 배치(인사) 조정
(4) 교육 및 훈련 개선
(5) 규정 및 수칙 개선
(6) 작업 표준 및 제도 개선
(7) 안전운동 전개 등 효과적인 개선방법 선정

• 하인리히(Heinrich) - 사고예방대책 기본원리 5단계

단계	구분
1	안전관리 조직과 계획 수립
2	사실의 발견(현상 파악)
3	분석 평가(원인 규명)
4	시정책 선정(대책 선정)
5	시정책 적용(대책 적용)

• 직장 내 괴롭힘, 고객의 폭언 등으로 인한 건강장해 예방 및 관리에 관한 사항
• 작업공정의 유해·위험과 재해 예방대책에 관한 사항
• 표준안전 작업방법 및 지도 요령에 관한 사항
• 관리감독자의 역할과 임무에 관한 사항
• 안전보건교육 능력 배양에 관한 사항

019

산업안전보건법령상 협의체 구성 및 운영에 관한 사항으로 (   )에 알맞은 내용은?

도급인은 관계수급인 근로자가 도급인의 사업장에서 작업을 하는 경우 도급인과 수급인을 구성원으로 하는 안전 및 보건에 관한 협의체를 구성 및 운영하여야 한다. 이 협의체는 (   ) 정기적으로 회의를 개최하고 그 결과를 기록·보존해야 한다.

① 매월 1회 이상   ② 2개월마다 1회
③ 3개월마다 1회   ④ 6개월마다 1회

해설

「산업안전보건법 시행규칙」
제79조(협의체의 구성 및 운영)
③ 협의체는 매월 1회 이상 정기적으로 회의를 개최하고 그 결과를 기록·보존해야 한다.

018

산업안전보건법령상 안전보건교육 교육대상별 교육내용 중 관리감독자 정기교육의 내용으로 틀린 것은?

① 정리정돈 및 청소에 관한 사항
② 유해·위험 작업환경 관리에 관한 사항
③ 표준안전 작업방법 및 지도 요령에 관한 사항
④ 작업공정의 유해·위험과 재해 예방대책에 관한 사항

해설

「산업안전보건법 시행규칙」
[별표 5] 안전보건교육 교육대상별 교육내용
나. 관리감독자 정기교육
• 산업안전 및 사고 예방에 관한 사항
• 산업보건 및 직업병 예방에 관한 사항
• 유해·위험 작업환경 관리에 관한 사항
• 산업안전보건법령 및 산업재해보상보험 제도에 관한 사항
• 직무스트레스 예방 및 관리에 관한 사항

020

산업안전보건법령상 프레스를 사용하여 작업을 할 때 작업시작 전 점검사항으로 틀린 것은?

① 방호장치의 기능
② 언로드밸브의 기능
③ 금형 및 고정볼트 상태
④ 클러치 및 브레이크의 기능

해설

「산업안전보건기준에 관한 규칙」
[별표 3] 작업시작 전 점검사항

> 1. 프레스 등을 사용하여 작업을 할 때

가. 클러치 및 브레이크의 기능
나. 크랭크축 · 플라이휠 · 슬라이드 · 연결봉 및 연결 나사의 풀림 여부
다. 1행정 1정지기구 · 급정지장치 및 비상정지장치의 기능
라. 슬라이드 또는 칼날에 의한 위험방지 기구의 기능
마. 프레스의 금형 및 고정볼트 상태
바. 방호장치의 기능
사. 전단기(剪斷機)의 칼날 및 테이블의 상태

제2과목 인간공학 및 시스템안전공학

021

일반적으로 은행의 접수대 높이나 공원의 벤치를 설계할 때 가장 적합한 인체 측정 자료의 응용원칙은?

① 조절식 설계
② 평균치를 이용한 설계
③ 최대치수를 이용한 설계
④ 최소치수를 이용한 설계

해설

- 평균치를 기준으로 한 설계
  - 최대치수, 최소치수 또는 조절식으로 설계하기 곤란한 경우에 평균치로 적용하는 설계
    예) 은행창구, 가게 계산대 등

022

위험분석기법 중 고장이 시스템의 손실과 인명의 사상에 연결되는 높은 위험도를 가진 요소나 고장의 형태에 따른 분석법은?

① CA
② ETA
③ FHA
④ FTA

해설

- CA
  - 고장이 시스템의 손실과 인명의 사상에 연결되는 높은 위험도를 가진 요소나 고장의 형태에 따른 분석법
  - 고장이 시스템에 얼마나 치명적인 영향을 끼치는지를 정량적으로 분석하는 기법

023

작업장의 설비 3대에서 각각 80dB, 86dB, 78dB의 소음이 발생되고 있을 때 작업장의 음압 수준은?

① 약 81.3dB
② 약 85.5dB
③ 약 87.5dB
④ 약 90.3dB

해설

$$10\log_{10}(10^{\frac{80}{10}} + 10^{\frac{86}{10}} + 10^{\frac{78}{10}}) = 87.491 dB$$

024

일반적인 화학설비에 대한 안전성 평가(Safety Assessment) 절차에 있어 안전대책 단계에 해당되지 않는 것은?

① 보전
② 위험도 평가
③ 설비적 대책
④ 관리적 대책

해설

- 안전대책 수립
  - 설비 등에 관한 대책
  - 관리적 대책(인원 배치, 교육훈련, 보전)

025

욕조곡선에서의 고장 형태에서 일정한 형태의 고장률이 나타나는 구간은?

① 초기 고장구간   ② 마모 고장구간
③ 피로 고장구간   ④ 우발 고장구간

해설
- 욕조곡선 : 수명 전체에 걸쳐 3가지 고장률 패턴을 보여줌
  (1) 초기고장(감소형) : 생산 시 품질관리 불량 또는 제조 불량으로 인해 발생하는 고장
  (2) 우발고장(일정형) : 설비 사용 중 예상할 수 없이 발생하는 고장으로, 고장률이 비교적 낮고 일정한 현상이 나타남
  (3) 마모고장(증가형) : 설비 등이 수명을 다해 발생하는 고장(부식 또는 마모, 불충분한 정비 등)

026

음량수준을 평가하는 척도와 관계없는 것은?

① dB   ② HSI
③ phon   ④ sone

해설
HSI는 열압박지수로 음량수준과는 관계가 없다. 열압박지수는 열평형을 유지하기 위해 증발해야 하는 땀의 양으로 열 부하를 나타낸다.

027

실효 온도(Effective Temperature)에 영향을 주는 요인이 아닌 것은?

① 온도   ② 습도
③ 복사열   ④ 공기 유동

해설
- 실효 온도에 영향을 주는 요인
  - 온도
  - 습도
  - 공기 유동

028

FT도에서 시스템의 신뢰도는 얼마인가? (단, 모든 부품의 발생확률은 0.1이다.)

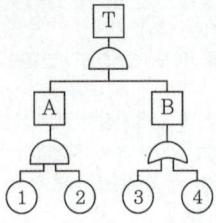

① 0.0033   ② 0.0062
③ 0.9981   ④ 0.9936

해설
$1 - [(0.1 \times 0.1) \times \{1 - (1 - 0.1)(1 - 0.1)\}] = 0.9981$

029

인간공학 연구방법 중 실제의 제품이나 시스템이 추구하는 특성 및 수준이 달성되는지를 비교하고 분석하는 연구는?

① 조사연구   ② 실험연구
③ 분석연구   ④ 평가연구

해설
- 평가연구 : 실제의 제품이나 시스템이 추구하는 특성 및 수준이 달성되는지를 비교하고 분석하는 연구

030

어떤 설비의 시간당 고장률이 일정하다고 할 때 이 설비의 고장간격은 다음 중 어떤 확률분포를 따르는가?

① t분포   ② 와이블분포
③ 지수분포   ④ 아이링(Eyring)분포

해설
- 지수분포 : 설비의 시간당 고장률이 일정하다고 할 때 이 설비의 고장간격의 확률분포

031

시스템 수명주기에 있어서 예비위험분석(PHA)이 이루어지는 단계에 해당하는 것은?

① 구상단계　② 점검단계
③ 운전단계　④ 생산단계

해설
- PHA : 시스템의 최초단계(설계단계, 구상단계)에서 실시하는 분석법

032

FTA에서 사용하는 다음 사상기호에 대한 설명으로 맞는 것은?

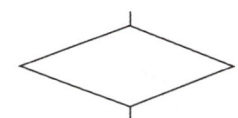

① 시스템 분석에서 좀 더 발전시켜야 하는 사상
② 시스템의 정상적인 가동상태에서 일어날 것이 기대되는 사상
③ 불충분한 자료로 결론을 내릴 수 없어 더 이상 전개할 수 없는 사상
④ 주어진 시스템의 기본사상으로 고장원인이 분석되었기 때문에 더 이상 분석할 필요가 없는 사상

해설
- 생략사상 : 해설기술 부족, 정보 부족으로 더 이상 전개할 수 없는 사상

033

정보를 전송하기 위해 청각적 표시장치보다 시각적 표시장치를 사용하는 것이 더 효과적인 경우는?

① 정보의 내용이 간단한 경우
② 정보가 후에 재참조되는 경우
③ 정보가 즉각적인 행동을 요구하는 경우
④ 정보의 내용이 시간적인 사건을 다루는 경우

해설
- 청각적 표시장치
  - 메시지가 짧고 단순한 경우
  - 메시지가 시간적 사건을 다룰 경우
  - 메시지를 나중에 참고할 필요가 없을 경우
  - 수신장소가 너무 밝거나 암조응유지가 필요할 경우
  - 수신자가 자주 움직일 경우
  - 즉각적인 행동이 필요한 경우
  - 수신자의 시각계통이 과부하 상태인 경우
- 시각적 표시장치
  - 메시지가 길고 복잡한 경우
  - 메시지가 공간적 위치를 다룰 경우
  - 메시지를 나중에 참고할 필요가 있을 경우
  - 소음이 과도할 경우
  - 수신자의 이동이 적을 경우
  - 즉각적인 행동이 불필요한 경우
  - 수신자의 청각계통이 과부하 상태인 경우

034

감각저장으로부터 정보를 작업기억으로 전달하기 위한 코드화 분류에 해당되지 않는 것은?

① 시각코드　② 촉각코드
③ 음성코드　④ 의미코드

해설
작업기억의 정보는 시각, 음성, 의미 코드로 저장된다.

035

인간-기계시스템 설계과정 중 직무분석을 하는 단계는?

① 제1단계 : 시스템의 목표와 성능명세 결정
② 제2단계 : 시스템의 정의
③ 제3단계 : 기본 설계
④ 제4단계 : 인터페이스 설계

해설
- 기본설계(3단계)
  - 인간-기계 시스템 설계의 3단계에 해당
  - 직무 분석, 작업 설계, 기능 할당

036

중량물 들기 작업 시 5분간의 산소소비량을 측정한 결과 90L의 배기량 중에 산소가 16%, 이산화탄소가 4%로 분석되었다. 해당 작업에 대한 산소소비량(L/min)은 약 얼마인가? (단, 공기 중 질소는 79vol%, 산소는 21vol%이다.)

① 0.948 ② 1.948
③ 4.74   ④ 5.74

해설
- 분당 배기량
  $\frac{90}{5} = 18 \text{L/min}$
- 분당 흡기량
  $\frac{(100-16-4)}{79} \times 18 = 18.23 \text{L/min}$
- 분당 산소소비량
  $(18.23 \times 0.21) - (18 \times 0.16) = 0.948 \text{L/min}$

037

의도는 올바른 것이었지만, 행동이 의도한 것과는 다르게 나타나는 오류는?

① Slip   ② Mistake
③ Lapse   ④ Violation

해설
의도는 올바른 것이었지만, 행동이 의도한 것과는 다르게 나타나는 오류는 '실수(Slip)'이다.

- 인간오류의 유형
  - 착오(Mistake) : 상황해석을 잘못하거나 목표에 대한 잘못된 이해로 착각하여 행하는 경우
  - 실수(Slip) : 상황이나 목표에 대한 해석은 제대로 하였으나 의도와는 다른 행동을 하는 경우
  - 건망증(Lapse) : 여러 과정이 연계적으로 일어나는 행동 중에서 일부를 잊어버리고 하지 않거나 또는 기억의 실패에 의해 발생하는 경우
  - 위반(Violation) : 정해져 있는 규칙을 알고 있으면서 고의로 따르지 않거나 무시하는 경우

038

동작경제의 원칙과 가장 거리가 먼 것은?

① 급작스런 방향의 전환은 피하도록 할 것
② 가능한 한 관성을 이용하여 작업하도록 할 것
③ 두 손의 동작은 같이 시작하고 같이 끝나도록 할 것
④ 두 팔의 동작은 동시에 같은 방향으로 움직일 것

해설
팔의 동작은 서로 반대의 대칭적 방향으로 이루어져야 하며 동시에 행해져야 한다.

039

두 가지 상태 중 하나가 고장 또는 결함으로 나타나는 비정상적인 사건은?

① 톱사상   ② 결함사상
③ 정상적인 사상 ④ 기본적인 사상

해설
- 결함사상 : 두 가지 상태 중 하나가 고장 또는 결함으로 나타나는 비정상적인 사건

040

설비보전 방법 중 설비의 열화를 방지하고 그 진행을 지연시켜 수명을 연장하기 위한 점검, 청소, 주유 및 교체 등의 활동은?

① 사후 보전
② 개량 보전
③ 일상 보전
④ 보전 예방

해설
- 일상 보전 : 설비의 열화를 방지하고 그 진행을 지연시켜 수명을 연장하기 위한 점검, 청소, 주유 및 교체 등의 활동

제3과목 기계위험방지기술

041

산업안전보건법령상 보일러 수위가 이상현상으로 인해 위험수위로 변하면 작업자가 쉽게 감지할 수 있도록 경보등, 경보음을 발하고 자동적으로 급수 또는 단수되어 수위를 조절하는 방호장치는?

① 압력방출장치
② 고저수위 조절장치
③ 압력제한 스위치
④ 과부하방지장치

해설
「산업안전보건기준에 관한 규칙」
제118조(고저수위 조절장치) 사업주는 고저수위(高低水位) 조절장치의 동작 상태를 작업자가 쉽게 감시하도록 하기 위하여 고저수위지점을 알리는 경보등·경보음장치 등을 설치하여야 하며, 자동으로 급수되거나 단수되도록 설치하여야 한다.
제119조(폭발위험의 방지) 사업주는 보일러의 폭발 사고를 예방하기 위하여 압력방출장치, 압력제한스위치, 고저수위 조절장치, 화염 검출기 등의 기능이 정상적으로 작동될 수 있도록 유지·관리하여야 한다.

042

프레스 작업에서 제품 및 스크랩을 자동적으로 위험 한계 밖으로 배출하기 위한 장치로 틀린 것은?

① 피더
② 키커
③ 이젝터
④ 공기 분사 장치

해설
- 피더(Feeder) : 위험 한계 밖에서 안전하게 가공물을 투입하기 위한 자동자재 공급장치

043

산업안전보건법령상 로봇의 작동범위 내에서 그 로봇에 관하여 교시 등 작업을 행하는 때 작업시작 전 점검 사항으로 옳은 것은? (단, 로봇의 동력원을 차단하고 행하는 것은 제외한다.)

① 과부하방지장치의 이상 유무
② 압력제한스위치의 이상 유무
③ 외부 전선의 피복 또는 외장의 손상 유무
④ 권과방지장치의 이상 유무

해설
「산업안전보건기준에 관한 규칙」
[별표 3] 작업시작 전 점검사항
2. 로봇의 작동 범위에서 그 로봇에 관하여 교시 등(로봇의 동력원을 차단하고 하는 것은 제외한다)의 작업을 할 때
  가. 외부 전선의 피복 또는 외장의 손상 유무
  나. 매니퓰레이터(Manipulator) 작동의 이상 유무
  다. 제동장치 및 비상정지장치의 기능

044

산업안전보건법령상 지게차 작업시작 전 점검사항으로 거리가 가장 먼 것은?

① 제동장치 및 조종장치 기능의 이상 유무
② 압력방출장치의 작동 이상 유무
③ 바퀴의 이상 유무
④ 전조등·후미등·방향지시기 및 경보장치 기능의 이상 유무

해설

「산업안전보건기준에 관한 규칙」
[별표 3] 작업시작 전 점검사항

9. 지게차를 사용하여 작업을 하는 때
가. 제동장치 및 조종장치 기능의 이상 유무
나. 하역장치 및 유압장치 기능의 이상 유무
다. 바퀴의 이상 유무
라. 전조등·후미등·방향지시기 및 경보장치 기능의 이상 유무

045

다음 중 가공재료의 칩이나 절삭유 등이 비산되어 나오는 위험으로부터 보호하기 위한 선반의 방호장치는?

① 바이트
② 권과방지장치
③ 압력제한스위치
④ 쉴드(shield)

해설

- 쉴드(Shield) : 칩이나 절삭유의 비산을 방지하기 위해 설치하는 플라스틱 덮개

046

산업안전보건법령상 보일러의 압력방출장치가 2개 설치된 경우 그 중 1개는 최고사용압력 이하에서 작동된다고 할 때 다른 압력방출장치는 최고사용압력의 최대 몇 배 이하에서 작동되도록 하여야 하는가?

① 0.5
② 1
③ 1.05
④ 2

해설

「산업안전보건기준에 관한 규칙」
제116조(압력방출장치)
① 사업주는 보일러의 안전한 가동을 위하여 보일러 규격에 맞는 압력방출장치를 1개 또는 2개 이상 설치하고 최고사용압력(설계압력 또는 최고허용압력을 말한다. 이하 같다) 이하에서 작동되도록 하여야 한다. 다만, 압력방출장치가 2개 이상 설치된 경우에는 최고사용압력 이하에서 1개가 작동되고, 다른 압력방출장치는 최고사용압력 1.05배 이하에서 작동되도록 부착하여야 한다.

047

상용운전압력 이상으로 압력이 상승할 경우 보일러의 파열을 방지하기 위하여 버너의 연소를 차단하여 정상압력으로 유도하는 장치는?

① 압력방출장치
② 고저수위 조절장치
③ 압력제한 스위치
④ 통풍제어 스위치

해설

「산업안전보건기준에 관한 규칙」
제117조(압력제한스위치) 사업주는 보일러의 과열을 방지하기 위하여 최고사용압력과 상용압력 사이에서 보일러의 버너 연소를 차단할 수 있도록 압력제한스위치를 부착하여 사용하여야 한다.

048

용접부 결함에서 전류가 과대하고, 용접속도가 너무 빨라 용접부의 일부가 홈 또는 오목하게 생기는 결함은?

① 언더컷
② 기공
③ 균열
④ 융합불량

해설

- 용접 결함의 종류
  (1) 용입 불량 : 용접부가 완전히 용입되지 않은 현상
  (2) 기공 : 용접부 내부에 생긴 기체가 외부로 빠져나오지 못하여 내부에 형성된 기포
  (3) 언더컷(Under Cut) : 용접부 부근의 모재가 용접열에 의해 움푹 파인 현상
  (4) 언더필(Under Fill) : 용접이 덜 채워진 현상
  (5) 균열(크랙, Cracking) : 용접부에 금이 가는 현상
  (6) 아크 스트라이크(Arc Strike) : 모재에 용접봉을 대고 아크를 발생시키므로 모재표면이 움푹 파인 현상
  (7) 스패터(Spatter) : 용접 시 작은 금속 알갱이가 튀어나와 모재에 묻어있는 현상
  (8) 오버랩(Over Lap) : 용접개선 절단면을 지나 모재 상부까지 용접된 현상

049

물체의 표면에 침투력이 강한 적색 또는 형광성의 침투액을 표면 개구 결함에 침투시켜 직접 또는 자외선 등으로 관찰하여 결함장소와 크기를 판별하는 비파괴시험은?

① 피로시험
② 음향탐상시험
③ 와류탐상시험
④ 침투탐상시험

해설

- 침투탐상시험 : 시험체 표면에 침투액을 도포하고 닦아낸 뒤 그것을 직접 또는 자외선 등으로 비추어 관찰하여 결함장소와 크기를 알아내는 비파괴시험
- 비파괴시험 : 제품을 파괴하지 않고 제품 내부의 결함, 용접부 내부의 결함 등을 검사하는 방법
  – 종류 : 누수시험, 누설시험, 음향탐상, 침투탐상, 초음파탐상, 자분탐상, 방사선투과 등

050

연삭숫돌의 파괴원인으로 거리가 가장 먼 것은?

① 숫돌이 외부의 큰 충격을 받았을 때
② 숫돌의 회전속도가 너무 빠를 때
③ 숫돌 자체에 이미 균열이 있을 때
④ 플랜지 직경이 숫돌 직경의 1/3 이상일 때

해설

플랜지 직경은 숫돌 직경의 1/3 이상이어야 한다. 따라서 '플랜지 직경이 숫돌 직경의 1/3 이상'인 것은 연삭숫돌의 파괴원인으로 적절하지 않다.

- 연삭숫돌 파괴원인
  – 플랜지 지름이 현저히 작은 경우(플랜지는 숫돌 지름의 1/3 이상)
  – 숫돌의 치수 특히 내경의 크기가 적당하지 않은 경우
  – 숫돌 자체에 균열이 있거나, 과한 충격이 가해진 경우
  – 숫돌 회전중심이 잡히지 않았거나, 베어링 마모에 의한 진동이 생긴 경우
  – 측면용 연삭숫돌이 아닌 연삭숫돌의 측면을 사용
  – 연삭숫돌의 최고 사용회전속도를 초과하여 사용

051

산업안전보건법령상 프레스 등 금형을 부착·해체 또는 조정하는 작업을 할 때, 슬라이드가 갑자기 작동함으로써 근로자에게 발생할 우려가 있는 위험을 방지하기 위해 사용해야 하는 것은? (단, 해당 작업에 종사하는 근로자의 신체가 위험한계 내에 있는 경우이다.)

① 방진구
② 안전블록
③ 시건장치
④ 날접촉예방장치

해설

「산업안전보건기준에 관한 규칙」
제104조(금형조정작업의 위험 방지) 사업주는 프레스 등의 금형을 부착·해체 또는 조정하는 작업을 할 때에 해당 작업에 종사하는 근로자의 신체가 위험한계 내에 있는 경우 슬라이드가 갑자기 작동함으로써 근로자에게 발생할 우려가 있는 위험을 방지하기 위하여 안전블록을 사용하는 등 필요한 조치를 하여야 한다.

052

페일 세이프(Fail Safe)의 기능적인 면에서 분류할 때 거리가 가장 먼 것은?

① Fool Proof
② Fail Passive
③ Fail Active
④ Fail Operational

해설

- 풀 푸르프(Fool Proof) : 작업자의 실수나 오류가 사고로 이어지지 않도록 예방하는 안전기구
- 페일 세이프(Fail Safe) : 기계 결함·고장 시 재해로 연결되지 않도록 안전을 확보하는 기구
  – 기능적 측면 3단계
  (1) Fail Passive : 기계가 고장나면 기계를 정지시키는 시스템
  (2) Fail Active : 기계가 고장나도 경보를 울리는 짧은 시간 동안 가동할 수 있도록 하는 시스템
  (3) Fail Operational : 기계가 고장나도 정지하지 않고 추후 보수될 때까지 안전하게 운행할 수 있도록 하는 시스템

053

산업안전보건법령상 크레인에서 정격하중에 대한 정의는? (단, 지브가 있는 크레인은 제외한다.)

① 부하할 수 있는 최대하중
② 부하할 수 있는 최대하중에서 달기기구의 중량에 상당하는 하중을 뺀 하중
③ 짐을 싣고 상승할 수 있는 최대하중
④ 가장 위험한 상태에서 부하할 수 있는 최대하중

> **해설**
> - 정격하중 : 권상하중에서 달기구(훅, 그물포대) 등의 중량을 제외한 하중으로, 실제로 권상 가능한 하물의 중량
> - 권상하중(호이스팅 하중) : 크레인의 구조 및 사용 재료에 따라 부하를 걸 수 있는 최대하중
> - 정격속도 : 정격하중을 매달고 주행, 선회, 상승 등의 작업을 할 수 있는 최고속도

054

기계설비의 안전조건인 구조의 안전화와 거리가 가장 먼 것은?

① 전압 강하에 따른 오동작 방지
② 재료의 결함 방지
③ 설계상의 결함 방지
④ 가공 결함 방지

> **해설**
> '전압 강하에 따른 오동작 방지'는 기능의 안전화 방안에 해당한다.
> - 구조의 안전화 방안 : 재료 · 설계 · 가공 등의 결함을 사전에 제거한다.
> - 기계설비 안전화 방안
>   (1) 외형의 안전화
>   (2) 구조(강도)의 안전화
>   (3) 기능의 안전화
>   (4) 작업의 안전화
>   (5) 유지 · 보수의 안전화

055

공기압축기의 작업안전수칙으로 가장 적절하지 않은 것은?

① 공기압축기의 점검 및 청소는 반드시 전원을 차단한 후에 실시한다.
② 운전 중에 어떠한 부품도 건드려서는 안 된다.
③ 공기압축기 분해 시 내부의 압축공기를 이용하여 분해한다.
④ 최대공기압력을 초과한 공기압력으로는 절대로 운전하여서는 안 된다.

> **해설**
> 공기압축기 분해 시 외부의 압축공기를 이용하여 분해한다.

056

산업안전보건법령상 컨베이어, 이송용 롤러 등을 사용하는 경우 정전 · 전압강하 등에 의한 위험을 방지하기 위하여 설치하는 안전장치는?

① 권과방지장치
② 동력전달장치
③ 과부하방지장치
④ 화물의 이탈 및 역주행 방지장치

> **해설**
> 「산업안전보건기준에 관한 규칙」
> 제191조(이탈 등의 방지) 사업주는 컨베이어, 이송용 롤러 등(이하 "컨베이어 등"이라 한다)을 사용하는 경우에는 정전 · 전압강하 등에 따른 화물 또는 운반구의 이탈 및 역주행을 방지하는 장치를 갖추어야 한다. 다만, 무동력상태 또는 수평상태로만 사용하여 근로자가 위험해질 우려가 없는 경우에는 그러하지 아니하다.

057

회전하는 동작부분과 고정부분이 함께 만드는 위험점으로 주로 연삭숫돌과 작업대, 교반기의 교반날개와 몸체 사이에서 형성되는 위험점은?

① 협착점
② 절단점
③ 물림점
④ 끼임점

해설

- 기계설비의 위험점
  (1) 협착점 : 왕복운동을 하는 동작부분과 고정부분 사이에 형성되는 위험점
      예 프레스, 압축용접기, 성형기, 펀칭기, 단조해머 등
  (2) 끼임점 : 고정부와 회전하는 동작부분 사이에 형성되는 위험점
      예 연삭숫돌과 덮개 사이, 교반기 날개와 용기의 몸체 사이, 반복작동하는 링크기구, 프레임의 요동운동 등
  (3) 절단점 : 회전하는 운동부분이나 운동하는 기계부분 자체의 위험에서 초래되는 위험점
      예 밀링커터, 둥근톱날, 띠톱, 벨트의 이음새 등
  (4) 물림점 : 반대방향으로 맞물려 회전하는 두 개의 물체에 물려 들어가는 위험점
      예 롤러와 기어가 서로 맞물려 회전 등
  (5) 접선물림점 : 회전하는 부분의 접선방향으로 물려 들어가는 위험점
      예 풀리와 V-belt 사이, 체인과 스프로킷 휠 사이, 피니언과 랙 사이 등
  (6) 회전말림점 : 회전하는 물체에 작업복 등이 말려 들어가는 위험점
      예 축, 커플링, 회전하는 드릴 등

058

다음 중 드릴 작업의 안전사항으로 틀린 것은?

① 옷소매가 길거나 찢어진 옷은 입지 않는다.
② 작고, 길이가 긴 물건은 손으로 잡고 뚫는다.
③ 회전하는 드릴에 걸레 등을 가까이 하지 않는다.
④ 스핀들에서 드릴을 뽑아낼 때에는 드릴 아래에 손을 내밀지 않는다.

해설

드릴 작업 시 작고, 길이가 긴 물건은 지그(Jig)를 사용해 고정하거나 회전방지 조치 후에 작업한다.

- 공작물 고정 방법
  (1) 바이스 : 일감이 작은 작업
  (2) 볼트, 고정구 : 일감이 크고 복잡한 작업
  (3) 지그 : 대량 생산과 정밀도를 요구하는 작업

059

산업안전보건법령상 양중기의 과부하방지장치에서 요구하는 일반적인 성능기준으로 가장 적절하지 않은 것은?

① 과부하방지장치 작동 시 경보음과 경보램프가 작동되어야 하며 양중기는 작동이 되지 않아야 한다.
② 외함의 전선 접촉부분은 고무 등으로 밀폐되어 물과 먼지 등이 들어가지 않도록 한다.
③ 과부하방지장치와 타 방호장치는 기능에 서로 장애를 주지 않도록 부착할 수 있는 구조이어야 한다.
④ 방호장치의 기능을 정지 및 제거할 때 양중기의 기능이 동시에 원활하게 작동하는 구조이며 정지해서는 안 된다.

해설

방호장치의 기능을 제거하면 양중기의 작동 또한 정지하는 구조이어야 한다.

「방호장치 안전인증 고시」
[별표 2] 양중기 과부하방지장치 성능기준

2. 일반 공통사항

가. 과부하방지장치 작동 시 경보음과 경보램프가 작동되어야 하며 양중기는 작동이 되지 않아야 한다. 다만, 크레인은 과부하 상태 해지를 위하여 권상된 만큼 권하시킬 수 있다.
나. 외함은 납봉인 또는 시건할 수 있는 구조이어야 한다.
다. 외함의 전선 접촉부분은 고무 등으로 밀폐되어 물과 먼지 등이 들어가지 않도록 한다.
라. 과부하방지장치와 타 방호장치는 기능에 서로 장애를 주지 않도록 부착할 수 있는 구조이어야 한다.
마. 방호장치의 기능을 제거 또는 정지할 때 양중기의 기능도 동시에 정지할 수 있는 구조이어야 한다.
바. 과부하방지장치는 별표 2의2 각 호의 시험 후 정격하중의 1.1배 권상 시 경보와 함께 권상동작이 정지되고 횡행과 주행동작이 불가능한 구조이어야 한다. 다만, 타워크레인은 정격하중의 1.05배 이내로 한다.
사. 과부하방지장치에는 정상동작상태의 녹색램프와 과부하 시 경고 표시를 할 수 있는 붉은색램프와 경보음을 발하는 장치 등을 갖추어야 하며, 양중기 운전자가 확인할 수 있는 위치에 설치해야 한다.

060

프레스기의 SPM(Stroke Per Minute)이 200이고, 클러치의 맞물림 개소수가 6인 경우 양수기동식 방호장치의 안전거리는?

① 120mm   ② 200mm
③ 320mm   ④ 400mm

해설

• 안전거리 $D_m = 1.6 \times T_m$ 일 때,

$T_m = (\dfrac{1}{클러치가 걸리는 개소수} + \dfrac{1}{2}) \times 60,000/$매분 행정수(SPM)ms

$(\dfrac{1}{6} + \dfrac{1}{2}) \times 60,000/200 ≒ 200$ms이므로,

$D_m = 1.6 \times 200 = 320$mm

따라서 안전장치는 320mm이다.

제4과목 전기위험방지기술

061

폭발한계에 도달한 메탄가스가 공기에 혼합되었을 경우 착화한계전압(V)은 약 얼마인가? (단, 메탄의 착화최소에너지는 0.2mJ, 극간용량은 10pF으로 한다.)

① 6,325   ② 5,225
③ 4,135   ④ 3,035

해설

• 최소 착화에너지 $E = \dfrac{1}{2}CV^2$

이때 $E = 0.2$mJ, $C = 10$pF이고,
pF $= 10^{-12}$F, mJ $= 10^{-3}$J이므로

$V = \sqrt{\dfrac{2E}{C}} = \sqrt{\dfrac{2 \times 0.2 \times 10^{-3}}{10 \times 10^{-12}}} = 6,325$

따라서 착화한계전압은 6,325V이다.

062

Q = 2×10^{-7}C으로 대전하고 있는 반경 25cm 도체구의 전위(kV)는 약 얼마인가?

① 7.2   ② 12.5
③ 14.4   ④ 25

해설

• 도체구의 전위 $E = \dfrac{Q}{4\pi\varepsilon_0 \times r}$

유전율 $\varepsilon_0 = 8.855 \times 10^{-12}$이고, 반경 $r = 0.25$m이므로,

$E = \dfrac{2 \times 10^{-7}}{4\pi \times (8.855 \times 10^{-12}) \times 0.25} ≒ 7189.38$V

따라서 전위는 약 7.2kV이다.

063

다음 중 누전차단기를 시설하지 않아도 되는 전로가 아닌 것은? (단, 전로는 금속제 외함을 가지는 사용전압이 50V를 초과하는 저압의 기계기구에 전기를 공급하는 전로이며, 기계기구에는 사람이 쉽게 접촉할 우려가 있다.)

① 기계기구를 건조한 장소에 시설하는 경우
② 기계기구가 고무, 합성수지, 기타 절연물로 피복된 경우
③ 대지전압 200V 이하인 기계기구를 물기가 있는 곳 이외의 곳에 시설하는 경우
④ 「전기용품 및 생활용품 안전관리법」의 적용을 받는 이중절연구조의 기계기구를 시설하는 경우

해설

「한국전기설비규정(KEC)」
211.2.4 누전차단기의 시설
가. 금속제 외함을 가지는 사용전압이 50V를 초과하는 저압의 기계기구로서 사람이 쉽게 접촉할 우려가 있는 곳에 시설하는 것에 전기를 공급하는 전로. 다만, 다음의 어느 하나에 해당하는 경우에는 적용하지 않는다.
  (1) 기계기구를 발전소·변전소·개폐소 또는 이에 준하는 곳에 시설하는 경우
  (2) 기계기구를 건조한 곳에 시설하는 경우
  (3) 대지전압이 150V 이하인 기계기구를 물기가 있는 곳 이외의 곳에 시설하는 경우
  (4) 「전기용품 및 생활용품 안전관리법」의 적용을 받는 이중절연구조의 기계기구를 시설하는 경우
  (5) 그 전로의 전원측에 절연변압기(2차 전압이 300V 이하인 경우에 한한다)를 시설하고 또한 그 절연 변압기의 부하측의 전로에 접지하지 아니하는 경우
  (6) 기계기구가 고무·합성수지 기타 절연물로 피복된 경우
  (7) 기계기구가 유도전동기의 2차측 전로에 접속되는 것일 경우

064

고압전로에 설치된 전동기용 고압전류 제한퓨즈의 불용단전류의 조건은?

① 정격전류 1.3배의 전류로 1시간 이내에 용단되지 않을 것
② 정격전류 1.3배의 전류로 2시간 이내에 용단되지 않을 것
③ 정격전류 2배의 전류로 1시간 이내에 용단되지 않을 것
④ 정격전류 2배의 전류로 2시간 이내에 용단되지 않을 것

해설

고압용 포장 퓨즈의 정격 용량은 정격전류의 1.3배이며, 용단 시간은 2배의 전류로 2시간 안에 용단되어야 한다.

「한국전기설비규정(KEC)」
341.10 고압 및 특고압 전로 중의 과전류차단기의 시설
1. 과전류차단기로 시설하는 퓨즈 중 고압전로에 사용하는 포장 퓨즈(퓨즈 이외의 과전류 차단기와 조합하여 하나의 과전류 차단기로 사용하는 것을 제외한다)는 정격전류의 1.3배의 전류에 견디고 또한 2배의 전류로 120분 안에 용단되는 것 또는 다음에 적합한 고압전류 제한퓨즈이어야 한다.

065

누전차단기의 시설방법 중 옳지 않은 것은?

① 시설장소는 배전반 또는 분전반 내에 설치한다.
② 정격전류용량은 해당 전로의 부하전류값 이상이어야 한다.
③ 정격감도전류는 정상의 사용상태에서 불필요하게 동작하지 않도록 한다.
④ 인체감전보호형은 0.05초 이내에 동작하는 고감도고속형이어야 한다.

해설

• 인체감전보호용 누전차단기 : 정격감도전류 30mA 이하, 동작시간 0.03초 이하의 전류동작형

066

정전기 방지대책 중 적합하지 않은 것은?

① 대전서열이 가급적 먼 것으로 구성한다.
② 카본 블랙을 도포하여 도전성을 부여한다.
③ 유속을 저감시킨다.
④ 도전성 재료를 도포하여 대전을 감소시킨다.

해설

정전기 방지를 위해서 대전서열이 가급적 가까운 것으로 구성하는 것이 바람직하다.

- 정전기 방지대책
  - 마찰로 인한 정전기를 방지하기 위해 마찰을 최대한 적게 하고, 가습을 한다.
  - 공기를 이온화한다.
  - 도체 부분을 접지한다.
  - 배관 내 액체의 유속을 제한한다.
  - 대전방지제를 사용한다.
  - 제전기 등 제전용구를 사용한다.
  - 작업자는 제전복, 정전화 등을 착용한다.
  - 작업장 바닥에 도전성(정전기 방지용) 매트를 사용한다.

067

다음 중 방폭전기기기의 구조별 표시방법으로 틀린 것은?

① 내압방폭구조 : p
② 본질안전방폭구조 : ia, ib
③ 유입방폭구조 : o
④ 안전증방폭구조 : e

해설

- 방폭구조 종류(기호)
  - 본질안전 방폭구조(ia, ib)
  - 내압 방폭구조(d)
  - 안전증 방폭구조(e)
  - 압력 방폭구조(p)
  - 유입 방폭구조(o)
  - 특수 방폭구조(s)

068

내전압용절연장갑의 등급에 따른 최대사용전압이 틀린 것은? (단, 교류 전압은 실효값이다.)

① 등급 00 : 교류 500V
② 등급 1 : 교류 7,500V
③ 등급 2 : 직류 17,000V
④ 등급 3 : 직류 39,750V

해설

「보호구 안전인증 고시」
[별표 3] 내전압용절연장갑의 성능기준
1. 절연장갑의 등급

등급	최대사용전압		색상
	교류(V, 실효값)	직류(V)	
00	500	750	갈색
0	1,000	1,500	빨강
1	7,500	11,250	흰색
2	17,000	25,500	노랑
3	26,500	39,750	녹색
4	36,000	54,000	등색

069

저압전로의 절연성능에 관한 설명으로 적합하지 않은 것은?

① 전로의 사용전압이 SELV 및 PELV일 때 절연저항은 0.5MΩ 이상이어야 한다.
② 전로의 사용전압이 FELV일 때 절연저항은 1MΩ 이상이어야 한다.
③ 전로의 사용전압이 FELV일 때 DC 시험 전압은 500V이다.
④ 전로의 사용전압이 600V일 때 절연저항은 1.5MΩ 이상이어야 한다.

해설

「전기설비기술기준」
제52조(저압전로의 절연성능) 전기사용 장소의 사용전압이 저압인 전로의 전선 상호 간 및 전로와 대지 사이의 절연저항은 개폐기 또는 과전류차단기로 구분할 수 있는 전로마다 다음 표에서 정한 값 이상이어야 한다.

전로의 사용전압	DC 시험전압	절연저항
SELV 및 PELV	250V	0.5MΩ
FELV, 500V 이하	500V	1.0MΩ
500V 초과	1,000V	1.0MΩ

[주] 특별저압(Extra Low Voltage : 2차 전압이 AC 50V, DC 120V 이하)으로 SELV(비접지회로 구성) 및 PELV(접지회로 구성)은 1차와 2차가 전기적으로 절연된 회로, FELV는 1차와 2차가 전기적으로 절연되지 않은 회로

070

다음 중 0종 장소에 사용될 수 있는 방폭구조의 기호는?

① Ex ia
② Ex ib
③ Ex d
④ Ex e

해설

본질안전 방폭구조(Ex ia, Ex ib)는 0종, 1종, 2종 장소에 모두 적합하나, 0종 장소에는 Ex ia 형식만 가능하다.

• 본질안전 방폭구조(Ex ia, Ex ib) : 방폭지역에서 정상 시 및 사고 시 발생하는 스파크, 아크 또는 고온부에 의해 발생되는 전기적 에너지를 제한하여 전기적 점화원 발생을 억제하고, 만약 점화원이 발생하더라도 위험물질을 점화할 수 없다는 것이 시험을 통해 확인된 구조

071

다음 중 전기화재의 주요 원인이라고 할 수 없는 것은?

① 절연전선의 열화
② 정전기 발생
③ 과전류 발생
④ 절연저항값의 증가

해설

절연저항은 절연체에 전압을 가했을 때 절연체가 나타내는 전기 저항으로, 절연저항값이 높을수록 절연효과가 높다는 것을 의미한다.
따라서 절연저항값의 증가는 전기화재의 주요 원인으로 적절하지 않다.

072

배전선로에 정전작업 중 단락 접지기구를 사용하는 목적으로 가장 적합한 것은?

① 통신선 유도 장해 방지
② 배전용 기계 기구의 보호
③ 배전선 통전 시 전위경도 저감
④ 혼촉 또는 오동작에 의한 감전방지

해설

'혼촉 또는 오동작에 의한 감전방지'를 위해 단락 접지기구를 사용한다.

073

어느 변전소에서 고장전류가 유입되었을 때 도전성 구조물과 그 부근 지표상의 점과의 사이(약 1m)의 허용접촉전압은 약 몇 V인가? (단, 심실세동전류 : $I_k = \dfrac{0.165}{\sqrt{t}}$ A, 인체의 저항 : 1,000Ω, 지표면의 저항률 : 150Ω·m, 통전시간 : 1초로 한다.)

① 164
② 186
③ 202
④ 228

해설

• 허용접촉전압 $E = \left(R_b + \dfrac{3R_s}{2}\right) \times I_k$

(이때, R_b = 인체의 저항률, R_s = 지표상층 저항률, I_k = 심실세동전류)

$(1{,}000 + \dfrac{3 \times 150}{2}) \times \dfrac{0.165}{\sqrt{1}} \times 10^{-3} ≒ 202$

따라서 허용접촉전압은 약 202V이다.

074

방폭기기 그룹에 관한 설명으로 틀린 것은?

① 그룹Ⅰ, 그룹Ⅱ, 그룹Ⅲ가 있다.
② 그룹Ⅰ의 기기는 폭발성 갱내 가스에 취약한 광산에서의 사용을 목적으로 한다.
③ 그룹Ⅱ의 세부 분류로 ⅡA, ⅡB, ⅡC가 있다.
④ ⅡA로 표시된 기기는 그룹 ⅡB기기를 필요로 하는 지역에 사용할 수 있다.

> **해설**
> 그룹Ⅱ는 ⅡA, ⅡB, ⅡC로 분류된다.
> ⅡB로 표시된 전기기기는 ⅡA 전기기기를 필요로 하는 지역에 사용할 수 있으며, ⅡC로 표시된 전기기기는 ⅡA 또는 ⅡB 전기기기를 필요로 하는 지역에 사용할 수 있다.

075

한국전기설비규정에 따라 피뢰설비에서 외부피뢰시스템의 수뢰부시스템으로 적합하지 않은 것은?

① 돌침 ② 수평도체
③ 메시도체 ④ 환상도체

> **해설**
> 「한국전기설비규정(KEC)」
> 152.1 수뢰부시스템
> 1. 수뢰부시스템의 선정은 다음에 의한다.
>   가. 돌침, 수평도체, 메시도체의 요소 중에 한 가지 또는 이를 조합한 형식으로 시설하여야 한다.

076

정전기 재해의 방지를 위하여 배관 내 액체의 유속 제한이 필요하다. 배관의 내경과 유속 제한 값으로 적절하지 않은 것은?

① 관내경(mm) : 25, 제한유속(m/s) : 6.5
② 관내경(mm) : 50, 제한유속(m/s) : 3.5
③ 관내경(mm) : 100, 제한유속(m/s) : 2.5
④ 관내경(mm) : 200, 제한유속(m/s) : 1.8

> **해설**
> • 관경에 따른 유속제한 값
>
> | 관내경 [inch] | 관내경 [m] | 유속 [m/초] |
> |---|---|---|
> | 0.5 | 0.01 | 8 |
> | 1 | 0.025 | 4.9 |
> | 2 | 0.05 | 3.5 |
> | 4 | 0.1 | 2.5 |
> | 8 | 0.2 | 1.8 |
> | 16 | 0.4 | 1.3 |
> | 24 | 0.6 | 1.0 |

077

지락이 생긴 경우 접촉상태에 따라 접촉전압을 제한할 필요가 있다. 인체의 접촉상태에 따른 허용접촉전압을 나타낸 것으로 다음 중 옳지 않은 것은?

① 제1종 : 2.5V 이하
② 제2종 : 25V 이하
③ 제3종 : 35V 이하
④ 제4종 : 제한 없음

> **해설**
> • 허용접촉전압
>
> | 종별 | 접촉상태 | 허용접촉전압 |
> |---|---|---|
> | 제1종 | 인체의 대부분이 수중에 있는 상태 | 2.5V 이하 |
> | 제2종 | ① 인체가 현저히 젖어있는 상태 ② 금속성의 전기·기계장치나 구조물에 인체의 일부가 상시 접촉되어 있는 상태 | 25V 이하 |
> | 제3종 | 제1종, 제2종 이외의 경우로서 통상의 인체상태에 있어서 접촉전압이 가해지면 위험성이 높은 상태 | 50V 이하 |
> | 제4종 | ① 제1종, 제2종 이외의 경우로서 통상의 인체상태에 접촉전압이 가해져도 위험성이 낮은 상태 ② 접촉전압이 가해질 우려가 없는 경우 | 제한 없음 |

078

계통접지로 적합하지 않은 것은?

① TN계통　② TT계통
③ IN계통　④ IT계통

해설

「한국전기설비규정(KEC)」
203.1 계통접지 구성
1. 저압전로의 보호도체 및 중성선의 접속 방식에 따라 접지 계통은 다음과 같이 분류한다.
   가. TN 계통
   나. TT 계통
   다. IT 계통

해설

정전기 재해방지를 위해서 이동식 용기는 도전성 바퀴를 사용하는 것이 바람직하다.

- 정전기 방지대책
  - 마찰로 인한 정전기를 방지하기 위해 마찰을 최대한 적게 하고, 가습을 한다.
  - 공기를 이온화한다.
  - 도체 부분을 접지한다.
  - 배관 내 액체의 유속을 제한한다.
  - 대전방지제를 사용한다.
  - 제전기 등 제전용구를 사용한다.
  - 작업자는 제전복, 정전화 등을 착용한다.
  - 작업장 바닥에 도전성(정전기 방지용) 매트를 사용한다.

079

정전기 발생에 영향을 주는 요인이 아닌 것은?

① 물체의 분리속도　② 물체의 특성
③ 물체의 접촉시간　④ 물체의 표면상태

해설

- 정전기 유발요인 : 물체의 특성, 분리속도, 접촉면적 및 압력, 표면상태, 대전이력 등

080

정전기재해의 방지대책에 대한 설명으로 적합하지 않은 것은?

① 접지의 접속은 납땜, 용접 또는 멈춤나사로 실시한다.
② 회전부품의 유막저항이 높으면 도전성의 윤활제를 사용한다.
③ 이동식의 용기는 절연성 고무제 바퀴를 달아서 폭발위험을 제거한다.
④ 폭발의 위험이 있는 구역은 도전성 고무류로 바닥 처리를 한다.

제5과목 화학설비위험방지기술

081

산업안전보건법령상 특수화학설비를 설치할 때 내부의 이상상태를 조기에 파악하기 위하여 필요한 계측장치를 설치하여야 한다. 이러한 계측장치로 거리가 먼 것은?

① 압력계　② 유량계
③ 온도계　④ 비중계

해설

「산업안전보건기준에 관한 규칙」
제273조(계측장치 등의 설치) 사업주는 별표 9에 따른 위험물을 같은 표에서 정한 기준량 이상으로 제조하거나 취급하는 다음 각 호의 어느 하나에 해당하는 화학설비(이하 "특수화학설비"라 한다)를 설치하는 경우에는 내부의 이상 상태를 조기에 파악하기 위하여 필요한 온도계·유량계·압력계 등의 계측장치를 설치하여야 한다.

082

불연성이지만 다른 물질의 연소를 돕는 산화성 액체 물질에 해당하는 것은?

① 히드라진
② 과염소산
③ 벤젠
④ 암모니아

해설

「위험물안전관리법 시행령」
[별표 1] 위험물 및 지정수량

제6류 산화성 액체
1. 과염소산
2. 과산화수소
3. 질산
4. 그 밖에 행정안전부령으로 정하는 것
5. 제1호 내지 제4호의1에 해당하는 어느 하나 이상을 함유한 것

083

아세톤에 대한 설명으로 틀린 것은?

① 증기는 유독하므로 흡입하지 않도록 주의해야 한다.
② 무색이고 휘발성이 강한 액체이다.
③ 비중이 0.79이므로 물보다 가볍다.
④ 인화점이 20℃이므로 여름철에 인화 위험이 더 높다.

해설

아세톤의 인화점은 −18℃이다.

084

화학물질 및 물리적 인자의 노출기준에서 정한 유해인자에 대한 노출기준의 표시단위가 잘못 연결된 것은?

① 에어로졸 : ppm
② 증기 : ppm
③ 가스 : ppm
④ 고온 : 습구흑구온도지수(WBGT)

해설

「화학물질 및 물리적 인자의 노출기준」
제11조(표시단위)
① 가스 및 증기의 노출기준 표시단위는 피피엠(ppm)을 사용한다.
② 분진 및 미스트 등 에어로졸(Aerosol)의 노출기준 표시단위는 세제곱미터당 밀리그램(mg/m^3)을 사용한다. 다만, 석면 및 내화성 세라믹 섬유의 노출기준 표시단위는 세제곱센티미터당 개수(개/cm^3)를 사용한다.
③ 고온의 노출기준 표시단위는 습구흑구온도지수(이하 "WBGT"라 한다)를 사용하며 다음 각 호의 식에 따라 산출한다.
  1. 태양광선이 내리쬐는 옥외 장소 : WBGT(℃) = 0.7 × 자연습구온도 + 0.2 × 흑구온도 + 0.1 × 건구온도
  2. 태양광선이 내리쬐지 않는 옥내 또는 옥외 장소 : WBGT(℃) = 0.7 × 자연습구온도 + 0.3 × 흑구온도

085

다음 [표]를 참조하여 메탄 70vol%, 프로판 21vol%, 부탄 9vol%인 혼합가스의 폭발범위를 구하면 약 몇 vol%인가?

가스	폭발하한계(vol%)	폭발상한계(vol%)
C_4H_{10}	1.8	8.4
C_3H_8	2.1	9.5
C_2H_6	3.0	12.4
CH_4	5.0	15.0

① 3.45~9.11
② 3.45~12.58
③ 3.85~9.11
④ 3.85~12.58

해설

$$\text{폭발하한계} = \frac{100}{\frac{70}{5} + \frac{21}{2.1} + \frac{9}{1.8}} = 3.45$$

$$\text{폭발상한계} = \frac{100}{\frac{70}{15} + \frac{21}{9.5} + \frac{9}{8.4}} = 12.58$$

∴ 혼합가스의 폭발범위는 3.45~12.58이다.

086

산업안전보건법령상 위험물질의 종류를 구분할 때 다음 물질들이 해당하는 것은?

> 리튬, 칼륨·나트륨, 황, 황린, 황화인·적린

① 폭발성 물질 및 유기과산화물
② 산화성 액체 및 산화성 고체
③ 물반응성 물질 및 인화성 고체
④ 급성 독성 물질

해설

「산업안전보건기준에 관한 규칙」
[별표 1] 위험물질의 종류
2. 물반응성 물질 및 인화성 고체
  가. 리튬
  나. 칼륨·나트륨
  다. 황
  라. 황린
  마. 황화인·적린
  바. 셀룰로이드류
  사. 알킬알루미늄·알킬리튬
  아. 마그네슘 분말
  자. 금속 분말(마그네슘 분말은 제외한다)
  차. 알칼리금속(리튬·칼륨 및 나트륨은 제외한다)
  카. 유기 금속화합물(알킬알루미늄 및 알킬리튬은 제외한다)
  타. 금속의 수소화물
  파. 금속의 인화물
  하. 칼슘 탄화물, 알루미늄 탄화물
  거. 그 밖에 가목부터 하목까지의 물질과 같은 정도의 발화성 또는 인화성이 있는 물질
  너. 가목부터 거목까지의 물질을 함유한 물질

087

제1종 분말소화약제의 주성분에 해당하는 것은?

① 사염화탄소   ② 브롬화메탄
③ 수산화암모늄 ④ 탄산수소나트륨

해설

• 분말소화약제의 주성분
 - 제1종 : 탄산수소나트륨($NaHCO_3$)
 - 제2종 : 탄산수소칼륨($KHCO_3$)
 - 제3종 : 제1인산암모늄($NH_4H_2PO_4$)
 - 제4종 : 탄산수소칼륨과 요소와의 반응물($KC_2N_2H_3O_3$)

088

탄화칼슘이 물과 반응하였을 때 생성물을 옳게 나타낸 것은?

① 수산화칼슘 + 아세틸렌
② 수산화칼슘 + 수소
③ 염화칼슘 + 아세틸렌
④ 염화칼슘 + 수소

해설

탄화칼슘(CaC_2)이 물과 반응하면 아세틸렌(C_2H_2) 가스가 발생한다.
$CaC_2 + 2H_2O \rightarrow Ca(OH)_2 + C_2H_2$

089

다음 중 분진폭발의 특징으로 옳은 것은?

① 가스폭발보다 연소시간이 짧고, 발생에너지가 작다.
② 압력의 파급속도보다 화염의 파급속도가 빠르다.
③ 가스폭발에 비하여 불완전 연소의 발생이 없다.
④ 주위의 분진에 의해 2차, 3차의 폭발로 파급될 수 있다.

해설

• 분진폭발의 특징
 - 가스폭발보다 연소시간이 길고 발생에너지가 크다.
 - 화염의 파급속도보다 압력의 파급속도가 크다.
 - 가스폭발에 비해 불완전연소의 가능성이 커서 일산화탄소 존재로 인한 가스중독의 위험이 크다.
 - 주위 분진에 의해 2차, 3차 폭발로 파급될 수 있다.

090
가연성 가스 A의 연소범위를 2.2~9.5vol%라 할 때 가스 A의 위험도는 얼마인가?

① 2.52 ② 3.32
③ 4.91 ④ 5.64

해설

$$위험도 = \frac{폭발상한계 - 폭발하한계}{폭발하한계}$$
$$= \frac{9.5 - 2.2}{2.2} = 3.32$$

091
다음 중 증기배관 내에 생성된 증기의 누설을 막고 응축수를 자동적으로 배출하기 위한 안전장치는?

① Steam Trap ② Vent Stack
③ Blow Down ④ Flame Arrester

해설

- Steam Trap : 증기배관 내에 생성된 증기의 누설을 막고 응축수를 자동적으로 배출하기 위한 안전장치

092
CF_3Br 소화약제의 할론 번호를 옳게 나타낸 것은?

① 할론 1031 ② 할론 1311
③ 할론 1301 ④ 할론 1310

해설

할론 번호는 탄소(C), 불소(F), 염소(Cl), 브롬(Br)의 개수를 순서대로 나열한 것이다.
따라서 CF_3Br의 할론 번호는 1301이다.

093
산업안전보건법령에 따라 공정안전보고서에 포함해야 할 세부내용 중 공정안전자료에 해당하지 않는 것은?

① 안전운전지침서
② 각종 건물·설비의 배치도
③ 유해하거나 위험한 설비의 목록 및 사양
④ 위험설비의 안전설계·제작 및 설치관련 지침서

해설

안전운전지침서는 안전운전계획에 포함되는 항목이다.
「산업안전보건법 시행규칙」
제50조(공정안전보고서의 세부 내용 등)
① 영 제44조에 따라 공정안전보고서에 포함해야 할 세부 내용은 다음 각 호와 같다.
  1. 공정안전자료
     가. 취급·저장하고 있거나 취급·저장하려는 유해·위험물질의 종류 및 수량
     나. 유해·위험물질에 대한 물질안전보건자료
     다. 유해하거나 위험한 설비의 목록 및 사양
     라. 유해하거나 위험한 설비의 운전방법을 알 수 있는 공정도면
     마. 각종 건물·설비의 배치도
     바. 폭발위험장소 구분도 및 전기단선도
     사. 위험설비의 안전설계·제작 및 설치 관련 지침서

094
산업안전보건법령상 단위공정시설 및 설비로부터 다른 단위공정시설 및 설비 사이의 안전거리는 설비의 바깥 면부터 얼마 이상이 되어야 하는가?

① 5m ② 10m
③ 15m ④ 20m

> **해설**
> 「산업안전보건기준에 관한 규칙」
> [별표 8] 안전거리
>
> | 구분 | 안전거리 |
> |---|---|
> | 1. 단위공정시설 및 설비로부터 다른 단위공정시설 및 설비의 사이 | 설비의 바깥 면으로부터 10미터 이상 |
> | 2. 플레어스택으로부터 단위공정시설 및 설비, 위험물질 저장탱크 또는 위험물질 하역설비의 사이 | 플레어스택으로부터 반경 20미터 이상 |
> | 3. 위험물질 저장탱크로부터 단위공정시설 및 설비, 보일러 또는 가열로의 사이 | 저장탱크의 바깥 면으로부터 20미터 이상 |
> | 4. 사무실·연구실·실험실·정비실 또는 식당으로부터 단위공정시설 및 설비, 위험물질 저장탱크, 위험물질 하역설비, 보일러 또는 가열로의 사이 | 사무실 등의 바깥 면으로부터 20미터 이상 |

095

자연발화 성질을 갖는 물질이 아닌 것은?

① 질화면 ② 목탄분말
③ 아마인유 ④ 과염소산

> **해설**
> 과염소산은 산화성 액체이다.

096

다음 중 왕복펌프에 속하지 않는 것은?

① 피스톤 펌프 ② 플런저 펌프
③ 기어 펌프 ④ 격막 펌프

> **해설**
> 기어 펌프는 회전펌프에 속한다.

097

두 물질을 혼합하면 위험성이 커지는 경우가 아닌 것은?

① 이황화탄소 + 물
② 나트륨 + 물
③ 과산화나트륨 + 염산
④ 염소산칼륨 + 적린

> **해설**
> 이황화탄소(CS_2)는 안전을 위해 물속에 저장한다.

098

5% NaOH 수용액과 10% NaOH 수용액을 반응기에 혼합하여 6% 100kg의 NaOH 수용액을 만들려면 각각 몇 kg의 NaOH 수용액이 필요한가?

① 5% NaOH 수용액 : 33.3
   10% NaOH 수용액 : 66.7
② 5% NaOH 수용액 : 50
   10% NaOH 수용액 : 50
③ 5% NaOH 수용액 : 66.7
   10% NaOH 수용액 : 33.3
④ 5% NaOH 수용액 : 80
   10% NaOH 수용액 : 20

> **해설**
> 5% NaOH 수용액의 양 : x
> 10% NaOH 수용액의 양 : y
> 1) $x + y = 100$
> 2) $0.05x + 0.1y = 0.06 \times 100$
> ∴ $x = 80$, $y = 20$

099

다음 중 노출기준(TWA, ppm) 값이 가장 작은 물질은?

① 염소 ② 암모니아
③ 에탄올 ④ 메탄올

> **해설**
> 염소의 TWA가 0.5로 가장 낮다.
> - 시간가중 평균노출기준(TWA)
>   - 염소 : 0.5
>   - 암모니아 : 25
>   - 에탄올 : 1,000
>   - 메탄올 : 200

제6과목 건설안전기술

101

부두·안벽 등 하역작업을 하는 장소에서 부두 또는 안벽의 선을 따라 통로를 설치하는 경우에는 폭을 최소 얼마 이상으로 하여야 하는가?

① 85cm ② 90cm
③ 100cm ④ 120cm

> **해설**
> 「산업안전보건기준에 관한 규칙」
> 제390조(하역작업장의 조치기준) 사업주는 부두·안벽 등 하역작업을 하는 장소에 다음 각 호의 조치를 하여야 한다.
> 1. 작업장 및 통로의 위험한 부분에는 안전하게 작업할 수 있는 조명을 유지할 것
> 2. 부두 또는 안벽의 선을 따라 통로를 설치하는 경우에는 폭을 90센티미터 이상으로 할 것
> 3. 육상에서의 통로 및 작업장소로서 다리 또는 선거(船渠) 갑문(閘門)을 넘는 보도(步道) 등의 위험한 부분에는 안전난간 또는 울타리 등을 설치할 것

100

산업안전보건법령에 따라 위험물 건조설비 중 건조실을 설치하는 건축물의 구조를 독립된 단층건물로 하여야 하는 건조설비가 아닌 것은?

① 위험물 또는 위험물이 발생하는 물질을 가열·건조하는 경우 내용적이 $2m^3$인 건조설비
② 위험물이 아닌 물질을 가열·건조하는 경우 액체연료의 최대사용량이 5kg/h인 건조설비
③ 위험물이 아닌 물질을 가열·건조하는 경우 기체연료의 최대사용량이 $2m^3$/h인 건조설비
④ 위험물이 아닌 물질을 가열·건조하는 경우 전기사용 정격용량이 20kW인 건조설비

> **해설**
> 「산업안전보건기준에 관한 규칙」
> 제280조(위험물 건조설비를 설치하는 건축물의 구조) 사업주는 다음 각 호의 어느 하나에 해당하는 위험물 건조설비(이하 "위험물 건조설비"라 한다) 중 건조실을 설치하는 건축물의 구조는 독립된 단층건물로 하여야 한다. 다만, 해당 건조실을 건축물의 최상층에 설치하거나 건축물이 내화구조인 경우에는 그러하지 아니하다.
> 1. 위험물 또는 위험물이 발생하는 물질을 가열·건조하는 경우 내용적이 1세제곱미터 이상인 건조설비
> 2. 위험물이 아닌 물질을 가열·건조하는 경우로서 다음 각 목의 어느 하나의 용량에 해당하는 건조설비
>   가. 고체 또는 액체연료의 최대사용량이 시간당 10킬로그램 이상
>   나. 기체연료의 최대사용량이 시간당 1세제곱미터 이상
>   다. 전기사용 정격용량이 10킬로와트 이상

102

다음은 산업안전보건법령에 따른 산업안전보건관리비의 사용에 관한 규정이다. ( ) 안에 들어갈 내용을 순서대로 옳게 작성한 것은?

> 건설공사도급인은 고용노동부장관이 정하는 바에 따라 해당 건설공사를 위하여 계상된 산업안전보건관리비를 그가 사용하는 근로자와 그의 관계수급인이 사용하는 근로자의 산업재해 및 건강장해 예방에 사용하고, 그 사용명세서를 ( ) 작성하고 건설공사 종료 후 ( )간 보존해야 한다.

① 매월, 6개월
② 매월, 1년
③ 2개월마다, 6개월
④ 2개월마다, 1년

해설

「산업안전보건법 시행규칙」
제89조(산업안전보건관리비의 사용)
① 건설공사도급인은 도급금액 또는 사업비에 계상(計上)된 산업안전보건관리비의 범위에서 그의 관계수급인에게 해당 사업의 위험도를 고려하여 적정하게 산업안전보건관리비를 지급하여 사용하게 할 수 있다.
② 건설공사도급인은 법 제72조 제3항에 따라 산업안전보건관리비를 사용하는 해당 건설공사의 금액(고용노동부장관이 정하여 고시하는 방법에 따라 산정한 금액을 말한다)이 4천만 원 이상인 때에는 고용노동부장관이 정하는 바에 따라 매월(건설공사가 1개월 이내에 종료되는 사업의 경우에는 해당 건설공사가 끝나는 날이 속하는 달을 말한다) 사용명세서를 작성하고, 건설공사 종료 후 1년 동안 보존해야 한다.

103

지반의 굴착 작업에 있어서 비가 올 경우를 대비한 직접적인 대책으로 옳은 것은?

① 측구 설치
② 낙하물 방지망 설치
③ 추락 방호망 설치
④ 매설물 등의 유무 또는 상태 확인

해설

「산업안전보건기준에 관한 규칙」
제340조(지반의 붕괴 등에 의한 위험방지)
② 사업주는 비가 올 경우를 대비하여 측구(側溝)를 설치하거나 굴착경사면에 비닐을 덮는 등 빗물 등의 침투에 의한 붕괴재해를 예방하기 위하여 필요한 조치를 하여야 한다.

104

강관틀비계(높이 5m 이상)의 넘어짐을 방지하기 위하여 사용하는 벽이음 및 버팀의 설치간격 기준으로 옳은 것은?

① 수직방향 5m, 수평방향 5m
② 수직방향 6m, 수평방향 7m
③ 수직방향 6m, 수평방향 8m
④ 수직방향 7m, 수평방향 8m

해설

「산업안전보건기준에 관한 규칙」
[별표 5] 강관비계의 조립간격

강관비계의 종류	조립간격(단위 : m)	
	수직방향	수평방향
단관비계	5	5
틀비계 (높이가 5m 미만인 것은 제외)	6	8

105

굴착공사에 있어서 비탈면 붕괴를 방지하기 위하여 실시하는 대책으로 옳지 않은 것은?

① 지표수의 침투를 막기 위해 표면배수공을 한다.
② 지하수위를 내리기 위해 수평배수공을 설치한다.
③ 비탈면 하단을 성토한다.
④ 비탈면 상부에 토사를 적재한다.

해설

비탈면 상부에 토사를 적재하면 적재하중의 증가로 비탈면 붕괴를 가속화하게 된다.

106

강관을 사용하여 비계를 구성하는 경우 준수해야 할 사항으로 옳지 않은 것은?

① 비계기둥의 간격은 띠장 방향에서는 1.85m 이하, 장선(長線) 방향에서는 1.5m 이하로 할 것
② 띠장 간격은 2.0m 이하로 할 것
③ 비계기둥의 제일 윗부분으로부터 31m 되는 지점 밑부분의 비계기둥은 3개의 강관으로 묶어 세울 것
④ 비계기둥 간의 적재하중은 400kg을 초과하지 않도록 할 것

해설

「산업안전보건기준에 관한 규칙」
제60조(강관비계의 구조) 사업주는 강관을 사용하여 비계를 구성하는 경우 다음 각 호의 사항을 준수하여야 한다.

1. 비계기둥의 간격은 띠장 방향에서는 1.85미터 이하, 장선(長線) 방향에서는 1.5미터 이하로 할 것. 다만, 선박 및 보트 건조작업의 경우 안전성에 대한 구조검토를 실시하고 조립도를 작성하면 띠장 방향 및 장선 방향으로 각각 2.7미터 이하로 할 수 있다.
2. 띠장 간격은 2.0미터 이하로 할 것. 다만, 작업의 성질상 이를 준수하기가 곤란하여 쌍기둥틀 등에 의하여 해당 부분을 보강한 경우에는 그러하지 아니하다.
3. 비계기둥의 제일 윗부분으로부터 31미터 되는 지점 밑부분의 비계기둥은 2개의 강관으로 묶어 세울 것. 다만, 브라켓(bracket, 까치발) 등으로 보강하여 2개의 강관으로 묶을 경우 이상의 강도가 유지되는 경우에는 그러하지 아니하다.
4. 비계기둥 간의 적재하중은 400킬로그램을 초과하지 않도록 할 것

107

다음은 산업안전보건법령에 따른 시스템 비계의 구조에 관한 사항이다. ( ) 안에 들어갈 내용으로 옳은 것은?

> 비계 밑단의 수직재와 받침철물은 밀착되도록 설치하고, 수직재와 받침철물의 연결부의 겹침길이는 받침철물 전체길이의 ( ) 이상이 되도록 할 것

① 2분의 1　　② 3분의 1
③ 4분의 1　　④ 5분의 1

해설
「산업안전보건기준에 관한 규칙」
제69조(시스템 비계의 구조)
2. 비계 밑단의 수직재와 받침철물은 밀착되도록 설치하고, 수직재와 받침철물의 연결부의 겹침길이는 받침철물 전체길이의 3분의 1 이상이 되도록 할 것

108

건설현장에서 작업으로 인하여 물체가 떨어지거나 날아올 위험이 있는 경우에 대한 안전조치에 해당하지 않는 것은?

① 수직보호망 설치　② 방호선반 설치
③ 울타리 설치　　　④ 낙하물 방지망 설치

해설
「산업안전보건기준에 관한 규칙」
제14조(낙하물에 의한 위험의 방지)
② 사업주는 작업으로 인하여 물체가 떨어지거나 날아올 위험이 있는 경우 낙하물 방지망, 수직보호망 또는 방호선반의 설치, 출입금지구역의 설정, 보호구의 착용 등 위험을 방지하기 위하여 필요한 조치를 하여야 한다. 이 경우 낙하물 방지망 및 수직보호망은 「산업표준화법」에 따른 한국산업표준에서 정하는 성능기준에 적합한 것을 사용하여야 한다.

109

흙막이 가시설 공사 중 발생할 수 있는 보일링(Boiling) 현상에 관한 설명으로 옳지 않은 것은?

① 이 현상이 발생하면 흙막이 벽의 지지력이 상실된다.
② 지하수위가 높은 지반을 굴착할 때 주로 발생된다.
③ 흙막이벽의 근입장 깊이가 부족할 경우 발생한다.
④ 연약한 점토지반에서 굴착면의 융기로 발생한다.

해설
연약한 점토지반에서 굴착면의 융기로 발생하는 현상은 '히빙(Heaving) 현상'에 대한 설명이다.

110

거푸집동바리 등을 조립하는 경우에 준수해야 할 기준으로 옳지 않은 것은?

① 동바리의 상하 고정 및 미끄러짐 방지 조치를 하고, 하중의 지지상태를 유지한다.
② 강재와 강재의 접속부 및 교차부는 볼트·클램프 등 전용철물을 사용하여 단단히 연결한다.
③ 파이프 서포트를 제외한 동바리로 사용하는 강관은 높이 2m마다 수평연결재를 2개 방향으로 만들고 수평연결재의 변위를 방지할 것
④ 동바리로 사용하는 파이프 서포트는 4개 이상 이어서 사용하지 않도록 할 것

해설

「산업안전보건기준에 관한 규칙」
제332조(거푸집동바리 등의 안전조치)
8. 동바리로 사용하는 파이프 서포트에 대해서는 다음 각 목의 사항을 따를 것
  가. 파이프 서포트를 3개 이상 이어서 사용하지 않도록 할 것
  나. 파이프 서포트를 이어서 사용하는 경우에는 4개 이상의 볼트 또는 전용철물을 사용하여 이을 것
  다. 높이가 3.5미터를 초과하는 경우에는 제7호 가목의 조치를 할 것

111

장비가 위치한 지면보다 낮은 장소를 굴착하는 데 적합한 장비는?

① 트럭크레인   ② 파워쇼벨
③ 백호   ④ 진폴

해설
- 백호 : 지면보다 낮은 곳을 굴착
- 파워쇼벨 : 지면보다 높은 곳을 굴착

112

건설공사도급인은 건설공사 중에 가설구조물의 붕괴 등 산업재해가 발생할 위험이 있다고 판단되면 건축·토목 분야의 전문가의 의견을 들어 건설공사 발주자에게 해당 건설공사의 설계변경을 요청할 수 있는데, 이러한 가설구조물의 기준으로 옳지 않은 것은?

① 높이 20m 이상인 비계
② 작업발판 일체형 거푸집 또는 높이 6m 이상인 거푸집 동바리
③ 터널의 지보공 또는 높이 2m 이상인 흙막이 지보공
④ 동력을 이용하여 움직이는 가설구조물

해설

「산업안전보건법 시행령」
제58조(설계변경 요청 대상 및 전문가의 범위)
1. 높이 31미터 이상인 비계
2. 작업발판 일체형 거푸집 또는 높이 5미터 이상인 거푸집 동바리[타설(打設)된 콘크리트가 일정 강도에 이르기까지 하중 등을 지지하기 위하여 설치하는 부재(部材)]
3. 터널의 지보공(支保工 : 무너지지 않도록 지지하는 구조물) 또는 높이 2미터 이상인 흙막이 지보공
4. 동력을 이용하여 움직이는 가설구조물

113

콘크리트 타설 시 안전수칙으로 옳지 않은 것은?

① 타설순서는 계획에 의하여 실시하여야 한다.
② 진동기는 최대한 많이 사용하여야 한다.
③ 콘크리트를 치는 도중에는 거푸집, 지보공 등의 이상 유무를 확인하여야 한다.
④ 손수레로 콘크리트를 운반할 때에는 손수레를 타설하는 위치까지 천천히 운반하여 거푸집에 충격을 주지 아니하도록 타설하여야 한다.

해설
진동기 사용 시 지나친 진동은 거푸집 도괴의 원인이 될 수 있으므로 적절히 사용해야 한다.

114

산업안전보건법령에 따른 작업발판 일체형 거푸집에 해당되지 않는 것은?

① 갱 폼(Gang Form)
② 슬립 폼(Slip Form)
③ 유로 폼(Euro Form)
④ 클라이밍 폼(Climbing Form)

해설

「산업안전보건기준에 관한 규칙」
제337조(작업발판 일체형 거푸집의 안전조치)
① "작업발판 일체형 거푸집"이란 거푸집의 설치·해체, 철근 조립, 콘크리트 타설, 콘크리트 면처리 작업 등을 위하여 거푸집을 작업발판과 일체로 제작하여 사용하는 거푸집으로서 다음 각 호의 거푸집을 말한다.

1. 갱 폼(gang form)
2. 슬립 폼(slip form)
3. 클라이밍 폼(climbing form)
4. 터널 라이닝 폼(tunnel lining form)
5. 그 밖에 거푸집과 작업발판이 일체로 제작된 거푸집 등

115

터널 지보공을 조립하는 경우에는 미리 그 구조를 검토한 후 조립도를 작성하고, 그 조립도에 따라 조립하도록 하여야 하는데 이 조립도에 명시하여야 할 사항과 가장 거리가 먼 것은?

① 이음방법 ② 단면규격
③ 재료의 재질 ④ 재료의 구입처

해설

「산업안전보건기준에 관한 규칙」
제363조(조립도)
① 사업주는 터널 지보공을 조립하는 경우에는 미리 그 구조를 검토한 후 조립도를 작성하고, 그 조립도에 따라 조립하도록 하여야 한다.
② 제1항의 조립도에는 재료의 재질, 단면규격, 설치간격 및 이음방법 등을 명시하여야 한다.

116

산업안전보건법령에 따른 건설공사 중 다리 건설 공사의 경우 유해위험방지계획서를 제출하여야 하는 기준으로 옳은 것은?

① 최대 지간길이가 40m 이상인 다리의 건설 등 공사
② 최대 지간길이가 50m 이상인 다리의 건설 등 공사
③ 최대 지간길이가 60m 이상인 다리의 건설 등 공사
④ 최대 지간길이가 70m 이상인 다리의 건설 등 공사

해설

「산업안전보건법 시행령」
제42조(유해위험방지계획서 제출 대상)
③ 법 제42조 제1항 제3호에서 "대통령령으로 정하는 크기 높이 등에 해당하는 건설공사"란 다음 각 호의 어느 하나에 해당하는 공사를 말한다.
1. 다음 각 목의 어느 하나에 해당하는 건축물 또는 시설 등의 건설·개조 또는 해체(이하 "건설 등"이라 한다) 공사
   가. 지상높이가 31미터 이상인 건축물 또는 인공구조물
   나. 연면적 3만제곱미터 이상인 건축물
   다. 연면적 5천제곱미터 이상인 시설로서 다음의 어느 하나에 해당하는 시설
2. 연면적 5천제곱미터 이상인 냉동·냉장 창고시설의 설비공사 및 단열공사
3. 최대 지간(支間)길이(다리의 기둥과 기둥의 중심 사이의 거리)가 50미터 이상인 다리의 건설 등 공사
4. 터널의 건설 등 공사
5. 다목적댐, 발전용댐, 저수용량 2천만톤 이상의 용수 전용 댐 및 지방상수도 전용 댐의 건설 등 공사
6. 깊이 10미터 이상인 굴착공사

117

가설통로 설치에 있어 경사가 최소 얼마를 초과하는 경우에는 미끄러지지 아니하는 구조로 하여야 하는가?

① 15도 ② 20도
③ 30도 ④ 40도

해설

「산업안전보건기준에 관한 규칙」
제23조(가설통로의 구조) 사업주는 가설통로를 설치하는 경우 다음 각 호의 사항을 준수하여야 한다.
1. 견고한 구조로 할 것
2. 경사는 30도 이하로 할 것. 다만, 계단을 설치하거나 높이 2미터 미만의 가설통로로서 튼튼한 손잡이를 설치한 경우에는 그러하지 아니하다.
3. 경사가 15도를 초과하는 경우에는 미끄러지지 아니하는 구조로 할 것
4. 추락할 위험이 있는 장소에는 안전난간을 설치할 것. 다만, 작업상 부득이한 경우에는 필요한 부분만 임시로 해체할 수 있다.

5. 수직갱에 가설된 통로의 길이가 15미터 이상인 경우에는 10미터 이내마다 계단참을 설치할 것
6. 건설공사에 사용하는 높이 8미터 이상인 비계다리에는 7미터 이내마다 계단참을 설치할 것

118

굴착과 싣기를 동시에 할 수 있는 토공기계가 아닌 것은?

① 트랙터 쇼벨(Tractor Shovel)
② 백호(Back Hoe)
③ 파워 쇼벨(Power Shovel)
④ 모터 그레이더(Motor Grader)

해설

백호와 쇼벨계 건설기계(파워 쇼벨, 트랙터 쇼벨 등)는 굴착과 함께 싣기가 가능한 토공기계이다.
모터 그레이더(Motor Grader)는 정지 및 배토기계이다.

119

강관틀 비계를 조립하여 사용하는 경우 준수하여야 할 사항으로 옳지 않은 것은?

① 비계기둥의 밑둥에는 밑받침 철물을 사용할 것
② 높이가 20m를 초과하거나 중량물의 적재를 수반하는 작업을 할 경우에는 주틀 간의 간격을 1.8m 이하로 할 것
③ 주틀 간에 교차 가새를 설치하고 최하층 및 3층 이내마다 수평재를 설치할 것
④ 길이가 띠장 방향으로 4m 이하이고 높이가 10m를 초과하는 경우에는 10m 이내마다 띠장 방향으로 버팀기둥을 설치할 것

해설

「산업안전보건기준에 관한 규칙」
제62조(강관틀비계) 사업주는 강관틀 비계를 조립하여 사용하는 경우 다음 각 호의 사항을 준수하여야 한다.
1. 비계기둥의 밑둥에는 밑받침 철물을 사용하여야 하며 밑받침에 고저차(高低差)가 있는 경우에는 조절형 밑받침 철물을 사용하여 각각의 강관틀비계가 항상 수평 및 수직을 유지하도록 할 것
2. 높이가 20미터를 초과하거나 중량물의 적재를 수반하는 작업을 할 경우에는 주틀 간의 간격을 1.8미터 이하로 할 것
3. 주틀 간에 교차 가새를 설치하고 최상층 및 5층 이내마다 수평재를 설치할 것
4. 수직방향으로 6미터, 수평방향으로 8미터 이내마다 벽이음을 할 것
5. 길이가 띠장 방향으로 4미터 이하이고 높이가 10미터를 초과하는 경우에는 10미터 이내마다 띠장 방향으로 버팀기둥을 설치할 것

120

산업안전보건법령에 따른 양중기의 종류에 해당하지 않는 것은?

① 고소작업차 ② 이동식 크레인
③ 승강기   ④ 리프트(Lift)

해설

「산업안전보건기준에 관한 규칙」
제132조(양중기)
① 양중기란 다음 각 호의 기계를 말한다.
  1. 크레인[호이스트(hoist)를 포함한다]
  2. 이동식 크레인
  3. 리프트(이삿짐운반용 리프트의 경우에는 적재하중이 0.1톤 이상인 것으로 한정한다)
  4. 곤돌라
  5. 승강기

2021년 제2회 산업안전기사 채점표

구분	제1과목	제2과목	제3과목	제4과목	제5과목	제6과목	전과목 평균
점수							

※ 합격기준 : 100점을 만점으로 하여 과목당 40점 이상, 전과목 평균 60점 이상

2021년 제2회 정답

001	002	003	004	005	006	007	008	009	010	011	012	013	014	015	016	017	018	019	020
④	④	③	③	③	②	①	②	③	①	②	③	③	④	②	④	④	①	①	②
021	022	023	024	025	026	027	028	029	030	031	032	033	034	035	036	037	038	039	040
②	①	③	②	④	②	③	③	④	③	①	③	②	②	③	①	①	④	②	③
041	042	043	044	045	046	047	048	049	050	051	052	053	054	055	056	057	058	059	060
②	①	③	②	④	③	①	④	④	②	①	②	①	③	④	④	②	④	③
061	062	063	064	065	066	067	068	069	070	071	072	073	074	075	076	077	078	079	080
①	①	③	②	④	①	①	③	④	①	④	④	③	④	④	①	③	③	③	③
081	082	083	084	085	086	087	088	089	090	091	092	093	094	095	096	097	098	099	100
④	②	④	①	②	③	④	①	②	①	③	①	③	②	④	③	①	④	①	②
101	102	103	104	105	106	107	108	109	110	111	112	113	114	115	116	117	118	119	120
②	②	①	③	④	②	③	④	④	②	④	③	①	②	③	②	①	④	③	①

2021년 제3회 산업안전기사 기출문제

2021. 08. 14. 시행

제1과목 안전관리론

001
안전점검표(체크리스트) 항목 작성 시 유의사항으로 틀린 것은?

① 정기적으로 검토하여 설비나 작업방법이 타당성 있게 개조된 내용일 것
② 사업장에 적합한 독자적 내용을 가지고 작성할 것
③ 위험성이 낮은 순서 또는 긴급을 요하는 순서대로 작성할 것
④ 점검항목을 이해하기 쉽게 구체적으로 표현할 것

해설
안전점검표(체크리스트) 항목 작성 시 위험성이 높은 순서, 긴급을 요하는 순서대로 작성해야 한다.

002
안전교육에 있어서 동기부여방법으로 가장 거리가 먼 것은?

① 책임감을 느끼게 한다.
② 관리감독을 철저히 한다.
③ 자기 보존본능을 자극한다.
④ 물질적 이해관계에 관심을 두도록 한다.

해설
- 안전교육 동기부여방법
  - 안전의 근본이념 인식
  - 안전 목표의 명확한 설정
  - 안전 활동의 결과 인식
  - 상벌제도 시행
  - 경쟁과 협동 유발
  - 동기유발의 최적수준 유지

003
교육과정 중 학습경험조직의 원리에 해당하지 않는 것은?

① 기회의 원리   ② 계속성의 원리
③ 계열성의 원리 ④ 통합성의 원리

해설
'기회의 원리'는 학습경험선정의 원리이다.

학습경험선정 원리	학습경험조직 원리
기회의 원리	계속성의 원리
만족(동기유발) 원리	계열성의 원리
가능성의 원리	통합성의 원리
일목표 다경험 원리	균형성의 원리
일경험 다성과 원리	다양성의 원리

004
근로자 1,000명 이상의 대규모 사업장에 적합한 안전관리 조직의 유형은?

① 직계식 조직   ② 참모식 조직
③ 병렬식 조직   ④ 직계참모식 조직

> **해설**
>
> '직계-참모식(Line-Staff, 라인-스탭형)' 조직은 근로자 1,000명 이상의 대규모 사업장에 적합하다.
> '직계식(Line, 라인형)' 조직은 근로자 100명 이하 소규모 사업장에 적합하다.
> '참모식(Staff, 스탭형)' 조직은 근로자 100~1,000명 이하의 중규모 사업장에 적합하다.
> - 라인-스탭형(Line-Staff, 직계-참모식) 조직 : 라인형과 스탭형의 장점을 취한 절충식 조직형태로 가장 이상적인 조직형태이며, 생산기술의 안전대책은 라인에서 안전계획·평가·조사는 스탭에서 실시하는 조직으로, 근로자 1,000명 이상의 대규모 사업장에 적합하다.
>
> | 장점 | 단점 |
> |---|---|
> | 안전·보건에 관한 경험·기술 축적 용이 | 명령계통과 조언·권고적 참여 혼동 가능 |
> | 사업장의 독자적 안전개선책 강구 가능 | 스탭(Staff)의 월권행위 가능, 라인(Line)이 스탭에 의존 또는 활용치 않는 경우 |
> | 조직원 전원이 안전활동에 참여 | |

005

산업안전보건법령상 안전보건표지의 종류와 형태 중 관계자 외 출입금지에 해당하지 않는 것은?

① 관리대상물질 작업장
② 허가대상물질 작업장
③ 석면취급·해체 작업장
④ 금지대상물질의 취급 실험실

> **해설**
>
> 「산업안전보건법 시행규칙」
> [별표 6] 안전보건표지의 종류와 형태
>
> | 5. 관계자 외 출입금지 | | |
> |---|---|---|
> | 501
허가대상물질
작업장 | 502
석면취급/해체
작업장 | 503
금지대상물질의
취급 실험실 등 |
> | 관계자 외
출입금지
(허가물질 명칭)
제조/사용/보관 중
보호구/보호복
착용
흡연 및 음식물
섭취 금지 | 관계자 외
출입금지
석면 취급/해체 중
보호구/보호복
착용
흡연 및 음식물
섭취 금지 | 관계자 외
출입금지
발암물질 취급 중
보호구/보호복
착용
흡연 및 음식물
섭취 금지 |

006

산업안전보건법령상 명시된 타워크레인을 사용하는 작업에서 신호업무를 하는 작업 시 특별교육 대상 작업별 교육 내용이 아닌 것은? (단, 그 밖에 안전·보건관리에 필요한 사항은 제외한다.)

① 신호방법 및 요령에 관한 사항
② 걸고리·와이어로프 점검에 관한 사항
③ 화물의 취급 및 안전작업방법에 관한 사항
④ 인양물이 적재될 지반의 조건, 인양하중, 풍압 등이 인양물과 타워크레인에 미치는 영향

> **해설**
>
> 「산업안전보건법 시행규칙」
> [별표 5] 안전보건교육 교육대상별 교육내용
> 라. 특별교육 대상 작업별 교육
>
> 39. 타워크레인을 사용하는 작업 시 신호업무를 하는 작업
> - 타워크레인의 기계적 특성 및 방호장치 등에 관한 사항
> - 화물의 취급 및 안전작업방법에 관한 사항
> - 신호방법 및 요령에 관한 사항
> - 인양 물건의 위험성 및 낙하·비래·충돌재해 예방에 관한 사항
> - 인양물이 적재될 지반의 조건, 인양하중, 풍압 등이 인양물과 타워크레인에 미치는 영향
> - 그 밖에 안전·보건관리에 필요한 사항

007

보호구 안전인증 고시상 추락방지대가 부착된 안전대 일반구조에 관한 내용 중 틀린 것은?

① 죔줄은 합성섬유로프를 사용해서는 안 된다.
② 고정된 추락방지대의 수직구명줄은 와이어로프 등으로 하며 최소지름이 8mm 이상이어야 한다.
③ 수직구명줄에서 걸이설비와의 연결부위는 훅 또는 카라비너 등이 장착되어 걸이설비와 확실히 연결되어야 한다.
④ 추락방지대를 부착하여 사용하는 안전대는 신체지지의 방법으로 안전그네만을 사용하여야 하며 수직구명줄이 포함되어야 한다.

> 해설

「보호구 안전인증 고시」
[별표 9] 안전대의 성능기준
2. 일반구조
  라. 추락방지대가 부착된 안전대의 구조는 다음 세목과 같이 한다.
    1) 추락방지대를 부착하여 사용하는 안전대는 신체지지의 방법으로 안전그네만을 사용하여야 하며 수직구명줄이 포함될 것
    2) 수직구명줄에서 걸이설비와의 연결부위는 훅 또는 카라비너 등이 장착되어 걸이설비와 확실히 연결될 것
    3) 유연한 수직구명줄은 합성섬유로프 또는 와이어로프 등이어야 하며 구명줄이 고정되지 않아 흔들림에 의한 추락방지대의 오작동을 막기 위하여 적절한 긴장수단을 이용, 팽팽히 당겨질 것
    4) <u>죔줄은 합성섬유로프, 웨빙, 와이어로프 등일 것</u>
    5) 고정된 추락방지대의 수직구명줄은 와이어로프 등으로 하며 최소지름이 8mm 이상일 것
    6) 고정 와이어로프에는 하단부에 무게추가 부착되어 있을 것

009

재해사례연구 순서로 옳은 것은?

> 재해 상황의 파악 → (㉠) → (㉡) → 근본적 문제점의 결정 → (㉢)

① ㉠ 문제점의 발견, ㉡ 대책수립, ㉢ 사실의 확인
② ㉠ 문제점의 발견, ㉡ 사실의 확인, ㉢ 대책수립
③ ㉠ 사실의 확인, ㉡ 대책수립, ㉢ 문제점의 발견
④ ㉠ 사실의 확인, ㉡ 문제점의 발견, ㉢ 대책수립

> 해설

- 재해사례연구 진행 순서 : 재해 상황의 파악 → 사실 확인 → 문제점 발견 → 근본적 문제점의 결정 → 대책수립
- 재해발생 시 대처 순서 : 긴급조치 → 재해조사 → 원인분석 → 대책수립
  (1) 긴급조치 : 재해발생 기계의 정지 → 재해자 구조 및 응급조치 → 상급 부서에 보고 → 2차 재해의 방지 → 현장 보존
  (2) 재해조사 : 재해조사 → 원인분석 → 대책수립 → 실시계획 → 실시 → 평가

008

하인리히 재해 구성 비율 중 무상해사고가 600건이라면 사망 또는 중상 발생 건수는?

① 1 ② 2
③ 29 ④ 58

> 해설

하인리히 재해구성비율에 따르면 문제 내 600건의 무상해사고는 다음과 같은 비를 갖는다.
1 : 29 : 300 = 2 : 58 : 600
따라서 사망 또는 중상은 2건 발생한다.
- 하인리히(Heinrich) – 재해구성비율
  사망 및 중상 : 경상 : 무상해 사고 = 1 : 29 : 300

010

강의식 교육지도에서 가장 많은 시간을 소비하는 단계는?

① 도입 ② 제시
③ 적용 ④ 확인

> 해설

강의식 교육지도에서 가장 많은 시간을 소비하는 단계는 '적용' 단계이다.

- 강의별·단계별 교육시간

구분	강의식 교육	토의식 교육
1단계 : 도입	5분	5분
2단계 : 제시	40분	10분
3단계 : 적용	10분	40분
4단계 : 확인	5분	5분

011

위험예지훈련 4단계의 진행 순서를 바르게 나열한 것은?

① 목표설정 → 현상파악 → 대책수립 → 본질추구
② 목표설정 → 현상파악 → 본질추구 → 대책수립
③ 현상파악 → 본질추구 → 대책수립 → 목표설정
④ 현상파악 → 본질추구 → 목표설정 → 대책수립

> **해설**
> - 위험예지훈련 4라운드
>   (1) 1라운드 – 현상파악 : 구성원 전원이 대화를 통해 어떤 위험이 잠재되어 있는지 발견
>   (2) 2라운드 – 본질추구 : 발견된 위험요인 중 중요한 위험 포인트를 파악하여 표시
>   (3) 3라운드 – 대책수립 : 표시한 위험 포인트를 해결하기 위한 구체적·실행가능한 대책 수립
>   (4) 4라운드 – 목표설정 : 수립한 대책 중 중점실시항목에 표시하고, 이를 실천하기 위한 팀 행동목표를 설정 후 제창

013

산업안전보건법령상 근로자에 대한 일반 건강진단의 실시 시기 기준으로 옳은 것은?

① 사무직에 종사하는 근로자 : 1년에 1회 이상
② 사무직에 종사하는 근로자 : 2년에 1회 이상
③ 사무직 외의 업무에 종사하는 근로자 : 6월에 1회 이상
④ 사무직 외의 업무에 종사하는 근로자 : 2년에 1회 이상

> **해설**
> 「산업안전보건법 시행규칙」
> 제197조(일반건강진단의 주기 등)
> ① 사업주는 상시 사용하는 근로자 중 사무직에 종사하는 근로자에 대해서는 2년에 1회 이상, 그 밖의 근로자에 대해서는 1년에 1회 이상 일반건강진단을 실시해야 한다.

012

레윈(Lewin. K)에 의하여 제시된 인간의 행동에 관한 식을 올바르게 표현한 것은? (단, B는 인간의 행동, P는 개체, E는 환경, f는 함수관계를 의미한다.)

① $B = f(P \cdot E)$
② $B = f(P+1)^E$
③ $P = E \cdot f(B)$
④ $E = f(P \cdot B)$

> **해설**
> - 레빈(Lewin) – 장 이론(Field Theory) : 인간의 행동을 개인과 환경의 함수관계로 설명하며, $B = f(P \cdot E)$ 공식으로 나타낸다.
>   – B : Behavior(인간의 행동)
>   – f : function(함수관계)
>   – P : Person(개체 : 연령, 경험, 성격 등)
>   – E : Environment(심리적 환경 : 인간관계, 작업조건 등)

014

매슬로우(Maslow)의 욕구 5단계 이론 중 안전욕구의 단계는?

① 제1단계
② 제2단계
③ 제3단계
④ 제4단계

> **해설**
> - 매슬로우(Maslow) – 인간욕구 5단계
>   (1) 1단계 – 생리적 욕구 : 인간의 가장 기본적인 욕구
>   예 식욕, 수면욕 등
>   (2) 2단계 – 안전의 욕구 : 불안, 공포, 재해 등 각종 위험에서 벗어나고자 하는 욕구
>   (3) 3단계 – 사회적 욕구 : 친구, 가족 등 관계에서 애정과 소속에 대한 욕구
>   (4) 4단계 – 존경의 욕구 : 타인에게 주목과 인정을 받으려는 욕구 예 명예욕, 권력욕
>   (5) 5단계 – 자아실현 욕구 : 자신의 잠재력을 발휘해 하고 싶은 일을 실현하는 최고의 욕구 예 성취욕

015

교육계획 수립 시 가장 먼저 실시하여야 하는 것은?

① 교육내용의 결정
② 실행교육계획서 작성
③ 교육의 요구사항 파악
④ 교육실행을 위한 순서, 방법, 자료의 검토

> **해설**
> • 교육계획 수립 순서 : 교육의 필요성·요구사항 파악 → 교육대상 결정 → 교육 내용·방법 결정 → 교육 준비 → 교육 실시 → 교육 성과 평가

016

상황성 누발자의 재해유발원인이 아닌 것은?

① 심신의 근심
② 작업의 어려움
③ 도덕성의 결여
④ 기계설비의 결함

> **해설**
> '도덕성의 결여'는 소질성 누발자의 재해유발원인이다.
> • 재해 누발자별 재해유발원인
>
> | | |
> |---|---|
> | (1) 미숙성 누발자 | • 기능 미숙
• 환경에 부적응 |
> | (2) 습관성 누발자 | • 재해경험으로 인한 신경과민 |
> | (3) 소질성 누발자 | • 낮은 지능, 감각운동의 부적합
• 주의력 범위의 협소, 편중
• 주의력 산만, 지속불능
• 도덕성 결여, 비정직함, 비협조성, 소심함, 경솔함 |
> | (4) 상황성 누발자 | • 심신의 근심
• 환경상 주의집중 곤란
• 작업자체의 어려움
• 기계·설비의 결함 |

017

인간의 의식 수준을 5단계로 구분할 때 의식이 몽롱한 상태의 단계는?

① Phase Ⅰ
② Phase Ⅱ
③ Phase Ⅲ
④ Phase Ⅳ

> **해설**
> • 인간의 의식수준 5단계
>
> | 단계 | 의식상태 | 주의작용 | 신뢰도 |
> |---|---|---|---|
> | Phase 0 | 무의식, 실신, 수면 중 | 없음 | 0 |
> | Phase Ⅰ | 이상, 피로, 몽롱 | 저하, 부주의 | 0.9 이하 |
> | Phase Ⅱ | 정상, 이완상태 | 수동적(Passive) | 0.99~0.99999 |
> | Phase Ⅲ | 정상, 명료, 분명 | 전향적(Active) | 0.99999 이상 |
> | Phase Ⅳ | 과긴장 | 한 점에 집중, 판단 정지 | 0.9 이하 |
>
> ※ Phase Ⅲ은 신뢰성이 가장 높고 바람직한 상태의 의식수준으로, 중요하거나 위험한 작업을 안전하게 수행하기에 적합하다.

018

산업안전보건법령상 사업장에서 산업재해 발생 시 사업주가 기록·보존하여야 하는 사항을 모두 고른 것은? (단, 산업재해조사표와 요양신청서의 사본은 보존하지 않았다.)

> ㄱ. 사업장의 개요 및 근로자의 인적사항
> ㄴ. 재해 발생의 일시 및 장소
> ㄷ. 재해 발생의 원인 및 과정
> ㄹ. 재해 재발방지 계획

① ㄱ, ㄹ
② ㄴ, ㄷ, ㄹ
③ ㄱ, ㄴ, ㄷ
④ ㄱ, ㄴ, ㄷ, ㄹ

> **해설**
> 「산업안전보건법 시행규칙」
> 제72조(산업재해 기록 등)
> 1. 사업장의 개요 및 근로자의 인적사항
> 2. 재해 발생의 일시 및 장소
> 3. 재해 발생의 원인 및 과정
> 4. 재해 재발방지 계획

019

A 사업장의 조건이 다음과 같을 때 A 사업장에서 연간재해발생으로 인한 근로손실일수는?

- 강도율 : 0.4
- 근로자 수 : 1,000명
- 연근로시간수 : 2,400시간

① 480 ② 720
③ 960 ④ 1,440

해설

강도율 = $\dfrac{근로손실일수}{총 근로시간 수} \times 1,000$ 이므로,

근로손실일수 = $\dfrac{강도율 \times 총 근로시간 수}{1,000}$ 이다.

총근로시간 = $1,000 \times 2,400 = 2,400,000$ 이므로,

$\dfrac{0.4 \times 2,400,000}{1,000} = 960$

따라서 A 사업장의 근로손실일수는 960일이다.

- 강도율 : 연근로시간 1,000시간당 근로손실일수

020

무재해운동의 이념 중 선취의 원칙에 대한 설명으로 옳은 것은?

① 사고의 잠재요인을 사후에 파악하는 것
② 근로자 전원이 일체감을 조성하여 참여하는 것
③ 위험요소를 사전에 발견, 파악하여 재해를 예방 또는 방지하는 것
④ 관리감독자 또는 경영층에서의 자발적 참여로 안전 활동을 촉진하는 것

해설

- 무재해운동 3원칙(기본이념)
  (1) 무(無, Zero)의 원칙 : 작업장 내 모든 위험요인을 원천적으로 제거
  (2) 안전제일(선취)의 원칙 : 행동 전 위험요인을 발견·파악·해결하여 재해를 예방·방지
  (3) 참가의 원칙 : 구성원 전원이 각자의 위치에서 재해를 발생시킬 수 있는 잠재적 위험요인을 해결하기 위해 노력

제2과목 인간공학 및 시스템안전공학

021

다음 상황은 인간실수의 분류 중 어느 것에 해당하는가?

전자기기 수리공이 어떤 제품의 분해·조립 과정을 거쳐서 수리를 마친 후 부품 하나가 남았다.

① Time Error
② Omission Error
③ Command Error
④ Extraneous Error

해설

- 독립행동에 의한 휴먼에러 분류
  - 생략 에러(Omission Error) : 필요한 직무나 단계를 수행하지 않은 에러(생략, 누락)
  - 실행 에러(Commission Error) : 직무나 순서 등을 착각하여 잘못 수행한 에러(불확실한 수행)
  - 과잉행동 에러(Extraneous Error) : 불필요한 직무 또는 절차를 수행하여 발생한 에러
  - 순서 에러(Sequential Error) : 직무 수행과정에서 순서를 잘못 지켜 발생한 에러(순서 착오)
  - 시간 에러(Timing Error) : 정해진 시간 내 직무를 수행하지 못하여 발생한 에러(수행 지연)

022

스트레스의 영향으로 발생된 신체 반응의 결과인 스트레인(Strain)을 측정하는 척도가 잘못 연결된 것은?

① 인지적 활동 – EEG
② 육체적 동적 활동 – GSR
③ 정신 운동적 활동 – EOG
④ 국부적 근육 활동 – EMG

해설

GSR(전기피부반응)은 정신적 작업 측정과 관련된 것이다.

023

일반적인 시스템의 수명곡선(욕조곡선)에서 고장형태 중 증가형 고장률을 나타내는 기간으로 옳은 것은?

① 우발 고장기간
② 마모 고장기간
③ 초기 고장기간
④ Burn-in 고장기간

해설
- 욕조곡선 : 수명 전체에 걸쳐 3가지 고장률 패턴을 보여줌
  (1) 초기고장(감소형) : 생산 시 품질관리 불량 또는 제조 불량으로 인해 발생하는 고장
  (2) 우발고장(일정형) : 설비 사용 중 예상할 수 없이 발생하는 고장으로, 고장률이 비교적 낮고 일정한 현상이 나타남
  (3) 마모고장(증가형) : 설비 등이 수명을 다해 발생하는 고장(부식 또는 마모, 불충분한 정비 등)

024

청각적 표시장치의 설계 시 적용하는 일반 원리에 대한 설명으로 틀린 것은?

① 양립성이란 긴급용 신호일 때는 낮은 주파수를 사용하는 것을 의미한다.
② 검약성이란 조작자에 대한 입력신호는 꼭 필요한 정보만을 제공하는 것이다.
③ 근사성이란 복잡한 정보를 나타내고자 할 때 2단계의 신호를 고려하는 것이다.
④ 분리성이란 두 가지 이상의 채널을 듣고 있다면 각 채널의 주파수가 분리되어 있어야 한다는 의미이다.

해설
- 청각적 표시장치의 설계 원리
  (1) 양립성
    - 사용자가 알고 있거나 자연스러운 신호를 선택한다.
    - 긴급용 신호일 때는 높은 주파수를 사용하여 높고 길게 울리도록 한다.
  (2) 근사성
    - 복잡한 정보를 나타내고자 할 때는 2단계(주의신호, 지정신호)를 고려한다.
  (3) 분리성
    - 기존 입력과 쉽게 식별되는 것이어야 한다.
    - 두 가지 이상의 채널을 듣고 있다면 각 채널의 주파수가 분리되어야 한다.
  (4) 검약성
    - 사용자가 인식한 신호는 꼭 필요한 정보만을 제공한다.
  (5) 불변성
    - 동일한 신호는 항상 동일한 정보를 지정하도록 한다.

025

FTA에 대한 설명으로 가장 거리가 먼 것은?

① 정성적 분석만 가능
② 하향식(Top-Down) 방법
③ 복잡하고 대형화된 시스템에 활용
④ 논리게이트를 이용하여 도해적으로 표현하여 분석하는 방법

해설
- FTA의 특징
  - 연역적 방법
  - 정량적 해석 가능
  - Top-Down 형식
  - 논리기호를 사용한 특정사상에 대한 해석

026

발생 확률이 동일한 64가지의 대안이 있을 때 얻을 수 있는 총 정보량은?

① 6bit
② 16bit
③ 32bit
④ 64bit

해설
bit는 정보의 단위로서, 실현가능성이 같은 2개의 대안 중 하나가 명시되었을 때 얻는 정보량이다.
실현가능성이 같은 n개의 대안이 있을 때 총정보량 H는 다음과 같이 구한다.
$H = \log_2 \cdot n = \log_2 64 = \log_2 2^6 = 6\log_2 2 = 6$

027

인간-기계 시스템의 설계 과정을 다음과 같이 분류할 때 다음 중 인간, 기계의 기능을 할당하는 단계는?

> 1단계 : 시스템의 목표와 성능명세 결정
> 2단계 : 시스템의 정의
> 3단계 : 기본 설계
> 4단계 : 인터페이스 설계
> 5단계 : 보조물 설계 혹은 편의수단 설계
> 6단계 : 평가

① 기본 설계
② 인터페이스 설계
③ 시스템의 목표와 성능명세 결정
④ 보조물 설계 혹은 편의수단 설계

해설
- 기본설계
  - 인간-기계 시스템 설계의 3단계에 해당
  - 직무 분석, 작업 설계, 기능 할당

028

FT도에서 최소 컷셋을 올바르게 구한 것은?

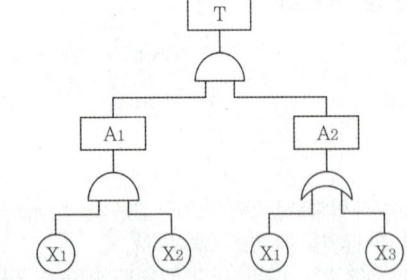

① (X_1, X_2)　　② (X_1, X_3)
③ (X_2, X_3)　　④ (X_1, X_2, X_3)

해설

$$(X_1 X_2)(X_1 + X_3)$$
$$= (X_1 X_2)(X_1) + (X_1 X_2)(X_3)$$
$$= (X_1 X_2) + (X_1 X_2)(X_3)$$
$$= (X_1 X_2)(1 + X_3)$$
$$= (X_1 X_2) \cdot 1$$
$$= (X_1 X_2)$$

따라서 최소 컷셋은 (X_1, X_2)이다.

029

일반적으로 인체측정치의 최대 집단치를 기준으로 설계하는 것은?

① 선반의 높이　　② 공구의 크기
③ 출입문의 크기　④ 안내 데스크의 높이

해설
- 최대 집단치 : 대상 집단에 대한 인체 측정 변수의 상위 백분위수를 기준으로 90, 95, 99%치 사용
  - 예 출입문, 탈출구, 통로 등
- 최소 집단치 : 관련 인체 측정 변수 분포의 하위 백분위수를 기준으로 1, 5, 10%치 사용
  - 예 선반의 높이 또는 조정장치까지의 거리, 버스나 전철의 손잡이 등

030

인간공학의 궁극적인 목적과 가장 관계가 깊은 것은?

① 경제성 향상
② 인간 능력의 극대화
③ 설비의 가동률 향상
④ 안전성 및 효율성 향상

해설
인간공학의 궁극적인 목적은 안전성 및 효율성 향상이다.
- 인간공학의 목적
  - 안전성 향상 및 사고예방
  - 작업능률 및 생산성 증대
  - 작업환경의 쾌적성

031

'화재 발생'이라는 시작(초기)사상에 대하여, 화재감지기, 화재 경보, 스프링클러 등의 성공 또는 실패 작동 여부와 그 확률에 따른 피해 결과를 분석하는 데 가장 적합한 위험 분석 기법은?

① FTA　　　　② ETA
③ FHA　　　　④ THERP

해설
- ETA
  - 사상의 안전도를 사용한 시스템의 안전도를 나타내는 시스템 모델
  - 성공과 실패로 전개하여 신뢰도를 귀납적, 정량적으로 평가하는 기법

034

기술개발과정에서 효율성과 위험성을 종합적으로 분석·판단할 수 있는 평가방법으로 가장 적절한 것은?

① Risk Assessment
② Risk Management
③ Safety Assessment
④ Technology Assessment

해설
기술개발과정에서 효율성과 위험성을 종합적으로 분석·판단할 수 있는 평가방법은 'Technology Assessment'이다.

032

여러 사람이 사용하는 의자의 좌판 높이 설계 기준으로 옳은 것은?

① 5% 오금높이　　② 50% 오금높이
③ 75% 오금높이　　④ 95% 오금높이

해설
- 의자 좌판의 높이 설계 기준
  - 좌판 앞부분은 오금높이보다 높지 않게 설계
  - 치수는 5% 오금높이 사용

035

자동차를 타이어가 4개인 하나의 시스템으로 볼 때, 타이어 1개가 파열될 확률이 0.01이라면, 이 자동차의 신뢰도는 약 얼마인가?

① 0.91　　　　② 0.93
③ 0.96　　　　④ 0.99

해설
$(1-0.01)(1-0.01)(1-0.01)(1-0.01) = 0.96$

033

FTA에서 사용되는 사상기호 중 결함사상을 나타낸 기호로 옳은 것은?

① 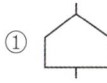　　②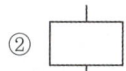
③ 　　④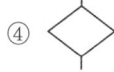

해설
결함사상을 나타낸 기호는 ②이다.

036

다음 그림에서 명료도 지수는?

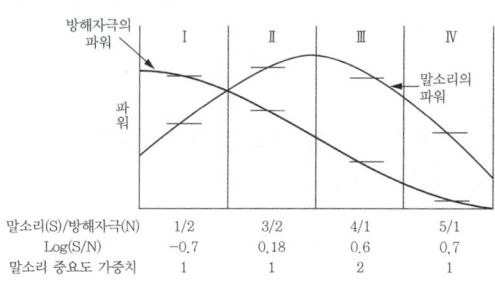

① 0.38　　　　② 0.68
③ 1.38　　　　④ 5.68

> **해설**
> 명료도 지수는 통화이해도를 추정하는 근거로 사용되는데, 각 옥타브대의 음성과 소음의 dB값에 가중치를 곱하여 합계를 구한 값이다.
> $(-0.7 \times 1) + (0.18 \times 1) + (0.6 \times 2) + (0.7 \times 1) = 1.38$

> **해설**
> - FMEA 고장 평점을 결정하는 5가지 평가요소
>   - 고장발생의 빈도
>   - 고장방지의 가능성
>   - 영향을 미치는 시스템의 범위
>   - 신규설계의 정도
>   - 기능적 고장 영향의 중요도

037
정보수용을 위한 작업자의 시각 영역에 대한 설명으로 옳은 것은?

① 판별시야 – 안구운동만으로 정보를 주시하고 순간적으로 특정정보를 수용할 수 있는 범위
② 유효시야 – 시력, 색판별 등의 시각 기능이 뛰어나며 정밀도가 높은 정보를 수용할 수 있는 범위
③ 보조시야 – 머리부분의 운동이 안구운동을 돕는 형태로 발생하며 무리 없이 주시가 가능한 범위
④ 유도시야 – 제시된 정보의 존재를 판별할 수 있는 정도의 식별능력밖에 없지만 인간의 공간좌표 감각에 영향을 미치는 범위

> **해설**
> - 유도시야 : 제시된 정보의 존재를 판별할 수 있는 정도의 식별능력밖에 없지만 인간의 공간좌표 감각에 영향을 미치는 범위

039
건구온도 30℃, 습구온도 35℃일 때의 옥스퍼드(Oxford) 지수는?

① 20.75　② 24.58
③ 30.75　④ 34.25

> **해설**
> - 옥스퍼드(Oxford) 지수
>   = (0.85×습구온도) + (0.15×건구온도)
>   = (0.85×35) + (0.15×30) = 34.25

038
FMEA 분석 시 고장평점법의 5가지 평가요소에 해당하지 않는 것은?

① 고장발생의 빈도
② 신규설계의 가능성
③ 기능적 고장 영향의 중요도
④ 영향을 미치는 시스템의 범위

040
설비보전에서 평균수리시간을 나타내는 것은?

① MTBF　② MTTR
③ MTTF　④ MTBP

> **해설**
> - MTTR(Mean Time To Repair) : 평균수리시간

제3과목 기계위험방지기술

041

산업안전보건법령상 사업장 내 근로자 작업환경 중 '강렬한 소음작업'에 해당하지 않는 것은?

① 85데시벨 이상의 소음이 1일 10시간 이상 발생하는 작업
② 90데시벨 이상의 소음이 1일 8시간 이상 발생하는 작업
③ 95데시벨 이상의 소음이 1일 4시간 이상 발생하는 작업
④ 100데시벨 이상의 소음이 1일 2시간 이상 발생하는 작업

해설

「산업안전보건기준에 관한 규칙」
제512조(정의)
1. "소음작업"이란 1일 8시간 작업을 기준으로 85데시벨 이상의 소음이 발생하는 작업을 말한다.
2. "강렬한 소음작업"이란 다음 각목의 어느 하나에 해당하는 작업을 말한다.

소음(dB)	노출시간
90 이상	1일 8시간 이상
95 이상	1일 4시간 이상
100 이상	1일 2시간 이상
105 이상	1일 1시간 이상
110 이상	1일 30분 이상
115 이상	1일 15분 이상

3. "충격소음작업"이란 소음이 1초 이상의 간격으로 발생하는 작업으로서 다음 각 목의 어느 하나에 해당하는 작업을 말한다.

소음(dB)	노출횟수
120 초과	1일 1만회 이상
130 초과	1일 1천회 이상
140 초과	1일 1백회 이상

042

산업안전보건법령상 프레스의 작업 시작 전 점검 사항이 아닌 것은?

① 슬라이드 또는 칼날에 의한 위험방지 기구의 기능
② 프레스의 금형 및 고정볼트 상태
③ 전단기의 칼날 및 테이블의 상태
④ 권과방지장치 및 그 밖의 경보장치의 기능

해설

'권과방지장치 및 그 밖의 경보장치의 기능'은 이동식 크레인을 사용하는 작업 시작 전 점검사항이다.
「산업안전보건기준에 관한 규칙」
[별표 3] 작업시작 전 점검사항

1. 프레스 등을 사용하여 작업을 할 때
가. 클러치 및 브레이크의 기능
나. 크랭크축·플라이휠·슬라이드·연결봉 및 연결 나사의 풀림 여부
다. 1행정 1정지기구·급정지장치 및 비상정지장치의 기능
라. 슬라이드 또는 칼날에 의한 위험방지 기구의 기능
마. 프레스의 금형 및 고정볼트 상태
바. 방호장치의 기능
사. 전단기(剪斷機)의 칼날 및 테이블의 상태

043

동력전달부분의 전방 35cm 위치에 일반 평형보호망을 설치하고자 한다. 보호망의 최대 구멍의 크기는 몇 mm인가?

① 41 ② 45
③ 51 ④ 55

해설

- 일반 평행보호망의 개구부 간격
= 6 + (0.1 × 개구부와 위험점 간 거리)
= 6 + (0.1 × 350) = 41
따라서 보호망의 최대 구멍의 크기는 41mm이다.

• 최대 개구 간격
(단위 : mm)

가드	개구부와 위험점 간 거리가 160mm 미만인 경우	개구부 간격 = 6 + (0.15×개구부와 위험점 간 거리)
	개구부와 위험점 간 거리가 160mm 이상인 경우	개구부 간격 = 30mm
일반 평행보호망, 위험점이 전동체인 경우		개구부 간격 = 6 + (0.1×개구부와 위험점 간 거리)

045

화물중량이 200kgf, 지게차의 중량이 400kgf, 앞바퀴에서 화물의 무게중심까지의 최단거리가 1m일 때 지게차가 안정되기 위하여 앞바퀴에서 지게차의 무게중심까지 최단거리는 최소 몇 m를 초과해야 하는가?

① 0.2m
② 0.5m
③ 1m
④ 2m

해설

- 지게차의 안정 조건 = $M_1 < M_2$
  화물의 모멘트 $M_1 = W \times L_1$
  지게차의 모멘트 $M_2 = G \times L_2$
  (이때, W = 화물 중량, L_1 = 앞바퀴에서 화물의 무게중심까지 최단거리, G = 지게차 중량, L_2 = 앞바퀴에서 지게차 무게중심까지 최단거리)
  $200 \times 1 < 400 \times L_2$ 이므로, $L_2 = 0.5$
  따라서 지게차의 무게중심까지 최단거리는 최소 0.5m를 초과해야 한다.

044

다음 연삭숫돌의 파괴원인 중 가장 적절하지 않은 것은?

① 숫돌의 회전속도가 너무 빠른 경우
② 플랜지의 직경이 숫돌 직경의 1/3 이상으로 고정된 경우
③ 숫돌 자체에 균열 및 파손이 있는 경우
④ 숫돌에 과대한 충격을 준 경우

해설

플랜지 직경은 숫돌 직경의 1/3 이상이어야 한다. 따라서 '플랜지 직경이 숫돌 직경의 1/3 이상'인 것은 연삭숫돌의 파괴원인으로 적절하지 않다.

- 연삭숫돌 파괴원인
  - 플랜지 지름이 현저히 작은 경우(플랜지는 숫돌 지름의 1/3 이상)
  - 숫돌의 치수 특히 내경의 크기가 적당하지 않은 경우
  - 숫돌 자체에 균열이 있거나, 과한 충격이 가해진 경우
  - 숫돌 회전중심이 잡히지 않았거나, 베어링 마모에 의한 진동이 생긴 경우
  - 측면용 연삭숫돌이 아닌 연삭숫돌의 측면을 사용
  - 연삭숫돌의 최고 사용회전속도를 초과하여 사용

046

산업안전보건법령상 압력용기에서 안전인증된 파열판에 안전인증 표시 외에 추가로 나타내어야 하는 사항이 아닌 것은?

① 분출차(%)
② 호칭지름
③ 용도(요구성능)
④ 유체의 흐름방향 지시

해설

'분출차(%)'는 안전인증 안전밸브의 추가 표시사항이다.

「방호장치 안전인증 고시」
[별표 4] 파열판의 성능기준

7. 추가 표시
안전인증된 파열판에는 규칙 제114조(안전인증의 표시)에 따른 표시 외에 다음 각 목의 내용을 추가로 표시해야 한다. 가. 호칭지름 나. 용도(요구성능) 다. 설정파열압력(MPa) 및 설정온도(℃) 라. 분출용량(kg/h) 또는 공칭분출계수 마. 파열판의 재질 바. 유체의 흐름방향 지시

047

선반에서 일감의 길이가 지름에 비하여 상당히 길 때 사용하는 부속품으로 절삭 시 절삭저항에 의한 일감의 진동을 방지하는 장치는?

① 칩 브레이커
② 척 커버
③ 방진구
④ 실드

해설
- 방진구 : 선반작업 시 가늘고 긴(공작물 길이가 지름의 12배 이상) 물체를 가공하는 데 사용하여 진동을 방지하는 기구

048

산업안전보건법령상 프레스를 제외한 사출성형기·주형조형기 및 형단조기 등에 관한 안전조치 사항으로 틀린 것은?

① 근로자의 신체 일부가 말려들어갈 우려가 있는 경우에는 양수조작식 방호장치를 설치하여 사용한다.
② 게이트 가드식 방호장치를 설치할 경우에는 연동구조를 적용하여 문을 닫지 않아도 동작할 수 있도록 한다.
③ 사출성형기의 전면에 작업용 발판을 설치할 경우 근로자가 쉽게 미끄러지지 않는 구조여야 한다.
④ 기계의 히터 등의 가열 부위, 감전 우려가 있는 부위에는 방호덮개를 설치하여 사용한다.

해설
게이트가드식 방호장치 설치 시 문을 닫지 않으면 동작하지 않는 연동구조를 적용해야 한다.
「산업안전보건기준에 관한 규칙」
제121조(사출성형기 등의 방호장치)
② 제1항의 게이트가드는 닫지 아니하면 기계가 작동되지 아니하는 연동구조(連動構造)여야 한다.

049

연강의 인장강도가 420MPa이고, 허용응력이 140MPa이라면 안전율은?

① 1
② 2
③ 3
④ 4

해설
- 안전율(계수) = $\dfrac{\text{인장강도(MPa)}}{\text{허용응력(MPa)}}$

$\dfrac{420}{140} = 3$

따라서 안전율은 3이다.

050

밀링작업 시 안전 수칙에 관한 설명으로 틀린 것은?

① 칩은 기계를 정지시킨 다음에 브러시 등으로 제거한다.
② 일감 또는 부속장치 등을 설치하거나 제거할 때는 반드시 기계를 정지시키고 작업한다.
③ 면장갑을 반드시 끼고 작업한다.
④ 강력 절삭을 할 때는 일감을 바이스에 깊게 물린다.

해설
- 밀링작업 안전수칙
  - 장갑을 착용하지 않을 것
  - 칩의 비산이 많으므로 보안경을 착용할 것
  - 작업자의 옷소매 등이 커터에 말릴 수 있으므로 주의하고, 끈을 사용해 묶지 않을 것
  - 칩 제거는 절삭작업이 끝난 후 브러시를 사용할 것
  - 공작물을 고정할 때에는 기계를 정지시킨 후 작업할 것
  - 커터는 될 수 있는 한 칼럼에 가깝게 설치할 것
  - 강력절삭을 할 경우에는 공작물을 바이스에 깊게 물려 작업할 것
  - 가공 중 공작물의 치수를 측정할 때에는 기계를 정지시킨 후 측정할 것
  - 커터 교환 시 테이블 위에 나무판을 받칠 것
  - 커터를 끼울 때는 아버를 깨끗이 닦을 것
  - 절삭공구에 절삭유 주유 시 커터 위부터 공급할 것

051

다음 중 프레스기에 사용되는 방호장치에 있어 원칙적으로 급정지 기구가 부착되어야만 사용할 수 있는 방식은?

① 양수조작식　　② 손쳐내기식
③ 가드식　　　　④ 수인식

해설

| 프레스 방호장치의 선정·설치 및 사용 기술지침 |
방호장치 일반적 부착 요건

구분	사용제한
가드식	• 각종 프레스에 사용 가능 • 안전거리 확보 필요 없음
양수기동식	• 안전거리 확보 필요
양수조작식	• 원칙적으로 급정지기구를 부착한 프레스에 사용 • 안전거리 확보 필요
광전자식, 원적외선식	• 급정지기구를 부착한 프레스에 사용 • 안전거리 확보 필요
수인식	• 액압 프레스, 고속·저속 프레스에 적절하지 않음
손쳐내기식	• 액압 프레스, 고속·저속 프레스에 적절하지 않음

052

산업안전보건법령상 지게차의 최대하중의 2배 값이 6톤일 경우 헤드가드의 강도는 몇 톤의 등분포정하중에 견딜 수 있어야 하는가?

① 4　　　　② 6
③ 8　　　　④ 10

해설

「산업안전보건기준에 관한 규칙」
제180조(헤드가드)
1. 강도는 지게차의 최대하중의 2배 값(4톤을 넘는 값에 대해서는 4톤으로 한다)의 등분포정하중(等分布靜荷重)에 견딜 수 있을 것

053

강자성체를 자화하여 표면의 누설자속을 검출하는 비파괴 검사 방법은?

① 방사선 투과 시험　　② 인장시험
③ 초음파 탐상 시험　　④ 자분 탐상 시험

해설

'자분 탐상 시험(MT)'은 강자성체를 자화하여 결함 부분에 생긴 자극에 자분이 부착되는 것을 이용해 결함을 검출하는 것으로, 표면 또는 표면 부근의 결함을 육안으로 검출하는 비파괴시험이다.

• 비파괴시험 : 제품을 파괴하지 않고 제품 내부의 결함, 용접부 내부의 결함 등을 검사하는 방법
– 종류 : 누수시험, 누설시험, 음향탐상, 침투탐상, 초음파 탐상, 자분탐상, 방사선투과 등

054

산업안전보건법령상 보일러 방호장치로 거리가 가장 먼 것은?

① 고저수위 조절장치
② 아우트리거
③ 압력방출장치
④ 압력제한스위치

해설

「산업안전보건기준에 관한 규칙」
제119조(폭발위험의 방지) 사업주는 보일러의 폭발 사고를 예방하기 위하여 압력방출장치, 압력제한스위치, 고저수위 조절장치, 화염 검출기 등의 기능이 정상적으로 작동될 수 있도록 유지·관리하여야 한다.

055

산업안전보건법령상 아세틸렌 용접장치에 관한 설명이다. (   ) 안에 공통으로 들어갈 내용으로 옳은 것은?

- 사업주는 아세틸렌 용접장치의 취관마다 (   )를 설치하여야 한다.
- 사업주는 가스용기가 발생기와 분리되어 있는 아세틸렌 용접장치에 대하여 발생기와 가스용기 사이에 (   )를 설치하여야 한다.

① 분기장치
② 자동발생 확인장치
③ 유수 분리장치
④ 안전기

해설

「산업안전보건기준에 관한 규칙」
제289조(안전기의 설치)
① 사업주는 아세틸렌 용접장치의 취관마다 안전기를 설치하여야 한다.
② 사업주는 가스용기가 발생기와 분리되어 있는 아세틸렌 용접장치에 대하여 발생기와 가스용기 사이에 안전기를 설치하여야 한다.

056

프레스기의 안전대책 중 손을 금형 사이에 집어넣을 수 없도록 하는 본질적 안전화를 위한 방식(No-hand in Die)에 해당하는 것은?

① 수인식
② 광전자식
③ 방호울식
④ 손쳐내기식

해설

- 프레스 및 전단기 방호대책
  (1) 노핸드 인 다이(No-hand in Die) 방식 : 작업자의 손이 금형 사이에 들어가지 않도록 하는 본질안전화 추진대책으로, 손을 넣을 수 없는 방식과 손을 넣을 필요가 없는 방식으로 구분된다.
    ① 방호울이 부착된 프레스(작업을 위한 개구부 이외의 틈새는 8mm 이하)
    ② 안전금형을 부착한 프레스(상형과 하형의 틈새 및 가이드포스트와 부시의 틈새는 8mm 이하)
    ③ 전용프레스의 도입(작업자의 손을 금형 사이에 넣을 필요가 없도록 한 프레스)
    ④ 자동프레스의 도입(자동송급, 배출장치가 있거나 부착한 프레스)
  (2) 핸드 인 다이(Hand in Die) 방식 : 작업자의 손이 금형 사이에 들어가야만 하는 방식으로, 방호장치를 부착하여야 한다.
    ① 프레스의 종류, 압입능력, 매분 행정수, 행정길이, 작업방법에 상응하는 방호장치
      예 가드식, 손쳐내기식, 수인식
    ② 정지성능에 상응하는 방호장치
      예 양수조작식, 광전자식(감응식)

057

회전하는 부분의 접선방향으로 물려 들어갈 위험이 존재하는 점으로 주로 체인, 풀리, 벨트, 기어와 랙 등에서 형성되는 위험점은?

① 끼임점
② 협착점
③ 절단점
④ 접선물림점

해설

- 기계설비의 위험점
  (1) 협착점 : 왕복운동을 하는 동작부분과 고정부분 사이에 형성되는 위험점
    예 프레스, 압축용접기, 성형기, 펀칭기, 단조해머 등
  (2) 끼임점 : 고정부와 회전하는 동작부분 사이에 형성되는 위험점
    예 연삭숫돌과 덮개 사이, 교반기 날개와 용기의 몸체 사이, 반복작동하는 링크기구, 프레임의 요동운동 등
  (3) 절단점 : 회전하는 운동부분이나 운동하는 기계부분 자체의 위험에서 초래되는 위험점
    예 밀링커터, 둥근톱날, 띠톱, 벨트의 이음새 등
  (4) 물림점 : 반대방향으로 맞물려 회전하는 두 개의 물체에 물려 들어가는 위험점
    예 롤러와 기어가 서로 맞물려 회전 등
  (5) 접선물림점 : 회전하는 부분의 접선방향으로 물려 들어가는 위험점
    예 풀리와 V-belt 사이, 체인과 스프로킷 휠 사이, 피니언과 랙 사이 등
  (6) 회전말림점 : 회전하는 물체에 작업복 등이 말려 들어가는 위험점
    예 축, 커플링, 회전하는 드릴 등

058
산업안전보건법령상 양중기에 해당하지 않는 것은?

① 곤돌라
② 이동식 크레인
③ 적재하중 0.05톤의 이삿짐운반용 리프트
④ 화물용 엘리베이터

> **해설**
> 「산업안전보건기준에 관한 규칙」
> 제132조(양중기)
> ① 양중기란 다음 각 호의 기계를 말한다.
>   1. 크레인[호이스트(hoist)를 포함한다]
>   2. 이동식 크레인
>   3. 리프트(이삿짐운반용 리프트의 경우에는 적재하중이 0.1톤 이상인 것으로 한정한다)
>   4. 곤돌라
>   5. 승강기
>   가. 승객용 엘리베이터
>   나. 승객화물용 엘리베이터
>   다. 화물용 엘리베이터
>   라. 소형화물용 엘리베이터
>   마. 에스컬레이터

059
다음 설명 중 ( ) 안에 알맞은 내용은?

> 산업안전보건법령상 롤러기의 급정지장치는 롤러를 무부하로 회전시킨 상태에서 앞면 롤러의 표면속도가 30m/min 미만일 때에는 급정지거리가 앞면 롤러 원주의 ( ) 이내에서 롤러를 정지시킬 수 있는 성능을 보유해야 한다.

① 1/4
② 1/3
③ 1/2.5
④ 1/2

> **해설**
> 「방호장치 자율안전기준 고시」
> [별표 3] 롤러기 급정지장치의 성능기준
>
> | 5. 무부하동작에서 급정지거리 ||
> |---|---|
> | 앞면 롤러의 표면속도에 따른 급정지거리 ||
> | 앞면 롤러의 표면속도(m/min) | 급정지거리 |
> | 30 미만 | 앞면 롤러 원주의 1/3 이내 |
> | 30 이상 | 앞면 롤러 원주의 1/2.5 이내 |

060
산업안전보건법령상 지게차에서 통상적으로 갖추고 있어야 하나, 마스트의 후방에서 화물이 낙하함으로써 근로자에게 위험을 미칠 우려가 없는 때에는 반드시 갖추지 않아도 되는 것은?

① 전조등
② 헤드가드
③ 백레스트
④ 포크

> **해설**
> 「산업안전보건기준에 관한 규칙」
> 제181조(백레스트) 사업주는 백레스트(backrest)를 갖추지 아니한 지게차를 사용해서는 아니 된다. 다만, 마스트의 후방에서 화물이 낙하함으로써 근로자가 위험해질 우려가 없는 경우에는 그러하지 아니하다.

제4과목 전기위험방지기술

061
피뢰시스템의 등급에 따른 회전구체의 반지름으로 틀린 것은?

① Ⅰ등급 : 20m ② Ⅱ등급 : 30m
③ Ⅲ등급 : 40m ④ Ⅳ등급 : 60m

해설

「한국산업표준」 (KS C IEC 62305-1)
피뢰시스템-제1부 : 일반원칙

뇌전류 파라미터의 최소값과 LPL에 상응하는 회전구체의 반지름

포착기준			LPL			
구분	기호	단위	Ⅰ	Ⅱ	Ⅲ	Ⅳ
최소 피크전류	I	kA	3	5	10	16
회전구체 반지름	r	m	20	30	45	60

062
전류가 흐르는 상태에서 단로기를 끊었을 때 여러 가지 파괴작용을 일으킨다. 다음 그림에서 유입차단기의 차단순서와 투입순서가 안전수칙에 가장 적합한 것은?

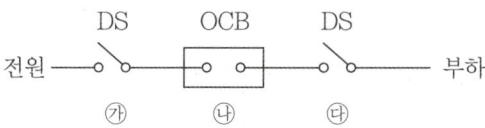

① 차단 : ㉮→㉯→㉰, 투입 : ㉮→㉯→㉰
② 차단 : ㉯→㉰→㉮, 투입 : ㉯→㉮→㉰
③ 차단 : ㉰→㉮→㉯, 투입 : ㉰→㉮→㉯
④ 차단 : ㉯→㉰→㉮, 투입 : ㉰→㉮→㉯

해설
- 전원 차단 시 : 차단기(OCB) 개방 후 단로기(DS) 개방
  - 차단 순서 : ㉯ OCB → ㉰ DS → ㉮ DS
- 전원 투입 시 : 단로기(DS) 투입 후 차단기(OCB) 투입
  - 투입 순서 : ㉰ DS → ㉮ DS → ㉯ OCB

063
다음은 무슨 현상을 설명한 것인가?

전위차가 있는 2개의 대전체가 특정거리에 접근하게 되면 등전위가 되기 위하여 전하가 절연공간을 깨고 순간적으로 빛과 열을 발생하며 이동하는 현상

① 대전 ② 충전
③ 방전 ④ 열전

해설
- 방전 현상 : 대전체가 전하를 잃는 과정으로, 가까이 있는 두 전극에 높은 전압을 걸었을 때 진공이나 공기를 통해 전자가 이동하는 현상

064
정전기 재해를 예방하기 위해 설치하는 제전기의 제전효율은 설치 시에 얼마 이상이 되어야 하는가?

① 40% 이상 ② 50% 이상
③ 70% 이상 ④ 90% 이상

해설
제전기 설치 시 제전효율은 90% 이상이어야 한다.

065
정전기 화재폭발 원인으로 인체대전에 대한 예방대책으로 옳지 않은 것은?

① Wrist Strap을 사용하여 접지선과 연결한다.
② 대전방지제를 넣은 제복을 착용한다.
③ 대전방지 성능이 있는 안전화를 착용한다.
④ 바닥 재료는 고유저항이 큰 물질로 사용한다.

해설
정전기 발생을 방지하기 위해 바닥 재료는 고유저항이 작은 물질로 사용한다.

066

정격사용률이 30%, 정격2차전류가 300A인 교류아크 용접기를 200A로 사용하는 경우의 허용사용률(%)은?

① 13.3   ② 67.5
③ 110.3   ④ 157.5

해설
- 허용사용률 = 정격사용률 × $(\frac{정격2차 전류}{실제 용접 전류})^2$

  $30 \times (\frac{300}{200})^2 = 67.5$

  따라서 허용사용률은 67.5%이다.

067

피뢰기의 제한 전압이 752kV이고 변압기의 기준충격 절연강도가 1,050kV이라면, 보호여유도(%)는 약 얼마인가?

① 18   ② 28
③ 40   ④ 43

해설
- 피뢰기의 보호여유도(%)

  $= \frac{충격절연강도 - 제한전압}{제한전압} \times 100$

  $= \frac{1,050 - 752}{752} \times 100 = 40$

  따라서 보호여유도는 40%이다.

068

절연물의 절연불량 주요원인으로 거리가 먼 것은?

① 진동, 충격 등에 의한 기계적 요인
② 산화 등에 의한 화학적 요인
③ 온도상승에 의한 열적 요인
④ 정격전압에 의한 전기적 요인

해설
- 절연물의 절연불량 요인
  - 진동, 충격 등에 의한 기계적 요인
  - 산화 등에 의한 화학적 요인
  - 온도상승에 의한 열적 요인
  - 높은 이상전압 등에 의한 전기적 요인

069

고장전류를 차단할 수 있는 것은?

① 차단기(CB)   ② 유입 개폐기(OS)
③ 단로기(DS)   ④ 선로 개폐기(LS)

해설
- 전력용 개폐장치
  - 차단기(CB, Circuit Breaker) : 부하전류 개폐 및 고장전류 차단
  - 단로기(DS, Disconnecting Switch) : 무부하 시 개폐 가능하며, 부하전류 개폐 불가
  - 개폐기 : 부하전류 개폐는 가능하지만, 고장전류 차단 불가

070

주택용 배선차단기 B 타입의 경우 순시동작범위는? (단, I_n는 차단기 정격전류이다.)

① $3I_n$ 초과 ~ $5I_n$ 이하
② $5I_n$ 초과 ~ $10I_n$ 이하
③ $10I_n$ 초과 ~ $15I_n$ 이하
④ $10I_n$ 초과 ~ $20I_n$ 이하

해설

• 동작시간 및 동작특성 구분

구분	주택용 배선차단기	산업용 배선차단기
과전류 트립	(1) 정격전류의 1.13배에서 부동작 (2) 정격전류의 1.45배에서 동작	(1) 정격전류의 1.05배에서 부동작 (2) 정격전류의 1.3배에서 동작
순시 트립	(1) Type B : $3I_n$ 초과 $5I_n$ 이하 (2) Type C : $5I_n$ 초과 $10I_n$ 이하 (3) Type D : $10I_n$ 초과 $20I_n$ 이하	트립전류 설정값의 80%에서 0.2초 이내 비트립 트립전류 설정값의 120%에서 0.2초 이내 트립

071

다음 중 방폭구조의 종류가 아닌 것은?

① 유입 방폭구조(k)
② 내압 방폭구조(d)
③ 본질안전 방폭구조(i)
④ 압력 방폭구조(p)

해설

• 방폭구조 종류(기호)
 - 본질안전 방폭구조(ia, ib)
 - 내압 방폭구조(d)
 - 안전증 방폭구조(e)
 - 압력 방폭구조(p)
 - 유입 방폭구조(o)
 - 특수 방폭구조(s)

072

동작 시 아크가 발생하는 고압 및 특고압용 개폐기·차단기의 이격거리(목재의 벽 또는 천장, 기타 가연성 물체로부터의 거리)의 기준으로 옳은 것은? (단, 사용전압이 35kV 이하의 특고압용의 기구 등으로서 동작할 때에 생기는 아크의 방향과 길이를 화재가 발생할 우려가 없도록 제한하는 경우가 아니다.)

① 고압용 : 0.8m 이상, 특고압용 : 1.0m 이상
② 고압용 : 1.0m 이상, 특고압용 : 2.0m 이상
③ 고압용 : 2.0m 이상, 특고압용 : 3.0m 이상
④ 고압용 : 3.5m 이상, 특고압용 : 4.0m 이상

해설

「한국전기설비규정(KEC)」
341.7 아크를 발생하는 기구의 시설
고압용 또는 특고압용의 개폐기·차단기·피뢰기 기타 이와 유사한 기구(이하 이 조에서 "기구 등"이라 한다)로서 동작 시에 아크가 생기는 것은 목재의 벽 또는 천장 기타의 가연성 물체로부터 다음 표에서 정한 값 이상 이격하여 시설하여야 한다.

아크를 발생하는 기구 시설 시 이격거리

기구 등의 구분	이격거리
고압용의 것	1m 이상
특고압용의 것	2m 이상(사용전압이 35kV 이하의 특고압용의 기구 등으로서 동작할 때에 생기는 아크의 방향과 길이를 화재가 발생할 우려가 없도록 제한하는 경우에는 1m 이상)

073

3,300/220V, 20kVA인 3상 변압기로부터 공급받고 있는 저압 전선로의 절연 부분의 전선과 대지 간의 절연저항의 최소값은 약 몇 Ω인가? (단, 변압기의 저압 측 중성점에 접지가 되어 있다.)

① 1,240   ② 2,794
③ 4,840   ④ 8,383

075

욕조나 샤워시설이 있는 욕실 또는 화장실에 콘센트가 시설되어 있다. 해당 전로에 설치된 누전차단기의 정격감도전류와 동작시간은?

① 정격감도전류 15mA 이하, 동작시간 0.01초 이하
② 정격감도전류 15mA 이하, 동작시간 0.03초 이하
③ 정격감도전류 30mA 이하, 동작시간 0.01초 이하
④ 정격감도전류 30mA 이하, 동작시간 0.03초 이하

해설

- 절연저항(Ω) = $\dfrac{\text{전압}}{\text{누설전류}}$

누설전류는 최대 공급전류의 1/2,000을 넘지 않아야 하므로,

$$\dfrac{220}{\dfrac{20\times 1,000}{220}\times \dfrac{1}{2,000}} = 4,840$$

3상 변압기에서 절연저항 = $\sqrt{3} \times 4,840 = 8,383$
따라서 최소값은 8,383Ω이다.

「전기설비기술기준」
제27조(전선로의 전선 및 절연성능)
③ 저압전선로 중 절연 부분의 전선과 대지 사이 및 전선의 심선 상호 간의 절연저항은 사용전압에 대한 누설전류가 최대 공급전류의 1/2,000을 넘지 않도록 하여야 한다.

해설

「한국전기설비규정(KEC)」
234.5 콘센트의 시설
라. 욕조나 샤워시설이 있는 욕실 또는 화장실 등 인체가 물에 젖어있는 상태에서 전기를 사용하는 장소에 콘센트를 시설하는 경우에는 다음 각 호에 따라 시설하여야 한다.
(1) 「전기용품 및 생활용품 안전관리법」의 적용을 받는 인체감전보호용 누전차단기(정격감도전류 15mA 이하, 동작시간 0.03초 이하의 전류동작형의 것에 한한다) 또는 절연변압기(정격용량 3kVA 이하인 것에 한한다)로 보호된 전로에 접속하거나, 인체감전보호용 누전차단기가 부착된 콘센트를 시설하여야 한다.

074

감전사고로 인한 전격사의 메커니즘으로 가장 거리가 먼 것은?

① 흉부수축에 의한 질식
② 심실세동에 의한 혈액순환기능의 상실
③ 내장파열에 의한 소화기계통의 기능 상실
④ 호흡중추신경 마비에 따른 호흡기능 상실

076

50kW, 60Hz 3상 유도전동기가 380V 전원에 접속된 경우 흐르는 전류(A)는 약 얼마인가? (단, 역률은 80%이다.)

① 82.24
② 94.96
③ 116.30
④ 164.47

해설

- 전격사(電擊死)의 메커니즘
  - 흉부에 흐른 전류가 흉부수축을 유발해 질식
  - 심장부에 흐른 전류가 심실세동을 유발해 혈액순환기능 상실
  - 뇌의 호흡중추신경에 흐른 전류로 인한 호흡기능 정지
  - 동맥절단으로 인한 과다출혈
  - 인체저항으로 인한 전류의 열 발생으로 장기손상

해설

$P = \sqrt{3}\,VI\cos$

$I = \dfrac{P}{\sqrt{3}\,V\cos} = \dfrac{50,000}{1.732 \times 380 \times 0.8} ≒ 94.96$

따라서 약 94.96A 전류가 흐른다.

077

인체저항을 500Ω이라 한다면, 심실세동을 일으키는 위험 한계 에너지는 약 몇 J인가? (단, 심실세동 전류값 $I=\dfrac{165}{\sqrt{T}}$ mA의 Dalziel의 식을 이용하며, 통전시간은 1초로 한다.)

① 11.5　　② 13.6
③ 15.3　　④ 16.2

해설

- $W = I^2 RT$
  $W = (\dfrac{165}{\sqrt{T}} \times 10^{-3})^2 \times R \times T$
  통전시간(T)은 1초이므로,
  $(165 \times 10^{-3})^2 \times 500 \times 1 ≒ 13.612$
  따라서 위험 한계 에너지는 약 13.6J이다.

078

내압방폭용기 "d"에 대한 설명으로 틀린 것은?

① 원통형 나사 접합부의 체결 나사산 수는 5산 이상이어야 한다.
② 가스/증기 그룹이 ⅡB일 때 내압 접합면과 장애물과의 최소 이격거리는 20mm이다.
③ 용기 내부의 폭발이 용기 주위의 폭발성 가스 분위기로 화염이 전파되지 않도록 방지하는 부분은 내압방폭 접합부이다.
④ 가스/증기 그룹이 ⅡC일 때 내압 접합면과 장애물과의 최소 이격거리는 40mm이다.

해설

「한국산업표준」 (KS C IEC 60079-1)
폭발성 분위기-제1부 : 내압방폭용기 "d"에 의한 기기 보호
내압방폭구조 "d" 플랜지 개구부에서 장애물까지의 최소 거리

가스 그룹	최소 거리
ⅡA	10mm
ⅡB	30mm
ⅡC	40mm

079

KS C IEC 60079-0의 정의에 따라 '두 도전부 사이의 고체 절연물 표면을 따른 최단거리'를 나타내는 명칭은?

① 전기적 간격　　② 절연공간거리
③ 연면거리　　　④ 충전물 통과거리

해설

「한국산업표준」 (KS C IEC 60079-0)
폭발성 분위기-제0부 : 기기-일반 요구사항
3.81 전기적 간격(spacings, electrical)
다른 전위를 갖고 있는 도전부 사이의 이격거리
3.81.1 절연공간거리(clearance)
두 도전부 사이의 공간을 통한 최단거리
3.81.2 연면거리(creepage distance)
두 도전부 사이의 고체 절연물 표면을 따른 최단거리
3.81.3 충전물 통과거리(distance through casting compound)
두 도전부 사이의 충전물을 통과한 최단거리

080

접지 목적에 따른 분류에서 병원설비의 의료용 전기 전자(M·E)기기와 모든 금속부분 또는 도전바닥에도 접지하여 전위를 동일하게 하기 위한 접지를 무엇이라 하는가?

① 계통 접지
② 등전위 접지
③ 노이즈방지용 접지
④ 정전기 장해방지 이용 접지

> **해설**
> '등전위 접지'는 병원 내 의료기기 및 장비 사용 시 안정적 가동 확보를 위해 실시한다.
> • 접지 종류별 목적
>
> | | 종류 | 목적 |
> |---|---|---|
> | 보안용 접지 | (1) 계통 접지 | 고압전로와 저압전로의 혼촉 시 감전·화재 등 방지 |
> | | (2) 기기 접지 | 누전되고 있는 기기에 접촉 시 감전 방지 |
> | | (3) 피뢰 접지 (뇌 방지용 접지) | 낙뢰로부터 화재·전기기기 손상 등 방지 |
> | | (4) 정전기 방지용 접지 | 정전기의 축적에 의한 폭발 재해 방지 |
> | | (5) 지락검출용 접지 | 누전차단기의 동작을 확실하게 함 |
> | | (6) 등전위 접지 | 병원 내 의료기기 사용 시 안전 확보 |
> | | (7) 잡음대책용 접지 | 잡음에 의한 전자기기의 파괴·오동작 방지 |
> | 기능용 접지 | | 전기방식 설비 등의 접지 |

제5과목 화학설비위험방지기술

081

다음 중 고체연소의 종류에 해당하지 않는 것은?

① 표면연소
② 증발연소
③ 분해연소
④ 예혼합연소

> **해설**
> 예혼합연소는 기체연소의 종류이다.
> • 고체연소의 종류 : 표면연소, 증발연소, 분해연소, 자기연소

082

가연성물질을 취급하는 장치를 퍼지하고자 할 때 잘못된 것은?

① 대상물질의 물성을 파악한다.
② 사용하는 불활성가스의 물성을 파악한다.
③ 퍼지용 가스를 가능한 한 빠른 속도로 단시간에 다량 송입한다.
④ 장치내부를 세정한 후 퍼지용 가스를 송입한다.

> **해설**
> 퍼지용 가스를 가능한 한 천천히 송입해야 한다.

083

위험물질에 대한 설명 중 틀린 것은?

① 과산화나트륨에 물이 접촉하는 것은 위험하다.
② 황린은 물속에 저장한다.
③ 염소산나트륨은 물과 반응하여 폭발성의 수소기체를 발생한다.
④ 아세트알데히드는 0℃ 이하의 온도에서도 인화할 수 있다.

> **해설**
> 염소산나트륨은 제1류 위험물이고, 물과 반응하여 폭발성의 수소기체를 발생시키는 것은 제3류 위험물이다.

084

공정안전보고서 중 공정안전자료에 포함하여야 할 세부내용에 해당하는 것은?

① 비상조치계획에 따른 교육계획
② 안전운전지침서
③ 각종 건물·설비의 배치도
④ 도급업체 안전관리계획

해설

「산업안전보건법 시행규칙」
제50조(공정안전보고서의 세부 내용 등)
① 영 제44조에 따라 공정안전보고서에 포함해야 할 세부 내용은 다음 각 호와 같다.
  1. 공정안전자료
     가. 취급·저장하고 있거나 취급·저장하려는 유해·위험물질의 종류 및 수량
     나. 유해·위험물질에 대한 물질안전보건자료
     다. 유해하거나 위험한 설비의 목록 및 사양
     라. 유해하거나 위험한 설비의 운전방법을 알 수 있는 공정도면
     마. 각종 건물·설비의 배치도
     바. 폭발위험장소 구분도 및 전기단선도
     사. 위험설비의 안전설계·제작 및 설치 관련 지침서

085
디에틸에테르의 연소범위에 가장 가까운 값은?

① 2~10.4% ② 1.9~48%
③ 2.5~15% ④ 1.5~7.8%

해설
디에틸에테르의 연소범위는 1.9~48%이다.

086
공기 중에서 A 가스의 폭발하한계는 2.2vol%이다. 이 폭발하한계 값을 기준으로 하여 표준 상태에서 A 가스와 공기의 혼합기체 $1m^3$에 함유되어 있는 A 가스의 질량을 구하면 약 몇 g인가? (단, A 가스의 분자량은 26이다.)

① 19.02 ② 25.54
③ 29.02 ④ 35.54

해설
표준상태(0℃, 1기압)에서 기체의 부피는 22.4L = $0.0224m^3$

단위부피당 질량(g/m^3) = $\dfrac{농도 \times 분자량}{V_1}$

부피 0.0224, 농도 0.022, 분자량 26인 기체의 단위부피당 질량은

$\dfrac{0.022 \times 26}{0.0224} ≒ 25.54g$

087
다음 물질 중 물에 가장 잘 융해되는 것은?

① 아세톤 ② 벤젠
③ 톨루엔 ④ 휘발유

해설
아세톤은 물에 잘 녹으며 유기용매로서 다른 물질과도 잘 섞이는 성질이 있다.

088
가스누출감지경보기 설치에 관한 기술상의 지침으로 틀린 것은?

① 암모니아를 제외한 가연성가스 누출감지경보기는 방폭성능을 갖는 것이어야 한다.
② 독성가스 누출감지경보기는 해당 독성가스 허용농도의 25% 이하에서 경보가 울리도록 설정하여야 한다.
③ 하나의 감지대상 가스가 가연성이면서 독성인 경우에는 독성가스를 기준하여 가스누출감지경보기를 선정하여야 한다.
④ 건축물 안에 설치되는 경우, 감지대상가스의 비중이 공기보다 무거운 경우에는 건축물 내의 하부에 설치하여야 한다.

해설
「가스누출감지경보기 설치에 관한 기술상의 지침」
제6조(경보설정치)
① 가연성 가스누출감지경보기는 감지대상 가스의 폭발하한계 25퍼센트 이하, 독성가스 누출감지경보기는 해당 독성가스의 허용농도 이하에서 경보가 울리도록 설정하여야 한다.

089
폭발을 기상폭발과 응상폭발로 분류할 때 기상폭발에 해당되지 않는 것은?
① 분진폭발 ② 혼합가스폭발
③ 분무폭발 ④ 수증기폭발

해설
- 기상폭발의 종류 : 분진폭발, 분무폭발, (혼합)가스폭발 등
- 응상폭발의 종류 : 수증기폭발, 전선폭발, 고상 간의 전이에 의한 폭발 등

090
다음 가스 중 가장 독성이 큰 것은?
① CO ② $COCl_2$
③ NH_3 ④ H_2

해설
$COCl_2$(포스겐)는 TWA 0.1의 맹독성 가스이다.
- 시간가중 평균노출기준(TWA)
  - $COCl_2$(포스겐) : 0.1
  - NH_3(암모니아) : 25
  - CO(일산화탄소) : 30
  - H_2(수소) : 독성자료 없음

091
처음 온도가 20℃인 공기를 절대압력 1기압에서 3기압으로 단열압축하면 최종온도는 약 몇 도인가? (단, 공기의 비열비 1.4이다.)
① 68℃ ② 75℃
③ 128℃ ④ 164℃

해설
$$\frac{T_2}{T_1} = \left(\frac{P_2}{P_1}\right)^{\frac{r-1}{r}}$$
$$T_2 = \left(\frac{3}{1}\right)^{\frac{1.4-1}{1.4}} \times (273+20) = 401K$$
따라서 401-273 = 128℃

092
물질의 누출방지용으로써 접합면을 상호 밀착시키기 위하여 사용하는 것은?
① 개스킷 ② 체크밸브
③ 플러그 ④ 콕크

해설
「산업안전보건기준에 관한 규칙」
제257조(덮개 등의 접합부) 사업주는 화학설비 또는 그 배관의 덮개·플랜지·밸브 및 콕의 접합부에 대해서는 접합부에서 위험물질 등이 누출되어 폭발·화재 또는 위험물이 누출되는 것을 방지하기 위하여 적절한 개스킷(gasket)을 사용하고 접합면을 서로 밀착시키는 등 적절한 조치를 하여야 한다.

093
건조설비의 구조를 구조부분, 가열장치, 부속설비로 구분할 때 다음 중 "부속설비"에 속하는 것은?
① 보온판 ② 열원장치
③ 소화장치 ④ 철골부

해설
- 건조설비의 구조
  - 구조부분 : 몸체(철골부, 보온판, shell부 등), 내부구조, 내부에 있는 구동장치 등
  - 가열장치 : 열원장치, 순환용 송풍기 등
  - 부속설비 : 소화장치, 안전장치, 환기장치, 온도조절장치, 전기설비 등

094
에틸렌(C_2H_4)이 완전연소하는 경우 다음의 Jones식을 이용하여 계산할 경우 연소하한계는 약 몇 vol%인가?

Jones식 : $LFL = 0.55 \times C_{st}$

① 0.55 ② 3.6
③ 6.3 ④ 8.5

해설

$$C_{st} = \cfrac{100}{1+4.773\times\left(a+\cfrac{b-c-2d}{4}\right)}$$

(이때, a는 탄소, b는 수소, c는 할로겐원소, d는 산소의 원자 수)

에틸렌(C_2H_4)은 탄소(a)가 2, 수소(b)가 4이므로

$$C_{st} = \cfrac{100}{1+4.773\times\left(2+\cfrac{4}{4}\right)} ≒ 6.53$$

연소하한값 $= 0.55 \times C_{st} = 0.55 \times 6.53 ≒ 3.59$

해설

「산업안전보건기준에 관한 규칙」
[별표 1] 위험물질의 종류
1. 폭발성 물질 및 유기과산화물
   가. 질산에스테르류
   나. 니트로화합물
   다. 니트로소화합물
   라. 아조화합물
   마. 디아조화합물
   바. 하이드라진 유도체
   사. 유기과산화물
   아. 그 밖에 가목부터 사목까지의 물질과 같은 정도의 폭발 위험이 있는 물질
   자. 가목부터 아목까지의 물질을 함유한 물질

095

[보기]의 물질을 폭발범위가 넓은 것부터 좁은 순서로 옳게 배열한 것은?

| H_2 | C_3H_8 | CH_4 | CO |

① $CO > H_2 > C_3H_8 > CH_4$
② $H_2 > CO > CH_4 > C_3H_8$
③ $C_3H_8 > CO > CH_4 > H_2$
④ $CH_4 > H_2 > CO > C_3H_8$

해설

- 폭발한계 범위
  - 수소(H_2) : 4~75
  - 일산화탄소(CO) : 12.5~74
  - 메탄(CH_4) : 5~15
  - 프로판(C_3H_8) : 2.1~9.5

097

화염방지기의 설치에 관한 사항으로 ( )에 알맞은 것은?

사업주는 인화성 액체 및 인화성 가스를 저장·취급하는 화학설비에서 증기나 가스를 대기로 방출하는 경우에는 외부로부터의 화염을 방지하기 위하여 화염방지기를 그 설비 ( )에 설치하여야 한다.

① 상단
② 하단
③ 중앙
④ 무게중심

해설

「산업안전보건기준에 관한 규칙」
제269조(화염방지기의 설치 등)
① 사업주는 인화성 액체 및 인화성 가스를 저장 취급하는 화학설비에서 증기나 가스를 대기로 방출하는 경우에는 외부로부터의 화염을 방지하기 위하여 화염방지기를 그 설비 상단에 설치하여야 한다.

096

산업안전보건법령상 위험물질의 종류에서 "폭발성 물질 및 유기과산화물"에 해당하는 것은?

① 디아조화합물
② 황린
③ 알킬알루미늄
④ 마그네슘 분말

098

다음 중 인화성 가스가 아닌 것은?

① 부탄
② 메탄
③ 수소
④ 산소

> **해설**
>
> 「산업안전보건기준에 관한 규칙」
> [별표 1] 위험물질의 종류
> 5. 인화성 가스
>   가. 수소
>   나. 아세틸렌
>   다. 에틸렌
>   라. 메탄
>   마. 에탄
>   바. 프로판
>   사. 부탄
>   아. 영 별표 13에 따른 인화성 가스

> **해설**
>
> 가연성 물질과 산화성 고체가 혼합될 경우 산화성 물질이 가연성 물질의 산소공급원 역할을 하여 최소점화에너지가 감소하고, 폭발의 위험성이 증가한다.

099

반응기를 조작방식에 따라 분류할 때 해당되지 않는 것은?

① 회분식 반응기
② 반회분식 반응기
③ 연속식 반응기
④ 관형식 반응기

> **해설**
>
> • 반응기의 분류
>
> | 조작 방식 | 구조 형식 |
> |---|---|
> | (1) 회분식 | (1) 관형 |
> | (2) 반회분식 | (2) 탑형 |
> | (3) 연속식 | (3) 교반조형 |
> | | (4) 유동층형 |

100

다음 중 가연성 물질과 산화성 고체가 혼합하고 있을 때 연소에 미치는 현상으로 옳은 것은?

① 착화온도(발화점)가 높아진다.
② 최소점화에너지가 감소하며, 폭발의 위험성이 증가한다.
③ 가스나 가연성 증기의 경우 공기혼합보다 연소범위가 축소된다.
④ 공기 중에서보다 산화작용이 약하게 발생하여 화염온도가 감소하며 연소속도가 늦어진다.

제6과목 건설안전기술

101

건설현장에서 사용되는 작업발판 일체형 거푸집의 종류에 해당되지 않는 것은?

① 갱 폼(Gang Form)
② 슬립 폼(Slip Form)
③ 클라이밍 폼(Climbing Form)
④ 유로 폼(Euro Form)

> **해설**
>
> 「산업안전보건기준에 관한 규칙」
> 제337조(작업발판 일체형 거푸집의 안전조치)
> ① "작업발판 일체형 거푸집"이란 거푸집의 설치·해체, 철근 조립, 콘크리트 타설, 콘크리트 면처리 작업 등을 위하여 거푸집을 작업발판과 일체로 제작하여 사용하는 거푸집으로서 다음 각 호의 거푸집을 말한다.
>   1. 갱 폼(gang form)
>   2. 슬립 폼(slip form)
>   3. 클라이밍 폼(climbing form)
>   4. 터널 라이닝 폼(tunnel lining form)
>   5. 그 밖에 거푸집과 작업발판이 일체로 제작된 거푸집 등

102

콘크리트 타설작업을 하는 경우 준수하여야 할 사항으로 옳지 않은 것은?

① 당일의 작업을 시작하기 전에 해당 작업에 관한 거푸집동바리 등의 변형·변위 및 지반의 침하 유무 등을 점검하고 이상이 있으면 보수할 것
② 콘크리트를 타설하는 경우에는 편심이 발생하지 않도록 골고루 분산하여 타설할 것
③ 설계도서상의 콘크리트 양생기간을 준수하여 거푸집동바리 등을 해체할 것
④ 작업 중에는 거푸집동바리 등의 변형·변위 및 침하 유무 등을 감시할 수 있는 감시자를 배치하여 이상이 있으면 작업을 중지하지 아니하고, 즉시 충분한 보강조치를 실시할 것

> **해설**
> 「산업안전보건기준에 관한 규칙」
> 제334조(콘크리트의 타설작업) 사업주는 콘크리트 타설작업을 하는 경우에는 다음 각 호의 사항을 준수하여야 한다.
> 1. 당일의 작업을 시작하기 전에 해당 작업에 관한 거푸집동바리 등의 변형·변위 및 지반의 침하 유무 등을 점검하고 이상이 있으면 보수할 것
> 2. 작업 중에는 거푸집동바리 등의 변형·변위 및 침하 유무 등을 감시할 수 있는 감시자를 배치하여 이상이 있으면 작업을 중지하고 근로자를 대피시킬 것
> 3. 콘크리트 타설작업 시 거푸집 붕괴의 위험이 발생할 우려가 있으면 충분한 보강조치를 할 것
> 4. 설계도서상의 콘크리트 양생기간을 준수하여 거푸집동바리 등을 해체할 것
> 5. 콘크리트를 타설하는 경우에는 편심이 발생하지 않도록 골고루 분산하여 타설할 것

103

버팀보, 앵커 등의 축 하중 변화상태를 측정하여 이들 부재의 지지효과 및 그 변화 추이를 파악하는 데 사용되는 계측기기는?

① Water Level Meter
② Load Cell
③ Piezo Meter
④ Strain Gauge

> **해설**
> | 굴착공사 계측관리 기술지침 |
> 3. 용어의 정의
>   (ㅂ) "하중계(Load Cell)"라 함은 스트럿(Strut) 또는 어스앵커(Earth Anchor) 등의 축 하중 변화를 측정하는 기구를 말한다.

104

차량계 건설기계를 사용하여 작업을 하는 경우 작업계획서 내용에 포함되지 않는 것은?

① 사용하는 차량계 건설기계의 종류 및 성능
② 차량계 건설기계의 운행경로
③ 차량계 건설기계에 의한 작업방법
④ 차량계 건설기계의 유지보수방법

> **해설**
> 「산업안전보건기준에 관한 규칙」
> [별표 4] 사전조사 및 작업계획서 내용
> 3. 차량계 건설기계를 사용하는 작업의 작업계획서 내용
>   가. 사용하는 차량계 건설기계의 종류 및 성능
>   나. 차량계 건설기계의 운행경로
>   다. 차량계 건설기계에 의한 작업방법

105
근로자의 추락 등의 위험을 방지하기 위한 안전난간의 설치기준으로 옳지 않은 것은?

① 상부 난간대와 중간 난간대는 난간 길이 전체에 걸쳐 바닥면 등과 평행을 유지할 것
② 발끝막이판은 바닥면 등으로부터 20cm 이상의 높이를 유지할 것
③ 난간대는 지름 2.7cm 이상의 금속제 파이프나 그 이상의 강도가 있는 재료일 것
④ 안전난간은 구조적으로 가장 취약한 지점에서 가장 취약한 방향으로 작용하는 100kg 이상의 하중에 견딜 수 있는 튼튼한 구조일 것

해설
「산업안전보건기준에 관한 규칙」
제13조(안전난간의 구조 및 설치요건)
3. 발끝막이판은 바닥면 등으로부터 10센티미터 이상의 높이를 유지할 것. 다만, 물체가 떨어지거나 날아올 위험이 없거나 그 위험을 방지할 수 있는 망을 설치하는 등 필요한 예방 조치를 한 장소는 제외한다.
4. 난간기둥은 상부 난간대와 중간 난간대를 견고하게 떠받칠 수 있도록 적정한 간격을 유지할 것
5. 상부 난간대와 중간 난간대는 난간 길이 전체에 걸쳐 바닥면 등과 평행을 유지할 것
6. 난간대는 지름 2.7센티미터 이상의 금속제 파이프나 그 이상의 강도가 있는 재료일 것
7. 안전난간은 구조적으로 가장 취약한 지점에서 가장 취약한 방향으로 작용하는 100킬로그램 이상의 하중에 견딜 수 있는 튼튼한 구조일 것

106
흙 속의 전단응력을 증대시키는 원인에 해당하지 않는 것은?

① 자연 또는 인공에 의한 지하공동의 형성
② 함수비의 감소에 따른 흙의 단위체적 중량의 감소
③ 지진, 폭파에 의한 진동 발생
④ 균열 내에 작용하는 수압 증가

해설
- 흙 속의 전단응력을 증대시키는 원인
  - 함수비의 감소에 따른 흙의 단위체적 중량의 증가
  - 자연 또는 인공에 의한 지하공동의 형성
  - 지진, 폭파에 의한 진동 발생
  - 균열 내에 작용하는 수압 증가

107
다음은 산업안전보건법령에 따른 항타기 또는 항발기에 권상용 와이어로프를 사용하는 경우에 준수하여야 할 사항이다. (   ) 안에 알맞은 내용으로 옳은 것은?

> 권상용 와이어로프는 추 또는 해머가 최저의 위치에 있을 때 또는 널말뚝을 빼내기 시작할 때를 기준으로 권상장치의 드럼에 적어도 (   ) 감기고 남을 수 있는 충분한 길이일 것

① 1회   ② 2회
③ 4회   ④ 6회

해설
「산업안전보건기준에 관한 규칙」
제212조(권상용 와이어로프의 길이 등) 사업주는 항타기 또는 항발기에 권상용 와이어로프를 사용하는 경우에 다음 각 호의 사항을 준수하여야 한다.
1. 권상용 와이어로프는 추 또는 해머가 최저의 위치에 있을 때 또는 널말뚝을 빼내기 시작할 때를 기준으로 권상장치의 드럼에 적어도 2회 감기고 남을 수 있는 충분한 길이일 것

108
산업안전보건법령에 따른 유해위험방지계획서 제출 대상 공사로 볼 수 없는 것은?

① 지상 높이가 31m 이상인 건축물의 건설공사
② 터널 건설공사
③ 깊이 10m 이상인 굴착공사
④ 다리의 전체길이가 40m 이상인 건설공사

> **해설**
>
> 「산업안전보건법 시행령」
> 제42조(유해위험방지계획서 제출 대상)
> ③ 법 제42조 제1항 제3호에서 "대통령령으로 정하는 크기 높이 등에 해당하는 건설공사"란 다음 각 호의 어느 하나에 해당하는 공사를 말한다.
>   1. 다음 각 목의 어느 하나에 해당하는 건축물 또는 시설 등의 건설·개조 또는 해체(이하 "건설 등"이라 한다) 공사
>   가. 지상높이가 31미터 이상인 건축물 또는 인공구조물
>   나. 연면적 3만제곱미터 이상인 건축물
>   다. 연면적 5천제곱미터 이상인 시설로서 다음의 어느 하나에 해당하는 시설
>   2. 연면적 5천제곱미터 이상인 냉동·냉장 창고시설의 설비공사 및 단열공사
>   3. 최대 지간(支間)길이(다리의 기둥과 기둥의 중심 사이의 거리)가 50미터 이상인 다리의 건설 등 공사
>   4. 터널의 건설 등 공사
>   5. 다목적댐, 발전용댐, 저수용량 2천만톤 이상의 용수 전용 댐 및 지방상수도 전용 댐의 건설 등 공사
>   6. 깊이 10미터 이상인 굴착공사

109

사다리식 통로 등을 설치하는 경우 고정식 사다리식 통로의 기울기는 최대 몇 도 이하로 하여야 하는가?

① 60도　　② 75도
③ 80도　　④ 90도

> **해설**
>
> 「산업안전보건기준에 관한 규칙」
> 제24조(사다리식 통로 등의 구조)
> 9. 사다리식 통로의 기울기는 75도 이하로 할 것. 다만, 고정식 사다리식 통로의 기울기는 90도 이하로 하고, 그 높이가 7미터 이상인 경우에는 바닥으로부터 높이가 2.5미터 되는 지점부터 등받이울을 설치할 것

110

거푸집동바리 구조에서 높이가 $l = 3.5m$인 파이프 서포트의 좌굴하중은? (단, 상부받이판과 하부받이판은 힌지로 가정하고, 단면2차모멘트 $I = 8.31 cm^4$, 탄성계수 $E = 2.1 \times 10^5 MPa$이다.)

① 14,060N　　② 15,060N
③ 16,060N　　④ 17,060N

> **해설**
>
> $$P_{cr} = \frac{\pi^2 EI}{(kl)^2}$$
> $$= \frac{\pi^2 \times 2.1 \times 10^5 \times 10^6 \times 8.31 \times 10^{-8}}{(1 \times 3.5)^2} = 14,060N$$
>
> 여기서, E : 탄성계수
> 　　　　I : 단면 2차모멘트
> 　　　　l : 기둥길이
> 　　　　kl : 유효길이
> 　　　　k : 1.0(양단힌지)

111

하역작업 등에 의한 위험을 방지하기 위하여 준수하여야 할 사항으로 옳지 않은 것은?

① 꼬임이 끊어진 섬유로프를 화물운반용으로 사용해서는 안 된다.
② 심하게 부식된 섬유로프를 고정용으로 사용해서는 안 된다.
③ 차량 등에서 화물을 내리는 작업 시 해당 작업에 종사하는 근로자에게 쌓여 있는 화물 중간에서 화물을 빼내도록 할 경우에는 사전 교육을 철저히 한다.
④ 부두 또는 안벽의 선을 따라 통로를 설치하는 경우에는 폭을 90cm 이상으로 한다.

> **해설**
>
> 「산업안전보건기준에 관한 규칙」
> 제389조(화물 중간에서 화물 빼내기 금지) 사업주는 차량 등에서 화물을 내리는 작업을 하는 경우에 해당 작업에 종사하는 근로자에게 쌓여 있는 화물 중간에서 화물을 빼내도록 해서는 아니 된다.

112

추락방지용 방망 중 그물코의 크기가 5cm인 매듭방망 신품의 인장강도는 최소 몇 kg 이상이어야 하는가?

① 60
② 110
③ 150
④ 200

해설

「추락재해방지표준안전작업지침」
제5조(방망사의 강도)
방망사의 인장강도

그물코의 크기(cm)	방망의 종류(kg)			
	매듭 없는 방망		매듭 방망	
	신품	폐기 시	신품	폐기 시
10	240	150	200	135
5			110	60

113

단관비계의 도괴 또는 전도를 방지하기 위하여 사용하는 벽이음의 간격기준으로 옳은 것은?

① 수직방향 5m 이하, 수평방향 5m 이하
② 수직방향 6m 이하, 수평방향 6m 이하
③ 수직방향 7m 이하, 수평방향 7m 이하
④ 수직방향 8m 이하, 수평방향 8m 이하

해설

「산업안전보건기준에 관한 규칙」
[별표 5] 강관비계의 조립간격

강관비계의 종류	조립간격(단위 : m)	
	수직방향	수평방향
단관비계	5	5
틀비계 (높이가 5m 미만인 것은 제외)	6	8

114

인력으로 하물을 인양할 때의 몸의 자세와 관련하여 준수하여야 할 사항으로 옳지 않은 것은?

① 한쪽 발은 들어올리는 물체를 향하여 안전하게 고정시키고 다른 발은 그 뒤에 안전하게 고정시킬 것
② 등은 항상 직립한 상태와 90도 각도를 유지하여 가능한 한 지면과 수평이 되도록 할 것
③ 팔은 몸에 밀착시키고 끌어당기는 자세를 취하며 가능한 한 수평거리를 짧게 할 것
④ 손가락으로만 인양물을 잡아서는 아니 되며 손바닥으로 인양물 전체를 잡을 것

해설
등은 지면과 수직이 되어야 한다.

115

산업안전보건관리비 항목 중 안전시설비로 사용 가능한 것은?

① 원활한 공사수행을 위한 가설시설 중 비계설치 비용
② 소음관련 민원예방을 위한 건설현장 소음방지용 방음시설 설치 비용
③ 근로자의 재해예방을 위한 목적으로만 사용하는 CCTV에 사용되는 비용
④ 기계·기구 등과 일체형 안전장치의 구입비용

해설

「건설업 산업안전보건관리비 계상 및 사용기준」
[별표 2] 안전관리비의 항목별 사용 불가내역
2. 안전시설비 등

사용불가내역
원활한 공사수행을 위해 공사현장에 설치하는 시설물, 장치, 자재, 안내·주의·경고 표지 등과 공사 수행 도구·시설이 안전장치와 일체형인 경우 등에 해당하는 경우 그에 소요되는 구입·수리 및 설치·해체 비용 등 가. 원활한 공사수행을 위한 가설시설, 장치, 도구, 자재 등 　5) 공사 목적물의 품질 확보 또는 건설장비 자체의 운행 감시, 공사 진척상황 확인, 방범 등의 목적을 가진 CCTV 등 감시용 장비 ※ 다만, 근로자의 재해예방을 위한 목적으로만 사용하는 CCTV에 소요되는 비용은 사용 가능함

117
강관비계를 사용하여 비계를 구성하는 경우 준수해야 할 기준으로 옳지 않은 것은?

① 비계기둥의 간격은 띠장 방향에서는 1.85m 이하, 장선(長線) 방향에서는 1.5m 이하로 할 것
② 띠장 간격은 2.0m 이하로 할 것
③ 비계기둥의 제일 윗부분으로부터 31m 되는 지점 밑부분의 비계기둥은 2개의 강관으로 묶어 세울 것
④ 비계기둥 간의 적재하중은 600kg을 초과하지 않도록 할 것

해설

「산업안전보건기준에 관한 규칙」
제60조(강관비계의 구조) 사업주는 강관을 사용하여 비계를 구성하는 경우 다음 각 호의 사항을 준수하여야 한다.
1. 비계기둥의 간격은 띠장 방향에서는 1.85미터 이하, 장선(長線) 방향에서는 1.5미터 이하로 할 것. 다만, 선박 및 보트 건조작업의 경우 안전성에 대한 구조검토를 실시하고 조립도를 작성하면 띠장 방향 및 장선 방향으로 각각 2.7미터 이하로 할 수 있다.
2. 띠장 간격은 2.0미터 이하로 할 것. 다만, 작업의 성질상 이를 준수하기가 곤란하여 쌍기둥틀 등에 의하여 해당 부분을 보강한 경우에는 그러하지 아니하다.
3. 비계기둥의 제일 윗부분으로부터 31미터 되는 지점 밑부분의 비계기둥은 2개의 강관으로 묶어 세울 것. 다만, 브라켓(bracket, 까치발) 등으로 보강하여 2개의 강관으로 묶을 경우 이상의 강도가 유지되는 경우에는 그러하지 아니하다.
4. 비계기둥 간의 적재하중은 400킬로그램을 초과하지 않도록 할 것

116
유한사면에서 원형활동면에 의해 발생하는 일반적인 사면 파괴의 종류에 해당하지 않는 것은?

① 사면 내 파괴(Slope Failure)
② 사면 선단 파괴(Toe Failure)
③ 사면 인장 파괴(Tension Failure)
④ 사면 저부 파괴(Base Failure)

해설

- 유한사면 사면 파괴 종류
  - 사면 내 파괴
  - 사면 선단 파괴
  - 사면 저부 파괴

118

다음은 산업안전보건법령에 따른 화물자동차의 승강설비에 관한 사항이다. ( ) 안에 알맞은 내용으로 옳은 것은?

> 사업주는 바닥으로부터 짐 윗면까지의 높이가 ( ) 이상인 화물자동차에 짐을 싣는 작업 또는 내리는 작업을 하는 경우에는 근로자의 추락 위험을 방지하기 위하여 해당 작업에 종사하는 근로자가 바닥과 적재함의 짐 윗면 간을 안전하게 오르내리기 위한 설비를 설치하여야 한다.

① 2m ② 4m
③ 6m ④ 8m

해설

「산업안전보건기준에 관한 규칙」
제187조(승강설비) 사업주는 바닥으로부터 짐 윗면까지의 높이가 2미터 이상인 화물자동차에 짐을 싣는 작업 또는 내리는 작업을 하는 경우에는 근로자의 추락 위험을 방지하기 위하여 해당 작업에 종사하는 근로자가 바닥과 적재함의 짐 윗면 간을 안전하게 오르내리기 위한 설비를 설치하여야 한다.

119

달비계의 최대 적재하중을 정함에 있어서 활용하는 안전계수의 기준으로 옳은 것은? (단, 곤돌라의 달비계를 제외한다.)

① 달기 훅 : 5 이상
② 달기 강선 : 5 이상
③ 달기 체인 : 3 이상
④ 달기 와이어로프 : 5 이상

해설

「산업안전보건기준에 관한 규칙」
제55조(작업발판의 최대적재하중)
② 달비계(곤돌라의 달비계는 제외한다)의 최대 적재하중을 정하는 경우 그 안전계수는 다음 각 호와 같다.
1. 달기와이어로프 및 달기강선의 안전계수 : 10 이상
2. 달기체인 및 달기 훅의 안전계수 : 5 이상
3. 달기강대와 달비계의 하부 및 상부 지점의 안전계수 : 강재(鋼材)의 경우 2.5 이상, 목재의 경우 5 이상

120

발파작업 시 암질 변화구간 및 이상암질의 출현 시 반드시 암질판별을 실시하여야 하는데, 이와 관련된 암질판별기준과 가장 거리가 먼 것은?

① R.Q.D(%)
② 탄성파 속도(m/sec)
③ 전단강도(kg/cm^2)
④ R.M.R

해설

- 암질 변화구간 및 이상암질 출현 시 판별 방법
  - R.Q.D
  - R.M.R
  - 탄성파 속도
  - 일축 압축강도

2021년 제3회 산업안전기사 채점표

구분	제1과목	제2과목	제3과목	제4과목	제5과목	제6과목	전과목 평균
점수							

※ 합격기준 : 100점을 만점으로 하여 과목당 40점 이상, 전과목 평균 60점 이상

2021년 제3회 정답

001	002	003	004	005	006	007	008	009	010	011	012	013	014	015	016	017	018	019	020
③	②	①	④	①	②	①	②	④	②	③	①	②	②	③	③	①	④	③	③
021	022	023	024	025	026	027	028	029	030	031	032	033	034	035	036	037	038	039	040
②	②	②	①	①	①	①	①	③	④	②	①	②	④	③	③	④	②	④	②
041	042	043	044	045	046	047	048	049	050	051	052	053	054	055	056	057	058	059	060
①	④	①	②	②	①	③	②	③	③	①	①	④	②	④	③	④	③	②	③
061	062	063	064	065	066	067	068	069	070	071	072	073	074	075	076	077	078	079	080
③	④	③	④	④	②	④	④	①	①	①	②	④	③	②	②	②	②	③	②
081	082	083	084	085	086	087	088	089	090	091	092	093	094	095	096	097	098	099	100
④	③	③	④	③	②	④	②	③	①	③	④	③	②	②	①	②	④	④	②
101	102	103	104	105	106	107	108	109	110	111	112	113	114	115	116	117	118	119	120
④	④	②	④	②	②	②	④	④	①	③	②	①	②	②	④	③	①	①	③

학습문의 및 정오표 안내

저희 북스케치는 오류 없는 책을 만들기 위해 노력하고 있으나, 미처 발견하지 못한 잘못된 내용이 있을 수 있습니다. 학습하시다 문의 사항이 생기실 경우, 북스케치 이메일(booksk@booksk.co.kr)로 교재 이름, 페이지, 문의 내용 등을 보내주시면 확인 후 성실히 답변 드리도록 하겠습니다.
또한, 출간 후 발견되는 정오 사항은 북스케치 홈페이지(www.booksk.co.kr)의 도서정오표 게시판에 신속히 게재하도록 하겠습니다.
좋은 콘텐츠와 유용한 정보를 전하는 '간직하고 싶은 수험서'를 만들기 위해 늘 노력하겠습니다.

산업안전기사
기출문제집 [필기]
+ ▶ 무료강의

초판발행	2022년 03월 25일
편저자	기출문제연구소
펴낸곳	북스케치
출판등록	제2018-000089호
주소	서울시 마포구 양화로 26 KCC엠파이어리버 202호
전화	070 - 4821 - 5513
팩스	0303 - 0957 - 0405
학습문의	booksk@booksk.co.kr
홈페이지	www.booksk.co.kr
ISBN	979 - 11 - 91870 - 20 - 6

이 책은 저작권법의 보호를 받습니다.
수록된 내용은 무단으로 복제, 인용, 사용할 수 없습니다.
Copyright©booksk, 2022 Printed in Korea

산업안전기사 필기
기출문제집

산업안전기사 필기
기출문제집